元素周期律表

17	18	19	20	21	22	23	24	25	26	27	28	29	30	31	32
	4	5	6	7	8	9	10	11	12	13	14	15	16	17	18
	IVb	Vb	VIb	VIIb	\multicolumn{3}{VIIIb}	Ib	IIb	IIIa	IVa	Va	VIa	VIIa	0
ジウム族	チタン族	バナジウム族	クロム族	マンガン族	鉄族(第4周期) 白金族(第5,6周期)			銅族	亜鉛族	ホウ素アルミ族	炭素族すず族	窒素族プニクトゲン	酸素族カルコゲン	フッ素族ハロゲン	稀ガス族

s 軌道
| 1* H | | | | | | | | | | | | | | | 2 He |

p 軌道
| | | | | | | | | | | 5 B | 6 C | 7 N | 8 O | 9 F | 10 Ne |
| | | | | | | | | | | 13 Al | 14 Si | 15 P | 16 S | 17 Cl | 18 Ar |

d 軌道
21 Sc	22 Ti	23 V	24 Cr	25 Mn	26 Fe	27 Co	28 Ni	29 Cu	30 Zn	31 Ga	32 Ge	33 As	34 Se	35 Br	36 Kr
39 Y	40 Zr	41 Nb	42 Mo	43 Tc	44 Ru	45 Rh	46 Pd	47 Ag	48 Cd	49 In	50 Sn	51 Sb	52 Te	53 I	54 Xe
71 Lu	72 Hf	73 Ta	74 W	75 Re	76 Os	77 Ir	78 Pt	79 Au	80 Hg	81 Tl	82 Pb	83 Bi	84 Po	85 At	86 Rn
103 Lr	104 Rf	105 Db	106 Sg	107 Bh	108 Hs	109 Mt	110** Uun	111 Uuu	112 Uub		114 Uuq		116 Uuh		

たものである．

変数）として元素の化学的・物理的性質の類似が周期的・規則的に現れるという規則で
とその副殻（s, p, d, f…）に順次配列されていく．3d 以降は，その前に 4s 電子は配列さ

なる．71Lu の化学的性質と周期律表上の位置にも矛盾がなくなる．
本文を見ていただきたい．

金属用語辞典

Dictionary of Metals

金属用語辞典編集委員会 編著

アグネ技術センター

まえがき

　金属の生産と利用は社会を支える基盤である．そして金属の世界は今も大きく変化し，進歩し続けている．新しい材料開発，技術の進歩，学問・研究の発展を学びとり，さらに推し進めるために，手元において初学者にも役立つようにと編纂された本辞典は，以下の特色をもっている．

1. 　基礎的な術語を中心にしながらも，製造現場で使われている言葉，商品名，今も使われている歴史的な言葉から最新の用語まで，できるだけ多くの言葉を取り上げた．
2. 　見出し語総数は3400余であるが，本文中に説明のある語を「和文索引」として巻末に挙げたので，検索できる語数はもっと多い．
3. 　用語の説明については
   ① 単なる言葉の置き換えを避け，基礎から・内容から理解できるような説明にした．
   ② 同義異語をまず挙げ，次いで中心的意味を述べるようにした．また，近い言葉，似た言葉との違いを明らかにした．
   ③ より広い意味の言葉（上位語），より具体的な言葉（下位語）との関連を付けた．
4. 　単なる意味の「ことば典（辞典）」にとどまらず，金属学入門を意図して，たとえば「金属」という見出し語から，→印に従って「孫引き」すれば簡潔な学問体系がたどれるように工夫した．

　本辞典は主として，片岡邦郎，白石 裕，前園明一，山部恵造が執筆にあたった．編集には最大限の努力をしたが，誤り，誤解もあるかもしれない．お気づきの点はぜひご教示いただきたい．

　　2003年10月

　　　　　　　　　　　　　　　　金属用語辞典編集委員会　山部 恵造

本書の使い方（凡例）

1. 見出し語は，数字，アルファベットも含めて，すべて50音順に配列してある．
2. 見出し語，索引の言葉の順序は原則として次のようになっている．
   ① 清音，濁音，半濁音の順．
   ② 促音（っ），拗音（ゃ，ゅ，ょ）は直音の後（促音，拗音も一語である）．
   ③ カタカナの長音（のばす音）は配列としては無視した．
   ④ 同音の場合には数字，アルファベット，カタカナ，ひらがな，漢字の順．
3. 数字，アルファベット，ギリシア文字は原則として次頁の表に示したように読むことにする．ただし，特に慣用的なものは慣用に従った．ギリシア語については索引などでの必要のため，アルファベット表記も記した．
4. 索引は四つあり，記号・数字索引，およびギリシア文字索引は見出し語のみをあげ，欧文索引は見出し語，文中説明の両方をあげた．和文索引は見出し語を除き，文中に何らかの説明がある言葉や，関連する内容・位置付けがわかる言葉をあげた．
5. ＝：同義異語，　→：参考項目，　↔：反対語・対語を示す．
6. ＊：本辞典に見出し語として出ている言葉を示す．
7. 材料名などの英語表記は，固有名詞以外は，原則として小文字とした．しかし，完全には調査し切れなかった．見出し語も含め欧文表記の引用の際には注意していただきたい．

ギリシア語の読み方

大文字	小文字	読み方
A	α	アルファ (alpha)
B	β	ベータ (beta)
Γ	γ	ガンマ (gamma)
Δ	δ	デルタ (delta)
E	ε	イプシロン (epsilon)
Z	ζ	ゼータ (zeta)
H	η	イータ (eta)
Θ	θ	シータ (theta)
I	ι	イオタ (iota)
K	κ	カッパ (kappa)
Λ	λ	ラムダ (lambda)
M	μ	ミュー (mu)

大文字	小文字	読み方
N	ν	ニュー (nu)
Ξ	ξ	グザイ (xi)
O	o	オミクロン (omicron)
Π	π	パイ (pi)
P	ρ	ロー (rho)
Σ	σ	シグマ (sigma)
T	τ	タウ (tau)
Y	υ	ウプシロン (upsilon)
Φ	φ	ファイ (phi)
X	χ	カイ (chi)
Ψ	ψ	プサイ (psi)
Ω	ω	オメガ (omega)

アルファベットの読み方

```
a : エー     b : ビー     c : シー     d : ディー   e : イー     f : エフ
g : ジー     h : エッチ   I : アイ     j : ジェイ   k : ケー     l : エル
m : エム     n : エヌ     o : オー     p : ピー     q : キュー   r : アール
s : エス     t : ティー   u : ユー     v : ヴィー   w : ダブリュー
x : エックス y : ワイ     z : ゼット
```

数字の読み方

```
0 : ゼロ     1 : イチ     2 : ニ       3 : サン     4 : ヨン     5 : ゴ
6 : ロク     7 : ナナ     8 : ハチ     9 : キュー   10 : ジュー
```

参考にした主な文献

「金属便覧(改訂6版)」：日本金属学会編, 丸善, (2000).
「化学便覧」：日本化学会編, 丸善, (1993).
「理化学辞典」第5版：岩波書店, (1998).
「改訂版 物理学辞典」：培風館, (1994).
「金属の百科事典」：木原諄二・雀部 実・佐藤純一・田口 勇・長崎誠三編, 丸善, (1999).
「金属材料・加工プロセス辞典」：川口寅之輔, 加藤哲男編, 丸善, (2001).
「化学大辞典」：共立出版, (1960).
「マグローヒル世界科学大事典」：講談社, (1979).
「改訂増補版 金属用語集」：長崎誠三編, 日本金属学会, (1995).
「材料名の事典」：長崎誠三ほか編, アグネ技術センター, (1999).
「構造無機化学Ⅰ～Ⅲ」：桐山良一, 桐山秀子, 共立出版, (1985).
「新版真空ハンドブック」：㈱アルバック編, オーム社出版局, (2002).
「金属データブック(改訂3版)」：日本金属学会編, 丸善, (1993).
「環境白書」：環境省編, 平成13～15年版.
「講座・現代の金属学 材料編1, 3～5, 8～11」：日本金属学会, (1985～1994).
「金属物理化学(金属化学入門シリーズ1)」：日本金属学会編, 日本金属学会, (1996).
「鉄鋼製錬(金属化学入門シリーズ2)」：日本金属学会編, 日本金属学会, (2000).
「金属製錬工学(金属化学入門シリーズ3)」：日本金属学会編, 日本金属学会, (1999).
「理科年表(2004年版)」：国立天文台編, 丸善, (2003).
「国際単位系(SI)国際文書第7版(1998)」：工業技術院計量研究所訳・監修, 日本規格協会, (1999).
「光クリーン革命－酸化チタン光触媒が活躍する」：藤嶋昭・橋本和仁・渡部俊也, シーエムシー出版, (1997).
「ナノテクノロジーのすべて」：川合知二監修, 工業調査会, (2001).
「特殊実験技術 金属物性基礎講座18」：日本金属学会編, 平野賢一責任編集, アグネ技術センター, (1991).
「新版 金属工学入門」：西川精一, アグネ技術センター, (2001).
「金属物理」：藤田英一, アグネ技術センター, (1996).
「改訂 材料強度の考え方」：木村宏, アグネ技術センター, (2002).
「金属」(月刊雑誌)：アグネ技術センター, 各号.

あ i, r, α

IACS →パーセントIACS

ISO国際規格 (ISO standards)

日本のJISの国際版といえる国際規格．国際標準化機関（International Organization for Standardization：本部スイス）で決められるもの．定期的に，作製，見直しされる．金属は「鉱物および金属」に含まれている．

ISP法 (Imperial smelting process)

亜鉛の乾式精錬法のひとつ．焙焼したZn-Pb精鉱を高炉でコークス還元し，得た低品位亜鉛の蒸気を約1050℃の鉛（Pb）シャワーの中に導いて吸収させ，440℃に冷却して，ほとんど純粋な溶融亜鉛として分離する方法．

IF鋼 (interstitial free steel)

侵入型不純物＊（固溶炭素や窒素）を極力減らした鋼．日本で開発された．少量のチタンやニオブを添加して，鋼中の炭素や窒素を炭化物，窒化物として固定した鋼．深絞り性がよい．IF鋼を母材として表面処理を施した薄鋼板が自動車用鋼板として大量に使用されている．→ ULC-steel, LC-steel, 深絞り加工

IC (integrated circuit)

集積回路．従来の電子回路はトランジスター，ダイオード，抵抗，コンデンサーなどの回路部品を個別に作り，それを導線で接続した．これに対し半導体のn型，p型をたくみに活用して数千個～数千万個のこれらの回路部品を数mm角のシリコンチップ上に集積した電子回路をいう．

ICP質量分析 (inductively coupled plasma mass spectroscopy: ICP-MS)

誘導結合プラズマ質量分析．原子発光分析の一種で，試料原子を励起電子準位に上げて発光させるため，誘導結合型高周波放電プラズマ（ICP）を利用する．プラズマ発生用の構造はICP発光分析と同様であるが，大気圧下のプラズマジェットを差動排気部を通して減圧，細孔を通して，収束イオンビームとして，質量分析計＊へ導入，元素分析する．C, N, Oなどの軽元素や希ガス，ハロゲン族元素を除く，ほとんどの元素について，ppb(10^{-9})～ppt(10^{-12})濃度の極微量分析ができる．ICP発光分析（ICP-AES）を補完する方法とされている．→ ICP発光分析

ICP発光分析 (inductively coupled plasma atomic emission spectroscopy: ICP-AES)

誘導結合プラズマ発光（分光）分析．ICP-MSと同様に原子発光分析の一種で，試料原子を励起電子準位に上げて発光させるため，誘導結合型高周波放電プラズマ（ICP）を利用する．水冷高周波コイル内に通した石英管中に試料のエアロゾルをのせたキャリアガス，それを包む中間ガス，プラズマガス（いずれもArガス）を流し，コイルに高周波電流を通して，高周波誘導によりガスを加熱，プラズマイオン化させ，回折格子を分光器として発光光を波長走査し，光電子増倍管で検出，元素分析する．溶液試料については，そのマトリックス成分から極微量成分まで定量分析できるすぐれた方法である．分光感度は分析線の発光強度に依存するが，主な遷移金属では100ppb（100×10^{-9}）の検出限界が得られている．ハロゲン族元素は低感度で，

H, O, Nも雰囲気の混入のため識別しての定量は困難である．→ICP質量分析

アイゾット衝撃試験 (Izod impact test)
V型切欠きを入れた試験片の下半を固定し，上半，切欠きのある面をハンマーで衝撃，破断して破断エネルギーを求める試験法．高温，低温試験に適さず，近年あまり用いられていない．→衝撃試験，シャルピー衝撃試験

アイソフォーム (isoforming)
鋼を過冷オーステナイト域で加工し，加工中にパーライト変態，あるいはベイナイト変態を完了させる処理で，鋼の靭性を著しく改善する加工熱処理法*の一種．→オースフォーミング

アイデアル (Ideal)
標準抵抗用Cu-Ni合金の商品名．抵抗の温度係数が特に小さく，コンスタンタンと同系．55～60Cu, 45～40Ni. →コンスタンタン

アインシュタインの特性温度 (Einstein's characteristic temperature)
→アインシュタインの比熱模型

アインシュタインの比熱模型 (Einstein's model for specific heat)
固体の定積モル比熱は，低温でデュロン・プティの法則*(3R)からずれてゼロに近づく．これを説明するために，はじめて量子論を適用して，1907年アインシュタインが提出した模型．アインシュタインはN個の原子集団の熱振動を，古典論と同様N個の独立な，各物質固有の振動数νをもった一次元単振動の集りと考え，ただそのエネルギーは量子化して，とびとびの値($nh\nu$)をとり，またエネルギー分布はプランクの分布則*に従うとして，原子集団の平均エネルギーを求め，これから温度による比熱の変化を説明した．そこで$h\nu=k\Theta_E$としてΘ_Eをアインシュタインの特性温度と呼び，高温での古典的な挙動から低温での量子的な挙動へ移行する境界温度として目安的に利用されている．高温では3Rとなり，デュロン・プティの法則を満足する．$T \ll \Theta_E$の低温では比熱はT^3に比例する実験値と一致しなかった．これは後にデバイにより改良された．→デバイの比熱式，デバイの特性温度

亜鉛 (zinc)
元素記号Zn，原子番号30，原子量65.39の金属元素．青白色を呈し，結晶型は稠密六方構造*で異方性が強いため，やや脆いが100～115℃間で展延性が増大する．融点：419.6℃，沸点：907℃，密度：7.13g/cm³ (25℃)，主要鉱物は閃亜鉛鉱（低温型）(ZnS)，ウルツ鉱（高温型）(ZnS)，菱亜鉛鉱($ZnCO_3$)などで，製錬法には乾式（酸化物として炭素で還元）と湿式（酸化物とした後硫酸で抽出し電解）がある．めっき（トタン*板），ダイカスト用合金に使用される他，Al, Cuなど金属の合金元素，乾電池，写真製版などに用途．また，亜鉛華(ZnO, 亜鉛白ともいう)は白色顔料などに用いられる．1960年以後，人体にとっての亜鉛の必須性が確認され，その欠乏により発育不全，味覚，嗅覚障害が引き起こされることなどが明らかになった．→ISP法，閃亜鉛鉱型構造

亜鉛合金 (zinc alloy)
亜鉛(Zn)に固溶する合金元素は極めて少なく，やや固溶量の多いのは，Ag, Au, Cu, Al, Cdなどである．この中で実用合金としてはZn-Al系でダイカスト用合金（次

項目),鋳造用亜鉛合金であるイルズロ合金*などがあげられる.

亜鉛ダイカスト合金(zinc die casting alloy)
　ダイカスト用亜鉛合金.融点が低く形状の複雑な寸法精度の高い鋳物ができ,多量生産にも適している.JISにはZn-Al-Cu系の1種(ZDC 1)とZn-Al系の2種(ZDC 2),この他にダイス用として硬質のZn-4Al-3Cu合金がある.

亜鉛当量(zinc equivalent)
　六四黄銅*($Zn35 \sim 45\%$)にMn, Sn, Pb, Ni, Al等の第三金属を数%程度まで加えて機械的性質や耐食性を改良したものを特殊黄銅というが,この場合に第三金属の単位量がどれだけの量の亜鉛と同じ影響を黄銅の組織に及ぼすかを示した数を,その金属の亜鉛当量と呼ぶ.たとえば当量1.0の金属は亜鉛と同様に組織を変化させ,負の当量を示すものは亜鉛を当量だけ減じたのと同じ効果を与える.

亜鉛フェライト(zinc ferrite)
　フェライト*②の一種で,$ZnO \cdot Fe_2O_3$の化学式をもち,正スピネル構造をもつ.これ自体は反強磁性*であるが,マンガンフェライトやニッケルフェライトと混合すると,それら単独のものより0Kでの飽和磁化*が増す.キュリー点*が低いので,室温では飽和磁化はあまり増えないが,透磁率*が高くなる(ホプキンソン効果).実用的軟質磁性材料*として広く用いられている.→スピネル型結晶

亜鉛めっき鋼板(zinc galvanized steel sheet)
　薄鋼板に亜鉛めっき(電気めっき,溶融めっき)したもので,トタン*板,亜鉛鉄板ともいう.亜鉛の酸化皮膜が強いのと,鉄より亜鉛が卑な金属なのとで耐食性がよい.屋根板用,自動車車体用に多く用いられる.自動車車体防錆用鋼板には,日本では,電気めっきに代り,最初片面めっき,ついで両面めっきの溶融亜鉛めっき鋼板が導入され発展している.→卑な金属,溶融めっき,電気亜鉛めっき

亜鉛めっき脆化(galvanizing embrittlement)
　黒心可鍛鋳鉄の溶融亜鉛浴のディッピングによるめっきの際の熱処理効果による脆化.

青金(green gold, pale gold)
　①青化法*で金,銀鉱石を製錬する際,金,銀のシアン化合物溶液を亜鉛で沈殿させ,この中の亜鉛を酸化によって取り除いて得られる$(Au+Ag)>96\%$の粗金,銀をいう.これを電解精錬することにより高純度金,銀が得られる.
　②Au-Ag合金で一種の装飾用合金($30 \sim 50Ag$).

赤金(red gold)
　Au-Cu合金の一種で,装飾用合金.Cu添加により赤味を増すためこの名称がある.

亜境界=亜結晶粒界

亜共晶(hypo-eutectic)
　合金で共晶*組成よりも合金成分の濃度が低い状態.組織は初晶(α相)+共晶.
→状態図,↔過共晶

亜共析(hypo-eutectoid)
　共析*組成より合金成分の濃度が低い組成をいうが,炭素鋼についてよく使われる.↔過共析

亜共析鋼（hypo-eutectoid steel）

炭素量が 0.765%（Fe-Fe$_3$C 系状態図の共析点）以下の鋼をいい，その標準組織 * は初析フェライト(primary ferrite)＋パーライト * である．→共析鋼，過共析鋼

アークイメージ炉（arc imaging furnace）

熱源としては電気アークを用い，凹面鏡等の光学系で，そのふく射熱を集中させ高温を得る炉．ふく射熱であるから任意の雰囲気，急熱・急冷が可能．かなりの高温が簡単に得られ経済的．

アクセプター（acceptor）→ドナー

アクチノイド（actinoids）

原子番号89番アクチニウム（Ac）から103番ローレンシウム（Lr）までの15元素の総称．5f 電子が入っていく過程で，それ故 Ac または Lr を除くこともある．いずれも放射性元素で，93番ネプツニウム（Np）以降は人工元素である．周期律表 *7周期Ⅲb 族に当る．化学的性質は似ているが，とり得る酸化数が3～6と多様である．

アーク放電法（ナノ技術の）（arc discharge synthesis process）

単層カーボンナノチューブ * の主な合成法の一つ．他の方法はレーザー蒸発法 * と CVD 法 *．2本の黒鉛電極に遷移金属 * の触媒の存在下で放電を起こさせ，黒鉛を蒸発させると，その中にナノチューブが存在する．結晶性の高い多層ナノチューブの合成に適する．

アーク溶解（arc melting）

アーク放電を熱源とする溶解法で，多くは溶解すべき原料と電極間のアークを使う．消耗電極型と非消耗電極型がある．例えば，チタン製錬で得られたスポンジチタンを圧縮成形または溶接して，アーク溶解用消耗電極として使用，真空中または不活性ガス中で，水冷式銅るつぼを対極として，溶解精錬する．小規模の合金製作，難融性金属・合金の製作に用いられるものから工業用の大規模なものまである．→消耗電極式アーク溶解，非消耗電極式アーク溶解，エルー炉，ボタン溶解法

アーク溶接→電気アーク溶接

亜結晶粒界（subgrain boundary）

通常結晶粒の内部に発生する方位差の極めて小さい結晶粒界（→小傾角粒界）．多くの場合同符号の刃状転位 * の垂直列で構成され，幅が狭いことでセル組織 (3) * と区別されることがある．冷間加工後の回復過程（→ポリゴニゼーション）やクリープ変形時など，原子が動きやすく平衡状態への移行中，あるいはゆっくり凝固した時（→スミアロフスキー組織，リニェージ組織）に見られることが多い．

亜結晶粒組織（subgrain structure）

亜結晶粒界 * でできている組織．→ポリゴニゼーション組織，リニェージ組織

アコースティック エミッション（acoustic emission: AE）

AE と略称．固体の塑性変形または割れにともなう弾性波の伝播現象．弾性波（超音波）が発せられるので，それをとらえればき裂の発生，伝播，ひろがり，結晶のすべり，相変態などが観測される．試料表面に PZT*（チタン酸ジルコン酸鉛）などの変換素子を取付けて AE を検出する．周波数は数百 kHz ～数十 MHz の超音波領域

である.

アサーマル変態（athermal transformation）

　鋼（Fe-C）のマルテンサイト変態*のように，温度を下げ（続け）ないと新たなマルテンサイト晶が発生しない（変態が進行しない）変態をいう．すなわち，温度のみに依存して時間には依存しない変態の形式で，非熱的あるいは非等温的変態ともいう．等温変態*（isothermal transformation：一定温度に保持してもある時間の後に変態を開始し進行する．例，ベイナイト変態）の対語であるが，マルテンサイト変態でもFe-Ni,Cu-Al,Ti-Ni系などは等温的である．しかし，等温変態を示す材料に応力や磁場をかけると非等温変態が起きるので，この二つは本質的な違いでなく，変態に必要な駆動力の差による違いであるといわれている．非等温変態の余分な駆動力（界面エネルギー，変態ひずみエネルギー，音波エネルギーなど）を，非化学的（自由）エネルギー*という．アサーマルかアイソサーマルかは熱活性化過程*であるか否かとは別の概念である．また熱弾性型マルテンサイト変態*か非熱弾性型マルテンサイト変態かとも別の概念である．

アサルコ法（ASARCO process）

　銅および銅合金の連続鋳造法*．American Smelting and Refining Co.の頭文字からの呼称．

アシキュラー鋳鉄（acicular cast iron）

　強靭鋳鉄*の一種で，0.1Mo，1～4Niを添加してベイナイト*にした高級鋳鉄．ベイナイト基地の中に針状黒鉛が出ている組織のため，アシキュラー（針状）という．NiとMoの併用により変態が遅れ，徐冷でもベイナイト組織が得られ，260～370℃の焼なまし後，徐冷で450～650MPaの引張強度が得られる．靭性，切削性もよい．

アステリズム（asterism）

　塑性変形した金属のX線回折ラウエ写真において，ラウエ斑点がスポット状でなく半径方向や帯状にのびた星状図形になったものをいう．これはラウエ斑点を与える結晶面が湾曲していることを示す．→ラウエ法

アスペクト比（aspect ratio）

　一般に繊維（fiber）や粒（particle）の，長さ（縦）（l）と直径（横）（d）の比（l/d）のことで，それらの細長さを表す．繊維強化*複合材料の強度を，繊維自体の破断強度（σ_f）まで高めるには，降伏せん断応力をτ_yとすると$\sigma_f/2\tau_y$以上のアスペクト比が必要である．→臨界アスペクト比

アスベスト（asbestos）

　石綿．蛇紋岩や角閃岩から採出される天然の繊維状鉱物，あるいはそれをもみほぐし固めたもの．断熱性，耐熱性にすぐれ，柔軟なので，電気製品，建築材として広い用途に使われてきた．アスベストによる「じん肺」は古くから最大の職業病といわれており，鉱山，トンネル工事，建設労働者たちが危険にさらされ，悪性胸膜中皮腫やガンが多発している．大量のアスベストを輸入し続けている日本でも，2004年10月からすべてのアスベスト（他の製品に代替可能なもの－9割以上）を原則使用禁止とする方針を決定した．既存のアスベストについても，学校の校舎などからの剥落，解体時の粉塵など，対策が必要である．現在でも，解体される建物から，高濃

度のクリソタイル（白石綿）とすでに禁止されている発ガン性の高いクロシドライト（青石綿）を含む断熱材が発見されている．→環境問題

アダマイト（adamite）
　　耐摩耗性パーライト鋳鉄．ロール用合金で，Cr, Ni などの添加でチル層*を形成し，性質を改善したもの．ロールの胴，頸部がことごとく白色（チル化）で，破壊抗力は普通のロールに劣るが，圧延能力は2倍になった．1.25〜3.5C, 0.5〜2.0Si, 0.45Mn, 0.12>P, 0.05>S, 0.5〜1.0Cr, 0.25〜1.0Ni, 残 Fe．→チルドロール

圧印加工（coining）
　　コイニングともいう．円板あるいは一定形状断面の短い棒状金属素材を，浅い表面凹凸あるいは歯車のような精密な形状をもった上下の型の間で加圧し，型の模様や形状を与える加工法．板材に施されるものをエンボス加工*（embossing）という．

圧延加工（rolling）
　　2個またはそれ以上の回転ロールの間を通過させ，厚さを減らしつつ，板や型材を作る加工法．熱間圧延，温間圧延，冷間圧延*がある．鍛造と異なり連続加工で能率も精度も良い．作業内容により，分塊圧延*，厚板圧延，薄板圧延，形材圧延，棒・線材圧延，管材圧延などがある．→熱間加工

圧延集合組織（rolling texture）
　　圧延によって板材に生じる集合組織*．圧延面と圧延方向に平行に揃った結晶面と結晶方向で〔hkl〕〔uvw〕集合組織，と表現する．→加工集合組織

圧潰（あっかい）試験（squeezing test, crushing test）
　　①管状または輪状の試片を直径方向に圧縮して破壊させる試験をいい，通常圧潰に至るまでの荷重を測定する．軸受輪鋼に対しては焼入れ，焼戻し後施行される．②高炉用などの焼成ペレット*の圧縮破壊試験で，最大圧縮荷重を圧潰強度という．

圧下率（rolling reduction, draft）
　　圧延率ともいう．圧延加工における加工率*のことで，最初の厚みと圧延後の厚みとの差（圧下量）を最初の厚みで割った百分率．draftは圧下量をさすことが多い．

圧子（indenter）
　　硬さ*試験（押込み法）において，被測定物に押込んで圧痕をつくるための剛体とみなせる硬い物体．ダイヤモンド，炭化タングステンなどの超硬材料，鋼などで作られ，形は球，円錐，角錐など．

圧縮残留応力（compressive residual stress）
　　金属材料を加熱，冷却すると，表面が先に収縮するので，そこは引張応力，内部に圧縮応力が働くが，冷却後時間がたつと逆転して，表面に圧縮応力，内部に引張応力が残る．これが場所により不均一であると，割れや応力腐食の原因となる．

圧縮試験（compression test）
　　試験片に圧縮荷重をかけて，破断荷重から（脆性材），あるいは降伏荷重から（通常材）圧縮強さを測定する試験．この試験の目的は，第一に鋳鉄，軸受，セラミックス，コンクリートなど圧縮強度が重要な材料，次いで鋳鉄，石材，木材など引張試験*が困難な材料の強度を知ることにある．→脆性破壊

圧接（pressure bonding, pressure welding）

部材を接合する際に機械的圧力を加える方法の総称.熱間圧接,冷間圧接,鍛接*などがある.一般には面を清浄にして,加熱して拡散を助けるが,条件によっては圧力だけで酸化皮膜層が破れて圧接することもできる(例えばAl).加圧法にも,単に静的に加圧する方法,ロール間に挟む方法,回転させながら加圧する方法,超音波をかける方法などがある.材料の種類にかかわらず行えるところに特長がある.→電気圧接法

圧電係数 (piezoelectric coefficient)

圧電率 (piezoelectric modulus) と同じ.圧電によって生ずる誘電分極の大きさをP,応力をFとすると,P=z・F.zを圧電率,または圧電係数という.圧電率は結晶の方位によってきまる物性定数である.

圧電効果 (piezoelectric effect)

ピエゾ効果ともいう.フランスのピエル・キュリーとジャック・キュリーの兄弟が発見した.イオン結晶を外部応力により変形しようとする際,結晶内の電気的中性が失われて電気的双極子を生ずる現象.この逆現象が電歪,または電気ひずみ (electrostriction) で,イオン結晶に電圧を加えると,変形する現象 (逆圧電効果).圧電効果を示す物質を圧電素子,電歪を示す物質を電歪素子といい,電歪素子は圧電素子に含めることが多い.いずれも電気振動と力学振動の相互変換用に応用される.代表的な素子として,圧電素子では水晶(標準周波数の発生素子に応用),ニオブ酸リチウム,リン酸二水素カリウム (KDP),リン酸二水素アンモニウム (ADP),ポリフッ化ビニリデン (PVDF) など.電歪素子では,チタン酸バリウム,PZTなど.

圧電材料 (piezoelectric material)

圧電効果*をもつ材料.有機,無機とも膨大な数があるが代表的なものを次に示す.

水晶:水晶発振子,フィルターなどの電気通信材料.

ロッシェル塩:クリスタルイヤホン,マイクロホンなどに使われたが現在あまり使用されない.

$BaTiO_3$系セラミックス:チタン酸バリウムは0℃に第二相転移,120℃にキュリー点を示し温度特性がよくない.このため$BaTiO_3$–$PbTiO_3$か$CaTiO_3$などの固溶体を作り特性を改良.超音波振動子,水中音響変換器などに広く用いられる.

PZT*:ジルコン酸鉛 ($PbZrO_3$) とチタン酸鉛 ($PbTiO_3$) の固溶体セラミックス.家庭用ガス器具の圧電着火素子,超音波振動子,圧電ブザーなどに使用され最も汎用性が高い.

ADP*, KDP:ADPはリン酸二水素アンモニウム ($NH_4H_2PO_4$),KDPはリン酸二水素カリウム (KH_2PO_4) の略称で水中音響,レーザーの変調などに用いられる.

有機高分子:PVDF (ポリフッ化ビニリデン),PVC (ポリ塩化ビニル),ナイロン11 (ポリアミド),ビニリデンシアナイド系共重合体などがありPVDFは高音用スピーカー,超音波診断器探触子として使用されている.

無機−高分子混合系:プラスチックスおよびゴムをバインダーとしてPZT, $BaTiO_3$を分散させ可とう性を賦与したものである.

圧電セラミックス (piezoelectric ceramics) →圧電材料

圧力管（pressure tube）
原子炉の燃料棒の容器．まわりを一次冷却水が流れるので放射線損傷に強い耐圧材になっている．ジルカロイ*やZr-Nb合金などが使われている．→原子炉材料

圧力容器（pressure vessel）
原子炉中心部の燃料，減速材*，制御棒，冷却材*，反射材を高圧状態で保持するための容器．Ni-Cr-Mo鋼などが使われる．→原子炉材料

アドバンス（advance）
コンスタンタン*と同系．British Driver-Harris社（英）のCu-Ni系合金．電気抵抗が高く，抵抗の温度係数が極めて低い（-5×10^{-5}）ので計測器などに用途がある．44Ni, 1.5Mn, 残Cu.

アトマイゼーション（atomization）
溶融金属を細孔から噴出させ，これを高圧のガス（ガスアトマイゼーション）や水（水アトマイゼーション）で飛散させ粉末微粒化する．製品はアトマイズ金属粉といわれ，内部気孔が少なく，平滑表面で，球形に近く高密度焼結が可能である．粉末冶金用語．

アドミラルティ黄銅（admiralty brass）
スズを1％程度添加した七三黄銅*．特に耐海水性に優れているため海洋施設部材に用途がある．70Cu, 1Sn, 0.04As, 残Zn.

アドミラルティ砲金（admiralty gun metal）
耐食性青銅*でポンプやバルブの部品用．87.7Cu, 10.3Sn, 1.4Zn, 0.4As, 0.08Pb.

アナターゼ型構造（anatase structure）
酸化チタン（TiO_2）の結晶構造は，正方晶系*に属する高温型のルチル型*と低温型のアナターゼ型，および斜方晶系*に属するブルッカイト型の3種類がある．アナターゼ型はアナタス型ともいい，SB記号はC5．アナターゼ型の酸化チタンは波長が400nm以下の紫外線のもとで，光触媒反応を生じ，さらに最近，超親水性*を持つことが発見され，防汚，抗菌とともに防曇性を与える表面材料として自動車のサイドミラー，ビルのガラス窓，高速道路のトンネル内の照明用ガラスなどへの応用が注目されている．

アニーリング（annealing）
焼なまし，焼鈍*ともいう．シリコン基板*のイオン注入後の加熱によるシリコンの再結晶熱処理はアニーリングといい，焼鈍とはいわないようである．この場合の加熱速度は注入原子の拡散を抑えるために高速加熱であることが必要で，RTA（rapid thermal annealing）といい，レーザー加熱または赤外線加熱で行う．

アノード（anode）
広義の電池の電極のうち，金属／電解質の界面において，金属がイオンとして溶解し，電解質から電子を受け取っている（酸化反応が生じている）方をいう．陽極といわれることもあるが，一般の陽極，プラス極と混同する危険がある．すなわち，電気分解では，アノード＝陽極＝電源のプラスをつなぐ方であるが，電源として用いる電池では，アノード反応はマイナス極で生じている．金属の腐食はアノード反応が生じていることを意味する．アノード，カソードは，その電極で起こっている

酸化あるいは還元反応で定義されるものである．→単極電位，半電池，↔カソード

アノードスライム (anode slime) =陽極泥

アノード分極曲線 (anode polarization curve)

金属とそのイオンを含む溶液の系に，外部から電位を与えるなどして，平衡状態からずらすことを分極といい，その時の電位と流れる電流との関係の図を分極曲線という（図参照）．アノード分極曲線は，金属と標準的な電極（例：標準水素電極*）を溶液に漬け，金属側をプラスとして求めたもの．多くの金属における一般的なアノード分極曲線は次のような過程を経る．電

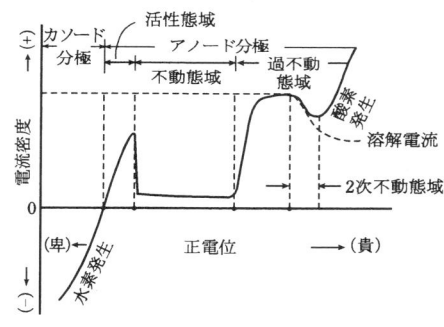

圧が低い（あるいはマイナス）段階（卑側）では金属極で水素が発生する（カソード分極状態），電圧を上げるとある点で電流がゼロとなり水素発生も止まる．さらに電圧を上げると（これ以後（貴側）全体がアノード分極状態），金属の腐食が始まり（活性態域），電圧を上げると共に電流が流れ，腐食も激しくなる（電流が流れる）．ステンレスのような不動態皮膜を持つ場合には，活性態域で，ある電位以上になると急に電流は小さくなり，金属の溶解速度も小さくなる．これが不動態*域である．それを過ぎると再び電流は大きく増加する（過不動態域）．不動態域が始まる電位が低いほど，終了する電位が高いほど，またその間の電流が小さいほど金属の耐食性が良い．

アパタイト (apatite)

リン酸カルシウムの組成を持つ化合物の総称．理想結晶の化学式は，$Ca_5(PO_4)_3F$ で，結晶は Ca^{2+}, PO_4^{3-}, F^- のイオンから構成され，リン灰石ともいわれる．バイオセラミックスとして知られる「アパタイト」は，上記のアパタイトの水酸化物で，ヒドロキシアパタイト $[Ca_{10}(PO_4)_6(OH)_2]$ ともいう．人工骨，人工歯，人工歯根などの生体材料として実用化されつつある．

油焼入れ (oil quenching, oil hardening)

油中に投入して行なう焼入れ操作．水よりもゆるやかで均等な焼入れができる．

アブレッシブ摩耗 (abrasive wear)

相対している面上の硬い突起物や凹凸によって削られる効果が主な摩耗．凝着摩耗*の対語であるが両摩耗が重なって現れることも多い．

アマルガム (amalgam)

Hg基合金の総称．一般に軟らかいものが多い．Tl, Cd, Pbなど低融点金属や，貴金属粉は合金化しやすいが，Fe, Ni, Wなどの高融点金属は合金化しにくい．Sn-Hg粉末のアマルガムは歯科材料，Pb, Bi, Snのアマルガムは鏡面の製作，Zn, Cdの

アマルガムは標準電池，Na, Zn などのアマルガムは還元剤に利用される．

アマルガメーション（amalgamation）

水銀（Hg）は Pt, Fe, Ni, Co, Mn を除く多くの金属を溶かして合金（アマルガム*）を作るので，この性質を利用して鉱石から Au, Ag などを採取する方法をいう．混こう法ともいう．水銀蒸気は有害なので現在は行われない．

網目状構造（転位の）（network structure of dislocations）

結晶中では，転位の斜め交差を基本要素として，焼鈍材などによく現れる転位の規則正しい六角網目構造．このような転位は移動しにくく，消滅しにくい．積層欠陥*のエネルギー測定に使われることがある．

アームコ鉄（Armco iron）

Armco Steel 社（米）製造の工業用純鉄．選別された高純鉄鉱石から，高炉*，塩基性平炉で作られた．保証成分は 99.84Fe，その他（C, Mn, Si, P, Cu, O, H, N）で，代表的組成は 0.012C，痕跡 Si, 0.017Mn, 0.005P, 0.025S，残 Fe である．最近では純酸素転炉法*で安価に同様な純度のものが得られている．→塩基性製鋼法，平炉，溶製鉄

アームスブロンズ（arms bronze: AMB）

耐食性アルミニウム青銅*の一種で朝戸順の発明．高温での機械的性質，耐食性，特に耐海水性，耐腐食疲労性，耐摩耗性などが優れ，車軸，海水用ポンプシャフト，ブレーキシュー，魚雷，航空機部品などに用いられる．$8 \sim 12$Al, $2 \sim 5$Fe, $0.5 \sim 2$Ni, $0.5 \sim 2$Mn, 残 Cu.

アムスラー試験機（Amsler universal testing machine）

引張り，圧縮，曲げ，せん断などの機械的試験ができる試験機（万能試験機）のうち，油圧で応力を発生させるもの．応力－変形を自記させることができる．万能試験機にはこの他に，てこ式のオルゼン試験機がある．

アモルファス合金（amorphous alloy）

非晶質合金ともいう．一般に金属，無機物は常温で結晶状態であるが，液体またはガス状から超急冷固体化した場合，結晶生成の時間的余裕がないため，その物質を構成する原子配置が結晶構造をもたず，ガラスと同様な無秩序状態になりうる（→過冷，急冷凝固）．これがアモルファス合金である．アモルファス合金は急冷凝固（$Pd_{80}Si_{20}$, $Cu_{50}Zr_{50}$, $La_{75}Au_{25}$ など），低温真空蒸着（Bi, Ga, Fe, Ni など），スパッタリング（$Gd_{80}Co_{20}$, $Sm_{30}Co_{70}$ など），メカニカルアロイング*などにより製造される．多くは単ロール法により連続的なリボン状で得られる．最近ではバルクのもの，通常の溶解，鋳造で得られるものもある．構造緩和*等物性的にも興味ある挙動を示し，また結晶化の過程からナノ結晶材料*など広い研究課題も提供している（→準結晶）．粒界も異方性もないので，機械的特性，耐食性，磁気特性などに優れた特徴があり，実用材料化が進められている．

アモルファス シリコン（amorphous silicon）

非晶質のシリコン（ケイ素）．a–Si と記すこともある．ダングリングボンド*が多くあり，そこに水素が結合している．アモルファスシリコンは通常シランガス（SiH_4）による CVD 法*で基板上に薄膜として形成される．この時ジボランガス（B_2H_6）を不純物として添加すると p 型層が，フォスフィンガス（PH_3）を添加する

とn型層が生成する．すなわちガスの切換えによってn-p接合や，エネルギーギャップに変化を与えることができる．アモルファスシリコンは結晶シリコンより大面積化ができるため，太陽電池*が主用途であるが，光センサー，複写機感光ドラムなどにも用いられている．→シラン

あらさ試験（roughness test）
　　材料の表面の凹凸を測定する試験．細かな凹凸や，やや広い範囲の「うねり」などを，光反射や，触針によって測定する．ややミクロには干渉顕微鏡，さらに原子レベルには種々の走査型電子顕微鏡*も使われる．表面の機械的性質，すべり（摺動），摩擦，摩耗*，ぬれ性*などの研究に用いられる．

RRR＝残留抵抗比

RR合金（RR alloy）＝ロールスロイス合金

RH法（Ruhlstahl-Heraus process）
　　真空槽に連結する溶鋼の吸い上げ用と排出用の2本の管を取鍋*中の溶鋼に挿入し，真空槽を排気すると大気圧により溶鋼は2本の管を通って真空槽中に上昇してくる．そこで吸い上げ管の下部からArを吹き込むと吸い上げ管中の溶鋼は気泡と同時に上昇し，排出管中の溶鋼は逆に真空槽から下降して取鍋中の溶鋼に戻る．こうして取鍋と真空槽の間で溶鋼の循環が起こり，取鍋の溶鋼は真空槽を通過する間に真空に曝されて脱ガスする．この方法を開発した会社の名前をとってRH法あるいはRH脱ガス法と呼ばれる．→DH法

R.F.C.（rolled flaky cast iron）
　　鋳鉄系の防音防振合金*．「圧延片状黒鉛鋳鉄」の意味で，木工用円盤鋸に使われている．-10dB程度の防振・防音効果がある．

アルカリ金属（alkaline metals）
　　Ia族に属するLi*，Na*，K*，Rb*，Cs*，Frの総称であるが，Frには安定核種がないため，通常LiからCsまでの5元素を指すことが多い．天然に単体で存在することはなく，ハロゲン化物（Na, K）として，またシリケートとして微量（Li, Rb, Cs）存在する．Liを除いてたがいに相似な性質を示す．柔らかく，銀白色の金属光沢を呈し，融点は低く，空気中では直ちに酸化するのでケロシン中に保管する．熱および電気の良導体である．s軌道に1個の電子を有する最外殻構造をもち，この電子を容易に放出して希ガス構造の安定な1価イオンとなる．イオン化ポテンシャルは他の元素と比較して最も低く，電気的に陽性である．ハロゲン*や酸素と激しく反応し，水素とは200～300℃で水素化物を作る．LiはMgとやや類似しており，Na以下のアルカリ金属とは異なった性質を持つ．例えばNと直接反応してLi_3Nを作る．またフッ化物，炭酸塩，リン酸塩は水に難溶である．アルカリ金属の蒸気はほとんど単原子分子であり1%程度の2原子分子を含む．単体の金属はNa以外は工業的な用途が少ない．金属Naは溶融NaOHを鉄製電解槽中で電解して作る（カストナー（Castner）法）．金属Liはリチウム一次電池の負極物質．Na，Kは単体または合金で原子炉の冷却材（ナック*），Csは光電管の材料に利用される．

アルカリ脆性（alkali embrittlement, caustic embrittlement）
　　鋼材にみられる応力腐食割れ*の一種であるが，時季割れ*ともみられる．高温

蒸気ボイラーなどの取り付け部で，すき間におけるアルカリの濃縮と残留応力*によるもの．

アルカリ土類金属（alkaline earth metals）

Ⅱa族の金属中，Ca*, Sr*, Ba*, Ra*の総称である．普通Raを除き，(Be), Mgを加えて呼ぶことが多いが，やはり三つ組元素*Ca, Sr, Baを主とし，土類という点からMgを加えて考えるのが妥当である．これらはいずれも最外殻の電子配列にs電子2個を持ち，これを失って希ガス構造の2価のイオンとなる．アルカリ金属*に次いで電気的に陽性であり，共有結合性の化合物は作り難い．ハロゲン化物の溶融電解を鉄製または黒鉛製の電解槽で行って金属を得る．難還元性高融点金属の還元剤または鉄鋼精錬の脱酸剤として用いられる．水，酸素，硫黄，ハロゲン*と容易に反応するがアルカリ金属ほど激しくない．高温で窒素，水素，炭素と直接反応し，反応物は加水分解してNH_3, H_2, C_2H_2を与える．フッ化物，炭酸塩，硫酸塩，オルソリン酸塩は水に難溶ないし不溶．水酸化物，炭酸塩を煆焼*（かしょう）すると酸化物となる．酸化物は安定でその生成熱は600kJ/mol程度である．

アルキャン法（Alcan process）

マグネシウム*の精錬法の一つで，無水塩化マグネシウムを溶融塩電解する方法．ドイツのI.G.（イーゲー）社のイーゲー法とほとんど同じ．ダウ法*は含水塩化マグネシウムから．ALCAN（アルキャン）は，Aluminium Company of Canada（世界有数のアルミニウム精錬会社）の略．

アルコア規格（Alcoa specification）

アルミニウム合金の規格として日本でも従来用いられたもので，2S（Al–Cu系）とか24S（Al–Cu–Mg系）など．最近はAAナンバー（Aluminium Association Number）が用いられる．ALCOA（アルコア）は，Aluminium Company of America（世界有数のアルミニウム製造会社）の略．

アルコア法（Alcoa process）

アルミニウムの電解精錬法の一つ．NaCl（LiClなどを加えることもある）に$AlCl_3$を5%程度溶解した電解浴を用い，マルチセル方式の炉で500℃で電解し，陽極にCl_2，陰極にAlを得る方法．陽極に発生するCl_2をAl_2O_3の塩化に利用する．ホール・エルー法*より電力原単位が15%程度少なくて済むと見積もられている．

RG＝成熟度（鋳鉄の）

r（アール）値（r-value）

材料の深絞り*性能を表す数値．ランクフォード値，塑性ひずみ比ともいう．引張り変形（通常20%）を与えた材料の，（板幅方向の対数ひずみ／板厚の対数ひずみ）の比をいう．これは試験片の切り出し方向によって変わる．ある方向のr値（r_1），それと45度，90度異なる方向の値をr_2, r_3とする時，$r_0 = (r_1+2r_2+r_3)/4$を平均r値といい，その値が大きいほど深絞り性が良好であると一般にいわれるが，方向による差が小さいことも重要である．r値は材料の集合組織*と深く関係している．

アルドライ（Aldrey）

Al-Mg-Si系の送電線用合金．時効硬化*合金で，引張り強さ31.5 kgf/mm^2, 導電率52%IACS*以上である．アルメレック*と共にAAAC電線*の代表的なもの．

標準組成はAl-0.4Mg-0.6Si (mass%). 素材は常温, 高温加工 (400～450℃) ができ, 特に焼入れ後常温加工により機械的性質が改善できる. 耐食性もあり, 送電線の他, ケーブル, 自動車エンジン部品などに用いられる. 0.2～1.0Si, 0.4Mg, 0.3Fe, 残Al.

アルニコ磁石 (Alnico magnet)
三島徳七の発明したFe-Ni-Al系磁石 (MK磁石) を基に発展したFe-Ni-Al-Co系磁石. 多くの種類があり, 実用磁石合金中最も多量に使用されている. アルニコ5が代表的 (8Al-14Ni-24Co-3Cu-Fe, 帯溶融法*によるものは$(BH)_{max}=47kJ/m^3$). 強力な磁石特性は, Fe・Coが主なα_1相とNi・Alが主なα_2相のスピノーダル分解相の交互配列に起源する. アルニコの名は主成分の頭文字. →異方性アルニコ磁石, スピノーダル磁石, MK鋼

アルパーム (Alperm)
増本量, 斉藤秀雄の発明によるFe-Al系高透磁率合金. 最大透磁率55000, 保磁力* 3.2A/mと磁性が優れている. 低ヒステリシス損失で, 電気抵抗が大きいためパーマロイ*の代用として磁気ヘッド, 磁芯などに使われる. 16Al, 残Fe, 600℃から急冷する.

α黄銅 (α-brass, alpha-brass)
銅の一次固溶体* (約30%Zn以下) の範囲の黄銅で, 置換型面心立方格子で加工しやすい. Zn30%付近のもの (七三黄銅*) が一般によく用いられている.

αクリープ (α-creep, alpha-creep) →クリープ曲線

α相 (α-phase, alpha-phase)
二元 (多元) 合金状態図で, 純金属に続いて現れる合金相. 純金属と同一の結晶構造をもつ. α固溶体, 一次固溶体*と同じ. 合金成分濃度が増して結晶構造が変るとき, 順にβ相, γ相, …という. 図参照. α相とβ相の間はα＋βの二相共存領域. β′はβの結晶構造が低温で規則格子*に変態*したもの. 相の名前としてのα, β, …は, 温度変化による変態につける名前としてのα, β, …とは別 (→α鉄). →状態図, 相

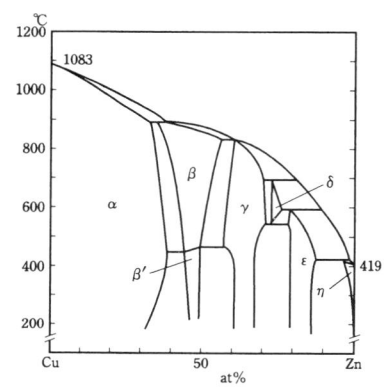

αチタン (α-titan, alpha-titan)
チタンは882℃で最密六方晶型のαチタン (低温相) から体心立方晶型のβチタンに変態する. αチタンを基本とする代表的な合金系はTi-5Al-2.5Snである. クリープ特性, 溶接性がよい.

α鉄 (α-iron, alpha-iron)
911℃にある鉄の同素変態*点 (A_3) 以下の鉄. A_{cm}線*の図参照. 結晶構造は体心立方晶*. 768℃以下で強磁性である. 最大で0.02%の炭素を固溶し (727℃), こ

れもα鉄あるいはフェライトという．一般に変態*のある純金属では低温側から α, β, γ, … と名付けている（相の名前としてのα相, β相…とは別）．→鉄, α相

αマルテンサイト（α-martensite, alpha-martensite）

通常の焼入れでできるマルテンサイト*のこと．高炭素鋼あるいは急冷で焼入れしたときに現れる．白色針状組織．体心正方晶系のα固溶体で，非常に硬くて脆い．100℃〜120℃に加熱すると過飽和の炭素の一部が炭化物として析出し，体心立方に近いマルテンサイトになる．これをβマルテンサイトといって区別する．→焼戻しの三段階，焼戻し組織

αマンガン型構造（α-manganese type structure, alpha-manganese type structure）

αマンガンは，金属マンガン*の同素体*の一つで，常温で安定なもの．マンガン鉱を電解還元すると靱性のあるγマンガンが得られるが，これは，常温で徐々にβマンガンからαマンガンに変態し脆化する．平衡状態では，α（常温〜723℃）⇌ β（723〜1095℃）⇌ γ（1095〜1133℃）⇌ δ（1133〜1240℃：融点）と変態する．

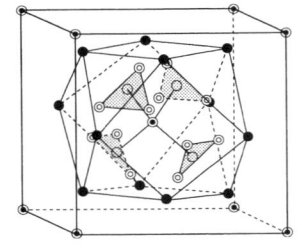

αマンガンの結晶構造は立方晶系であるが単位格子*に58個もの原子を含む複雑で大きな構造を持つ．A12型構造（→巻末付録）．図のように，中心に1個の原子（◉）を持ち，その回りに3原子の集団（影付き）を4個，四面体位置に配置し（◎），それらの間に1原子ずつの4本の足（○）が突き出ている．さらに，これらの回りを6個の四辺形と8個の三角形による14面体（●）が包み29原子からなる原子集団となる．この原子集団をまた，一つの原子のようにみて，それを体心立方格子*（bcc）のように体心と四つの体隅に配置したものが単位格子になっている．格子定数 8.914Å．

アルフェル（alfer）

Fe-13%Al の磁歪*合金．超音波発振子，フィルターなどに用いられる．

アルブラック（albrac）

日本で開発された耐食性高力黄銅*．海水，食塩水などに対する耐食性，耐侵食性が極めてよく，船舶，火力発電所用復水器管，加熱管，空気冷却管などの用途がある．19.15Zn-2Al-0.3Si-0.05As- 残Cu．

アルマイト（alumite）

理化学研究所が開発した，アルミニウムを陽極酸化して耐食性酸化皮膜処理を施す方法の日本における登録名．その製品をさすこともある．シュウ酸溶液中でAl板を陽極として電解（陽極酸化処理*）すると，Al板表面に多孔質で，電気絶縁性が高く，耐摩耗性の酸化皮膜ができる（ベーマイト*）．さらに高圧蒸気または熱湯処理して孔をふさぐと（封孔処理*），装飾的な皮膜になる．また多孔状態では，各種染料で着色もできる．耐食性，耐摩耗性がよく，色調が装飾的なため，家庭食器，家庭用品に用いられていたが，最近はビル壁の装飾材にも使われている．また，クロム酸や硫酸で表面処理する方法もあり，アルミライト（alumilite, 硫酸処理, 米），エロ

キザール法 (eloxal method, シュウ酸処理, 独) などが知られている.

アルミキルド鋼 (aluminium killed steel)
製鋼のとき, Alを加えて強制脱酸を行なった鋼 (キルド鋼*). 最近は, 連続鋳造*で鋼塊をつくるが, その代表的鋼種である. 気孔が少なく, 溶接性が良く, 低温圧力容器用鋼板などに適している. 残存するAl (0.05%程度) とN (0.05%) を利用して, 熱処理により機械的性質 (例えば深絞り*性) を向上させ得る.

アルミナ (alumina)
酸化アルミニウム (Al_2O_3) の工業的・鉱物学的呼称で, ばん土*ともいう. 使用する原料, 温度条件によって結晶型が複雑に変化する. しかし結晶変化は不可逆であり, 高温で生成するα相 (コランダム:三方晶系) は室温でも安定相である. このため焼結品は室温でも安定して使用できる. 用途は汎用材料であるため幅広いが, 例としては, 研磨剤, 配合用原料, 基板, 薄膜, 電気絶縁体, るつぼ, 人工宝石, 耐火断熱材など. またボーキサイト*からバイヤー法*で得られるものはアルミニウムの原料として重要. アルミニウムの空気中での表面酸化皮膜でもある. 天然のコランダムはα-Al_2O_3の単結晶(コランダム型構造*). ダイヤモンドに近い硬さをもち, Cr^{+++}を固溶したアルミナは赤色を呈してルビーとなり, 無色または薄青色のアルミナはサファイアと呼ばれる. 合成品もつくられ, レーザー, 軸受, ダイスなどに用いられる.

アルミナ耐火物 (alumina refractory material)
アルミナ*を主成分とし, SiO_2, Fe_2O_3などを含む耐火物. アルミナ含量の多いものほど耐火性もよく高級とされる. 炉体のライニング, 耐火レンガ, 加熱容器などに使用される. 中性で, 耐火度, 荷重軟化点, 耐食性などが非常に良く, 熱伝導性も高い. 高温でも電気絶縁性がよい.

アルミニウム (aluminium, aluminum)
元素記号Al, 原子番号13, 原子量26.98の金属元素. 主要鉱石はボーキサイト*で, これからバイヤー法*により高純度アルミナ*を作り, 氷晶石* ($AlF_3 \cdot 3NaF$) を加えて, 炭素内張り槽で溶融塩電気分解*すると溶融アルミニウムが得られる. 地金1トンのために10^7Whの電力を要する. 銀白色を呈し, 軽く (密度:2.698g/cm^3 (20℃)), 展延性にとみ, 結晶構造はfcc*. 融点660.52℃. 反応性は高いが空気中では緻密な酸化皮膜 (Al_2O_3:アルミナ) をつくり, 安定である. 熱・電気をよく伝える. 軽金属・軽合金の代表的存在で, アルミニウム合金* (Al-Cu系, Al-Mn系, Al-Si系, Al-Mg系, Al-Mg-Si系, Al-Zn系など) は多分野で広く大量に使用されている. →ホール・エルー法, ペシネ・ユージン法

アルミニウム黄銅 (aluminium brass)
α黄銅に約2%のアルミニウムを添加した耐食性黄銅*. 代表組成は22Zn, 2Al, 残Cu. 復水器, 熱交換器などに用いられる.

アルミニウム合金 (aluminium alloy)
アルミニウムは軽量であることが大きな特徴でCu, Si, Mg, Ni, Ti, Zr, Liなどの合金元素を単独または組合せ添加し, 調質, 熱処理などを併用すると優れた耐食性, 耐熱性, 高強度が得られるため, 宇宙・航空機, 鉄道車両, 自動車, 船舶, 建築用構造

物,各種産業機械,家庭用品,レジャー用品などあらゆる分野で大量に使用されている.アルミニウム合金には展伸用,鋳造用,ダイカスト用合金がある.→アルコア規格,ジュラルミン,ロールスロイス合金,コビタリウム,Y合金,シルミン,ローエックス,ラウタル,ヒドロナリウム,ケー・エス・ゼーワッサー合金,アルドライ,HD合金,導電用アルミニウム合金,アルメレック,AAC電線,ACSR電線,AAAC電線,ACAR電線,サップ,アルマイト

アルミニウム合金ろう (aluminium alloy brazing metals)

アルミニウムの硬ろう材(700K以上)にはAl–Si合金が使用され,共晶点に近いケイ素を加え,融点を下げて流動性,作業性を良くしている.ろう材があらかじめ2S(Al–Cu系)や3S(Al–Mn系)のような母材に被覆されているときは,ブレージング シート*といわれる.→硬ろう

アルミニウム脆性 (aluminium brittleness)

アルミキルド鋼*はオーステナイト結晶粒が微細化しているが,700〜1000℃で強い熱間加工を施すと生じる熱間脆性*のこと.これはオーステナイト粒界に析出した微細なAlN分散相によるもので,一度1100℃以上に加熱すると起こらなくなる.

アルミニウム青銅 (aluminium bronze)

アルミニウムを6〜12%含有する銅合金.青銅とはいうがスズは含まれない(→青銅).Fe, Ni, Mnが添加される.加工性が良く,強さ,とくに耐力が高く,耐食性,耐海水性,耐熱性,耐摩耗性がすぐれ,化学工業用,船舶部品,機械部品に使われる.アルミニウムの多いものは黄金色を呈す.

アルミ用はんだ (aluminium soldering metals)

アルミニウム合金のはんだ付けは表面が緻密な酸化皮膜で覆われているので,比較的困難であるが,表面の酸化皮膜をフラックスで除くか,機械的にこすって除去してろう付けする.はんだには,鉛系とスズ系,亜鉛系があり,組成によって適用温度を変える.フラックスには,アミン系,塩化物系がある.→はんだ

アルミライト (alumilite) →アルマイト

アルメル (alumel) →クロメル–アルメル熱電対

アルメル–クロメル (alumel-chromel) →クロメル–アルメル熱電対

アルメレック (alumelec)

フランスで実用化されたAAAC*送電線用高張力アルミニウム合金.0.4〜1.2Mg, 0.5〜1.2Si, 0〜0.3Fe,残Al.引張強さ31.5 kgf / mm^{2}以上.高電気伝導度(52% IACS*以上),熱処理・鍛造可能.

アレニウスの式 (Arrhenius' equation)

化学反応の速度を速度定数(k)と温度(T)の関係として記述する経験式(アレニウス,1889年)で,$k=A\exp(-E/kT)=A\exp(-Q/RT)$で表される.Aは反応に固有な定数で頻度因子*,E, Qは活性化(自由)エネルギー,kはボルツマン定数*,Rは気体定数である.拡散*やクリープ*をはじめ多くの熱活性化過程*の実験からEを求めて過程のメカニズムを考察するのに使われる.→レート・プロセス,活性化エネルギー

泡模型 (bubble model)

金属結晶の変形が転位*によるものであることを，金属原子間の凝集と類似の相互作用を示す石けん泡の集合で直感的に示したもの（1947年，W.L.Bragg and J.F.Nye）．応力と転位運動の関係をはじめ点欠陥*の作用，粒界構造などの理解に役立った．透過電子顕微鏡による直接観察ができるまでの重要な実験道具．

暗視野像（dark field image of microscopy）
　　金属光学顕微鏡での組織観察で斜め方向から光をあて，表面の散乱光のみが対物レンズに入るようにして，平滑でない表面にコントラストをつけた像．透過電子顕微鏡*では，試料を透過した電子ビームをしぼりから外し，散乱ビームのみを結像させた像．観察対象は，暗い地の中に光って見える．←→明視野像

安全ガラス（safety glass）
　　ガラスが破損した時に破片が飛び散らないように加工したガラス．金網入りのもの，2枚以上の板ガラスをポリビニルブチラールのフィルムを中間に接着した合わせガラス，板ガラスの表面に強い圧縮応力を加えて強度を高め，破損した時に鋭いエッジにならず細かな断片になるようにしたものもある．自動車の窓ガラスには一部の例外を除き安全ガラスを使用することが義務付けられている．

安全工具（safety tool）
　　爆発物を取り扱う作業場では工具類を叩いたときに火花を出さないことが求められる．このため鉄鋼のかわりにベリリウム銅*合金製の工具が用いられる．これを安全工具という．

安息角（angle of repose）
　　鉱石やコークスなどの粉末や粒子を平面上に自由落下させた時にできる，円錐体の斜面が平面となす角．安定に積み上げ得る最大角．粒子間の摩擦が大きいほど安息角も大きくなる．

アンダーソン局在（Anderson localization）
　　金属や半導体中では，伝導電子*の波動関数*（電子雲）は，結晶全体に広がっていると見なされるが，結晶が乱れるなど不規則なポテンシャルがある限度以上導入されると，波動関数は空間的に局在し，急に絶縁体になる．1958年にアンダーソン（P. W. Anderson）が指摘した．→フェルミ面

アンチモン（antimony）
　　元素記号Sb，原子番号51，原子量121.8の金属元素．銀白色でもろく，三方晶系結晶，融点：630.7℃，沸点：1635℃，密度：6.691g/cm^3（20℃），主要鉱物は輝安鉱（Sb_2S_3）で直接鉄で還元するか酸化鉱とし炭素で還元する．また亜鉛製錬の副産物として得られる．蓄電池の電極材，軸受合金*，活字合金*，低融点合金*，化合物半導体などの添加元素としての用途の他，防燃加工用．また，InSbは赤外線センサーとして用いられる．単体，化合物とも有毒で，ヒ素*や水銀*に似た毒性を持つ．

安定化焼なまし（stabilizing annealing）
　　オーステナイトステンレス鋼*は急冷後，長時間加熱すると，粒界にCrの炭化物が析出し，粒界腐食*が発生しやすい．そこでTi, Nb, Laなどを添加，安定炭化物を作らせるが，850〜900℃に加熱して，安定炭化物を母相中に析出させておき，再固溶しないようにする．これを安定化焼なましという．

アントノフの法則(Antonov's rule)

互いに接する2液体の界面張力*はそれぞれの表面張力*の差に等しいという経験則.水や有機液体で成立することが多い.

アンドレード則(Andrade's law)

①温度が絶対温度で表した融点の1/2よりやや高く,荷重が中程度のクリープ*において,遷移段階が$\varepsilon=\varepsilon_0+\beta t^m$($\varepsilon$:変形量,$\varepsilon_0$:初期の瞬間変形,t:時間,$\beta$,m:定数)で表せるという規則.mは1より小さく1/3程度の場合が多い.アンドレード則で「m乗」を意味することも,「1/3乗」を意味することもある.また1/3乗則ということもある.→クリープ曲線

②粘度の温度変化を与える$\eta=A\exp(E/RT)$の式をアンドレードの式という.

アンバー(invar)

インバーのフランス語読み.発明者ギョーム(C.E.Guillaume)がフランス人であるところから,フランス語読みでこういわれることがある.→インバー

鞍部(saddle point)

鞍点ともいう.①A-B-C三元系状態図で,A-B系,A-C系には極小を示す調和融解点があり,B-C系に極大のあるときは,三元系の液相面,固相面は複雑に湾曲し,鞍状の形をした鞍部が現れる.この個所で液相面の等温線はある方向には谷であり,他のそれにほぼ垂直な方向には峠になっている.

②拡散,析出,化学反応など熱活性化過程を自由エネルギー面(X,Y面に反応経路をとり,これを「反応座標*」といい,Z軸にエネルギーをとる)で考えると,反応系と生成系の付近は凹部になっていて,反応の進む経路の両側は凸部になっている.測定される活性化エネルギー*は,経路の「谷筋」と「稜線」の出会う位置すなわち鞍部に相当する.

い 1, e, ε, η, ι

飯高メタル(Iidaka's metal)

飯高一郎が開発したCu-Ni-Al系銅合金.87〜90Cu,4〜6Ni,5〜7Al,0.3〜1.5Fe.常温および高温における機械的性質が優秀で,耐食性が大きいという特長をもっている.銅合金としては最強力の部類に属し,タービンブレード,弁などに用いられる.

ESCA(electron spectroscopy for chemical analysis)=エスカ

ESD(extra super duralumin)

超々ジュラルミン*のこと.ESDとは英文の頭文字ともいうが,英国のローゼンハインによるE合金とドイツのSandar合金を基礎としたところからもこの名がある.

ESD磁石(ESD magnet, elongated single domain magnet)

鉄または鉄-コバルト合金の細長い単磁区微粒子を合成樹脂で圧粉,成形したボンド磁石の一種.磁気特性はアルニコ磁石*とほぼ等しい.成形寸法精度が高く,機械加工,はんだ付けが容易.磁性の温度変化も小さい.

EXAFS=エキザフス

イエルンコントレット標準試料(Jernkontoret austenite grain size standard)

スウェーデンで開発されたオーステナイト粒度*の標準．10段階に区分され，米国のシェファード（Shepherd）標準と似ている．ASTM粒度*とよい相関がある．

イエローケーキ（yellow cake）

ウラン精錬の中間生成物．黄色ないし黄褐色をしているのでこの名がある．①ウラン精鉱ともよばれ，鉱石を酸または炭酸ソーダで浸出溶解し，それを溶媒抽出か沈殿法で取り出し，水洗・乾燥したもの．U_3O_8 として $75 \sim 83\%$ を含む．②中性子を吸収する不純物を除き，二酸化ウランを作る精製錬の中間物質（ウラン酸アンモニウム，ウラン酸ナトリウム）もイエローケーキと呼ばれる．→ウラン

硫黄（sulfur, sulphur）

元素記号S，原子番号16，原子量32.07の元素．単体として天然に産出するほか，硫化物や硫酸塩，亜硫酸ガスや硫化水素ガスとして存在する．主として石油精製工程で生じる回収硫黄，硫化鉱精錬の廃ガスより得られ，粗製硫黄の蒸気を112℃以下で固化させると黄色の微粉末となる．これを昇華硫黄（主としてα硫黄）という．

α硫黄（斜方晶系）：最も安定で融点112.8℃，沸点444.7℃，密度 $2.079 g/cm^3$．

β硫黄（単斜晶系）：針状結晶で融点119.0℃，密度 $1.96 g/cm^3$，室温でα硫黄に転移．

天然ゴムに硫黄を $1 \sim 3\%$ 添加すると強さや弾力性，耐熱性が出る．この処理を加硫という．さらに約45％まで加硫すると黒色で硬く，電気絶縁性，耐酸性が大きいエボナイトができる．硫黄は金属と反応して硫化物を作る．黄鉄鉱（パイライト），硫化水銀（辰砂），硫化亜鉛（閃亜鉛鉱），硫化鉛（方鉛鉱），黄銅鉱*などがあり，それぞれ亜鉛，鉛，銅精錬の原料である．

硫黄酸化物はSO_x（ソックス）ともいわれ，二酸化硫黄（SO_2，気体を亜硫酸ガスともいう）と三酸化硫黄（SO_3）がある．化石燃料の燃焼によって排出されるSO_2は，紫外線との光化学反応により硫酸ミストとなって呼吸器を冒し，四日市，川崎などで多くの公害患者を発生させた．大気中の硫黄酸化物は酸性雨となって森林を枯死させ，湖沼，河川，海を汚染する．SO_3は水に溶解して硫酸（H_2SO_4）となり，これは肥料，農薬，爆薬，繊維，金属の電解精錬の原料として広く用いられている．→非金属介在物，環境問題，窒素酸化物，オキシダント

硫黄印画法（sulphur print）＝サルファープリント

硫黄快削鋼（sulfurized free cutting steel, free machining sulfurized steel）

NCマシンなどで機械切削の際に削り屑が長くのびないように，$0.08 \sim 0.35\%$のSを$0.25 \sim 1\%$のMnと共存させ快削性*をもたせた鋼．鋼中の組織ではSはMnSとして粒界に分布する．機械的強度の低下が難点．鋼製ボルト，ナット類のための鋼材．→快削鋼

イオン化エネルギー（ionization energy）

気体中の基底状態にある原子または分子から1個の電子を引き離すのに必要なエネルギー．

イオン化傾向（ionization tendency）

金属が水と接する時，陽イオンになる傾向．そのなりやすさ．標準水素電極*などを基準に測る．水に対するイオン化傾向の大きさを順に並べたものをイオン化列

あるいは電気化学列という.卑 Li>K>Ca>Na>Mg>Al>Zn>Cr^{Ⅲ} > Fe^{Ⅱ} >Cd>Co^{Ⅱ} >Ni>Sn^{Ⅱ} >Pb>Fe^{Ⅲ} >(H)>Cu^{Ⅱ} >Hg^{Ⅰ} >Ag>Pd>Pt>Au 貴.→電位列

イオン結合 (ionic bond)

化学結合の典型的な機構の一つ.正負イオンの静電的引力による結合.代表例は Na^+ と Cl^- からなる食塩.その結晶がイオン結晶で,塩化ナトリウム型構造*,塩化セシウム型構造*,閃亜鉛鉱型構造*,蛍石型構造*などがある.

イオン交換法 (ion exchange process)

湿式製錬において特殊金属イオンの回収,分離に用いられる.イオン交換剤としてゼオライト*やイオン交換樹脂を使用し,膜あるいは粒子を充填したカラムを用い,目的とする陽イオンあるいは陰イオンを可逆的に交換吸着させ,その後溶離剤として酸か塩基の溶液を流し,目的イオンを分離,回収する.

イオン散乱分光 (ion scattering spectroscopy : ISS)

試料表面の第一層のみの散乱情報,たとえば散乱原子の元素質量,原子配列などを得る実験法.試料表面に入射する一次イオンのエネルギーが10keV以下を低エネルギーイオン散乱 (low energy ion scattering: LEIS) と呼んでいる.

イオン芯 (ion core)

金属のように,各原子が価電子を自由電子として放出・共有している場合,各原子に残留・所属している電子と原子核で構成されている正イオンをいう.

イオン窒化法 (ion nitriding)

被処理材を減圧容器内に入れて陰極に接続,容器の壁を陽極に接続し,容器内雰囲気を窒素,アンモニア,水素の混合ガスにして,約500℃に加熱保持し,電極間に直流電圧を印加,グロー放電*を発生させながら窒素イオンにより表面窒化するガス窒化法.他の窒化法に比べて,速く,均質な表面硬化層が得られる.グロー放電窒化法ともいう.

イオン注入 (ion implantation)

イオン打ち込みともいう.イオンを加速して高速度で固体表面にぶつけて固体表面に異種原子を導入する工法.半導体への不純物添加のための技法.イオン注入のメリットは,1)広範囲の種類の不純物を規定した濃度に導入でき,2)不純物の空間的分布を制御できる.他方デメリットは,1)固体表面がイオン衝撃で損傷し,2)イオンの導入深さが浅い.固体表面の結晶の損傷の回復のために,高速高温加熱アニールまたはレーザー照射によるレーザー アニールが後処理として必要になる.

イオン中和分光法 (ion-neutralization spectroscopy: INS)

試料表面にHeやArガスの低速イオンを照射したときに放出される二次電子のエネルギーから表面および吸着種の電子状態を解析する手法.

イオン伝導体 (ionic conductor)

電荷のキャリヤがイオンである物体.電解質溶液,固体電解質,溶融塩*などはイオン伝導による.

イオンの移動度 (mobility of ion)

単位電位勾配 (10^{-2}V・m^{-1}) のもとで移動するイオンの移動速度 (10^{-2}m・s^{-1}・V^{-1}) をいう.無限希薄溶液の当量電導度*をファラデー定数*で割ったものに等しい.

イオンの溶媒和 (solvation of ion)

イオン性結晶を溶媒に溶かすとき,イオン間の結合を切るためにイオンと溶媒間に新しい結合を生じる.この現象を溶媒和という.特に溶媒が水のとき水和という.

イオン半径 (ionic radius)

イオンが球対称の形をしていると考えた時の半径.便宜的な概念である.例えばイオン結晶については正・負イオンの半径の和を格子定数と考え,モル屈折から求めた O^{2-}, F^- をもとにして種々のイオン半径が計算されている.溶液においてはストークスの法則から計算される.→ゴールドシュミットのイオン半径,ストークス・アインシュタインの関係式,↔原子半径

イオン プレーティング (ion plating)

金属板などの物理的表面処理(蒸着)法の一種.Ar^+ のグロー放電＊により被処理基板表面を清浄にしてから,金属源を蒸発させ,Ar^+ との衝突で金属をイオン化させ,活性状態で基板に衝突,固着させ皮膜を形成する.表面硬化や耐食性を与える.

イオン ポンプ (ion pump)

スパッタイオンポンプ (sputter-ion pump) ともいう.超高真空＊用の真空ポンプの一種.ポンプ内の電磁場により気体分子をイオン化し,陰極のチタン板に衝突させてチタンのスパッタリングを生じさせる.イオンはチタン板に捕捉され,その分だけ真空度が上る.スパッタリングしたチタンはゲッター作用で他の分子,原子と結合する.気体分子は系内の表面または固体の内部に閉じこめられる形で真空度をあげる.清浄な超高真空を作るのに適している.

鋳型 (mold, mould)

高温の溶融金属を注入し,凝固させて所要の形の鋳物＊を得られるように,その形の空所が作ってある型のことで,砂型,金型＊(金属型),石こう型,シェルモールド＊(法)などがある.一般的な構造として主型(おもがた)と中子＊(なかご)からなるが,溶湯の流れからいうと,湯口 (sprue),湯道 (runner),せき (gate),あがり (flow off),ガス抜き (vent),押湯＊などの部分からなる.

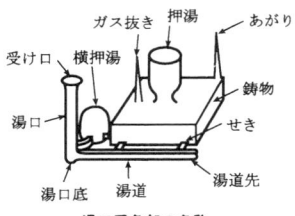

湯口系各部の名称

鋳ぐるみ (insert)

内部チルともいう.鋳物で局部的に肉厚の大きい部分があるような場合に部分的に凝固が他の部分より遅くなり,そのため引け巣＊などの欠陥を生じやすい.これを防ぐためにその肉厚部分に鋳物と同材質の物体を挿入し,鋳物全体の凝固を同時進行させることがある.鋳物自体との密着性をよくするために鋳ぐるみの表面をメタリコン＊処理することがある.冷し金＊の一種.

イゲタロイ (Igetalloy)

住友電工の工具用超硬合金.WC(炭化タングステン＊)粉末を主成分とし,これをCoまたはNi, Feなどで焼結したもの.82〜88W, 5.2〜5.8C, 5〜13Co, 0〜2Fe.

ECAE（加工）法 (equal channel angular extrusion: ECAE)

ECAP法 (equal channel angular pressing) またはECAF (equal channel angular forging) ともいう．ECAE法は1981年に旧ソ連で金属材料の組織制御法として開発，その後結晶粒微細化に応用され注目を浴びた．図1に示す四角柱の形の試料を角度のついた四角孔をもつ金型の中を繰り返し通し，結晶粒を微細化する高ひずみ加工法．図2に試料が金型内を通過する様子を示す．試料は大きなせん断変形を受け，1が2のように変形する．最近の実用マグネシウム合金にこの方法を適用した結果，200℃において8回繰り返しECAE法により15μmの初期粒が1nmにまで微細化した．回転式や多段式の金型を用いて連続的に加工する方法が考案され，この方法の実用化が近い．

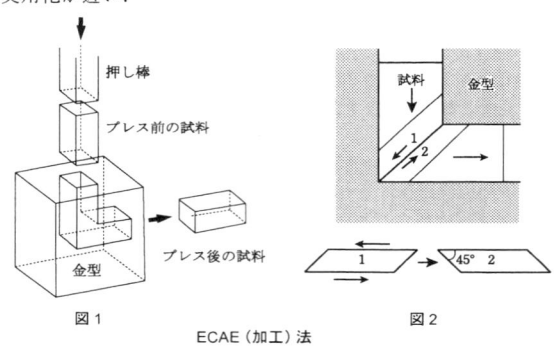

図1　　　　　図2
ECAE（加工）法

異常結晶粒成長 (abnormal grain growth) ＝二次再結晶
石綿（いしわた） ＝アスベスト
イソ（ISO） ＝ISO（アイエスオー）
位相差顕微鏡 (phase contrast microscope)

物体表面の凹凸や，内部の組織や不均一を，それによって生じる位相差で見たい場合，その位相差を明暗のコントラストに変換して観察できるようにした顕微鏡．リング状の絞りを光源近くに置き，その像の位置に例えば1/4波長差の位相板を置いておく．観察物体内で生じる回折波と直進波（これが1/4波長程度の位相差を持っている）は，リング絞りの像の位置では分離し，位相板の異なる位置に進む．その結果1/2波長程度の差が生じ，明暗コントラストになる．平面であれば，20～50nm程度の微細な凹凸の高さまで推定できる．

位相的最密構造 (topologically close packed structure)

TCP構造ともいう．金属間化合物＊において，原子半径の差が大きい場合に現れる構造で，2種類の異なる原子の格子が「入れ子」構造になり，稠密な単位格子を構成している．異種原子間の力学的エネルギーによって生じた構造．ラーフェス相＊，σ相＊など多くの例がある．多くの場合脆いので，相計算法＊（PHACOMP）などでこの相の出現範囲を把握し，微量元素を添加して防止する（例, Ni基耐熱合金）．原

子半径が近い場合の,幾何学的最密構造(geometrically close packed structure: GCP)の対語.

位相反転境界 (anti-phase boundary) =逆位相境界

位相物体 (phase affect substance)

透過電子顕微鏡*では試料を透過した電子は吸収により振幅は弱まる(振幅物体).またその波長λは物質の屈折率nが1でないので,λ/nとなり,透過電子波は位相のずれを生ずる.このような性質に注目した場合の物質を,位相物体という.

イソパーム (Isoperm)

Allgemeine Elektrizitäts Gesellschaft (独) のFe-45～55Ni合金.定透磁率性を持つ.すなわち高磁界まで,磁化の直線性がある.ひずみのない弱電部品に用いられる.圧延-再結晶-再圧延で圧延方向と直角方向に磁化容易軸を揃えている.

η相 (η-phase, eta-phase) →ω相 (Al-Mg-Zn)

一次温度計 (primary thermometer)

直接的に熱力学的温度(絶対温度)を決定できる温度計.気体温度計(3K～1063℃以上の等容気体温度計)や全放射温度計(0℃以上)などが一次温度計として使用される.

一次クリープ (primary creep) =遷移クリープ

一次結合力 (primary bonding force)

原子と原子の結合力は,大別して一次結合力と二次結合力に分けられる.一次結合力は強い結合力で価電子など外殻電子の関与のしかたにより,イオン結合*,共有*あるいは等極結合*,および金属結合*の三つに分類されている.→二次結合力

一次固溶体 (primary solid solution)

合金状態図で純金属に連続して存在し,純金属と同じ結晶構造を持つ固溶体*のこと.→α相,二次固溶体

一次再結晶 (primary recrystallization)

変形してひずみを持っている結晶粒の集まりにおいて,加熱により,新しいひずみのない結晶粒が発生,成長すること.ひずみエネルギーはほとんど解放される.→二次再結晶

一次すべり系 (primary slip system) =主すべり系

一次セメンタイト (primary cementite)

鉄-炭素系状態図で共晶点(4.3%C)より高炭素濃度(過共晶*)の融体から液相線に沿って晶出する初晶セメンタイト.

一次相転移 (first order phase transition)

融解や凝固のように構造の連続性がなく,相の自由エネルギー*の温度や圧力による微分(エントロピーS,比熱C_p, C_V,圧縮率κなど)が不連続となる相転移を一次相転移という.一方,規則-不規則変態*や,磁気変態は,一次微分は連続であるが,二次微分が不連続なので二次相転移という.

一次反応 (first order reaction)

化学反応で反応速度が反応物質の濃度に比例する反応をいう.反応分率をx,反応次数をnとすると,反応速度は次式にしたがうことが多い. $dx/dt = k(1-x)^n$

kは反応速度定数, n=1の場合が, 一次反応である.

一成分系(one component system)

純金属や水のように構成要素が1種類だけの系をいう. 相律*から温度・圧力など変化させ得る自由度*の数は, 3-(相の数)となり, 融点のように二相平衡の状態では, 温度か圧力だけが変えられる.

一方向凝固(unidirectional solidification)

鋳型の底面を水冷するなどの方法で熱流を一方向に制御し, 固液界面の温度勾配を一定に保ちながら凝固させるやり方で, 固溶体合金では柱状晶*を, 共晶合金では共晶を板状あるいは繊維状に凝固進行方向に揃える方法. ブリッジマン法*やゾーンメルティング法*もこの一種である.

一方向凝固共晶合金(unidirectional solidified eutectic alloy)

共晶組成を持つ合金に一方向に大きい温度勾配を与えながら, 一定速度でゆっくり凝固を進行させた合金. 繊維状あるいは板状の固い相が強靭な素地相の中に一方向に極めて細かく配列している. 一種の繊維強化合金で, 長手方向での強さ, クリープ強さが極めて大きく, ジェットエンジンタービンブレード用にNi基超耐熱合金の$\gamma'/\gamma-\delta$合金, $\gamma'-\delta$合金, $\gamma'-\beta$合金, Co基の$\gamma'/\gamma-Cr_7C_3$合金, Co-TaC合金などが開発されている.

一方向凝固単結晶合金(unidirectional solidified monocrystal alloy)

Ni基超耐熱合金の, ジェットエンジンタービンブレードなどの製造に最近用いられているもので, 合金を一方向に大きい温度勾配を与えながら, 一定速度で徐々に凝固を進行させ, その際鋳型をしぼって, ある結晶方位の単結晶のみを優先成長させる. 粒界がないので, 高温で粒界割れや粒界すべりがなく, 単純な$\gamma-\gamma'$二相系として均質固溶処理と時効処理により, 析出微細$\gamma'(Ni_3Al)$量を多くして, クリープ破断強度を著しく高くすることができた. 実用化された単結晶合金として, PWA社(米)のAlloy 444, 454, RR社(英)のSRR99, 金材技研(日)のTMS1, 12などがある.

一方向(磁気)異方性(unidirectional (magnetic) anisotropy)

方向も向きも一つに決まっている方向性. 回転して磁性を測ると360°周期となる. 表面が酸化したコバルト微粒子を磁場中冷却(77Kへ)したものなどに現れる. ↔ 単軸異方性

一致化合物(congruent compound)

調和化合物ともいう. 調和融解*する化合物.

イットリウム アイアン ガーネット(yttrium iron garnet: YIG)

$3Y_2O_3 \cdot 5Fe_2O_3 (= Y_3Fe_5O_{12})$の組成, 立方晶系でガーネット構造*の代表的磁性酸化物. 超高周波(GHz域)でのジャイロ磁気効果素子に用いられる. 吸収に対するファラデー効果*が近赤外領域で大きい. 磁気バブル用材料の基本結晶で, Sm, Ga, Lu, Ca, Geなどを添加し磁気特性を改善する. →バブル磁区

イットリウム アルミニウム ガーネット(yttrium aluminium garnet: YAG)

$3Y_2O_3 \cdot 5Al_2O_3 (= Y_3Al_5O_{12})$. 透明・三方晶系:ガーネット(ざくろ石)型構造. 添加物としてNd^{3+}を微量加えた単結晶は, 紫色で, レーザー発振用として使用される.

一般構造用鋼 (steel for general structure)

JISG3101に規定されたSS330～SS540までの構造材であるが，化学成分，機械的性質の規定がゆるいので使用には十分な調査が必要．

EDTA (ethylenediaminetetraacetic acid)

エチレンジアミン四酢酸．無色．結晶，粉末．1価金属以外のすべての金属イオンと結合して安定な水溶液のキレート錯体を作る．→錯イオン

易動転位 (mobile dislocation)

転位のバーガースベクトル*がすべり面上にあり，応力によって容易に動ける転位．不動転位*の対語．

EPMA (electron probe micro-analyser)

XMA (X線マイクロアナライザー：X-ray micro analyser) ともいう．細い電子線束を試料に当て，試料から励起されて出てくる特性X線*をX線分光し，微小部分の元素分析（定量・定性）を行なう装置．→走査型電子顕微鏡

ε黄銅 (ε-brass, epsilon-brass)

黄銅*のうち，Cu12.5～21.0at%にある化合物相．ヒューム－ロザリーの規則*②の例証の一つである．原子価電子数 $(e/a) = 7/4$ に相当する．ε黄銅型六方晶 (hcp) の結晶構造をもつ．Cu-Zn系にはこの他にも e/a が $3/2$ (β黄銅型), $21/13$ (γ黄銅型) の電子化合物*がある．価電子濃度（1原子あたりの価電子数）が特定の値をもつ安定な金属間化合物*が，他の合金系にも多数あることがヒューム－ロザリーにより見出され，電子化合物と呼ばれた．→電子・原子比因子

ε炭化物 (ε-carbide, epsilon carbide)

加熱した鉄の表面でCOとH_2の反応によるか，マルテンサイトの焼戻し中間物質として現れる．Fe原子がhcpの位置を占め，その侵入位置にC原子が固溶している．Fe_2C～Fe_3Cの組成を持つ．焼戻しにともない正方晶マルテンサイトの軸比は急減する．εというのはFe-N系中のε相と同じX線パターンを示すからである．→焼戻しの三段階

ε鉄 (ε-iron, epsilon iron)

高圧化（常温では，110kbar以上）で現れる鉄の同素体*．六方最密の構造をとり，α鉄より約5%体積が減少する．加圧による $\alpha \rightleftarrows \varepsilon$ 変態はマルテンサイト型である．α・γ・ε鉄の三重点は110kbar, 500℃といわれている．

εマルテンサイト (ε-martensite, epsilon martensite)

hcp構造*のマルテンサイトをいう．これが現れる鋼種は多くはないが，18-8ステンレス鋼*などのFe-Cr-Ni系や高マンガン鋼*など，オーステナイトで積層欠陥*エネルギーの低い鋼種を加工した際に加工誘起変態*マルテンサイトとして生じる．

異方性アルニコ磁石 (anisotropic alunico magnet, unidirectional alunico magnet)

アルニコ磁石*の強力な磁石特性は，Fe・Co相とNi・Al相のスピノーダル分解*によるが，鋳造時に柱状晶化したり，冷却時に磁場をかけたりすることで，一層異方性を強くし，特性を向上させたもの．柱状晶アルニコ8では$(BH)_{max}$=78kJ/m^3である（通常のアルニコは47kJ/m^3程度）．

異方性エッチング (anisotropy of etching)
　結晶は面方位によって性質が異なることがある．シリコンは(111)面のアルカリ水溶液によるエッチング速度が著しく遅く，事実上，エッチングが止まってしまう．このようなエッチングの異方性を利用してシリコンのナノスケールの微細なプローブの作成などができる．

異方性ケイ素鋼板 (anisotropic silicon steel plate) ＝方向性ケイ素鋼板

異方性パラメーター（弾性の）(elastic anisotropy parameter)
　立方晶金属の，巨視的な弾性の異方性を表すパラメーターで，$2C_{44}/(C_{11}-C_{12})$ で表される．ここで，$C_{ij}(i,j=1\sim 6)$ は弾性定数テンソルであるが，立方晶系では結晶の対称性から，$C_{11}=C_{22}=C_{33}$，$C_{12}=C_{21}=C_{13}=C_{31}=C_{23}=C_{32}$，$C_{44}=C_{55}=C_{66}$，他は0と簡単になる．$C_{44}$ はせん断弾性定数，C_{11} は応力とひずみの方向が同一方向の引張り弾性定数，C_{12} は応力とひずみが垂直方向の引張り弾性定数である．異方性パラメーターが1に近いほど等方的 (Al, Mo, W など) で，1から異なるに従って異方的 (Cu, Au, Pb など) になる．　→弾性定数の成分

異方性ボンド磁石 (anisotropic bonded magnet)
　磁石粉末をゴムなどとよく混練して，プレス成形，圧延などにより作られたゴム磁石をボンド磁石という．普通には方向性はない，等方性であるが，磁場中で成型するとか，粉末が球状でなく，針状であると，圧延方向に磁石粉が並ぶようになり，異方性が現れ，これを異方性ボンド磁石という．電子機器用に利用．

イメージングプレート (imaging plate: IP)
　X線影像を写真フィルムと同様に録画，再生できる機能をもつ薄板．日本で開発された．バリウムフロロハライド (BaFX, X=Br, I) に Eu を加えたイオン結晶をプラスチック板に塗布したもので，これにX線を照射すると，Eu から電子がたたき出され，陰イオン空孔に捕獲される．これにレーザー光を照射すると，空孔中の捕獲電子が Eu イオンにもどるが，このとき発光する．これはX線照射量に広いレンジで比例するので，光電子増倍管で増幅，デジタル化して，X線強度分布として測定できる．使用後は蛍光灯などの強い光を当てれば電子が Eu イオンに復元され，繰り返し使用できる．まだ非常に高価であるが，電顕付属装置などとして活用されつつある．

鋳物 (casting)
　砂，耐火物や金属を用いて，製品として必要な形状の空所または隙間を作り，そこへ溶融した金属を流し込み，凝固させて作られる工作物（製品）をいう．単に鋳物といえば，通常鋳鉄鋳物をいうことが多い．原材料を溶解し，流し込むだけで製品が得られるので，エネルギー原材料のコストが安く，型も安価な砂型が多く，複雑な形状の製品が一度で得られ，大量生産も可能なので，古くから金属成形法として利用されてきた．欠点は寸法精度と強度の信頼性に欠けることで，これらの欠点を補うため各種の鋳造法が考えられている．例えば鋳鉄では球状黒鉛鋳鉄*，鋳鋼の採用，Al, Mg, Zn 合金では，ダイカスト* などが行われている．鋳造は金属加工法としてはプレス加工に次ぐ重要な加工法で，日本では年間700万トンの鋳鉄鋳物が生産され，また鋳物全生産量の 60～70％ が自動車産業で使用されている．　→鋳造

易融合金(fusible alloy)=可融合金,低融点合金

イリウム(Illium)

　米国で開発された主としてNi基の耐熱,耐食用合金.IlliumB: 50Ni-28Cr-6Fe-8Mo-5.5Cu; 耐食,耐摩耗用,Illium98: 60Ni-27Cr-8Mo-5Cu; 耐エロージョン,高温耐食用など.

イリジウム(iridium)

　元素記号Ir,原子番号77,原子量192.2の金属元素.立方晶系結晶で銀白色を呈し,融点2410℃,密度22.56g/cm^3(17℃).もろく,水,酸,王水に不溶であるが,融解した水酸化カリウム-硝酸カリウムに溶け,加熱するとフッ素,塩素と反応し,ハロゲン化物を生ずる.高温用るつぼ,電気接点*(Ir-Pt),熱電対*(Ir, Ir-Rh),触媒などに用途.

イリドスミン(iridosmin)

　天然に砂状で得られるIr-Os合金で,オスミリジウム(osmiridium)ともいう.硬度,耐食性が高く,主な用途は万年筆のペン先で,その他羅針盤の針の軸受,外科用針,Pt合金の強化に用いられる.58～44Ir, 27～49Os, 0～10Pt, 0～6Ru, 1.5～3.0Rh.

イルズロ合金(ILZRO alloy)

　鋳造用亜鉛合金.国際鉛亜鉛研究機構(International Lead and Zinc Research Organization)が開発したもので,ILZRO 12, 14, 16などがある.

　ILZRO 12: 11.0～13.0Al, 0.5～1.25Cu, 0.01～0.03Mg, 残Zn; Alが多く軽いが,凝固収縮による寸法変化が大きい.

　ILZRO 14: 0.01～0.03Al, 1.0～1.5Cu, 0.25～0.39Ti, 残Zn;クリープ特性,鋳造性がよい.

　ILZRO 16: 0.01～0.04Al, 1.0～1.5Cu, 0.15～0.25Ti, 0.10～0.20C, 0.30～0.40Ti+Cr, 残Zn.

イルメナイト(ilmenite)

　チタン鉄鉱ともいう.FeTiO$_3$の組成で,三方晶系イルメナイト構造複酸化物である.わが国では砂鉄中に含有されている.磁鉄鉱と磁性が異なるので磁力選鉱を行ない,高品位のものを得ることができる.TiO$_2$を精錬して金属チタニウムを作る資源として広く用いられている.また,岩石中に見られる磁鉄鉱との固溶体は,岩石が凝固する際の地磁気を記憶しているので岩石磁気学上重要視される.

陰極防食(cathodic protection)

　電気防食の中心的なもの.カソード防食ともいう.防食すべき金属を実効的に陰極(カソード)にして金属の溶出をなくす防食法で,二つの方法がある.一つは防食すべき金属よりも単極電位*の高い金属(卑な金属.これを犠牲陽極という)例えば亜鉛やマグネシウムを電気的に陽極として接触させておく方法で,マグネシウムや亜鉛は溶解するが,その周辺の金属は保護される.これを流電陽極(galvanic anode)方式,または犠牲陽極(sacrificial anode)方式という.もう一つは外部電源と不溶性陽極を用いる外部電源(impressed current)方式である.化学工業装置などに広く使用されている.→ガルバニック防食

陰結晶 (negative crystal)

焼結や蒸着した金属微粒子に見られる結晶内部の多面体の空洞.電子顕微鏡下で見られるもので,その形態も結晶の外形と同様表面エネルギーの大小により決まる.

インゴット (ingot)

丸みをつけた四辺形または,多角形断面のインゴットケースに鋳込んで作られた金属鋳塊をいうが,単に鋳込んだ金属塊の意味にも広く使われている.その次の圧延などの加工を考えた形にしてあり,鋼塊では板用をスラブ*,棒・線用をビレット*という.最近は連続鋳造が中心となり,インゴットにすることが少ない.

インゴット アイアン (ingot iron)

平炉純鉄,溶製鉄ともいう.塩基性製鋼法*,平炉*で製造される純鉄.精錬最終段階で炉温を上げ,鉄鉱石を加えて酸化分離させ,さらに少量のアルミニウムを加えて脱酸する.アームコ鉄*が有名.0.1%程度不純物を含む.炭素は約0.01%以下.

インコネル (inconel)

Henry Wiggins 社開発の,耐食・耐熱性ニッケル基高合金の総称.強度もあり,高温性能が良い.化学プラント用,加熱炉用,ガスタービン,ジェットエンジンなどに使われる.インコネル 600, 625, 671, 718, 751, X–750 など種類が多い.例:インコネル 600: 76Ni–15.5Cr–8Fe–0.5Mn–0.25Cu–0.08C–0.008S.

インサイチュ,インシチュ (in-situ)

ラテン語で「元の位置に」「本来の場所に」(= in the site) という意味.現場で状態の変化を目視しながら,の意味がある.電子顕微鏡内で,試料に応力をかけたり,加熱しながら状態の変化をみたのが初期の例(「その場観察」).今では"in-situ～"とか"その場～"というように,前置詞的にいろいろな使い方がされている.→インサイチュ法,その場再結晶,その場析出,その場変態

インサイチュ法 (in-situ process)

臨界電流密度の大きい金属系超伝導線(第二種)を作る一方法.固溶し合わない Cu–Nb や Cu–V を溶解・急冷した後線材に加工し,その上にスズやガリウムを溶融被覆し,それを加熱して拡散で (in-situ),Nb_3Sn や V_3Ga の超伝導線を形成する方法.

インジウム (indium)

元素記号 In,原子番号 49,原子量 114.8 の金属元素.正方晶系で銀白色を呈し,やわらかく,融点 156.32℃,密度 $7.31g/cm^3$ (20℃).閃亜鉛鉱 (ZnS) などの硫化鉱物中に微量に存在する.塩化インジウム水溶液を電解後,真空蒸留と電解により精製し,さらに帯溶融法*により 99.999% の In が得られる.化合物半導体 (InP, InAs, InSb) 用,その他エレクトロニクスセンサー材料などに使われる.

隕石 (meteorite, meteor)

太陽系に起源をもち,地球外から地表にまで到達した固体物質の総称.石質隕石,石鉄隕石,隕鉄*に大別される.石鉄隕石は,Fe–Ni 合金とケイ酸塩鉱物のほぼ等量混合物.石質隕石は主としてケイ酸塩から成る.地表と太陽系の形成過程を研究する重要な材料である.

インターカレーション (intercalation)

層状化合物で層と層はファン・デル・ワールス力*で結ばれているが,その層間に他の物質が電子の結合により挿入される現象をいう.応用例:粘土鉱物でモンモリロナイトはケイ酸塩の層状構造をもっているが,インターカレーションにより1nm厚さのケイ酸塩層間にナイロンモノマーを挿入,重合させるとケイ酸塩層の層間が広がり,10nm以上になる.得られた複合材料はナイロン6-クレイハイブリッド (NCH) という.ナイロン6とモンモリロナイトを単純に混ぜて作製した複合材料はナイロン6-ナノコンポジット (NCC) という.ケイ酸塩層間距離はNCHでは10nm以上に対して,NCCでは1nm,引張り強さはNCHでは107MPaに対して,NCCでは61MPa,普通のナイロン6では69MPaとNCHの特性が際だっていることがわかる.

隕鉄 (meteorite iron)

隕石*の一種.ほとんど鉄とニッケルよりなり,オクタヘドライト (Ni: 6~13%) の断面には,特定方向に伸びた組織が入り組んだ特徴的なウィドマンシュテッテン組織*が見られる.普通の石より数倍重く,さびにくい.人間が鉄と出会った最初が隕鉄だといわれ,青銅器時代以前に古代鉄器として,儀式用武器や装身具として用いられたといわれる.

インテリジェント-マテリアル,-メタル (intelligent material, –metal)

金属材料が,それ自身で,材質の変化を「検知し」「対策を考え」「修復する」機能を持っているもの.完全ではないが,ステンレス鋼*,サーミスター*はその例といえる.しかし,三つの機能をそれぞれ「センサー/モニター」「プロセッサー」「アクチュエーター」に受け持たせ,それらの複合材料とする考え方が主である.それ故さまざまな組み合わせが考えられている.一方,複合化を嫌って単一の材料で進める考えもあり,それを「スマート (smart)・マテリアル」という人もあるが,「スマートボード」などは複合材料であり,「スマート」と「インテリジェント」は同義に使われている.

インバー (invar)

アンバー(フランス語読み)ともいう.Fe-36Niが主要な組成.常温での熱膨張係数が極めて小さく ($1.2×10^{-6}/K$),また耐食性もあるためinvariableからインバーの名がある.磁歪*による収縮が熱膨張を打ち消すめで,スレーターポーリング曲線*における屈曲など磁性の異常も含めてインバー特性という.エリンバー*で見られる特性と共通している.バイメタル*,精密測定器に用いられる.→低膨張合金,リードフレーム合金,スーパーアンバー

インヒビター (inhibitor) =抑制剤

インピンジメント アタック (impingement attack)

流体中で気泡が激しく発生・破壊を繰り返すとき,そのため金属表面が破壊されて進行する腐食.エロージョン-コロージョン*の一種.

インベストメント鋳造法 (investment casting)

精密鋳造法*の一つ.ロストワックス法*,焼流し精密鋳造法ともいう.製品と同じ物を縮み代などを見込んでワックスや樹脂,ポリスチロールで作り,そのまわ

りに微粒子の高級耐熱物と粘結剤の泥状のものを塗り,乾燥後,加熱してワックスを流出させた鋳型を用いる.寸法精度,表面の滑らかさに優れている.美術工芸品,タービンブレードの鋳造に用いられる.日本古来のろう型鋳物と同じ.

う v, u

ヴァーチャー・ハミルトン曲線(Vacher-Hamilton's curve)
　溶鋼中の炭素濃度と酸素濃度を両軸としたとき,その積が [%C] [%O]=0.00225である曲線をいう.1600℃で [%C]<0.2の範囲では±10%の精度で実測値を再現する.

ヴァルデンの法則(Walden's rule)
　電解質の無限希薄溶液における当量電導度 * Λ° と粘性率 η の間に成り立つ $\Lambda^\circ \eta$ =const. という関係.溶媒和がある時は成立しない.

VAR(vacuum arc remelting)
　真空アーク再溶解.二次精錬のための再溶解法の一種.二次精錬の溶解材で消耗電極を作り,水冷鋳型中の金属プールとの間にアーク放電して電極を溶解し,プールに滴下して二次溶解したインゴットを作る.真空中で高温に曝されるため蒸気圧の高い不純物を除去することができる.真空精錬*の一種.

VAD(vacuum arc degassing)
　鋼の二次精錬法の一つ.アーク加熱の装置を持つ脱ガス設備を利用し,転炉吹錬後に減圧下で溶鋼の脱ガス,脱酸,脱炭,合金添加をおこなう二次精錬.従来電気炉で精錬されてきた鋼種(いわゆる特殊鋼)も現在ではVADとの組み合わせでほとんど転炉で製造する.

VOD(vacuum oxygen decarburization)
　取鍋脱ガス法*に類似するが,真空槽の上蓋を通してO_2吹錬用ランスが取り付けられている.真空槽を排気しながら取鍋の底からポーラスプラグを通してアルゴンを吹いて溶鋼を撹拌し,同時に上のランスから酸素を吹いてCOを発生させて脱炭する.CO分圧をアルゴンガスで希釈,さらに減圧することによって低下させ,より効果的に脱炭が促進される.→AOD法

ウィグナー・サイツセル(Wigner-Seitz cell)
　ウィグナーとサイツが金属電子の波動関数を計算する基礎として考えた,結晶空間を原子1個ずつに分割した多面体.各原子とその最近接原子(bccなど一部では第二近接原子まで)とを結ぶ線分の垂直2等分面で作られる原子多面体.fccやbccなど充填度の高い結晶についてはこの原子多面体を体積の等しい球で近似して,金属伝導電子の波動関数を求める.また,逆格子*のウィグナー・サイツセルは,その逆格子で表されたもとの結晶のブリュアン帯*である.→隣接原子多面体

VCロール(variable crown roll)
　油圧でロールのふくらみを調整しつつ圧延し,板幅方向の板厚分布を制御できるようにした圧延機.→TPロール,CVCミル

ウィスカー(whisker)=ひげ結晶

ウィディア(Widia)

WC（タングステンカーバイト）+Co, Ni系の焼結・超硬合金*．硬度が高くダイヤモンドに匹敵するのでこの名（Wie Diamond（独））がついている．高速切削工具．1925年Kruppで開発．超硬合金のはじまり．

ウィーデマン効果（Wiedemann effect）
長さ方向に磁化した強磁性体の線に電流を流すとねじれる効果．逆に線の円周方向に交流磁化を与え，線をねじると長さ方向に交流磁化が発生する（逆ウィーデマン効果*）．ともに偶力または力の測定に利用される．

ウィーデマン・フランツ則（Wiedemann–Franz's law）
金属の熱伝導度*（κ）と電気伝導度*（σ）との比は，同一温度では，金属の種類によらず同一の値を持つという経験法則（1853年，G.H.ウィーデマンとR.フランツ）．自由電子模型で計算でき，$\kappa/\sigma T = 2.44 \times 10^{-8} (V/K)^2$で，これをウィーデマン・フランツ定数またはローレンツ数という．現実には2.44という係数は2〜4に分布し，近似的にしか成り立たない．

ウィドマンシュテッテン組織（Widmanstätten structure）
炭素鋼の焼鈍の際，高温に過熱されると結晶粒の粗大化とともにフェライトがオーステナイトの結晶粒界に析出し，内部に向かった針状の組織が現れる．また合金鋼の過冷オーステナイトからフェライトを析出させると針状組織が現れる．このように母相のある特定の結晶面上に板状の析出物が顕微鏡下では断面として特定の配列をもった針状組織の析出として観察される．この組織を初めて隕鉄*について見出したWidmanstättenにちなんでウィドマンステッテン組織という．この組織が現れた材料は強度や伸びはあまり影響を受けないが衝撃値は大幅に低下する．低合金鋳鋼によく現れる．

ウインドボックス（wind box, blast box）
風箱（かざばこ）ともいう．高炉*，キュポラ*などの羽口の手前に設置し，送風機からの風をいったん溜める装置．羽口の太さの数倍にする．送風量・風速が均一になり，炉作業の安定性に必要不可欠のもの．一方，焼結装置などでは，その排ガスを集める装置もウインドボックスという．

ヴェガード則＝ベガード則

上臨界冷却速度（upper critical cooling rate）＝上部臨界冷却速度

ウォルフラマイト（wolframite）
タングステンの原鉱で，$(Fe \cdot Mn)O \cdot WO_3$の組成．タングステンをウォルフラムというのはこの鉱石名に由来する．

薄鋼板（thin steel sheet）
鉄鋼業界の慣習として3mm未満の厚さの鋼板を薄（鋼）板という．自動車用鋼板や缶用に使用されている．3mm以上6mm未満を中板，6mm以上を厚板と呼んでいる．

ウスタイト（wustite）
化学組成FeOの鉄酸化物で，570℃以上の酸化雰囲気中でのみ存在し，570℃以下では，共析反応により分解するので準安定相として存在する．$Fe_{1-x}O$，立方晶，NaCl(B1)型，Feの構造空孔を含む広い組成域がある．ドイツのE.Wüstitにちな

んだ名称なのでWüstitと書かれたが現在では一般にwustiteと書かれている．

うず電流損（eddy current loss）
　強磁性体を交流磁化すると，電磁誘導の法則に従って，磁束の変化に伴う起電力が発生し，磁性体内を電流が流れる（うず電流）．この電流の発熱によるエネルギーロス．

打ち抜き加工（punching, blanking）
　メス型（ダイス）にはさんだ板材を，オス型（ポンチ）で加圧・せん断して希望する形状寸法に加工する方法．打ち抜いた板をブランクという．

ウッド合金（Wood's alloy）
　Bi基低融点合金＊．ウッド1（50Bi-25Pb-12.5Sn-12.5Cd: 融点60～72℃)，ウッド2（52.5Bi-31.5Pb-16Sn: 融点98℃)などがある．安全栓，ヒューズなどに使用される．リポヴィッツ合金＊，ローズ合金＊と同様の低融点合金．

ウムクラップ（急転）過程（Umklappen（独），umklapp process（英））
　①鋼のマルテンサイト変態＊のように，結晶内のある部分がいっせいに双晶すべりに似た機構で瞬間的に変化する変態過程の一機構．音速程度の速さで伝播する．バースト型変態ともいう．
　②固体内で，格子振動と電子・正孔波の相互作用において，やり取りする運動量に残余がある過程．これによって熱伝導度＊の有限であることが説明される．

ウラン（ウラニウム）（uranium）
　元素記号U，原子番号92，原子量238.0の金属元素．構造は，α（斜方晶系：25～668℃)，β（正方晶系：668～774℃)，γ(bcc：774～1132℃(融点))の三相がある．化学的には活性であるが，他の金属と固溶体を作ることは少ない．ウランは，ベクレルによる放射崩壊の発見（1896年），ハーンとシュトラスマン，マイトナーとフリッシュによる核分裂の発見（1939年）によって極めて重要な元素になった．原子炉核分裂燃料の中心的存在である．鉱石は，閃ウラン鉱，レキ青ウラン鉱，コフィナイト，ユークセナイト-ポリクレス，サマルスカイト，ダビダイトなど多種に及んでいる．従って製錬法も多種にわたるが，選鉱後，酸または炭酸ソーダで浸出溶解し，それを溶媒抽出または沈殿法でとり出す．これを水洗・乾燥した黄色の粉末状態（イエローケーキ＊）で出荷する（粗製錬）．中性子を吸収する不純物を除く溶媒抽出（硝酸ウラニル水溶液から有機溶媒へ，またはウラニル塩から過酸化ウランを沈殿，この段階の中間生成物もイエローケーキ＊という）の後，金属ウランを得るためには，焙焼した後還元する．核燃料とするには天然ウランから，^{235}U (0.7％)を同位体分離する「濃縮」へと進む．ウランは放射性元素であり，人体にとって極めて危険である．呼吸器から吸入したり，経口摂取した場合には，体内に長くとどまることにより癌を誘起することが知られている．→核燃料，劣化ウラン

ウルツ鉱型構造（wurtzite type structure）
　ウルツ鉱：β-ZnSの構造．化学式AX（A：陽性元素，X：陰性元素）の化合物に見られる一構造．六方晶系で，A原子の六方最密構造の中にX原子を取り込んだ構造．ZnO, CdS, AgIなどがこの形である．B4型構造（SB記号），酸化亜鉛（Ⅱ）型構造ともいう．↔閃亜鉛鉱（α-ZnS）型構造

ウルフネット (Wulff net)

ウルフ網．→ステレオ投影

上吹き転炉 (top blowing convertor)

転炉*は1856年ベッセマーの発明以来，ずっと炉底から空気を吹き込んできたが，硫黄分がとれない，窒素濃度が高くなるなどの欠点があった．1952年になって，溶銑の上部から水冷ランスにより，純酸素を音速程度の速さで吹きつける上吹き転炉法が開発された．これによって鋼の質も向上し，製鋼時間も短縮された．LD転炉法*ともいう．

え a, f, h, l, m, n, s, x

AISI (American Iron and Steel Institute)

アメリカ鉄鋼協会．鉄鋼規格 (AISI 規格) を制定，発行している．

A_r'点，A_r''点 (A_r' point, A_r'' point)

通常の操作で鋼を冷却する時は，一般に平衡状態ではなく，A_1点を過ぎてもオーステナイトのままで（過冷オーステナイト*），それがフェライト＋セメンタイト（＝パーライト*）に変態し始める温度をA_r'点といい，冷却速度が大きくてマルテンサイト*に変態し始める温度をA_r''点という（→T–T–T曲線，臨界冷却速度，A_1変態*）．rの添え字はrefroidissement（フランス語で冷却）の略．

永久磁石 (permanent magnet)

残留磁束密度* (B_r: 2000～2500G 以上) と保磁力* (H_c: 250～300Oe 以上) が大きく，一度磁化すれば電力を供給しなくても，磁界を安定に発生・保持できる磁石をいう．→硬質磁性材料，減磁特性

永久磁石鋼 (permanent magnet steel)

Fe基の硬質磁性材料*のことであるが，多くは炭素の少ない方がよいので厳密には鋼ではない．焼入れマルテンサイト硬化型の炭素鋼が歴史的に最も古く，高木－本多のKS鋼*がある．析出硬化型としては，Fe-Co-Mo(W)系のレマロイ*，Fe-Ni-Al系のMK鋼*，アルニコ磁石*，Fe-Ni-Ti系の新KS鋼*，チコナール*，Fe-Ni-Cu系のキュニフェ*などがある．→硬質磁性材料

A_1変態→A変態

鋭敏化現象 (sensitization)

オーステナイト系ステンレス鋼*が高温水と接していたり，高温から急冷後，再び高温 (400～800℃) で長時間加熱したりすると，クロム炭化物が粒界に析出し，その近傍のクロムが不足し耐食性がなくなる．そのため粒界腐食*や応力腐食割れ*が発生しやすくなることをステンレスの鋭敏化という．特に，溶接部に発生しやすい．これを抑えるにはクロムより炭化物形成傾向の強いTi, Nb, Laなどを合金元素として少量添加するか，炭素を減らす．

エヴァルト球 (Ewald sphere)

結晶の逆格子*の原点Oから，入射X線のベクトルS_0と逆方向で$\overline{OP} = S_0/\lambda$（λは入射X線の波長）であるような点Pを中心とした半径S/λの球をエヴァル

ト球という．もしこの球が，O以外の逆格子点Hを過ぎると，PHが回折波の方向である．エヴァルト（P.P.Ewald）が考案した設定条件で，回折が起きるかまたはその方向を見るのに便利な作図法．散乱強度，結晶方位のずれなどを論じるのに役立つ．

AAAC電線（all aluminium alloy conductor cable, AAAC cable）

アルミニウムは導電率は純銅の約64％であるが，軽いので重量あたりで考えると電気抵抗は小さく送電線として有用で,強度を持たせる研究開発が続けられてきた．AAAC電線は鋼線などの補強なしで，送電線として使用されるアルミニウム高張力合金電線（イ号アルミニウム合金線（IA1））．Al-0.4Mg-0.6Si系の時効硬化性合金が主体．引張強さ31.5 kgf/mm^{2}以上，導電率52％IACS*以上である．商品としてアルドライ*，アルメレック*がある．→AAC電線，ACAR電線，ACSR電線

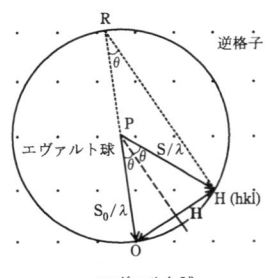

AAC電線（all aluminium conductor cable, AAC cable）

アルミニウムの高導電性と軽量性を利用し，Alcoa社（米）によって，19世紀末に始められた，送電用アルミニウム電線．

ASEA-SKF法（ASEA-SKF process）

溶鋼をアーク加熱下で誘導撹拌しながら脱ガスする方法．スウェーデンで開発された．取鍋精錬*の一種で脱ガスと二次精錬が同時に行われる．

ASM（American Society for Metals）

アメリカ金属学会．

ASTM（American Society for Testing and Materials）

アメリカ材料試験協会．アメリカの全ての材料の規格と試験法を制定している機構．

ASTMカード（ASTM card）→JCPDSカード

ASTM粒度（ASTM grain size index）

ASTM*による結晶粒度標準．結晶粒度は,熱処理性や機械的性質に大きく影響するので重要である．ASTM粒度は100倍に拡大した顕微鏡写真で，1インチ平方に含まれる結晶粒の数が1, 2, 4, 8, …のときの粒度番号を1, 2, 3, 4, …とするもので,粒数nと粒度番号Nには$n=2^{N-1}$の関係がある．通常標準図と比べて決める．日本では"鋼のオーステナイト結晶粒度試験方法"がJISで定められている．→結晶粒度

A$_s$点（A$_s$ point）→逆変態

ANSI（American National Standards Institute）

アメリカ規格協会．ANSI規格は日本のJISに相当する．

AFS（American Foundry Society）

アメリカ鋳物協会．

A$_f$点（A$_f$ point）→逆変態

AMS（Aeronautic Material Specification）

アメリカ航空宇宙材料規格.

AOD法（argon oxygen decarburization process）

ステンレス鋼の二次溶解精錬法．溶鋼をAOD炉容器に受け，下部の羽口から，酸素とアルゴンの混合ガスを吹き込んで，発生するCOガスの分圧を下げて，クロムの酸化を抑えながら脱炭し，低炭素クロム鋼を精錬する方法．転炉型容器の底部の側壁に設置した数本の羽口から（O_2+Ar）ガスを吹き込むのが標準的な方法．
→VOD

エキザフス（EXAFS）（extended X-ray absorption fine structure）

X線吸収広域微細構造の略称．X線吸収スペクトルで吸収端から数百eVの部分に現れる減衰振動状の微細構造．内殻電子が連続状態にまで励起される際に付近の原子の影響を受ける結果で，付近の原子との距離や配位数などの情報が得られる．通常のX線回折*が困難な非晶質や，液体，気体，活性中心に金属をもつ生体，触媒などの構造解析に応用される．

液晶（liquid crystal）

光学的に異方性のある液体で，固体と液体の中間状態と考えられる．ある種の結晶では融点の近くで濁った液体となり，さらに温度を高くすると別の一定温度で透明な液体に変化する．液晶を作る物質の分子は棒状か板状のものが多く，前者は軸方向に揃ったネマチック状態，後者は層状に揃ったスメクチック状態を作ることが多い．

液相急冷（melt quenching）

溶融金属・合金を，液相から急冷して，強制合金*，アモルファス合金*その他の非平衡状態を得る方法．初期には熱伝導性の良い金属上に，溶融合金を加圧射出，たたき付けて（splat quenching），強制合金などの非平衡状態・準安定相を作っていたが，現在は高速回転させた熱伝導性の良いロール上あるいは円筒容器内壁へ加圧射出して急冷し，アモルファス合金などを作っている．いずれも，液体での原子配列のまま，過冷却*状態を通過し，原子移動が起こらなくなるガラス転移温度*まで急冷することで，$10^4 \sim 10^7$℃/sec程度の速さで行っている．液相急冷はあくまでも急冷による非平衡・準安定相を得るためのもので，アモルファス合金化のみが目的ならば，添加元素を工夫すると比較的ゆっくりした冷却速度でも得られることがある．

液相焼結（liquid-phase sintering）

圧縮した二成分以上の粉体を一部が融解する温度まで加熱して焼結すること．希土類磁石*や超硬合金*などの製作や共晶反応*を利用した系で行われている．
→共晶焼結

液相線（liquidus (line)）

溶融状態の合金を降温させた時，凝固が始まる温度を組成について連ねた線．状態図では液体のみの存在する領域と，液体と固体が共存する領域との境界線．↔固相線，→固溶線

エキソ電子放射（exoelectron emission）

金属に応力をかけたり，変形させたときに金属表面から電子が放射されること．材料のどの部分から放出されるか，その強度などを観測して，応力集中や損傷の予

知などに用いられる.実際には温度を少し上げたり(熱励起エキソ放射),光や電子線を当てて観測する.

液体金属(liquid metals)

① 融点が比較的低く,液態で使われる金属.Hgをはじめ,Na, Li, Bi, Sn, Gaや,合金ではナック*などがある.Hgは広く使われており,原子炉その他の冷却材には,Naやナックが使われている.

② 融点以上で溶融状態の金属をさす場合もある.

液体構造(liquid structure)

液体は原子が無秩序に凝集したものであるが,電子線・X線を回折*させてみると原子間距離にある分布があることを示す.すなわち,回折パターンはピークとはならず,波打ってはいるが第1,第2,第3 … と次第に弱まるいくつかの山が見られる.つまり,ひずんではいるが何種類かのある形を持った原子集団の離合集散と考えられ,その原子集団として,何種類かの「要素多面体(4, 8, 14,…面体で,稜の長さが等しくない多面体)」が考えられ,そのまた無秩序な集合体として「最密無秩序充填*」が液体の時間平均的な構造として考えられている.

液体浸炭法(liquid carburizing process)

低炭素鋼の浸炭に固体浸炭剤を用いず,塩浴炉を用いて行う鋼の表面硬化法.一般的な塩浴成分は,50NaCN, 30Na$_2$CO$_3$, 20NaCl.低炭素合金鋼素材を所定の機械加工を施した後,900〜930℃の塩浴に20〜60分間つけて浸炭後,820〜850℃の温度より油中焼き入れ,150〜180℃の低温焼戻しを行う.表面層のみ硬化し,内部は低炭素マルテンサイトで,それほど硬くない.液体浸炭法より最近はガス浸炭法*が主流となっている.

液体窒化法(liquid nitriding process)

液体浸炭窒化法(cyaniding, carbonitriding)ともいう.被処理鋼材を約500℃〜600℃の溶融青酸塩(シアン化ソーダ(NaCN)などを主成分とする)の塩浴中に浸漬して,材料の表面に炭化物と窒化物をつくる手法.NaCNと空気中の酸素とが反応し,発生期のCOとNによって,鋼材の表面層にCとNが侵入,拡散して炭化物と窒化物の硬化層ができる.塩浴温度と添加塩によって浸炭と窒化の度合いも変えられる.浸炭窒化法*の一種.

A$_3$変態 → A変態

ACAR電線(aluminium conductor alloy reinforced cable, ACAR cable)

高耐熱アルミニウム合金線(Al–0.05Zr: 60%IACS: TAl)を用いた電線で,耐熱つまり高圧,大電流容量化し,強度は1号アルミニウム合金線(Al–0.4Mg–0.6Si: IAl)または高力アルミニウム合金線(Al–0.8Mg: KAl)でもたせるよう複合化したもの.日本では送電の大容量高圧力化に対応する一方式.

ACSR電線(aluminium conductor steel reinforced cable, ACSR cable)

架空送電用鋼芯アルミ撚(よ)り線のことで,アルミ撚り線は銅より価格が安定であり,強度は鋼芯でもたせる方式.電線重量も軽減できる.アルミ撚り線としては最初は硬アルミ線(冷間加工:HAl)であったが,現在はジルコニウムを添加した耐熱合金線(TAl)が用いられる.

A_{cm} 線 (A_{cm} line)

過共析鋼*で，セメンタイト*(Fe_3C)とオーステナイト*が平衡している温度－組成曲線．図の AE の線をいう（図の横軸は下が at%C であることに注意）．

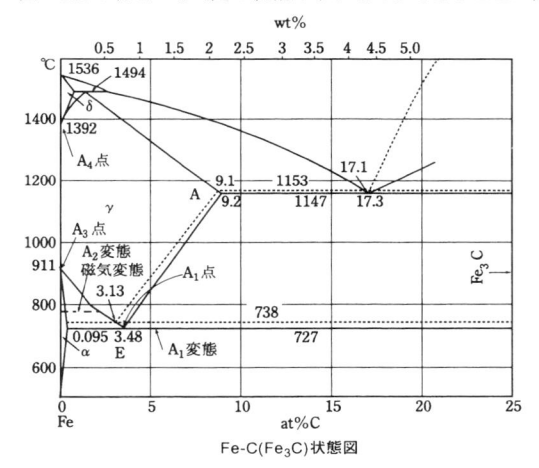

Fe-C(Fe_3C)状態図

SI 単位系 (international system of units, SI units)

Système International d'Unités（仏）の略．国際単位系ともいう．MKSA 単位系*の発展したもの．MKSA 単位系の 4 基本単位に加えて，温度（ケルビン；K），物質量（モル；mol），光度（カンデラ；cd），を「基本単位」としている．すべての単位は基本単位から組み立て得るが，いちいちそうするのは煩雑であり，すでに広く用いられている単位も多いから，それらを基本単位の組み合せによる定義（物理法則に従った誘導過程）と共に「組立単位」として掲げられる（従来の「補助単位」もここに組み込まれた）．巻末付録参照．

SRM (standard reference materials)

米国国立標準研究所（NIST）で制定した標準物質．その物質は保証書とともに提供される．保証については NBS Monograph, 148, p.54,（1975）に記載されている．SRM の定義は，測定科学技術を改良するために多量に生産される，優れた特性をもっていることを保証された物質である．RM (Reference Materials) は保証書ではなく，測定報告書が発行される．

SEM (scanning type electron microscope) ＝走査型電子顕微鏡

SAE (Society of Automotive Engineers)

アメリカ自動車技術者協会の略号．AISI*（アメリカ鉄鋼協会）の鉄鋼規格とほぼ同じコード表示を用いている．

S-N 曲線 (S-N curve)

材料の疲れ試験*において，繰り返し応力*振幅の大きさ (S) と破壊に至るまで

の繰り返し数 (N) との関係を示す曲線. 鉄鋼ではある応力以下では破壊しなくなり, S-N曲線は水平になる. この応力を耐久限＊といっている. 非鉄金属では明瞭な水平線移行がなく, その場合は10^7回での応力を耐久限とする.

エスカ (ESCA) (electron spectroscopy for chemical analysis)

エネルギーの揃った軟X線 (MgとAlの特性X線をよく用いる) を試料に照射し, 発生する光電子のエネルギー分光を行なう. 化学結合状態の変化による内殻電子と核の結合エネルギー変化 (ケミカルシフト) を検出する. XPS (X線光電子分光法) ともいう.

S曲線 (S curve) →T-T-T曲線

SCR法 (Southwire continuous rod system)

銅やアルミニウムで行なわれている連続鋳造＊圧延方式. 回転するベルトまたはホイール上の鋳型に溶湯を注ぎ, 連続的に凝固させながらそのまま圧延し, 線材や板材にする.

S, S′, S″相 (Mgのやや多いジュラルミン) (S-, S′-, S″-phase)

Al-Cu二元系では, 時効による析出過程は, 準安定析出相のG-Pゾーン＊→θ''→θ'→安定析出相 θ (Al_2Cu) と進行するが, Al-Cu-Mg三元系では, G-Pゾーン＊→S″→S′→S (Al_2CuMg) と進行する. Al-Cu合金に少量のMgを添加した展伸合金が, ウィルム (Wilm, 1911) により発見されたジュラルミン＊で, 強度を目的としたアルミニウム合金の大部分がこの系に属している.

St52 (ドイツの高張力鋼)

ドイツのSi-Mn系構造用高張力鋼＊で, 比較的初期 (1930) に開発された. 引張り強さが高く, 降伏比＊も大きく, 塑性加工, 耐候性良.

SB記号 (Strukturbericht notation)

結晶構造を表す記号の一つ. 国際結晶学会機関誌 (Z.Kristallographie) で使い始め, 現在も広く使われている. A1:fcc, A2:bcc, A3:hcp, …A5:金属スズ型, B1:NaCl型, B2:CsCl型, …C1:CaF_2型, C2:FeS_2型, …$D0_2$:$CoAs_3$型, $D0_{11}$:Fe_3C型, $D5_1$: $\alpha-Al_2O_3$型, …$L1_0$:CuAu型規則格子, $L1_2$:Cu_3Au型規則格子などで, アルファベット大文字は, A:元素, B:1:1化合物, C:2:1化合物, D:m:n化合物, E:3成分以上の化合物, F〜K:分子基を含むもの, L:規則格子の一部を含む合金, S:ケイ酸塩, などを表すが, 数字は決定された順を示すだけで意味はなく, 具体的な構造は一つ一つ参考書を見る以外ない. 巻末付録参照. →ピアソンの記号, ヘルマン・モーガンの記号, シェーンフリースの記号

A_0変態→A変態

AWS (American Welding Society)

アメリカ溶接協会.

XMA (X-ray microanalyser : X線マイクロアナライザー) = EPMA

X線応力測定法 (X-ray stress measurement method)

波長λのX線が, 入射角θで結晶格子面に入射して, 格子面間隔dが, $n\lambda=2d\sin\theta$ (nは次数) のブラッグ条件＊にあるとき, 結晶にひずみが与えられると, dが僅かに変化し, 従って回折角θも微小変動するので, この変動量を検出すれば, ひずみ量,

従って応力を求めることができる．工業的には$\sin^2 \psi$法といって，入射X線に対する試料面法線の傾きψを変えて，逐次回折角を測定する方法が用いられており，この方法によれば，結晶の無ひずみ時の格子面間隔を知らなくてもよい．

X線回折（X-ray diffraction）

金属など原子が規則的に配列している物質（結晶*）にX線を当てると，各原子の電子により散乱され，それがX線の波長・原子列の間隔で決まる特定の角度で強めあって鋭く反射すること．これから，原子面間隔ひいては格子定数や結晶系が解析できる．そして，結晶性物質の混合物中の各成分の同定，多形*の区別などに応用されている．→ブラッグの反射条件，ラウエ法，ディフラクトメーター，ワイゼンベルグカメラ法

X線小角散乱（small angle X-ray scattering：SAXS）

単色X線が，約3°以下の散乱角で見せる散乱．物質に微小領域が多数ある時に現れ，結晶だけでなくコロイド，高分子でも現れる．この散乱の解析から微粒子の形状，直径分布，合金の初期析出状態，長周期構造などについての情報が得られる．

XPS（X-ray photoelectron spectroscopy）

X線光電子分光法．＝エスカ

HIP処理（hot isostatic pressing）

熱間等方圧プレスのこと．高速度工具鋼*，宇宙航空材料，複合材料*などの製造に用いられる方法で，窒素ガス噴霧により製造した合金鋼粉を軟鋼容器に充填し密封したのち，圧力媒体としてアルゴンガスや窒素ガスを用い，高温高圧で等方成形する．完全な等方化と緻密化が要求される大きな製品製造に適している．

H鋼（H steel）

Hはhardenabilityの意味で，JISで焼入性を保証した構造用鋼材をいう．大きな鋼材は焼きが入りにくいが，化学成分や結晶粒度などを決めて，一定の焼入れ効果が得られることを鋼材メーカーにより保証されていることを示すため，Hの記号をつける．→Hバンド

H材（H material）

アルミニウムと，マグネシウムおよびそれらの合金展伸材と鋳物に対するJISの「質別記号（H 0001）」で，加工によって強化したことを示す記号Hのつく種類の材料．

hcp構造＝稠密（ちゅうみつ）六方構造

HTS（heat transfer salt）

亜硝酸ナトリウム40％，硝酸ナトリウム7％，硝酸カリウム53％からなる共晶混合物で，350℃から550℃の間の加熱用に最も広く古くから用いられてきた高温用熱媒体．Hitec, Cassel Saltとも呼ばれる．融解温度＝142℃，密度＝$1.700 \mathrm{g/cm^3}$，比熱＝$1.6 \mathrm{J/kg \cdot K}$，熱伝導率＝$0.6 \mathrm{W/m \cdot K}$．→溶融塩

HD合金（HD alloy）＝ホンダジュラルミン

HDDR（hydrogenation decomposition desorption recombination）

水素化－分解－脱水素－再化合を並べた処理のこと．例えば，$Nd_2Fe_{14}B$のような化合物を水素中に置いて水素化合物にすると（hydrogenation），NdH_2, Fe_2B, Feの

三相に分解し(decomposition)、次いで真空中で脱水素すると(desorption)、再結合(recombination)により、元の化合物になるが、その過程で細粒化・微細化が起こることをいう。$Nd_2Fe_{14}B$ の微粉化・磁気特性の向上に利用されている。→ネオジム磁石

Hバンド (hardenability band)

焼入れ性帯ともいう。鋼の焼入れ性*は、化学成分だけでは決まらず、ジョミニー試験*で得られる曲線(硬度−水冷端からの距離)がある範囲に入る必要がある。その範囲をHバンドという。Hバンドで焼入れ性範囲を保証した鋼をH鋼*(H steel)という。

エッチピット (etch pit) ＝食孔

エッチング (etching)

金属組織*を見るためなどの目的で、特別な薬品(主として酸)を用い、金属の表面を腐食すること。→食孔、サルファプリント、ナイタール、ピクラール腐食液

ADP (ammonium dihydrogen phosphate)

圧電性物質であるリン酸二水素アンモニウムの頭文字の略語。

A_2 変態 → A 変態

NMR (nuclear magnetic resonance) ＝核磁気共鳴

n 値 (n-value) ＝加工硬化指数

ND 合金 (ND Alloy)

第二次大戦中、日本でアルミニウム地金不足のために不純物(Fe, Si)の多い原料も活用する目的でその許容量が研究され、その結果開発された Al−4.4Cu−0.9Mg−0.8Mn−0.8>Fe−2Si−1>Zn、強度約 44 kgf / mm^2 の高力合金。ND は Nippon Duralumin の略。→ジュラルミン、ホンダジュラルミン

エネルギー準位 (energy level)

量子力学*で明らかなように、原子や電子などがとり得るエネルギーの値は不連続で、それを表したもの。エネルギーの差が高さに比例するように水平線でレベルを示す。

エネルギーバンド模型 (energy band model) →バンド理論

エバネッセント場 (evanescent field)

光などの電磁波を、屈折率の高い媒質から低い媒質に入射させると、臨界角以上では、電磁波は境界面で全反射され、透過しなくなる。このとき低屈折率の媒質側に、境界面から1波長程度の深さまで、分極により表面電磁場が浸透する。これをエバネッセント場と呼び、境界面に近づくに従って波長スケールで指数関数的に強くなる。ここに先端を nm 程度に先鋭化した探針(光ファイバー、金属針)を接近(〜数 10nm)させると、エバネッセント場を伝播光または散乱光に変換できる。探針を物質表面に沿って走査すれば、物質の光学的特性を数 nm 程度の分解能で画像化でき、光の波長の 1/2 (回折限界)以下の分解能が得られる。

エピタキシャル成長 (epitaxial growth)

結晶成長において、生成結晶の方位が下地結晶の方位と一定の相関関係を保っている成長。→ミスフィット転位

FRM (fiber reinforced metals)

繊維強化金属．金属マトリックスを金属, アルミナ, 炭化ケイ素, ボロン, 炭素などの繊維で強化, マトリックス金属の軽量, 耐熱性, 延性と強化繊維の強度, 剛性を兼備させることを目的としている．軽量をねらった Al 基など軽金属と超耐熱をねらった Ni 基, Co 基, Fe 基など耐熱合金があり, 航空宇宙材料, 耐熱材料 (エンジン部品) など広い用途が開拓されている．→繊維強化用ファイバー

FR源 (転位の) ＝フランク・リード源

FRP (fiber reinforced plastic)

繊維強化プラスチック．プラスチックの母材をガラス, 金属, 無機物質の繊維, フィラメント, ホイスカーなどで強化した複合材料．母材の軽比重を保持しつつ, 母材にない機械的性質 (強さなど) を与えることを目的としている．ガラス繊維強化プラスチック, 炭素繊維強化プラスチック, ボロン繊維強化プラスチックなどがあり, 高強度と軽量化, 耐薬品, 耐食性, 透光性などを特徴としている．自動車ボディ, 燃料タンク, パラボラアンテナ, レーダードーム, 屋根材, パイプ, ダクトなど多くの用途がある．→繊維強化用ファイバー

FGM (functionally gradient material) ＝傾斜機能材料

fcc格子 (face-centered cubic lattice) ＝面心立方格子

FCC触媒 (fluid contact catalyser)

石油の流動床接触分解に利用されるゼオライト*を3〜4価の希土類カチオンでイオン交換した触媒．触媒性能がよく, 熱的に安定で, 分散収率, オクタン価の増加に有効．ゼオライト –(Sb)– 混合希土類系が広く使用されている．

f電子 (f-electron)

軌道角運動量の大きさを表す方位量子数*lが3の状態 (f殻) にある電子．4f殻が充たされていく La〜Lu をランタノイド*元素, 5f殻が充たされていく Ac〜Lr をアクチノイド*元素という．ただし, f電子は14個なので, La または Lu や Ac または Lr を除いて定義することもある．また, これらを内遷移元素ともいう．より外側にある s, d 電子との関係でランタノイド元素の後半は低温で強磁性*を示すほか, らせん磁性など複雑な変化を示す．

A変態 (A transformation)

A_0〜A_4 変態を以下にまとめた．状態図は「A_{cm}線」参照．

A_0変態 (A_0 transformation)

セメンタイト* (Fe_3C) の磁気変態．213℃にある．鋼の組成に依らない．

A_1変態 (A_1 transformation)

鋼が727℃で起こす共析変態*．鋼の熱処理において非常に重要．純鉄にはなく, 炭素0.02wt％以上の鋼が, 炭素量に依存せず一定温度727℃で起こす．共析点 (0.765wt％) ではオーステナイト*⇌パーライト*．亜共析鋼*では初析フェライト＋オーステナイト⇌フェライト＋パーライト, 過共析鋼*ではセメンタイト*＋オーステナイト⇌パーライト＋セメンタイトである．加熱時と冷却時で温度に差があるので昇温時をA_{c1}, 降温時をA_{r1}と書いて区別する (c は加熱 chauffage, r は冷却 refroidissement (ともに仏語) の略). また A はフランス語の Arrêt (停止) の意味

で, フロリー・オスモンの命名. →停点.

A_2 変態 (A_2 transformation)
鉄の磁気変態. 770℃. 鉄のキュリー点*ともいう.

A_3 変態 (A_3 transformation)
鉄の同素変態*の一つで, 純鉄*では911℃において生じるα鉄*(低温)$\rightleftharpoons \gamma$鉄*(高温)の変態. 炭素が加わると727℃ (0.765％C) まで下がる. →A_1変態

A_4 変態 (A_4 transformation)
純鉄では1392℃にあるγ鉄*$\rightleftharpoons \delta$鉄*の変態. 炭素が入ると上昇する.

エマネーション熱分析 (emanation thermal analysis)
固体内に放射崩壊する親原子が存在する場合, 発生する放射性気体が外に脱出する現象をエマネーションという. 原子炉照射によってエマネーション処理を施した試料を, 一定流速の気流中で一定速度で昇温し, 発生気体の放射能を測定する熱分析をエマネーション熱分析という.

エミッサリー転位 (emissary dislocation)
双晶境界を形成している部分転位の一部が完全転位になって放出された転位. 双晶による核形成機構の一つとして提案されている.

MRI (magnetic resonance imaging) ＝磁気共鳴画像法

M_s 点 (M_s point)
martensite start の意味で, 合金を高温から冷却した時, マルテンサイト*変態が始まる温度のこと. A_r''点*ともいう. 鋼などではマルテンサイト変態を起こすには一定以上の冷却速度 (臨界冷却速度*) を必要とする (→T-T-T曲線) がM_s点そのものは鋼の組成によって決まり冷却速度にはほとんど依存しない.

MHD発電 (magneto hydro dynamic generation)
電磁流体 (力学) 発電. 導電性の流体を強力な磁場の中を高速で流し, その運動エネルギーを電極から直流の電流として出力させる高効率の発電法. 石油, 石炭燃焼ガス, 天然ガスなどの高温 (3000K) のガスプラズマに流量の1％程度のカリウムを加え, 導電率を高めて, 1000m/秒の高速で強力な磁界中に置かれた発電チャンネルを通過させることにより, チャンネル電極から直流大電流を得るもので, MHD発電の排ガスの余熱をガスプラズマ燃焼用空気の加熱に用いることにより, 約50％の発電効率 (現在の火力発電は約40％) が得られる. 100万W級の大電力発電が可能と考えられるが, 現在の火力発電 (バーナー部で最高1500℃) に比べ, はるかに高い3000Kの温度のガスを扱うので, それに耐える耐熱壁, 電極の開発が問題となっている.

M_f 点 (M_f point)
martensite finish の意味で, M_s点*を通過して発生し続けるマルテンサイト相が全体を占めるか, または, その温度以下では発生しなくなる温度. 原子が動きにくくなるために, オーステナイトがすべてマルテンサイトになったとは限らない (→残留オーステナイト).

MOS (metal-oxide-silicon (or -semiconductor))
Metal (金属)・Oxide (酸化膜)・Semi-conductor (半導体) の頭文字の略語. シリ

コン基板*の表面に薄いシリコン酸化膜をつくり,その上に金属電極(ゲート)をつけたIC*用素子.構造が単純で高集積化に適しており,小電力で動作するのが特長.CMOS (complementary MOS; 相補型MOS)型はp型MOSとn型MOSが1組になった構造で,消費電力が低いので,MOS型ICの大半はCMOSである.超LSI用の素子.

MO-CVD法 (metal organic CVD)

化学気相析出法*の一種.有機金属中にアルゴンガスを導入,泡を発生させ,ガス化して反応管に導入,他のガスと反応させて生成物を堆積させる.わずかな熱や光で原料ガスが分解され,皮膜の低温成長が可能で,化合物結晶の組成を自由に制御できる.青色・紫外発光素子薄膜の作製などに用いられる.

MKSA単位系 (MKSA system of units)

長さにメートル(m),質量にキログラム(kg),時間に秒(s)を基本単位とするMKS単位系に,電磁気に関する基本単位として電流の単位アンペア(A)を加えた単位系で,この単位系による電磁気の単位は実用単位系といわれる.SI単位系*の基本単位を構成している.

MK鋼 (MK magnet steel)

日本で三島徳七により開発された(1931)高性能永久磁石鋼.今日のアルニコ磁石*の基礎をなすFe-Ni-Al系の析出硬化型永久磁石材料として歴史的存在.焼入れの必要がなく,金型に鋳造または焼結後650〜700℃で30分時効したのち,磁化して使用する.10〜40Ni,1〜20Al,Co,Cr,W適量,60〜70Fe.$(BH)_{max} ≒ 10^4 J/m^3$(実際には炭素が少ないほど磁気特性は良いのでMK鋼は通称).→永久磁石,KS鋼,新KS鋼,スピノーダル磁石

M_d点 (M_d point)

応力誘起変態*の起こる上限温度をいう.過冷オーステナイト*をM_s点*以上で応力負荷すると応力誘起マルテンサイト変態が生じるが,より高温では変態以前にすべり変形が生じ,加工誘起変態*になる.この限界温度をM_d点という.→マルテンサイト

MBE法 (molecular beam epitaxy method)

化学気相析出法*の一種.原料をガスとして,容器の小さな口から高真空中へ分子線ビームとして噴出させ,基板結晶上に薄膜として堆積させる.原料容器の口はシャッターで制御され,複数個の分子線を交互に堆積させたり,また進行状況を反射,反射高速電子線回折*(RHEED)で観測もできる.

エメリー紙 (emery paper)

金属組織観察試料の研磨などに用いる研磨紙.コランダムと磁鉄鉱*などの混合物を塗った研磨紙のこと.

A_4変態→A変態

エリー (extra low interstitial)

ELIともいう.チタンなどで,侵入型不純物元素(B, C, N, O, Hなど)を極力減少させた高純度級の素材地金またはこれを使った合金のことをいう.→侵入型原子

エリクセン試験 (Erichsen test)

金属薄板の張出し成形*のしやすさを測定する試験の一つ.直径20mmの球を押

しつけてその押出しによってき裂が生じるまでの深さをエリクセン値とする.

エリンガム線図 (Ellingham diagram)

標準生成自由エネルギー－温度図ともいう(図参照). 金属酸化物や硫化物, 窒化物, 塩化物の気体1モル当りの標準生成自由エネルギー$\Delta G°$と温度の関係を示したもの. 図は酸化物の例で, $2M + O_2 = 2MO$の$\Delta G°$を温度の関数として表したものである. 例えばFeOをCで還元する場合, 2FeOと2CO (1atm) の生成自由エネルギー$\Delta G°$は約740℃で交差している. 従って740℃以上ではFeOよりCOが安定となり, FeOをCで還元することが平衡論的に可能である. またこの時の平衡酸素分圧は, 0K軸上のO点と, この交差点を結ぶ直線(一点鎖線)を外枠のP_{O_2}軸まで延長して目盛りを読むと, $P_{O_2} = 10^{-20}$atmが得られる. 同様に, 外枠のH_2/H_2O目盛をH点, CO/CO_2目盛とC点を結ぶと酸化物の生成自由エネルギー線の交点から, その組成ガスで酸化物を還元できる温度が求められる. このように金属の酸化・還元, 酸化物相互の安定性の比較などが図上から容易に求められる. ある温度・雰囲気で金属の生成・還元反応, 化合物の安定性がわかり製錬の目安となる. →標準自由エネルギー変化

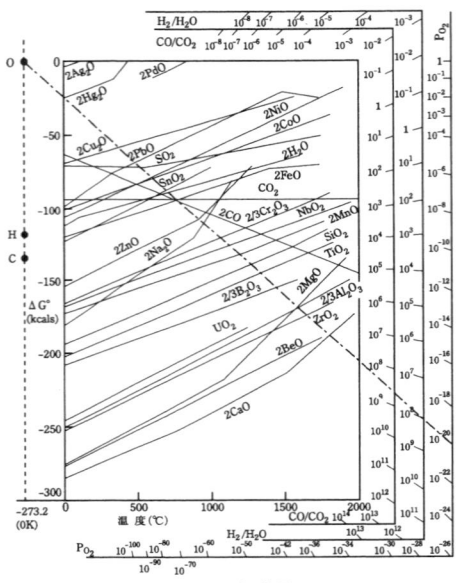

エリンガム線図

エリンバー (elinvar)

室温付近で弾性率*の温度変化が非常に小さい合金. 50Fe-35Ni-10Crを主成分とする. élasticité invariableからこの名がついた. 強磁性磁歪*が弾性率に与える影響によるもので, インバー*特性と共通している. 時計や精密計器のひげバネ, ひげゼンマイ, 音叉などに用いられる.

LEED =低速電子線回折

LED =発光ダイオード

LSI (大規模集積回路) 用配線材料 (wiring material for large scale integrated circuit)

LSIの配線材料としては, 約40年間アルミニウムが用いられてきたが, その微細化, 多層化, 大型化に伴い, 配線総延長は1kmに達するとともに電流密度も10^{13}A/m^2以上にもなる. アルミニウム配線劣化現象の主なものはエレクトロマイグレー

ション*とストレスマイグレーションである．前者は高密度の電流により，後者は絶縁膜等との機械的な応力によって，アルミニウム原子が移動し，配線の一方で隆起 (hillock)，他方で穴 (void) が生じ，断線等を起こす．対策としてエレクトロマイグレーションでは結晶粒界*を減らし，単結晶配線とすることが考えられている．ストレスマイグレーションの対策としては，製造プロセスの低温化，柔らかい絶縁膜の採用，単結晶配線などがあげられている．現在，全体の傾向として，LSI 配線材料はアルミニウムから銅に移行している．銅は抵抗率がアルミニウムより低く，優れたエレクトロマイグレーション耐性があり，絶縁性の劣化を防ぐために銅の全周を絶縁性（熱 CVD-SiN など）のバリアで配線構造を覆うなどの対策がとられている．

LC-steel (low carbon steel)

低炭素鋼．自動車用薄鋼板は高い深絞り加工*性が要求される．鋼中に固溶している炭素は圧延加工後，時間の経過とともに炭化物として析出，硬化し，深絞り加工性を著しく劣化する．このため製鋼時にできるだけ炭素含有量を下げ，低炭素鋼，さらに極低炭素鋼 (→ ULC-steel) とし，Ti, Al, Si を添加，固溶している炭素がない鋼，いわゆる格子間原子のない鋼 (IF 鋼*) や，BH 鋼* として製造している．数 ppm までの固溶炭素は内部摩擦*測定で定量分析される．

LD 転炉法 (LD convertor)

純酸素上吹き転炉法ともいわれる．1952 年オーストリアのリンツ (Linz)，次いでドナヴィッツ (Donawitz) に建設され，世界に広まった．溶銑の表面に上部から水冷銅管で純酸素をマッハ 1 程度の高速で吹きつけて脱炭する．最近の製鋼法の主力をなす．脱リンが困難なので，同時に粉末生石灰を吹き込む方法もあり，これを LD-AC 法という．→転炉，純酸素転炉法

エルー炉 (Héroult furnace)

最も一般的な製鋼用電気アーク溶解炉．単に電炉ともいう．1899 年，エルー (Héroult) の発明になる．ほぼ半球状の炉床とその上の半球状の蓋の上部を貫いて 3 本の黒鉛電極が上下できる構造で，電極に三相交流電圧を印加して，炉床に挿入した鉄材と電極間のアーク放電により加熱融解する．融解した鋼浴に成分元素を添加，成分と温度を調節して所定の合金鋼を精錬し，炉を傾けて溶鋼を鋳型に注いで鋼塊をつくる．スクラップ鉄から鋼材をつくるような融解鋳造の他に，高級合金鋼を作る製鋼用に使われている．1 回の出鋼量は 10～70t 級のものが多く，最大 400t 級のものもある．10t クラスでは 150MVA，溶鋼深さは 1200mm 程度である．→アーク溶解

エレクトロクロミズム (electrochromism)

電圧などの電気的作用を加えると材料の色彩，透明度などが可逆的に変化する現象で，酸化・還元反応による．正逆方向の通電により反応が進行し，その過程で色の変化による書き込み，消去ができる．金属酸化物系では Ir, Ni, Rh 酸化物など，有機物ではビオローゲン誘電体などが水溶液で用いられる．液晶*でも同様な現象があり，これは構造に異方性があり，電場でその配向が変わるためである．

エレクトロスラグ再溶解 (electroslag remelting : ESR)

鋼の再溶解精錬法の一種．エレクトロスラグと称する電気伝導性の良い高塩基性

スラグ (CaO–Al₂O₃, CaO–Al₂O₃–CaF₂ など) に通電, 溶融し, そのジュール熱によって被精錬材で作った消耗電極を溶解する. 溶解したメタルは溶融スラグ中を滴下し, エレクトロスラグの容器でもある水冷鋳型に凝固する. 高塩基性スラグ中を滴下する間にメタルは脱硫や介在物除去などの精錬作用を受ける. エレクトロスラグ溶接*の技術を応用した再溶解技術であり, 真空アーク再溶解と同様な目的に使用する.

エレクトロスラグ溶接法 (electroslag welding: ESW)

溶接する金属を立てて突き合せ, 開先を水冷銅板ではさみ, その中に溶融金属とそれらをおおう溶融スラグをためる. スラグ*に差し込んだ2本の電極ワイヤからの電流でスラグの溶融状態を保ちつつ, ワイヤを消耗電極として溶接を上方に進める.

エレクトロネガティブ (electronegative)

電気化学的に陰性であること. →電気陰性度

エレクトロマイグレーション (electro–migration)

単にマイグレーション (migration), またエレクトロトランスポート (electro–transport) ともいう. 電流による原子の移動現象で, 電界を駆動因子とする拡散である (→電界拡散). 電子部品が湿度の高い雰囲気下で作動する場合, 直流負荷電圧, 温度, 湿度などによって金属が陽極から溶け出すために起こる現象ともいわれるが, エレクトロマイグレーションは一般には乾燥状態での現象と考えられている.

エレクトロルミネッセンス (electroluminescence: EL)

蛍光体に電場を加えると, 発光中心が励起されて発光する現象. 大きく分けて二つあり, (1) 真性電場発光は, ZnS などの蛍光体に Cu, Cl, Mn などの発光中心を入れ, 樹脂で薄板状に固めて透明電極 (SnO_2) ではさみ, 交流電圧を加えると, 電場により加速された電子が発光中心に衝突, 発光する (→蛍光とリン光). (2) 注入型電場発光は, 蛍光性半導体に電極をつけて交流または直流電圧を加えると, キャリアが流れ込み, p–n結合で発光する. GaAs (赤色), GaP (緑色) のようなⅢ–Ⅴ族化合物半導体*, 最近は GaN, AlGaN による青色発光体が使用されている. これが発光ダイオード*である. (3) 最近, 光照射の他に電流により注入された電子と正孔が分子内で再結合することによる発光 (エレクトロルミネッセンス: EL) が次世代の表示装置として注目され, 材料開発が進んでいる. 有機EL, 発光ダイオードなどいずれもエレクトロルミネッセンスの応用製品である. →蛍光とリン光

エレクトロンビーム溶解法 (electron beam melting)

EB溶解法ともいう. 収束電子ビーム, 水冷銅鋳型を用いて高融点金属などを溶解する手法. →エレクトロンビーム溶接法

エレクトロン ビーム溶接法 (electron beam welding)

真空中で電子ビームを収束し, そのエネルギーで金属を溶融し溶接する方法. 電子ビームのエネルギー密度, スポットの大きさが制御しやすく, 熱影響部*幅が狭く, ひずみ, 変形も小さい. 高融点金属, 熱伝導率の異なる異種金属, 活性金属の溶接も可能である. 設備が高価, X線発生の危険性がある.

エレクトロン メタル (Elektron Metal)

ヨーロッパにおけるマグネシウム合金の総称. 1910年頃ドイツのI.G.染料会社の技師 G.Elektron が開発した Mg–Al–Zn 鋳造・鍛造合金が最初. 強さはシルミン*と

同程度で，製造も容易．腐食も塗料で防止でき，軽くて強いので，鋳物としてクランクケース，ピストン，歯車，鍛造押出しにより精密機器部品などに用いられた．エレクトロン×××（×数字，英字）として，Mg-Al系，Mg-Zn系，Mg-Zr系など多品種の展伸材，鋳物がある．

エロキザール法（アルマイトの）（eloxal method） →アルマイト

エロージョン（erosion）

　　液体（一般には流体）と金属の衝突で金属が消耗する現象．潰食ともいう．エロージョン－コロージョン*，キャビテーション*－エロージョン，レイン－エロージョン，スラリー－エロージョンなどがある．耐エロージョン性と硬さとは密接な関係があるといわれている．→キャビテーション

エロージョン－コロージョン（erosion–corrosion）

　　エロージョン作用で腐食が加速されること．流速の増加で消耗が激しい時には単にエロージョン，化学作用が支配的な時をエロージョン－コロージョンという．→インピンジメントアタック

塩化精製（chloridizing refining）

　　乾式精錬法の一種．塩素または塩化物を利用して目的金属の塩化物を作り，不純物を揮発除去する精製法．粗鉛中の亜鉛の除去，アルミニウムスクラップからのマグネシウム，亜鉛の除去，粗金の製錬などに用いられる．鉱石処理にも応用され，この場合，塩化焙焼（chloridizing roasting）といわれる．

塩化セシウム（型）構造（cesium chloride structure）

　　CsCl構造．代表的なイオン結晶の構造．bcc構造*で頂点と体心の原子が異なる構造．SB記号*ではB2と表示．多くのAB型金属間化合物，β黄銅*（CuZn）やFeAlの規則構造（$L2_0$型）などもこの形である．

塩化ナトリウム（型）構造（sodium chloride structure）

　　NaCl構造．代表的なイオン結晶の構造．立方体の隅が交互にナトリウムイオンと塩素イオンで占められた構造．PbTe, ZrCなど金属間化合物*の中にはこの構造のものが多くある．SB記号*ではB1と表示．

塩基性製鋼法（basic steel making）

　　炉床耐火れんがや，ライニングに高MgOのドロマイト*など塩基性の耐火材で築造した平炉*および転炉*で行う製鋼法．平炉では製鋼原料に冷銑，石炭，屑鋼，鉄鉱石，マンガン鉱石，蛍石などを使い，SiO_2分が少なくCaO分の多いスラグ*を作る．リン，硫黄の除去も容易で安価である．転炉ではリン含有量の多い銑鉄でも処理でき，リン酸肥料となるスラグができる．いずれもLD転炉法*が導入されるまでは日本の製鋼法の主流であった．→トーマス転炉，↔ベッセマー転炉法，酸性製鋼法

塩基度（basicity）

　　スラグ*を構成する酸化物は酸性酸化物，塩基性酸化物および両性酸化物*に分けられる．塩基性酸化物はイオン解離して酸素イオンを供与する酸化物（例えば$CaO \rightarrow Ca^{2+} + O^{2-}$），酸性酸化物は酸素イオンを受容して形の大きな錯陰イオンを作る酸化物（例えば$SiO_2 + 2O^{2-} \rightarrow SiO_4^{4-}$），両性酸化物は周囲の状況に応じて酸性，あるいは塩基性として振る舞う酸化物（例えば$Al_2O_3 \rightarrow 2Al^{3+} + 3O^{2-}$；$Al_2O_3 + 3O^{2-} \rightarrow$

$2AlO_3^{3-}$) である.種々な酸化物などの溶融混合物であるスラグの塩基あるいは酸としての作用は,これら成分の量(正しくは活量)によって変わるが,実用的な尺度として塩基度あるいはケイ酸度が用いられる.鉄鋼製錬では塩基度として CaO/SiO_2 あるいは(塩基性酸化物のモル数の和/酸性酸化物のモル数の和)などが用いられ,非鉄製錬ではケイ酸度(SiO_2 中の酸素原子数/塩基性酸化物中の酸素原子数)がよく用いられる.スラグが関与する製錬反応において塩基度あるいはケイ酸度はスラグの物理的,化学的性質を決定するパラメータとして重要な意味をもっている.

エンゲル・ブルワー則 (Engel-Brewer's rule)

合金の成分金属の電子配列*によって合金の結晶構造が決まるという経験則.すなわち,合金の結晶構造は外殻にある (s+p) 電子の数で決まり,d 電子には関係がない.(s+p) が $1\sim1.5$ では bcc*,$1.7\sim2.1$ で hcp*,$2.5\sim3.0$ で fcc* が現れる.典型的な例は $Mo(d^5s^1)(bcc)$-hcp 中間相-$Rh(d^8s$ を $d^6s^2p^1$ と見なし)(fcc) である.合金設計の一つの目安となる.→電子化合物

炎色反応 (flame reaction)

単体または化合物を炎で熱すると,それらに含まれている元素に固有の色を示す.これを炎色反応といい,熱によって励起された原子が励起状態から基底状態にもどるときに出す輝線スペクトルによる.アルカリ金属*,アルカリ土類金属*その他の元素定性分析の補助手段として使われる.Li(赤),Na(黄),K(紫),Cu(青),Ca(橙),Sr(桃),B(緑)など.

遠心鋳造法 (centrifugal casting)

鋳型を回転しつつその中に金属を流し込み,遠心力で鋳物を作る鋳造法.緻密な組織が得られ,鋳鉄や鋳鋼の管,ローラー,ロールの製造に用いられる.→チルドロール

延性-脆性遷移 (ductile-brittle transition)

体心立方晶の遷移金属で,特にフェライト系,マルテンサイト系の鋼はある温度範囲以下の低温で急激に延性が低下し,脆性となる.このような延性-脆性の急変温度を延性-脆性遷移温度という.シャルピー衝撃試験*で吸収エネルギー変化の中点温度(これを延性-脆性遷移温度(ductile-brittle transition temperature: DBTT)という)か,あるいは試験片破断面の延性-脆性破面面積比(通常 50%)に対応する温度(これを破面遷移温度(fracture appearance transition temperature: FATT)という)をとることが多い.この遷移温度が常温直下にある場合危険である.→低温脆性,低温用特殊鋼,IF 鋼,破壊靭性

延性繊維状破断面 (ductile fibrous fracture)

延性材料でも引張試験のくびれ部分には非金属介在物*やピンホール*等の欠陥による多数の孔ができ,その間が引きちぎれることで破断する.その引きちぎれた繊維状の断面.→内部くびれ

延性破壊 (ductile fracture)

破壊を大別して延性破壊と脆性破壊*に分類した時の言葉.破壊に至るまでに大きな塑性変形があり,大きなエネルギーを吸収するような破壊.破断部分には大きなくびれ*が見られる.破面はカップコーン破面*,延性繊維状破面*を示す.よ

く焼鈍した材料に見られる.

エンタルピー（enthalpy）

　熱力学で基本的な状態量*で熱関数とも呼ばれる．記号H．その物質の圧力をp，体積をV，内部エネルギー*をUとすれば，H＝pV＋Uで表される．すなわちpVが一定ならば，熱の出入りを表し，これが熱関数の名の由来である．変態の起きやすさや反応の進行方向を考察する上で重要である．

鉛丹（minium）

　酸化鉛（四三酸化鉛，Pb_3O_4）の慣用名．赤色顔料の一つ．光明丹（こうみょうたん），赤鉛ともいう．屋外の鉄製品の塗装下塗りに赤色の塗料を塗るのがこの鉛丹で，顔料のPb_3O_4が鉄のさびを防止する．この他，陶磁器のうわぐすり（上釉），ガラスの着色などにも用いられたが，これらの容器に酸味のものを入れたり長期保存することで鉛が溶け出したりしたので，現在は使われていない．→酸化鉛

エントロピー（entropy）

　物質の原子配列などで，その秩序のなさ，ランダムネスを表す量．二元合金が規則状態にあれば成分原子A，Bの位置は決まっており，配列は一種類しかないが，不規則状態ならば配列の種類の数は極めて大きい．この数をWとするとエントロピーSは，$S=k\log_e W$（kはボルツマン定数）と表される（ボルツマンの原理*）．純物質（単体）で平衡状態の構造をもつものの0Kでのエントロピーはゼロである（ネルンストの法則，熱力学の第3法則）．熱力学では，熱量Qの出入に伴って，その時の温度をTとすると（ΔQ）／Tで表される状態量*（別名「換算熱量」）で，可逆変化では保存されるが非可逆変化では増大し，熱現象の進行方向，進行のしやすさを示す量である．

エンブリオ（embryo）

　凝固や析出において析出核*よりも小さい微小な原子集団．熱揺動で発生・消滅をくり返しているが，ある確率でそれが臨界の大きさを超えると，それが安定な核となって成長する．生物学用語の"萌芽"から．

エンボス加工（embossing）

　板材を，浅い凹凸表面をもつ型やロール間で加圧し，その形状を写しとる加工．圧印加工*（コイニング）と同様だが，エンボス加工は板材に施されるもので，一応区別される．

鉛毛（lead wool）

　遮音材料として，空港周辺の防音工事などに用いられているもので，鉛は高密度で剛性が小さく共振現象を起こさないので理想的といえる．

塩浴（salt bath）→溶融塩，焼入れ用冷媒

お　o, o, ω

黄銅（brass）

　Cu-Zn合金の通称で真鍮（しんちゅう）ともいう．工業的にはZnが10〜45％の

範囲で, 30Zn付近を七三 (しちさん) 黄銅*, 40Zn付近を六四 (ろくよん) 黄銅*と称する. 色は美しく, 純銅より鋳造しやすく, 硬さおよび強さが大で, 展延性に富み, 箔や細線などに作ることができることから, 銅合金中もっとも多量に使用されている. なお機械的性質や耐食性を改善するためSn, Fe, Mn, Al, Si, Pbなどの元素を添加した黄銅を特殊黄銅*という. 欠点は加工後応力が残留し応力腐食割れ*(時季割れ*) を起こすことであるが, 200〜250℃に加熱, 焼鈍処理するなどの防止策がとられている.

黄銅鉱 (chalcopyrite)

組成は$CuFeS_2$. 濃い真鍮色を呈し, 銅の原料として最も重要な鉱物で, 正方晶系. 条こんは緑黒色, モース硬度*が3.5〜4. →黒鉱

応力 (stress)

材料の表面や内部のある面にかかっている力をその面積で割ったもの. 単位面積当りの力. σで表す. 単位パスカル (Pa) =ニュートン／平方メートル (N/m^2). 換算は, $1 kgf/mm^2 = 9.81 MPa \approx 10 MPa$. →引張応力, せん断応力, 分解せん断応力, 残留応力, 内部応力, 溶接残留応力

応力拡大係数 (stress intensifying factor, K_{IC})

金属が衝撃によりき裂ができて破壊するとき, き裂の先端に分布する応力の強さの程度を示すパラメーターで, き裂に働く応力とき裂の長さの関数であり, [応力]×[長さ]$^{1/2}$のディメンションをもつ. K_I, K_{II}, K_{III}とあり, K_Iはき裂に垂直に平面応力が働く開口型モードのこと (K_{II}, K_{III}のモードは破壊靭性の図参照). K_{IC}はき裂が脆性となる限界値を示し, 破壊靭性値とよばれる. →破壊靭性, K_{IC}試験, K_{IC}値, き裂開口変位

応力緩和 (stress relaxation)

一定温度で一定ひずみの条件で, 負荷された応力が時間とともに減少する現象. 材料のクリープ*に起因する.

応力集中 (stress concentration)

材料内の不均一, 微小き裂, 空洞, 介在物などの周辺, 先端で, 全体にかけた応力 ($\sigma_{nominal}$) よりも局所的に大きな応力 (σ_{max}) がかかること. (σ_m/σ_n) を応力集中係数 (K_t) という.

応力-ひずみ線図の二形態 (two kinds of stress-strain diagrams)

一つは, 銅あるいはアルミニウムなどの公称応力*-ひずみ*曲線の形態で, 最初狭いひずみ範囲で直線部分があり, その後放物線状に単調に増加し, 最高応力に達したのち, ひずみ増加にともなって公称応力が減少, やがて破断する. もう一つは焼なまし軟鋼などで見られる形態で, 最初直線部分があり, ある応力レベルに達したのち, 急激な応力の低下 (降伏現象*) と大きな伸びが見られ, その後は銅, アルミと同様, 放物線状に増加, 最高値に達したのち, 低下破断する. このように軟鋼などに見られる降伏現象の有無で応力-ひずみ線図が二つに大別される. →連続降伏, 降伏 (現象), オフセット降伏応力

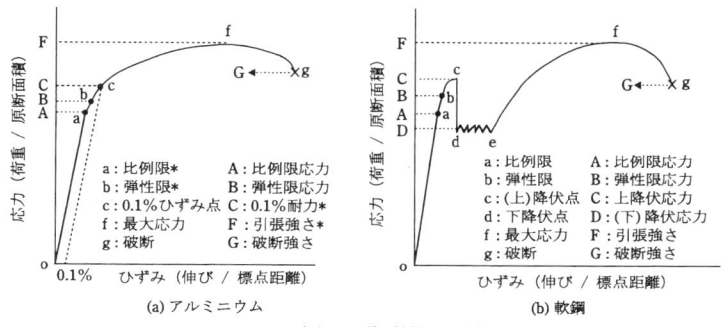

応力-ひずみ線図の二形態

(a) アルミニウム　(b) 軟鋼

図中の記号:
- a：比例限*　A：比例限応力
- b：弾性限*　B：弾性限応力
- c：0.1%ひずみ点　C：0.1%耐力*
- f：最大応力　F：引張強さ*
- g：破断　G：破断強さ

(b) 軟鋼:
- a：比例限　A：比例限応力
- b：弾性限　B：弾性限応力
- c：(上)降伏点　C：上降伏応力
- d：下降伏点　D：(下)降伏応力
- f：最大応力　F：引張強さ
- g：破断　G：破断強さ

応力腐食割れ (stress corrosion cracking: SCC)

ある種の腐食環境下で，持続的な引張応力，残留応力，内部応力などがかかった金属材料(主に合金)が，通常よりも非常に低応力で，ある時間後に脆性的に破断する現象．応力腐食割れの発生は，まず不動態皮膜が局部破壊される．これはその再不動態化によって修復される過程とアノードの溶解反応によっていっそう破壊が進行する過程になる．両者の競合で，後者が優ると孔食や不均一腐食が進行し，割れに至る．主な例をあげると，炭素鋼のアルカリ脆化*，Cu-Zn系合金冷間加工材のアンモニア雰囲気下での割れ，オーステナイト系ステンレス鋼*の高温水との接触や，溶接残留応力，特に，沸騰水型軽水炉*の炉心冷却水用ステンレス管溶接部やシュラウド*の応力腐食割れなどがある．最近は腐食疲労や応力腐食割れなどを総称して，環境助長割れ (environmentally assisted cracking: EAC) とよぶこともある．
→置き割れ，腐食疲労

応力誘起拡散 (stress induced diffusion)

材料に不均一な応力がかかった状態で生じる一方向の物質移動．水素や炭素は引張応力側に集まる．

応力誘起変態 (stress induced transformation)

マルテンサイト変態*のように，体積エネルギーに当る化学自由エネルギー以外に，界面エネルギー，ひずみエネルギー，塑性変形エネルギーなど余分なエネルギー(非化学的エネルギー*)を要する変態では，応力や加工によってより少ない駆動力で(より高温で)変態が起こる．このうち応力がひずみエネルギーを通じて変態を助けるものを応力誘起変態という．例えばFe-Ni-C系では，一軸の引張り(圧縮)応力：$1\mathrm{kgf/mm^2}$ あたり，M_s点*が1℃程度上昇する(静水圧圧縮は逆)．高温になると応力によって変態よりも先にマクロなすべり変形が起こってしまう．その限界を M_d 点という．これ以上は加工誘起変態*として一応区別する．その場合も加工に伴う転位の集積による応力とも考えられ，区別は相対的である．→M_d点

OFHC銅 (oxygen free high conductivity copper, OFHC copper)

無酸素高電導銅のこと．→無酸素銅

大きさ因子 (size factor)
15％寸法因子*，原子径因子ともいう．→ヒューム–ロザリーの規則

オキサイドメタラジー (oxide metallurgy)
μmないしそれ以下の微細介在物の分布や組成を制御し，鉄鋼の凝固時に析出核として利用し析出物の形態を制御する技術．従来より非金属介在物を極力排除する方向で努力してきたが，介在物の形態を制御して利用する方向へ発想を転換したことが評価される．Ti酸化物，MnSなどの介在物で形態制御に成功し鋼の強度向上に寄与している．新日鉄で開発された技術．

オキシダント (oxidant)
オゾン，パーオキシ アセチル ナイトレート (PAN)，二酸化窒素 (NO_2) など大気汚染物質の一種で，中性KI溶液からIを遊離させる性質をもつ酸化性物質の総称．NO_2を除いた酸化性物質を光化学オキシダントといい，1時間値が0.06ppm以下であることが環境基準により定められている．生成過程は複雑で，多くの光化学反応が提案されているが，十分には解明されていない．→環境問題，硫黄

置き割れ (season cracking)
黄銅*などにおいて，製造後の保管中に割れが発生する現象．自然割れともいう．一定の自然条件とも関係するので時季（期）割れともいう．製造時の加工による残留応力*による応力腐食割れの一つである．黄銅では亜鉛含有量が小さい合金では粒内割れ*，大きくなると粒界割れ*となる．→応力腐食割れ

遅れ破壊 (delayed fracture)
高強度鋼に特徴的な現象で，例えば河川にかかる橋などにおいて，湿潤な自然環境中で突然発生する破壊．侵入または含有する水素が一定量集中し分子状になるために発生する圧力によると考えられている．水素脆性*の一種．応力腐食割れ*とも考えられる．

オージェ電子分光 (Auger electron spectroscopy: AES)
高速電子線（時にはX線）照射で固体表面（数nm）から発生する電子のエネルギー分光により，水素，ヘリウム以外のすべての元素分析が可能な手法．軽元素に対して有用．励起された電子が光子（電磁波）以外の形でエネルギー（すなわち電子そのもの）を放出する非放射遷移で発生する電子をオージェ電子という（P.Auger，1925年発見）．

押出し加工 (extrusion)
加工材（ビレット）を円筒容器（コンテナ）に入れ，ラムで強圧をかけて隙間から試料を押出し，棒，管，型材などを形成する加工法．押出す先にダイス*があってそれを通して形成する方法を前方押出し，または直接押出しという．コンテナの前方は閉じられていてラムとのすき間，あるいはダイス自体を押し込んで手前方向に形成する方法を逆押出し*，または間接押出しという．

押湯 (riser, hot top, feeder head, shrinkhead)
鋳物を鋳込む時，鋳型*の一部を煙突状に高く持ち上げ，溶湯を溜めそれを保温しておくこと．またその部分をいう．溶融金属が凝固する時に収縮する分を補うため（引け巣*防止），および一定の圧力をかける役目も果たす．

オースエージング処理（ausaging）

過冷オーステナイト状態の鋼を加熱し，クロム炭化物を析出させてM_s点を高め，冷却中にマルテンサイト化させるための時効処理．SUS 631系のステンレス鋼*（析出硬化型）や，Ni:25％－マルエージング鋼*を700〜800℃で，1〜5hr加熱放冷する．

オーステナイト（austenite）

γ鉄*に炭素その他合金元素の固溶した相．γ相ともいう．イギリスの金属学者ロバーツ-オースティン（W. Roberts-Austen）にちなんだ名称．鋼においては種々の熱処理，熱間加工などで考察の出発点となる重要な相である（→T-T-T曲線，オーステナイト粒度）．鉄系二元合金状態図からみて，合金元素によってオーステナイト相が広がり，高濃度で常温にまで達するγ領域開放型（Mn, Co, Niなど）や，γ領域拡大型（C, N, Cu, Auなど），γループ型（Ti, V, Crなど），γ領域縮小型（O, S, Nb, Zrなど）などに分類される．→γ領域

オーステナイト結晶粒度（austenite grain size）

鋼のオーステナイト結晶粒度は鋼材の熱処理やその機械的性質に大きな影響がある．粒の粗大なものは焼きがよく入り微細なものは入りにくい，反面粗大なものは靱性が低下するので，使用目的に応じて粒径を調節する必要がある．オーステナイト結晶粒度は粒径を判断するときに比較の基準となる数値で，断面積1mm^{2}当りの粒数（m）を用い，粒度番号として表す．粒数mと粒度番号Gは$m=8\times2^G$で関係づけられている．通常100倍に拡大した顕微鏡写真を標準図と比べて決める．JISに"鋼のオーステナイト結晶粒度試験方法"が規定されている．→結晶粒度

オーステナイトステンレス鋼（austenitic stainless steel）

18Cr-8Niを代表とするステンレス鋼の中心的なもの．常温において，オーステナイト組織を示すステンレス鋼で，ステンレス鋼（マルテンサイト*系，フェライト*系，オーステナイト系，オーステナイト・フェライト系，析出硬化系）のうち最も耐食性に優れ，加工性や溶接性もよいが，熱処理による硬化性はなく，一般に非磁性である．NiをMnで置換して減らしたCr-Ni-Mn系もオーステナイト組織である．沸騰水型原子炉*のシュラウドや配管のように高温の水と触れている場合，応力腐食割れ*が発生する．これは粒界に沿ってクロム炭化物が形成され，防食皮膜のクロムが不足するためである．→ステンレス鋼，シェフラーの組織図，鋭敏化現象

オーステナイト鋳鉄（austenite cast iron）

オーステナイトの地に片状黒鉛が散在する組織の鋳鉄で，Ni（12％以上）を主にCu, Cr, Mnなどを添加する．耐食・耐熱性がよく，非磁性で切削が可能である．ニレジスト，ニクロシラルなどの名で呼ばれている．→片状黒鉛鋳鉄

オーステンパー（austemper）

鋼をオーステナイト領域から，300〜400℃の塩浴中に急冷し，そこで保持して下部ベイナイト*に変態させる処理．焼入れひずみや焼割れを防ぎつつ強度と靱性をもたせることができる．→T-T-T曲線

オストワルド成長（Ostwald growth）

再結晶*や析出*において，小さい結晶粒や析出粒子が大きい粒子に吸収された

り消滅して減少し,大きい粒子がさらに大きくなるような成長過程.これは表面エネルギーの総和が減るためで,焼結の場合も小さい空洞が大きい空洞に吸い寄せられて消滅する.自然界で広く見られる.→カーン・ヒラードの理論

オストワルドの希釈則(Ostwald's dilution law)

2個の1価イオンを生じる電離平衡において希釈度をV(ℓ/mol),電離度をαとすると電離定数KはK=α^2/(1-α)Vで与えられる.この関係をオストワルドの希釈則という.弱電解質*溶液で成立し,強電解質*溶液では補正を必要とする.

オースフォーミング(ausforming)

鋼の延性・靱性を犠牲にすることなく強化するための加工熱処理*法の典型.鋼をオーステナイト領域からT-T-T曲線*で変態の遅い300℃付近まで冷却し,そこで圧延などの強い塑性加工を施した後,ただちに焼入れ,マルテンサイト変態させる.その後,必要に応じ焼き戻す.超強力鋼で大幅な強さの上昇が得られる.

オスミウム(osmium)

元素記号Os,原子番号76,原子量190.2の金属元素.青灰色で最密六方晶,融点3054℃,密度22.59g/cm^3(20℃).白金鉱中に少量産出し,酸化オスミウム(OsO_4)は激しい臭気の気体で有毒.Os-Rh合金がペン先尖端部に使用される.

オタバイト(otavite)

オタブ石ともいう.カドミウム*の炭酸塩($CdCO_3$)で,亜鉛鉱中に含有され,亜鉛製錬の副産物としてカドミウムの生産に用いられる.→グリーノカイト

オッシレーションマーク(oscillation mark)

連続鋳造*の水冷鋳型には上下に往復運動を与えるオッシレーション装置が取り付けられ,鋳片の鋳型への焼き付き防止と鋳片の引き抜きの役割を果たしている.この上下動は普通サインカーブであるがその運動の印が鋳片に付く.これをオッシレーションマークという.

ODS合金(oxide dispersion strengthened alloys)

言葉としては,酸化物分散強化合金であるが,通常,分散強化合金*を意味している.

ODF(orientation distribution function)

方位分布関数.多くの場合,結晶粒方位分布関数(crystallite ODF)を意味する.すなわち,多結晶体の結晶粒の方位分布,集合組織*を,精密・定量的に表すために用いられる関数,例えば,球面上で定義される球面調和関数などをいう.しかし通常は,数枚一組の方位の集積を表す等高線図形(ODF図形),または解析と表現の手法(ODF法)を意味している.すなわち材料上の適当な座標,例えば圧延板材の場合,RD, TD, NDをそれぞれX, Y, Z軸にとり,結晶単位格子の主軸,例えば立方晶の場合[100], [010], [001]をx, y, z軸とする.ODF図形は,X, Y, Zは動かさず,最初それと一致させていたx, y, z軸を,反射・集積の強い方向へ回転させたときのオイラー角ψ, θ, ϕで表し,集積強度分布を連続量として,等高線で表したものである.

オイラー角のとり方,すなわちオイラー座標(空間)の表現法に,RoeとBungeによる2種があり,前者では(ψ, θ, ϕ),後者では(ψ_1, ϕ, ψ_2)で表されている.集

合組織は,例えばゴス組織*の場合(110)<001>と表されるが,これは<100>軸が,NDと45°をなす2方向及び,RD方向に集積しているもので,ODF図形では,Roeの方式ではφ=45°を表す図の右下隅（$\psi=0°$, $\theta=90°$）に,Bungeの方式では$\psi_1=\psi_2=0°$, φ=45°などに集積点が示される.多くの場合,ODF図形には主要な集合組織の位置が併記されているから,それを手がかりに大まかな状況がわかる.ODFは定量的で,詳しい解析・表現が可能であるが,極点図*の方が,直感的には理解しやすい.

オートクレーブ（autoclave）

加圧釜.加圧下で加熱できる反応容器で,通常は10気圧程度,中には500気圧にも耐えられるものがある.非鉄製錬では鉱石の加圧浸出に用いられることが多い.撹拌装置付きの多室に分かれたものが工業的に用いられ,浸出液と鉱石粒が同方向に流れる順流型と反対方向に向かう向流型がある.

オートラジオグラフィ（autoradiography）

試料中の放射性物質の分布を写真乳膜に直接記録する技術.これにより不純物の所在,拡散の模様などを知ることができる.

オニオン合金（Onion fusible alloy）

英国で開発されたBi基低融点合金*で,ヒューズ,安全プラグなどに用いられる.30Pb, 20Sn, 50Bi.融解区域：93～100℃.

OP磁石（OP magnet）

コバルトフェライト系酸化物磁石.25mol％Fe_3O_4と75mol％$CoFe_2O_4$の組成のスピネル型フェライトが,KS鋼*などに匹敵する永久磁石材料として東京工業大学の加藤与五郎・武井武により1932年に発明された.大岡山（東工大所在地名）のOと永久磁石Permanent MagnetのPをとり,OP磁石と名付けたといわれる.現在は実用的には使われていないが,この発明こそフェライトと総称される酸化物磁性材料の開発の端緒となった.→フェライト磁石

帯状組織（banded structure）＝縞状組織

オーフォード法（Ni製錬の）（Orford process）

純ニッケルの正攻法的製錬法の一つ.鉱石を反射炉,転炉製錬でS, Feを除去した後,高炉製錬で,高炉マット（上層はCu_2S,下層はNi_3S_2）を作り,Cu_2Sは塩基性転炉で粗銅に,Ni_3S_2は反射炉溶解し,電解製錬により,電気ニッケル*を得る方法.

オフセット降伏応力（offset yield stress）

耐力*ともいう.銅やアルミニウムのように明瞭な降伏*を示さない材料において（→応力-ひずみ線図の二形態）,次のように規定した仮定の（約束ごとの）降伏応力.すなわち,これらの応力-ひずみ線図の原点における接線と平行に,横軸（ひずみ軸）で,例えば0.2％の点から引いた直線が,応力-ひずみ線と交わった点の応力.記号$\sigma_{0.2}$.鋼や鋳鉄に対しても用いられることがあり,その場合は前者では0.1％オフセット降伏応力,後者では0.5％オフセット降伏応力がよく用いられる.それぞれ％数を付記する.

オーム損(Ohmic loss)
電流が電線を流れるとき,電線の抵抗によって熱として失われる電気エネルギー損失.

ω相(Al-Mg-Zn)(ω-phase, omega phase)
Al-Mg-Zn-Cu合金系でZnが多いものを時効したとき析出しやすい金属間化合物*の一つで,$Al_2Mg_3Zn_3$の組成.他には$MgZn_2$のη相も析出しやすい.Cuが多い範囲ではS相*,θ相*が析出しやすい.

ω相(チタン合金の)(ω-phase in titanium alloy)
チタンのω相は六方晶であるが,チタンおよびα相*のhcpとは異なる構造をもち,次のような二通りの現れ方をする.チタンに添加するβ相安定化元素を増加させていくと,大まかに見て,α+β領域,準安定β領域,安定β領域と変化する.①α+β領域の組成をもつチタン合金を急冷すると組成変化を伴わない無拡散変態*で非熱的ω相(athermal ω phase)となる.このω相は$ω_{ath}$相とも$ω_q$相ともいわれる.②添加量のより多い準安定β領域の組成をもつチタン合金は,400℃以下の時効処理で組成変化を伴う拡散変態で熱的ω相(isothermal ω phase)となる.これは$ω_{iso}$相とも$ω_α$相ともいわれる.この相は組成と冷却速度によっては冷却中に遷移相として生じることもある.このω相が現れると材料は脆化する.しかし,これを析出サイトとして500℃付近加熱による,準安定β相からのα相析出でチタン合金の強靭化処理が行われている.→チタン合金

オリエントコア(Orient core)
新日鉄の変圧器鉄芯用異方性ケイ素鋼板.→方向性ケイ素鋼板

オローワン機構(Orowan mechanism)
材料中に硬い(転位によって切れない)粒子が分散している場合,進んできた転位*は粒子の間に深く弧を作り,それが半円形以上になると粒子の間を通り抜けて前進する.あとには粒子のまわりに転位ループ*が残るがあまり大きな応力は必要とせず,$τ=μ\mathbf{b}/l$($μ$:剛性率,$\mathbf{b}$:バーガースベクトル,l:粒子間距離)程度である.この応力をオローワン応力(Orowan stress)といい,このようにして転位が分散粒子の間を進む機構をオローワン機構という.

温間加工(warm working)
再結晶温度以下での加熱(昇温)加工.①変形抵抗を小さくしての加工.②鋼を300℃程度の昇温状態で塑性加工を施すことにより強度を高める加工で,加工熱処理の一つ.→熱間加工,冷間加工

音子(phonon)
フォノンともいう.格子振動や音波を粒子で考える量子力学*でのことば.固体の低温比熱でデバイが導入した(→デバイの比熱式).熱伝導*,光の反射吸収の説明にも有効.フォノン交換による電子間引力が超伝導*の原因である.

温度-自由体積線図(ガラス,アモルファスの)(temperature-free volume diagram)
ガラス状態*やアモルファス合金*の形成を説明するため,温度-自由体積(液相や固相中で,原子が安定位置から自由に動き回れる平均体積)をとった線図で,液体が凝固して結晶になる過程と過冷却によりアモルファスになる過程を比較表示できる.

か γ, κ, χ

ガイガー・ミュラー計数管（Geiger–Müller counter）
　放射線の強さを測定するための最も古典的なガス放電を利用した計数管.金属円筒を陰極,その中心線にタングステンなどの細線を陽極として張り,円筒内に減圧したアルゴン,ネオンなどの希ガス*を封入し,その間に1000V程度の高電圧をかけ,管端のシール(雲母膜など)から,α線,β線,X線,γ線など各種の放射線を入射させるとガスから電離放電するので,それをパルスとして計数する.簡便で出力の大きい放射線計測器として現在でも広く用いられているが,10^{-4}sec程度の不感時間帯がある.

貝殻模様（shell pattern）＝ビーチマーク

介在物（inclusion）
　鋼の脱酸,脱硫などの処理によって生じた酸化物,硫化物や,耐火物などに起因する非金属などが溶鋼から分離除去されずに鋼塊中に残留したものをいう.顕微鏡的な小型介在物と肉眼的に観察できる大型介在物に大別される.小型介在物が鋼材中の介在物の大部分を占めるが熱間加工中に塑性変形するMnO–SiO$_2$系,MnS系などの介在物が材料の延性,靭性に最も大きく影響する.→非金属介在物

快削黄銅（free cutting brass）
　0.5～3％の鉛を加えて快削性*をもたせた黄銅.

快削金属（free cutting metals）
　被切削性のよい金属のことで,アルミニウムおよび銅合金などの高速自動切削では切削仕上面の良さと切屑が分断され処理しやすいことが要求される.Pb, Bi, Snなどの低融点金属を1～2％添加すると,これらは母材にほとんど固溶せず,微粒子として分散し,切削熱で溶融して切屑を分断し,材料と工具の摩擦面に潤滑効果を与える.鋼には快削鋼*がある.

快削鋼（free cutting steel）
　快削性をもたせるため,P, S, Pb, Te, Caなどを単独または複合添加した鋼.

快削性（free cutting property, free machinability）
　機械加工性,被削性ともいう.切削加工*がしやすいこと.切屑がきれいに細かくはがれる,仕上面がきれい,切削抵抗が小さい,切削工具の損傷が少ないなどをいう.

快削性介在物（free cutting inclusion）
　快削性添加物*による金属中の硫化物,酸化物,金属・非金属微粒子などの介在物.さまざまな形と大きさの微粒子として存在し,快削性を与える機構もさまざまである.

快削性添加物（free cutting additive）
　金属に快削性*を与えるための微量な合金成分.Pb, Mn, Te, S, Sn, Biなど.→快削性介在物,快削金属

回復 (recovery)

加工した金属を加熱した時, 加工の影響がなくなっていく第1段階. 転位の合体消滅*, ポリゴニゼーション*などでひずみが減っていく. 結晶粒形に変化はない. より高温, あるいはより長時間で次の段階である再結晶*が起こる.

回分式 (batch)

連続方式に対する不連続な方式. ある単位操作を1回毎に行う操業方式.

開放γ領域型 (open γ-field type) → γ領域

界面張力 (interfacial tension)

液／液, 固／気, 固／液, 固／固という異相界面に働く力を界面張力という. 気／液界面に働く力は通常表面張力という. 界面においては原子(分子)の配列, 原子間に作用する力が相の内部におけるものと相違する. そのために界面には過剰な自由エネルギーを生じ, 界面を減少させようとする力が働く. →表面張力

海綿鉄 (sponge iron)

鉄鉱石または砂鉄を溶融温度以下(1000〜1100℃)に加熱し還元剤(木炭・水素・天然ガスなど)を用いて還元して得られる多孔質海綿状の鉄で還元鉄(reduced iron)ともいう. 有害不純物が少なく品質が一定しており, 特に天然ガス資源の豊富な地域では地の利を生かし, 高炉*(溶鉱炉)による在来式の高温還元製鉄法に代わる新しい方式として, 将来性が期待されている. また砂鉄から製造された海綿鉄は, その品質面で有害不純物が少ないなどの利点を生かして, 高速度工具鋼*など主として特殊鋼*の原料にもかなり使用されている.

改良処理(シルミンの) (modification)

シルミン*(Al-Si合金)の溶湯にナトリウムやフッ化ソーダ, リンなどを少量加え, 組織を微細化し, 強度や延性を改善する処理.

改良処理(鋳鉄の) (modification of cast irons)

球状黒鉛鋳鉄*を作るためにマグネシウムやセリウムを添加する処理. 接種*(inoculation)とは別の処理.

ガウジング (gouging)

丸のみ, 丸たがねでえぐり取る加工. 溝切り加工.

火炎溝切り (flame gouging)

鋳物*の欠陥を酸素-アセチレンバーナで取り除く方法.

火炎焼入れ法 (flame hardening)

炎焼入れ法ともいう. 酸素-アセチレン炎などで鋼材表面を加熱し, 注水等で急冷して硬化させること. 複雑形状のもの, 大形部材に対して用いられる.

化学IC (chemical integrated circuit)

化学集積回路. 1994年に生田幸士により提案された未来のマイクロデバイス. シリコン基板上にセンサーや演算回路の他に透明なポリマー製のマイクロ化学反応系が結合されたハイブリッド構造となっている. ナノテクノロジーの一種.

化学拡散 (chemical diffusion) ＝相互拡散

化学気相析出法 (chemical vapor deposition method: CVD)

CVD法, 化学蒸着法ともいう. 閉管内気相輸送による気相蒸着成長法. 液相成長

が困難な物質の単結晶成長に用いられ,液相成長に比べ成長速度が小さい短所があるが,低温成長でるつぼが不要で,不純物や欠陥濃度が低い高品位単結晶の成長が可能である.気体原料や液体・固体原料をガス化させ,さらに熱やプラズマで励起し,気相中や基盤表面で分解・結合などの化学反応をさせて皮膜を形成させる.励起方法や原料により大別され,熱CVD*,プラズマCVD*,光CVD*,MO–CVD*,MBE* などがある.

化学研磨 (chemical polishing)

金属の表面仕上である研磨を化学薬品で行なう方法の一つ(他はエッチング,酸洗,電解研磨など).化学研磨は硫酸,リン酸,フッ酸,シュウ酸などの酸(あるいはその混酸)に酸化剤(クロム酸,硝酸,過酸化水素など)と補助剤を加えた混合液に浸漬,水洗,中和して行なう.主として表面光沢を与えるため.

化学親和力 (chemical affinity)

化合物が生じるのは各原子間に何らかの引力があって互いに引き合う親和性があるためと考え,その引力を親和力と呼んだ.ある化学反応において,反応系と生成系の化学ポテンシャル*の差,つまり反応によるモル当たりの自由エネルギーの減少をもって化学親和力の尺度としている.

化学熱力学 (chemical thermodynamics)

金属製錬を含め化学反応の進む方向,相の安定性,相変態*の進行方向など,物理化学的変化についての熱力学.物理化学の分野で主として平衡状態を扱うが,反応速度論*を含むこともある.→自由エネルギー,エリンガム線図,状態図,規則-不規則変態

化学ポテンシャル (chemical potential)

均一相において溶液成分の量(n_i:質量やモル数)の変化によるその溶液のギブス自由エネルギー*(G)変化の係数.$\mu_i = (\partial G / \partial n_i)_{T,P,j}$をいう.別のいい方をすると"部分(あるいは微分)モル自由エネルギー(partial molal free energy)"で,μ_iを使えば多成分系でも加成性(additive property)$G = \Sigma \mu_i n_i$が成立する(→ギブス・デュエムの式).平衡状態では各相の化学ポテンシャルは等しい.一様な静圧のみに依存する系(化学系)での変化を考察するのに重要.金属ではフェルミレベル*に等しい.一様でない系では化学ポテンシャルの高い部分から低い部分へ物質を移動させる力が働く.→活量,拡散定数

化学量論的組成 (stoichiometric composition)

原子数比が簡単な整数比である組成.定比例の法則が成り立っている.定比組成ともいう.この組成の化合物を化学量論的化合物という.→定比化合物,↔不定比化合物,非化学量論的組成

鏡青銅 (mirror bronze)

昔,鏡用に使われた青銅*で,1/3がSn,2/3はCuにSb, Pb, Ni, As, Znなどを添加したCu–Sn系合金.合金名のついたいくつかの種類があり,研磨によって反射率が高く,美麗で,錆びにくい研磨面が得られる.現在は光学器械,とくに大型望遠鏡の鏡に使われる程度.

搔き型 (sweeping mould)

断面が一様な鋳物のために,その断面またはその半分にあたる木型を作り,これ

を案内板(ガイド)に沿って移動しながら砂を掻き取って作る鋳型.

可逆過程 (reversible process)

注目している部分(系という)で物理的・化学的変化が生じた場合,その状態を何らかの方法で(変化の経路は違ってもよい)元に戻すことができ,かつ系以外の部分(外界・環境)も元に戻せる過程をいう(広義).あるいは変化と同じ経路を,外界に無限小の変化を与えるだけで元に戻れる過程をいう(狭義:準静的過程,逆行過程ともいう).純粋な力学的変化や電磁気的変化の多くは可逆過程であるが,現実には必ず摩擦や発熱を伴い,不可逆過程*となる.可逆過程は一種の理想化である.熱変化でも可逆過程ならば,出入りした熱によるエントロピー*(S)は保存される.$dS=dQ/T$ とすれば $\oint (dQ/T)=0$.

可逆反応 (reversible reaction)

化学反応において原系から生成系に向かって正反応が進むのと同時に,生成系から原系に向かっての逆反応も起こるような双方向性の反応をいう.双方の速度が等しいときが平衡状態である.

過共晶 (hyper eutectic)

二元状態図で共晶*点組成よりも合金成分濃度が高く,主成分から遠い組成.組織は β 相 + 共晶.→状態図,↔亜共晶

過共晶シルミン (hyper eutectic silumin)

約12wt%(共晶点)以上のケイ素を含むアルミニウム合金.ケイ素が共晶組成より多い(過共晶)と大きいケイ素の初晶が現れるので,リンをリン銅か PCl_5 の形で添加,組織を微細化する.強度,耐食性,小膨張率で応用が広い.→改良処理

過共析 (hyper eutectoid)

共析組成より合金成分の濃度が高い組成だが,鋼についてよくいわれる.↔亜共析

過共析鋼 (hyper eutectoid steel)

$0.765\% < C \leq 2.14\%$ を含む鋼をいい,その標準組織は初析セメンタイト*(primary cementite, Fe_3C) + パーライト*(pearlite)である.$Fe-Fe_3C$ 系状態図($\rightarrow A_{cm}$ 線)の共析点は $0.765\%C$, 727℃.→共析鋼,亜共析鋼

核(凝固,析出の) (nucleus)

凝固,析出など相変態において新しい相が安定に成長し得る最小限の新相の原子集団.→エンブリオ,ベッカー理論,ボレリウス理論

核形成 - 成長論 (nucleation and growth theory)

凝固や析出など相変態が,エンブリオ*→核→新相の過程である場合の理論.核の臨界直径,臨界濃度,核形成の活性化エネルギー,発生頻度などを考察する.熱活性化過程(アレニウスの式*)をたどる.これを均一核形成*といい,すでに存在している核形成促進剤*や母相の特定界面から成長する過程を不均一核形成*過程という.析出過程には核形成 - 成長でないスピノーダル分解*過程や粒界反応型析出もある.→連続析出,ベッカー理論,ボレリウス理論

核形成促進剤 (nucleating agent)

鋳造インゴットは,微細で粒状の結晶組織にすることが材質の強度から望ましいので,大きな組成的過冷*を起こすような合金元素を加えたり,不均一核生成*を

促す核形成促進剤を加えて結晶を微細化する．鋼では Al, Ti, Zr, V, B などの強い脱酸剤を，アルミニウム合金では少量の Ti, マグネシウム合金では Zr を結晶微細化に用いる．

拡散 (diffusion)

異なる物質が相互に入り混じっていくこと．金属では固体中でも生じる．金属の浸炭*，窒化*，焼結*ができるのはこのためである．単一の物質内でも原子のランダムな位置変化は起こっており，自己拡散*が定義できる．金属の拡散は空孔*との位置交換を素過程とすると考えられており，金属の流れと逆に空孔の流れがある．異種金属間の拡散ではカーケンドール効果*が観測され，空孔メカニズムの証拠となっている．→拡散定数，フィックの法則，相互拡散，固有拡散定数，酔歩の理論，不純物拡散，転位拡散，粒界拡散，表面拡散，高速拡散

拡散クリープ (diffusion creep)

比較的高温でのクリープ*の定常(第二次)段階に対するクリープ機構．空孔が引張応力側からそれと垂直な圧縮応力側へ結晶粒界や表面を拡散していくことにより起こると考えられている．ひずみ率は応力に比例する．粒内拡散クリープ(ナバロ・ヘリングクリープ*)と粒界拡散クリープ*(コーブルクリープ)がある．→クリープ機構

拡散定数 (diffusion constant)

拡散*のしやすさを表す量，拡散係数(diffusion coefficient)ともいう．フィックの第1法則*でいうと，物質の拡散流量(f)と濃度勾配($\partial c/\partial x$)の比：$f=-D(\partial c/\partial x)$ の D で，(長さ)^2/時間のディメンションをもつ．現在では，濃度勾配($\partial c/\partial x$)でなく，化学ポテンシャル*の勾配($\partial \mu/\partial x$)が拡散の駆動力とされている．拡散は熱活性化過程*で活性化エネルギーを E, 粒子の間隔を a, ボルツマン定数を k とすると，$D=D_0 \exp(-E/kT)$ の関係が成り立つ．D_0 は a^2/τ_0 とも表し，原子の飛躍が起こる頻度を表すので頻度因子*といわれる．→自己拡散，固有拡散定数，相互拡散，ボルツマン・俣野の方法

拡散接合

① (diffusion welding, diffusion joining, diffusion bonding)：固体の拡散により金属材料を接合すること．溶接しようとする金属の表面の酸化物層を取り除き，平滑にして接触させ，加圧しながら加熱して接合する．接合しようとする金属固体の間に低融点合金をはさんで，加圧，加熱し，液相をはさんで接合する場合も拡散接合という．

② (diffused junction)：気相から付着させた添加物を拡散させてつくった半導体の p-n 接合．

拡散変態 (diffusion transformation)

原子の拡散を伴う変態．析出はその代表的なものである．規則格子変態もこの種類に属する．一方マルテンサイト変態*は非拡散型変態*である．

拡散方程式 (diffusion equation)

フィックの第1法則*，第2法則*など拡散に関する方程式．拡散物質の濃度を $c(x,t)$, 位置座標を x, 時間を t とすると，物質の拡散量 f は，$f=-D(\partial c/\partial x)$ (D は

拡散定数）（フィックの第1法則）．実験で測定できるのはある場所における濃度の時間的変化で，これは，$\partial c/\partial t = D(\partial^2 c/\partial x^2)$（フィックの第2法則）である．これを三次元で表すと，$\partial c/\partial t = \text{div}(D\,\text{grad}\,c)$である．この式を与えられた初期条件，境界条件下で解いて濃度分布，その時間変化を求める．→ボルツマン・俣野の方法，拡散定数

拡散焼なまし（diffusion annealing）＝均質化処理

核磁気共鳴（nuclear magnetic resonance: NMR）

原子核の磁気モーメントによる磁気共鳴＊（^{1}H, ^{13}C, ^{14}N, ^{19}F, ^{31}Pなどが代表例）．核磁気共鳴スペクトル，ケミカルシフト，ナイトシフトの情報は，原子構造，電子構造，高分子物質の物性解析，含水量の定量などに応用されている．^{1}H原子が最も測定容易で，プロトン共鳴として磁場の測定や有機化合物の分子構造の研究に用いられているが，近年は磁気モーメントをもつほとんどすべての核種について測定可能となっている．医学，生物学では，磁気共鳴画像＊による診断が行なわれている．

拡大γ領域型（expanded γ–field type）→γ領域

拡張節（積層欠陥の）（extended node）

焼なまし結晶では，転位はしばしば六角形の網目状構造＊をとるが，交点（節＊）に集った3本の転位がそれぞれ拡張転位である時，交点で交差して収縮する場合と交差せず拡張したままの節ができる場合がある．この交差していない節を拡張節という．→収縮節，節

拡張転位（extended dislocation）

例えばfcc金属の（111）面，あるいはhcp金属の底面の転位は，一時に1原子間隔進まずに，方向が30°偏り，より近い安定点へ進むことが多い．図(a)(b)参照．こ

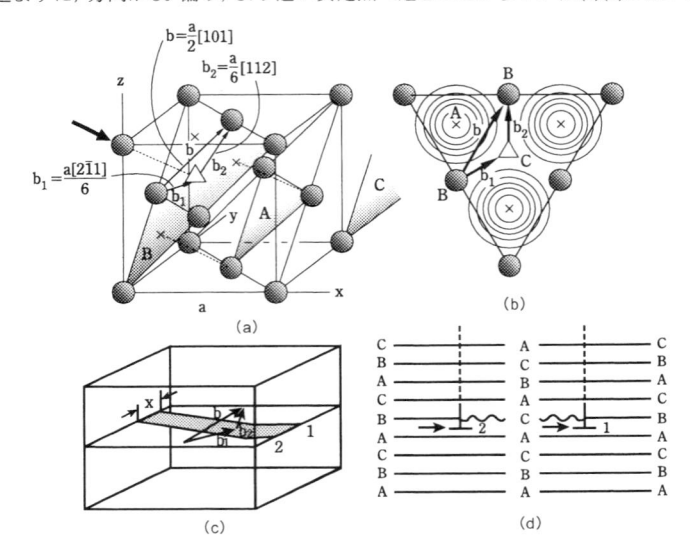

れを不完全転位*というが,次に同様な(最初が右なら今度は左へ30°偏った次の安定点へ)すべりを起こすと初めて1原子間隔進む.この2本の不完全転位(それぞれを半転位*または部分転位*という)の中間(図(c)の網点部分)は,すべり面の垂直方向の規則性が失われている(例えばfccのABCABC…の積み重ねがABCACAB…となっている:図(d)).これを積層欠陥*といい,2本の不完全転位と組みにして(ハイデンライク・ショックレーの)拡張転位という.らせん転位*でも全く同様に拡張する.一方,bcc結晶では,らせん転位が異なるすべり面へ分裂したものや,双晶変形*の一つとして部分転位と双晶面をはさんだ積層欠陥で構成された拡張転位も考えられている. →らせん転位の拡張

核燃料 (nuclear fuel)

原子力発電などエネルギーを発生する原子炉において,原子核分裂の連鎖反応で,エネルギー(熱)を発生する物質.ウラン,プルトニウムなどが用いられる. →ウラン,プルトニウム,原子炉,原子炉材料

確率振幅 (probability amplitude)

量子力学*で,測定可能なある物理量の確率が,ある関数の絶対値の2乗で与えられるようなその関数.例えば電子の波動関数*の絶対値の2乗が電子の存在確率を与える.

確率密度 (probability density)

確率密度関数ともいう.ある関数のある区間での積分が,ある変数のその区間での確率を表すような関数.電子の波動関数のある小空間での積分が,その範囲での存在確率を与える.

カーケンドール効果 (Kirkendall effect)

異なる金属あるいは合金を密着させ,両金属と反応しない金属の細線などをマーカーとしてはさみ,拡散させるとマーカーの位置が移動する現象.金属の拡散のほとんどが,原子相互の位置交換でなく,空孔*を媒介とすることの重要な証拠.拡散定数の大きい方の金属が減少するので,その側へ移動する.拡散が起こっているので厳密には境界も崩れているが,その崩れが小さい間での話である.マーカーの位置をカーケンドール界面ともいう. →俣野界面,相互拡散

加工硬化 (work hardening)

金属材料が塑性変形により硬化すること.ひずみ硬化 (strain hardening) ともいう.塑性変形は転位の増殖*により進行するが,加工硬化は増殖した転位と不純物や他の格子欠陥との相互作用,および転位間の相互作用により転位が動きにくくなるために起こる.

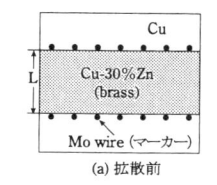

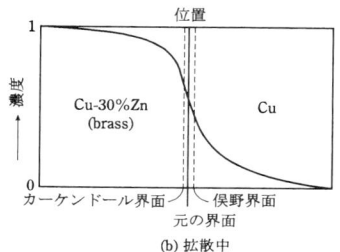

カーケンドール効果

加工硬化指数 (work hardening exponent)

加工硬化する割合を示す指数. 材料が降伏すると, σ(応力)-ε(ひずみ)曲線は放物線的になり, $\sigma = K \cdot \varepsilon^n$ (K は定数) で表されるようになる. この n を加工硬化指数といい, 0.1~0.3 が普通である. →応力-ひずみ線図の二形態

加工集合組織 (deformation texture)

加工の結果, 材料に現れる集合組織*. 引き抜き加工*で生じる集合組織を繊維組織といい, 材料の長さ方向に次の方位が揃う. bcc は <110>, fcc は <111>, <100>, hcp は <1010>. 圧延加工では, bcc は圧延方向に平行な <110> を軸とする {001} <110> から {112} <110> の回転と, {112} <110> から {554} <225> への回転分布, fcc は {112} <111> (純金属型) または {011} <211> (合金型) を主成分とする分布, hcp は軸比*によって {1122} <1010> (c/a<1.633), {0001} <1010> ($c/a \fallingdotseq 1.633$), {1123} <1122> (c/a>1.633) などが現れる (圧延集合組織*).

加工組織 (deformation structure) →変形帯

加工熱処理法 (thermomechanical treatment)

熱処理と塑性加工を組み合わせて材料の強度と靭性*をあわせ持たせる処理法. ミクロには結晶粒や析出相の均一化, 微細化などを生ぜしめる. オースフォーミング*, 制御圧延*などがある. 最近のスーパースチール*, スーパーメタル*プロジェクトでは加工温度の選択・強加工・繰り返し加工プロセスがその技術的中心となっている.

加工表面荒れ (stretcher strain marking)

ストレッチャーストレーン*などによる材料の加工による表面肌荒れ.

化合物超伝導体 (chemical compound super-conductor)

金属系超伝導体 (もう一つは酸化物系) は, 合金系と化合物系に分けられる. その化合物系をいう. 金属間化合物*, 金属と半導体の化合物, 金属窒化物などの超伝導体. A15型, C15型, シェブレル型などがある. Nb_3Sn, V_3Ga (いずれも A15型) などが代表的で, かなり大きな臨界温度, 臨界磁場, 臨界電流をもち (第二種超伝導体), 実用化の中心である. 脆いので線材にするには, Nb や V の芯と Cu-Sn や Cu-Ga を複合加工した後, 熱処理するなど, 特殊な方法で行う. 2000年10月, MgB_2 (二硼化マグネシウム) が転移温度 39K の超伝導体であることが発見された. MgB_2 は液体ヘリウムを用いなくても超伝導体として利用できる可能性があり, 今後の期待が大きい. →超伝導体, 第一種超伝導体・第二種超伝導体

加工冶金 (mechanical metallurgy)

生産冶金*で得た金属地金を溶解, 鋳造, 圧延などの機械加工にかけ, 一次製品を得るまでをいう. 製造冶金*ともいうが, 製造冶金は生産冶金も含め製錬・加工の両方をいう場合が多い. →冶金

加工誘起変態 (strain induced transformation)

ステンレス鋼や高マンガン鋼は加工すると M_s 点*以上でもマルテンサイトができる. このような変態をいう (→ M_d 点). マルテンサイト変態は化学自由エネルギー以外に, 界面, ひずみ, 変形, 音などの非化学的エネルギー*も必要とする変態なので, 応力負荷や加工などで変態が誘起される. M_s 点直上では応力誘起変態*が

起こるが，より高温では変態の前にすべり変形が生じ，その結果誘起される変態を加工誘起変態といい，応力誘起変態と区別する．加工による転位の堆積の応力とも考えられる．

加工率（working ratio, reduction）
　加工度ともいう．塑性加工，変形の度合い，比率をいう．ひずみあるいは，その変化率で表す．→圧下率，鍛錬成形比

過時効（over aging）
　時効のし過ぎで，時効硬化型合金の析出物が粗大化し，平衡構造の析出物となり，強度が大きく低下すること．

か（煆）焼
　①（calcination）炉中で鉱石などを融点以下で加熱して，水酸化物や炭酸塩，硫化物などを分解，揮発性物質や結晶水を除去する作業．必ずしも空気を送らなくてもいい点では，ばい（焙）焼＊と区別される．
　②（scorification）→灰吹き法

過剰塩基（excess base）
　塩基性酸化物（CaO, MgO, MnO）のモル分率から酸性酸化物（SiO_2, Al_2O_3, P_2O_5, Fe_2O_3）のモル分率を差し引いた値すなわち塩基として有効に働く量を示す．→塩基度

過剰空孔（excess vacancy）
　金属・合金を，高温から急冷すると，材料中に残る平衡量以上の空孔＊．凍結空孔ともいう．この空孔は，拡散＊，回復＊，再結晶＊，析出＊などを促進させ，重要な役割を果す．また，電気抵抗変化などで空孔挙動を研究するために導入する．

ガス圧接法（gas pressure welding）
　棒状材などを互いに押し付けておき，接点をガス焔で溶融点以下に赤熱し，軟化した時点でさらに圧力を加えて結合させる接続方法．鉄筋の接続に用いられる．

ガス浸炭窒化法（gas carbo-nitriding）
　ガスで行なう浸炭窒化法＊．部品の変形や焼割れが少ないなどの利点がある．

ガス浸炭法（gas carburizing）
　炭化水素ガスや都市ガスなどの混合気体中で行なう浸炭＊法．

ガス不純物（gas impurity）
　炭素鋼に不純物として含まれているガスで，CO_2, CO, H, Nなど全量約0.01～0.15％含まれている．多いと各種欠陥の原因となるが，とくに侵入型原子＊で固溶しやすいN, Hは重大で，Nは低温脆性＊，Hは水素脆性＊の原因となる．

ガス溶接（gas welding）
　アセチレン等のガスに酸素を混合した炎の熱で溶融・接合する方法．炎の強さ，部材と炎の距離の調節が容易なので，薄板や低融点金属の溶接に適している．→溶接

化成処理（chemical conversion coating）
　クロメート処理＊，リン酸塩被覆＊などで，耐食性皮膜や塗装下地をつけること．

加速クリープ（accelerated creep）
　クリープ試験の最終段階で現れる，クリープ曲線が急激に立ち上がる段階のこと．

試験片の断面積減少速度が大きくひずみ硬化が追いつかない状態.時間とともにクリープ速度が大きくなり破断に至る直前の状態. →クリープ

可塑性(plasticity)
　　塑性変形*が可能な性質. 金属の最大の特徴. →展伸性, すべり, 転位

カソード(cathode)
　　金属／電解質の系において, 金属から電解質へ電子が流れ出している電極. すなわち, 還元反応が起こっている電極をいう. 電気分解では$2H^+ + 2e^- \rightarrow H_2$, 電池では例えば, $Cu^{2+} + 2e^- \rightarrow Cu$という反応が生じている. 電気分解では外部電池の負極をつないだ極であるが, 電池の場合には外部負荷に対して正極である. カソードとアノード*は, あくまでも酸化または還元反応で定義したもので, 正・負, プラス・マイナスではない. それ故, カソードを陰極ということもあるが, 混乱の危険がある. →単極電位, 半電池, ↔アノード

カソードルミネッセンス(cathode luminescence)
　　ブラウン管(CRT)の原理. 電子銃から放出された電子を加速して蛍光体面を刺激して, 蛍光*体から光を発する現象.

型打ち鍛造, 型鍛造(die forging, drop forging, swage forging)
　　いずれも最終製品の形状をもつ型を特殊鋼*などで作り, その間に素材を入れ, 上下から鍛造*して成形する方法. 用いる鍛造機, 成形の目的などでさまざまな用語がある.

硬さ(hardness)
　　一般には材料の変形しにくさ, 応力に対する抵抗をいうが, 通常は狭い部分, 微小部分の変形抵抗をいう. 微小部分の硬さでは, 結晶粒内と粒界の硬さや, 金属組織を構成するそれぞれの相を区別した硬さをいうことが多い. 測定法によって押込み硬さと反発硬さ*に大別できる. 前者にはビッカース硬さ*, ブリネル硬さ*, ロックウェル硬さ*, ヌープ硬さ*など, 後者にはショアー硬さ*などがある. →微小硬さ, モース硬さ

硬引き(hard drawn)
　　冷間引き抜きによって, 線, 棒, 管を成形し, あわせて強靭性をもたせること.

可鍛鋳鉄(malleable cast iron)
　　可鋳性のよい銑鉄, つまり白銑*で鋳造し, 普通鋳物の特性を維持しつつ, 形状をくずさない程度の熱処理をほどこし, 化学変化によって粘り強い性質の鋳鉄を得ようとしたもので, 白心可鍛鋳鉄*(引張強さ：30〜46kgf/mm^2, 伸び：2〜6％), 黒心可鍛鋳鉄*(引張強さ：30〜45kgf/mm^2, 伸び：5〜10％), パーライト可鍛鋳鉄(引張強さ：40〜70kgf/mm^2, 伸び：1〜5％)がある. ↔ダクタイル鋳鉄

カチオン空孔(cation vacancy)
　　イオン結晶*の格子欠陥で, 陽(＋)イオンの抜けた空孔をいう.

活字合金(type metal)
　　活字用のPb-Sb-Sn系合金. Pb-11Sb-4Snの三元共晶組成を中心とした組成をもつ.

活性化エネルギー (activation energy)

1889年, アレニウス (S.Arrhenius) は化学反応の反応速度と反応温度の関係を次のように表した. $k = A \exp(-E/RT)$. ここで k, A, E, R, T はそれぞれ反応速度定数, 頻度因子, 活性化エネルギー, 気体定数, 絶対温度. 化学反応を考える場合, 図の状態Aにある分子は状態Bに移った方がエネルギー的には安定であるが, 状態Aから状態Bに移るためにはエネルギー障壁 (E) を越えなければならない. このエネルギー障壁の高さEを活性化エネルギーという. 状態Aにある分子が活性化エネルギーEを得て, エネルギーの壁の頂上Tに位置したとき, 活性錯合体状態にあるという. 状態Aから活性錯合体への遷移には, 一般に活性化のための自由エネルギー変化を考えねばならない. 等圧変化では活性化自由エネルギーは活性化エンタルピーと活性化エントロピー項より成る. 活性化エントロピーは状態Aと状態Tのエントロピーの差によって決まる. k の温度変化から求まるEは活性化エンタルピーであるが, 実際的には等容変化の活性化エネルギーに近く, 両者はほぼ等しい. 化学反応で触媒を用いて化学反応を早めることができるのは, 触媒により活性化エネルギーを低めるからである.
→アレニウスの式, 活性錯合体

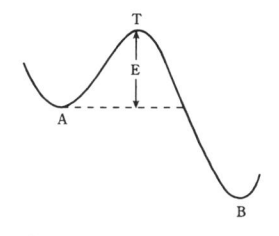

活性錯合体 (activated complex)

化学反応の進行に伴い, 原系から生成系に向かって原子が配置を変える過程で自由エネルギーが最大となった状態 (遷移状態) をいう. 反応座標系でいえば反応方向から見て鞍部点となっており, 反応経路以外つまり通常の並進, 振動, 回転の自由度に対して安定である. 寿命が短いことを除いて通常の分子と比較できるので錯合体という仮想的分子として取り扱う.

活性炭 (active carbon)

大きな吸着能をもった炭素質の物質. 木炭, 木材, 褐炭, 椰子の実の殻などが原料. 木炭などを水蒸気中で加熱して活性化するか, または炭素質の原料を高温で薬品 (塩化亜鉛, リン酸など) とともに乾留して製造する. 有毒ガスの吸着剤, 空気や水質の清浄化剤, 脱色剤, 電池の電極材料など, 工業的にも一般家庭においても応用が多い.

活性炭素 (active carbon)

肌焼鋼に浸炭＊するとき, 浸炭剤中の炭素に CO_2 が作用して生じた CO ガスが鋼材表面に拡散し, 分解して活性炭素 (発生期炭素＊または原子状炭素) を生じ, これが鋼材表面に溶解侵入し, 浸炭が行われる.

褐石 (brown stone)

酸化マンガン (4価) を主体とするマンガン鉱石.

褐鉄鉱 (limonite)

$Fe_2O_3 \cdot nH_2O$. 鉱物としては水酸化鉄鉱 $FeO \cdot OH$ (針鉄鉱, goethite か鱗鉄鉱, lepidochrocite). 世界鉄鉱石埋蔵量の約16％を占める.

カップコーン破面 (cup-corn fracture)

延性破断を示す材料でも,くびれ部分が点になるまで延びず,ある断面積を残すことが多い.その場合多くは断面の一方が凹み,他方が凸になり,その外周は引張り方向に対して45°の斜面を示す.このような破断部分の形をカップ(アンド)コーンといい,そういう形状の破面をいう.

活物質 (active material)

電池の正極または負極にペースト状に塗り込められている物質で,充電,放電の起電化学反応に直接あずかり,イオンの放出,吸収にともなう電気量の授受により,化学エネルギー $\rightleftharpoons$ 電気エネルギーの変換を行う.正極の活物質は酸化剤で PbO_2 (鉛蓄電池), MnO_2 (マンガン乾電池)など,負極では還元剤で卑金属の Zn (マンガン乾電池)や Pb (鉛蓄電池)の微粒が多く用いられている.

活量 (activity)

活動度,活動濃度ともいう.記号 λ, a. 化学ポテンシャル*を μ とすると, $\mu = RT \log \lambda$ で表される(絶対活量).ある温度で標準状態を定め,その化学ポテンシャル(標準化学ポテンシャル μ^0)との差で, $\mu - \mu^0 = RT \log a$ と定義されるものを相対活量という(R:気体定数, T:温度).多成分系溶液での実効的な濃度(一種の熱力学的濃度)に相当する.すなわち,モル分率を c とすると, $\lambda = \gamma c$ で,比例定数 γ を活量係数(activity coefficient)という.蒸気圧,浸透圧,沸点,凝固点,溶解度などの測定から実験的に求められる.

火点 (fire spot)

LD転炉*においては酸素を溶鋼に吹き付けて脱炭反応を行わせる.このとき酸素ジェットが溶鋼に当たった場所を火点という.炭素の燃焼熱により2000℃以上にも達し,発生したCOガスにより溶鋼とのエマルジョンを生成する.

過電圧 (over potential)

電極反応において平衡電極電位と電流が流れているときの電極電位の差を過電圧という.過電圧の原因は活性化過電圧,濃度過電圧,抵抗過電圧などによる.一般に,電極反応の種類,電極の材質,表面状態,電流密度,温度などに依存する.

価電子 (valence electron)

原子価電子ともいう.通常最外殻のs電子とp電子のこと.原子価など化学的性質を決定することをいうので,結合に参加するd電子を含めることもある.金属では,自由電子*,伝導電子*のこと.

渦電流損=うず電流損

カドミウム (cadmium)

元素記号Cd,原子番号48,原子量112.4の金属元素.青みをおびた銀白色を呈し,hcp構造で,軟らかく,展延性に富む.融点:321.1℃,密度:8.65g/cm^3(20℃).亜鉛鉱物に少量含まれ,亜鉛製錬の副産物として得られる.最近,カドミウムの用途の大部分はNi-Cdアルカリ蓄電池(ニッカド)である.Cd基合金は軸受材料,Cd添加合金は電気導線(Cu-Cd)や易融合金(はんだ,ろう),CdSは半導体,Ag-In-Cd合金は原子炉の制御材に用いられる.人体に取り込まれやすく,鉱毒汚染によるイタイイタイ病はカドミウムの体内への蓄積が進んで腎臓機能が低下,カルシウム

代謝が異常になりカルシウムが骨から失われて骨がもろくなり,変形していく公害病である.また,日本の農地はカドミウム汚染地が多く,米を通じて体内に蓄積されるカドミウム量は日本が世界でもっとも多いといわれている.→オタバイト,グリーノカイト,環境問題

カドミウム青銅（cadmium bronze）

カドミウムを0.5〜1.5％添加した銅合金で,カドミウム銅ともいう.高力高電導銅*の一つ.線引加工により引張強さが高く（60kgf/mm^2）でき,電気伝導度も良好（80％IACS）で,耐摩耗性が大きいため,電車架空線,送電線,電信・電話線,摺動子などに用いられる.

カドミウム銅（cadmium copper）＝カドミウム青銅

カドミウムめっき（cadmium galvanizing）

カドミウムは空気中・海水中で亜鉛より耐食性があるので,鋼板のめっきに使用される.乾式法と湿式法があるが,日本ではカドミウムの有毒性のため,めっきは禁止されている.

金型

①（die）鍛造*では,材料を押しつけて一定の形状に成形するための金属製の型で,製品の寸法,形状に合うような表面形状をもつ強固な金属体をいう.→落槌鍛造

②（mould）鋳造では,溶融金属を流し込んで精密な鋳物を作るときに使われる金属製の型で,繰り返し使用するため,耐熱性,強度が要求される.型の材料には耐熱鋼,鋳鉄,黄銅などが使用される.→鋳型

カーナリット（carnallite）

岩塩中にあるマグネシウム*の主要鉱石.$MgCl_2・KCl・6H_2O$の組成を持ち,ドイツに多く産出する.

ガニスタ（ganister）

粘土分を多量に含むケイ酸質砂岩.$80〜90SiO_2, 1〜10Al_2O_3$その他を含む.これを主成分としたれんがはガニスタれんがといい,転炉*の内部,酸性平炉*の炉床材としても用いられる.

カニゼンめっき法（kanigen process）

1953年米国で発明された電気を用いない化学的ニッケルめっき法で,従来のめっき法と異なり,化学的触媒反応によりニッケル水溶液を還元して,ニッケル合金をめっきする.

鐘（かね）青銅（bell bronze）

梵鐘,鐘などに用いられる青銅で,普通青銅に比べ,Snの含有量が多く,打撃によって美しい音を出し,しかもその形状を変えないよう十分硬く,強靭な点に特長がある.20〜25Sn,残Cu.

過熱（overheating）

バーニング（burning）ともいう.熱処理等で規定温度以上に加熱してしまうこと.逆に安定な低温相を十分高温に加熱してこわし,完全な高温相にすること.

ガーネット型構造（garnet structure）

超高周波帯で用いられる磁性材料や,ファラデー効果*素子に用いられるフェリ

磁性*素材の構造で,もともと「ざくろ石 (garnet): $Ca_3Al_2(SiO_4)_3$」と呼ばれているものの構造である.機能材料としてのガーネットの分子式は$R_3Fe_2(FeO_4)_3$で,Fe^{3+}のbcc格子(大きい)の中に$(FeO_4)_3$とR^{2+}_3 (Y, Sm, Eu, Gd,… Yb, Lu) が入ったものを8個組み合わせた構造である.

カーバイド スラグ (carbide slag)
電気炉製鋼法*の還元剤に用いるスラグ*.生石灰,蛍石,炭素粉または Al, Fe-Si 粉を加えた還元スラグのうち,炭素粉を多く配合し塩基度を高めてCaC_2を生成したスラグをいう.なおカーバイドを含まない FeO 2〜3% のスラグを白色スラグという.

下部降伏応力 (lower yield stress)
鋼の引張試験において降伏*が生じた後,一定応力で塑性変形が進行する時の応力.特に指定がない時にはこれを単に降伏応力*とか降伏強さという.

下部ベイナイト (lower bainite)
共析鋼*の恒温変態*において 250〜350℃ の比較的低温で現れるベイナイト*.針状で準安定な炭化物が析出する.Fe_3C よりは炭素濃度が高く(ε炭化物に類似),硬度も高い.→上部ベイナイト,ベイナイト,T-T-T 曲線

下部臨界冷却速度 (lower critical cooling rate)
鋼の冷却速度が小さいと,マルテンサイト化が十分でなく,パーライト*等が混在する.もっと冷却速度が小さくなるとマルテンサイト*が全く現れなくなり,この限界の冷却速度をいう.→上部臨界冷却速度,C-C-T 曲線

過飽和固溶体 (supersaturated solid solution)
急冷あるいは溶体化処理*・急冷した合金で,固溶している溶質原子がその温度での平衡状態の濃度よりも過剰な準安定状態にある固溶体.(例えばジュラルミン*の)時効硬化*の出発材料.

カーボニル鉄 (carbonyl iron)
鉄カーボニル,$Fe(CO)_5$が1気圧,約200℃で分解してFeとCOとになる性質を利用して作った鉄粉.純鉄と見なされる.焼結して電気,磁性材料に用いる.0.020C, 0.1Si, 0.004S, 残 Fe.

カーボランダム (carborundum)
結晶性炭化ケイ素 SiC の商品名であるが,一般に使われている.ケイ砂と粉砕コークスを混合し,電気炉で溶融して作る.硬度が高いのでエメリー紙用の研磨材,高融点であるので耐火材や炉のライニング*,また焼結して発熱体としても使われる.

カーボンナノチューブ (carbon nano-tube)
グラファイト(黒鉛*)の中空円筒状繊維で,直径がnmオーダーと極めて細く,グラファイト原子が規則正しく巻かれて配置され,中心は空洞である.1991年に飯島により発見された.多層と単層の2種類あり,長さは多層チューブが1μm以上,単層チューブが100μmのものまである.多層チューブは2〜30層の内径2〜10nm,外径4〜50nmの同心円筒,単層チューブはグラファイトの単原子層1枚の円筒で,その巻き方により金属相と半導体相が入れ替る特異な性質をもつ.

カーボンナノホーン (carbon nano-horn)

1998年に開発されたカーボンナノチューブ*に類似のグラファイト材料．単層グラファイトからなる長さ20nmの円錐構造体の集合体．高純度で大量合成が容易，応用として小型水素燃料電池の電極材料として用いる試みがある．

上降伏点（upper yield point）

鋼の引張試験で，降伏*が始まる直前の最大応力，あるいは応力－ひずみ線図*でのその位置．単に降伏点とだけいうこともある．

上臨界冷却速度＝上部臨界冷却速度

可融合金（fusible alloy, low melting alloy）

易融合金ともいう．融点が常温～250℃の低融点合金のこと．この合金で融点が一番低いのは，Uアロイで，大阪アサヒメタル工場の易融合金の商品名．Uアロイ：42.9Bi-21.7Pb-7.97Sn-5.09Cd-18.33In, 融点：43.0℃．→低融点合金

カラー鋼板（colored zinc plated steel sheet）

電気亜鉛めっき鋼板*で，電解浴で亜鉛めっきしたのち，リン酸塩系の表面処理とカラー塗装を施す．

枯らし（seasoning）

鉄鋼の性状の変化を時効により安定化させることで，室温に長時間放置して，安定化させる自然時効と適当な温度に加熱保持して行う高温時効とがある．

ガラス状態（vitreous state, glassy state）

液体を冷却して，結晶化しないまま固体と同程度の粘度（ほぼ$10^{13～14}$ポアズ）まで冷却した状態．過冷却液体状態を通過し，非晶質固体になっている．過冷却液体からガラス状態への転移をガラス転移といい，その温度をガラス転移点T_gという．T_gでは，比熱，比体積，膨張係数に顕著な折点が現れる．昇温時にはガラス転移以前に構造緩和*が現れ，冷却時と異なる過程をとる．ガラス状態では0Kでもエントロピーがゼロでない（残余エントロピー）．多くの有機物質にもあり，ゴムでも観察される．→アモルファス合金，バルク非晶質合金

ガラス繊維（glass fiber）

溶融ガラスを高速で引き伸ばし，太さ数ミクロンの繊維状にしたものの総称．ガラス繊維はその形態により，長繊維，連続単繊維（中繊維と呼ぶこともある），光学繊維，グラスウール（短繊維）に大別される．ガラス繊維は引張強さ（Cガラス：250kgf/mm^2, Eガラス：350kgf/mm^2, Sガラス：490kgf/mm^2），比強度が大きく，電導率や誘電特性などの電気特性に優れ，不燃性で化学的耐久性が大きいため，長繊維は繊維強化プラスチックやポルトランドセメントの強化材，光学繊維（光ファイバー）は医療用や通信用，単繊維・グラスウールは断熱，吸音材に用いられる（C, S, E, 他にAガラスは組成による分類）．

ガラス転移（glassy transition）→ガラス状態

カラット（carat, ct, karat, Kt）

①元来貴金属や宝石の質量を表すイギリスでの単位系，金衡*（トロイユニット）での単位．真珠以外の宝石について1K（カラット）は0.2g．

②金合金の品位を表す単位で，純金は24K（カラット）．一般に指環は18K，ペン先は14Kのものが用いられる．

からみ (slag)

スラグ*のこと．非鉄製錬で用いられることば．→かわ，銅

カラミンブラス (calamine brass)

カラミンは酸化鉄を含む炭酸亜鉛を焼いたもの．ローマ時代これを銅と合金して，Cu-12～28Znとしたものを貨幣として用い，それがカラミンブラスとよばれた．18世紀，黄銅が合金として作られるようになってからも，装飾品，武具などに使用されていた．

カリウム (potassium)

元素記号K（ラテン名 Kalium），原子番号19，原子量39.10のアルカリ金属元素．銀白色を呈し，体心立方晶*で，融点：63.8℃，密度：0.862g/cm^3(20℃)．長石，雲母などの成分として地殻中に広く分布し，海水中の濃度は380g/m^3．金属カリウムは水酸化カリウムまたは塩化カリウムの溶融塩電解によって得られる．電気的陽性が強い元素で，化学的性質はナトリウムに類似する．Na-K（ナック*）合金が原子炉の冷却剤に使用される．カリウムの大部分は塩化カリウムとして肥料に用いられる．水酸化カリウムは石鹸液，炭酸カリウムは光学ガラス，ブラウン管，蛍光灯など硬質ガラスの原料に，硝酸カリウムはマッチ，花火などに用いられる．

ガリウム (gallium)

元素記号Ga，原子番号31，原子量69.72の金属元素．青味をおびた白色を呈し，斜方晶*系結晶で，融点：29.93℃，沸点：2403℃，密度：5.907g/cm^3(20℃)，6.10g/cm^3(30℃，液体)．閃亜鉛鉱，アルミノケイ酸塩中に微量含有し，塩化ガリウムまたはガリウム酸ナトリウム水溶液の電解，あるいは酸化ガリウムの水素還元で得られる．用途は超伝導用材料*として，またAs，In，Pなどとの金属間化合物*は化合物半導体として発光素子，ミリ波やマイクロ波の発振素子などに，酸化物（Ga_2O_3）は酸化ガドリニウム（Gd_2O_3）との結晶（$Gd_3Ga_5O_{12}$，GGガーネット：GGG）として磁気バブルメモリ用基材に使用されるほか，半導体添加剤，可融合金*原料，高温用温度計などの用途もある．

カルコゲン (chalcogen)

VI族元素のうちO，S，Se，Te，Poの総称．このうちS，Se，Teは三つ組元素*として知られており，硫黄族と呼ぶこともある．いずれもs軌道に2電子，p軌道に4電子を持ち，2,4,6価の化合物を作る．酸素は2価を主とし，まれに4価（オキソニウム化合物）を取る．硫黄族は2,4,6価の化合物を与えるが高原子価は酸素との共有化合物で現れる．金属や水素とのイオン性化合物は常に2価である．酸素は地球に最も多量に存在する元素で，地殻の約50％を占め，遊離した状態では空気中に21％（容積）存在する．なおカルコゲンとは造岩元素の意味である．

カルシウム (calcium)

元素記号Ca，原子番号20，原子量40.08のアルカリ土類金属*元素．銀白色の軟らかい金属で，250℃以下では面心立方晶*，250℃以上で最密六方晶*，450℃以上で体心立方晶*となる．融点：839℃，密度：1.55g/cm^3(20℃)．ケイ酸塩，炭酸塩，硫酸塩として広く分布し，塩化カルシウムを主成分とする溶融塩電解と真空蒸留により99.9％Caが得られる．動物の骨，歯，殻の主成分で，植物にとっても必須

元素である．還元剤，金属の脱酸剤，高真空用ゲッターとして，Pb-Ca合金は鉛蓄電池の格子材料，Pb-Cu-Ca合金は軸受に用いられる．→三つ組元素

ガルバニセル (galvanic cell)
化学変化を利用する電池(化学電池)の基本形を示すことば．2種の金属(M_1, M_2)を電解質溶液に浸漬した電池．その起電力は，2種の金属をつないだ同一金属(導体)の両端で定義する．例えば，$M_1|S|M_2-M_1$，あるいは，$M_3-M_1|S|M_2-M_3$として測定する．電池作用の発見者ガルバーニ(L.Galvani)の名に由来するが，電池そのものはボルタ(A.Volta)の発明による．

ガルバニック系列 (galvanic series) ＝腐食電位列

ガルバニック腐食 (galvanic corrosion)
電気化学的腐食ともいう．電解質溶液中，あるいは湿潤気体中で，一つの金属でも異なる2点でアノード*とカソード*が生じ腐食されること．多くの腐食がこれである．同様に，異種金属が接触していると，その腐食電位*の差によって電池が形成され，卑な金属が急速に腐食されること．異種金属接触腐食(bimetallic corrosion)がその一つ．

ガルバニック防食 (galvanic protection)
ある種の腐食を防止するため，その金属よりも腐食電位*が卑な金属(多くの場合，Al, Zn, Mgなど)を接触させる方法．接触させる金属を犠牲陽極，あるいは流電陽極という．外部電源を要しない陰極防食*といえる．

ガルバリューム (Galvalium)
表面処理鋼板の一つ．米国Bethlehem Steel社が開発した溶融アルミニウム－亜鉛めっき鋼板．めっき組成は55Al, 43.42Zn, 1.6Si．主な用途は自動車用外板，屋根板，壁板，太陽熱温水パネル板など．

カルビン (carbyne)
炭素が一重と三重結合または二重結合の繰り返しによって，直線状に結合しているとされる炭素の同素体*をいう．生成条件，構造などはよくわかっていない．

過冷 (supercooling)
通常は液体・融体を冷却して，凝固点(これは平衡状態で測定されたものである)に達しても凝固が起こらず，それ以下に冷却された状態をいう．一般的には，凝固に限らず，冷却によって変態点に達しても変態が起こらないまま冷却された状態をいう．液体を冷却し，そのまま粘度が10^{13}ポアズ以上に達するまで冷却されるとアモルファス合金*となる．このように過冷は急冷によって起こさせる場合と，静かに冷却させて起こさせる場合とがある．また，ある程度はいつも生じている現象なので，熱分析では注意を要する．また，準安定な状態を保ちながらゆっくり冷却して過冷された場合は，いったん凝固が始まると温度が上昇し，凝固点に戻る．→過冷度

過冷オーステナイト (over quenched austenite, supercooled austenite)
炭素鋼*は共析変態温度A_1より上ではオーステナイト*であるが，これをA_1以下に急冷した状態のオーステナイトをいう．その温度で一定時間保持すると，保持条件によって，パーライト*，ベイナイト*，マルテンサイト*等に分解変態する．→T-T-T曲線

過冷度 (degree of super cooling)

通常融解した金属は冷却すると融点よりやや低温にならないと凝固を開始しない. 融点と実際に凝固を開始する温度との差 ΔT を過冷度という. 固相変態のような固体での相形成反応でも同様な現象が認められ, ある過冷度 ΔT_{max} で最大の変態速度を示す. 変態における核形成の速度やエネルギー計算, ガラス形成過程などで重要なパラメーターである.

カロライジング (calorizing)

鉄, 銅, 黄銅の表面改質のためのアルミニウム浸透処理. これらの金属・合金を粉末状アルミニウムおよびアルミナの混合粉中に埋め, 塩化アンモニウムを少量添加して, 800～1000℃に加熱する. 表面にアルミニウムとの合金層ができ, 500℃くらいまでの耐熱・耐食性の良好な皮膜が形成される.

かわ (鈹) (matte)

マットともいう. 非鉄金属の Cu, Zn, Ni などにおける乾式製錬の中間生成物. 多種類の金属硫化物 (Cu_2S, Ni_3S_2, FeS などを主成分とし, Au, Ag をはじめとする有用金属が吸収されている) の融体で, 上層がからみ*, 下層がかわ*で, 比重の差で分離される. その後吹精*によって粗銅とする. 粗銅を電解精錬する過程で, Au, Ag をはじめ, Bi, Sb などの有用金属が得られる. →銅

環境調節型 SEM (environmental scanning electron microscope)

走査型電子顕微鏡*による観察を, 真空中でなく, 希薄なガスや水蒸気の存在する状態で観察しようとするもので, 排気系を電子ビーム系と試料室系とに分離し, 別々に排気することにより実現させている.

環境超塑性 (environmental super plasticity)

材料の超塑性*の原因あるいはメカニズムについて, 変形時の外部条件に注目した超塑性の説明で, 必ずしも超塑性を分類した言葉ではない. 変態点の上下での繰り返し温度変化, 異方性熱膨張材料への温度サイクル, 中性子照射などにより, 300％以上の大きい伸びが得られる.

環境問題 (environmental pollution problem)

金属と環境のかかわり合いは深い. まず金属製錬において発生する硫黄酸化物 (SO_x)・窒素酸化物 (NO_x), 煤塵などによる大気汚染や, 鉱石・石炭などの固形粉塵の飛散, 工場廃水による水質汚濁, カドミウム*・水銀*・銅・鉛・ヒ素・ベリリウム*などによる土壌汚染, 水質汚濁, その他騒音, 振動, 悪臭, 地盤沈下などの公害を引き起こしている. また, スラグ・ダスト・汚泥・耐火物屑などの産業廃棄物*問題も大きい. これらに対しては, 発生源での排出の規制, 排ガスの固定化・還元などの技術開発, 環境基準の設定などの対策が講じられ, 一定の改善はされた. しかし, 排出された汚染物質の蓄積・溶出は引き続き環境を脅かしている. また, 核分裂生成物であるセシウム・ストロンチウム・プルトニウムなども環境汚染物質として注目されている. さらに, ダイオキシン類・発ガン物質・内分泌かく乱物質 (環境ホルモン) と金属との複合汚染には未解明な点が多く, 研究と対策が緊急に求められている. 自動車, 発電所, セメント・鉄鋼・化学工場などで化石燃料の燃焼によって生成される二酸化炭素 (CO_2) は, その温室効果から地球温暖化に大きな影響

[か] 75

を与えている．→硫黄，窒素酸化物対策，オキシダント，排気ガス関連材

還元ゾーン（reducing zone）＝溶解帯

環式化合物（cyclic compound）

有機化合物においてよく見られるように，化学構造式の中に環状の原子の配列をもっている化合物．環を形成する原子が5個の場合に5員環という．C_{60}フラーレン*は12個の5員環と20個の6員環から構成される．

乾式精製法（鉛の）（dry process）

鉛精錬では中間生成物の粗鉛以後の精製過程に湿式と乾式がある．その後者の方法で，電解（湿式）によらない鉛の精製法．粗鉛を溶融し，溶融状態で脱銅→柔鉛*→脱銀→脱亜鉛→脱ビスマス→仕上げ精製→鋳造の順に行う．Cu, Au, Agなどの化合物が鉛湯上に浮上しやすく，またSn, Sb, Asなどの不純物が酸化されやすく浮上しやすいという性質を利用し，鉛と分離する．→鉛，ハリス法，パークス法

乾式製錬法（pyrometallurgy, dry smelting）

加熱状態の化学反応によって鉱石から金属を得る方法の総称．溶融製錬，蒸留製錬，ガス還元などがあり，精鉱の焙焼*，炭素還元，高純度化が代表的なプロセスである．溶融塩電解*，真空アーク溶解*，ゾーンメルティング（帯溶融法*）なども含まれる．

間接製鋼法（indirect steelmaking）

鉄鉱石から炭素還元により銑鉄（炭素飽和鉄）を作り，次に銑鉄を酸化して炭素含量の少ない鋼（C<1.7%）を製造する二段工程による方式をいう．→直接製鋼法

完全結晶（perfect crystal）

実在結晶*だが，格子欠陥の非常に少ないもの．理想結晶*はいわば理論上のもので，完全結晶は実験的に扱える無転位結晶*のような場合をいう．→不完全結晶

完全転位（perfect dislocation）

転位*のバーガースベクトル*が，そのすべり面における1原子間隔であるような転位で，転位が通過した後は元の結晶と結晶構造は変らない．しかし例えば，fcc*金属で<110>方向のすべりが起こると，原子はすべり面の下の原子の並びの谷間に沿ってジグザグに2回動いて，1原子間隔移動しなければならない．そのジグザグコースを現すのが不完全転位*（部分転位*，半転位*ともいう）である．

完全なまし（full annealing）

冷間加工によって硬化した材料に再び展伸性を持たせるために高温で十分に加熱し徐冷する焼鈍*．鋼においてはオーステナイト領域まで加熱し，十分な時間保持した後徐冷する．

乾燥腐食（dry corrosion）

水分の共存しない乾燥状態での損耗を乾燥腐食という．一般にはガスとの反応で，酸化，高温酸化，硫化やボイラなどの燃焼ガスによる高温腐食などがある．Cr, Al, Siなどの添加で改善されることが多い．

カンタル（Kanthal）

Kanthal社（スウェーデン，米）で開発したFe-Cr-Al系電熱合金で，ニクロムよ

り高温度（1150～1375℃）の使用に耐える．Kanthal A, A-1, D, DR, DS, DSDなどがあり，電気炉などの加熱エレメントに用いられる．最高使用温度はKanthal A: 1330℃；A-1, DSD: 1375℃；D:1280℃；DR, DS: 1150℃．→ニクロム

含銅シルミン（copper silumin）
　Siのみを主成分とするシルミン*（Al-Si系）は引張強さが低い欠点があるため，Cuを添加（熱処理により強化可能）し，機械的性質を改善したもの．可鋳性がよく，複雑な形状の鋳物に用いられる．11～13.5Si, 0.7～0.9Cu, 0.2～0.4Mn, 残Al．

カーン・ヒラードの理論（Cahn-Hilliard theory）
　合金の析出*過程において，通常析出核は最初から特定の組成を持つと考えるが，カーンらは析出物と母相の組成が連続的な濃度変化の状態にある場合，あるいは合金中に濃度ゆらぎがある場合の系全体の自由エネルギーを考察した．結果は濃度勾配エネルギーという濃度変化の2乗に比例する付加項が現れる．これがカーン・ヒラードの濃度ゆらぎのある系での析出理論である．これはスピノーダル分解*を直接説明するものではないが，この理論をもとに，拡散や弾性異方性などを考慮してスピノーダル分解が十分に説明されることになった．→核形成－成長論，逆拡散，オストワルド成長

γ黄銅型合金（γ-brass type alloy, gamma-brass type alloy）
　ヒュームーロザリーの電子化合物*として知られ，電子と原子の比が21：13で濃度比がCu_5Zn_8で表されるCu-Zn合金．単位胞当たり52個の原子を含む複雑な立方構造（bccを3×3×3＝27個三次元的に重ね，その四隅（8個）と中心1個の合計9個の原子を取り去った構造（原子数としては27×2－2＝52））をもつ．SB記号*D8_2．他にも同様な電子／原子比*，濃度比でγ黄銅型結晶構造の相がCu_9Au_4, Cu_5Cd_8など多くあるが，この相の合金は比較的もろく，電気伝導率は小さい．→ヒュームーロザリーの規則

γクリープ（γ-creep）→クリープ曲線

γ′窒素化物（γ′-nitride, gamma dash nitride）
　Fe-N系オーステナイトが591℃で共析分解して，α相とγ′相になる．γ′相はFe_4Nの化学組成で，Feが面心立方構造をとり，その体心位置にNが入っている構造である．これはFe-N二元合金の焼入れ時効により$Fe_{16}N_2$とともに析出して，強度その他の諸性質を改善する．

γ鉄（γ-iron, gamma-iron）
　鉄の同素体*で，A_3点（911℃）とA_4変態点（1392℃）の間における鉄．「A_{cm}線」の図参照．オーステナイト*と呼ばれる．結晶構造はfcc（面心立方構造）．常磁性．→γ領域開放型

γマンガン（γ-manganese, gamma-manganese）
　電解法で得られた直後の金属マンガン，および平衡状態では1095～1133℃で存在するマンガンの同素体．fcc構造で加工性良好．

γ領域－開放型，－拡大型，－縮小型，－閉鎖型（open-, expanded-, contracted-, closed- γ-field type）
　鉄の合金元素は，γ-Feに固溶してγ-Feの領域を拡大するγ安定型とγ領域を

せばめるα安定型に大別できる．γ安定型はγ領域が全域に広がり，ある濃度以上では常温まで広がるγ領域開放型(Mn, Co, Niなど)と全域には広がらないγ領域拡大型(C, N, Cu, Auなど)に分けられる．α安定型はγ領域閉鎖型(γループ型)(Al, Si, Ti, V, Crなど)とγ領域が単にせばまって，別の相と接するようなγ領域縮小型(O, S, Nb, Taなど)に分けられる．大体の傾向として，合金元素が各遷移系列の終わりに近づくほど，γ安定型になって行く．またこの語は鉄合金の状態図についてもいう(→オーステナイト)．また，チタン合金＊でも一部異なるが，同様な分類がある．

γループ型(γ-loop type, gamma-loop type)＝γ領域閉鎖型

緩和現象(relaxation phenomenon)

非平衡状態にある物質が，時間とともに平衡状態に戻ること．その途中における種々の物性の変化をもいう．→構造緩和，緩和時間

緩和時間(relaxation time)

緩和現象＊が時間tに対して$e^{-t/\tau}$の形で起こるときのτのこと．

き 9, q

機械構造用鋼(steel for machine structural use)

主として機械部品，ボルト，ナット，軸類などに用いられる鋼．一般構造用鋼に対比すると，機械加工で形を作った後，熱処理で強靭性を付与する材料である．機械構造用炭素鋼(JIS G4051：小型材用)と低合金構造用鋼(JIS G4102～4108, 4202：大型機械用)などがある．JISでは，機械構造用炭素鋼は一般鋼種20種類と肌焼鋼＊3種類に分けられ，一般鋼種はC％(0.08～0.61)，肌焼鋼はC％(0.07～0.23)に応じて記号がつけられている．低炭素の鋼種は焼入れが効かないのであまり強度を必要としないボルト，ナット，ピンや小物軸類，C0.3％以上は焼入れ性はあるが，主として小物部品に限られる．低合金構造用鋼には，マンガン鋼，マンガン・クロム鋼，クロム鋼，クロム・モリブデン鋼，ニッケル・クロム鋼，ニッケル・クロム・モリブデン鋼などがある．各鋼種系とも，C 0.1～0.2％程度の肌焼鋼と，0.3～0.5％程度の強靭鋼とに分けられる．肌焼鋼，強靭鋼＊とも規定の熱処理を施したことによる熱焼入れ性を保証するHの記号をつけたH鋼＊が多数定められている．その他，高温用合金ボルト鋼材として，ニッケルを入れた特殊用途ボルト用合金鋼(SNB)，アルミニウム・クロム・モリブデン鋼材(SACM)などがある．JASO(日本自動車工業会)規格では，ボロンを少量添加したニッケル・ボロン鋼も規定されている．これらの鋼は熱間圧延，熱間鍛造，引き抜きなどの熱間加工で成形し，さらに鍛造，切削などの加工と熱処理を施して仕上げる．一般に溶接は施さない．→一般構造用鋼

機械試験(mechanical testing)

機械的性質＊についての各種材料試験＊．硬さ，引張り，圧縮，ねじり，曲げ，せん断，破壊靭性，応力腐食割れ，衝撃，疲労，摩耗，エリクセンなど，多種の試験がある．

機械的合金化＝メカニカルアロイング

機械的性質（mechanical properties）

材料の引張強さ*，伸び*，硬さ*，疲労強度*，クリープ強さ*，衝撃*強さ，破壊靱性*など外力に対する変化や抵抗のことで，機構を設計する上での基礎データである．上記それぞれの試験で測定する．

擬化学平衡論＝準化学的方法

希ガス（rare gas）

最外殻の電子がs^2p^6（Heはs^2）という閉殻構造をもち，化学的に極めて安定な0族元素（He, Ne, Ar, Kr, Xe, Rn）を空気中または地殻中の存在量が少ないことから希ガスまたは不活性ガス（inert gas）と呼ぶ．1895年レイリー卿は空気に過剰の酸素を加え，電気火花によって窒素を酸化し，アルカリに吸収させて除去すると約1％の不活性気体が残ることを見出し，これをアルゴン（argon, 不活動）と呼んだ．その後空気の液化分留によって1900年までに，ネオン（新しいもの），クリプトン（隠れたもの），キセノン（稀有なもの）が発見され，一方，1869年のインドにおける日蝕の観察からNa, D線に近い黄色のスペクトルが発見されヘリウム（Helios, 太陽）と名づけられた．ヘリウム*はその後，北アメリカの天然ガス中にやや多く含まれることが判明した．Arは空気中に0.93％存在し，不活性ガスとして利用される．Neは真空放電の色が鮮紅色であることからイルミネーションに利用され，Kr, Xeは放電電圧が低く発光輝度が高いことからランプや発熱光源として利用される．Heは沸点の低いこと，原子量が小さく水素に次いで軽いことが利用される．

気化性防錆剤（vapor phase corrosion inhibitor）

気相防錆剤．常温で極めて緩やかに蒸発して，ガスが金属の全表面を覆うことにより，簡単に防錆の役をする防錆剤．粉末，液体のほか，防錆紙としたものもある．

木型（wooden pattern）

鋳型に鋳物の形を写しとるため，原型となる木製の模型．加工が容易で安価なため多用されているが，破損，摩耗，湿気による狂いなどの欠点もある．

擬共晶（pseudo-eutectic）

三元合金系で初晶αを液体から晶出しながら温度が下がり，液体の組成がもう一つの相βをαと同時に晶出する組成になる．このようにして晶出された混合物の組織は二元共晶組織と似ているので擬共晶と呼ばれることがある．

貴金属（noble metal, precious metal）

金，銀，白金族金属のように美しい金属光沢を保っていて，空気中で加熱しても酸化しにくく，一般に耐酸，耐食性のある金属．これらの特性及び産出量が少ないため高価な金属をいう．貴な金属*とは一応，別のもの．

気孔率（porosity）

凝固したままの金属中のブローホール*やピンホール*の割合，あるいは粉末冶金での焼結*過程の目安などに重要．本来は全体積（V_0）に対する気孔の体積（V）の割合V/V_0をさすが，通常は（真比重－見かけ比重）／真比重（％）で求める．→見かけ比重

基準電極（reference electrode）

単極電位*を決定する時に基準とする電極で，基準半電池，照合電極などともい

われる．水素電極*, カロメル電極などがある．→標準電極電位

犠牲陽極（sacrificial anode）→ガルバニック防食

気相成長（vapor phase growth）

　物質をガス状（気相）にし，別の場所に置いた基盤（下地物質*：substrate）の上に蒸着，結晶成長させる方法．融点よりかなり低い温度で成長するので，結晶成長で導入されやすい格子欠陥を少なくでき，薄膜の製造に用いられている．

規則化硬化（order hardening）

　規則－不規則変態*をもつ合金系において不規則状態から規則状態に変化した時に起こる硬化現象．Cu_3Pt, $CuAu$ などで著しい．短範囲規則化でも転位運動によって規則結合が切られるので抵抗を生じ，長範囲規則化では逆位相境界*も硬化の原因となる．→短範囲規則, 長範囲規則

規則合金（ordered alloy）

　規則格子*①の構造をもつ合金．一般には低温（室温）で見られ，高温では不規則になる（規則－不規則変態*）．金属間化合物*とは，（融点の有無などの）物性でも変態の次数でも区別される．β 黄銅とか Cu_3Au, $CuAu$ など．→逆位相境界, 長周期規則格子, 規則度, 不規則固溶体

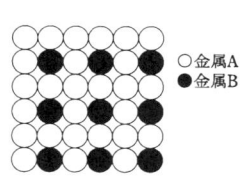

○金属A
●金属B

規則格子（superlattice, ordered lattice）

　超格子，重格子ともいう．①固溶体*の中で各構成原子が全体にわたって特定の格子点を占め，規則正しい原子配列をとり，周期性を有しているもの．金属原子A，Bそれぞれは一般には異なる格子構造をもち，それを副格子ともいうこともある．しかし，これは互いに入り組んでおり包含関係にはない．長周期規則格子*の図と銅－金型面心正方規則格子*参照．副格子を考えることにより，X線回折*で新しい反射線（規則格子反射線，超格子反射線という）が現れることでわかる．$CuZn$, Cu_3Au, $CuAu$, $FeCo$, Mg_3Cd など多数ある．（→規則合金, 規則－不規則変態, 長周期規則格子, 逆位相境界）②異なる原子を規則的に層状に積み重ねた人工格子*．

規則度（degree of order）

　秩序度ともいう．規則－不規則変態*は二次の相転移*で，ある過渡範囲で変態する．その途中の状態を表すパラメーター．特定の格子点が一方の状態（ある原子，＋スピンなど）で占められている数を r，他の状態（異種原子，－スピンなど）で占められている数を w とするとき，$S = (r-w)/(r+w)$ を規則度という．1（規則状態）から0（ランダム）の間にある．→短範囲規則, 長範囲規則

規則－不規則変態（order–disorder transition）

　秩序－無秩序変態ともいう．規則合金*が高温で不規則になるように，温度変化によってある状態が規則状態 $\rightleftharpoons$ 不規則状態と変わること．強磁性体のキュリー温度*における変態もその例である（原子配列は変わらない．磁気モーメントの配列だけ）．λ 型の比熱変化を特徴とする二次の相転移*で温度の関数として規則度*が定義され，規則度は広い過渡範囲で漸減する．金属間化合物とはこの点でも全く異なる．変態点（温度）は規則度がゼロとなる点である．

規則溶体 (ordered solution)
規則格子*，規則合金*と同じ．原子の規則的集合を一般化したことば．

気体定数 (gas constant)
ボイル・シャールの法則 pV=RT の比例定数 R (p：圧力, V：体積, T：温度)．理想気体 1mol をとると気体の種類によらない普遍定数で，R=8.3145J／(K・mol)=1.99cal／(K・mol)．アボガドロ数で割った分子1個あたりの気体定数がボルツマン定数*kである．

擬弾性 (anelasticity)
物体に応力をかけた時，ゆっくり変形し（粘性），応力に対応したあるひずみで変形が止まる（弾性）ような性質．ばねとダッシュポット（変形速度に比例する変形抵抗を持つ）を並列に組み合わせた模型（フォークト模型：図(a)）または，それにばねを直列に加えた模型（標準線形擬弾性模型：図(b)）で表される．除荷すれば元に戻る（→超弾性）．変動応力をかけた場合，時間遅れのため緩和*が見られる（→内部摩擦）．固体の変形と時間の関係で広く見られる性質である．擬弾性と粘弾性*をまとめて非弾性 (inelasticity) という．

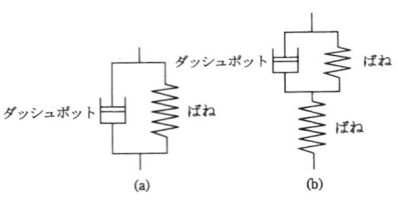

キッシュ黒鉛 (kish graphite)
共晶組成 (4.3%C) 以上の炭素を含む鋳鉄を溶融状態から冷却すると液相線*に沿って黒鉛が晶出する．この初晶黒鉛をキッシュ黒鉛または一次黒鉛という．

軌道運動 (orbital motion)
一般的には決まった経路に沿った運動をいうが，特に，ボーアの原子模型で，エネルギーの大小によって決まる電子の円または楕円運動（原子核の周りの）をいう．前期量子論でのことば．→電子軌道

軌道関数 (orbital function)
名前の由来は前期量子論のボーア模型であるが，現在では，一電子波動関数*の空間部分（スピン部分以外）をいう．電子の状態を表す関数．原子については原子軌道関数，結晶についてはブロッホ関数*などのこと．→電子軌道

軌道電子 (orbital electron)
核外電子．初期の原子構造論で，中性子が未発見の段階では，原子核が陽子と電子（核内電子）で構成されていると考えられていた．この核内電子に対して，原子核のまわりの電子をいったことば．→電子軌道

軌道の混成→ハイブリダイゼーション

希土類金属 (rare earth metals (elements), Lanthanoid)
広義には Sc, Y および La–Lu の 17 元素に対する総称，狭義には La–Lu の 15 元素をいう．しかし，4f電子*が充填されていく過程で（内遷移元素，→4f遷移金属），4f電子は14個であるから，La または Lu を除く集団と定義しなくてはならない（→遷移金属，付録「展開型周期律表」参照）．また，Ce–Lu の 14 元素に対しラ

ンタニドという名称もあり, これはランタンに似た元素群を意味するが, しばしばLa-Luの15元素がランタニドと呼ばれている. また, La-Luの15元素に対してはランタノイド, ランタノン (lanthanon), ランタン系列 (lanthanum series) などという呼び名もある. これらの元素の化合物が最初比較的希 (まれ) な鉱物から得られた複雑な混合酸化物で泥土状であったところからこのように命名がされたが, その地殻上の存在は特に希少でなく, 希土類元素中最多元素のCeはSn, Zn, Pbより多く, 最少元素TmでもBiと同程度, Agよりも多く存在している. 希土類元素はセリウム族 (La, Ce, Pr, Nd, Pm, Sm) とイットリウム族 (Y, Sc, Eu, Gd, Tb, Dy, Ho, Er, Tm, Yb, Lu) に分類されている. この分類は希土類を含む鉱物にモナザイト*などセリウム族元素群を主成分とするものと, ゼノタイム*などイットリウム族元素群を主成分とするものがあるためで, これらの鉱物中最も含有量の多いセリウム (Ce) とイットリウム (Y) を族名にしたものである. なお希土類元素を表す記号としてはR (またはRE) が, ランタニド, ランタノイドなどに対してはLnの記号がよく用いられる. 希土類磁石*, 水素吸蔵合金*などに広く用いられる. →ミッシュメタル

希土類磁石 (rare earth magnet)

希土類元素 (R) と遷移金属*のコバルトとの焼結合金 ($R \cdot Co_5$ または $R_2 \cdot Co_{17}$) による超高性能永久磁石 (希土類コバルト磁石, $SmCo_5$, Sm_2Co_{17}) が開発され (1965), その後Nd-Fe-B (ネオマックス*, Neomax) (1985), Sm-Fe-N磁石 (1990) などが開発された. いずれも金属間化合物タイプの磁石で, 磁力が強く, 鉄の酸化物によるフェライト磁石の1/10の体積で同等の力があり, 電子機器に活用され, その軽薄短小化に大いに寄与している. →硬質磁性材料

貴な金属 (noble metal)

イオンになりにくい金属. 標準単極電位*が低く, 電位列*の後の方に位置するAu, Pt, Hg, Pdなどの金属. 貴金属*とは一応別のもの.

ギニエカメラ (Guinier camera)

集中法X線カメラの一種. 湾曲結晶型モノクロメーターで単色X線を作り, 円筒の接平面においた試料を透過させ, X線の集中点が円筒面上に来るようにすると, 試料による回折線も円筒上に並ぶ. 散乱線によるかぶりが少なく, 回折線の分離がよい. またX線束を有効に使えるので短時間露光ですむ. これらの結果, 低角度まで測定できる.

ギニエ半径 (Guinier radius)

超々ジュラルミン*などの素材であるAl-Zn系のギニエ・プレストンゾーン*は球形で, その半径をいう. X線の小角散乱*の測定から求めることができ, この系のG-Pゾーンと似たスピノーダル分解*における濃度揺らぎの間隔ともいえる.

ギニエ・プレストンゾーン (Guinier-Preston zone) = G-Pゾーン

擬二元系状態図 (pseudo-binary phase diagram, quasi-binary phase diagram)

三元以上の合金状態図を特定の成分比で切って, 横軸成分比, 縦軸温度で二元合金状態図のように表したもの. →三成分系状態図

82 [き]

機能材料 (functional material)

構造材料に対比した言葉で,特殊な機能に注目した材料.導電材料,超伝導材料*,半導体*,磁性材料*,低融点合金*,軸受用合金*,工具鋼*,耐熱合金*,耐摩耗合金*,形状記憶合金*,水素吸蔵合金*,原子炉用材料*,エネルギー変換材料,センサー(情報変換)材料,金属基複合材料*など極めて多種類にのぼっている.

ギブス・デュエムの式 (Gibbs–Duhem's equation)

A, B 二成分系で,系の自由エネルギー G は $G=\mu_A X_A+\mu_B X_B=\mu_A(1-X_B)+\mu_B X_B$ (ここで μ_A, μ_B:それぞれ成分 A, B の化学ポテンシャル*,X_A, X_B:成分 A, B のモル分率(原子分率))で与えられる.系が平衡状態にあるときは $dG=X_A d\mu_A+X_B d\mu_B=0$ となる.これをギブス・デュエムの式とよび,一成分のポテンシャルから,他成分のそれを求めることや,平衡状態図を描くのに利用される.一般に多成分系では,圧力一定でモル分率を X_i として $\Sigma X_i d\mu_i=0$ と書ける.

ギブスの吸着式 (Gibbs' adsorption equation)

溶質 A が溶液表面に吸着されるとき,溶液内部の濃度(平衡濃度) C_A と表面における過剰濃度 Γ_A の間の関係を示す式.表面張力*を γ として $\Gamma_A=-(C_A/RT)(d\gamma/dC_A)$.ここで $(d\gamma/dC_A)$ は表面張力の濃度依存を示し,この値が負であれば正の吸着,つまり表面張力が下がるとき表面への溶質の吸着が起こる.

ギブスの自由エネルギー (Gibbs' free energy)

系の状態を指定したり,変化の方向を判定したりする上で基本的な熱力学特性関数の一つ.記号 G.内部エネルギー*U,エンタルピー*H,ヘルムホルツ自由エネルギー*F,エントロピー*S(以上すべて熱力学特性関数),圧力 p,体積 V,温度 T,化学ポテンシャル μ とすると,$G=U+pV-ST(=H-ST=F+pV=pV-ST+\mu)$ で定義される.内部エネルギーと外界からの熱や仕事を加え合わせたものである.別の見方をすれば,その変化 (dG) は,系にかかっているさまざまな作用:電場 E,磁場 H,化学ポテンシャル*μ…などの示強変数*と,対応する示量変数*(電気量 Q,磁化 M,モル数 n …)の和として,$dG=EdQ+HdM+\mu dn$ …と表わせる.一方多くの製錬過程のように一様な静圧下(化学系)では,$dG=\mu_1 dn_1+\mu_2 dn_2+\mu_3 dn_3+\cdots$ となり,反応の進行方向は $dG<0$ であり,平衡状態では $dG=0$(かつ,$\mu_1=\mu_2=\mu_3=\cdots$)である.→ギブス・デュエムの式,相律,ファント・ホッフの式

ギブスの相律 (Gibbs' phase rule) →相律

擬ポテンシャル法 (pseudo–potential method)

金属電子の波動関数*を計算する際の,自由電子に近い電子についての近似法の一つ.結晶でのポテンシャルエネルギーを,実験で得た物性から経験的に決めた有効ポテンシャルとして用いる.アルカリ金属*などでは,結晶格子を形成しているイオンによる周期的ポテンシャルは十分に弱いのでこれが有効だが,遷移金属*,貴金属*ではそのままでは使えない.

基本格子 (primitive lattice) =単純格子

逆位相境界 (anti–phase boundary)

位相反転境界ともいう.規則合金*において,原子配列の位相がずれている境界.長周期規則格子*の図参照.この図の左半分では,○印の原子は底心正方格子,●

印の原子はそれを45°回転した単純正方格子を構成している．右半分でも格子構造は変らず，原子の種類のみが入れ代わっている．これを位相がずれているとか反転しているとかいい，○印と●印の相対変位を変位ベクトルという．A_2B型，A_3B型，A_4B型の規則合金でも逆位相境界は考え得る．また，逆位相境界が一定の格子数ごと（これを周期といい，Mで表す）に存在する規則格子を長周期規則格子*という．逆位相境界の存在は規則－不規則変態*において短範囲規則*・長範囲規則*を考慮する必要を生む．→銅－金型面心正方規則格子

逆ウィーデマン効果（inverse Wiedemann effect）

強磁性体の棒状試料を円周方向に磁化しておき，ねじると縦方向成分の磁化が生じる現象．円周方向に巻いた二次コイルで検出する．偶力など力の測定に用いる．→ウィーデマン効果

逆押出し加工（inverse extrusion, inverted extrusion）

後方押出しともいう．→押出し加工

逆拡散（negative diffusion, uphill diffusion）

濃度勾配に逆らった低濃度部分から高濃度部分への拡散をいう．合金がスピノーダル分解で析出する場合などに起こる．濃度ゆらぎが時間とともに大きくなる．厳密には，拡散の駆動力は濃度勾配ではなく，化学ポテンシャル*勾配なので，そこまで考えれば「逆」でなくなる．→スピノーダル分解

逆格子（reciprocal lattice）

実空間で基本ベクトルが a_1, a_2, a_3 で与えられる空間格子に対しその相反系すなわち $b_1 = (a_2 \times a_3)/V$, $b_2 = (a_3 \times a_1)/V$, $b_3 = (a_1 \times a_2)/V$（V は a_1, a_2, a_3 がつくる平行六面体の体積）を基本ベクトルとする仮想の空間格子．単純格子，底心格子，体心格子，面心格子，六方格子の逆格子はそれぞれ，単純格子，底心格子，面心格子，体心格子，六方格子となる．逆格子で $[hb_1, kb_2, lb_3]$ 方向はもとの格子の (h, k, l) 面に垂直，逆格子の格子点 (h, k, l) はもとの格子の (h, k, l) 面に対応，$1/|(hb_1+kb_2+lb_3)|$ がもとの面間隔に対応している．それゆえ，回折現象の解析，固体電子論などで有効である．→ブリュアン帯域，エワルト球

逆構造型欠陥（anti-structure defect）

一方の元素が他方の元素の部分格子点を占めるような欠陥．電気陰性度の差が比較的小さい1組の元素から作られる化合物で形成されやすいと考えられる．

逆浸透（reverse osmosis）

水だけを通す半透膜の片側に真水，反対側に海水をおくと，浸透圧*が発生し，真水の水が海水側に移動する．逆に海水側に浸透圧より高い圧力を加えると，海水側から真水の方へ水が移動し，真水が生れる．これが逆浸透膜分離法の原理．浸透の逆方向に溶媒が移動する現象を逆浸透という．海水の浸透圧は20気圧以上，逆浸透圧は50気圧以上で淡水化でき，逆浸透膜は酢酸セルローズ系，ポリアミド系など．

逆スピネル（inverse spinel）→スピネル型結晶

逆張力（back tension）

後方張力ともいう．冷間圧延で，圧延板がロールに引き込まれるのと逆方向にかける応力のこと．これにより圧延荷重が低減する．引抜き加工*の際，加工材の加

工進行方向とは逆の引張り力を与えることもいう．仕事量は増加するが，ダイスにかかる力は小さくなり，ダイスの摩耗も軽減する．

逆転固相線（retrograde solidus）

Ag–Pb系のAg側の固相線*のように，降温とともにいったん高濃度側へ膨らんだ固相線が低温で再び低濃度となるような固相線．このような固相線を切る組成の合金はいったん固化した後再び一部溶けることになる．→再融反応

逆偏析（inverse segregation）

一般には凝固の際，液相より固相の濃度が低く，凝固の進行とともに両相とも高濃度化する．鋳込速度が大きかったり，樹脂状晶*が発達しすぎると，鋳塊の外周部に高濃度物質が現れたり，低融点不純物が出てきたりする．このような偏析をいう．

逆変態（inverse transformation）

マルテンサイト*変態した結晶が加熱などの方法で，再びオーステナイトになる変態．その開始温度をA_s点，終了温度をA_f点という．

逆ホール・ペッチ則（reverse Hall–Petch relation）

金属の結晶粒の微細化とともに強度が増すという経験則が「ホール・ペッチ則」だが，結晶粒のサイズがnmサイズのある大きさより小さくなると機械的強度は逆に低下することがわかってきた．この関係を逆ホール・ペッチ則といい，ナノオーダーの結晶粒の金属材料の研究で注目されている．→ホール・ペッチの式

キャッチカーボン法（catch carbon method）

転炉*製鋼では平炉*より反応が速く，炭素量のコントロールが難しい．操業中炭素量を監視し，求める炭素量で，吹精を止めること．

キャビテーション（cavitation）

高速流体中の金属表面や，高速回転しているスクリューの表面では，激しい気泡の発生・消滅が繰り返されていること．またその衝撃によって疲労・腐食などが進み金属が損傷することもいう．化学的因子が複合している場合も考えられる．キャビテーション・エロージョン，キャビテーション・コロージョン，キャビテーション・ダメージなどいろいろな呼び方がある．cavity（空洞，凹み）という形からの言葉．→エロージョン

球晶（spherulite）

さまざまな結晶粒が全体として放射状に成長し，球状の多結晶集団となったもの．鉱石，炭酸カルシウムなどに見られる．球状黒鉛鋳鉄*の球状黒鉛はそのc面の積み重なりがc軸方向に成長し全体として球状になっている．高分子の球晶は折りたたまれた線状高分子が層となりその積み重なりが球状になったもの．

球状化処理（鋳鉄の）（spheroidizing treatment）

鋳鉄の黒鉛を球状化するために溶鉄にMg, Ca, Ceなどを添加する処理．→球状黒鉛鋳鉄，改良処理（鋳鉄の）

球状化なまし（spheroidizing annealing）

鋼においてパーライト中の層状セメンタイトや過共析鋼の粒界に現れる網目状セメンタイトを球状化する熱処理．冷間加工材，焼入れ材では650～700℃での加熱，A_1点の上下での加熱冷却の繰り返しなどを行う．靱性が大きくなり加工性も

向上する.

球状黒鉛鋳鉄(spheroidal graphite cast iron, nodular graphite cast iron, ductile cast iron)

鋳鉄中の黒鉛を球状化させたもので,ノジュラー(団塊状)黒鉛鋳鉄*,ダクタイル鋳鉄*ともいう.可鍛鋳鉄*とは別種である.溶鉄にMg, Ca, Ceなどを添加する処理によって黒鉛が球状化しているため,片状黒鉛の切欠き効果による鋳鉄のもろさがなくなり,機械的性質が著しく向上し,耐摩耗性も優秀で,フェライト型では引張強度40〜55kgf/mm^2,伸び10〜25%,パーライト型では55〜85kgf/mm^2,2〜10%である.シリンダーライナー,ブレーキシュー,高級機械部品に好適である.伸びが相当あり,鋼に近い. →球状化処理

吸着(adsorption)

異相界面における原子,分子,あるいはイオンの濃度が相の内部と異なる現象をいう.濃度が高くなるときを正吸着,逆に低い場合を負吸着というが,一般には正吸着を指す.物理吸着と化学吸着に大別され,前者はファン・デル・ワールス力*によって界面に束縛される吸着を,後者は化学結合力によって束縛される吸着を意味する.吸着に伴う熱の収支を吸着熱というが,物理吸着では数kJ/mol,化学吸着では一般に10〜60kJ/molである. →ギブスの等温吸着式

吸熱反応(endothermic reaction)

反応の進行に伴ない熱が吸収される反応.生成系のエンタルピー*は増大する.冶金反応のような高温反応に多い.一般的にいって吸熱反応の存在を説明するには反応に伴うエントロピー*変化を考える必要がある.発熱反応*の対語.

急冷凝固(rapid solidification)

液相から急速に冷却して固相にすること.初期には冷却ブロック上へ溶融金属をたたきつけるスプラットクエンチング法であったが,現在では急速回転ロール上へ押し出す単ロール法でリボン状,板状の試料を得ている.その目的は,通常二相分離してしまう合金を急冷により単相の非平衡強制合金にするとか,アモルファス合金*を得るなどである.冷却速度は最高10^{7}K/sec程度であるが,それ自身は精密なコントロールに至っていない.この技術の発達で準結晶*が発見された意味は大きい. →強制合金

急冷帯(chilled zone)

鋳造*された金属で,金型*に接した部分は最も急冷され,微細な結晶粒が薄い層をなして並んでいる.この部分をいう. →チル層

急冷能(severity of quench)

焼入れ浴の冷却能をいう.最大冷却速度(K/sec)で比較すると,20℃の11%食塩水(2670),0℃の蒸留水(1730),20℃の種油(300)などである. →焼入れ用冷媒

キュニコ(cunico)

クニコともいう.Cu-Ni-Co系の永久磁石*.スピノーダル分解*による析出硬化型磁石であり,冷間圧延,とくに線引きができるので,磁石薄板,磁石線材として利用される.cunico 1: 21Ni, 29Co, 50Cu. 残留磁束密度(B_r): 3400G, 保磁力(H_c): 710Oe. cunico11: 24Ni, 35Cu, 41Co.

キュニフェ (cunife)

クニフェともいう．Cu-Ni-Fe系の永久磁石＊．焼入れ焼戻しにより，残留磁束密度 (B_r)：5000～7000G, 保磁力 (H_c)：300～600Oe, 最大エネルギー積 ($(BH)_{max}$)：0.8～1.5×10^{6}G・Oeの磁性を持ち，加工性がよく，線，板にでき，熱処理後でも軟らかい．その起源はスピノーダル分解＊によるらしい．スピードメーター，電子設備，制御系用．成分例：20Ni, 20Fe, 60Cu.

キュプロニッケル (cupro-nickel)

Cu-Ni系合金のことで，塑性加工性，耐食性，耐海水性がよく，Cu-Zn系のような置き割れ＊と，脱亜鉛現象＊もないため，10-30Niが伝熱管として用いられる．この系のCu-9.0～11.0Ni-1.0～1.8Fe (JIS C 7060), Cu-29.0～33.0Ni-0.40～1.0Fe (JIS C 7150) は海水使用復水管や海水淡水化プラント伝熱管用，またばね材料として優れ，Cu-9Ni-2.3Snは耐水性の析出硬化型ばね材料である．キュプロニッケルはJISに白銅＊として取り入れられている．→ばね材料，リードフレーム合金

Q-BOP法 (Q-basic-oxygen process)

純酸素底吹き転炉法の一種 (1968). 炭化水素ガスの分解反応で炉底の羽口を冷却しながら，酸素を吹込むので，気泡の溶湯中の上昇により，効率の良い酸化精錬が期待でき，吹精時間が短いなどの利点があるが，反面鋼中の水素の増大などの問題もある．Qはquick, quiet, qualityを意味する．→純酸素転炉法

キュポラ (cupola)

溶銑炉ともいう．鋳物工場で鋳鉄＊を溶解するための縦型炉．高炉＊を小型，単純な円筒形にしたもの．上部から地金，燃料（コークス，無煙炭など），石灰石を装入．羽口＊から300～600℃に予熱した空気を吹き込む．地金は銑鉄＊，鋼くず，鋳鉄くず，リサイクル鉄など．炉底に溶融鋳鉄とスラグ＊がたまり上下に分離される．内部状況は上から，〈装入口〉，予熱帯＊，溶解帯＊（地金が融解），燃焼（加熱）帯＊（温度最高），〈羽口〉，湯だめ帯（スラグと溶融金属），〈スラグ出し口，湯出し口〉となっている．

キュリー温度 (Curie temperature)

キュリー点 (Curie point) ともいう．強磁性体＊およびフェリ磁性体＊では，昇温とともに自発磁化＊が減少，特定の温度でゼロとなり，それ以上で常磁性体に転移する．その温度をキュリー温度という．この磁気転移＊は二次の相転移＊で，同種の強誘電体転移についてもこの語が用いられる．実験的には磁化＊の温度変化を測定し，磁化がゼロになる直前の曲線が最も垂直になった温度，または比熱のピークをとる（→キュリー・ワイスの法則）．常磁性体の磁化率がゼロになる点をもいう．→キュリー・ランジュヴァンの法則

キュリー・ランジュヴァンの法則 (Curie-Langevin's law)

単にキュリーの法則ともいう．P.キュリーが実験的に発見した (1895). 常磁性体の帯磁率＊の温度変化（$\chi = C/T$：Cはキュリー定数）を説明した法則（→ランジュヴァン関数）．キュリー・ワイスの法則が強磁性体・反強磁性体のキュリー温度以上での常磁性についてのものであるのに対して，これは常磁性体のキュリー温度以下の帯磁率についてのものである．

キュリー・ワイスの法則 (Curie-Weiss' law)

強磁性*体, 反強磁性*体がキュリー温度*以上で示す常磁性の帯磁率*χと, 絶対温度Tとの間にχ= C/(T- θ)の関係が成り立つという法則. Cはキュリー定数といわれる物質定数である. 強誘電体についても同じ形式の法則が成り立つ. θは実験的には(1/χ)-T直線が温度軸を切る点として求めるが, これを漸近キュリー点θ (asymptotic Curie point)または, 常磁性キュリー温度という. これは厳密にはキュリー温度(T_C)より大きく(θ>T_C)一致しない. それは短範囲規則*が, 存在するためである.

凝固温度 (freezing point)

凝固点ともいう. 液相が固相になる転移温度. 一般には融点*と同じ.

凝固過程 (solidification process)

液相の金属が冷却して固相の多結晶になる変化で, 潜熱*の放出と通常体積の収縮を伴なう. そのままで所用の形にするのが鋳物である. 超急冷すれば非結晶になる場合もある. 凝固過程で問題となるのは, 多くの場合鋳塊が一様にならないことで, 鋳型に接している面から, 急冷帯*, 柱状晶*, 等軸晶*となり, 中心部分に引け巣*などができる. また樹枝状晶*もよくできる. これらの発生を防止したり, それらを知って次の処理段階へ進む必要がある.

強磁性 (ferromagnetism)

フェロ磁性ともいう. 元素ではFe, Co, Niに見られるような, 磁場に敏感で, 大きな磁化*を示す性質. 交換相互作用*によって隣接した(原子)磁気能率*が向きを揃え(協力現象*), 自発磁化*をもっている. 軟質磁性材料*と硬質磁性材料*に大別される. →磁化曲線, 帯磁率, 透磁率, 半硬質磁性材料, フェリ磁性, 反強磁性, 常磁性, 反磁性, スレーター・ポーリング曲線, 局在電子模型, 集団電子模型, キュリー温度

凝集エネルギー (cohesive energy)

固体, 液体に限らず, 気体でも分子クラスターのように, 物質はそれぞれの形態で集合している. それはその状態がエネルギー的に低い安定状態にあるからで, その低さ, 安定性をエネルギー的に表したもの. 定量的には物質のある一定量をバラバラの原子状態にし, 無限遠まで引き離すのに要するエネルギーで表す. →結合エネルギー

凝集対応温度 (equicohesive temperature)

クリープ破断試験で高温でのクリープ破断は一種の脆性破断で, 極めて小さい塑性変形で起こるが, これは主に粒界すべり*とボイド*の形成による. この粒界すべりが顕著になる温度を凝集対応温度という. 通常約$0.5T_m$(T_m: 融解絶対温度)で, この温度以下では延性金属は大きいクリープ後, 延性破断するが, この温度以上では, 破断は粒界のみで, 0.01〜0.1程度のひずみで, 粒界三重点(三つの結晶粒, つまり三つの粒界が出会っている点)からき裂が始まり破断してしまう.

凝縮系 (condensed system)

①凝相系ともいう. 一成分系では固体, 液体のこと. 不均一系で, 平衡している多相が, 圧力によってほとんど影響されないような系. 一般に気相を含まず, 揮発

性物質を含まない系のことで,大まかには液体も固体も非圧縮性の凝集系と考えられる.自由度*が相律*によって決まる数より1少ないと考えてよい.②物性物理をアメリカでcondensed matter physicsともいう.③飽和蒸気の温度を下げるか,温度を一定としながら圧縮すると,蒸気の一部が液化する.このような変化をする系のこと.

共晶焼結 (eutectic sintering)

焼結される合金が共晶合金であるか,または焼結によってできる合金相が共晶組成かなど,共晶反応*の低融点性を活用した焼結法.→液相焼結

共晶はんだ (eutectic solder)

Pb–Snの二元合金系のはんだ合金で,共晶組成のもの.共晶組成はPbが38.1%,Snが61.9%で,共晶温度は183℃,プリント基板の配線用をはじめ広くはんだ付け用として利用されている.→はんだ

共晶反応 (eutectic reaction)

合金の相変態形式の一つ.溶融状態では溶け合い,固相では溶け合わないか,ある濃度以上は溶け合わない2元素において,冷却時に,液相から同時に二つの固相が晶出し,その温度で全部固化する相変態.図は「状態図」を参照.その温度も共晶温度(点)という.それぞれの成分元素の融点よりも,合金化により融点が下がり,共晶点では最低となる.その組成を共晶組成という.共晶温度と共晶組成をまとめて共晶点という.生じた合金(共晶あるいは共晶合金)は,一般に微細な混合組織で,層状になることも多い.混合組織なので,低融点にもかかわらず一定の強度があり,はんだ*,低融点合金*,活字合金*などに用いられている.→共析反応

強靱鋼 (tough and hard steel)

硬さ*や引張強さ*が大きく,かつ伸び*,絞り*,衝撃値*が高い鋼.粘り強さの大きい鋼をいう.Cr–Mo鋼(JIS記号;SCM),Ni–Cr–Mo鋼(SNCM),マルエージング鋼*などが代表的で,靭性を増す合金元素にはNi, V, Ti, Nb, Moなどがある.→合金鋼,特殊鋼,調質鋼,非調質鋼

強靱性 (toughness)

材料の粘り強さを表す言葉.通常衝撃で材料を破断するのに必要な仕事のエネルギーで表される.→衝撃試験,破壊靭性

強靱鋳鉄 (tough and hard cast iron)

high strength cast iron, high tension cast ironともいわれる.→高級鋳鉄

強制合金 (forced solid solution alloy)

①炭素や窒素のような侵入型元素を鋼材材料に固溶させるとき,高圧雰囲気中で強制的に侵入,固溶させ合金を強化する.

②通常は固溶しない相であるが,メカニカルアロイング*や,急冷凝固*によって合金化しているもの.非平衡状態であるが常温では安定.

共析反応 (eutectoid reaction)

二元系合金において,高温では固溶している相を冷却する際,ある温度(共析点)で同時に,2種の新しい固相へ分解するような変態.→共晶反応,共析鋼

共析鋼（eutectoid steel）

　　炭素を0.765％含有する鋼をいう．Fe-Fe$_3$C系状態図で見るとおり，この鋼は727℃（共析温度）で共析反応＊する．標準組織＊はフェライト＊（α-Fe）とセメンタイト＊（Fe$_3$C）の細かな層状組織でこれをパーライト＊（pearlite）という．

鏡像力（image force）

　　一般には電荷のような符号をもつものが表面付近に来ると，反対符号の同量の電荷が表面をはさんで存在しているのと同等の力を感じるようになること．これは表面の作用である．金属の転位＊においても，表面付近で，表面と交わっているすべり面上にあって，その表面と平行な刃状転位＊は，表面を対称面として，その転位と逆符号の転位が対称の位置にあると考えたときと同じ力（引力）を受けて，すべり運動をして表面から抜け出そうとする．これが鏡像力で，界面でも同様である．

兄弟晶（variants）

　　マルテンサイト変態＊のように，母相から無拡散のせん断変形（双晶変形＊など）によって発生したマルテンサイト相で，結晶構造は同じでも母相に対する方位の異なるものをいう．一般のマルテンサイト変態では24通りの兄弟晶（相）が可能である．

強弾性（ferroelasticity）

　　強磁性＊や強誘電性とのアナロジーから，存在を理論的に予測されていた性質で，①外からの応力がなくても固有のひずみ（自発ひずみ）をもつ，②外からの応力によって，逆向きの自発ひずみが反転し，外力の向きを持つ領域が広がる，③外力の向きを反転するとひずみも反転するが，ヒステリシスがみられる．形状記憶合金＊も変形の出発点を適当にとれば強弾性と見なすことができ，このように相変態を伴なうものもある．他にランタンペンタフォスフェート（La$_2$P$_5$O$_{14}$），チタン酸バリウム（BaTiO$_3$），三酸化タングステン（WO$_3$）などがあり，光シャッター，音響光学素子としての利用が考えられている．↔超弾性

凝着摩耗（adhesive wear）

　　摩耗＊をその機構で分類した場合の一つ．接触している金属の一方が他方に，または双方が付着（凝着）して，合金・金属間化合物・酸化物などを形成し，その形で剥落する摩耗．→アブレッシブ摩耗，疲労摩耗，腐食摩耗

共沈（coprecipitation）

　　溶液から沈殿を作るとき，目的物以外の共存物質が同時に沈殿する現象．吸着，吸蔵，化合物生成などの作用によって起こる．不純物の除去に利用される．

強電解質（strong electrolyte）

　　強酸，強塩基またはそれらの塩は濃厚水溶液でもほぼ完全に電離している．このような電解質をいう．強電解質の電導度は非常に大きく，その当量電導度は濃度が小さくなると無限希釈溶液の値に漸近する．→当量電導度，↔弱電解質

共役三角形（tie triangle）

　　三元合金の恒温断面状態図で，合金Xがα, β, γの三相より成るとき，α, β, γを頂点とする三角形を共役三角形とよび，合金Xの組成点は必ず△$\alpha\beta\gamma$内に存在し，α, β, γ各相の量は，Xを頂点とする三つの三角形△X$\beta\gamma$，△X$\gamma\alpha$，△X$\alpha\beta$の面積に比例している．→共役線，てこの法則

共役線 (tie line)

連結線,タイラインともいう(図は「状態図」参照).状態図で平衡している相の組成点を等温線で結んだ線.二相平衡状態では1本の線(三元系で二相平衡の時は,二相と合金の組成点が一直線になる),三相平衡では三角形を形成する.平衡している相の量の比について,てこの法則*が成立している. →共役三角形

共有結合 (covalent bond)

2個の原子が,それぞれに属していた電子を組にして共有することで生じている化学結合.結合を成立させている電子対を結合電子対,共有電子対という.

強誘電体 (ferroelectrics)

ある温度範囲において電場が加わらない状態で,自発(電気)分極を持ち,外部電界の極性の反転により,自発分極の向きが反転もしくは回転し,電場を除いてもその状態が保たれる物質をいう.このような性質を強誘電性,結晶相を強誘電相という.強誘電相は加熱すると,キュリー温度*において,自発分極は消滅し常誘電相に転移する.逆に常誘電相から冷却すると,キュリー温度で強誘電相に移り,結晶は多数の自発分極のそろった強誘電分域に分かれる.これに電場または電場と応力を加えると,単分域化し焦電効果,圧電効果*,電気光学効果を示す.またキュリー温度近傍では誘電率,圧電率,弾性率,比熱などの物性が著しく変化する.材料としては$BaTiO_3$, $Pb(Zr, Ti)O_3$, $LiNbO_3$, $LiTaO_3$, $(Pb, La)(Zr, Ti)O_3$, $(Pb, Ba, Sr)(Zr, Ti)O_3$など数百種の物質が開発されている.コンデンサー素子としての他,圧電性を電気機械変換素子に,また焦電性を赤外線検出素子に,圧電・光学性を線形・非線形の電気光学効果素子に利用されている.

協力現象 (cooperative phenomena)

協同現象.物質の構成粒子(原子・電子など)の持つ性質が,物質全体にわたる相互作用によって,巨視的な特性として現れる現象.気体の凝縮,固体の融解・凝固などの一次転移,強磁性*,規則格子*,強誘電体*,反強磁性*などの転移,超伝導*,超流動などがその例である. →相転移

強力鋼 (high-strength steel) →高張力鋼

局在電子模型 (localized electron model)

強磁性*の起源を,スピンをもつ3d磁性電子が,各原子に固定されたまま交換相互作用*していると考えるモデル.巡回電子模型*,あるいは集団電子模型*の対語.

極点 (pole) →ステレオ投影

極転位 (pole dislocation) =支柱転位

極点図 (pole figure)

集合組織*などで,各結晶粒の面や方位の分布強度をステレオ投影*などで等高線的に表した図形.正・逆二種ある. → ODF

局部電池 (local cell)

金属・合金中に析出相,異物,偏析,応力,ひずみなどの不均一がある場合,湿気,水分,電解質に触れると異なる電極(アノード*またはカソード*)となり,化学電池が構成される.このような微細構造に基づく電池のこと.局部腐食*の原因の一つである.

局部腐食 (local corrosion)

孔食*, すき間腐食*, 応力腐食(割れ)*など局部的な腐食のこと. 局部電池*が形成されていることが多い. 対語は全面腐食, 均一腐食 (general corrosion) だが, 多くの腐食は局部腐食である.

巨大磁気抵抗効果 (giant magneto-resistance effect: GMR)

導電性物質に磁場を加えると, 電気抵抗が変化するが, この変化率が大きく, 10%を越えるようなものを巨大磁気抵抗という. 具体的には3d遷移金属酸化物の人工格子, たとえば$LaCrO_3$と$LaFeO_3$とを1層ずつ積み重ねた薄膜結晶では, 電子のスピン配列は極端に不安定(フラストレーション)となり, 微小な外部磁界により磁気抵抗が大きく変化する. Cr/Fe系の他に, Mn/Fe系など. さらに最近ペロフスカイト*構造のLa/$SrMnO_3$などで超巨大磁気抵抗効果 (colossal MR: CMR) が発見されている. この現象を応用して, 高感度・高性能のスピンバルブ*磁気ヘッドの開発が進められている. →トンネル磁気抵抗効果

切欠き感受性 (notch sensitivity)

疲労試験部材にある段付き, 横孔などの断面積の不連続変化部分を切欠きといい, 切欠き材と平滑材の疲労限*の比を切欠き係数(β)という. 形状・寸法によって決まる応力集中係数(形状係数ともいう)(α)とこのβによって求められる$(\beta-1)/(\alpha-1)=q$を切欠き感受性, 切欠き感度係数などという. $0 \leq q \leq 1$で, 1に近ければ切欠きに敏感であるという. →応力集中

切欠き靱性 (notch toughness)

切欠き脆性 (notch brittleness) に対する言葉で, 切欠きがあってもどの程度の靱性があるかという意味. 通常シャルピー衝撃試験*や破壊靱性*試験で決める. 溶接構造材, 船舶用鋼材などで特に重要な性質である.

ギルディングメタル (gilding metal, gilding brass)

光輝黄銅*ともいう. 英国で開発されたCu-5～10Znの黄銅(丹銅*)のことで, 耐食性に優れ, 安価な宝石細工, 防弾ジャケットなどに使用される.

キルド鋼 (killed steel)

製鋼後の鋳造直前の段階でSi, Mnなど脱酸剤を添加して溶鋼中の酸素を除去した鋼. 凝固時に沸騰現象が起こらず鎮静鋼, または脱酸鋼ともいう. 鋳塊頭部に収縮孔を作るので歩留りが悪いが, 気泡も少なく均質な鋼が得られるので高炭素鋼や特殊鋼など高級鋼材に適用される. また, N_2などのガス不純物も窒化物として固定されるので, 低温脆性*やひずみ時効*も防げる. 結晶粒は微細で強靱である. 鋼の連続鋳造*にもこれが使われる. ↔リムド鋼

キルヒフォッフの法則 (Kirchhoff's law)

反応熱の温度変化は反応前後の比熱の差に等しい(キルヒフォッフの法則). 反応に与る物質の比熱の変化ΔC_pが知られていると, 温度T_1, T_2における反応熱ΔH_1とΔH_2の差は$\Delta H_1 - \Delta H_2 = \int_{T_1}^{T_2} \Delta C_p dT$から求まる.

ギルマン・ジョンストンの機構 (Gilman-Johnston mechanism)

フランク・リード源*とは別の転位増殖機構. 二重交差すべり機構 (double cross

slip mechanism) とも，人によってはケーラー機構 (Koehler mechanism) ともいう．らせん転位*が交差すべり*でそれまでと異なるすべり面に移って，また元通りの方向にすべろうとする（二重交差すべり*）．二つのすべり面のらせん転位の途中には刃状転位が残っているが，これは動けないからこれが支柱転位*となって，新しいすべり面のらせん転位がループに拡がってフランク・リード源と同様に増殖する．交差すべりしやすい bcc 金属で重要な増殖機構と見られている．

ギルマン・ジョンストン理論 (Gilman–Johnston theory)

LiF や純鉄単結晶の応力－ひずみ線図に見られる降伏に似た，応力の一時低下についての理論．変形が始まり転位が増殖して，易動転位*が急激に増加すると，個々の転位速度は低下し，現象的には応力の一時低下としてみえるというもの．軟鋼の降伏*と違って，降伏の水平部分がなく，リューダースひずみ*のような応力集中変形もない現象．

キルン (kiln)

焼成，焙焼のための炉．レンガ，セメントなどの製造や，鉱石，コークス，石灰など，高炉装入物のペレット，団塊化に用いられる．鉱石などの原料処理の場合，円筒横置きで傾斜がついており，回転しつつ，上部から加工物を入れ，下部から熱風や燃料ガスを入れて加熱するロータリーキルンが用いられ，レンガなどの成形品ではキルン中を移動しながら焼成するトンネルキルンが用いられる．

き裂 (crack)

クラックともいう．材料の表面または内部に存在していたか，発生した小さな割れ目のこと．加工・疲労などで発生する．これが増加，拡大，連結すると破壊*に至る．

き裂開口変位 (crack (tip) opening displacement: COD, CTOD) → COD / CTOD 試験

金 (gold)

元素記号 Au（ラテン名 Aurum），原子番号 79，原子量 197.0 の貴金属*元素．美麗な黄色を呈し，面心立方晶，融点：1064.58℃，沸点：2807℃，密度：19.32g/cm^3 (20℃)．大部分は石英脈中に自然金として産出するが，母岩の風化の結果砂金としても得られる．金属中最も延性，展性に富み 0.1μm 厚の箔となる．空気中，水中で不変であるが，高温で塩素，臭素と反応し，王水（1HNO$_3$+3HCl の濃酸溶液）に溶ける．金およびその合金は貨幣，装飾品，歯科医療材料，電気接点，ろう，めっき，ペン先，熱電対，極板などに用いられる．なお純金を 24K として純度を示す．→金ろう，カラット，金衡

銀 (silver)

元素記号 Ag（ラテン名 Argentum），原子番号 47，原子量 107.9 の貴金属元素．銀白色で面心立方晶，融点：962.08℃，沸点：2212℃，密度：10.50g/cm^3 (20℃)．主として輝銀鉱 (argentite, Ag$_2$S)，脆銀鉱 (stephanite, Ag$_5$SbS$_4$) などの硫化物として存在し，電解法により精錬される．また鉛，銅，亜鉛などの硫化鉱石中に微量含有し，これらの精錬における副産物として回収されたり，自然銀として産出することもある．延性，展性は金についで大きく，電気および熱の伝導度（電気伝導率：6.28×10^5 ジーメンス，熱伝導率：427W/m・K）は金属中最大．酸素中で加熱して

も変化しないが，硝酸，熱濃硫酸に溶ける．亜硫酸ガスで黒変する．石油化学用触媒，AgBrは感光材料，銀合金は装飾品，食器，貨幣，電気接点，ろう，軸受，電池，電子管，歯科医療材料，殺菌消毒剤などに使用される．→銀ろう

均一核形成（homogeneous nucleation）
　　均質核生成ともいう．溶媒，固溶体から析出物の核*が独自に，そのものとして形成されること．容器の壁や，すでに存在する他の相の表面，他の粒子を核としない核形成のこと．→不均一核形成，核形成－成長論

均一系（homogeneous system）
　　単相系ともいう．単一の相*から成る系のこと．その中では構造と組成が一様である．気体は常圧では完全に混合されるから何種類混合されていても単一相といえる．また純物質の単一構造状態，多成分でも完全に混じり合っているか（溶相），規則格子状態（化合物）の単結晶などがその例といえる．→相

金液（liquid gold）＝水金（みずきん）

キンク（kink）
　　①十分に長い直線転位の一部分が，同じすべり面内で，次の安定位置に移り，その端部でポテンシャルの山をまたいでいる部分のこと．キンクが転位線に沿って移動すると，転位*は1原子間隔進んだことになる（→パイエルス応力）．
　　②→コッセル結晶模型

金衡（troy unit）
　　トロイ衡ともいう．貴金属や宝石の重量を表示するためにイギリスで用いられた単位で，金衡1オンスは31.1035グラム（通常1オンス＝28.35グラム）に相当する．金，銀，白金の質量はトロイオンスで表示される．→カラット

近似結晶（approximate crystal）
　　準結晶*と局所的な構造が類似しており，周期は長いが周期的で，結晶であるもの．準結晶に特有なフェイゾン*と呼ばれる格子欠陥*が，一様に多数入ると近似結晶になる．準結晶の構造研究，新しい準結晶の探査などに役立つ．準結晶 $\rightleftarrows$ 近似結晶の相転移も発見されている．

均質化処理（homogenization）
　　均熱処理，拡散焼なましとも，ソーキング*ともいわれる．転炉での製鋼後のインゴットの偏析*を除き，特に粒界のリンや硫黄の偏析帯を除去して均質な状態にし，次の熱間加工での赤熱脆性*を防止するための熱処理．インゴットの鋳造と熱間加工の間に行われ，炭素鋼では1100〜1150℃．均熱炉*の中で行われる．

禁制帯（forbidden band, band gap）
　　禁止帯ともいう．固体のバンド理論*において，バンドがどのように位置しているかは，結晶型や結合形式によって変わる．金属では下のバンドに空席があるか，あるいは上下のバンドが重なって自由電子帯となっているが，半導体*や絶縁体では上の伝導帯に電子は存在せず，下の価電子帯は電子が満杯で動けない．この両バンド（電子帯）の間が開いて電子のエネルギーが連続的に変化できない．このバンドのギャップを禁制帯という．「バンド理論」の図参照．

キンゼル試験片（Kinzel test piece）
　溶接による母材の変化を知るため，8″×3″の母材上に4″長さの溶接ビードをつけ，それと直角方向にVノッチを入れ，曲げ試験で，曲げ角度，たわみ量などを測る．

金相学（metallography）＝金属組織学

金属（metal）
　歴史的に定義すると，次に述べる＜金属の性質＞の「①～④のような性質を利用していた一群の物質につけた名称」ということになるが，現時点で定義すると，「①～⑥のような性質と⑦～⑩というその起源をもつ物質群」である．金属という言葉は，ギリシャ語の $\mu\varepsilon\tau\alpha\lambda\lambda o\nu$（意味としては鉱山，採石場）からとも，$\mu\varepsilon\tau\alpha\lambda\lambda\alpha\omega$（捜し求める，詮索する）からともいわれている．→冶金

　（以下，「金属とは何か」がわかるように，「*」や「→」などの記号をつけ，それらの項目を順次参照すれば簡単な「金属入門」となるように試みてある）

＜金属の性質＞
① 光沢・輝きがある．→金属電子論
② 一般には，ある程度の強さがあり，同時により大きな力で破壊せずに変形できる．すなわち展伸*性がある（→引張強さ，降伏応力，比例限，弾性限，金属の塑性，靭性，硬さ，破壊機構）．加工・熱処理*で性質が変えられる．→加工熱処理
③ 加熱しても燃えずに溶け，さまざまな合金*が得られる（→下記の＜各種の金属材料＞，状態図）．鋳型に注いで自由に成形できる．→鋳造，鋳型，鋳鉄，鋳鋼
④ 熱や電気を良く伝える．→電気伝導，熱伝導，金属電子論
⑤ 多くは，空気中で表面に酸化物層ができ，さびたり変色し，はがれ落ちるなど壊変する．→下記の＜環境との相互作用＞，腐食，酸化皮膜
⑥ 酸を作用させると塩となり，水酸化物をつくる時は塩基となる．水中・湿潤雰囲気では正のイオンになりやすい．→イオン化傾向，腐食
⑦ 一般的には結晶*である．→結晶面／方向表示法，金属結晶，アモルファス合金，準結晶
⑧ 金属は原子の集合体であるが，原子と巨視的な物体という二つの階層の中間に，結晶粒*，析出相などの「金属組織」という階層がある．→金属組織学，状態図，析出，顕微鏡組織
⑨ 固体でありながら内部でも原子の移動すなわち拡散*がある．
⑩ 金属結合*をしている．

＜環境との相互作用＞　さび*，緑青（ろくしょう）*が発生するなど環境によっても変化する（→腐食，酸化皮膜）．人体にとって必要・有害の両面がある．社会に対して，金属材料は生産手段の基盤的材料であり，また公害・環境問題*の源でもある．→金属と人体，金属リサイクル

＜技術と学問＞　金属を得るために，炉*を築き，るつぼ*を工夫し，鞴（ふいご）*などの送風装置*を案出してきた．さらに，鍛造*，圧延*，深絞り*などの加工技術も進歩してきた．これらの設備体系を，生産という社会的側面にも注目して，冶（や）金技術*という．→冶金，製錬と精錬，高炉

　金属学の萌芽は金属との出会いと共に始まる（→冶金）が，学問といえるのは鉄

器時代に入ってからである．それも「何故か」を問わないが，客観的な経験蓄積の段階で，これを技術学といって科学と区別する．錬金術，試金法も古い．ダ・ビンチやガリレイの金属強度の研究と共に，金属の技術書としてはアグリコラの「デ・レ・メタリカ」が有名で，これはまさに近世技術の集大成といえる．18世紀には，錬鉄＊・鋼＊・鋳鉄＊の違いが研究され，炭素濃度の差であることがわかった．また，金属顕微鏡＊による「金属組織」の観察（金属組織学＊）が始まり，それを手がかりに，製錬の方法，加工・熱処理との関係などが研究された．いま金属学は，物理学と化学の一部，物性論・化学熱力学＊・反応論その他の学問と広範に関連しつつ，独自の材料科学の一分野として進展している．→物理冶金学，金属の物性測定・分析法，ギブスの自由エネルギー

＜各種の金属材料＞　金属は，元素数でみても元素全体の3/4を超える多さである（→周期律）．さらに，2種以上の金属を溶かし合わせて合金にでき，膨大な種類の金属材料がある．それらは現代社会の存立（生産）の基礎であり，あらゆるところで使われている．→金属元素，合金，鉄合金，非鉄合金，構造材料と機能材料，帯溶融法，真空鋳造法，粉末冶金

金属イオン (metallic ion)

①金属の特徴である自由電子が結晶全体に拡がったあと，残りの電子（内殻電子）と原子核で構成されたイオンのこと．これが格子を組んでいる．

②金属塩の水溶液中で容易に生成する金属の陽イオンのこと．

金属間化合物 (intermetallic compound)

成分元素が，いずれも金属であるにもかかわらず，加工性が悪く，結晶構造も複雑で金属的性質に乏しい，合金と無機化合物の中間的な一群の物質．$NiAl$, $MgZn_2$, Cu_5Zn_8（γ黄銅）など数多くある．最近では様々な加工法も開発され，その特異な性質から，超耐熱材料（Ni_3Al），形状記憶＊・超塑性材料（$NiTi$），水素吸蔵合金＊（$LaNi_5$），強力永久磁石＊（Co_5Sm）などとして注目されている．状態図の形からは，①二相分離規則相型（クルナコフ：Kurnakov 型），②中間相型（ベルトライド＊：Berthollide 型），③整数原子数比型（ダルトナイド：Daltonide 型）に，結合様式からは，①電子化合物＊，②配位多面体化合物（σ相＊，ラーフェス相＊など），③電気化学的化合物＊に分類される．形成される温度（変態点）に幅はなく，この点でも規則合金＊とは区別される．

金属間化合物系超伝導体 (intermetallic compound superconductor)

→化合物超伝導体

金属基複合材料 (metal matrix composite material: MMC)

金属を母材として，それに他の金属やセラミックスの繊維，粒子，針状体などを人工的に混合したもので，主として単体では得られない材料強度などの特性を母材の特性を保ったままで与えることを目的としている．→複合材料

金属霧 (metal fog)

溶融ハロゲンを電解するとき，析出した金属が金属特有の色に着色して溶融塩中に溶解，拡散する現象．電解の電流効率の低下につながる．

金属結合(metallic bond)

規則的な格子を組んだ金属イオン*①と,多数の自由電子*とによる金属特有の結合.イオン-電子間と自由電子相互間の結合である.たとえていえばゴルフボールか硬式テニスボールを水飴で固めたようなもの.これが,金属の電気や熱の伝導*はもとより,硬さ*と展伸性*をもたらし,さらに合金化も可能にしている.

金属結晶(metal crystal)

金属は金属原子の規則的・周期的配列による結晶*で,その結晶を金属結晶という.金属結晶の特色は金属イオン*①に残っている電子(遷移金属ではd電子)の波動関数*に一定の方向性があるので,fcc*, bcc*, hcp*などの結晶構造ができる.しかし,金属結晶が弾性変形*,塑性変形*できるのは,基本的には自由電子的な電子を媒介として,結合の方向性が弱いためである.

金属元素(metal element)

金属の性質を持つ元素.金属元素は元素全体の3/4を占める.周期律*表で見ると右上を除くほとんどが金属である.→金属,半金属,メタロイド

金属顕微鏡(metallurgical microscope)

不透明試料である金属組織*の観察用に工夫された顕微鏡.鏡筒内に反射・透過両用のプリズムを持ち,側方から導入した光で組織を照明し,それを拡大観察する.数10倍~1000倍程度.鏡筒を傾け,試料上に作ったエッチピット*で結晶方位が測定できる傾角顕微鏡,雰囲気・温度を変えられる試料室を持った高温顕微鏡などがある.→顕微鏡組織,金属⑧

金属人工格子(metallic artificial lattice)

基盤(substrate)上に金属イオンビームを精密に制御しながら照射し,1原子層から数原子層ずつ交互に積み上げて,合金または金属間化合物の層をエピタキシャル*に積み重ねた結晶格子合金.規格格子*②の一種.金属多層膜*,化合物半導体など天然にはない人工格子*を作ることができる.

金属石けん(metallic soap)

アルカリ金属*以外の金属の脂肪酸塩をとくに金属石けんと呼んでいる.普通の石けん溶液に金属塩溶液を加えるか,または油脂を金属酸化物と共に加熱して得られる.水に不溶であるが,油脂および鉱油に溶けるものはある.Pb, Mn, Al, Cu, Zn, Cr, Caなどの石けんがある.亜鉛(Zn)石けんは軟膏に用いられている.

金属組織学(metallography)

金相学ともいう.金属には原子とマクロな物体としての金属の中間に金属組織という形態を考えることができ,それが金属材料の諸特性に大きく影響している.金属の近代的な研究は,当時最高の手段であった金属顕微鏡*による金属組織の観察に始まるといわれる.金属試料の表面を鏡面研磨し,適当な腐食液でエッチング*すると,結晶粒界*をはじめさまざまな構造を反映した像(金属組織)を顕微鏡で見ることができる.組成や,処理によってさまざまに変化する金属・合金の性質を,この金属組織と結びつけて研究する学問が金属組織学である.その後,X線や電子顕微鏡も使われるようになり,金属組織学はますます深まり発展している.金相学という言葉は化学畑のものであるが,相律*の適用による金属組織学ともいえる.

→計量金属組織学, 顕微鏡組織

金属多層膜 (metal multilayered film)

2種類以上の金属を蒸着などにより人工的に規則正しく多層に積層させて作った膜で, 一つの層の厚さは数千nm以下で, それを数十層重ねる. X線用回折格子などに用途. →金属人工格子

金属電子論 (electron theory of metals)

金属の電磁気的性質, 熱伝導, 光学的性質などを量子力学的に解明する分野. 金属の凝集機構や結晶型の起源なども議論できる. 金属イオン*①と自由電子の周期的ポテンシャルを考える簡単なモデルからはじまり, さまざまなモデルがある. 自由電子はさまざまなエネルギーレベルに存在できるから金属は光沢(全波長の光を反射)と種々の色を持つ(いくつかの波長幅の光を吸収)ことも説明される. →自由電子模型, バンド理論, ウィグナー・サイツセル, フェルミ面, ブリュアン帯域, ブロッホ関数, 局在電子模型, 巡回電子模型, ヒュームーロザリーの規則

金属と人体 (metals and human body)

人体の正常な機能・活動に必要な金属元素として鉄とカルシウムはよく知られている. また亜鉛は人体に有用な酵素やタンパク質に含まれていることが近年明らかになり, もっとも必須な元素の一つとなっている. この他にもさまざまな身体機能を調節する働きをもった金属元素はナトリウム, カリウム, マグネシウム, 銅, マンガン, コバルト, モリブデン, バナジウム, ニッケル, クロムなど20種類以上ある. これらはそれぞれ一定の濃度範囲で有用な作用をしており, 濃度に満たなくなると欠乏症になり, 濃度を超えて過剰に存在すると人体に害を及ぼす. また, 金属イオンが皮膚から体内に吸収され, 金属アレルギーを引き起こす頻度の高い金属元素(ニッケル, コバルト, クロム(6価)など)も問題とされる. さらに, 有害な金属としては水銀, カドミウム, 鉛, ヒ素, タリウム, ベリリウムなどが周知の例であり, またプルトニウムは極めて危険な有害金属である.

金属の塑性 (plasticity of metals)

塑性変形*とは重荷を取り去っても永久に残る変形のことで, 金属材料は, 他のセラミックスなどのイオン結合, 共有結合物質と異なり, 壊れることなくかなり大きな塑性変形が可能である(展伸性*). この塑性変形は一般に結晶面のすべり*によって起こるが, 双晶変形*で起こることもある. →変形加工の原子機構, 転位, 鍛造, 圧延, 引抜き, 押出し, 深絞り, 加工熱処理, 超塑性, 超弾性

金属の物性測定・分析法 (characterization of metals)

金属の物性測定で主な項目をあげると, 金属・合金の構造決定(→X線, 電子線, デバイ・シェラー法, ラウエ法), 反応拡散測定(→カーケンドール効果, 俣野界面, 酔歩の理論), 電磁気的性質(→電気抵抗, 帯磁率, 透磁率, キュリー温度), 格子欠陥(→材料試験), 固体超音波弾性(→内部摩擦, 擬弾性), 熱的性質(熱分析, 熱伝導度), 電気化学的性質(→電極電位, プールベ線図)などがある. 分析法には, 重量・容量分析, 原子発光分析, 原子吸光(分光)分析*, 蛍光X線分析*, 質量分析, 電気分析, ガス分析, ガスクロマトグラフィー, 放射化分析*などあり, それぞれの特徴を活用して分析に利用されている. →エスカ, EPMA, メスバウアー効果, ICP質量分析

金属表面 (metal surface)

金属(固相)と他の気相または液相との間の境界であるが,表面特有の原子的物性(結晶構造,化学組成,表面原子の振動,拡散*,融解,弾性表面波,吸着,エピタキシー)や表面超構造*などをもち,また電子的物性(仕事関数*,表面準位)などをもっている.

金属リサイクル (metal recycling)

産業の発展に伴い,再生不可能な天然資源の大量消費を続けてきたことへの反省が近年ようやく議論されるようになり,資源の再利用(リサイクル)が世界的規模で進められはじめた.大量に排出される産業廃棄物や都市ごみの中には多くの金属も含まれており,その回収,リサイクルの技術と組織を整備することが焦眉の課題となっている.日本では循環型材料として注目される鉄鋼材料のリサイクルが20世紀末の10年間で急速に進み,国内鉄鋼生産の約40%が鉄スクラップのリサイクルによっている.問題点は銅,スズ,ニッケルなど分離困難な不純物成分(トランプエレメント*)の増加で,これらの対策と,スラグ*など副生成物の社会循環の促進,製鉄時のCO_2排出量の削減などが今世紀当初の目標とされている.またアルミニウムは,二次地金の製造に必要なエネルギーは,新地金をボーキサイト*から製造する場合に比べて大きな省エネルギー効果があることからも,リサイクル率が高い金属である.その他,亜鉛,鉛,銅などのリサイクルも行われ始めている.→産業廃棄物対策,環境問題

銀電池 (silver cell)

充・放電可能な新しい型の蓄電池で,Ag–Zn系,Ag–Cd系がある.エネルギー密度,容量の点で鉛蓄電池やニッカド(Ni–Cd)蓄電池よりすぐれているが,寿命が短く,高価である.また,ボタン形のミニチュア電源用銀電池も多く利用されている.

均熱炉 (soaking pit)

均質化処理*するための炉.

金ろう (gold solder)

硬ろう*の一つで,使用目的により三つに分けられる.

1) カラット用金ろう:金製装飾品用で色相・耐食性が重視される.主成分はAu, Ag, Cuで黄銅が添加される場合がある.
2) 歯科用金ろう:金製装飾品と同様,色相・耐食性が重視され,主成分はAu, Ag, CuにSn, Zn, Niなどが添加されている.
3) 工業用金ろう:主にFe, Ni, Co基合金の接合に使い,耐酸化性,耐食性,耐熱性が重視される.主として電子管,真空装置,ロケット・エンジン部品など,他のろうでは代替できない重要部分に用いられ,主成分はAu, CuにNi, Agが添加され,JISには耐食,耐酸化用金ろうと真空機器用金ろうが規格化されている.

銀ろう (silver solder)

硬ろう*の一種.Ag–Cu系のろうで,Zn, Cd, Ni, Snなどが種類によって添加され,JISに規格化されている.電気,電子,車輌,造船などの工業部門から雑貨,装飾品に至るまで広範囲に使用されている.

く

空間群(space group)

結晶の原子的配列のすべての対称性は,回転軸,鏡映面,反転中心とこれらの組合せ,および並進成分を持つ,らせん軸,映進面など230組の対称性で表現できる.この組合せをいい,それが数学的な群を形成しているのでこの名がある.これはまた,ブラベー格子*に点群*と並進,鏡映対称を加えたものと考えることもできる.→シェーンフリースの記号,ヘルマン・モーガンの記号,結晶,対称性

空間格子(space lattice)→結晶

空孔

① (vacancy)→空格子点.

② (positive hole)ホール,正孔ともいう.絶縁体や半導体の価電子帯(電子がほとんど詰まったエネルギーバンド)で少数の電子が抜けた状態.あたかも正の電荷を持った電子のように振舞う(→ドナー).

③ (hole)ディラックの相対論的電子論で,真空を形成している負の運動エネルギーを持つ電子が励起されたあとに残る見かけの正電荷.すなわち,陽電子である.

空孔拡散(vacancy diffusion)

結晶中の原子の,空孔を媒介とする拡散.空孔が拡散原子の隣の格子点にきて,原子はその空孔に移り,さらに他の空孔がまた隣にきて移動するという空孔機構.拡散の最も一般的機構である.→カーケンドール効果

空格子点(vacancy)

点欠陥の一種.結晶格子で,本来原子があるべき所に原子がない格子点*をいう.金属では熱平衡状態で存在する原子空孔が主であるが,イオン結晶などではショットキー欠陥*,フレンケル欠陥*などがある.→点欠陥(図を含む)

空孔集合体(vacancy cluster)

冷間加工により転位が動き,その結果放出された空孔の数が平衡濃度以上に多いと,集合して,空孔集合体を作り,転位ループ*あるいは積層欠陥四面体*が残る.放射線照射*によっても発生する.

空孔のエントロピー(entropy of formation of vacancy)

配置のエントロピー*と空孔発生により,周囲の原子の格子振動の振動数が低下することによるエントロピー変化を加えたものと考えられている.

空孔の形成エネルギー(formation energy of vacancy)

金属を急冷して試料内に発生した空孔*が,焼鈍*によって消滅していく過程を電気抵抗測定で追跡し,それから空孔形成エネルギーが求められる.銅で1.2eV程度である.理論的にはまわりの原子との結合を切るエネルギー,作った空孔が表面に凝縮するエネルギーなどの考察から求まるが,実験値よりかなり大きい.

空孔のソース・シンク(source and sink of vacancy)

空孔は熱平衡状態で一定程度存在するが,加工・変形に伴なう転位の上昇運動*で多量に発生する.格子変形を伴なう変態*や,放射線照射*によっても発生する.

これらの空孔は拡散によって結晶粒界＊や表面に到達し消滅する．転位のジョグ＊はソースでもあり，シンクでもある．→消滅中心，湧き出し中心

空孔の熱平衡濃度（thermal equilibrium concentration of vacancy）

原子空孔の熱平衡濃度は通常 $c = \alpha \exp(-E_{fv}/kT)$ で与えられている．これは温度Tの粒子集団の中で，たまたま E_{fv} だけの余分の熱的エネルギーを得て，それだけ高いエネルギー状態，すなわち原子空孔を生ずる確率がボツルマン因子（$-E_{fv}/kT$）の形で与えられ，高温では無視できない濃度になることを示している（c：空孔濃度，α：定数，E_{fv}：原子空孔の形成エネルギー，k：ボルツマン定数）．銅で $\alpha = 15$, $E_{fv} = 1.2\text{eV}$ とすると，1000℃付近で $c = 2 \times 10^{-4}$, 常温で 10^{-19} 程度である．

空洞（void）

疲労や強加工などによって生じる結晶中の穴で，比較的マクロな穴のことをいう．原子スケールのものは空孔＊の語を用いる．

空洞破壊（cavitation fracture）

高温低応力で，小さな球状の孔が，ある粒界にそって形成され，ゆっくり成長して合体し，破壊に至ること．

クニコ＝キュニコ

クニフェ＝キュニフェ

クヌーセン数（Knudsen number）

気体の流れの特性を表す無次元量の一つ．管の直径（d）に対する気体分子の平均自由行程＊（l）の比，$Ku = l/d$．クヌーセン数 Ku が1またはそれ以上の流れを分子流といい，気体分子と管壁との衝突が支配的である高真空の場合である．Kuが1より充分に小さい場合の気体の流れを粘性流といい，気体分子同士の衝突が支配的な流れで，低真空の場合である．

グノモン投影＝ノモン投影

クーパー対（Cooper pair）

超伝導電子の状態をいうことでよく知られているが，元来はフェルミ粒子＊である電子が低温でフォノン＊を媒介としてボース粒子＊のように振舞い（ボース凝縮），パウリの排他律＊が働かなくなって低いエネルギー状態に集団化した電子のこと．運動量とスピンの反対符号を有する2個が対をなしているが，そのひろがりは 10^{-7}cm くらいもある．クーパー（L.N.Cooper）が1956年に指摘した．

くびれ（necking）

軟鋼や銅，アルミニウムなど比較的軟らかい金属の引張試験をすると，変形がかなり進んで，公称応力＊が最大を示したあと低下をはじめる．このあたりから試験片には局部的な変形が始まる．この不均一変形をくびれという．

クライオスタット（cryostat）

低温用の恒温槽（cryogenic thermostat）の略．周囲から熱が入らないように工夫する．ドライアイス，液体窒素，液体ヘリウムなどで冷却するが最近磁性蓄冷材＊の発達などにより，極低温冷凍機でヘリウムフリーのものも多い．

クライオポンプ（cryopump）

液体ヘリウムを冷媒として使うか，ヘリウム液化冷凍機を使って低温面を作り，

グライナー・クリンゲンシュタイン・ダイアグラム（Greiner–Klingenstein's diagram）
　鋳鉄において(C+Si)％と種々の肉厚と鋳造組織との関係を示す図．→マウラーの組織図

クライム（転位の）→上昇運動

クラウジウス・クラペイロンの式（Clausius–Clapeyron equation）
　二相の平衡，あるいは相転移＊における体積変化（ΔV），圧力変化（Δp），温度変化（ΔT），転移熱（ΔH）の関係式($\Delta H / \Delta V$) = T ($\Delta p / \Delta T$)をいう．これはさまざまな変化で成り立つ応用の広い式で，例えばTを融点，液相・固相の比体積（密度差）をV_l・V_s，潜熱をΔHとすれば$dp / dT = \Delta H / T (V_l - V_s)$となって$p$-$T$状態図が求まる．また応力誘起変態＊の$M_s$点＊の計算などにも使える．

クラウディオン（crowdion）
　密集原子列，密集イオンともいう．ある方向に，格子点＋1個の原子が整列した形の格子間原子．放射線照射などによる集束衝突，置換衝突によると予想されるが未実証．

クラウン（crown）
　歯科用合金で，歯にかぶせる金属をいう．Au–Ag–Cu合金が基本形．

クラーク数（Clarke number）
　地表下10マイル（約16km）および気圏・水圏の地球表層における元素の存在比率（推定）を重量％で表した数字（F.W.Clarke & H.Washington 1924年）．その後研究の進歩により歴史的意味を持つものとなったが，おおよその目安として使われている．地殻や火成岩の元素比率という誤用も見られる．

クラスター（cluster）
　①原子が数個から数百個の集団．マイクロクラスターともいう．超微粒子（超微粉＊）と原子の中間で液体的振舞いもする．原子個数－存在確率のグラフは鋸歯状に変化し，ピークに当る原子数をマジックナンバーという．C_{60}フラーレン＊は好例．金属，非金属，希ガスのクラスターがある（→ナノクラスター）．
　②G–Pゾーン＊のような原子の小集団もいう．空孔集合体＊についてもいう．

クラック（crack）＝き裂

クラッド板（clad plate）
　異種の金属板を張り合わせた板．ステンレス鋼＋普通鋼，またはステンレス鋼＋普通鋼＋ステンレス鋼などのクラッド鋼板が耐食性に優れ，使われている．製法は主に熱間圧延による．クラッド圧延という．

グラニュラー構造物質（granular structure material）
　ある程度大きさの揃った微粒子が異種金属マトリックス中に分散している物質をいう．蒸着法で同時蒸着する場合や，熱処理によってマトリックス中に析出させる場合，両方を併用する場合もある．ナノ結晶材料＊，メゾスケール材料などの一部として注目されている．巨大磁気抵抗＊材料，スプリングバック磁石＊などの作製に利用されている．→ナノグラニュラー結晶材料

102 [く]

グラファイト(graphite)＝黒鉛

グラフェン シート(graphen sheet)

　6個の炭素原子が六角形を形成する6員環のみで平面状に接続した六角網目構造をいう．これを積み重ねた構造は黒鉛結晶となり，筒状に丸めてつなぎ目がないように円筒状につなげると単層のカーボンナノチューブ*となる．

クラマー効果(Kramer effect)

　エキソ電子放射*のこと．

クリアランス(clearance)

　すき間，余裕，あそびのこと．さまざまな機構部品が接して働くときに必要．例えば，プレス加工ではポンチとダイスの間のすき間など．

繰り返し重ね圧延法(accumulative roll bonding: ARB process)

　圧延した板を長さ方向に二分割して重ね，再度圧延する．これを繰り返すことで圧延後の板厚を変化させずに強加工を施すことができる．アルミニウム合金ではこの方法により 1μm 以下の微細組織が得られた．

クーリッジ法(Coolidge's method)

　タングステンの粉を成形し，水素中でこれに大電流を通して焼結させ，展延性に富むタングステンを作る方法．アメリカの物理学者 W.D.Coolidge により開発された．

グリッド メタル(grid metal)

　鉛蓄電池の電極用合金のこと．→鉛蓄電池用材料

グリーノカイト(greenockite)

　カドミウムの原鉱で，硫化カドミウム(CdS)．緑色または橙色の鉱物で，六方晶系で結晶化．土状の皮膜として産出する．亜鉛鉱(閃亜鉛鉱：ZnS)に伴出することが多い．→オタバイト

クリープ(creep)

　材料に一定の荷重をかけた状態で，時間とともに変形が起こる現象．通常は材料の融点または液相線温度(絶対温度)の 1/2 以上を「高温」とみなしてそこでの現象をいうが，クリープは熱活性化過程*で「低温」でも起こる(→低温クリープ)．クリープの過程は，クリープ曲線で表され，材料・荷重・温度などによっていくつかの「型」に分類される．さまざまなクリープの名称は，①クリープ曲線の「型」についていわれるもの(基本4型として，N(通常)，S(S字)，L(線形)，I(逆遷移)型，純金属型クリープ*と合金型*)，②ある型のクリープ曲線において時間と共に変化する段階(stage)についてのもの(遷移クリープ*＝一次クリープ*，定常*＝直線＝二次，加速*＝三次など)，③クリープの機構からのもの，④定常クリープを応力と変形速度でいくつかに区別したもの(拡散*，超塑性*，べき乗則*)，⑤それらの区別なく用いられている例もあり注意が必要である．クリープの機構については，クリープ曲線やさまざまな観察から，転位の運動，転位と溶質原子の相互作用*，拡散*などで説明される．超塑性*はクリープの一種と考えられる．→クリープ機構，クリープ曲線，クリープ試験，クリープ速度

グリフィス・オロワンの式(Griffith-Orowan formula)

　グリフィスの模型に基づく脆性物質破断の式(→グリフィス模型)をオロワンが

金属など塑性変形能のある材料に拡張したもの．塑性変形による表面エネルギーの増加分 (p) を考え臨界応力 $\sigma_c \propto \{(\gamma+p)E/c\}^{1/2}$ で表される．低炭素鋼で $\gamma \approx 10^3 \mathrm{erg}/\mathrm{cm}^2$ であるのに対して $p \approx 10^5 \sim 10^6 \mathrm{erg}/\mathrm{cm}^2$ である．クラックの臨界長で比較すると数 μm 対数 mm となる．→破壊の転位理論

グリフィス・クラック (Griffith crack)

ガラスなど脆性物質の破壊についてのグリフィス模型*で材料内にある先在的クラック.

グリフィス模型 (Griffith model)

グリフィスがガラスのようなもろい物質の脆性破断機構を説明するため考えたモデル．脆性物質中には潜在的にき裂があり，き裂長さ c, その表面エネルギー γ, 物質のヤング率 E とすると，臨界応力 $\sigma_c \propto (\gamma E/c)^{1/2}$ を越える引張応力が，き裂表面に垂直に働いたとき，き裂は成長をはじめ，破断するというモデル．低炭素鋼では $\gamma \approx 10^3 \mathrm{erg}/\mathrm{cm}^2$ 程度だが，実際の強度と合わない．オロワンがこれを修正した．→グリフィス・オロワンの式

クリープ機構 (creep mechanism)

温度が高い場合には，動的回復*や動的再結晶*による軟化が，変形による加工硬化*を打ち消して，一定荷重のもとで変形が進行する．これがクリープの基本的な機構 (定常クリープ*段階) である．これより前の初期段階では加工硬化が，後の最終段階では断面積の減少，欠陥の発生・成長が主な機構となる．定常クリープ段階では，格子拡散機構* (ナバロ・ヘリングクリープ*), 粒界拡散機構* (コーブルクリープ*), 転位拡散*機構などが考えられている．このように，自己拡散*係数，溶質原子の種類と濃度，析出相，結晶粒度，など多くの要因がある．クリープは熱活性化過程なので，これらの要因によって低温でも起こる．→クリープ，拡散クリープ，変形機構図

クリープ曲線 (creep curve)

クリープ*の過程を，横軸:時間(t), 縦軸:変形量(ひずみ: ε)にとり曲線で表したもの．曲線の基本的な形は次の4段階からなる．(1) 最初に荷重を掛けた瞬間に見られる変形:瞬間ひずみ (ε_0), (2) 時間と共に変形量は大きくなるが，次第に変形速度が小さくなっていく過程:遷移クリープ* (段階) または一次クリープ (段階), (3) 変形速度が一定になる:定常クリープ* (段階) または二次クリープ (段階), (4) 試料の断面積が小さくなり，変形速度が増大して，破断にいたる過程:加速クリープ* (段階) または三次クリープ (段階).

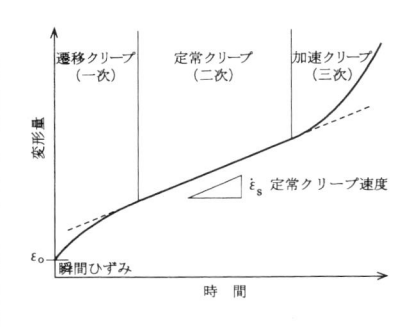

クリープ曲線全体，およびそれぞれの段階の形は，金属・合金の種類・組成，温度，荷重などによってさまざまである．

(a) 温度が,絶対温度で表した融点(T_m)の1/2以下(これをクリープでは「低温」という)で,荷重も小さい場合には,定常クリープの変形速度がゼロになりクリープが起きない.クリープ曲線は(1)と(2)だけになる.これを以前は,αクリープといったが,この命名のもとは,この場合の遷移段階が$\varepsilon = \varepsilon_0 + \alpha \log \cdot t$で表されるという理論があり,その係数αを採っただけの理由である.これを対数クリープ*ともいうが,むしろこの方が意味をもっている.また,温度が$(1/2)T_m$より高く(これを「高温」という),荷重が中程度の場合をβクリープともいったが,その名称も,遷移段階が$\varepsilon = \varepsilon_0 + \beta t^m$で表すことができ,その係数がβだっただけのことである.さらに,より高温・高荷重の場合を,γクリープとすることは,あまりない.

(b) α・β・γクリープという名称は,このように便宜的なものであって,最近はあまり使われていない.またこれで,クリープ曲線の形全体をいうこともあるが,形の決定的な違いは,実は,定常段階が(イ)変形速度ゼロ(ロ)変形速度一定(ハ)定常段階そのものがほとんど見られない,というところにある.

(c) さらに,遷移段階の曲線の形には上述の数式に乗らないものも多い.すなわち,上記の上に凸のもの(これを純金属型・M型とか標準型・N型という)の他に,まず下に凸から始まり次いで上に凸になるもの(これを合金型*・A型・S型という)や,下に凸のまま加速段階に進んでしまうもの(逆遷移型・I型)もある.

クリープ曲線は,クリープのさまざまな,形態・段階についてのクリープ機構を研究する基本的データである.→クリープ,クリープ機構,クリープ速度,アンドレード則

クリープ試験 (creep test)

一定の温度および荷重の下で金属材料が時間とともにどれだけ伸びるか(塑性変形)を測定する試験.材料の変形で断面積が減少するのに伴う応力の変化を補正する装置による試験などもある.材料が破断するまで試験するのがクリープ破断試験(creep rupture test)で,温度,荷重,破断時間,破断伸び,破断しぼりなどを測定する.結果は縦軸に応力,横軸に時間をどちらも対数目盛りで表す.→クリープ寿命,クリープ強さ,クリープ破断強さ

クリープ寿命 (creep life)

クリープ試験で材料が破断に到るまでの時間.実用材料ではクリープ試験での材料の伸びは測定せず,破断までの時間のみ測定することが多い.→ラーソン・ミラー係数

クリープ速度 (creep velocity)

クリープにおける変形速度($d\varepsilon/dt$)のこと.クリープは一定荷重での現象であるから,変形速度はいわば従属変数で,クリープ過程の内容(機構)を示している.主に定常クリープ*段階について,その温度変化から活性化エネルギーが計算され,これは自己拡散*のものと等しい.また,応力(σ)のべき乗に比例することが多く($d\varepsilon/dt = A\sigma^n$:べき乗則クリープ*),その指数(n)を応力指数という.n=1:高温,低応力の場合に多く,拡散機構による.n=3:固溶硬化が大きい合金にみられ「合金型」の特徴とされる.溶質原子の自己拡散機構である.n=5:中程度の応力範囲で,多くのクリープにみられ,転位機構(転位の運動であるが,拡散による転位運

動)による．n=2：超塑性*が現れる．また，これらのべき数は温度にも依存する．
→クリープ機構，変形機構図

クリープ強さ (creep strength)

　高温で長時間の負荷状態にある鉄鋼材料の耐変形力の一つの目安として，一定温度下で，ある一定のクリープ速度を与える応力値．

クリープ破断強さ (creep rupture strength)

　高温で長時間負荷状態にある鉄鋼材料の耐変形力の一つの目安で，一定温度および一定荷重下で破断するまでの時間を比較する．工業的には一定温度で1000時間持ちこたえる応力で強さを比較する．

グリュンアイゼン定数 (Grüneisen's constant)

　①固体の熱膨張に関する定数 (γ)．体積膨張率 α, 体積V, 等温圧縮率k, 定積比熱 $^*C_V$ とすると，$\gamma = (\alpha V / kC_V)$ で表され，厳密には物質，温度に依存するが，おおまかには定数で1～3程度の値をもつ．圧縮されやすい（軟らかい）ものは膨張もしやすいことを表している．α, k, C_V / V（体積当りの定積比熱）を他の量から推定するのに使われる．しかし元来は，結晶の格子振動の「非調和性」（格子振動のポテンシャルが平衡点からの変位に関して三次以上の項があり，非対称であること．材料の熱膨張はそれで生じる）を表し，格子振動数 (ν) やデバイ温度 (θ) の体積依存性を表す定数 $\gamma = \partial\nu/\partial V = \partial\theta/\partial V$ である．→熱膨張率

　②フォノンによる電気抵抗が，低温 ($T < 0.5\theta$) では T^5 に，高温 ($T > \theta$) ではTに比例することを，グリュンアイゼンの関係という．

グルシニウム (glucinium)

　ベリリウム (Be) の19世紀頃の古名．

クルジュモフ・ザックスの関係 (Kurdjumov–Sachs relation)

　1.4%C以下の炭素鋼*および合金鋼*のマルテンサイト変態*における，母相(a：オーステナイト, fcc)とマルテンサイト相 (m：bct, bcc) の方位関係には，$(111)_a // (011)_m, [\bar{1}01]_a // [\bar{1}\bar{1}1]_m$ という密接な関係がある．この関係のこと．マルテンサイト変態のベインの機構*にほとんど同じ．→西山の関係

黒皮 (mill scale)

　鉄板の熱間圧延で，表面に発生する鉄の酸化物．内側からウスタイト* (FeO)，マグネタイト* (Fe_3O_4)，ヘマタイト* (Fe_2O_3) の層をなしている．酸洗いによって除去する．ミル・スケール*ともいう．

黒鉱 (kurokou, black ore)

　黄銅鉱*のほかに方鉛鉱，閃亜鉛鉱，硫化鉱（黄鉄鉱），重晶石，石膏などを含有し，外観が黒色の塊状銅鉱石のこと．黒物（くろもの）ともいわれる．日本独特の鉱石で，主として東北地方に分布し重要な銅資源である．

グロス法 (Gross process)

　不均化反応*を利用するアルミニウム新製錬法の一種．→サブハライド法

グロー放電 (glow discharge)

　減圧気体中の放電の一種．1000～10Paの低圧で直流または交流の高電圧を電極間に印加すると，イオンが加速されて電極に衝突し，二次電子を放出する放電現象．

イオンの加速流はスパッタリングやイオンエッチングに利用されている.
グロー放電質量分析法 (glow discharging mass spectrometry: GDMS)
試料のイオン化に異常グロー放電のスパッタリング効果を利用する質量分析法. 質量分析計に入るイオンのほとんどは中性原子が放電プラズマ中でイオン化されたもの.
グロー放電分光分析法 (glow discharge spectrometry: GDS)
試料のイオン化に異常グロー放電のスパッタリング効果を利用して, スパッタ電子とガス成分との衝突により生ずる発光を分光分析する陰極材料の分析法.
クロマイジング (chromizing)
鉄鋼の表面からクロムを拡散浸透させ, クロムの多い耐熱, 耐食, 耐摩耗性の硬質皮膜を作る処理. クロムめっき*に比べて寸法変化が少なく, 密着性もよく, はがれもない. クロムとアルミナ*の混合粉で表面を覆い, 水素気流中で, 1300〜1400℃に加熱する (固定法). その他, 液体法, 気体法もある.
クロマトグラフィー (chromatography)
溶液または混合気体中の各成分を, その吸着性や分配係数の差異に由来する移動速度の違いで分離, 分析する方法. 混合物試料を展開剤 (移動相ともいう) に溶解または混合希釈し, 多孔質固体または液体の固定相の一端に置くか, 注入する. 固定相上での移動速度を測定して分離・分析する. 移動相によって液体クロマトグラフィーとガスクロマトグラフィーに大別され, 固定相によってカラムクロマトグラフィー, 薄層クロマトグラフィー, ペーパークロマトグラフィーに, 分離メカニズムによって吸着クロマトグラフィー, 分配クロマトグラフィー, イオン交換クロマトグラフィー, ゲルクロマトグラフィーに分類される.
クロム (chromium)
元素記号 Cr, 原子番号 24, 原子量 52.00 の金属元素. 銀白色を呈し, 体心立方晶. 融点 1860℃, 密度 $7.19 g/cm^3$ (20℃). 主要鉱物はクロム鉄鉱 ($FeCr_2O_4$) で, Cr_2O_3 のアルミニウム, ケイ素または炭素による還元か, 硫酸アンモニウムクロムまたはクロム酸塩の水溶液の電解によって得られる (→電解クロム). 電子材料用高純度クロムはファン・アーケル法*による. 塩酸, 希硫酸に溶け, 濃硝酸, 王水には不動態化する. めっきなどの表面処理やコーティングをはじめとし, 耐熱・耐食合金, ステンレス鋼*, 強靭鋼*, 超合金*, 熱電対など各種合金の製造, 耐火物, 研磨剤, 化学薬品, 顔料など広い用途がある. 六価クロムは有毒で, その化合物を扱う工具やめっき工には鼻中隔穿孔症や, 肺がんの発症が多かった. 六価クロムが皮膚に触れたり, 粉塵を吸い込んだためといわれる. 1973 年から 75 年にかけて東京江東区の化学工場が六価クロム鉱滓を大量に不法投棄していたのが発覚し, 以後廃液や鉱滓の投棄監視の契機となった. この項目の前後の関連項目参照. →クロメル-アルメル
クロム系ステンレス鋼 (chromium stainless steel)
クロムを 11％以上含む耐食性合金 (ステンレス鋼*) で, ニッケルを含まないものをいう. 炭素含有量によりフェライト系とマルテンサイト系に分かれ, 大別して 0.1％C 以下, 10〜30％Cr がフェライト系で耐酸, 耐熱性は良いが, 焼入れ硬化性はない. 加工しやすいので厨房機器などに使われる. マルテンサイト系は 0.2％C 以

上，13～18％Crで焼入れ硬化するので，刃物，機械工具，耐熱・耐食ベアリングなどに使われる．クロム系ステンレス鋼はすべて強磁性である．→ステンレス鋼，シェフラーの組織図

クロム鋼（chromium steel）
機械構造用合金鋼*のうち，1％前後クロムを含む鋼種で焼入れ性があり，同程度の炭素量の機械構造用炭素鋼に比べ，40％以上も引張り強さが大きい．→クロム・モリブデン鋼

クロム銅（chromium copper）
高力高電導銅*の一つ．Cu-0.5～0.8Crで加工と熱処理により約50 kgf／mm^{2}の強さと90％IACS*の導電率が得られ，再結晶温度は500℃で耐熱性もあり，電極などに使用される．

クロム・ニッケル系ステンレス鋼（chromium-nickel stainless steel）
8Ni-18Cr鋼が代表鋼種のオーステナイト系ステンレス鋼*で，固溶化熱処理によりオーステナイト組織となり，非磁性で耐食性が大きく，日用品，厨房機器から化学工業機器類に至る広範囲な用途がある．代表的鋼種はJIS SUS 304（0.05C-9Ni-19Cr）であるが，合金元素の増量によりさらに耐食性を改善した鋼種も多数開発されている．

クロムめっき（chromium plating）
クロムは極めて緻密な酸化皮膜を形成し，不動態化によって内部の保護作用が強く，めっきとして耐食性付与のために使用される．クロムめっき法には，電気クロムめっきと拡散クロムめっき，気相によるクロムめっきの3種類があり，工業的には電気クロムめっきが最も利用されているが，最近は蒸着，スパッタリングなどによりクロム薄膜をつける技術も進んでいる．→BDSめっき法，DALめっき法

クロム・モリブデン鋼（chrome-molybdenum steel）
機械構造用合金鋼の中で最も広く用いられている鋼種で，Cr～1％，Mo0.2～0.4％含有する．モリブデンは，焼戻し脆性を防ぎ，焼入れ性を増し，高温強度や硬さを増大させるので，クロム鋼*に比べ，機械的諸性質がすぐれ，溶接性も良く，焼入れ性を保証したH鋼*種がJISに規格化されている．

クロメート処理（chromate treatment）
亜鉛またはカドミウムめっきした表面をクロム酸を含む液で処理することにより，これらめっき表面にクロム酸塩皮膜を生成させ，耐食性を改善し，またはこれら表面に光沢を与える処理法．

クロメル-アルメル熱電対（chromel-alumel thermocouple）
室温から約1000℃までの温度測定に最もよく使われている熱電対．JIS規格およびASTM規格では，K熱電対と略称される．熱起電力は0～1000℃間は約40μV／Kとほぼ直線的だが，室温から-190℃までの低温区間は感度低下し，-180℃で-20μV／Kになる．酸化しやすいので注意が必要だが，それを防止すれば1200℃まで使用可能である．プラス電位となるクロメルはクロメルP合金ともいい，組成は90 Ni，10 Cr．マイナス電位となるアルメルの組成は，2Al，2Mn，1Si，95Ni．クロメルの0℃における電気抵抗率は70.0μΩ・cm，アルメルのそれは28.1μΩ・cm．

クロール・ベタートン法(Kroll-Betterton process)
　ビスマスを含む粗鉛にカルシウムあるいはカルシウムとマグネシウムを加えてBi_2Ca_3(mp 928℃)かBi_2CaMg_2 (mp 1060℃)を作り,鉛中の溶解度を減じてビスマスを鉛から除去する方法.

クロール法(Kroll process)
　チタン*やジルコニウム*の製錬法の一つ.これら金属の四塩化物を金属マグネシウムで還元してスポンジ状の金属を得る方法でクロール(W.J.Kroll)によって発明された.

クーロン力(Coulomb's force)
　プラス,マイナスの点電荷によって生じるそれらの間の静電気力.一般的にはクーロンの法則(電荷の積と距離の逆2乗に比例する力)に従う力のこと.例えばNaClは,NaとClの両原子が近接するとNaが電子を1個放出して,Na^+イオンとなり,Clは電子を1個もらって,Cl^-イオンとなり,クーロン引力を生じ,安定に結合する.

け k

傾角粒界(tilt boundary, twist boundary)→小傾角粒界

軽金属(light metals)
　Al, Mg, Be, Tiなどの低密度金属(4あるいは$5g/cm^3$以下)の単体または合金についての工業的呼称.比強度が大きいので工業的用途は著しく拡大しつつある.密度(単位:g/cm^3):Al 2.7, Mg 1.74, Be 1.84, Ti 4.5.広くはアルカリ金属*(Li, Na, K, Rb, Cs),アルカリ土類金属*(Ca, Sr, Ba)を含むが,一般的には冒頭の意味.

蛍光X線分析(X-ray fluorescence analysis)
　物質をX線,γ線,電子線などで照射した時に,物質から発生する特性X線*を蛍光X線といい,照射した部分の元素に特有なX線なので,その波長(エネルギー)を分光し,元素分析をする方法.分析は非破壊で,より迅速に行うことができる.化合物,混合物の不純物元素,希土類など,他の方法では確認しにくい元素分析に有効である.定性分析と定量分析ができる.XRF, XFと略す.

蛍光浸透探傷法(fluorescent penetrant defect testing)
　蛍光剤を分散させた浸透液による浸透探傷法*.油分を除去した表面に浸透液を塗布し,一定時間後ふき取り,紫外線をあてて探傷する.

蛍光とリン光(fluorescence and phosphorescence)
　外部からの刺激で励起された電子が基底状態に戻る時に出す光を総称してルミネッセンス(luminescence)というが,その一種で,熱によらず熱も出さない光で,刺激を取り去った後の残光の短いもの(約10^{-3}秒以下)を蛍光という.残光の長いもの(約10^{-3}秒以上)はリン光というが,一般には両方を含めて蛍光といっている.発光機構とそれによる分類・定義もいろいろあり,励起状態から直接基底状態へ戻るもの,あるいはスピン多重度の変わらない遷移によるものを蛍光といい,励起状態からいったん準安定状態やトラップに捕えられた後,トンネル効果*や熱励起で基底状態に戻るもの,あるいはスピン多重度の変わる遷移のものをリン光という場

合もある．蛍光を効率良く出すものを蛍光体（phosphor, fluorphor, luminophor）といい，例えば，アントラセン，CaWO$_4$，フルオレセイン，ローダミンなど多くの物質がある．用途は，光源（蛍光灯，蛍光水銀灯），表示（テレビ，数字板），検知（X線増感紙，シンチレータ）などに分類される．リン光を効率よく出すものとしては，ZnS，CaSなどの蓄光性硫化物蛍光体が知られている．→エレクトロルミネッセンス

計算機シミュレーション（computer simulation）＝コンピューター シミュレーション

傾斜機能材料（functionally gradient material: FGM）

厚さ方向に組成成分や特性が連続的に変化している機能性複合材料．たとえば宇宙ロケットの機体材料のようにその表面は高温耐熱性が要求されるとともに，優れた機械的強度も要求される場合，表面を耐熱性セラミックとし，裏面を高強度金属として，厚さ方向に組成，成分，ミクロ組織などが連続的に変化するような傾斜機能をもった材料であればよい．従来の張り合わせ材（クラッド材）とちがって厚さ方向に成分や物性に境目がないから，はがれたり，変形することがない．日本が創案した新素材の一つで，1987年から5年間，科学技術庁（現，文部科学省）が開発研究を実施した．

形状因子（鋳物の）（shape factor）

鋳物*の冷却時間と形との関係から押湯*寸法を算出するのに使う形についての因子．

形状記憶合金（shape memory alloy）

塑性変形させても，それを特定・固有の温度以上に加熱すると，変形前の形態を憶えていて，もとの形状にもどる性質をもつ合金．熱弾性型マルテンサイト変態*を示す材料である．高温ではオーステナイトであるが，冷却すると高温時の形状を保ったまま軟かい双晶マルテンサイト*になる．この状態で大きく塑性変形させると，結晶のすべり変形でなく双晶変形するが，双晶変形にもとの格子の影響が反映していて，加熱すると可逆的にもとのオーステナイト相にもどり，高温での形状を回復する．また応力でも可逆的変化（特定温度以上での応力あるいは加工誘起マルテンサイト*相は除荷すると，もとの母相にもどり形状を回復する．これを超弾性*という）をさせることができる．この性質は最初（1960年）米国海軍研究所でミサイル材料として耐熱耐食性に優れたTiNi（50at％Ti, 50at％Ni）金属間化合物の開発の途中で発見され，Ni-Ti系形状記憶合金（ニチノール*）と呼ばれた．その後Ag合金，Cu合金など多くの合金でも発見され，実用化もされている．現在製品化されているのはNiTiとCu系合金であり，ニチノール，ベータロイ*が代表的である．Cu系はNiTiより安価で，温度変化追随性がよく，ヒステリシスが小さく変態温度が広いという利点があるが，機能性に優れ，信頼性が高いなどからNiTiの利用が主流をしめている．宇宙船アンテナ，自立展開締結用デバイス，締付けピン，パイプ継手，医療用では脊椎矯正棒，髄内釘およびピン，ステープル，ステム，人工股関節，さらに温度センサーを兼ねたアクチュエーター，簡易移動式火災報知器，温室の窓開閉器やサーモスタット，超弾性機能を利用した女性用下着（超弾性を織り込んでぴったりフィットするブラジャー），ひずみゲージ，タッチセンサー，歯列矯正ワイヤーなど多岐にわたる．今後応用はより拡大するであろう．→マルテンサイト

形状効果（焼入れの）（shape effect）

鋼の熱処理に際して，これを急熱したり急冷したりすると，焼割れ*が起こることがある．これは鋼材の大きさと形状による場所的な冷却速度の相違により，応力が発生するためで，このような形状の影響を形状効果という．→焼割れ

軽水炉（light water reactor）

中性子の減速材*，冷却材*として普通の水（軽水）を使う原子炉をいう．米国で開発された商業用発電炉で，世界の原子力発電の主流となっている．軽水炉には加圧した高温高圧水を冷却材に用いる加圧水型炉（PWR）と，沸騰軽水を冷却材に用いる沸騰水型炉（BWR）とがある．→重水炉，原子炉，原子炉材料，シュラウド

ケイ素（silicon）

元素記号Si，原子番号14，原子量28.09の半金属元素．黒灰色の金属光沢を呈し，半導体*で，ダイヤモンド型構造*．融点：1410℃，沸点：2355℃，密度2.329g/cm³(20℃)．二酸化ケイ素（SiO_2：シリカ），ケイ酸塩として地殻中多量に存在し，ケイ石（主成分はSiO_2）をアーク炉中（1600℃以上で）コークス還元すると粗ケイ素が得られる．これをトリクロロシラン（$SiHCl_3$）に変え，蒸留精製し，その後水素還元し赤熱したケイ素棒上に析出させ，結晶引上げ法または帯溶融法*によって精製すると高純度ケイ素（単結晶）が得られる．また，非晶質ケイ素（アモルファスシリコン*）はシラン*（SiH_4）より化学蒸着法で作られる．常温の空気中では安定であるが酸素とは400℃，窒素とは1000℃，塩素とは430℃で反応（SiO_2，Si_3N_4，$SiCl_4$）する．また高温では炭素，ホウ素と直接結合する．鉄鋼やアルミニウムの合金元素，ケイ素樹脂原料，ガラス原料，高純度単結晶は半導体としてIC*，LSI，太陽電池*に，非晶質は太陽電池，配線板，プリンター感光ドラムに，SiCとして青色LED，ICパッケージ，セラミックス構造材，繊維，コーティングなど多目的に使用される．二酸化ケイ素のうちアスベスト（石綿）として産出するものは建築材として使用されていた．→半導体，ケイ素鋼，シルミン，アスベスト

ケイ素化，ケイ素浸透法（siliconizing）→シリコナイジング

ケイ素鋼（silicon steel）

ケイ素を0.5～4.5％含有する鋼で，電気抵抗と透磁率が大きく加工が容易で薄板にできるため，電動機，変圧器の鉄芯等，電磁鋼板として使用されている．

0.5～1.0Si：静磁気回路用，2.0～3.0Si：回転機械用鉄板，4Si：変圧器用鉄芯板．ケイ素を含まない鉄板に比べて特に鉄損*が少ない．→方向性ケイ素鋼板，ゴス組織，無方向性ケイ素鋼板，集合組織

K_{IC}試験（K_{IC} test）

破壊靱性*試験の一つ．応力拡大係数*Kを求める試験．表面に垂直にき裂を入れた短冊型試験片を背面から押して破断させる曲げ試験と，き裂の両側を引張って開口させ変位測定する引張試験とがある．いずれも荷重-変位線図から単純脆性，降伏，延性の三つの場合について規定の荷重P_Qから対応する応力拡大係数K_Qを求め，試験片条件その他を考慮してK_{IC}値とする．→破壊靱性

K_{IC}値（K_{IC}）

応力拡大係数*Kの試験値のことで添字のIは平面ひずみ（モードI：開口型）（→

破壊靭性),Cはcritical(臨界)を表す.き裂成長開始時のき裂先端の応力の強さを表すパラメーターと考えられている.

計量金属組織学(quantitative metallography)

定量金属組織学,立体金属組織学などともいう.金属の顕微鏡組織の種々の相をなす結晶粒や析出物の大きさや分布を,線状に,また代表点を決めて定量測定し,それを統計的に解析して,各相の大きさ分布,配列分布,存在比,特に二次元面組織から三次元的に体積の推定,体積比などを求める手法.→面分析

KS鋼(KS steel)

Co-Cr-W系強力磁石鋼.高木弘,本多光太郎の発明によるマルテンサイト*型磁石鋼でW-Cr鋼に多量のCoを加え焼入れする.1920年頃に開発され,保磁力でもエネルギー積でもそれまでの永久磁石鋼の3倍以上の特性を示した.

$0.4 \sim 1.0$C,$5 \sim 9$W,$1.5 \sim 5.0$Cr,$30 \sim 40$Co,残Fe;保磁力(H_c):$200 \sim 250$Oe,残留磁気(B_r):$8500 \sim 10000$G,$((BH)_{max} \fallingdotseq 8000J/m^3)$.→新KS鋼,MK鋼

ケー・エス・ゼーワッサー合金(K.S.See Wasser alloy)

耐海水性アルミニウム合金.Schmidt社(独)で開発.船舶部品,化学工業用,家具,屋内,鋳造線などに使用.$2.25 \sim 2.5$Mg,$2.5 \sim 3.0$Mn,$0.2 \sim 0.5$Sb,残Al.

ケーキ(cake)

湿式製錬では鉱石を溶媒によって処理し,目的金属と不純物を分離(浸出)するが,その際濾過の操作を必要とする.この時濾過材の表面に残った固体粒子の固まりをケーキと呼ぶ.

ゲージ鋼(gauge steel)

製品の寸法や形状の基準になるゲージ用の鋼で,耐摩耗性が優れ,仕上加工が容易,熱処理,時効による変形が少なく,熱膨張が鉄鋼と同等であることが必要とされ,大別すると炭素工具鋼,低合金工具鋼,高合金工具鋼,高速度鋼*,窒化鋼*,ステンレス鋼*の各鋼種が使用されている.→工具鋼

ゲージブロック(gauge block)

製品の寸法や形状の規準となる長方形箱型の鋼片.ゲージ鋼を用いている.

ゲータイト(goethite)

α-オキシ水酸化鉄(α-FeO(OH))の鉱物名.湿潤雰囲気中で鉄鋼にできる錆の主成分で,針鉄鉱とも呼ばれ,褐鉄鉱*の一般成分でもある.

欠陥(結晶の)(lattice defects)→格子欠陥

結合エネルギー(bond energy, binding energy)

金属結合*を含めた化学結合を切断して,個々の原子に分解するのに必要なエネルギーであるが,それを個々の原子対に割り振ったもので定義する.Fe-Fe結合では隣接原子を8個(bcc)と考えFe-Fe→2Feのエネルギーの1/4で定義する.すなわち354/4(kJ/mol)である.同様にNa-Na:89.1/4,Al-Al:291/6,Au-Au:310/6などとなる.他の化学結合も例えばO-H:460,C-H:410,C-C:350,C=C:610,C≡C:830(いずれもkJ/mol)を要素として種々の原子対に対して定義される.→凝集エネルギー

結晶 (crystal)

　原子が規則的・周期的に配列した固体を結晶という.金属材料は,結晶であるが,水晶などの鉱物に見られる角ばった結晶らしい外形は示さない.それは金属の原子結合の特性(金属結合*)による適度の軟らかさのために変形・摩耗されるからである.多くの金属材料は,細かな結晶粒の集合体,すなわち多結晶体*であるが,そのことも含め,金属が結晶であることはX線回折*等ではっきり確かめられている.また,金属の展伸性*・電気や熱の伝導性などの諸特性も結晶であることによって説明できるし,結晶構造の状態に大きく依存している.

　結晶の最も基本的な定義は,原子または原子集団が,一定の間隔で同一の配列を繰り返している規則性・周期性にある.これを並進対称性という(準結晶の発見で拡張された「結晶」では,高次元空間でこれが成立している.文末参照).金属ではこれが三次元的に成立しており,その繰り返しの単位となる平行六面体が定義できる.これを単位格子*といい,その頂点を格子点*という.また,この平行六面体を空間的な枠と見て,空間格子,結晶格子あるいは単に格子という.一つの格子点から平行六面体の3稜方向にx, y, z座標軸をとり,繰り返しの単位の長さ(a, b, c)すなわち格子定数*を使って,結晶方向*と結晶面*の定義と表示法*(ミラー指数*,ミラー・ブラベー指数*)が決められている.→対称性

　結晶のマクロな対称性,特に回転軸を基準として7種の独立な結晶系*が決められる.これは結果的には(a, b, c)が等しいか否か,3稜方向間の角度(α: $\angle bc$, β: $\angle ca$, γ: $\angle ab$; 軸角)が等しいか否か及び,90°または120°であるか否かで分類した結晶の種類に対応する.すなわち,三斜晶系*,単斜晶系*,斜方晶系*,正方晶系*,三方晶系*(菱面体晶系*ともいう),六方晶系*,立方晶系*である.さらにこれら単純格子*の頂点以外の位置の原子を考慮して分類した構造が14種のブラベー格子*である.

　金属元素のほとんどは,この中の体心立方格子*(bcc),面心立方格子*(fcc),六方晶が二重に重なった稠密六方構造*(hcp)で,それ以外はわずかに,Mnが温度によっては複雑な立方構造,Gaが斜方格子,Inが面心正方格子,Snがダイヤモンド格子,Bi, Smが三方格子,Uが温度によっては斜方格子をとるにすぎない.この顕著な共通性は,金属が最外殻の電子を自由電子として共有し,残った陽イオンが球に近くなるためと考えられている.

　一方,合金,金属間化合物,あるいは規則格子などではさまざまな結晶構造が現れる.それらの表現法・記号としては,ヘルマン・モーガン記号*,シェーンフリース記号*が用いられる.これは厳密ではあるが慣れない向きには,SB記号*(Strukturbericht記号)やピアソンの記号*から参考書で図を捜すのが手っ取り早い.

　古来,鉱物の外形の規則性から注目された結晶も,17～19世紀には「面角一定の法則」や「有理面指数の法則*」から,対称性*の考察を通じて,32種の点群*,結晶系,230種の空間群*などの概念が成立した.そして1912年「結晶によるX線の回折」が観測され,結晶の原子的構造が確認された.さらに準結晶*の発見により,厳密な三次元的並進秩序・周期性がないにもかかわらず,鋭い回折線を示す構造の存在が確認され,1991年「国際結晶連合」は新たに結晶を"any solid having an essentially discrete diffraction diagram" と定義し，結晶概念を拡張した．→ブラッグの反射条件，デバイ・シェラー法，ディフラクトメーター，ラウエ法，準単位胞

結晶異方性 (crystal anisotropy)

結晶が原子の規則的な配列であるため，配列の方向に平行か垂直か，その中間的な方向かなどによってさまざまな物性に方向による差異が見られること．

結晶化温度 (crystallization temperature)

ある種の合金は液体状態から急冷することによりアモルファス合金＊が得られ，結晶状態の合金よりも高強靱性，高耐食性，優れた磁気特性などをもつが，この非晶質金属を加熱して温度を上げていくと，ある温度で結晶化が起こり，非晶質の特性が一挙に失われる．この温度を結晶化温度という．ポリエチレンテレフタレート (PET) も液体状態から急冷したものを昇温していくと，一定の温度で結晶化が起こり，さらに昇温すると融解する．いずれも結晶化の際に発熱をともなう．

結晶化ガラス (crystallized glass, glass ceramics)

ガラスは本来非晶質物質であるが，TiO_2 や ZrO_2 などの核形成物質を加え，溶融成形後，温度・時間・雰囲気などを正確に制御しながら再加熱し，微結晶体を均一に析出させたガラス．ガラスセラミックス (glass ceramics) ともいう．析出量も数 10 %から 100 %近くまで変化でき，もとのガラスと析出相組成の組み合わせで多くの種類がある．

もとのガラスで分類すると：$Li_2O-Al_2O_3-SiO_2$ 系は，熱膨張係数が小さいので，割れにくく耐熱性が高い（約 1250℃まで使用可能）．白色・透明両方があり，高温用窓，電子レンジ棚板，耐熱食器に用いられる（商品名，パイロセラム＊：Corning 社（米），ネオセラム：日本電気硝子）．$MgO-Al_2O_3-SiO_2$，$BaO-Al_2O_3-SiO_2$ 系は，高強度，低誘電損なので，各種絶縁体，センサー用基板，ロケットのレーダードームなどに用いられる．$CaO-ZnO-BaO-Na_2O-Al_2O_3-SiO_2$ 系は美しく，建築用壁材に用いられている（ネオパリエ：日本電気硝子）．さらに，$F_2-K_2O-MgO-B_2O_3-Al_2O_3-SiO_2$ 系は，析出相がフッ素マイカ（雲母）で，き裂が拡がらず，切削・穴あけなどの機械加工が可能な電気絶縁材である．なお，無色・透明で，屈折率が高く，工芸品や装飾用のクリスタルガラス (crystal glass) は，通常のガラス物質である．

結晶系 (crystal system)

結晶のマクロな外形の対称性＊から，特に回転対称性を基準として，独立の構造を数えると，次の 7 種（以下の①〜⑦）となる．これを七つの結晶系という．対称性が基準で，三軸方向の格子定数 (a, b, c) が等しいか否か，三軸間の角度（α，β，γ）が等しいか否か，および 90°または 120°か否かは，その結果である．それ故，三方系晶と六方晶系では，一部で同じ格子定数・軸間角条件が現れる（基準の対称性が異なる）．この 7 種は頂点にのみ原子が存在する「単純格子＊（記号 P）」であるが，各頂点以外にも底心 (C)，体心 (I)，面心 (F) にも原子が存在し，独立の対称性を持つ構造を含めたものが 14 種のブラベー格子＊である．図は「ブラベー格子」参照．

①三斜晶系＊ (triclinic)：1 回回転軸か回反軸
　　($a \neq b \neq c$)($\alpha \neq \beta \neq \gamma \neq 90°$) P のみ

②単斜晶系（monoclinic）：2回回転軸か回反軸
　　$(a \neq b \neq c)(\alpha = \beta = 90° \neq \gamma)$ P, C
③斜方晶系 *# （orthorhombic）：直交する3本の2回回転軸か回反軸
　　$(a \neq b \neq c)(\alpha = \beta = \gamma = 90°)$ P, I, F, C
④正方晶系（tetragonal）：4回回転軸か回反軸
　　$(a = b \neq c)(\alpha = \beta = \gamma = 90°)$ P, I
⑤三方晶系 *$ （trigonal）：3回回転軸か回反軸
　　$(a = b \neq c)(\alpha = \beta = 90°, \gamma = 120°)$
　　または $(a = b = c)(\alpha = \beta = \gamma \neq 90°)$ P
⑥六方晶系 * （hexagonal）：6回回転軸か回反軸
　　$(a = b \neq c)(\alpha = \beta = 90°, \gamma = 120°)$ P
⑦立方晶系 *@ （cubic）：立方体の対角線方向の4本の3回回転軸か回反軸
　　$(a = b = c)(\alpha = \beta = \gamma = 90°)$ P, I, F

$\alpha = \angle bc$, $\beta = \angle ca$, $\gamma = \angle ab$
= : 恒等, ≠ : 一般には異なるが偶然等しくてもよい
\# ③斜方晶系は，直方晶系ともいう．
\$ ⑤三方晶系の内, $(a = b = c)(\alpha = \beta = \gamma \neq 90°)$ のものを菱面体晶系（rhombohedral），斜方面体晶系という．
@ ⑦立方晶系は，等軸晶系ともいう．

結晶格子（crystal lattice）→結晶

結晶成長（crystal growth）

　新たな結晶*が形成されること．蒸気から（気相成長*），溶液または融液から，固相内で（析出*）などがある．→エピタキシャル成長，チョクラルスキー法，CVDダイヤモンド，ブリッジマン法，核形成－成長論，スピノーダル分解

結晶のすべり要素（slip element）→すべり系

結晶方向表示法（presentation of crystal direction）

　結晶内の方向を決定したり，それを表示するには，結晶格子を指定し，その三軸に平行な座標を考え，考えている方向と平行で，原点を通る方向を考える．それが初めて出会う格子点の座標が (h, k, l) である時，その方向を角型かっこに入れた [hkl] で表し，方向指数（あるいはミラーの方向指数*）という（図(a)）．h, k, l の中に負の数がある時は文字の上に－記号をつけ $[\bar{1}10]$ のように表す．結晶の対称性から見て同等な方向の組，例えば $[111][\bar{1}11][1\bar{1}1]$ …などをまとめて <111> あるいは ≪111≫ と表示する．六方格子*，三方格子*については，垂直軸，回転対称軸という特別な軸と，その他の対称な三軸の合計四軸を用いて方向を示すことがあり，対称な三軸についての方向を h, k, i で，特別な軸についての方向を l で表し [hkil] と表示する（図(b)）．これをミラー・ブラベーの方向指数*ともいうが，指数の採り方に任意性があり，別の約束が必要である．また h + k + i = 0 という関係があり独立ではないので，それを省き [hk·l] とも表記する．正方晶などで特別な軸方向を指定したい時には＜hkl]（l が c 軸方向）との表示が用いられる．

(a)

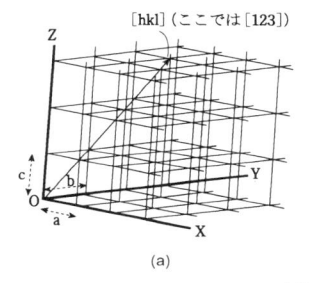

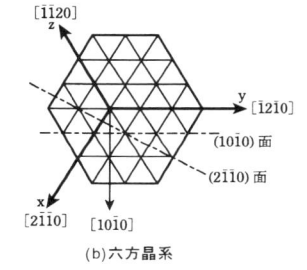

(b)六方晶系

結晶方向表示法

結晶面表示法 (presentation of crystal plane)

結晶中の原子の配列面には，最稠密以外にもさまざまな向きのものがあるが，それを指定するには結晶の三軸に平行な座標をとる．考えている面が，その三軸と交わる点の原点からの距離をx, y, zとし，三軸の単位の長さをa, b, cとする．比a/x, b/y, c/z (単位の長さで割った値の逆数である．軸に平行な面がこれで0と表すことができる)の連比 ($a/x : b/y : c/z$) が小さな整数になるように同じ数で乗除したもの ($h : k : l$) を丸かっこに入れて(hkl)と表示し(図(a))，これをミラーの面指数＊という．h, k, lで負数があれば文字の上に－記号をつけ例えば$(\bar{1}11)$面とする．結晶の対称性から見て同等な面の組，例えば$(111)(\bar{1}11)(1\bar{1}1)$…などをまとめて$\{111\}$または$((111))$と表し，$(111)$ family などという．六方晶系＊，三方晶系＊については，垂直軸，回転対称軸という特別な軸と，その他の対称な三軸の合計四軸と面の交点の位置から同様に面を指定できる．対称な三軸についての面指数をh, k, iで，特別な軸についてのそれをlで表し$(hkil)$と表示する（図$(b_1), (b_2)$および前項目の図(b)参照）．しかし$h+k+i=0$という関係があり独立ではないので，それを省き$(hk \cdot l)$と表記することもある．これらをミラー・ブラベーの面指数＊という．正方晶などで，特別な軸と垂直な面の指数を決めておく必要がある場合は$\{hkl\}$という表記法 (lがc面) が採られる．

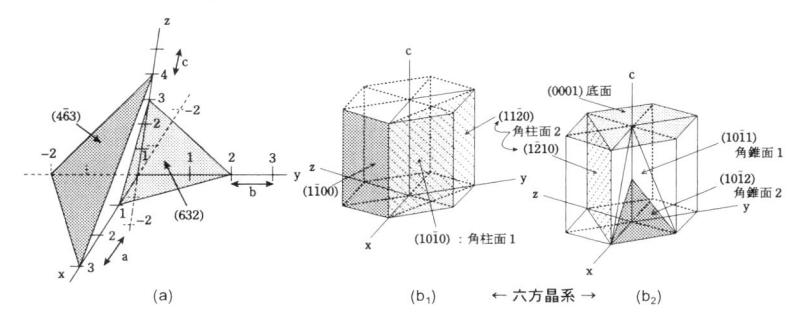

(a) (b$_1$) ← 六方晶系 → (b$_2$)

結晶面表示法

116 [け]

結晶粒界 (grain boundary)

多結晶体*の結晶粒の境界．両側の結晶粒が同一組成で同じ結晶構造である場合も，異なる組成，構造のものである場合もある．一般に不純物が集りやすく，硬くて脆い．ミクロには転位*や空孔*のソース・シンク*でもある．→小傾角粒界，大角度粒界，対応粒界

結晶粒界ピーク (grain boundary peak)

内部摩擦*測定で現れる面欠陥*によるピーク．結晶中の粒界，双晶*境界，磁壁*などが原因となる．→内部摩擦ピーク

結晶粒成長 (grain growth)

再結晶などで，新しい結晶粒あるいは特定の結晶粒が大きくなること．→再結晶

結晶粒度（番号） (grain size (number))

多結晶体の結晶粒の大きさの程度を結晶粒度という．鉄鋼では，オーステナイト結晶粒度とフェライト結晶粒度が，それぞれ"…結晶粒度試験方法"としてJISに規定されている．断面積1mm^{2}当り約16個の結晶粒がある状態が結晶粒度番号1で，結晶粒の数が倍々になっていくにしたがって，粒度番号が2, 3, …と大きくなる．結晶粒が1個のとき，粒度番号は–3となる．粒数mと粒度番号Gにはm=8×2^{G}の関係がある．JIS (G 0551, G 0552 ('98))，ISO (643 ('83))，ASTM (E112 ('96))各規格の粒度番号は同一と考えてよい．→オーステナイト結晶粒度，フェライト結晶粒度

結晶粒度と降伏応力 (grain size vs. yield stress)

多結晶で，結晶粒界はすべりの運動に対し障害となるので，すべりは粒界で阻止されやすい．従って結晶粒径が小さいと変形に対する抵抗が大きくなり，降伏応力も大きくなる．→ホール・ペッチの式，逆ホール・ペッチ則

ゲッター (getter)

気体分子を吸着して気相から取り除く作用をゲッタリング (gettering) といい，ゲッタリング作用をもつ物質または加工品をゲッターという．吸着のメカニズムとして，分散ゲッターと接触ゲッターに分かれる．Ba, Mg, Caなどは主として分散ゲッター，Ti, Ta, Zr, Vなどは接触ゲッターが主な作用となる．分散ゲッターとは，蒸着によって生じたゲッターの蒸気と気体分子が反応・結合してから固体表面に蒸着するものをいう．接触ゲッターとは，固体表面にゲッターが蒸着して清浄なゲッター面ができた後に気体分子を取り込む場合をいう．

ゲッター合金 (getter alloy)

容器内の真空度を上げ，保持するため，残留気体を吸着したり，これと化合物をつくる化学的に活性な合金をいう．Tiがよく用いられるが，その他Zr, Mo, Ta, Nb, V, Al, Mg, Ba, 活性炭などがある．Tiは安価で，蒸発しやすく，効果が大きく，傍熱やTi-Mo合金として直接通電により加熱蒸発させる．Taも良好なゲッターで，真空管の高真空維持に使われるが，蒸発温度が高い．

ゲッターポンプ (getter pump)

ゲッター金属，たとえばTi, Mgなどとの化学反応により残留気体を取り込み，排気する真空ポンプ．化学的にゲッターと結合する気体（酸素，水蒸気など）に対し

て効果があり, 不活性気体に対しては効果がない.

ケーブルシース (cable sheath)

ケーブルは銅またはアルミニウムの電線(単線またはより線)で, シースはその被覆・保護用外被. 従来, 押出し加工や可撓性から, Pb-Sb-Sn合金が広く利用されたが, 最近はプラスチック, アルミ合金被覆なども用いられている.

ケルビン温度 (Kelvin temperature) →絶対温度

ゲルマニウム (germanium)

元素記号Ge, 原子番号32, 原子量72.64の半金属元素. 灰白色を呈し真性半導体*で, ダイヤモンド型構造*. 融点:937.6℃, 密度:5.323g/cm^3 (20℃). 主要鉱物はレニエライト((Cu, Ge, Fe)(S, As)), 硫化ゲルマン銅鉱((Cu, Ge, Fe, Zn, Ga)(S, As)), 硫化ゲルマン銀鉱(Ag_8GeS_6) などで, 鉱石から$GeCl_4$として取り出し, 蒸留精製した後, 加水分解し生成したGeO_2を水素で還元する. これを帯溶融法*によって精製すると高純度単結晶が得られる. 室温の空気中では安定であるが, 熱濃硫酸, 硝酸に溶ける. 半導体素子(ダイオード, トランジスターなど), 石英ガラス, 光ファイバーのコア添加材料, ポリエステル重合触媒, 赤外線関係レンズ材, 熱電対, 抵抗温度計, 歯科用合金などに用いられる. →半導体

ケルメット (kelmet)

高速高荷重軸受用高鉛青銅のこと. ホワイトメタル*に比較し台金(鋼)との結合が強固で剥離しにくく, 熱伝導度と溶融点(955～985℃)が高く焼付き性にすぐれているため, 高速, 高荷重に耐えられる. 通常軟鋼の台金に約1mm厚さに裏付けして用いる. 航空機, 自動車, ディーゼルエンジンの軸受に用いられる. 25～35Pb, 0.5～1Sn, 1～2NiまたはAg, 65～75Cu. →軸受合金

毛割れ (hair crack)

鋼材の内部に発生し, 断面でみると毛のように微細な割れきず. 割れの表面が金属光沢をもち, 白くみえることから白点*ともいう. 炭素鋼*やニッケル鋼*などで, ガス不純物の水素が原因と考えられている.

限外濾過 (ultrafiltration)

濾紙を用いる通常の濾過方法では濾別できないコロイド粒子のような粒径の小さい粒子や高分子を濾過する方法. 最も普通には布や素焼きの多孔板などにコロジオン膜をつけたり, ホルマリンで硬化したゼラチン膜やケイ酸膜などの半透膜を用い, 加圧下で濾過する. 膜の目の大きさはコロジオンの濃度や乾燥度, セロファンなどの吸水膨張度などにより調節する. 1906年にベヒホルト(H. Bechhold, 独)が初めて試みて以来, コロイドの精製, 濃縮に利用されている. なお, 粒径が1μm以上の濾過が普通の濾過, 0.02～10μmの場合を精密濾過, 1～1000nmの場合を限外濾過, それ以下の場合を超濾過という.

原子間距離 (atomic distance)

金属結合*を含む化学結合における2原子の核間距離をいう. 結合間隔ともいう. X線で測定される格子定数*から計算で求まる最隣接原子間距離のこと. 原子番号の増加に対し, 周期性がある.

原子間力顕微鏡（atomic force microscope: AFM）

走査型トンネル顕微鏡*（STM）から発展した走査型プローブ顕微鏡の一種．試験片表面に先端を鋭くとがらせたプローブ（探針）をナノメーターオーダーの距離に近づけ，ピエゾ素子で制御しながら走査し，プローブと表面原子の間の原子間力をカンチレバーの変位から検出する．原子間力は試験片の導電性によらないので，生体物質など絶縁体の表面構造も原子レベルで調べることができる．

原子吸光（分光）分析（atomic absorption spectrometry）

試料を溶液とし，フレーム中に噴霧して加熱すると，基底状態の原子に解離するので，これに目的元素の単色光を透過させ，共鳴線が吸収されることを利用した分析法．環境試料中の重金属元素の含有量の測定に用いられている．

原子径比化合物（atomic size factor compound）

原子半径化合物ともいう．合金中の中間相*の一種で，構成原子の原子半径*比が，1.2：1の場合に，AB_2型の化合物となるもの．最密構造をとり，ラーフェス相（Laves phase）として知られている．→ラーフェス相，SB記号

原子構造（atomic structure）

原子は原子核とそれを取り巻く電子群よりなり，原子核は陽子*と中性子*より構成されている．原子核は原子の質量のほとんどを担っている．金属原子の特性は電子，特に最外周電子群（自由電子*，伝導電子*）により左右される．→金属イオン①，金属結晶，金属電子論，電子殻，電子配置，価電子

減磁特性（demagnetization characteristics）

磁性材料*を飽和にまで磁化したあと，磁場を0とし，そこから逆方向に磁化したときの特性．これを図示したものを減磁曲線または磁化曲線の第2象限という．特に永久磁石*材料の残留磁束密度*B_r，保磁力*H_c，最大エネルギー積*$(BH)_{max}$をいうこともある．

原子熱（atomic heat）

元素の比熱と原子量の積．1グラム原子の温度を1℃だけ上昇するのに要する熱量．

原子半径（atomic radius）

原子の半径は次の仮定の上に考えられている．原子を球形とする．その大きさは結晶など凝集状態で接しあう原子間隔の1/2と考える．たとえば金属の場合は，単体金属の結晶を考え，fcc金属では最隣接原子間距離の1/2（格子定数*(a)の1/$(2\sqrt{2})$）である．ところがbcc金属の場合，たとえばα-Fe(bcc)は，$(\sqrt{3}a)/4=1.23$Åであるが，γ-Fe(fcc)の熱膨張を考慮した数値をみると$a/(2\sqrt{2})=1.26$Åであってα-Feの方が格子が縮んでいる（これは，Fe原子の電子波動関数が異方的で，8方向に強固な結合を持った結果である）．そこで隣接原子数（配位数）12(fcc)の場合を原子本来の大きさに近いと考え，これを基準とし，隣接原子数8(bcc)の結晶では，格子定数から幾何学的に計算した数値の1.03倍，隣接原子数6のものについては1.04倍，隣接原子数4には1.136倍した値をもって原子の大きさとしている．hcp金属の場合は，最密構造で配位についてはfcc並みでよいが，軸比（c/a）についての補正を加える．また，金属結合*以外については，共有結合*，イオン結合*，ファン・デル・ワールス結合それぞれの結合の特徴から原子半径を考察す

る.イオンの大きさについては,化学結合から考察したゴールドシュミットのイオン半径*がある. ↔イオン半径

原子番号 (atomic number)

原子(元素)を指定する数値の一つ.原子を構成する電子の数(=原子核を構成する陽子の数)に等しい番号.周期律*表における元素の順番でもある.記号Z.元素の化学的性質がこれによって,おおまかに決まる.特性X線*によって決めることができる.

原子容 (atomic volume)

一般には単体(元素)1モルの体積で,(原子量/密度)である.金属結晶では各相(例えばFeではα相,γ相,δ相)の単位格子の体積(a^3)をその中に含まれる原子数で割った値.bccのα相では$a_\alpha^3/2$, fccのγ相では$a_\gamma^3/4$. $\alpha \rightleftharpoons \gamma$変態で原子容は増減する.

原子量 (atomic weight)

炭素の同位元素*の一つ^{12}Cの質量を12として,それとの比で決めた各元素(原子)の平均質量.どの原子も同位元素*があるがその存在率はほとんど一定なのでその平均をとっている.そのため,周期律表では原子量順でない所が数カ所ある.質量分析器によって各原子の同位元素の割合とともに決定し計算する.原子の実際の質量は,原子量$\times 1.6605 \times 10^{-27}$ (kg)で,この係数を原子質量単位という.

原子炉 (nuclear reactor, reactor)

ウラン*,トリウム,プルトニウム*などの原子核分裂の連鎖反応を持続制御する装置.原子炉は研究用,材料試験用,発電用,プルトニウム生産用,アイソトープ生産用,医療用,核物質への転換用などに利用される.原子炉は核燃料*,減速材*,制御棒,一次冷却系,これらを収納する圧力容器,最外部のコンクリート遮蔽体などから構成される.核分裂によって発生する高速中性子*(秒速約300km)は減速材中でエネルギーを失い,熱エネルギーレベルの熱中性子*(秒速2.2km)となる.核分裂の連鎖反応の引き金にどの中性子を使うかにより,高速中性子炉(高速増殖*に利用),熱中性子炉(軽水炉に利用)に分類する.→原子炉材料,軽水炉,重水炉,シュラウド

原子炉材料 (nuclear reactor materials)

エネルギーとして核分裂を利用する原子炉の材料は,核燃料*,燃料被覆材*,冷却材*,減速材*,反射材,制御材,シュラウド*,圧力容器*,圧力管*,遮蔽材,ブランケット*などがあり,すべて強力な放射線による放射線損傷*を考慮して使用されねばならないことが,通常の材料と異なっている.→軽水炉,重水炉

減衰能 (damping factor, damping capacity)

振動の振幅が時間と共に減少する程度.一般に減衰は指数関数的なので,その指数で表す.対数減衰率ともいう.→内部摩擦,防振合金

減速材 (moderator)

原子炉において,核分裂で生じた高速中性子*のエネルギーを適度に失わせて熱中性子*にするための物質をいう.減速材としては中性子と質量数がなるべく同じで,軽い原子核を持ち,かつ中性子吸収断面積の小さいものが必要であり,重水,軽

元素の周期律（periodic law of elements）→周期律
ゲンタロイ（gentalloy）
　Fe基強磁性型防振合金*．磁壁*の非可逆的移動による内部摩擦*による減衰効果があり，700℃まで使用できるが，磁場や静荷重下では防振性が減少する．Fe-12Cr-3Mo.
原単位（rate, unit cost）
　製品単位量（通常1トン）の製造に消費される燃料，副原料，エネルギー等の量．
顕微鏡組織（microstructure）
　通常は光学顕微鏡*（金属顕微鏡*）で観察できる程度（約1000倍以下）の金属組織のこと．ミクロ組織ともいう．→金属組織学
研磨（polishing）
　金属組織観察をはじめ一般に材料の表面を平滑にすること．以下に述べる機械研磨が多いが，その他に電気化学的な電解研磨*，化学薬品による化学研磨*などがある．機械研磨における粗研磨はエメリーペーパー*（乾式）やSiCを塗った耐水研磨紙（湿式）で行われる．仕上研磨は，柔らかい布，バフに研磨材（Cr_2O_3, Al_2O_3, Fe_2O_3, MgO, ダイヤモンド粉）の懸濁液を含ませつつ仕上げ，鏡面にまで磨く．いずれも研磨による温度上昇によって本来の組織や性質が変わらないように注意する．組織観察ではこの後にエッチング*を行うが，仕上研磨とエッチングを繰り返す．→金属組織学

こ 5

コア（転位の，肌焼鋼の，鋳物の，鉄芯，急冷偏析）（core）
　本来は芯，核の意味．鋳物では鋳型の中子*．転位の芯*．熱処理では肌焼鋼*の表面硬化層に対し，柔らかい内部をいう．電気機器では，変圧器，電動機などの鉄芯のことで，交流電力の損失として，鉄芯の中で失われる損失（ヒステリシス損*と渦電流損*）のことをコアロス（鉄損*）という．急冷した材料で内部と外部で差があるものの中心部分．固相の変態で拡散が不十分なため結晶粒の内部と粒界付近で差異がある時の結晶粒中心部分のこともいう．
コイニング（coining）＝圧印加工
コインシルバー（coin silver）
　貨幣銀．銀貨に使用されるAg-Cu合金で，銅を10％添加して，硬さや耐摩耗性を向上させている．貨幣用，電気接点，サーモスタット*接点，マイクロモータ整流子など多くの用途がある．
鋼（こう）＝はがね
高圧操業法（高炉の）（high pressure operation of blast furnace）
　高炉*において，羽口*からの送風量をふやし，炉頂圧をあげて操業する製鉄法（1960年頃から）．炉頂での装入装置の改善によって可能となった．圧力が0.1kg/

cm^2以下であったのを, $0.7 \sim 1.0$ と順次 $2.8 kg/cm^2$ まで上げた. 高炉内で起こるCOガスによる鉱石の間接還元反応を高め, 出銑能力を増大させた. また70年代からは炉頂高圧ガスで発電し, エネルギー回収が進んでいる. →送風技術

高圧鋳造 (squeeze casting, high pressure casting)

溶湯鍛造 (forge casting), スクイーズキャスティングとも呼ばれる. アルミニウム合金の金型鋳造に用いられている. ダイカスト*に比べ, 鋳型への注湯速度は $0.3 \sim 1 m/s$ と低速であるが, $50 \sim 100 MPa$ の高圧下で凝固させる. 組織が微細で, 鋳造欠陥*は少なく, 高品質の厚肉製品の鋳造ができる.

広域電子エネルギー損失微細構造(解析法) (extended electron energy loss fine structure: EELFS)

電子線で励起した場合の電子エネルギー損失スペクトルで, 吸収端から数百電子ボルトの範囲に現れる微細構造をいい, 入射電子で励起された原子の周りの原子の動径分布関数を求めることができる. 試料の微小な部分に電子線をあてることができるので, ミクロな領域(数10nm)が測定できる.

鉱液 (pulp)

選鉱工程で鉱石の粒子を懸濁した液のこと. パルプともいう.

硬鉛 (hard lead)

Pb–Sb合金をいう. 鉛は柔軟であることから, パッキング, 防音, 防振などに用いられるが, 再結晶温度が低いため冷間加工による硬化はできない. このため合金化, 分散強化, 繊維強化などにより硬化させる. 合金元素として硬化率の大きいのはSb(とアルカリ土類金属)で, 252℃で3.45%固溶するが, その固溶度は温度の低下とともに急激に減少する. したがってPb–Sb合金の時効処理による硬化量はSb3%付近で最大となる. 1>Sbはケーブルシース, 水道管に, 4〜Sbは圧延板, 押出パイプ機に, 〜9Sbは蓄電池用グリッドメタル*に使用される.

高温クリープ (high temperature creep)

$0.5 \sim 0.7 T_m$ (T_mは融点の絶対温度)の範囲で起こる最も一般的なクリープ*で通常材料の使用温度はこの範囲にある. 遷移クリープ*, 定常クリープ*, 加速クリープ*の3段階で進行するが, 転位の移動が金属の自己拡散により決められる定常クリープ過程(伸びと時間が比例する)が大部分を占めている.

高温酸化 (high–temperature oxidation)

金属材料が高温で酸化されること. 高温では酸化速度は大きいが, 生ずる酸化皮膜によって徐々に酸化速度は低下する. 耐高温酸化のためにはAl, Crなどの添加が有効である.

高温静水圧成形 (hot isostatic pressing) = HIP処理

高温脆性 (hot shortness, high temperature brittleness) = 熱間脆性

恒温鍛造 (isothermal forging)

材料と金型を同じ温度に加熱しておいて鍛造すること.

高温超伝導体 (high critical temperature super conductor, HiTc material)

酸化物超伝導体ともいう. 超伝導の産業的応用への最大への難点は極低温まで冷却しなければならないことであったが, 1986年にIBMチューリッヒ研究所のベド

ノルツ（J.G.Bednorz）とミュラー（K.A.Müller）により臨界温度（T_c）30Kの酸化物系超伝導材料が発見され，高温超伝導への道が開かれた．これをそれ以前の$T_c <$ 23Kの金属・合金系材料と区別して高温超伝導材料という．酸化物高温超伝導の機構はまだよくわかっていないが，Cu_2O が二次元的に広がって，超伝導電子が集まっている超伝導層とそれにキャリヤを供給，保持する補助層の層状構造と考えられている．

これらの酸化物は30Kの $(La_{1-x}Ba_x)_2CuO_4$（3層状ペロフスカイト型），90Kの $Y_1Ba_2Cu_3O_{7-y}$ などが始まりで，その後世界的な研究ブームによりT_c105KのBi-Sr-Ca-Cu-O系酸化物，T_c120KのTl-Ba-Ca-Cu-O系酸化物などの発見が続き，1997年最高135KのHg-Ba-Ca-Cu-O系に至っている．これらの酸化物超伝導体は，一般に第二種超伝導体で，超伝導が破れる臨界磁場H_{c2}は大きいが，臨界電流J_cが低いのが難点で，また脆くて加工も難しく，長尺物は開発途上だが，溶融法で作製し，強化マグネットへの利用がはかられている．また最近，酸化物超伝導体を高温超伝導電流リードに使用し，寒剤としての液体ヘリウムを使わないでよい超伝導磁石＊が日本で開発された．→超伝導体

恒温変態（isothermal transformation）

アイソサーマル変態，研究分野では等温変態ともいう．材料をある一定温度に保って変態させること，あるいは，一定温度に保っていればある時間後に起こる変態（↔アサーマル変態）．変態させる温度まで高温から急冷する場合と，常温から急熱する場合（昇温オーステンパー），一定温度を越えて上下させる場合などがある．→T-T-T曲線，熱弾性変態，オーステンパー

高温焼戻し（high temperature tempering）

中炭素構造用鋼などで，マルテンサイト＊を550～650℃の高温に加熱して，焼戻しソルバイト＊にして強靭性を取り戻す処理をいう．

高温焼戻し脆化（脆性）（high temperature temper embrittlement）

単に「焼戻し脆化」ともいう．高温焼戻しに際して，冷却時500℃付近の停留時間が長いとその材料が脆化しやすいことをいう．元のオーステナイト粒界に炭化物，硫化物，リン化物，窒化物などが析出するためで，この温度域は早く通過させるようにする．またMo, Wの添加で緩和できる．

鋼塊（steel ingot）

鉄鋼生産の基本素材．銑鉄は転炉または電気炉で精錬され，鋼（溶鋼）となる．溶鋼は取鍋＊（とりべ）から鋳鉄製の鋳型に注入され，約100kgから数十トンの鋼塊となる．鋼塊は多くは熱塊のまま，均熱炉＊に装入され，分塊＊圧延機で半成品のビレット＊やブルーム＊に加工される．あるいは一挙に大形鋼材，中形鋼材に製品化される．連続鋳造法＊では通常この段階はない．→鋼片，造塊

光学顕微鏡（optical microscope）

電子顕微鏡＊に対して可視光で観察する顕微鏡のこと．→金属顕微鏡

光学レンズ添加金属（optical glass metals）

レンズ，プリズムなどに使用される光学ガラスに高屈折率，低分散性を与えるために加えられる，希土類金属のLa, Y, Gdなどのこと．

槓杆(こうかん)関係則(lever rule, lever relation)＝てこの法則
交換スプリングバック磁石(exchange spring-back magnet)→スプリングバック磁石
交換相互作用(exchange interaction)

二つのフェルミ粒子*が,その位置を交換した時,その粒子の持つ属性によって,粒子間に相互作用(力やエネルギー)が生じるという量子力学ではじめて説明される現象.電子がその位置を入れ替えた場合,電子にはスピン*という属性があるので,量子力学では二つの電子間に,相互作用が生じることがいえる.その結果,2電子のスピンが平行であるか,反平行であるかによって相互作用に違いが生じる.これが,物質の強磁性*や水素分子結合の基本的な起源である.強磁性の場合,隣接する原子間で,二つの電子を交換した時,交換の機構が両原子の原子核も含んだクーロン力*である場合には,相互作用によって,二つの電子のスピンが平行の方が安定になることで説明される.→量子力学,↔超交換相互作用

光輝黄銅(gilding brass, gilding metal)＝ギルディングメタル
光輝焼鈍(bright annealing)

真空,不活性気体中または還元性雰囲気で焼なましすると,金属表面が光輝状態を保つ操作をいう.

光輝熱処理(bright heat treatment)

鉄鋼を保護雰囲気または真空中で熱処理することにより,表面の高温酸化および脱炭を防止し,表面光輝状態を保持する熱処理.

高級鋳鉄(high grade cast iron)

引張り強さが $30 \mathrm{kgf/mm^2}$ 以上と普通鋳鉄*よりはるかに強力な強靱な鋳鉄のことで,普通鋳鉄よりやや低炭素でケイ素量が少ない.組織はパーライト*かソルバイト*地に黒鉛*が微細に分散したパーライト鋳鉄で,銑鉄に鋼材スクラップを添加,炭素量を低下させたり,接種*処理でつくる.アシキュラー鋳鉄*,ミーハナイト鋳鉄*などがあり,球状黒鉛鋳鉄*を含める場合もある.

工業用純度(commercial grade, commercial quality, industrial purity)

工業的に得られる,大量に入手できる材料についての純度や純材料のこと.市販品級ともいう.

合金(alloy)

2種類以上の元素を含んだ金属.固溶体*,その混合物(多相体),金属間化合物*などがある(→状態図).金属元素を主成分とする合金にはその名をつけて,鉄合金*,非鉄合金*,アルミニウム合金*,銅合金などという.実用の金属材料はほとんど合金でその種類は膨大である.→金属,構造材料と機能材料

合金化硬化(alloy hardening)

合金*にすることで,純金属よりも硬化すること.固溶している異種原子や析出物・析出相が転位*の移動を妨げるなどの機構による.→固溶硬化,固溶体,鈴木効果,析出硬化

合金型クリープ(alloy type creep)

純金属型(M型)クリープの対語.M型の一次クリープ曲線が上に凸の放物線状として始まるのに対し,合金型(A型)クリープは強い固溶体硬化のため,最初,下

に凸のS字状の形をとる．固溶硬化*が弱いとM型となる．→クリープ

合金鋼（alloy steel）

特殊鋼*と同義語であるが，こちらは添加元素名で呼ばれる（例，クロム・モリブデン鋼）．炭素鋼に所期の目的を達成させるため，ある元素を添加し，特殊な性質を与えたもの．→鉄合金

抗菌材料（antibacterial materials）

抗菌とは，長期間，細菌など微生物の発生，生育，増殖を抑制することをいう．金属材料では特に銀，銅，亜鉛などが古くから知られており，これらの表面（処理）は抗菌作用をもつ．酸化物では光触媒作用を示すアナターゼ型TiO_2が強力な酸化作用で殺菌能力が高く，抗菌タイル，防汚シートなどに広く使用されている．

合金鉄（ferro-alloy）＝フェロアロイ

抗菌めっき（antibacterial plating）

めっきした表面が抗菌作用をもつめっき．抗菌めっきの一例：銀系無機抗菌剤とニッケルを複合めっきした後に，クロムめっきを行う．このときクロムは抗菌剤粒子が露出しているところには析出せず，クロムめっき面の所々に抗菌剤が顔を出している構造となる．

工具鋼（tool steel）

化学成分から分類すると炭素工具鋼，合金工具鋼，高速度工具鋼*に分けられる．炭素工具鋼はやすり，ドリル，刃物，おの，帯鋸など手作業，木工用．合金工具鋼はバイト，タップ，ダイス*，シャー（せん断機），金型など切削工具用．高速度工具鋼は高速度切削工具（ハイスと略称している）用で，モリブデン・ハイス，タングステン・ハイスなどがある．→ゲージ鋼

抗クリープ合金（creep resistant alloy）

クリープ寿命*の長い合金・鋼材をいう．クリープ対策として，固溶強化や粒子分散強化*によりクリープ速度*を遅くする．ボイド発生の起点となる非金属介在物，とくに粒界偏析しやすい硫黄を減らすなどが検討されている．耐熱鋼*，耐熱合金*として検討されていることが多い．

高減衰能合金（high damping alloy）

音や振動を吸収する能力の大きい金属材料．→防振合金

硬鋼線材（hard steel wire rods）

ピアノ線とともにかなり高級な品質が要求される高炭素特殊線材で，JIS SWRH 27～82で表示される0.24Cから0.86Cまでの高炭素鋼材にパテンティング*という熱処理と冷間伸線加工して，高い引張強さと靭性を与える．ばね用鋼線，ワイヤロープなどに使用される．硬鋼線から作られるばねの種類は多く，椅子やベッドのばね，シャッターの巻上ばね，自動車のシートばね，安全ピン，スイッチ，機械部品ばねなどがある．ワイヤロープは一般に数本から数十本の硬鋼線をより合わせたストランドをさらに芯の周りにより合わせたもので，高い引張り強さと可撓性が得られる．特に高級品質のロープにはピアノ線が用いられる．

鉱滓（slag）＝スラグ

交差すべり (cross slip)

純粋ならせん転位*は, 転位線*を含むすべての面ですべることができる. 一つのすべり面をすべって来たらせん転位 AB が, それと傾斜している別のすべり面へ連続的に移って A'B' のようにすべることを交差すべりという. 拡張転位*はそのままでは交差すべりができないので, いったん収縮*するか部分的に収縮しなければならない. ステアロッド転位*を作って交差すべりすることも可能だが, いずれも一定の抵抗となる. →二重交差すべり

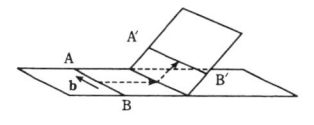

光子 (photon)

光量子ともいう. 光は波動性と粒子性の二面を持つが, そのうちの粒子性に着目した概念. 1905 年光電効果*を説明するためにアインシュタインが導入. 電磁場の量子である. 光を質量 0, スピン 1, エネルギー $h\nu$, 進行方向に運動量 $h\nu/c$ をもつ (h : プランク定数, ν : 振動数, c : 光速) 粒子だとみたもの. プランクの量子論に一層の根拠を与え, その後の量子力学発展の端緒となった. →コンプトン効果

格子拡散クリープ (lattice diffusion creep)

原子が格子中の自己拡散によって, 試料の側面 (幅方向) から, 引張力の加えられている端面 (長さ方向) に移動し, 試料が伸びるクリープで, 高温, 低応力の粘性的クリープである (ナバロ・ヘリングクリープ*). より低温では, 格子中でなく結晶の粒界を伝わっての原子の移動, 粒界拡散クリープ* (コーブルクリープ*) が優勢となる. いずれの場合も粒界のすべり移動を伴なう. →クリープ, クリープ機構

格子間位置 (interstitial atomic site)

C が Fe 中に固溶する場合はいわゆる侵入型 (格子間) 原子*で, その位置は δ-Fe および α-Fe のような体心立方格子*では 6 個の Fe 原子に囲まれた八面体位置 (octahedral site) と 4 個の Fe 原子に囲まれた四面体位置 (tetrahedral site) である (図は次頁). このように, 体心立方格子, 面心立方格子*, 稠密六方構造*などに存在する格子間原子の入りやすい位置 (隙間, 図中◆) をいう. 面心立方格子と稠密六方構造では八面体位置の隙間のほうが大きい. 穴としてみるときは octahedral hole (voids) という.

格子間原子 (interstitial atom) =侵入型原子

格子欠陥 (lattice defects)

結晶中で原子配列の規則性が乱れているところ. マクロな空洞などと区別される. 鋳造, 加工された実在の材料には多かれ少なかれ存在している. 形状で分類することが多く, 点欠陥* (侵入型原子*, 置換型不純物原子*, 空孔*) と線欠陥* (転位*), 面欠陥 (結晶粒界*, 積層欠陥*, 積層欠陥四面体*) に大別される. 金属には構造敏感性*の性質が多く, それらに影響する.

格子定数 (lattice constant)

格子常数ともいう. 結晶の単位格子* (平行六面体) の大きさと形を指定する量で, 単位格子* (通常 3 稜の長さが最短のもの (既約単位格子)) の長さ a, b, c および三つの軸角 $\alpha (\angle bc)$, $\beta (\angle ca)$, $\gamma (\angle ab)$, をいう. →結晶

126 [こ]

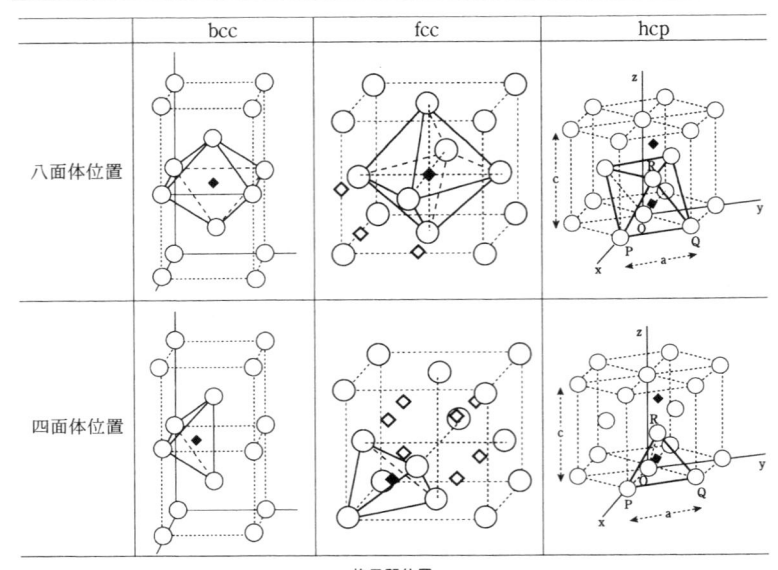

	bcc	fcc	hcp
八面体位置			
四面体位置			

格子間位置

格子像（電顕の）(lattice image (by high resolution electron microscopy))

　超高圧電子顕微鏡の透過ビームとある反射ビームを同時に対物レンズの絞りの中に取り入れて結像させると，両者の干渉が生じて，その回折斑点に相当する格子の配列を示す電顕像（像のコントラストが結晶格子の間隔dをもって変動する）が得られる．これを格子像といい，原子配列までを示すものを構造像（structure image）という．いずれも格子や原子そのものではない．しかし格子欠陥*などの観察が可能である．

硬質磁性材料(hard magnetic material)

　磁場によって容易に磁化されにくいが，いったん磁化されると安定に磁化を保持しうる性質（永久磁石*的）の磁性材料*．KS鋼*，MK鋼*，アルニコ磁石*，希土類コバルト磁石*，ネオマックス*，希土類-Fe-N系（研究段階），フェライト磁石*，γ-Fe$_2$O$_3$，針状鉄粉などがある．小型モーターをはじめ種々の電気機械，音響通信機器，計測機器，コンピューター，音響映像機器の記録用などに用いられている．

　→保磁力，最大エネルギー積，↔軟質磁性材料，半硬質磁性材料

硬質超伝導体(hard superconductor)

　第二種超伝導体のこと．→第一種超伝導体・第二種超伝導体

格子点(lattice point)

　単位格子*の各頂点のこと．結晶では規則的に繰り返される原子または原子集団の代表点．→結晶

格子比熱 (lattice heat capacity)

比熱*のうちで原子の格子振動のエネルギーによる部分をいう．比熱にはこの他に電子のエネルギーによる部分（電子比熱*）もあるが，極低温を除いて1％以下なので，比熱はほとんど格子比熱である．→アインシュタインの比熱模型，デバイの比熱式

格子不変変形 (lattice invariant deformation)

結晶がマルテンサイト変態*するとき，周囲の非変態相からの拘束のためマルテンサイト相の巨視的外形は変えられない．そのためマルテンサイト相内では，多数のすべりや双晶変形*が細かく発生している．このようなマルテンサイト格子の外形を変えないための塑性変形を格子不変変形という．これらの細かなすべりや双晶変形*とそれに伴う格子欠陥*がマルテンサイト変態による硬化の原因と考えられている．

格子変態 (lattice transformation)

結晶格子形が変わる変態．マルテンサイト変態*や同素変態のことである．キュリー点*での磁気変態や超伝導転移などを除いてほとんどの変態がこれである．→同素変態

格子面 (crystal plane, net plane)

単位格子*の平行でない三つの面の延長されたもの．単位格子*のとり方がいくつもあるように格子面もいくつも考えられる．そのいずれもが結晶の周期性を表している．X線の反射・回折でそのことが示される．→結晶，結晶面表示法

高周波損失 (high frequency loss)

センダスト*，フェライトコア*など高周波用軟質磁性材料*の高周波磁化で現れる損失．鉄損*ともいうが，鉄損は低周波損失も含めたことば．JISではヒステリシス損失*，うず電流損失*，残留損失に分ける．フェライトなど絶縁体で特に重要なのは残留損失で，その内容は磁壁*移動の遅れ，磁化回転の遅れ，拡散磁気余効*，寸法共鳴，自然共鳴など多種で周波数の増加と共に急激に増大する．→フェロックスデュール，フェロックスプレーナ，イットリウム アイアン ガーネット

高周波焼入れ法 (induction hardening)

高周波電流の表層電流効果を利用して部品の極めて表面部分のみを短時間高温に加熱し，これを急冷して表面のみを硬化させる方法．強靭鋼*，ステンレス鋼*，鋳鉄*などに利用されている．

高周波誘導炉 (high frequency induction furnace)

誘導炉*のうち数百Hz～数千kHzの高周波電流を用いるもの．電磁誘導による電流（うず電流）で加熱するが，加熱・溶融には大きな電力が必要で，真空管発振式が多いが，あまり規模は大きくできない．→誘導炉，うず電流損

公称応力 (nominal stress)

引張試験では，変形とともに試験片断面積も小さくなるが，便宜上最初の断面積（A_0）をそのまま使い，各時点での荷重（P）をそれで割って示した応力（P/A_0）のこと．応力-ひずみ線図が最終段階でも上に凸になるのはこのためである．真応力*の対語．

合晶反応 (synthetic reaction)
二元系状態図で溶融状態で二相分離が起こり ($L \rightarrow l_1 + l_2$), その二相から一つの固相 (α) が, 生じる反応 ($l_1 + l_2 \rightarrow \alpha$). αは金属間化合物*や中間相*となる. 実例は非常に少ないがK–Zn, Na–Zn, K–Pb, Pb–U系などにある.

公称ひずみ (nominal strain)
引張り試験において, 試験片の最初の標点距離*をl_0, ある時点でのそれをlとする時, $(l-l_0)/l_0$のこと. 真ひずみ*の対語. 標点距離が同一なら, 数値は真ひずみより大きい. →公称応力

孔食 (pitting corrosion)
ピッティングともいう. 不動態*皮膜を形成する金属 (Fe, Ni, Al …) でも, その環境によって (例えばCl$^-$イオンの共存) その不動態皮膜が微小部分で破壊され, その結果点状に発生する腐食のこと.

抗磁力＝保磁力

剛性率＝せん断弾性率

剛性率効果 (modulus effect)
溶質*原子や析出物およびその近傍の剛性率が地の部分の剛性率と異なるために生じる転位との相互作用. 溶質原子についていえば, らせん転位*では寸法効果*が小さいのでこの効果が主となるが, 刃状転位*では逆.

鉱石吹き (ore smelting)
酸化スズ鉱の還元溶錬ではFeとSnの酸素に対する親和力が極めて近いため, Snがスラグに入りやすい. そのため鉱石吹き, からみ吹きの2段で還元溶錬を行う. 鉱石吹きではSnのロスを無視した還元溶錬でSn90％程度の粗スズを作り, スラグに逃げたSnはCとCaを加えた強還元のからみ吹きで回収する.

抗折試験 (flexure test, transverse test)
折り曲げ試験で, 試験片を2点で支え, 中央に負荷し, 折断する. 破断荷重, たわみから, 弾性限*, 降伏点 (降伏応力*と降伏伸び*), 弾性率*などを求める. 鋳鉄など靭性の小さい材料で行われることが多い.

構造緩和 (structural relaxation)
アモルファス合金の温度を上げた時, 結晶化の前に起こる吸熱を伴うさまざまな物性の変化. 過冷却状態への接近と考えられるが, この途中で温度を上下すると, 可逆に変化する物性 (弾性率, キュリー点, 超伝導転移点など) と非可逆なもの (体積・粘性・拡散率など), 条件に依存するもの (電気伝導度など) があり, 非平衡状態の内容の考察に役立っている. →アモルファス合金, 過冷, ガラス状態

構造材料と機能材料 (structural materials and functional materials)
材料*を大きく二つに分類したときの言葉. 工業装置や製品などの形・強度を保つため構成要素として使われる材料が構造材料で, これに対して特別な能動機能を持つ材料を機能材料という. →機能材料

構造相転移 (structural phase transition)
温度, 圧力などの変化で結晶構造変化を生じる相転移*のこと. 相転移の主要な形態. →格子変態

構造超塑性 (structural superplasticity)

超塑性*には微細結晶粒超塑性すなわち構造超塑性と変態 (誘起) 超塑性の2種類がある. 単に超塑性といえば前者を指すことが多く, 結晶粒径が10μm以下, $0.5T_m$ 以上の温度領域 (T_m : 融点の絶対温度) で起こるとされており, Zn-Al共析合金, Sn-Bi共晶合金などが知られている. →超塑性

構造鈍感性 (structure-insensitive properties)

材料の組成や結晶構造で概略決定され, 説明可能な性質. 密度, 熱的性質, 飽和磁化*など. 組織的不敏感性ともいう. 構造敏感性*の対語.

構造敏感性 (構造敏感な性質) (structure-sensitive properties)

材料の組成や結晶構造はたとえ同一でも, 加工・熱処理状態で変化する組織や格子欠陥*, あるいは微量不純物などミクロな状態に大きく影響される性質. 機械的性質, 電気伝導度, 透磁率*, 永久磁石*の最大エネルギー積*, 耐食性など. 組織的敏感性ということもある.

構造用鋼→一般構造用鋼

高速拡散 (high speed diffusion)

金属の自己拡散*はほとんどが空孔拡散*機構によるので, 拡散定数*はいずれも小さい. ところがPb中のAu, Ag, あるいはTiやZr中のCu, Feなどは母体の自己拡散係数より $10^3 \sim 10^6$ 倍も速く拡散する. これらを高速拡散という. その機構はまだはっきりしないが, Tiの高温相 (bcc) の自己拡散係数が 10^2 大きいことや, 全体に小さい原子に見られること, 活性化エネルギー*だけでなく頻度因子*も非常に小さいなど空孔拡散とは全く異なり, 格子間位置をさまざまな機構 (解離拡散や対拡散) で移動する拡散が提案されているが未確認.

高速増殖炉 (fast breeder reactor: FBR)

原子炉の運転中, 核分裂性物質 (ウラン235, プルトニウム239など) が核分裂をする過程と, 核分裂性物質ではないが, 中性子を吸収して核分裂性物質になる (ウラン238など) 過程とが同時に進行している. 消費した核分裂性物質に対する生成した核分裂性物質の比を増殖比といい, 増殖比が1以上になることを目標に設計された原子炉を高速増殖炉という. 核分裂性でないウラン238をプルトニウム239に変換, 利用することが前提である. 2002年現在, 欧米では高速増殖炉の運転停止および方針変更が相次ぎ, 日本の高速増殖炉の存続も岐路に立たされている.

高速中性子 (fast neutron)

核分裂により発生した直後の速度の大きい中性子. 数MeVの運動エネルギーをもつ. これに対して物質中で減速した中性子を低速中性子 (約1keV), さらに減速すると分子の熱運動と平衡したものを熱中性子* (常温では0.025eV), -250℃以下の温度のエネルギーをもつものを冷中性子という.

高速超塑性 (high speed superplasticity)

ひずみ速度を $10^{-2}s^{-1}$ 以上にまで上げられる超塑性. 結晶粒を一層細かくすることで実現している. 1999年現在, 粉末冶金法*による合金と複合材料 (Al-Cu-Mg, Al-Mg, Al-Mg-Si, Al-Zn-Mg合金), 気相法材料 (Al-Cr-Fe合金), メカニカルアロイング*材料 (Al-Cu-Mg, Al-Mg, Al-Mg-Li合金) などが高速超塑性を示す合

高速度工具鋼 (high speed tool steel)

高速度鋼,ハイスともいう.高炭素鋼にCr, Mo, W, V, Coなどの合金元素を比較的多量に添加し,切削工具および金型などに用いられる工具鋼.特に高速切削に適し,摩擦熱による高温によく耐える.一般に含有成分によってタングステン系とモリブデン系とに分けられる.また,その組成の合金を粉末微細化により均一化し,焼結によって優れた耐摩耗性,高靱性をもたせた焼結高速度工具鋼(粉末ハイス)もある.

タングステン系:JISにはSKH2, SKH3, SKH4, SKH10が規格化されている.代表組成は,SKH2:0.73~0.83C, 3.8~4.5Cr, 17.2~18.7W, 1.0~1.2V. SKH10:1.45~1.60C, 3.8~4.5Cr, 11.5~13.5W, 4.2~5.2V, 4.2~5.2Co.

粉末冶金工程モリブテン系:SKH40が規格化されている.SKH40:1.23~1.33C, 3.8~4.5Cr, 4.7~5.30Mo, 5.7~6.7W, 2.7~3.2V, 8.0~8.80Co.

モリブテン系:SKH50~59が規格化されている.代表組成は,SKH50:0.77~0.87C, 3.5~4.5Cr, 8~9Mo, 1.4~2.0 W, 1.0~1.4V. SKH55:0.87~0.95C, 3.8~4.5Cr, 4.7~5.2Mo, 5.9~6.7W, 1.7~2.1V, 4.5~5.0Co.

光弾性 (photoelasticity)

等方的な透明体に,任意の応力がかかるとそれに応じて材料中に光学的な不均一(複屈折など)が生じること.これを利用して,金属材料などと同形の等方・透明体に考えられる応力をかけ,偏光子・検光子を通して観察し,ひずみの状態を推定できる. →非破壊試験法

抗張力 (tensile strength) ＝引張強さ

高張力鋼 (high tensile steel)

一般に引張強さの大きい鋼のことで,降伏強さ(耐力*)が295MPa (30kgf/mm^2)以上,引張強さ*は490MPa (50kgf/mm^2)以上の鋼のことをいうことが多い.業界により強さの内容が異なるが,強度と靱性,溶接性の3条件が優れていることが必要で,炭素量,合金元素量,制御圧延熱処理などの組合せにより,これらの条件を達成している.ハイテンと略称され,50キロ級~100キロ級がある.引張強さ1470MPa (150kgf/mm^2)以上のものは,超高張力鋼と呼ばれる.溶接構造用,一般用,溶接構造用耐候性用,圧力容器用,高圧ガス容器用,中・常温圧力容器用,ボイラー・圧力容器用,高耐候性圧延鋼,低温圧力容器用などがある.最近は,結晶粒を微細にし,ホール・ペッチ則*を応用した超高張力鋼が主流である. →超高張力鋼

高張力高電導銅合金 (high strength high electrical conductivity copper alloy)

銅に少量の合金元素を添加,その高電導性をあまり低下させることなく,機械的性質,耐熱性を改善した合金で,カドミウム銅*(Cu-0.5~1.0wt%Cd),クロム銅*(Cu-0.5~0.8wt%Cr),ジルコニウム銅*(Cu-0.2~0.3wt%Zr), Cu-Mg-P-Ag合金などがある. →AAAC電線

硬点 (hard spot)

ハードスポット.例えば,鋳鉄*で,硫黄が多く,マンガンが少ないと局部的に非常に固い部分ができやすい.これを硬点といい,切削など加工の妨げとなる.原

因としては金属間化合物*,耐火物などの異物混入による.

光電効果（photoelectric effect）

　　光をある特定の物質の表面にあてると,その表面から電子が飛び出す現象.単色光を使って光の波長を変えると,ある一定の振動数 ν_0 以上の場合だけに限って電子が飛び出す. ν_0 の値は金属の種類によってきまり,入射光の強度には関係しない.アインシュタインは1905年この光電効果を光の粒子説で説明することを提案した.振動数 ν（波長 $\lambda = c/\nu$）の光はエネルギー $h\nu$ の粒子として物質に吸収される.このエネルギーを得た電子は,金属の表面のエネルギー差（仕事関数という）を越えた場合に光電子として金属表面から飛び出すことができる.→光子

硬度（hardness）=硬さ

高透磁率材料（high permeability material）→軟質磁性材料

鋼の熱処理（heat treatment of steel）

　　鋼塊を使用できる鋼材にするまでの過程で行われる熱処理*を分類すると,均質化処理*,焼なまし（焼鈍*）,焼ならし（焼準*）,焼入れ*,焼戻し*の5種類に大別される.このうち,焼なましには,完全なまし*（本なまし）,軟化なまし*（中間なまし,中間焼鈍*）,球状化なまし*などがあり,鋼材の塑性加工性を容易にして,機械的性質を改善する.これらの熱処理と加工を組合わせることにより,鋼に多種多様な特性をもたせることができる.→加工熱処理法

降伏応力（yield stress）

　　降伏現象*を示す材料では,下降伏点での応力をいう.明瞭な降伏現象を示さない材料では耐力*またはオフセット降伏応力*をいう.→応力-ひずみ線図の二形態,ホール・ペッチの式,下部降伏応力

降伏（現象）（yielding）

　　物体に働く外力を増加させた場合,応力とひずみの比例関係がやぶれてひずみだけが急激に増加する現象を「降伏」といい,降伏を生ずる応力を降伏点（yield point）という.降伏点を超える応力を加えると物体は永久変形を生ずるから,降伏点は材料の機械的強度の目安に用いられる.軟鋼の引張り試験では応力-ひずみ曲線図（「応力-ひずみ線図の二形態」の図参照）に示すように弾性限より高い応力で極大値を示す.この応力極大値を上降伏点（upper yield point）という.この後に急激な応力低下が続き,降伏点降下（yield drop）という.降下後の応力値を下降伏点（lower yield point）という.その後は応力の増加はないにも関わらず細かいジグザグの変化をともなって大きなひずみを生ずる.このひずみは試験片の応力集中部分に局部的なすべりとなって現れ,試験片の平行部の全域にひろがるまでひずみが続く.このひずみをリューダースひずみという.外観はすべり方向の帯状模様（リューダース帯*）を呈する.

　　軟鋼のように顕著な降伏現象を示さない材料（アルミニウム合金や銅合金など）に対しては,0.2％のひずみを生ずる応力をもって降伏点とし,0.2％耐力*ともいう.

　　降伏を示す材料をプレスなどで強加工を施すと,プレスしわ（ストレッチャーストレーンという）を生じて表面欠陥となる.このため炭素鋼板の炭素や窒素を低く抑え,さらに溶融時にTiやNbを添加して,固溶炭素,窒素を炭化物,窒化物にする

と（極低炭素 IF 鋼*），降伏が抑えられプレスの際にしわを生じ難い．

転位論による炭素鋼の降伏現象の定性的な説明は，「鋼中の固溶炭素，窒素が常温で炭化物，窒化物となって時効析出するときに生ずる結晶ひずみによって転位線はピン止めされるが，上降伏点を越える応力によってピン止めがはずれ急に転位線が動きはじめ，その結果，応力の急激な低下を招く」とされている．→上降伏点，下部降伏応力，セレーション，ポルトバン・ルシャトリエ効果，ストレッチャーストレーン，ホール・ペッチの式

降伏条件（yield criterion）

一般に材料の塑性加工は，二軸，三軸応力下で行われる．一軸応力でも，多結晶体では多軸になる．そういう応力下での変形が始まる条件を降伏条件といい大きく分けて二つの説がある．一つはトレスカ（Toresca）の条件，あるいは最大せん断応力条件ともいわれるもので，材料に掛かっているせん断応力のうち最大のものが，材料によって決まるある値に達した時というもの．もう一つは，ミーゼス（von Mises）の条件，あるいはせん断ひずみエネルギー条件，最大せん断ひずみエネルギー説，八面体せん断応力条件などといわれるもので，三つの主応力の差（循環）の2乗和の1/2の平方根がある値に達した時というものである．

降伏前微小ひずみ（pre-yield micro-strain）

弾性限以上で降伏点以下の応力で生じるわずかなひずみ．塑性変形．転位のうち動きやすいものの移動による．不純物・侵入型原子のピン止め（固着*）までの動きである．

降伏点（yield point）＝上降伏点

降伏伸び（yield elongation）

降伏現象*において，上降伏点*での伸びから，下降伏*応力（一定応力）で進行する伸びを経て再び応力が増加し始める（加工硬化*再開）までの伸びのこと．リューダース伸びともいう．→リューダース帯

降伏比（yield ratio）

（降伏応力または耐力*／引張強さ）×100 の値．

鋼片（bloom, billet）

鋼塊*から順次加工され，最終加工に好都合な形状にされるまでの中間製品をいう．ブルーム，ビレット，スラブ*，スケルプ*，シートバー*などがある．このうち大きいものがブルームとビレットでブルームは大鋼片といい，鋼塊（インゴット）を分塊*圧延機にかけて粗圧延して製造する．一辺が 130～350mm のほぼ正方形の断面を持ち，1～6m の長さを有する．ブルームはさらに圧延機で中形製品に仕上げられるか，粗圧延（中延べ）によりビレットやシートバー，スケルプとなり，あるいは熱間鍛造プレスまたは大型ハンマーにより鍛造された大型火造り品になる．ビレットは 120mm 角以下の断面を有する半成品の鋼片で小鋼片ともいう．鋼塊から直接分塊圧延するか，ブルーム（大鋼片）を中延（なかのべ）圧延したもので，小形棒鋼，形鋼，線材，帯鋼などの素材となる．また連続鋳造により生産された同程度寸法の鋳片を連鋳ビレットと称する．

後方張力（back tension）＝逆張力

高マンガン鋼(high manganese steel)

マンガンを12%程度含有する鋼は1000℃近辺から水冷すると,オーステナイト相で,非磁性と高い靭性が得られる.さらにショットピーニング*または使用中の加工硬化により,すぐれた耐摩耗性が得られる.この鋼は発明者の名をとって,ハッドフィールド鋼*と呼ばれ,炭素を1%程度入れて耐摩耗性をさらに大きくした鋼種が機械ハンマー,ジョー プレート,キャタピラ シュー,鉄道ポイントなどに用いられている.

高密度無秩序充填=最密無秩序充填

高融点金属(refractory metal)

リフラクトリーメタル,耐火金属,難融金属ともいう.融点が約2200K(1927℃)以上という場合と鉄の融点(1536℃)以上という場合があるが,これら高融点の遷移金属のことで,Ta(2996℃),Nb(2470±10℃),W(3380℃),Mo(2617±10℃)と,V(1887±10℃),Cr(1860±10℃),Hf(2227±20℃),Re(3180℃),Os(3054±30℃),Ru(2250±10℃),Ir(2410℃)などをいうが,現在合金の母金属としてあるものは前四者だけで他は合金用である.これらは酸化しやすく,加工困難であるが,いずれも高温強度が優れているので,超耐熱合金の上の温度での高温高張力材として期待されている.

交流法(周期加熱法)比熱測定(ac calorimetry)

薄膜試料にある範囲内の一定周波数の光を照射して生ずる温度波の振幅減衰により相対的な比熱容量(標準試料の比熱容量との比)が求められる.測定にロックイン増幅器を使用するので,通常の比熱測定の約1000倍の比熱値の変化が求められ,また測定温度幅は約5mKであるから,0.01度毎の比熱値の変化が求められ,比熱,温度の両方ともに解像度がきわめて高い測定が可能である.また温度波の位相を測定することにより比熱容量の実数部と虚数部が求められ,相転移*やガラス転移*の熱的研究に応用される.

高力高電導銅(high strength high conductivity copper)→高張力高電導銅合金

高力鋳鉄(high strength cast iron)

鋳鉄にNi,Cr,Moなどの合金元素を添加,強靭性を与えた鋳鉄で,Niは強靭性の改良,Crは耐摩耗性と耐食性を改良する.

高炉(blast furnace, hoch ofen)

鉄の生産において最も中心的で重要な設備.溶鉱炉ともいう(他の金属や他の用途の縦形炉をいうこともあるが,ここでは最も一般的で重要な鉄のものについて述べる).現在最大のもので高さ約35m(付帯設備を含めると約80m,この高さが名称の由来),最大内径16m,内容積5000m^{3}にもなる縦形,円筒形の炉.中央下部が広く(炉腹;berry),頭頂部(炉頂;throat,炉胸;shaft)と底部(朝顔;bosh,炉床:湯だまり;hearth)は狭い.朝顔部の下部(羽口*;tuyere)から熱風を吹き込み,炉頂部から鉄鉱石*とコークス,石灰石などを装入し,底部に溶けた鉄(銑鉄*)が溜る.装入された鉄鉱石は下降するに従い還元され($Fe_3O_4+CO \rightarrow Fe+CO_2$),炭素を吸収しつつ融点が下がり,銑鉄になる.下部からの風圧と上部からの原料の重量がバランスしつつ,かつ反応が進みつつ,ゆっくり降下する.バランスが崩れると「棚

吊り*」や「吹き抜け*」の事故となる.

　高炉はそれ以前の炉の「煙突」から発展し,上部装入方式という特異で効率の良い還元製錬炉で,原型は古いが,水車によるふいご*の進歩と共に,14世紀中葉(フランドル地方のナムール:R.J.フォーブス)または15世紀中葉(ライン河中流東岸のジーゲン:L.ベック)に,ヨーロッパで初めて溶鉄が得られる炉として現れたといわれている.高炉の性能は,一日の銑鉄生産量(出銑量)で例えば「1万トン高炉」(現在の最高水準)と呼ばれる.→製鉄・製鋼,鉄

硬ろう(brazing filler metal)
　「ろう」ともいう.450℃以上の溶融温度のろう接用溶加材.ろう接する材料によって多くの硬ろうがJISなどに規格化されている.銀ろう(JIS Z 3261 ('98)),銅および銅合金ろう(JIS Z 3262('98)),アルミニウム合金ろうおよびブレージングシート(JIS Z 3263 ('02)),りん銅ろう(JIS Z 3264('98)),ニッケルろう(JIS Z 3265('98)),金ろう(JIS Z 3266('98)),パラジウムろう(JIS Z 3267('98)),真空用貴金属ろう(JIS Z 3268('98)・ANSI*/AWS* A5.8 ('02)).→はんだ,ろう材,ろう付け

硬ろう付け(hard soldering)
　硬ろう*材によるろう付け*.金ろう,銀ろう,ニッケルろうなどあり,装飾用,歯科用,耐熱,耐食材料などのろう付けに使用される.

コーエリンバー(Coelinvar)
　Co-Fe-Cr-Ni系の定弾性率,低膨張性の精密ばね材料.

黒鉛(graphite)
　石墨,グラファイトともいう.ねずみ鋳鉄*,球状黒鉛鋳鉄*に含まれている.炭素の同素体*の一つで,結晶は六方晶系に属する層状格子からなり異方性が大きい.a軸の方向は金属的な,c軸方向はファン・デル・ワールス結合で半導体的な物性を示す.また層面間のすべりによって潤滑性を生ずる.工業材料として利用する黒鉛はこのような結晶が多数不規則に集合した多結晶黒鉛である.耐熱衝撃性が大きく,溶融金属・スラグとの濡れが悪く,これらに対する耐侵食性が強いなどの特徴を有している.電極,鉛筆,るつぼ,潤滑剤,断熱材,軸受,原子炉用,層間化合物(インターカレーション)などいろいろに使われる.

黒心可鍛鋳鉄(black heart malleable cast iron)
　普通鋳鉄のFe_3Cを焼なましにより黒鉛化させた鋳鉄で,破面が黒色なのでこう名付けられた.熱処理は2段階.①920～980℃×4～15hrs.でレーデブライト*中のFe_3Cを黒鉛化したのち,②800℃から700℃まで徐冷,パーライト中のFe_3Cを黒鉛化し,強度と靭性を向上させる.→可鍛鋳鉄

コークス比(coke ratio)
　高炉製鉄で銑鉄1トンを生産するのに使用されたコークスのトン数で,戦後数年は約1であったが,最近(90年代)の1万トン高炉では(コークス+オイル)比で約0.45まで効率が上がっている.

黒体放射(black body radiation)
　すべての波長の放射を完全に吸収する物体を黒体といい,それから放射される熱放射.一定温度に保たれた空洞の壁に小さな孔を開け外部からこれを見ると,この

孔は黒体と見なせる．放射率（emissivity）1の標準に用いられる．

ゴス組織（ケイ素鋼板の）(Goss texture)

3.5Si–Fe合金（他にMn, Sを含む）を熱間圧延－中間なまし*－50～70%の強冷間圧延後，水素中高温焼鈍でできる集合組織*のこと．発明者ゴス(N.P.Goss)にちなむ．圧延面が(110)，圧延方向に[100]が揃っており，磁気特性，鉄損*ですぐれている．→方向性ケイ素鋼板

呉須土（ごすど）(asbolite)

コバルト酸化物を含むマンガン土，陶磁器の青色着色釉薬．

ゴースト線（ghost line）

①鋼中のリンは凝固するときFe_3Pの形で粒界に偏析しやすく，均質化処理によっても均一にならない．またMnS, MnOなどのスラグ成分とともに線状，帯状または層状に偏析して現れるので，これをゴーストラインという．衝撃値*を下げ，加工時き裂，低温脆性*の原因となる．

②X線，電子線を含めた広義の光学系の回折で正しくない位置に生じる線像．

固相焼結（solid phase sintering）

固相状態のまま進行する焼結*．粒子の接触部分での拡散により焼結が進む．↔液相焼結

固相線（solidus）

合金状態図において，（液相＋固相）領域と固相領域の境界線．ソリダスともいう．↔液相線，→固溶線

固体高分子型燃料電池（polymer electrolyte fuel cell: PEFC）

燃料電池は，水素極，酸素極，および電解質膜から構成されるが，電解質膜として固体高分子膜を用いたもの．固体高分子型燃料電池では，供給された水素は水素極でプロトンと電子に分離し，プロトンは固体高分子膜内を伝導し，酸素極で酸素と結合し，水を生成する．一方，電子は水素極から外部へ電気エネルギーとして取り出される．反応温度は60~80℃，発電効率は36~45%．天然ガス，メタノール，ガソリンを原料として用いた場合，改質器であらかじめ水素に転換させる必要があるが，そのときに水素に一酸化炭素が混入すると，燃料電池の触媒である白金と反応して触媒機能が低下し（CO被毒），十分な性能が得られないという問題がある．そのため一酸化炭素含有量を一定量以下程度に抑える技術，CO耐被毒性のあるPt-Ru合金の開発，純粋な水素製造方法などが検討されている．自動車搭載用や定置型発電装置として開発途上にある．→燃料電池

固体浸炭法（pack carburizing）

固体浸炭剤による浸炭*．浸炭剤としては木炭に促進剤として炭酸バリウム，炭酸ナトリウムを添加したものを用いる．耐熱鋼でできた容器に材料と浸炭剤を入れ850～1000℃に加熱して行う．↔ガス浸炭窒化法，液体浸炭法

固体レーザー材料（solid state laser material）

レーザー媒質が固体で，レーザー作用を行う活性イオンが固体媒質中に含まれているレーザー材料．ルビー（Cr^{3+}をドープしたAl_2O_3結晶），YAG（Nd^{3+}をドープした$Y_3Al_5O_{12}$ガーネット），Nd^{3+}をドープしたガラスなどがある．

固着 (pinning)

転位のピン止めともいう．溶質原子が転位の周りに集まって転位を動きにくくすること．例えばα鉄中の炭素や窒素は刃状転位の中心部分に入って，一列に並んでいると考えられ，このような転位を動かすには，熱活性化により転位の一部を動かすことが必要で，後は雪崩的に固着から抜け出すと考えられている．粒子分散強化*合金はこの応用．転位と溶質原子の相互作用の一つである寸法効果の現れである．なお，転位の固着にはこれ以外にも転位が網目構造*をとっている場合，Y字状の部分で転位が固定される場合や，不純物の集団あるいは小さな析出物で転位が固定される場合もある．転位の固着は加工硬化*，フランク・リード源*，内部摩擦*などの機構の一部となっている．→転位と溶質原子の相互作用，固溶硬化，析出硬化，分散強化，支柱転位

固着（圧延加工での）(sticking)

圧延鋼材にあらわれる欠陥の一つで，板の一部が密着したところを無理にはがしたり，板状の異物が圧延により焼付けしたところに現れるキズをいう．

コッセル結晶模型 (Kossel crystal model)

原子または分子を単純に立方体に見立て，各面には強さの結合手があるとし，これを密に積み重ねて作った結晶モデルで，表面欠陥*の空孔*，キンク（階段の一部にある空孔），階段，吸着原子，ガス分子の吸着など，結晶欠陥の簡単なエネルギー評価に役立つ．

コッセルパターン (Kossel pattern)

単結晶に電子線またはX線を当てたとき，発生した特性X線*によって生じるその結晶自体の回折線．フィルム上では二次曲線群として見られる．結晶の対称性，格子定数の測定などに使われる．

コットレル集塵機 (Cottrell precipitator)

高電圧でガスをイオン化し，ガスイオンによって荷電した浮遊粒子を電場によって引きつけ集塵する装置．放電極と集塵極の間に6～100kVの直流電圧を加え，コロナ放電でガスをイオン化する．ガスイオンは集塵極に向かう途中で粒子と衝突して帯電させ，帯電粒子は集塵極に吸引され，そこで放電したのちホッパーに落下する．

コットレル雰囲気 (Cottrell atmosphere)

結晶中の転位の周囲にはひずみが生じ，ひずみ緩和のために不純物原子や溶質原子が転位の近くに集まり偏析する現象．一般には，転位の回りのひずみと，溶質原子の作るひずみの相互作用（弾性的相互作用*）によって，転位の回り数原子間距離にわたって拡がっている溶質原子濃度の高い部分をコットレル雰囲気という．そういう雰囲気ができること，およびその雰囲気が転位を固着し，転位運動を妨げることをコットレル効果 (Cottrell effect) という．この効果は刃状転位，らせん転位，また，置換型や格子間型溶質原子に関係なく現れる．→転位と溶質原子の相互作用

コニカルカップ試験 (conical cup test)

一定の直径の円盤（板厚0.8mmでは50mm径）を円錐ダイス内へ，球頭ポンチ（直径d_p）で押込み，破断するまで深絞り*する．破断した時の直径（D_m）で深絞り性

を表す試験．D_m/d_pを限界絞り比，その逆数を限界絞り率という．

コバール（Kovar）

　　Fe基のガラス－金属封着用金属．54Fe, 29Ni, 17Coの組成の合金の商品名．線膨張係数（30～300℃）が，$44～52×10^{-7}/K$で，硬質ガラスと同程度になっている．使用温度300℃以下．→低膨張合金，デュメット線，リードフレーム合金

コバルト（cobalt）

　　元素記号Co，原子番号27，原子量58.93の白色金属元素．417℃以下でhcp，それ以上でfcc構造をもつ．キュリー点*1120℃の強磁性体*．NiとともにAs, S化合物として産出する．磁性材料，耐熱合金，鋼の合金元素，超硬合金，石油精製触媒などに用いられる．密度：$8.90g/cm^3$（20℃），融点：1495℃．コバルトに中性子を照射すると強い放射能をもつ人工放射性核種^{60}Coが得られる．γ線源として透過分析，医療用，食品の殺菌，植物の品種改良に広く用いられている．

コバルト合金（コバルト基合金）（cobalt base alloys）

　　Co基合金は，W, Mo, Nbなどの安定な複炭化物の析出硬化により，高温強度を得ており，Ni基超合金より一層高温での低応力長寿命の静止部品に適している．高炭素精密鋳造合金として，HS-21, X-40, Mar-M302, V36など耐熱合金が多数あり，また希土類Co系永久磁石合金*，工具用の焼結超合金（高速度工具鋼*）がある．

コビタリウム（Kobitalium）

　　神戸製鋼所で開発された強力鋳・鍛造用アルミニウム合金．鋳物用であるが，圧延・鍛造も可能．高温での機械的性質がよくエンジンピストン用．Al-(1～5)Cu-(0.5～15)Si-(0.2～1)Cr-(0.5～2)Mg-(0.05～0.2)Tiなど．

コーブルクリープ（coble creep）＝粒界拡散クリープ

コーペル合金（Copel alloy）

　　Hoskins社（米）のNi-Cu系抵抗用合金で標準抵抗，加減抵抗用．コンスタンタン*と同系で，精密電気装置，レオスタット，加熱抵抗線用などに使われる．45Cu-55Ni．

ゴム磁石（rubber magnet）

　　ボンド磁石（フェライト磁石粉末をゴムと混ぜて圧延した磁石）の一種．フェライト磁石は異方性六方晶のため，圧延により向きが揃い，圧延と直角方向に磁気異方性をもつようになる．→フェライト磁石，バリウムフェライト，粉末磁石

固有X線＝特性X線

固有拡散定数（intrinsic diffusion constant）

　　相互拡散*すなわち，2金属A, Bを密着させて拡散させた場合，A金属中におけるB金属の拡散定数D^i_BとB金属中におけるA金属の拡散定数D^i_Aのそれぞれを固有拡散定数という．D^i_BとD^i_Aは濃度に依存し，また一般に異なる．カーケンドール効果*の図参照．これらは実験から直接に決定できず，次のように計算で与えられる．A, B金属の活量係数を$γ_A, γ_B$，自己拡散定数をD^s_A, D^s_B，その位置での金属Aの濃度をN_A（金属Bの濃度N_Bは$1-N_A$）とすると，$D^i_A=D^s_A[1+(\partial \ln γ_A/\partial \ln N_A)]$，$D^i_B=D^s_B[1+(\partial \ln γ_B/\partial \ln N_B)]$．ただし，ギブス・デュエムの式から，$(\partial \ln γ_A/\partial \ln N_A)=(\partial \ln γ_B/\partial \ln N_B)$．→自己拡散，相互拡散

固溶限 (solubility limit)

溶解度限ともいう．固溶体として存在し得る濃度の限界．一次固溶体*ではそれに固溶し得る第二成分の最大濃度．二次固溶体*ではその固溶体の最大・最小濃度．

固溶硬化 (solid solution hardening)

一般に，純金属に比べると少量の他金属を含んだ合金の方が硬い．それは第二相が現れない固溶体*においても見られることで，これを固溶硬化あるいは固溶強化という．それは主として転位と溶質原子の相互作用*によるもので，コットレル効果や鈴木効果*，固着*などさまざまな機構がある．状態によっては逆の固溶軟化*も起こる．

固溶線 (solvus (line))

固溶限(度)曲線，溶解度曲線*，ソルバスともいう．状態図で固溶限*の温度変化を表す曲線．

固溶体 (solid solution)

2種類以上の金属が互いに均一に溶けあった固相の合金状態をいう．成分金属の結晶構造を保つ場合（一方の濃度が微少の時）もあれば，全く異なる構造の場合もある．それぞれの原子が占める位置は，一般にはランダムである（↔規則格子）．置換型固溶体*(a)と侵入型固溶体*(b)に大別される．→全率固溶体

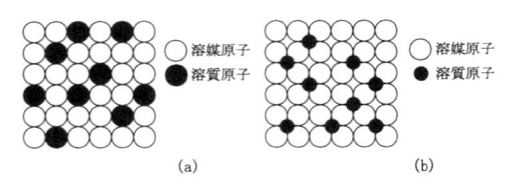

固溶軟化 (solid solution softening)

金，銅，アルミニウムなどfccの希薄合金は純金属より固溶体合金の方が硬いが，鉄などbcc合金では，ある温度範囲(低温)で希薄合金の方が降伏応力が小さくなる．これを固溶軟化あるいは固溶強化といい，炭素，窒素や水素が鉄のらせん転位*のパイエルスポテンシャルを低め，それを動きやすくするためといわれている．
→パイエルス応力

コランダム型構造 (corundum structure)

コランダムすなわちαアルミナ：α-Al_2O_3のようなA_2B_3型の化合物の示す構造．SB記号*ではD5_1．三方晶系であるが，B^{2-}イオンがhcp構造をとり，その八面体位置*の2/3をA^{3+}が占めている．ヘマタイト*(Fe_2O_3)などもこの構造をとる．
→アルミナ

コルサリ法 (Corsalli method)

電気炉溶解による高級鋳鉄*の製造法．溶銑の炭素量を2.0％以下と少なくするため，全量の2/3の鋼くずを加えるが，あらかじめ鋼くずを石灰乳につけて石灰膜で表面をおおっておくと，炉中で炭素の吸収が少なく，炭素2％(1500℃)の溶湯ができる．これを鋳造すれば，パーライト基質で黒鉛が微細に分散した高級鋳鉄が得られる．

ゴルスキー効果 (Gorsky's effect)
水素の拡散定数の簡単で精度のよい測定法.水素を薄い板または線材に吸収させ,板に弾性曲げひずみを与えて所定の温度におくと,水素は結晶格子の膨張側に拡散していくので,板の曲がりは時間とともに変化する.この緩和現象から水素の拡散定数が求められる.

コルソン合金 (Corson alloy)
Corson (米, 1927) が発明した Cu-Ni-Si 系電線合金で,時効硬化性*が大きく,引張強さ大で,導電率もよいため,軍用電話線,山間に張る長支点距離電話線,送電線などに用いられている.3.0～4.0Ni, 0.8～1.0Si, 残 Cu.電気伝導率:35～45% (IACS*).熱膨張係数:17×10^{-6}/℃.引張強さ:70～100 kgf/mm^2,伸び:0.5～6.0%.

コールドクルーシブル (cold crucible)
水冷の特殊形状のコイルをるつぼとし,このコイルに大電流を流すと内部に置いた溶融金属との間に電磁的な反発力が生じる.この反発力によって溶融金属に収縮力が働きコイルとの接触が妨げられ,空間にるつぼなしの溶解ができる.レビテーション溶解*と類似するが,コールドクルーシブルの場合底部では溶融金属がるつぼと接触し,レビテーション溶解のようなるつぼとの完全非接触とはならない.反面溶解量は大きく,kg オーダーの溶解が可能である.

ゴールドシュミットのイオン半径 (Goldschmidt ionic radius)
分子屈折法で得られていた F$^-$, O^{2-} のイオン半径をもとに,1926～28年ゴールドシュミット (V.M.Goldschmidt) によって求められたアルカリ金属と他のハロゲンイオン,さらに他の金属をはじめ多くの物質のイオン半径の体系.これらはいずれもイオン半径の項で述べた仮定に基づくが,イオンとなって希ガスと同じ電子配列・殻構造になり,原子核との電荷のアンバランスで陽イオンはより収縮し,陰イオンはふくらんでいると考えている.配位数*による補正も行われている.その後,L.Pauling の考察もあり,数値の一覧表としては,R.D.Shannon & C.T.Prewitt などによるものが用いられている.いずれも実験値をもとにさまざまな補正が施され,実験値や研究者によって値が少しずつ異なっている.→イオン半径,↔原子半径

コールラウシュの法則 (Kohlrausch's law)
無限希薄電解質溶液の当量電導度 Λ^0 は無限希薄のイオン当量電導度 λ_+^0, λ_-^0 の和に等しいという法則 ($\Lambda^0 = \lambda_+^0 + \lambda_-^0$).→当量電導度

コロイダル黒鉛 (colloidal graphite)
直径が $10^{-8} \sim 10^{-9}$m の黒鉛微粒子を液体中に分散,懸濁させたコロイド液.水中に分散させたものを aquadag (商品名) という.

コロイド (colloid)
直径が $10^{-7} \sim 10^{-9}$m の範囲の微粒子が他の物質の気体,液体または固体中に分散している状態をコロイドという.

コロンバイト (columbite)
Nb の鉱石.(Fe, Mn) O・Nb$_2$O$_5$ の組成をもつ.ニオバイト (niobite) ともいう.多くの場合,タンタライト*と共存して産出する.

混合転位 (mixed dislocation)

複合転位(compound dislocation)ともいう．バーガースベクトル*と転位線の角度が平行から直角までの範囲にあるもの(図中Cの部分)．刃状転位*成分とらせん転位*成分が混合している．理論計算などでは，刃状転位とらせん転位の短いものを階段状に交互に並べたものとする見方と，バーガースベクトルを二つの成分にベクトル分解する見方のうち正確に計算できる方をとる．

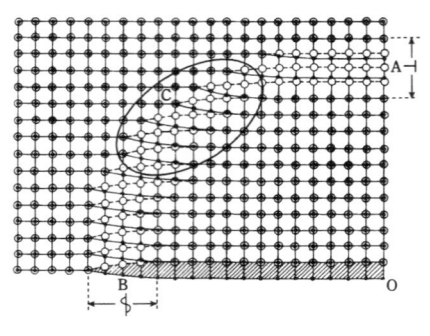

混合熱 (heat of mixing)

2種の物質をある温度で混合するときに発生または吸収する熱量．固体を液体に溶かすときを溶解熱，気体を液体に溶け込ませる時を吸収熱または溶解熱，液体と液体を混ぜる時は混合熱，または希釈熱という．

混合のエントロピー (entropy of mixing)

定温・定圧で異なる成分を混合する時のエントロピー変化．混合による配列の乱れが増すので常に正の値をとる．1:1の固溶合金，または規則→不規則変態では1molあたり$R\ln 2$である(Rは気体定数)．→エントロピー，ボルツマンの原理

混こう(汞)法 (amalgamation) ＝アマルガメーション

コンシデールの作図 (Considére's construction)

引張試験の最終段階で，試料にくびれが発生すると，見かけ上応力は減少しつつ変形が進み破断する(塑性不安定)．そして，公称応力-ひずみ線図は意味を失う．この塑性不安定点を応力-ひずみ線図から作図により求める方法でConsidéreにより提案された．

混晶 (mixed crystal)

化学系，電子材料系では，固溶体*，共晶*と同じに使われるが，正確ではない．固溶体は単相であり，共晶は多相である．

コンスタンタン (constantan)

銅ニッケル合金．組成は55％Cu, 45％Ni．電気抵抗の温度係数が小さく，また銅や他の金属との熱起電力が大きいので熱電対や電気抵抗線に利用される．アドバンス*合金，コーペル合金*などの商品名がある．

0℃の電気抵抗率$R_0 = 48.9 \mu\Omega\mathrm{cm}$，各温度における抵抗比$R_t / R_0$を表に示した．

温度 (℃)	0	100	200	400	600	1000
抵抗比 (R_t / R_0)	1.000	0.999	0.996	0.997	1.024	1.092

銅-コンスタンタン*(T熱電対)，鉄-コンスタンタン*(J熱電対)，クロメル-コンスタンタン(E熱電対)の適用温度範囲を次表に示した．

熱電対	T 熱電対	J 熱電対	E 熱電対
適用温度範囲	0℃以下の低温*～350℃	0℃以下の低温～750℃	−200～800℃

＊ −230℃（10μV/K以上の出力範囲）

混成軌道（hybridized orbital）
他の原子と化学結合,特に共有結合＊している電子の波動関数＊を表す一つの方法.定常状態での原子軌道関数＊の線形結合で表され,結合の方向性を説明できる.例えば炭素の$2s^2, 2p^2$軌道から作られる四つの$(2s±2px±2py±2pz)/2$軌道をいう.
→ハイブリダイゼーション

混銑炉（mixer）
溶鉱炉と製鋼工場の中間にあって溶銑を貯留混合し,所要量を所要の時期に平均化された成分の状態で製鋼工場へ供給することを目的とした炉.

コンチロッド法＝双ベルト方式

コントラシッド（contracid）
Ni基Cr-Fe系耐食合金で,MoやWを添加,非酸化性酸にも抵抗が大きく,常温硝酸にも耐食性がよい.B7M（Ni-15Cr-15Fe-7Mo）,B10W,BWMCなどがある.

コンドン・モース曲線（Condon-Morse curve）
原子もしくはイオン対のポテンシャル・エネルギーまたは引力・斥力を両者の間隔と関係付けた曲線.

コンピューターシミュレーション（computer simulation）
現象をモデル化し,数式表現によって,モデルの挙動をコンピューター計算し,予測する手法で,物理現象の理解や実験による試行を計算に置き換えて,開発期間,コストの削減など行なっている.最近は凝固や塑性加工過程,大型材料の応力挙動予測など,多くの現象の予測,解明に利用されている.

コンプトン効果（Compton effect）
コンプトン散乱（Compton scattering）ともいう.物質にX線を入射したとき,散乱X線の波長に入射X線の波長より長い方にずれたものが含まれる現象.1923年,アメリカの物理学者,コンプトン（A.H.Compton）が発見.X線を光子＊の入射とすると,物質の電子と弾性衝突し,電子をはじき飛ばしたエネルギーだけ散乱X線の光子のエネルギー$h\nu$が減少し,波長が長い方にずれると説明される.同時に波長のずれの衝突角度依存性から運動量（$h\nu/c$）も保存されることが示される.コンプトン散乱は光が運動量をもった粒子であることの直接的な証拠を与えるものである.→光電効果

混粒鋼（mixed grain steel）
鋼のオーステナイト組織＊で,ある範囲以上に大きさの異なる結晶粒が混在する鋼をいう.JISでは,1視野内で最も多く見られる結晶粒度の粒度番号から3以上粒度番号の異なった粒が面積率で20%以上の時,または異なる視野間において3以上異なる粒度番号の視野がある場合,としている.→結晶粒度

最近接原子(nearest neighbor atoms)

略してニヤレストネイバーという．注目している原子と直接関係する，接触している原子で，面心立方格子や最密六方構造では12個，体心立方格子では8個の原子を考える．化学（金属）結合，磁気的相互作用や，転位*などの格子欠陥*，拡散機構などの考察で重要．もう一層遠い原子層をネクストニヤレストネイバー（第二近接原子）という．

サイクロスチール法(cyclo steel process)

英国で開発された直接製鉄法の一種．サイクロン（旋風）を利用し，粉炭などを燃やしながら粉鉱石を還元して溶鋼に変える方法．高炉法に代わると期待されたが未完成である．

サイクロトロン(cyclotron)

荷電粒子を直流磁場中で回転運動をさせ，それに同期した高周波電流で加速する装置．アメリカのローレンス(E.O.Lawrence)とリヴィングストン(M.S.Livingston)による独立の創案(1931年)．

サイクロトロン運動(cyclotron motion)

荷電粒子が磁場から力を受けて，磁場に垂直な平面内で行う円運動．

サイクロトロン共鳴吸収(cyclotron resonance)

結晶中の伝導電子に磁場をかけて周期運動を行わせ，これに同期した交流電場を加えると共鳴し，エネルギーの吸収が起こる．共鳴振動数の測定から金属の有効質量やエネルギー帯構造の知見が得られる．

サイクロン(cyclone)

円筒・円錐形状の容器に切線方向から高速のガスを吹き込み，容器内壁に沿った旋回気流を作り，その遠心力を利用してダストを分離する装置．

再結晶(recrystallization)

結晶の内部に新たな結晶粒が発生・成長すること．多くの場合加工や急冷などの後に加熱すると起こる，ひずみエネルギーや残留応力*の解放過程であり，過飽和状態からの相変態である析出*とは区別される．再結晶が始まる場所も核とはいわれるが，凝固や析出の核とは異なり，加工硬化の最も集中した小部分である．一般に加工度が高いほど再結晶は起きやすく（低温・短時間でも），再結晶粒は細かい．しかし高純度金属では，常温で再結晶することもある．加工後の再結晶では，再結晶集合組織*ができやすい．→二次再結晶，粒界再結晶反応

再結晶集合組織(recrystallization texture)

材料を加工すると多くの場合，加工集合組織ができるが，それを加熱して再結晶させると，加工の方向性（圧延面，圧延方向，引抜き方向など）に依存した特定の結晶方位に各結晶粒が揃って成長する．これを再結晶集合組織という．

bcc金属では低圧延率のものからは{110}<001>，{111}<110>，中程度圧延率で{111}<110>，{111}<112>，高圧延率では{554}<225>であるが，微量添加物，加

工・加熱条件などに敏感である．fcc金属では純金属型圧延集合組織（{112}<111>）を再結晶させると{001}<100>，合金型圧延集合組織（{011}<211>）を再結晶させると{113}<211>が現れる．hcp金属では圧延集合組織＊とほとんど変わらない．再結晶集合組織の発現機構については，再結晶核にすでに方位依存性があるとする優先核生成（oriented nucleation）機構と再結晶粒の成長方向に方位依存性があるとする優先成長（oriented growth）機構とが議論されている．→集合組織，加工集合組織，方向性ケイ素鋼板

再結晶なまし（recrystallization annealing）
鋼の熱処理の中間なましの一種で，加工硬化した鋼材を再結晶軟化させる目的で，A_{C1}〜650℃に加熱後徐冷する．→鋼の熱処理

サイジング（sizing）
焼結体で，焼結時のひずみにより寸法精度が低下するため，金型内で再圧縮して寸法精度を高める最終工程をいう．粉末成形とは別の金型が用いられる．

サイズ因子→15％寸法因子

最大エネルギー積（maximum magnetic energy product：$(BH)_{max}$）
永久磁石材料＊の性能を示す最重要指数．減磁曲線（磁気履歴曲線＊の第2象限）上の各点でのB（磁束密度）とH（磁場の強さ）の積（B×H）の最大値をいう．$(BH)_{max}$と表示する．→減磁特性

最大せん断ひずみエネルギー説（maximum shear energy theory）→降伏条件

最大透磁率（maximum permeability）
高透磁率磁性材料＊，特に電力用軟質磁性材料で最重要な性能指数．初期磁化曲線上の磁束密度＊Bと磁場＊の強さHとの比B/H（透磁率＊）の最大値．原点から初期磁化曲線への切線の勾配で表される．記号μ_m．→磁化曲線，初透磁率

最大分解せん断応力（maximum resolved shear stress：MRSS）
結晶に応力がかけられた時，それはすべり面の法線方向の力とすべり面に平行な力（せん断応力），さらにすべり面内ですべり方向の力に分解される（分解せん断応力＊）．いくつもあるすべり面とすべり方向（すべり系＊）のうちで分解せん断応力が最も大きいものを最大分解せん断応力（MRSS）といい，この面とすべり方向ですべりが始まる．このときのせん断応力を臨界分解せん断応力＊（CRSS）という．→すべり，シュミット因子

サイドバンド反射（side-band reflection）
スピノーダル分解＊している合金（例えばCu-Ni-Fe合金）のX線回折＊で，主反射線の両側に近接して現れる小さな回折線のこと．連続的な濃度ゆらぎが特定方向に成長するために現れる．

再熱割れ（reheat crack）
溶接部を残留応力除去などの目的で加熱した時，その冷却中心に生じる割れをいう．SR割れ（stress relief crack）ともいう．

最密充填（close packing）
同じ大きさの原子（球）を最も密に積み重ねること，およびその中心を格子点とする結晶構造．まず平面上に密に並べると六方対称構造となり，その3個の原子で

できる凹みに第2層を乗せる．第3層目も同様に第2層の凹みに乗せるがその方法に，第1層目の真上に来る並べ方と，第3の位置に並べる方法がある．前者が稠密六方格子（hcp）*，後者が面心立方格子（fcc）*である．稠密パッキングともいう．

最密無秩序充填（dense random packing: DRP）

バナール模型ともいう．正しくは稠密あるいは高密度無秩序充填というべきであるが，アモルファス合金*のモデルとして考えられるもので，原子が無秩序でありながらできるだけ密に詰まった配列．一定の決まった配列ではない．バナール（Bernal：英国の結晶学者）が初めて考えた．要素的には色々な正多面体の稜の長さを少しずつ違えたものである．それらの組合せの中には結晶では現れない配列も考えられる．アモルファスの物性を考える基礎として意味がある．→充填率

最密面（close packing plane）

面心立方格子の{111}面のように，原子が最も密に詰まっている結晶面．最密充填*構造以外でも考え得る．→すべり系

最密六方構造＝稠密（ちゅうみつ）六方構造

再融反応（metatectic reaction）

一度完全に凝固した合金が温度の低下とともに部分的に融解を始めるもので，非常に稀な例であるが，Cu–Sn合金のγ相が$\gamma \rightarrow \varepsilon + L$（L：液相）の再融反応を示す．

細粒鋼（fine grained steel）

鋼のオーステナイト結晶粒度*で，粒度番号5以上の鋼をいう．→結晶粒度

材料（materials）

技術的，工業的には，ある機能を持っていて，人間の生産や直接消費に役立つ物質．ここでの機能には物を支える構造材料の機能も含めたが，一般には，構造材料と機能材料*に大分類される．この場合の機能は特別な働きで，冒頭の機能より狭い．材料はまた，その生まれから，金属，セラミックス，プラスチック，木材に分類されるが，複合材料*という分類を立てることもある．固体であることが多いが，それに限らない．→金属

材料試験（material testing）

材料を利用するに当って必要なその諸性質を知ることで，広義には，物理的・化学的諸性質を測定することであり，その内容は，結晶*構造，密度*，融点*，電気抵抗*，透磁率*，保磁力*，拡散係数*，単極電位*，状態図*，T–T–T曲線*などがある．しかし一般には狭義にいわれ，機械的性質*の測定，欠陥の検査などをいう．機械的性質の試験には，静的試験と動的試験がある．また機械的試験・欠陥検査どちらにも破壊検査と非破壊検査*がある．

最隣接原子＝最近接原子

サイレンタロイ（silentalloy）

強磁性型防振合金*で，磁壁*の非可逆的移動にともなう磁気履歴損失*による内部摩擦を利用したもの．高温（鉄では700℃位）まで使用できる利点があるが，反面磁場中や，静荷重下では内部摩擦が激減する．大電力直流開閉器，鉄道線路の補修機，プランジャー，扉，シャッターなどに用途がある．12Cr–2Al–86Fe.

棹銅（wire bar copper）

タフピッチ銅*を線材などに加工するために鋳造したものを棹銅と呼ぶ. 最近は連続鋳造圧延が採用され, この言葉はあまり使われなくなった.

錯イオン (complex ion)

一つのイオンが他のイオン, 原子または分子と結合してできたイオン. 例: Cu^{2+} と NH_3 とが結合した錯イオン $[Cu(NH_3)_4]^{2+}$ の色は濃い青. EDTA*(エチレンジアミン四酢酸)はほとんどの金属イオンと安定な錯イオンを作るが, この性質を利用してEDTA標準液の滴定によりアルカリ金属以外のすべての金属イオンの定量分析ができる.

座屈 (buckling)

棒や柱で, 長さが断面最小寸法の約10倍以上で大きい軸圧縮応力を受けると, ある荷重以上で曲がりがひどくなり, 一挙に不均等変形, 破壊が生じることがある. この現象をいう.

ざくろ石構造 (garnet structure) = ガーネット構造

さざ波模様 = リップルパターン

ザックスの方法 (Sachs' method)

鋼管, 車軸など円筒状材料の軸方向, 半径方向, 円周方向の残留応力*を測定し, 主応力を求める方法で, 円筒の外層より削除しながら, 内筒側面のひずみゲージにより残留応力, ひいては主応力を求める. 中実円筒のときは, 中心を穿孔し, これを拡大しながら, 外層の応力分布を求め, 次いで外層を削除する.

サップ (SAP) (sintered aluminium powder: SAP)

アルミニウム*粉末に, 表面のアルミナ皮膜が破壊できる圧力を加えて, 結合焼結*させ, アルミニウム母材中にアルミナ粒を分散させたもの. 10mass%添加で引張強さ 350MPa 程度. 機械的性質とくに高温強度, 耐クリープ性がすぐれている. 分散強化合金. コンプレッサーブレード, エンジン部品, 熱交換器, ピストン, シリンダーヘッドなどの用途がある. 組成: SAP 865: 13 ~ 14Al_2O_3, 残 Al.

さび (rust)

空気中, 水中などの自然環境において金属・合金の表面に生成する酸化物・水酸化物・硫化物などの総称. 金属本来の色とは異なる特別な色から, 赤さび, 黒さび, 白さびなどともいわれる. 金属材料の腐食*が目に見えるもので, 一般には, 美観をそこね, 強度も失なわれる. これは金属の避けられない性質で, それを防ぐためにさまざまな工夫がこらされてきた (→防食法, ステンレス鋼). 鉄鋼材料では水滴や空気中の水蒸気によってオキシ水酸化鉄 (構造の異なる数種がある. 赤さび: FeOOH, 黒さび: Fe_3O_4, Fe_2O_3, $Fe(OH)_2$ など), SO_2 ガスによって $FeSO_4$ などが生じる. 鉄鋼材料のさびをいうことが多いが, 亜鉛やアルミニウムの白さび, 銅の緑青*をいうこともある.

サブゼロ処理 (subzero treatment, subzero cooling)

サブゼロ冷却, 深冷処理ともいう. 鋼の焼入れ*でオーステナイトが残留すると悪影響があるため, オーステナイトが残らずマルテンサイト化するように M_f 点*以下まで十分冷却すること. 通常0℃以下への冷却といわれるが, M_f 点がそれ以下の場合もあり, その時はドライアイス-アルコール混合液や, 液体窒素に浸漬する.

サブハライド法 (sub-halide process)

$3AlCl(g) \rightleftharpoons 2Al+AlCl_3(g)$ に示される不均化反応*の温度による平衡の移動を利用してAlの精錬を行う方法．グロス法ともいう．

サブマージアーク溶接 (submerged arc welding)

潜弧溶接法ともいう．粒状フラックス中で電極と母材の間にアークをとばし，母材，電極ワイヤ，フラックスを溶融して溶接する方法．ある程度の酸化防止になり，大電流で深い溶接が可能なので，厚板鋼板の溶接に用いられている．高能率自動溶接の代表．

サブマージアーク炉 (submerged arc furnace)

フェロアロイの炭素還元で使う電気炉．電極を装入物中に深く埋没してアークを発生させるのでこの名がある．通常黒鉛質ライニングの三相エルー炉*（直接アーク炉）で低電圧（数10～数100V），大電流（数10^4～数10^5A）で操業する．

サブランス (sublance)

LD転炉*で酸素を吹き出すメインランスの他に，サンプリング，温度センサーなどのプローブを装着したランスを吹錬中にメインランスと平行に炉口から溶鋼中の所定位置に浸漬する．このランスをサブランスという．溶鋼温度や炭素濃度の測定を行い，酸素の吹き止めや出鋼のタイミングの予測に用いる．

ザマック (Zamak)

ダイカスト用亜鉛合金で，1930年BrauerとPeiers（米）により開発され，米国で使用されているZamak No.2 (Zn-4Al-0.1Mg) が基本．日本のJIS亜鉛ダイカスト合金もこの系統．約4％Alが主要な添加金属で，機械的性質の改善と湯流れ性，金型への侵食作用の軽減に役立つ．他に少量のCuと微量のMgを粒界腐食防止のため加える．ザマック アルファ：4.0Al, 0.5～1.0Cu, 0.3Mg, 残Zn．ザマック ベータ（鍛錬用）：10Al, 0.7Cu, 0.03Mg, 残Zn．JIS ZDC1：3.5～4.3 Al, 0.75～1.25Cu, 0.020～0.06Mg, 0.005>Pb, 0.004Cd, 0.003>Sn, 0.10>Fe, 残Zn．→亜鉛ダイカスト合金

サマリウム (samarium)

元素記号Sm，原子番号62，原子量150.4の希土類*元素．密度7.52g/cm^3 (20℃)，融点：1077℃．灰色金属で917℃まで三方晶系*．コンデンサーやSm-Co合金として高性能永久磁石（希土類磁石*）に用いられる．熱中性子吸収断面積が極めて大きい．

サーミスター (thermistor)

温度変化とともにその電気抵抗が大きく変化する半導体の総称で，thermally sensitive resisterを縮めた呼び方である．電気抵抗を測定することによる温度測定および電気抵抗の変化を利用した温度調節に応用される．温度上昇とともに抵抗が増加する正温度係数 (positive temperature coefficient: PTC) サーミスター，温度上昇とともに抵抗が減少する負温度係数 (negative temperature coefficient: NTC) サーミスター，特定の温度で抵抗が急変する臨界温度係数 (critical temperature coefficient: CTC) 抵抗器がある．PTCには$BaTiO_3$系焼結体が大半を占めカラーテレビ消磁用，モーター起動用，定温発熱体などの用途．NTCには，MnO-CoO-NiO系，スピネル焼結体，安定化ジルコニアなどで厨房，冷暖房，冷蔵，計測などの各機

器, 自動車の温度計, 温度検知器, 温度警報機のセンサーなどの用途. CTC には VO_2 系, Ag_2S 系などがあり, VO_2 系の組成は広範囲であり, V_2O_5 と塩基性酸化物 (CaO, SrO, BaO, PbO など), 酸性酸化物 (P_2O_5, SiO_2, B_2O_3 など) の溶融混合体を弱還元性雰囲気で熱処理した後, 急冷して得られる. 用途は他のサーミスターと同様であるが, 特に温度警報装置, 過熱保護装置として利用価値が高い.

サーメット (cermet)

ceramic metal の略語で, 2000℃〜3500℃の高融点のセラミック材料 (酸化物, 炭化物, ホウ化物, ケイ化物など) を金属 (Co, Ni, Cr, Fe の粉末) を結合材として焼結した複合体. 高融点, 高温耐酸化性, 耐食性, 高温強度, 抗クリープ性, 高熱伝導体, 低熱膨張係数, 急熱急冷に安定で比重が小さいなどの特徴をもつ. TiC 基, Cr_3C_2 基, Al_2O_3 基などのサーメットがある. TiC 基サーメットは, WC 系超硬合金に比し, 靭性は劣るが, 硬さ, 耐熱性がすぐれ, 加工工具用, Al_2O_3-Cr 系サーメットは高強度で耐熱性がすぐれ, Cr_3C_2 基サーメットは高温強度は低いが耐食性, 耐酸性と, 高温硬さもすぐれ, 高温軸受用などに利用されている. →超耐熱合金, 摩擦材料, ムライト

サーモカラー (thermocolor, thermopaint)

示温塗料ともいう. 規定された温度に達すると色が変わることによって測温するための塗料. 温度による変態, 脱水などを利用している. 可逆的なものと不可逆的なものがある. Ag_2HgI_4 (黄 ⇌ オレンジ 約50℃), Cu_2HgI_4 (赤 ⇌ 黒紫色 約70℃) など.

サーモスタット (thermostat)

恒温槽ともいう. 内部の温度を一定に保持できる容器. そのための測温, 熱源調節, 内部の撹拌などの装置をいうこともある.

サルファ アタック (sulphur attack)

高温硫化腐食ともいう. 石油燃焼ガス中や, Na_2SO_4 を含む溶融塩浴中で, 硫黄との化合物ができて激しく侵されること (重油などに含まれているバナジウムによるときにはバナジウムアタック (vanadium attack) という). →腐食

サルファイド キャパシティ (sulfide capacity)

スラグ*のイオン性に着目し, スラグ中であるイオン形態を保持する目的成分に対しスラグのキャパシティを定義する. 硫黄については S が S^{2-} としてスラグ中に溶解する場合, $1/2 S_2 + O^{2-} = 1/2 O_2 + S^{2-}$ の平衡定数 Ks は $Ks = p_{O_2}^{1/2} a_{S^{2-}} / p_{S_2}^{1/2} a_{O^{2-}}$. 活量 a の代わりに活量係数 f を用いて実測可能なスラグ中の S 濃度と分圧 p_{O_2}, p_{S_2} をまとめて書き直すと $(\% S^{2-})(p_{O_2}/p_{S_2})^{1/2} = Ks \cdot a_{O^{2-}} / f_{S^{2-}} = C_{S^{2-}}$. ここで $C_{S^{2-}}$ をサルファイドキャパシティという. $C_{S^{2-}}$ はスラグの組成に依存するが硫黄の活量係数 $f_{S^{2-}}$ が一定と見なせる範囲で一定と考えられ, 一種の物性値として取り扱える. 同じような考えからサルフェイト $C_{SO_4^{2-}}$, フォスフェイト $C_{PO_4^{3-}}$, ナイトライド $C_{N^{3-}}$ などのキャパシティが定義でき, 脱硫, 脱リン, 脱窒などの論議に用いられる.

サルファ プリント (sulphur print)

硫黄印画法ともいう. 鉄鋼中の硫黄は大部分 MnS の形で存在するが, Mn が少ないと FeS を形成し, 粒界に析出, 伸び*, 衝撃値*を低下させ, また低温脆性の原因となる. サルファ プリントはその分布状態を検出する方法. 試片面をエメリー紙*で研磨し希硫酸に浸漬した後, 写真印画紙に貼り付けると発生する硫化水素が印画紙の

AgBrと反応し，Ag$_2$Sを析出，FeSの分布が見られる．

酸洗い（pickling, acid dip）

鉄鋼材などで，さび取りや油汚染除去のため，塩酸・硫酸のような鉱酸に腐食抑制剤＊を加えたものに浸漬して洗浄すること．

酸洗い脆性（pickling brittleness）

鉄板などを酸洗いした後に生ずる脆性．酸洗い液に浸したときに生ずる水素が鋼中に拡散することが原因．

酸化製錬（oxidizing smelting）

酸素との親和力が目的金属より不純物の方が強い場合，酸化雰囲気下で処理することによって不純物を目的金属から酸化除去できる．銑鉄からの炭素除去，硫化銅鉱からマットを経て粗銅を溶錬するなど，多くの例がある．

酸化皮膜（oxide film, scale）

空気中あるいは酸化雰囲気中で金属の表面にできた薄い酸化物の膜．スケールは加熱によってできた酸化皮膜をいうことが多い．

酸化物超伝導体（oxide super conductor）→高温超伝導体

酸化物燃料（oxide fuel）

原子炉用セラミックス燃料で，UO$_2$, PuO$_2$, PuO$_2$–UO$_2$などがある．金属燃料に比べ，熱伝導率が低く，もろいなどの欠点はあるが，高融点で高温・高燃焼度で安定性があるなどの特徴があり，軽水炉，重水炉ではUO$_2$が，高速炉ではPuO$_2$–UO$_2$が多く用いられている．通常，円柱状のペレットにして，ジルカロイやステンレス鋼製の燃料被覆管に装入密閉して用いる．

産業廃棄物対策（correspondence to industrial waste）

日本の産業廃棄物の総排出量は年間4億6000万トン（平成12年度），このうち最も多い汚泥が48％で，金属くず，スラグ（鉱滓）は約8％である．再資源化率は総排出量の85％になった．鉄鋼業における産業廃棄物はスラグが約90％を占めるが，道路舗装材料，セメント原料，建材への変換などに再利用するほか，埋立てにも使用されている．鉄くずは電気炉で溶解して鉄鋼製品を再生，その際発生する粉塵より（集塵装置を通して）亜鉛を回収する．鉄鋼製品の製造工程で出るスケールは，高炉の原料の一部として使われる．アルミニウム，ニッケル，銅などの非鉄スクラップはリサイクル商品化される．産業廃棄物対策の基本的な考え方は，①発生の抑制，②再利用，③原材料の回収，再資源化，④適正な廃棄処理（有害物質を出さない）である．→環境問題

Ⅲ－Ⅴ族化合物半導体（Ⅲ－Ⅴ compound semiconductor）

元素周期表のⅢ族元素：Al, Ga, InとⅤ族元素：P, As, Sbとの化合物からなる半導体で，GaAsやInSbなど有用．（付録「周期律表」ではⅢa–Vaの元素．）

三次クリープ（tertiary creep）＝加速クリープ

三斜晶系（triclinic system）

結晶系＊の一つ．三軸の格子定数＊も，三軸間の角度もすべて異なり，対称性の最も低い結晶系．

三重点 (triple point)
　一成分系の，温度−圧力状態図で気相，液相，固相の三相が平衡にある点，すなわち自由度がゼロで，温度・圧力がともに一定に決まってしまう点をいう．水の三重点 (273.16K (0.01℃)，610.6Pa) は絶対温度目盛りの定点に選ばれている．

酸性製鋼法 (acid steelmaking)
　シリカなどのケイ酸を主成分とした炉床やライニングの炉で製鋼する方法．酸性スラグはC, Mn, Si以外は除去できないので，不純物の少ない厳選された銑鉄などの原料を使う．酸性スラグの反応は緩慢なので，精錬時間が長い．1945年以前の高級鋼の製造法だが，現在はほとんど使われていない．→酸性鉄，酸性炉，↔塩基性製鋼法

酸性鉄 (acid iron)
　原料鉄鉱石やコークスの種類によって，銑鉄は酸性鉄と塩基性鉄に分類される．この名称は，その後の製鋼過程で，酸性炉*が使えるか，塩基性炉が必要かによる．性質としては，酸性の鉄はケイ素が多くリンが少ない．酸性鉄は良質の銑鉄として，また酸性製鋼法*の原料となる．

三成分系状態図 (ternary phase diagram)
　正三角形の三つの頂点に各成分金属を取り，組成は三角形内の一点で表す．温度は三角形を底辺とする三角柱の高さで表す．立体的になるので表現が難しく，しばしばいずれかの成分を固定した垂直断面図 (擬二元系状態図*) が用いられる．特定温度で切断した等温断面図も用いられる．

酸性炉 (acid furnace)
　平炉・転炉で内面をケイ酸 (SiO_2) を主体とする耐火物にした炉．酸性鉄を製鋼する，すなわちケイ酸を主成分とするスラグが生ずるような精錬に用いる．→酸性製鋼法，酸性鉄，シリカ耐火物

酸素製鋼法 (oxygen steelmaking) →純酸素転炉

酸素ポテンシャル (oxygen potential)
　酸素の反応性を示す尺度に用いられる．酸素分圧を p_{O_2} とするとき $RT \ln p_{O_2}$ を酸素ポテンシャルという．ここでRは気体定数，Tは絶対温度である．

3T曲線 (3T-curve, three T-curve) = T-T-T曲線

3d遷移金属 (3d transition metals)
　元素の電子配置*で3d殻が満たされていく過程の金属元素で，スカンジウム (Sc 21) から銅 (Cu 29) あるいは亜鉛 (Zn 30) までをいう．外側の4s殻にも電子が入り，これは伝導電子*として振舞う．鉄，銅など重要な金属が含まれている．融点が高い，強磁性，反強磁性など特徴的な性質を示し，超伝導*を示すものもある．遷移金属を含め多くの金属と合金を作り，材料として重要である．原子は+1価または，化合物を作るときは，+2価，+3価として働く．→遷移金属，d電子

3d電子 (3d electron)
　3d電子は主量子数 $n=3$, 方位量子数 $l=2$ の3d殻に属する電子で，全部で10個収容されうる．→3d遷移金属，d電子

サンド スリンガー（sand slinger）
　回転撹拌機で鋳型砂を吹きつけて充填し，型込めする機械．鋳物不良を大幅に減らす．

サンド ブラスト（sand blasting）
　砂と圧搾空気の混合流を鋳物などの表面に吹き付けて行う表面研磨清浄化法．

三方晶系（trigonal system, rhombohedral system）
　結晶系の一つ．3回回転軸か3回回反軸をもつもの．格子定数と軸間角は一つとは限らない．この内の一種が菱面体晶系，あるいは斜方面体晶系とも呼ばれる．六方晶系*とは対称性で異なる．→結晶系，ブラベー格子

残留応力（residual stress）
　加熱や加工後に材料に残っている内部応力*．すぐに変形するほどではないが経時変化や何かのきっかけで破壊に至ることもある．焼鈍で除去する．

残留オーステナイト（retained austenite）
　鋼の焼入れが不十分で，マルテンサイトに変態しきれずに残っているオーステナイト．この状態では時効変形，経年変形が生じたり，硬さが変化したりする．→サブゼロ処理

残留磁化（remanent magnetization, residual magnetization）
　磁性材料をいったん飽和にまで磁化した後，磁場をゼロにしたときの試料内の磁化*の大きさ．記号 I_r．→残留磁束密度，磁化曲線

残留磁束密度（residual flux density）
　強磁性体を飽和まで磁化した後に磁場の強さをゼロにしたときの磁束密度．記号 B_r．残留磁化*との違いは磁化*でみるか，磁束密度*でみるかだけの違いで，どちらも磁場ゼロなので数値も同じになる．理学的には磁化，工学的には磁束密度がよく使われるというだけである．→磁化曲線

残留抵抗（residual resistivity）
　金属の電気抵抗は格子振動による部分と不純物などによる部分からなっている．温度が下がるとともに電気抵抗全体が小さくなるが，これは主として格子振動部分である．ヘリウム温度（4.2K）では，ほとんどが不純物による部分で，これを残留抵抗という．→マティーセンの法則，残留抵抗比

残留抵抗比（residual resistivity ratio: RRR）
　金属の常温（293Kまたはその付近の一定温度）での電気抵抗率*を極低温（4.2K）の電気抵抗率で割った値で，高純度金属の純度の目安となり，この値の大きいほうが純度が高い．鉄の場合，強磁性に起因する抵抗があるため，磁場中で測定しその影響をできるだけ減らす．それを RRR_H で表す．→残留抵抗，マティーセンの法則

し　10, c, g, j, θ, σ

CIP（冷間静水圧加工成形）（cold isostatic pressing）
　セラミックスの成形に用いられていた方法で，ステンレス鋼，W，Ti，超硬合金，サーメットなどの粉末を，所定の形のゴムやプラスチックに一様に充填し，油，グ

リセリン，水などの液体中で高圧の液圧をかけて等方的に圧縮成形したのち，焼結する．タービンブレード，排気ノズル，大型ロールなどの成形や金型成形が困難な高速度鋼の成形に用いられる．HIP（熱間等方圧処理）の予備成形に用いられることもある．→HIP処理

仕上しろ（finish allowance）

削りしろともいう．鋳造品や鍛造品は機械加工により仕上げるが，一般にでき上がり寸法より少し大きくしておいて削って仕上げる．この削りとる余裕分をいう．

CRSS（critical resolved shear stress）＝臨界分解せん断応力

CVCミル（continuous variable crown mill）

ロールの直径を左右でわずかに違えた一対のロールを，左右にシフトさせてロール間隙を調整することで，幅方向の板厚分布を制御できるようにした圧延機．→VCロール，TPロール

CVDダイヤモンド（CVD diamond）

CVDはchemical vapor deposition化学気相析出の略称．CVD法により生成されたダイヤモンド薄膜．気相合成ダイヤモンドともいう．CVD法によるダイヤモンド薄膜生成法には，熱フィラメントCVD法，マイクロ波プラズマCVD法，高周波プラズマ法，DCプラズマCVD法，アーク放電プラズマジェット法などの方法がある．近年，これらの方法により直径5cm，厚さ1mmの透明なダイヤモンド薄板が作られ，電子機器の放熱板としての応用などが考えられている．→化学気相析出法

CVD法＝化学気相析出法

シェアリガメント（shear ligament）

材料のき裂発生や進展のとき，き裂先端の塑性変形態が，き裂先端の鈍化により支配される材料（例：等軸$\alpha+\beta$チタン合金）では，き裂は直線的に進行し，破壊靭性は小さい．他方，き裂の先端にマイクロクラックができて，き裂がジグザグに進展する材料（例：粗大針状組織αチタン合金）では，主き裂の前方域にできたマイクロクラック間を連結するせん断的割れができ，それらを合併する形で主き裂が進展するので，破壊靭性は大きい．このとき，マイクロクラック間のせん断割れのできる材料区域をシェアリガメントという．→破壊靭性

J_{IC}試験（J_{IC} test）

破壊靭性＊試験の一つ．き裂パラメータJ積分＊値に対応する破壊靭性値を求める試験．例えば延性材料のき裂材の脆性破壊では，荷重増加により，はじめ外力と釣り合いながら安定的なき裂成長があり，次に不安定破壊に移行する．この安定成長の間の荷重をき裂成長の長さで積分した値から求められる．

シェイフィング（chafing）＝フレッチングコロージョン

J因子（J factor）

物質移動と熱移動それぞれについて，流束の相似性を示す無次元量．物質移動に関しては$J_d=(k/u)Sc^{2/3}$，熱移動では$J_h=St\cdot Pr^{2/3}$．ここでScはシュミット数＊，Stはスタントン数＊，Prはプラントル数＊である，またkは物質移動係数($m\cdot s^{-1}$),uは流速である．

JCPDSカード（Joint Committee on Powder Diffraction Standard card）

JCPDSは上記の略語で，その下部組織ICDD (International Center for Diffraction Data)は，世界中で得られた膨大な数のX線回折＊データ(回折ピークの格子面間隔，面指数，強度など，結晶物質固有の指紋的役割をもち，物質同定に利用される)を常時収録，追加している．これらのデータは公表されており，本，CD-ROM版，インターネットで検索できる．以前はASTM (American Society for Testing Materials)カードといっていた．

CSA規格 (Canadian Standards Association)

カナダ工業規格．

J積分 (J integral)

金属材料の塑性破壊を評価するため使われる値で，き裂がある材料で，外力によってき裂先端部分に蓄えられているひずみエネルギーと外力によりき裂を進展させるため加えられたエネルギーとの差，すなわち，き裂進展により解放されたポテンシャルエネルギー値といえる．→J_{IC}試験

シェファードの標準試料 (Shepherd standard sample)

中炭素鋼，高炭素工具鋼などの破断面粒度測定法で，ノッチを入れた試験片を急冷，マルテンサイト化し，その破面を標準試料(シェファード(米)による，粗粒から細粒まで10段階ある)の破面と比較して粒度を決める．

CFRM (carbon fiber reinforced metal)

炭素繊維強化金属材料のこと．金属マトリックスを高強度炭素繊維などで強化しようとするもの．炭素繊維は密度が小さく高温強度が高いので，Al，Mgなどの軽合金の繊維強化に用いられ，高強度が得られている．Cuとのものは比強度が低く，構造材料には不向きだが，高強度導電材料として用途が考えられている．→炭素繊維

CFRP (carbon fiber reinforced plastic)

炭素繊維強化プラスチック．プラスチックの母材に炭素繊維＊を埋め込んで強化した複合体で，母材の比重を維持しつつ，母材にない高機械的性質を与えることを目的としている．金属代替で軽量化，高強度化，耐薬品性，耐食性，電気絶縁性，断熱性などにすぐれ，航空機体，小型船舶，人工衛星の球形圧力容器などに用途がある．

GFRP (glass fiber reinforced plastic)

ガラス繊維強化プラスチック．ガラス繊維強化熱可塑性プラスチックとガラス繊維強化熱硬化性プラスチックとがあるが，後者と同義語で用いられることが多い．前者はガラス繊維を複合(10〜40wt%)した熱可塑性プラスチックで長繊維とポリプロピレン，ナイロンなどを複合化したシート材料に用いられる．後者はガラス繊維と不飽和ポリエステル，エポキシ樹脂などを複合熱硬化したもので，スポーツ用品，航空機，小型船舶材など広く用いられている．

シェフラーの組織図 (Schaeffler's diagram)

ステンレス鋼＊の組成から金属組織を予測する簡便な図．各ステンレスの特性，熱処理などに重要．横軸にクロム当量($\%Cr+\%Mo+1.5\times\%Si+0.5\times\%Nb$)，縦軸にニッケル当量($\%Ni+30\times\%C+0.5\times\%Mn$)をとり，フェライト，マルテンサイト，オーステナイト及びこれらの混合組織が現れる範囲を図示したもの．

シェブレル化合物 (Chevrel compound)

R. シェブレルが発見した $M_xMo_6X_8$ 型の三元モリブデン化合物で, M として Pb, Sn, Cu, 希土類金属*, X として S, Se, ハロゲン元素*が入る. 高い臨界磁場（約60T（テスラ）），臨界温度（約13K）を持つ超伝導体. 構造は, Mo の正八面体が, X の立方格子の中に入り, それ全体が, M のややひずんだ立方格子（菱面体）の中に入ったものである. 超伝導は Mo の 4d 電子による. 希土類金属同士, 希土類金属と Mo の距離が大きいので, 磁性と超伝導が共存している. 磁性超伝導体とも呼ばれている.
→超伝導体, 臨界磁場

シェラダイジング（sheradizing）

鉄鋼の防錆のため, 酸化亜鉛を含む亜鉛粉末またはこれを含む媒剤中で, 250～400℃に加熱し表面に亜鉛を侵入させる操作. 表面に薄く純亜鉛層, その内部に鉄－亜鉛合金層ができる.

シェリット・ゴードン法（Sherritt-Gordon process）

ニッケルの硫化鉱からアンモニア加圧浸出し, アミン錯体としてニッケル, 銅を抽出し, 次いで加圧空気で酸化すると硫黄の不飽和酸素酸イオンは SO_4^{2-} となり, 同時に CuS として銅は分離される. H_2S 処理により銅を充分に除去した後, 水素による加圧還元で 99.87% 程度のニッケル粉末とする湿式精錬法. →ニッケル

シェルモールド法（shell mo(u)ld process）

鋳型用砂をフェノール樹脂の結合材とともに加熱金型模型で硬化させ鋳型をつくる方法. 薄いので砂をつめて補強しなければならない. 鋳物の精度と平滑性が良く量産に適している.

シェーンフリースの記号（Schönflies symbol, Schönflies notation）

分子の対称性・点群*や, 結晶*・準結晶*の点群・空間群*（結晶構造）およびその構成部分である対称要素を表す記号. 同種のヘルマン・モーガンの記号に比べて, 空間群の表示などでは情報量が少ないが, 対称軸の関係や対称性全体の把握など, 点群の表示に便利である.

点群では, C_n：単独 n 回軸. C_n^h：n 回軸と垂直鏡映面. C_n^v：n 回軸と軸内鏡映面. S_n：n 回映軸. D_n：n 回軸とそれに垂直な複数の 2 回軸（二面体群）. $V=D_2$. T：正四面体が持つと同じ対称軸配置（四面体群）. O：正八面体の持つ対称軸群（八面体群）. 下付添字は, i：反転中心, s：鏡面, d：二つの水平軸を 2 等分する対角面. h, v：C_n^h, C_n^v と同義. 一般の結晶では n=1, 2, 3, 4, 6 であるが, 準結晶では 5 や 10, 分子では制限がない.

空間群は点群記号の肩に番号数字を添字するがこれは単なる順番で意味はない. 結晶構造については参考書等で SB 記号から図を見るのが手っ取り早い. →対称性, SB 記号, ピアソンの記号, ヘルマン・モーガンの記号

COD（chemical oxygen demand）

化学的酸素要求量. 浮遊性懸濁物質量（suspended solid: SS）, 生物化学的酸素要求量（bio-chemical oxygen demand: BOD）と共に排水の処理基準に定められた値. 水中の溶存酸素は排水中の酸素を消費する物質（例えば SO_2 等）や生化学物質（有機物など）が存在すると減少する. これらの汚濁物質の総量を消費する O_2 量で表したものが COD や BOD である.

COD / CTOD試験 (crack opening displacement / crack tip opening displacement test)

破壊靱性を調べる試験の一つ．き裂開口変位試験のことで，あらかじめ機械加工により，切欠きを入れておいた試験片に小さな引張疲労を与えて，切欠きの先端にさらに鋭い疲労き裂を入れる．これに引張荷重を加えて，切欠き口の広がり（き裂開口部の変位）を測定すれば，き裂進展の始まる荷重が求められ，また材料の破壊に対する抵抗，破壊靱性値が求められる．→破壊靱性，応力拡大係数

磁化 (magnetization)

強磁性体*では元来存在し（自発磁化*），それ以外では磁場によって発生する磁気能率*の単位体積当りの量．MKSA単位系では，電流の単位Aを決め，ある面積 (s) の円環電流 (i) から磁気モーメント*（$M=\mu_0 i s$）（μ_0：真空の透磁率）を決め，単位体積あたりの磁気モーメントとして磁化（$I=\mu_0 i s / V$：単位はWb/m^2（ウェーバー/メートル^2））を決めている．磁気双極子（磁荷×両極間距離）を単位体積当りで考えても同様．ただし，電磁気単位系には以上のE-H対応系以外にE-B対応系があり，それでは運動する電荷に働くローレンツ力*から直接磁束密度 (B) を定義し，真空の透磁率を使って磁場の強さ$H=B/\mu_0$を決め，これから磁化（$M=(B/\mu_0)-H$）を定義する（電磁モーメント（双極子）からも定義できる）．どちらかといえば前者は磁性材料，工学関係，後者は理学関係で用いられるが物理的実体も単位も異なるのでどちらの系かたしかめる必要がある（本書はE-H系）．→MKSA単位系

磁界 (magnetic field)

磁場ともいう．（円環）電流あるいは永久磁石によって，他の磁性体や電流・荷電粒子等に力を及ぼす性質を生じている空間．E-H系では電流 (i) を流した巻数 (n) のソレノイドコイル内の磁場$H=ni$（アンペア/メートル）で定義し，E-B系では磁束密度Bそのものを磁場と呼んでいる（Hは「磁場の強さ」と呼ばれている）．

磁化曲線 (magnetization curve)

横軸に外部磁場 (H)，縦軸に材料の磁化 (I) または磁束密度 (B) をとって，材料の磁化過程を描いたもので，I-H曲線またはB-H曲線ともいう．磁気履歴曲線全体をいうこともある．材料の磁気特性を知るための基本的な曲線である．特に材料を消磁し，磁場ゼロの時，磁化ゼロの状態から描いた磁化曲線を初期磁化曲線 (initial magnetization curve) といい，初磁化率 (χ_i)，初透磁率*（μ_i）などを求めるのに必要である．磁場を大きくして磁化を飽和させた後，再び磁場をゼロにし（残留磁化状態），次に逆方向に磁化（減磁過程），磁化がゼロになる時の磁場が保磁力*．逆方向に飽和させた後，再び磁場をゼロにし，元の方向に磁化させて一巡させる．この一巡で描かれる閉曲線が磁気履歴曲線，ヒステリシス曲線である．→ヒステリシス損失

磁化容易軸 (direction of easy magnetization, axis of easy magnetization)

容易磁化方向ともいう．結晶体に磁場をかけた時，磁化されやすい結晶方向のこと．結晶磁気異方性エネルギー極小．自発磁化が安定に向いている方向．鉄では [100]，ニッケルでは [111] 方向である．

歯科用合金 (dental alloys)

歯科用合金はインレー，義歯床，ブリッジ，かぎ（クラスプ），冠（クラウン），矯

正線などのためのもので，Au, Ag, Pd, ステンレス鋼などが用いられている．歯科用金合金はAu-6Ag-9Cuが基本で強度が必要になるに従って，Cu, Agの割合を増やしたり，Pt, Pdを加えたりする．義歯床用にはCo-Cr合金が用いられ，最近では純チタンも用いられる．

磁化率（magnetic susceptibility）＝帯磁率

時間焼入れ（time quenching）

所定の焼入れ温度から一定温度の焼入れ液に一定時間焼入れする方法で，焼割れ，焼ひずみを防止し焼入れ効果を発揮させることを目的としている．

しきい値（threshold value）

外的条件が変化する時，材料の変化が連続的でなく，外的条件の値が特定値を超えると急に進行したり停止したりする時，この外的条件の値をしきい値という．例えば粒子分散合金の二次クリープで，応力が一定値より小さくなると急にクリープ速度が低下する．このような時その応力をしきい応力と呼ぶ．

磁気異方性（magnetic anisotropy）

磁性材料の磁気特性に方向による差があること．結晶磁気異方性（磁化容易軸*），形状磁気異方性（例：アルニコ磁石），誘導磁気異方性（例：方向性ケイ素鋼板）などがある．

磁気カー効果（magnetic Kerr effect）

磁気光学的カー効果ともいう．強磁性体表面に直線偏光が入射すると，反射光の偏光面は入射光の偏光面に対してわずかに回転する．この回転の大きさは表面の磁化の大きさに比例し，その符号は磁化の向きにより決まる．この現象を磁気カー効果という．試料表面の偏光反射光を観察すると，磁区*図形，磁壁*移動などをみることができる．磁気カー効果とカー効果は同じではない．電界中の透明ガラスに電界に垂直方向に直線偏光を入射すると，透過光が楕円偏光となる．ガラスに限らず非結晶体物質でも同様の現象を示す．これをカー効果，あるいは電気工学的カー効果という．

磁気共鳴（magnetic resonance）

電子や原子核のスピン共鳴のことで，磁気モーメントをもつ粒子に静磁場中で振動磁場や電磁波を作用させたとき，それが吸収される共鳴現象．電波分光学に用いれば，エネルギー準位の微細構造，物質の構造などの知見や，液体や固体中の原子，分子の運動の研究，人体の断層画像などに利用されている．→核磁気共鳴

磁気共鳴画像法（magnetic resonance imaging: MRI）

核磁気共鳴*（NMR）を利用して生体の断面画像を得る方法．人体内に大量にある水素の原子核（陽子）を利用したMRIは任意の断面の断層画像が得られる（計算断層画像法）ので，医療現場で診断や脳機能など人体代謝の研究に利用されている．

磁気記録（magnetic recording）→磁性材料

磁気シールド（magnetic shield）

磁気が内部に入らないように軟質磁性材料*の板などにより遮蔽すること．パーマロイ*の板による二重シールドなどが使われている．

シキソ・モールディング＝チキソ・モールディング

磁気探傷法（magnetic flaw detecting method）
　鋼材の表面傷または表面に近い内部傷を見つけるために，磁気を利用する方法をいう．→磁粉検査

磁気抵抗効果（magnetoresistance effect）
　物質に磁場を加えるとその電気抵抗が変化する現象．この効果は磁場の方向によって変化する．磁場と電流が直角の場合の効果を横効果といい，平行の場合を縦効果という．横効果の方が大きい．一般に電気抵抗変化は磁束密度の2乗に比例する．1988年，Fe, Ni, Coの強磁性体とCr, Cuなどの非磁性体のナノサイズの薄膜を交互に積層化した磁性人工格子膜の磁気抵抗効果が著しく大きいことが発見され，巨大磁気抵抗効果*（GMR）といわれ実験，理論，応用の各面から研究されている．

磁気転移（magnetic transition）
　磁気的状態の相転移*．強磁性*や反強磁性*物質の温度を上げていくと，磁化が次第に減り，ある温度で常磁性*へ相転移する．強磁性が常磁性へ磁気転移する温度をキュリー温度*という．フェリ磁性*および反強磁性から常磁性への磁気転移温度は，ネール温度*という．→相転移，β鉄

磁気天秤（magnetic balance）
　磁化率や磁化の強さを測定したり，温度を変えながら磁化率の変化を測定し，磁気転移温度を測定する装置．化学天秤の下部に電磁石をおき，天秤の一方の腕に長い線の先に試料を吊り下げ電磁石の作る磁場の中に入れ，磁場による力を天秤で測定する．

磁気熱効果（magnetothermal effect）
　物質に磁場をかけた時に発生または吸収する熱により物質の温度が変わる効果の総称．
　①磁化による磁壁の非可逆的移動，磁気異方性*に打ち勝っての磁化回転（可逆）による発熱・昇温．発熱量は小さいが交流磁化のようにくり返されると大きな発熱（ヒステリシス損*）になる．②強力磁場で磁性体の磁化に変化を与えると発熱する現象．これを特に磁気熱量効果（magnetocaloric effect）といって区別することもある．③極低温で磁場をかけた常磁性塩を断熱して磁場を除くと格子系から吸熱してスピン系のエントロピーをふやすので一層低温になる．これを断熱消磁*法（adiabatic demagnetization process）といい，mK（ミリケルビン）状態の研究に用いられる（→磁気冷却）．

磁気能率（magnetic moment）
　磁気モーメントともいう．磁性の強さをいう基本的な量で，最初は「磁荷×二つの磁荷間の距離」すなわち双極子磁気モーメントとして考えられた．その後「面積sの円環電流i」を磁気モーメント$M=\mu_0 is$（μ_0は真空の透磁率）と決めている．→磁化

磁気ひずみ（magnetostriction）＝磁歪

示強変数（intensive variable）
　状態変数で，その値が系の質量や体積など，物質または場の量または広がりに依存しない変数．内包量ともいう．温度，圧力，化学ポテンシャル，電場の強さなど．↔示量変数

磁気変態（magnetic transformation）＝磁気転移

C曲線（C curve）

恒温変態曲線（T-T-T曲線*）の下辺を除いた形がCに似ているのでこう呼ぶことがある．

磁気余効（magnetic after effect）

磁気特性が時間と共に変化・劣化する現象のうち，もう一度消磁や飽和まで磁化すると戻るものをいう．① 主に初磁化率（χ_i）の劣化をいうが，初透磁率（μ_i）の劣化を問題にするディスアコモデーション（disaccommodation: DA）と同じとされることが多い．② 交流磁化の遅れを緩和と見て，単一の緩和時間*で表せるものを狭義の磁気余効といい，これは極低炭素鋼の炭素や窒素がbccの面心位置と原子間位置を移動するためで，拡散磁気余効という．緩和時間に幅があるものはMn–Znフェライトやカーボニル鉄に見られ，リヒター型と呼ばれるが，機構はさまざまである．緩和時間に範囲がなく拡がっているものはアルニコ5などに見られ，ヨルダン型と呼ばれる．その一部の機構は熱ゆらぎ磁気余効といわれる．交流磁気特性なので，混同されやすいが，動的磁化過程での遅れや損失（ヒステリシス損，うず電流損，共鳴損）などとは別である．

磁化をしなおしても戻らない磁性劣化は磁気時効（magnetic aging）という．

磁気量子数（magnetic quantum number）

電子の状態を示す第三の量子数*で，方位（軌道角運動量）量子数*lのz成分l_zの大きさを表す．記号m．あるlで許されるmの値は$-l, -l+1, \cdots, 0, 1 \cdots, l-1, l$の$2l+1$個ある．$z$方向に磁場をかけると$2l+1$個のエネルギーに分かれる．電子以外の磁気モーメントをもつ場合についてもいえる．原子の電子配置*にはあらわには出てこない．

磁気履歴曲線（magnetic hysteresis loop）→磁化曲線

磁気冷却（magnetic cooling）

断熱消磁冷却ともいう．常磁性状態の電子スピンや核スピンをもつ物質を高磁場中で冷却し，その後断熱状態で磁場を除くとスピン系のエントロピーは増加するが，格子系から熱を奪うしか方途がないので温度が下がる．それを利用した冷却法．極低温の研究では，電子スピンで〜1mK，核スピンで10μK程度まで冷却できる．

時季（期）割れ（season cracking）＝置き割れ

磁区（magnetic domain）

磁場がかかっていない強磁性体では，内部は磁気的な小領域に分れ，その一つ一つは磁化の方向が一方向で隣接する領域間では反平行や直角になっている．この小領域を磁区という．これによって外部に自発磁化が顔を出さず，静磁エネルギーを最小にしている（図(a)）．磁場がかかるとその方向に近い磁区が広がり全体が磁化される（図(b)）．→磁壁

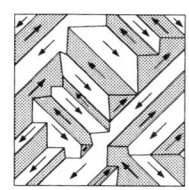

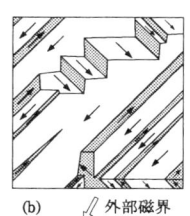

(a) 外部磁界ゼロ　(b) 外部磁界

軸受鋼 (bearing steel)

　球軸受,コロ軸受の球やコロと軌道内輪,外輪に使用される鋼で,高炭素クロム軸受鋼,肌焼鋼,ステンレス軸受鋼,高温軸受鋼の4種がある.高炭素クロム軸受鋼は汎用軸受用で低廉なので各種機械装置の軸受用.肌焼軸受鋼は浸炭軸受用で,繰り返し衝撃に強く,車両,鉄道車両用.ステンレス軸受鋼は耐酸,耐食性があり,耐食計器,化学機器,海中機器用.高温軸受鋼はジェットエンジン,ガスタービンなどの軸受用である.

軸受合金 (bearing metal)

　軸受合金に要求される性能は,大別すると耐荷重性,耐摩耗性,およびなじみ性である.そのための軸受材としては非鉄合金系のものが最も多く使用されている.JISにはSn合金系のホワイトメタル,Cu-Pb系のケルメット*,Al-Sn系の鋳物合金,Fe系とCu系の焼結含油軸受および高炭素クロム軸受鋼が規格化されている.なおマルテンサイト系ステンレス鋼,Mo高速度鋼,肌焼鋼なども用いられる.→軸受鋼,バビットメタル

軸受用スズ合金 (bearing tin alloy)

　スズは元来軸受性能のよい金属であるが,強度が不足なので適当な強化元素を添加,軸受に使用する.高速高重の内燃機関軸受用のホワイトメタル*(バビットメタル*)(Sn-7.4Sb-3.7Cu)がある.

軸比 (axial ratio)

　主に六方晶系*格子で,底面の格子定数*(a)と垂直軸の格子定数(c)との比,c/aをいう.→稠密六方構造,ヒューム—ロザリーの規則

σ相 (σ-phase, sigma phase)

　高クロム合金鋼やCr-Ni-Moステンレス鋼(同鋳鋼)などを高温・長時間加熱すると現れて脆化(σ相脆化)を引き起こす金属間化合物*.その結晶構造は正方晶系*で単位胞に30原子を含むD8b型(SB記号),βウラニウムに似た構造.Mn, Fe, Co, Ni, Pd, ReとV, Nb, Cr, Mo, Wなどの組合せで見られる.位相的最密構造*の典型でこれを避けるための合金組成や熱処理が選ばれる.

σ電子 (σ-electron, sigma electron)

　シグマ電子.σ結合に働く電子をいう.原子の化学結合には原子間を直接結ぶσ結合と,それに垂直でσ結合よりも弱いπ結合がある.π結合に働く電子をπ電子という.π結合力は弱い結合力であるためπ電子は原子間を動きやすいという性質がある.原子間の結合の骨格はσ電子によるσ結合がきめ,分子の反応性は主としてπ電子がきめている.カーボンナノチューブ*が電気をよく通す性質はπ電子による.エチレンの炭素原子間の結合力はσ電子とπ電子が一つずつ寄与して二重結合を形成している.おもにπ電子の移動で生じる結合力による錯体をπ錯体という.

時効硬化 (age hardening)

　時間とともに材質が変化することを「時効(aging)」というが,多くの場合その前に,加工や急冷などが加えられ,ある程度の非平衡状態になっていることが多い.常温で起こるものを常温あるいは室温時効(room temperature aging)・自然時効(natural aging),加熱して生じるものを人工時効*・焼戻し時効(temper aging)な

どという.また,その後の加熱で復元が起こるような析出を低温時効,復元を示さない析出を高温時効と区別することもある.時効硬化は,時効によって材料内に別の相が析出するなどして硬化が起こることをいう.その典型はジュラルミン*である.その硬化機構の解明によって,時効硬化や析出の研究が大いに進んだ.→析出硬化,G-Pゾーン,整合状態,析出,過時効,復元現象

自己拡散 (self diffusion)
純金属中でのその金属原子の拡散.応力や電界などもない状態で考えられるもの.拡散現象の最も基本的なもので他の種々の拡散の議論の基礎として重要.通常放射性同位元素*をトレーサーとして拡散定数(自己拡散定数という:D^*またはD^s)を決める.→拡散,酔歩の理論,固有拡散定数,相互拡散,同位元素拡散

自己硬化鋼 (self hardening steel)
通常鋼は水または油焼入れによって硬化(マルテンサイト化)させるが,鋼中にMn, Cr, Mo, Ni, Vなど焼入れ性を向上させる元素を添加すると風を吹きつけたり空中放冷しても硬化する.このような鋼を自己硬化鋼または空気焼入れ鋼(air hardening steel)といい,合金工具鋼にこの種の鋼種がある.

自己潤滑軸受 (self lubricating bearing)
無給油軸受,含油軸受なども同じ考えのもの.粉末冶金法*その他の方法で多孔質のものを作り,液体または半固体の潤滑剤を沁み込ませた軸受.オイレスベアリング(oilless bearing)も同趣旨.

自己潤滑性合金 (self lubricating alloy: SL)
油潤滑のできないところの潤滑剤には従来,黒鉛,MoS_2などの乾燥皮膜が利用されているが,薄膜であるため寿命が短い.その欠点をカバーするためMoS_2, WS_2の粉末を主成分にし,結合剤としてCu, Ta, Nb, Wなどの粉末を使った自己潤滑性合金が開発されている.この合金は摩擦により合金の一部が相手摺動面に移着し1μm以下の密着性の良い皮膜をつくり,この皮膜と合金との摩擦係数が大変低い.また皮膜が寿命に達すると剥離して摩耗粉となるが,そのあと自己潤滑性合金によって新しい膜が続いて形成されるため寿命は長くなる.

自己焼鈍 (self annealing)
Cu-10Al合金では高温相のβ相は急冷して焼もどしすると,微細なα相が析出して靱性が得られるが,徐冷すると$\beta \rightleftharpoons \alpha + \gamma_2$と共析分解して,もろい$\gamma_2$相になってしまう.これを自己焼鈍といい性能は劣化する.これを避けるため実用合金では急冷したり,他の合金元素を少量添加して分解を抑えている.

自己触媒的変態 (auto-catalytic transformation)
鋼のマルテンサイト変態*では,結晶のある領域が,急冷によってマルテンサイトとなり,そのマルテンサイト相と母相との間に発生するひずみが引き金となってさらに反応領域が拡大する.このような変態を自己触媒的変態という.

自己組織化 (self organization)
ナノサイズの微粒子がもっている規則的な構造を自分で作り成長する性質のこと.自発的秩序形成.

仕事（熱力学的）(work)

シリンダ内の気体が熱せられて膨脹し，ピストンを動かすように，ある物体（ピストンのような力学系）sに力fが作用してその点がある距離drだけ動いた時，スカラー積f·drをその力がsに与えた仕事という．仕事はエネルギーが移動する一つの形態で，単位も同じ（J：ジュール）である．エネルギーの移動には力学的な仕事の他，熱の移動などいろいろある．

仕事関数 (work function)

金属や半導体内部の表面近傍から，表面外部の近傍へ1個の電子をとり出すに必要なエネルギーの最も小さいもの．金属では光電効果＊のしきい値＊に等しい．仕事関数は熱電子放射＊，電界電子放射，接触電位差などに影響する．

自己反応合成法 (self-reactive sintering process, self-reactive synthesis)

化合物の合成法の一つ．化合物の構成元素をそれぞれ粉末にして混合し円筒容器につめ，下から点火，化合物の生成熱による自己発熱で反応が進行し，均一な化合物ができる．1960年代の旧ソ連のMerzhanov A.G.の開発による金属間化合物の安価な製造法．

示差走査熱量測定 (differential scanning calorimetry: DSC)

示差熱分析＊を改良して熱量測定の定量性をあげた熱分析の技法．DSCには測定原理の上から二つの様式がある．① 入力補償型DSC：試料と基準物質の両方の温度を個別に制御するヒーターがあり，両者が常に等温となるように自動制御され，両ヒーターの電力差を時間または試料温度の関数として測定する方式，② 熱流束型DSC：試料と基準物質とを個別に金属薄板を介してヒートシンクに熱的に接続する構造をもち，一定速度で昇温または降温するヒートシンクと試料間の熱流束と，ヒートシンクと基準物質間の熱流束との差を時間または試料温度の関数として測定する方式．いずれもDTA曲線と類似のDSC曲線が得られ，熱量測定の定量性はDTAに勝る．非晶質金属のガラス転移点や結晶化温度，形状記憶合金＊の変態点，水素吸蔵合金＊の水素吸収などの測定に使われている．→TM-DSC

示差熱分析 (differential thermal analysis: DTA)

試料と基準物質とを一定速度で温度上昇または冷却させながら両者の温度差を時間または試料温度の関数として測定する熱分析の技法．（時間）〜（試料温度，温度差），または（試料温度）〜（温度差）をプロットした曲線をDTA曲線といい，試料に融解や変態などの熱変化がおきると，DTA曲線上にピークを描き，変態温度や変態熱を求めることができる．→示差走査熱量測定

示差熱膨張測定 (differential dilatometry)

試料の熱膨張を測る場合，試料片と同じ大きさの参照試料片を，等温になるように加熱・冷却過程の熱膨張差を測定する熱分析の技法．参照試料片の熱膨張が既知であれば，試料の熱膨張がわかる．参照試料としてほぼ同じような熱膨張をもち，変態がないものを選ぶことができれば，熱膨張の微細な変化を検出することができる．

磁子 (magneton)

マグネトン．磁気能率＊（磁気モーメント）の量子・量子論的単位量．当初，ボーアの原子模型でエネルギー最低の電子軌道を円環電流とみた時に発生する磁気能率

であった．スピンが発見された時同じ単位量であることがわかった．ボーア電子軌道もスピンも古典的なイメージは成り立たないから磁子も古典的な描像からは説明できない．しかし磁気能率はこれを単位量としている．これら電子の磁子を核磁子と区別して，ボーア磁子（Bohr magneton）ともいう．記号 μ_B．1.165×10^{-29} Wb・m（ウェーバ・メーター）（E-H系）＝9.274×10^{-24} J/T（ジュール/テスラ）（E-B系）．→磁気能率，磁化

C-C-T曲線（continuous-cooling-transformation curve）

連続冷却変態線図ともいう．ある組成の鋼を，オーステナイト*状態から，いろいろな冷却速度（定速）で常温まで連続冷却し，途中で起こる変態の温度と時刻を記録したもの．横軸は時間（対数目盛），縦軸は温度．共析鋼でいうと，冷却速度が大きければ，オーステナイトのままマルテンサイト変態*に至るが，徐冷すると全部がパーライト*変態する．中間の冷却速度では，まずパーライト変態が始まるが温度の低下とともに拡散が進まなくなるので途中で終了し，残ったオーステナイトが低温でマルテンサイト変態して混合組織となる．いくつかの冷却速度で曲線を書けば，これらの境界速度もわかる．また鋼種によっては，オーステナイト・フェライト・パーライト（微細パーライトで以前トルースタイトやソルバイトといわれたものも含む）・ベイナイト・マルテンサイトの混合組織がみられ，その割合は冷却速度に依存する．このようにC-C-T曲線を見ると，通常の冷却処理で得られる組織や，焼入れ性*・機械的性質が推測できる．T-T-T曲線*でもある程度の予測はできるがC-C-T曲線の方が実際的である．→臨界冷却速度，上部臨界冷却速度，下部臨界冷却速度

ジジミウム（didymium）＝ディジミウム

磁石（permanent magnet）

一般に永久磁石*のこと．→硬質磁性材料

四重極型質量分析計（quadrupole mass spectrometer）

マスフィルター型質量分析計の一種．図のように交流電圧を印加した電場の中心軸に気体イオンが導入されると，$M/e = (1/7.219) V/f_2 \cdot r_0$ の関係を満足するイオンのみが中心軸に沿って安定した振動を行いながら，四重極の間を通り抜け，イオンコレクタに達し電流となって測定される．その他のイオンは不安定な振動の後に

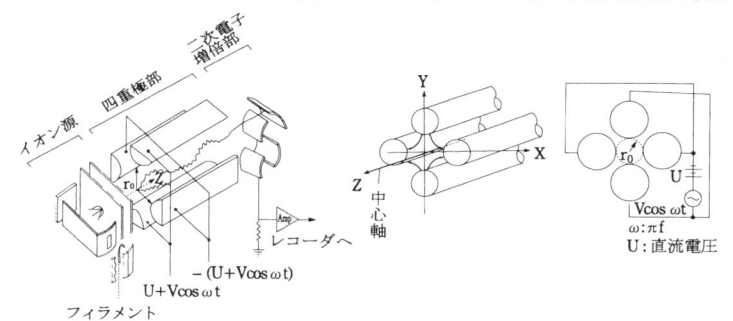

四重極に衝突して消えてしまう．得られたV対イオン電流が質量数対相対濃度の質量スペクトルとなる．ここでM, e, V, f, r_0 はイオンの質量数，電荷，交流電圧の振幅，周波数，四重極が形づくる中心軸の最大半径．イオンの四重極間の通過が濾過の現象に似ているので質量の濾過（mass filter）とよばれている．

磁芯（magnetic core）

鉄芯ともいう．純鉄やケイ素鋼＊など軟質磁性材料をコイルの芯にし，コイルから発生する磁束密度＊を非常に大きくする材料のこと．こうすることによって，変圧器やモーターが小型化・高能率となる．→軟質磁性材料

磁性（magnetism）

磁気的性質のこと．物質の磁場に対する反応，および永久磁石＊など特定の物質が磁場を発生する性質を磁性

　　常磁性　　　強磁性　　　フェリ磁性　　　反強磁性

という．磁性は原子内電子の運動と電子固有の性質であるスピン＊によって生じる．これを（原子）磁気能率＊という．原子核も磁性を示すが，その強さは電子によるものの 10^{-3} 程度である．われわれが感じ，利用する磁性は原子磁気能率が集団で，あるいは協力現象＊として示す磁性であり，その集合（配列）状態から分類される．すなわち，(1) 無秩序磁性：反磁性，常磁性　(2) 秩序磁性：強磁性，フェリ磁性，反強磁性である（図参照）．なお，フェリ磁性を反強磁性の一種と見ることもある．また，反強磁性・フェリ磁性の中にはさまざまな磁気秩序（配列）を示す磁性があり，配列によって，スピン密度波磁性・らせん（スクリュー）磁性・傾角磁性（寄生強磁性）・円錐磁性などの小分類もできる（ただし，メタ磁性＊は磁化過程の現象であり，配列でいう磁性ではない）．→反磁性，常磁性，強磁性，フェリ磁性，反強磁性，d電子，f電子，磁性材料，磁化，磁界，4f遷移金属

磁性材料（magnetic material）

広くは磁性体の磁気，光，電気，力学的性質を利用する材料をいう．大別すると以下のようである．軟質磁性材料＊：電磁石＊，磁芯＊など高透磁率材料，微小な磁界で磁化される．パーマロイ＊，センダスト＊，ケイ素鋼＊板など．硬質磁性材料＊（永久磁石材料）：永久磁石＊など．半硬質磁性材料＊：保磁力の小さい永久磁石，電磁リレー，ヒステリシスモーターなど．磁気記録媒体，光（熱）磁気記録＊媒体：磁気テープ，磁気ディスク．磁歪材料：超音波振動子．磁気抵抗材料：磁気センサー用のパーマロイ系合金や巨大磁気抵抗効果＊応用の磁気ディスクヘッド．コロイド状の磁性材料による磁性流体（magnetic fluid），磁気インク（magnetic ink）などもある．

磁性蓄冷材（magnetic cold storage materials）

超伝導磁石＊を，液体ヘリウムを用いないで冷却する，Gifford-McMahonによるGM冷凍機の蓄冷材として用いられる $ErNi_{0.9}Co_{0.1}$, $HoCu_2$, Er_3Ni などの磁性材料．低温での磁気変態による異常比熱に伴う大きな比熱を利用している．→磁気冷却

自然時効（natural aging）→時効硬化

自然割れ（natural cracking）＝置き割れ

磁束密度（magnetic flux density）

　　空間及び物質中の単位面積あたりの磁束（磁気の強さを示す力線の束）の数．通常は磁場（H）中に置かれた物質に発生する磁化 *（I）から磁束密度（B）は $B=I+\mu_0 H$（μ_0 は真空の透磁率）と表される（この定義は電磁気単位のE–H対応系）．他方，荷電粒子がその空間内で運動する時に生じる力から磁束密度を定義するE–B対応系もある．磁性材料では，その磁化された強さを示している．→磁力線，残留磁束密度，最大エネルギー積

磁束量子（磁束の糸）（fluxoid quantum）

　　超伝導状態にある物質内の円環でかこまれた空間の磁束は，円環を流れる電流が量子化されているため $h/2e$ の整数倍に量子化されている．この $h/2e$ の磁束を磁束量子または量子磁束という．第二種（硬質）超伝導体＊の混合状態（$H_{c1}<H<H_{c2}$）で超伝導体の内部に侵入しはじめる常伝導領域の磁束も $h/2e$ に量子化された磁束量子の束になっている．

下地物質（substrate）

　　蒸着膜や電着膜の基盤となる支え下地物質．その種類，結晶方位，表面状態，温度などにより，形成される膜の構造が広汎に変化する．とくに単結晶下地上で成長するときは，薄膜は下地の結晶方位に左右される優先方位（エピタキシー）をもつ場合が多い．→エピタキシャル成長

θ相（& θ′, θ″）（θ–phase, theta phase）

　　主に，Al–Cu二元系で，Cuを過飽和に固溶した状態から現れる相についていわれる．$CuAl_2$ の組成をもち正方晶で $CuAl_2$ 型構造（C16）の金属間化合物＊で，z軸上でCu原子層とAl原子層が交互に並んでいる層状構造をもつ．$CuAl_2$ のほかに同じ構造の金属間化合物が多数あり，Co_2B などのホウ化物も同じ構造である．Al–Cu二元系では時効の進行より G–Pゾーン＊ → θ″相 → θ′相 → θ相 と析出過程が進行する．しかし，θ″相には復元現象＊があり，θ′相との連続性がないので，G–PゾーンⅠ → G–PゾーンⅡ → θ′相 → θ相 と表現する方がよい．→S相, ω相

七三黄銅（7/3 brass）

　　Cu–28〜32Znのα黄銅で，冷間加工により強さも高く，曲げ性，絞り性もよいので，複雑な加工品，深絞り加工用として広く使用され，薬きょう黄銅＊（cartridge brass）の呼称もある．

支柱転位（pole dislocation）

　　すべり面にある有限の長さの転位線の両端に連なっていて，そのすべり面にない外にのびている転位．もとの転位の両端を固定し，転位増殖のフランク・リード源＊の重要な要素である．

室温時効（room temperature aging）→時効硬化

シックナー（thickener）

　　鉱石から目的金属を酸やアルカリなどの溶媒で溶かし出す浸出操作により得られたパルプ（鉱液＊）から固体を分離するため，タンクにパルプを連続して流し込み固体粒子を沈降させる装置．

実効分配係数 (effective distribution coefficient)

現実の凝固過程では固体と液体の濃度比は平衡状態の値k_0から外れていて,溶質の拡散,凝固速度,液の流動などの影響を受ける.現実の合金元素の濃度比を実効分配係数k_eという.バートンによればk_eはk_0と凝固速度f,拡散係数D,拡散(境界)膜の厚さδにより,$k_e=k_0/[k_0+(1-k_0)\exp\{-f(\delta/D)\}]$と近似される.→平衡分配係数

実在結晶 (real crystal)

理想結晶の対語.金属など一般に結晶の構造・性質を考える時,まず最初は原子が規則的に,無限に並んでいると考えて議論するが,金属の強度などはそれでは説明ができない.実在の結晶には,方々に配列の乱れ(格子欠陥*)があり,それが金属の諸特性に大きく影響しているのである.そういう欠陥を含んだ結晶についての描像を実在結晶という.→理想結晶,完全結晶,不完全結晶

湿式製錬法 (hydrometallurgy)

鉱石から金属成分をとり出すために,主として常温で水溶液や有機溶媒中での化学反応および電気分解を利用した方法をいう.乾式製錬法*の対語だが,両法が組み合わされることも多い.

実用鋼 (commercial steel)

実用鋼は炭素鋼*と合金鋼*(特殊鋼ともいう)に大別される.炭素鋼は炭素量により軟鋼*,鋳鋼*,中炭素鋼*,高炭素鋼があり,鋼板,鋼管,鋼棒などの構造用と機械加工用に使用される.合金鋼には,高張力鋼*,低合金強靱鋼,超高張力鋼*,耐摩耗性特殊鋼*,軸受鋼*,工具用特殊鋼*,ステンレス鋼*などの耐環境特殊鋼*,耐熱鋼*,低温用鋼*,電磁特殊鋼*などがある.

質量効果 (mass effect)

質量とはいうが実際は材料の寸法,特に断面寸法の大小により,熱処理効果,特に焼入れ*効果が異なることをいう.

質量作用の法則 (mass action law)

化学平衡の法則ともいう.質量とはいうが,濃度(正確には活量*)が化学平衡,ここでは平衡定数*(k)を決めるという法則.A+B+…⇌C+D+…という反応でそれぞれの濃度を[A][B]…,[C][D]…とすると,$k=([C]\cdot[D]\cdot\cdots)/([A]\cdot[B]\cdot\cdots)$が温度,圧力だけに依存する定数となるという法則.気相系では分圧を用いる.

質量分析計 (mass spectroscopy)

試料気体を高真空中でイオン化し,各質量のイオンを磁場または電場の中で選別し,質量数~相対濃度の質量スペクトルを得る分析機器.未知試料の質量数が直ちにわかり定性分析が容易という特徴がある.蛋白質などの巨大分子試料に対しては「穏和なイオン化法(例えば島津製作所・田中耕一)」が必要である.装置は測定原理により次の3種類に分けられる.①電界を利用する質量分析計:高周波型や四重極型がこのタイプに属する,(→四重極型質量分析計)②電界と磁界を利用する質量分析計:磁界偏向型,二重収束型,トロコイド型,オメガトロン型などがある,③飛行時間を利用する質量分析計:飛行時間型.

CTOD試験→COD試験

磁鉄鉱 (magnetite)

化学組成 Fe_3O_4, 逆スピネル型結晶*の鉄の主要な鉱石. 鉱物中最強の磁化 (フェリ磁性*, キュリー点*585℃) をもち, 天然の永久磁石となっていることが多い. マグネタイトともいうが, その場合は鉄鉱石でなく Fe_3O_4 で磁気テープやフェライト磁性材料に用いられる材料をさすことが多い. →マグネタイト

シートバー (sheet bar)

幅 200～300mm, 厚さ 5～50mm, 長さ≦5000mm の寸法を有する金属半製品. 特に鋼板用半製品をいうことが多い. 鋼板用シートバーの場合これらはリロール・メーカーによって, 随時適寸の小ロット製品にリロールされるが, 打刃物用炭素鋼, 刃物用および食器用ステンレス鋼などが多く, 工具, ゲージ用に炭素工具鋼, 合金工具鋼, 軸受鋼*なども需要があり, 小ロット用素材として欠かせぬ有用な材料である. →ブルーム, スラブ, ビレット, スケルプ, ゲージ鋼, 工具鋼

磁場 (magnetic field) =磁界

磁場中熱処理 (magnetic annealing, heat treatment in magnetic field)

主として磁性材料を磁場中で高温に保持した後, 冷却し析出などの変態を起こさせる処理. 結晶粒が異方的に成長し, 磁気特性の向上に応用できる. また磁場中で磁気変態点を通過させるとさまざまな磁気異方性が現れて, 同様に利用できる. こうした磁場中での熱処理. 最近では鉄などの結晶粒微細化にも用いられる. →異方性アルニコ磁石, 磁気異方性, 超高張力鋼

自発磁化 (spontaneous magnetization)

強磁性体*で原子あるいは電子集団の磁気能率*が交換相互作用*によって自発的に並んで形成される (協力現象*) マクロな磁化をいう. この磁化の強さは絶対零度で最大でキュリー点*で消失する. その温度変化はランジュバン関数*あるいはそれを量子化したブリュアン関数を用いて説明できる. 磁場中におかれていない軟質磁性材料*でこれが現れていないのは内部が磁区*にわかれ打消しあっているためである. フェリ磁性*, 反強磁性*では原子磁気能率, またはその部分格子についていう.

cph構造＝hcp構造

G-Pゾーン (Guinier-Preston zone, G-P zone)

G.P.集合体, ギニエ・プレストン (G-P) ゾーンともいう. Al-4Cu合金 (ジュラルミンの基本合金) の時効初期には顕微鏡的にもX線的にも析出が見られないのに硬度が上がる. 単結晶によるラウエ写真の線条からギニエ (A.Guinier) とプレストン (G.D.Preston) がそれぞれ独立に, 1～2原子厚のCuの薄板状析出であることをつきとめた (1938年).

このごく初期の析出層は母相のAlの格子面と整合状態にあり, G-P-Ⅰといわれる. 時効が進むと整合状態のまま層は厚くなりG-P-Ⅱ, あるいはθ''といわれる. さらに時効が進むと次第に整合状態は失われ, θ'相となる. 特に時効を進め過時効*状態で安定析出相のθ相になる. ジュラルミン*の硬化はG-P-Ⅰによる第1段階とG-P-Ⅱの第2段階にわたって現れる. 現在では多くの合金系で過飽和固溶体からの析出過程で現れる同様な析出相をG-Pゾーンと呼び, その各段階もG-P-Ⅰ,

Ⅱ（多層になるがまだ整合），θ′（独自構造である面のみ整合（semi-coherent）），θ 相（安定相，非整合）と呼んでいる．→θ相，整合状態，格出硬化

シーブング型変態（schiebung-type transformation）

変態速度の遅いマルテンサイト変態＊のこと．Fe-Ni合金で現れることがある．顕微鏡下で観測できるほど遅い場合（10^{-4}cm/sec）もある．schiebenとは独語でずらすこと．鋼のマルテンサイト変態のように早いもの（1000m/sec）を，バースト型＊・ウムクラップ型＊というのに対する言葉．

磁粉検査（magnetic particle inspection）

鉄鋼材料の表面または表面近くの欠陥からもれた磁束に磁粉が付着する現象を利用して欠陥を調べる検査法．強磁性体粉末を懸濁させた塗料を，全塗布した後拭い取り，残留した塗料で欠陥を発見する．→マグナフラックス法，探傷法，非破壊試験法

磁壁（magnetic domain wall）

磁区＊の境界をいう．通常数10nmの厚さがある（図(a)(c)では厚さが示されているが，(b)では示されていない）．その間で磁気モーメントが180°あるいは90°回転している．それぞれを180°磁壁，90°磁壁という．磁壁法線を軸として回転しているものをブロッホ磁壁＊（Bloch wall：(a)(b)），薄膜などで，膜面の法線を軸とし，面内で回転しているものをネール磁壁（Néel wall：(c)）という．→磁区

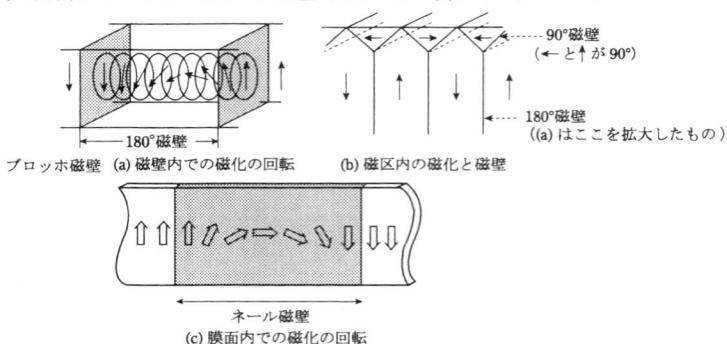

ブロッホ磁壁 (a) 磁壁内での磁化の回転　(b) 磁区内の磁化と磁壁

90°磁壁（←と↑が90°）
180°磁壁
（(a)はここを拡大したもの）

ネール磁壁
(c) 膜面内での磁化の回転

シーベルト（sievert: Sv）

放射線当量のSI単位．1Sv=100レム（rem）．レムは人体レントゲン当量．放射線の線量当量の単位で，X線等の生体障害を示すため，生体に吸収された量を表す単位．X線の1rad.と生物効果で同等の放射線の量を表していたが，レム単位をSI単位系のSvに置き換えることが国際的に薦められている．

シーベルトの法則（Sievert's law）

溶融金属中に溶けている気体の量（a_i：活量＊）と雰囲気中の気体の分圧（p_i）との間に，$a_i = k\sqrt{p_i}$ の関係があるという法則．kは1気圧での気体の溶解度に相当する定数，気体iはH_2, N_2, O_2などで，金属と化合物をつくらない場合に成立する法則．

絞り（しぼり）（reduction in / of area）＝断面収縮率

島状成長モデル (island growth model)
蒸着・電着など薄膜の成長において，下地に到着した原子/分子のまわりに次々と付着して広がりつつ同時に積み重なっていき，島状の集団があちらこちらにでき，やがてそれが全面を覆うという成長模型．三次元核生成成長模型ともいう．下地温度，蒸着・電着速度などの要因にも依存する．単原子層成長モデル*の対語．

縞状組織 (banded structure)
一方向に伸びた縞のような金属組織で，凝固時の偏析などによる不均一が，その後の圧延加工などでつぶされ，引き伸ばされたもの．鋼ではフェライトの帯，またはそれがパーライトの列をはさんだ縞状組織になる．強度その他に異方性が現れる．均質化熱処理などで防ぐ．→均質化処理

シーム溶接 (seam welding)
一対の円板電極で板をはさみ，電極を回転し，材料を移動させながら通電，抵抗溶接する方法．連続溶接できるので気密にできる．縫い合わせ溶接ともいう．

シームレス鋼管 (seamless steel pipe)
継目無し(鋼)管ともいう．中空鋼塊を引き抜くか，マンネスマン穿孔機で穴あけし，マンネスマンピアサ，ピルガーロール圧延，アッセル圧延，プッシュベンチ押抜法などで作られた非溶接，非ろう付け鋼管をいい，高圧用などに使用される．→マンネスマン法

ジーメンス・マルタン法 (Siemens–Martin process)
ジーメンス(W.Siemens)とマルタン(P.Martin)により1865年から1867年にかけて開発された平炉製鋼法*(当時は酸性平炉)のこと．→平炉，製鉄・製鋼

下降伏応力＝下部降伏応力
下臨界冷却速度＝下部臨界冷却速度

斜角法(超音波探傷の) (angle beam method)
試験体の形状などから垂直入射ではわからない部分の検査のため，振動子と試験体の間にアクリル製のクサビを入れて，縦波を全反射させ，横波のみを入射させる方法．縦波が全反射する近くの角度で，縦波をやや内部まで入る表面波として伝播させ，離れた部分の表面き裂を検出する手法(クリーピングウェーブ法)もある．

シャク声 (tin cry)＝スズ鳴り

弱電解質 (weak electrolyte)
酢酸など多くの有機酸やアンモニア水などでは濃度が高いと完全に電離していない．このような物質を弱電解質といい，その当量電導度*はコールラウシュの法則*から外れる．↔強電解質

遮蔽材 (shielding material)
通常原子炉心を遮蔽して，γ線や中性子線を遮断する材料をいう．何を遮蔽するかにより，材料の種類が異なるが，一般的に用いられるのは，コンクリート，鉛，水，鉄，ステンレス鋼，含ボロン鋼および黒鉛で，コンクリートはγ線，中性子いずれにもよく，原子炉遮蔽に最もよく用いられる．鉛はγ線遮蔽によいが，補強材が必要．水は中性子遮蔽材，鉄鋼は中程度の能力であるが，構造材として水と共用される．黒鉛は水使用が困難なナトリウム冷却高速炉の中性子遮蔽用．その他パラ

フィン，ポリエチレン，プラスチックなどは中性子用に実験室で用いられる．

シャフト炉（shaft furnace）
　縦型円筒状の溶融炉．通常炉下部に燃料の吹き込み孔があり，鉱石と還元剤を交互あるいは混合して炉頂から装入し，鉱石を溶融還元して炉下部から目的金属を連続して得る．溶鉱炉や高炉*と類似するが小型である．

斜方晶系（orthorhombic system, rhombic system）
　直方晶系ともいう．→結晶系

斜方面体晶系→三方晶系

シャルピー衝撃試験（Charpy impact test）
　断面が正方形の角棒の中央にVまたはU型のノッチ（切欠き）を入れた試験片を支えギャップの間に水平に置き，ノッチの反対側からV型打面のハンマーを振り下ろして衝撃を与える．試験前後のハンマーの振れ角で消費したエネルギーを計算し，試験片の耐衝撃力を知る試験．延性－脆性遷移*を知る上で重要．最近，試験中の荷重と変位を時間的に測定する計装化シャルピー衝撃試験（instrumental Charpy impact test）も広まり，衝撃試験の機構も議論されている．→衝撃試験，アイゾット試験，低温脆性

ジャンクション（junction）
　2本の転位が交差，切りあう位置．引力型ジャンクション（attractive junction）と斥力型ジャンクション（repulsive junction）とがある．引力型の方が安定化しやすいので転位運動への抵抗は大きい．→転位

重液選鉱（heavy media separation）
　比重選鉱の一種．強磁性体の粉体を水中に懸濁させた重液に磁場を作用させ，見掛け比重を調節し鉱石と脈石の比重差を利用して分離する選鉱法．スズ石やタングステン鉱に適用される．

自由エネルギー（free energy）
　物質の安定性，変化の方向性を示す熱力学的状態量．自由エネルギーが小さい方が安定．その方向に相変態などの変化が進む．二つの相の自由エネルギーが等しい時，二つの相は平衡状態にある．体積・圧力変化が無視できる場合（金属では多くがこれ）には，ヘルムホルツの自由エネルギー*（F），体積・圧力変化があり仕事のやり取りがある場合には，ギブスの自由エネルギー*（G）が使われる．$F=U-TS$，$G=U+pV-TS$（U：内部エネルギー*，T：温度，S：エントロピー*，p：圧力，V：体積）．

柔鉛（softening process）
　鉛の乾式精錬の一過程．粗鉛を融解し，700〜800℃で圧縮空気を吹き込み，スズ，アンチモン，ヒ素を酸化させて除去する過程．その結果得られる中間精製鉛はやわらかいのでこの名がある．

Cu–Au型構造（Cu–Au type fct structure）＝銅－金型面心正方規則格子
Cu_3–Au型構造（Cu_3–Au type fcc structure）＝銅－金型面心立方規則格子

周期律（periodic law）
　元素の諸性質が，原子番号*順に変化しかつ繰り返されるという法則．最初は原

子量*順の繰り返しが発見され，表にされた（1869年，メンデレーエフ）．しかし，原子量は同位元素*の存在のため，当時知られていた平均的な原子量と性質の変化が部分的には合わなかった．性質の変化は電子配置*・電子数によるので，今では原子番号（電子数，陽子数に等しい）順でおおまかな説明が与えられている．周期律に従って元素を順に並べた表が周期律表で，右上側1/3以外は全部金属元素である．そのうち Cu, Ag, Au より左には通常の bcc, fcc, hcp 構造がほとんどで，Zn, Cd より右にはやや変わった結晶構造の金属が並んでいる．付録（表見返し）参照．

重金属（heavy metals）

明確な定義はないが，金属元素の中で，比較的高密度（通常 $4\sim5\mathrm{g}/\mathrm{cm}^3$ 以上）のものを，それ以下の軽金属と区別して重金属という．軽金属に比べて元素は多く，Fe をはじめ工業材料として広く使われ，Au, Ag, Pt, Pd などの貴金属，U, Pu, Th などの核燃料物質なども重金属である．Cd, Cr, Hg およびそれらの化合物は毒性が強く，重金属汚染として鉱毒事件や公害病を引き起こした．→環境問題

重格子（super lattice）＝規則格子

集合組織（texture, preferred orientation）

多結晶体でありながら，それぞれの結晶粒の結晶方位が大まかに揃い，単結晶に似た状態．引き抜き，圧延などの加工によって（加工集合組織*），その後の焼鈍による再結晶によって（再結晶集合組織*）発生する．引き抜きの場合は，線の半径方向には等方的なので，引き抜き方向に現れる結晶方向で表現する．圧延の場合には，圧延方向に現れる結晶方向と，板面に平行な結晶面で表す．材料には異方性が現れ，機械的，磁気的性質に大きく影響するので重要．→方向性ケイ素鋼板，r（アール）値

15％寸法因子（15％ size factor）

マトリックス*原子の原子半径に対し，それと原子半径の差が15％以内に入る合金元素は広い固溶範囲を持つという考え．この範囲内の元素を"favourable"，範囲外のものを"unfavourable"な元素とした．ヒューム－ロザリーの規則*のひとつ．鉄合金についてもいわれる．

収縮（拡張転位の）（constriction）

拡張転位*を構成している二つの半転位*が合体して完全転位*になること．→交差すべり，収縮節

収縮孔（shrinkage hole, shrinkage cavity, shrinkage porosity）

溶けた金属が凝固する時，収縮によって生じるくぼみや気孔．リムド鋼では，鋼塊表面の内側に気孔が並び（リム：ふち），中心部の引け巣*はない．一方キルド鋼では，気孔は少ないが，中心に深い引け巣が生じる．

収縮節（拡張転位または積層欠陥の）（constricted node）

焼鈍材などでよく見られる転位の網目構造*において，もしそれらの転位が拡張している場合には，結節点に2種類のものが生じる．節において，半転位*が交差して収縮する場合と，交差しない場合で，前者を収縮節，後者を拡張節*という．

重晶石（baryte）

バリウムの鉱石．硫酸塩が主成分．

重水炉（heavy water reactor：HWR）

中性子の減速材に重水（D_2O）を用いた原子炉．普通の水素とくらべて重水素（$D={}^2H$）は中性子の減速能が大きく，中性子断面積が700分の1と小さいので，減速材*として優れている．天然ウランをそのまま燃料にできる利点があるが，重水の高コストに加えて放射性の三重水素が生成するので，軽水炉*とくらべてコスト高が問題である．→原子炉，原子炉材料，同位元素，トリチウム

自由体積（free volume）

非晶質合金*のような乱れた相や，格子の乱れた部分において，原子の位置が本来のポテンシャル最小位置からずれた量を積算し，全体の体積増加とみなしたもの．ランダムネスの目安となる．

集団電子模型（collective electron model）

d電子*が，いくつもの原子を渡り歩きながら，強磁性*，反強磁性*などの秩序磁性を生じるという模型の簡単なもの．その後改良されて遍歴電子模型*となった．

自由電子（free electron）

金属で見られるように，特定の原子に所属せず，結晶内を自由に移動できる電子．伝導電子*．→価電子

自由電子模型（free electron model）

金属電子の最も単純な量子力学的理論．金属固体を，表面に対応するポテンシャルバリアーで囲まれた底の平らな箱と考え，その中に閉じ込められた電子集団を考える．箱の大きさ，電子の数などから，波数*空間におけるエネルギー状態，フェルミエネルギー，フェルミ面*，状態密度*などが計算でき，金属の熱的性質，熱電子放射などが説明できる．結晶格子の周期的ポテンシャルはまだ考慮されていない．→ブロッホ関数

充填率（packing factor）

①結晶を，球と考えた原子（イオン）が相互に接触して構成していくと考えた時，空間を球の体積が占める割合．fcc格子，hcp格子で0.74，bcc格子で0.68，最密無秩序充填*（実験）で0.64.

②見かけの体積で真の体積を割ったもの．

自由度（degree of freedom）

①平衡状態にある物質系において，相の数を変えることなく，独立に変化させ得る示強変数*（温度，圧力，濃度など）の数．→相律

②力学系では自由に運動し得る次元数．質点：3，剛体：6（位置の移動：3，振動：2，回転：1），束縛条件があればそれを差し引いたもの．

17-4PH（ステンレス鋼）（17-4 precipitation hardening stainless steel）

Armco社の析出硬化型，耐食・耐熱ステンレス鋼*．析出母相はマルテンサイト，SUS 630に相当．17Cr-4Ni-4Cu.

18-8ステンレス鋼（18-8 stainless steel）

ニッケル・クロム系ステンレス鋼の代表的なもの．成分は8Ni-18Cr．固溶化熱処理によりオーステナイト組織となり，非磁性で耐食性が大きく，日用品，厨房機器から化学工業関係の機器類に至る広範な用途がある．代表的な鋼種はJIS SUS304

(0.05C-9Ni-19Cr)であるが,さらに耐食性,耐酸化性を高めるため,CrやNiを増量したり,炭素量を低減し,さらにMoなどを添加した鋼種が多く開発され,使用されている. →ステンレス鋼

自由表面拡散 (diffusion on free surface)
　物体の外部表面での拡散.表面に吸着した原子などについて考えられる.内部の拡散よりも拡散係数は大きいが,表面それ自体も構造は複雑で定量的研究は困難である.蒸着や焼結では重要.

重力偏析 (gravity segregation)
　比重偏析ともいう.成分の比重差によって生じる偏析*.

縮小γ領域型（状態図）(contracted γ-field type) →γ領域-縮小型

樹枝状晶 (dendrite)
　デンドライト.鋳造条件によって金属の凝固組織に発生する樹枝状の結晶.多くの場合他の部分と組成が異なり好ましくない.凝固時,液相から固相への熱流が遅く,固・液界面が局所的に高温になると発生しやすい.組成的過冷却*では多角柱が縦横に成長するセルラーデンドライト(→セル構造・セル組織)も発生する.

主すべり系 (primary slip system)
　金属結晶のすべり*は,多くの場合,結晶の低指数面で,低指数方向に生じる(→すべり系)が,対称性の良い結晶ではそれがいくつもある(例えば,fccでは{111}<110>すべり系は12通りある).その中でせん断応力*(分解せん断応力*)が最も大きくなるすべり系をいう.応力と,すべり面法線・すべり方向から計算されるシュミット因子*が最も大きいすべり系である.

Cu-Zn型構造 (Cu-Zn type structure) →β黄銅型,γ黄銅型合金

シュミット因子 (Schmid's factor)
　円筒形の単結晶を考え,軸方向に引張応力(σ),それとすべり面法線のなす角をθ,またすべり方向とのなす角をλとすると,すべり方向へのせん断応力(分解せん断応力*)τは,$\tau = \sigma \cos\lambda \cdot \cos\theta$となる.$\cos\lambda \cdot \cos\theta$をシュミット因子という. →シュミット則,主すべり系,最大分解せん断応力

シュミット数 (Schmidt number)
　流体の物性値によって定まる無次元数.密度ρの流体の運動粘性率η/ρと流体中のある物質の分子拡散係数Dとの比,$\eta/\rho D$をシュミット数Scという.運動粘性率は層流内の運動量の移動つまり摩擦力と関係し,一方分子拡散係数は物質移動速度と関係する.従って,その比であるシュミット数は流体境界膜内の物質移動速度と密接に関係する.シュミット数は伝熱におけるプラントル数*に対比される.

シュミット則 (Schmid's law)
　シュミット因子*の考えや,それから求める分解せん断応力*がある臨界値に達するとすべりが始まる(臨界分解せん断応力*)という考え方をいう.またこの考え方に従えば,臨界分解せん断応力は引張試験片の軸の結晶方位に依存せず一定ということになり,これをシュミット則ということもある(厳密には近似則). →最大分解せん断応力

ジュメット線＝デュメット線

シュラウド (shroud)

言葉の意味は「包むための覆い，囲い」であるが，最近よく使われているのは，沸騰水型原子炉(軽水炉*)の「炉心隔壁」のことである．炉の出力にもよるが，直径・高さがそれぞれ5～7mの段付・樽型の円筒で，冷却水の整流と同時に，核燃料・制御棒・蒸気乾燥・分離器など，原子炉の最重要部分の支持枠である．強度，耐食性などの点から，ステンレス鋼*SUS 304が用いられてきたが，応力腐食*によるひび割れが問題になっている．その原因となる炭素含有量を減らしたSUS 304L, SUS 316Lも用いられているが，放射能，高温・高圧の冷却水との接触など環境が過酷である上，多種・多数の配管との溶接部の施工など，材質とともに多くの問題がある．

ジュラニッケル (duranickel)

"Z"ニッケル合金ともいわれる．H.Wiggins社(英)のNi基耐食合金．非磁性で，引張り強さも大きい．時効硬化性で，スプリング，ダイス等に用いる．4.5Al-0.5Ti-残Ni.

ジュラルミン (duralumin)

「軽くて強い合金」の代表的なもの．1911年ドイツのウィルム(A.Wilm)によって発見された．Duerener Metallwerk A.G.から名付けられたともいわれる．Al-4Cu-0.5Mg-0.5Mnを基本とし，Si (0.2～0.8) を少量含む．溶体化処理*，室温時効*したものは，40 kgf/mm^{2}の引張強度がある．その後さまざまに改良され，超ジュラルミン* (Al-4Cu-1.5Mg-0.5Mn: 50 kgf/mm^2)，超々ジュラルミン* (Al-5.5Zn-2.5Mg-1.5Cu-0.3Cr-0.2Mn: 60 kgf/mm^2) などがある．低温・高温においても強さと伸びを維持しているので，板・棒・管などとして航空機をはじめ軽量構造材として広く使われている．JISではA2014, 2017が相当している．→ND合金，HD合金

ジュラルミンの強度は時効で発生するが，硬化の初期段階においては明瞭な析出を示さず，X線のラウエ斑点に線条が現れる．これが1原子面程度の薄いCuの板状析出，すなわちG-Pゾーン*である．ジュラルミンは，G-Pゾーンの発見を契機として，析出現象*の研究を大いに発展させた材料でもある．→θ相，整合状態，ω相

主量子数 (principal quantum number)

孤立原子内の電子のエネルギーをおおよそ決めている量子数*．この他の方位量子数*，磁気量子数*，スピン量子数*とを含め，四つの量子数で電子の状態が決まる．→原子の電子配置，量子数，電子殻

シュルツ法 (Schulz method)

①点状X線源と試料の距離よりも，試料と乾板(またはフィルム)の距離を充分に大きくとって，ラウエ斑点を拡大して記録するX線(回折)顕微鏡法のひとつ．格子欠陥，粒界傾斜角などが測定できる．

②金属板の集合組織*を反射法で測定する一方法．試料面の法線をひとつの回転軸とし，それと直交し，かつX線の入射・反射ビームを含む面内にある軸をもうひとつの回転軸とする．

ジュール・トムソン効果 (Joule-Thomson effect)

エンタルピー一定のもとで実在気体を断熱膨張させた場合に温度が変化する現象

をいう．温度変化と圧力変化の比をジュール・トムソン係数という．高温度ではこの係数は負で低温でゼロから正に変化する．低温では温度が下がる効果を利用して冷蔵庫やエアコンの冷却が行われている．

シュレーディンガー方程式（Schrödinger equation）

量子力学的に，物質の状態（運動）を表すひとつの方法．物質のエネルギー（左辺第1項）とその置かれた場のポテンシャルエネルギー（V(r)）などから，

$-(\hbar^2/2m)\{(\partial^2/\partial x^2)+(\partial^2/\partial y^2)+(\partial^2/\partial z^2)\}+V(r)\}\Psi=i\hbar(\partial\Psi/\partial t)$

と表され，これを解くと取り得るエネルギー状態と，存在確率などが求まる．量子力学的表示にはもうひとつ，ハイゼンベルク表示があるが，同等．

巡回電子模型（itinerant electron model）＝遍歴電子模型

準化学的方法（quasi-chemical method）

規則格子の熱統計力学理論のひとつ．隣接原子の関係を化学平衡のようにとらえて，ボルツマン因子からエントロピーや規則度を温度の関数として求める．ベーテの近似に近い結果が得られる．ファウラー（R.H. Fowler）とグッゲンハイム（E.A. Guggenheim）による．→ベーテの理論

潤滑（lubrication）

摩擦する2物体の間の摩擦力や摩耗を小さくするため，接触面に他の物質，油，シリコン油，グリース，二硫化モリブデン（モリブデナイト*MoS_2），グラファイト（黒鉛*），滑石など（これを潤滑剤（lubricant）という）を与えること．

純金属型クリープ（pure metal type creep）→クリープ曲線

準結晶（quasi-crystal）

液相から急冷したAl-Mn, Al-Fe, Al-Cr合金などに現れる5回回転対称の正二十面体相．これまでの結晶*学では5回対称は存在しないので，準結晶といわれる．並進対称性（→結晶）がなく（仮想の4,6次元格子では存在する），ジグザグの不規則な縄梯子的格子列がありこれを準周期性という．その構造はペンローズタイリング*で説明されている．最近では，安定相でも発見され，その基本構造として準単位胞*構造が提案されている．発見当初は結晶とアモルファス*の中間的存在といわれたこともあったが，秩序度は高く，1991年「国際結晶連合」は新たに結晶の定義を "any solid having an essentially discrete diffraction diagram" とし，結晶概念を拡張して準結晶も結晶とした．→結晶，近似結晶，フランク・カスパー相，フェイゾン

準格子間移動（interstitialcy migration）

格子間原子形成型移動ともいう．格子間原子が，格子点にある次の原子を押し出して格子点に入り，押し出された原子が格子間原子となってまた次の格子点にある原子を押し出すことで起こる「玉突き」状の原子移動．原子1個ずつが格子間を移動する通常の格子間移動と区別してこういう．拡散機構のひとつ．→拡散

純酸素転炉法（pure oxygen blown convertor process）

酸素製鋼法ともいう．転炉の製鋼過程を効率化した方法で，溶銑の上あるいは転炉の底から純酸素を吹きつけ，あるいは吹き込む．他のガスや添加材を混入することもある．現在の製鋼法の主流．1936年Lellepが炉底から試み，1948年Durrerが上吹きを研究し，1952～53年オーストリアのLinz，次いでDonawitz工場で成功し

たので，LD転炉法ともいわれる．→LD転炉法

準静的過程（quasistatic process）

無限の時間をかけて系が平衡を保ちつつ可逆的に変化する過程をいう．理想的な過程を思考実験するときに役立つ．

準単位胞（quasi-unit cell）

従来，準結晶はペンローズタイリング*で記述されてきたが，正十角形の準結晶を記述する新たな単位として，正十角形からなるパターンが提案され，これを準単位胞といっている．これを2枚重ねて別のパターンを作るのであるが，重なり量の異なる2種のパターンを作り，それをタイル張りすることで，正十角形の準結晶が記述できる．→準結晶

純鉄（pure iron）

現在市販の純鉄としては次のものがある．(1) アームコ鉄*（99.7%）：American Rolling Mill 社で平炉で精製したもの．(2) 電解鉄*（99.85%）：種々の電解液で作られる．硫酸塩浴（バーゲス法*），塩化物浴（フィッシャー法*），硫酸塩-塩化物混合浴など．(3) カーボニル鉄*（99.965%）：1890年にモンド（Mond）が，Ni，次いで Fe が高温で CO ガスと反応して，$NiCO_3$ や $Fe(CO)_5$（鉄カーボニル）ができることを発見したが，これを低温で分解して得られるものである．実験室的な用途にはジョンソン-マッセー鉄（99.995%）や，それをさらに超高真空中で浮遊帯溶融*して純度を上げた99.999%（固溶体元素の寄与を仮定し，残留抵抗比（RRR）*からの推定）のものなどがある．鉄（一般には bcc 格子*の金属）は，炭素，窒素などの侵入型不純物*を含み，高純度化しにくい．

ショアー硬さ（Shore hardness）

反発法で測定した硬さのひとつ．一定の高さ（h_0）から落下させた錘が被測定物に当り，はね返った反発高さ（h）から h/h_0 に係数を乗じた値で表す．記号 HS．→硬さ

常温接合（room temperature bonding）

表面活性化接合（surface activated bonding）と同じ．真空下で接合したい二つの材料の表面にアルゴン原子ビームを照射して酸化物などの表面の不純物を取り除き，表面を接触させると接合が完了する．金属では金，銀，銅，ステンレス鋼，アルミニウム，シリコンなど，非金属ではダイヤモンド，サファイアなどで常温接合ができる．

昇温脱離法（thermal desorption method: TDS）

昇温離脱法ともいう．一定速度で固体表面の温度を上昇させながら，脱離する物質を質量分析計*などで分析同定し，圧力変化を測定することにより固体表面の吸着量，吸着状態，表面からの脱離過程などについての情報を得る測定法．温度に対して脱離物質の序列が得られ，これを昇温脱離スペクトルという．

昇華（sublimation）

固相を加熱した時，液相を経ずに直接気相になること．例えば，ドライアイス（CO_2：-78.5℃），ヒ素（As（金属型）：613℃）など．

小角かたむき粒界（small angle tilt boundary）

小傾角粒界*のうち,両側の結晶方向が粒界面内にある直線を軸とした小角回転の関係にあるもの.刃状転位列によって構成されている.↔ 小角ねじれ粒界

小角散乱法(X線の)(small angle X-ray scattering) = X線小角散乱

小角ねじれ粒界(small angle twist boundary)

小傾角粒界*のうち,両側の結晶方向が粒界面法線を軸とした小角回転の関係にあるもの.らせん転位列によって構成されている.↔ 小角かたむき粒界

小角粒界 = 小傾角粒界

蒸気圧(vapor pressure)

液相または固相と平衡する気相の圧力.蒸気圧が1気圧となると液体は沸騰し,その温度を沸点という.→沸点,クラウジウス・クラペイロンの式

小傾角粒界(small angle grain boundary)

両側の結晶の方位の差が小さい結晶粒界のこと.大きく分けて,小角かたむき粒界*と小角ねじれ粒界*がある.リニェージ構造*,ポリゴニゼーション*構造などはこれで構成されている.

衝撃押出し加工(impact extrusion)

衝撃的な応力で行う押出し加工*.管やチューブ,容器の製造で行われる.

衝撃試験(impact test)

切欠きを入れた試験片に振り子式ハンマーで衝撃的応力を加えて切断し,切断前後のハンマーの高さから切断に要したエネルギーと衝撃値*を求め,材料の耐衝撃性(靱性*)を測定する試験.アイゾット試験*とシャルピー試験*がある.→延性－脆性遷移,低温脆性 ↔ 破壊靱性

衝撃値(impact value)

衝撃試験では,靱性を試験で吸収されたエネルギー(ジュール:Jで表す)で示す.シャルピー試験*ではJ/cm^2(切欠き部断面積で割ったもの),アイゾット試験*ではJを衝撃値とする.

焼結機(sintering machine)

粉鉱を煆(か)焼*して塊状とする焼結工程に用いる装置.反転可能な焼結鍋上を原料装入車,点火機が順次移動して操業するグリナワルト(Greenawalt)焼結機とキャタピラー状の焼結パレットが移動して装入,点火,通風を行うドワイト・ロイド(Dwight-Lloyd)焼結機が主に用いられる.

焼結現象(sintering)

金属粉末を固め,加熱すると,溶けることなく緻密になり,バルクの金属に変化していくこと.金属の拡散により,隙間がなくなり,バルク化する.拡散とともに空孔の大量の移動など多くのモデルがあり,また現実にさまざまな形式で応用されている.多成分系や金属－セラミックスの焼結ではその構成部分の一部が溶融することもあり,これを液相焼結*といっている.

焼結鉱(sinter (ed) ore)

高炉用鉄鉱石のうちmm前後の粉鉱を,適当量のコークス粉とともに加熱,焼成した後,再度粉砕し整粒したもの.

焼結炭化物合金 (sintered carbide alloy)

金属と炭化物との焼結によって作られたサーメット*のひとつ．種々の非常に硬い炭化物 (WC, TiC, TaC, Mo_2C, VC) の粉末を, Co, Ni などの金属粉末とともにボールミルの中で混合し, 所定の寸法にプレス成形し, 不活性ガスその他水素, 窒素気流中で 1350～1550℃に加熱し焼結させたもの．硬さ (HV) 2000 以上で耐摩耗性を必要とする切削工具刃先, 線引ダイスなどに用いる．

上降伏点＝かみこうふくてん

常磁性 (paramagnetism)

小さな正の帯磁率*を示す磁性．それには周期律表左半分の金属が示す「パウリ常磁性 (バンド構造で, 磁場方向スピンのバンドと逆スピンのバンドに差が生じるが, 相互作用が弱く常磁性を示す)」と, 不対電子のある原子やイオンが弱い相互作用で示すキュリー・ランジュバンの法則*に従う常磁性がある．また周期律表で, 強磁性金属の左と下側には, ミクロには磁気的秩序 (反強磁性) を持つが, マクロには常磁性を示す金属もある．→反磁性, 強磁性, 反強磁性

消磁法 (demagnetization method)

磁性体を, 磁場ゼロで磁化ゼロの状態にすること．初期磁化過程などを測定するため．熱消磁法 (thermal demagnetization) と交流消磁法 (A.C.demagnetization) がある．

照射硬化 (radiation hardening)

金属が放射線照射を受けてできる「はじき出し原子」などによる格子欠陥*のため硬化すること．→はじき出し

照射損傷 (radiation damage)

放射線損傷*ともいう．放射線によって材料に, 変形 (照射ふくれ (swelling)), 割れ, 強度変化, 脆化 (照射脆化), 電気・熱の伝導性の変化など好ましくない変化が生じること．β線やγ線より, 中性子やα線などの方がエネルギーが大きく, はじき出し*を続けていく (変位カスケード：displacement cascade という)．それがエネルギーを消耗すると, 空孔と格子間原子の密集した変位スパイク (displacement spike) を生じたり, 熱エネルギーとして局所的に放出する熱スパイク (thermal spike) で部分的融解やアモルファスを生じる．→フレンケル欠陥

照射なまし効果 (radiation annealing effect)

低温照射において, 放射線照射量が増大するに従って, 格子間原子と空孔の再結合も増え, 照射による電気抵抗増加率が減少する．また, 転位*や欠陥クラスター, 析出物がある場合にも導入欠陥の一部が消失することがある．これらを照射なまし効果という．また一般には照射によって硬化が起こるが, Fe, Al の特定方位では軟化が起こる．これは, 導入された格子間原子とらせん転位が相互作用してキンク*①を作り, 動きやすくなるためである．

照射誘起拡散 (radiation induced diffusion)

熱スパイクの過程で, 拡散の活性化エネルギー (1 原子あたり 1eV) 程度のエネルギーが与えられた領域で起こる拡散．→照射損傷

焼準 (normalizing)

鋼をオーステナイト領域まで加熱し,大気中で放冷する熱処理. 組織の微細化,被切削性向上,深絞り性改善が目的. 焼ならしともいう.

上昇運動(転位の)(climbing (of dislocation))
　刃状転位*と混合転位*では,応力による運動はすべり面に限られているが,空孔*などが多数存在するような条件下では,割り込み原子面に空孔が集まると転位線が不揃いになる. これをジョグというが,それが原子面の端から端まで続くと1原子列分転位が上昇したことになる. これを転位の上昇運動という. 空孔が多いと一列だけでなく背の高いジョグができる. これをスーパージョグ*という. 逆に格子間原子が多いと下降運動もあり得る(これも含めて上昇運動という). これを転位の非保存運動*といい,すべり運動を保存運動*という. 現実には転位が運動するのでなく原子が個々に動くのである. →消滅中心, ジョグ

自溶性ペレット(self-fluxing pellet)
　焼結の困難な微粉鉱石を処理するため, 粒度を調整した鉱石にベントナイト*などの粘結材と水分を加え造粒機により球状に成形し, この生ペレットを焼いて焼結ペレットを作る. このとき鉱石中の脈石を低融点の組成に変え,ペレットの強度を得るためにCaOを加えCaO-SiO$_2$-FeO系の融体が焼結鉱中に発生するようにしたものを自溶性ペレットという. 粉鉱石にCaOを加えた自溶性焼結鉱も広く使用される.

状態図(phase diagram, constitution diagram)
　一般には,平衡状態図*のことであるが,非平衡状態のものもある. 相図ともいう. 一般には,温度,圧力などを軸にとり,それら二つ以上の状態量*の関係や,それらで指定される点において起こる相の変化(反応)や,各種の相が安定に存在する領域を記入したもの. 合金の状態図では,温度と組成をとって,相を示す. 図は二元合金状態図の四基本型. 合金の諸性質の考察に不可欠で,その読解法は金属研究入門の必修項目である. →相, 相律, 固相線, 液相線, 共晶反応, 共析反応, 偏晶反応, 偏析反応, 包晶反応, 包析反応, 再融反応, 合晶反応, てこの法則, 三成分系状態図, 組成三角形, α相

全率固溶型

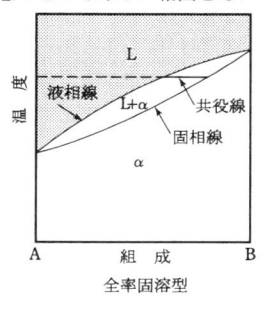

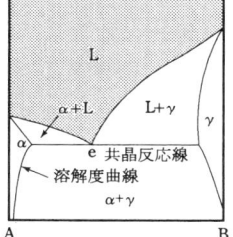

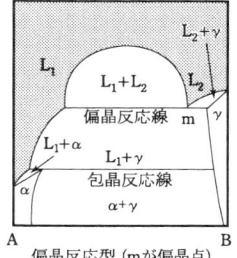

共晶反応型 (eが共晶点)

偏晶反応型 (mが偏晶点)

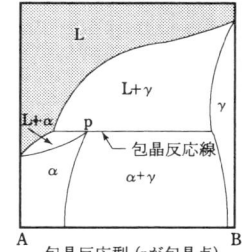

包晶反応型 (pが包晶点)

状態分析 (state analysis)

化学分析の一種であるが，元素の量を知るのではなく，物質の結合形式，結合状態，電子状態や，多相の場合にはその分布などを知る分析．

状態密度 (state density)

量子力学系における定常状態数(N)のエネルギー(E)に関する分布密度(D(E))．エネルギーレベル E と $E+dE$ の間にある量子状態の数を dN とすると，$dN/dE=D(E)$ のこと．

状態量 (quantity of state)

温度，圧力，体積，内部エネルギー，エントロピーなど，物質系の巨視的状態について決まる量．それらの組で状態が指定できる．状態が決まれば，それまでの経路に依存しないで一義的に定まる量をいう．これらを変数とみなす時，状態変数(variable of state)といい，示量変数＊と示強変数＊がある．状態関数(state function)ともいう．

沼鉄鉱 (body iron)

淡水の湖沼堆積物として産出する鉄鉱石．黄褐色の不規則な塊．褐鉄鉱($FeOOH$ が主成分)の一種．→褐鉄鉱

焼鈍 (annealing)

焼なまし，アニーリング＊などともいう．材料を加熱して，原子の動きを良くし，加工による硬化や残留応力＊を除去し，材料を均一化すること．多くの場合徐冷する．加工後行うと再結晶＊，結晶粒成長＊などが起こり，溶体化処理＊後では析出＊・時効＊が生じる．→完全なまし，軟化なまし，球状化なまし，鋼の熱処理

上部ベイナイト (upper bainite)

鋼材の恒温変態＊で生じるベイナイト＊のうち350℃以上でみられる羽毛状のものをいう．羽毛状に見える組織の内側は α (フェライト)で，周辺の γ (オーステナイト)との境界に Fe_3C が線状に析出している．→下部ベイナイト，T-T-T曲線

上部臨界冷却速度 (upper critical cooling rate)

鋼の焼入れにおいて，部材全体がマルテンサイト＊になる最小の冷却速度．単に臨界冷却速度＊ということもある．それ以下ではパーライト変態＊が一部分生じて後，より低温でマルテンサイト変態＊が起こるので，トルースタイト＊(微細パーライト)が混じってくる．鋼の組成や，いわゆる「焼入れ性＊」によって変化する．さらに冷却速度が小さくなり，マルテンサイトが全くなくなる冷却速度を下部臨界冷却速度＊という．

晶癖面 (habit plane)

結晶成長において，周囲からの拘束など種々の条件によって，本来の結晶方向と等価であるがその内の特定の面と方向に成長し，外形が見かけ上変わってくることがある．これを晶癖といっている．板状，レンズ状マルテンサイト＊は周囲の γ 相の拘束のもとで，γ 相と一定の方位関係を持つ形に成長する．この特定成長面を晶癖面という．γ 相の面指数で表されるが，非有理数の面であることも多い．マルテンサイト相と γ 相の方位関係(→西山の関係，クルジュモフ・ザックスの関係)とも密接な関連がある．

消滅中心（空孔の）(sink (of vacancy))
結晶表面，結晶粒界，転位のジョグなど，空格子点が消滅する場所をいう．（空孔の）吸い込み源（中心）ともいい，拡散や焼結で重要な役割を果す．→湧き出し中心，空孔のソース・シンク，ジョグ，上昇運動

消耗電極式アーク溶解 (consumable electrode arc furnace)
溶解しようとする金属のスポンジや粉末を固めたものを電極とし，多くは水冷銅るつぼを対極としてアークをとばし，電極金属を溶解してインゴットとする．多くは真空中．チタン，タングステンなどの高融点金属*の溶解に用いられる．

剰余関数 (thermodynamic excess function)
理想溶液*と実在溶液の部分モル量*の差を示す関数．過剰部分モル量ともいう．理想溶液からの偏倚を示すときに用いられる．

自溶炉 (flash smelting furnace)
銅の硫化物精鉱を微粉にしたものを酸素を加えた空気または熱風中に吹き込み，硫黄と，場合によっては付加した燃料の熱で溶融し，かわ（鈹）とからみ（鍰）に分ける炉．燃料が節約され効率がよい．この後転炉によって粗銅をつくる．この製錬法は，第二次大戦後フィンランドで始められた．

ジョグ（転位の）(jog)
転位線は直線であるとは限らず，刃状転位*でいえば，割り込み原子面*の下端がぎざぎざ (jog) であっても良い．ある点からずっと1原子列だけ多くても少なくても良い．この段違い部分をジョグという．すなわち，すべり面と直角に折れ曲がった転位の部分のことで，らせん転位*でも同様に存在している．1原子分以上の背の高いジョグをスーパージョグ*という．こういうことが起こるのは，転位の回りに空孔が多いとか，格子間原子が多い時である．ジョグはそうした点欠陥の消滅中心でもあり，発生中心（湧き出し中心*）でもある．また転位同士の接近，切り合い*が起こる場合にもジョグができる．→上昇運動，消滅中心，余分な原子面

食孔 (etch pit)
腐食孔，食像，エッチピットなどともいう．特別な腐食液で金属表面を腐食した場合や，電解腐食，真空加熱などによって現れる大小の穴．多くの場合，きれいな三角，四角形で，その結晶粒の方位や試料表面に対する傾きなどを表しており，傾角顕微鏡でそれを測定できる．また，転位が表面に出てきた点であることもあり，その間隔から小傾角粒界*の傾き角や，応力をかけて転位速度の測定もできる．一般的な腐食による小孔のこともいう（→孔食）．

食像 (etching figure)
①食孔のこと．②腐食液で見えるようにした金属組織*．

触媒 (catalyst, catalyzer)
化学反応において，反応物でも生成物でもないが，それが存在することによって反応の活性化エネルギーを下げ，反応を促進する物質を触媒といい，その作用を触媒作用という．化学平衡には独立である．

180 [し]

初晶(primary crystal)
　合金を液相から冷却した時,最初に凝固する結晶相.合金状態図で,はじめて交差する液相線*上の点と共役線*で結ばれた固相線*上の点(共役点)で示される組成の固相.

初析セメンタイト(primary cementite, proeutectoid cementite)
　過共析*組成のオーステナイトから析出するセメンタイト*.Fe-Fe$_3$C系状態図でこの析出線をA$_{cm}$線*ともいう.

初析フェライト(primary ferrite, proeutectoid ferrite)
　鋼のオーステナイト領域にある,亜共析組成の鋼からはじめて析出するフェライト.

ジョセフソン効果(Josephson effect)
　薄い絶縁膜をはさんだ二つの超伝導体の間に,トンネル効果*で電流が生じる現象.特定の電流値より小さい時は電圧を生じない.特定電流値以上で電圧Vを加えると2eV/h(e:電気素量,h:プランク定数)の周波数をもつ交流が流れ,それが磁束に依存し,敏感なので高精度磁束計(SQUID:スクイド*)に利用される.特定値より大きい時は常電流が加わり,マイクロ波をかけると精密な電圧標準になる.また常電流が主となった状態では高速スイッチ素子となる.

ショットキー欠陥(Schottky defect)
　イオン結晶において,正・負イオンが組になって欠けている欠陥.電気的中性が保たれる.金属では,空孔だけが存在し,そこにあった原子が表面に出てしまった欠陥をいう.フレンケル欠陥*の対語.

ショット ピーニング(shot peening)
　直径が1mm程度以下で大きさ一定の小剛球を噴射して材料の表面を冷間衝撃加工し,硬化させる表面硬化法*.疲労強度*も向上し,防食法*にもなる.

初透磁率(initial permeability)
　磁場ゼロで磁化ゼロの状態から出発した磁化曲線(初期磁化曲線),ただし,B-H曲線(磁束密度-磁場曲線)の原点における勾配(B/H)をいう.記号μ$_i$(μ$_0$で表す時もあるが,真空の透磁率とまぎらわしい).通常は真空の透磁率μ$_0$(=4π×10^{-7})で割った値(相対透磁率,記号$\bar{\mu}$)で示すが,この値は以前のCGS単位での数値に同じである.→磁化曲線,透磁率

ショートレンジ相互作用(short-range interaction)
　短範囲相互作用ともいう.転位の運動に対する抵抗として,1～数原子間隔程度の対象によるものをいう.例えば転位の切り合い*,G-Pゾーン*の切断,析出物の切断による表面積の増加,界面転位の形成などを,ショートレンジの相互作用によるものという.応力場との相互作用はロングレンジ(長範囲)相互作用といわれる.

除ひずみなまし(stress relief annealing)
　加工や溶接による残留応力を除去するため加熱して徐冷すること.鋼では,A$_1$変態点直下～650℃での加熱と徐冷による.加工途中の軟化なまし*,中間なまし*をいう場合と,より低温で単に応力,ひずみの除去(応力緩和焼鈍)をいう場合がある.→焼鈍

ジョミニー試験(Jominy test)

焼入れ効果の程度を測定する試験．決まった形状の棒状試料（ジョミニー・バー）を所定温度に20分保持し，その一端を水冷して焼入れる．端面から長さ方向に硬度分布（焼入れ性曲線：hardenability curve）を測定して焼入れ性を求める．→焼入れ性試験，焼入れ性帯，Hバンド

ジョンソン・メールの式 (Johnson–Mehl equation)

析出反応の時間的変化を現象的に表す式．反応の進行度（0～1）をyとすると，$y=1-\exp[-(kt)^n]$．ただし，n：正の整数，t：時間，k：速度定数である．縦軸をy，横軸を $\ln t$ にとると，初めはゆっくり，その後急速に立ち上がり，ゆっくり終結する「シグモイダル型」の曲線となる．→析出

シーライト (sheelite)

タングステン（W）の鉱石．$CaO \cdot WO_3$ で，マレー半島，ミャンマーなどに産する．

しらかわ (white matte)

銅精錬で，自溶炉＊からのかわ＊を転炉＊でさらに酸化して，FeSをからみ（slag）に分離し，Cu_2S を90％以上に高めたもの．この後さらに酸化性を強めて粗銅相分を高め，さらに精製炉に移して酸化・還元し，電解陽極板として鋳込む．→銅

シラン (silane)

Si_nH_{2n+2} の組成の水素化ケイ素の総称．単にモノシラン（SiH_4）を指すこともある．SiH_4 は化学気相法によりケイ素の蒸着，グロー放電法によりアモルファス・シリコン＊（a-Si）膜の形成などの場合，原料ガスとして用いられる．

シリカ耐火物 (silica refractory)

シリカ（SiO_2）が主成分である酸性の耐火物．1700℃まで使えるが，固相での相変態が複雑で，温度により体積変化が大きい．→酸性炉

シリコナイジング (siliconizing)

ケイ素浸透法ともいう．軟鋼などの表面にケイ素を拡散させる操作．ケイ素は鉄中の拡散定数が最大（置換型不純物として）．500～750℃でハロゲン化ケイ素を作用させる．各種の酸および高温酸化に耐え，耐摩耗性もよくなる．薄ケイ素鋼板の表面に6％以上のケイ素を含ませられ，最大透磁率が25％向上，保磁力も30％減らせる．

シリコン (silicon) ＝ケイ素

シリコーン (silicone)

ケイ素樹脂ともいわれる．金属シリコン（Si）から作られるが，$(Si-O)_n$ の高分子で，別の物質である．重合度，側基の種類，橋掛けの程度などによって，液状，グリース状，ゴム状，樹脂状のものがある．電気絶縁体，光ファイバーコーティング材，トランス・コンデンサーの絶縁油などに用いられる．

シリコン基板 (silicon wafer)

厚さが0.2～0.5mmの薄板状シリコン単結晶．半導体素子，集積回路基板として利用される．化学的に精製した高純度金属シリコンを，引上げ法や帯溶融法で単結晶の円柱とし，これをスライス，ラップ，エッチ，ポリシュなどの加工で，表面を仕上げた薄板にして，フォトリソグラフィで表面上に不純物を拡散させ，集積回路を埋め込んだIC＊チップにする．

シリコン青銅（silicon bronze）
ケイ素青銅ともいう．ケイ素を3%程度含有する青銅で，耐食性，特に耐酸性が優れ，引張強さも軟鋼と同等で，伸びも大きい．高温強度が高く，耐応力腐食割れ性，溶接性もよいなどの特長をもつが，わが国での使用は少ない．

シリサイド法（silicide process）
フェロアロイ製造法の一つ．鉱石の炭素還元を合金中ケイ素の高い状態で行ってSiMn, SiCrを製造し，この合金中のケイ素で鉱石を還元し，中・低炭素のFeCrを製造する方法．

磁硫鉄鉱（pyrrhotite）＝ピロータイト

示量変数（extensive variable）
状態変数のうちで，その系の体積や質量など物質，または場の量，または拡がりに比例するもの．外延量ともいう．内部エネルギー，エントロピー，全磁気モーメントなど．↔示強変数

磁力線（line of magnetic force）
磁場*（H）の方向と強さをその接線の方向と線密度で表している線束（力線）．しかし一般には磁束*を表現するものにも使われている（本来は磁束線（line of magnetic flux）といって区別する．その線密度が磁束密度（B）である）．真空中あるいはソレノイドによる磁場空間では，磁力線と磁束線は一致している．しかし物質内では向きが反対になり，磁力線は磁極のNからSに向かうが，磁束線はSからNに向かう．磁束線には湧き出しも吸い込みもなく，途切れることなく無限遠まで続くか閉曲線になるからである．

ジルカロイ（Zircalloy）
Zr基耐食耐熱合金．

①ジルカロイ2（Zircalloy 2）：沸騰水型動力炉（BWR）の燃料棒被覆用に米国で開発された．中性子吸収が小さい．押出し，引き抜き材がある．1.5Sn, 0.12Fe, 0.10Cr, 0.05Ni, 残 Zr.

②ジルカロイ3（Zircalloy 3）：Zr-Sn-Fe系で400℃まで高い強さを有し，高温用途．0.05 > C, 0.2～0.3Sn, 0.2～0.3Fe, 残 Zr.

③ジルカロイ4（Zircalloy 4）：加圧水型動力炉（PWR）燃料被覆管，制御棒案内管，端栓などの用途がある．1.5Sn, 0.2Fe, 0.1Cr, 残 Zr.

④ジルカロイ1はZr-2.5Snであるが，実用合金ではない．

ジルコニウム（zirconium）
元素記号Zr，原子番号40，原子量91.22の白色金属元素．密度：$6.506g/cm^3$（20℃），融点：1852℃．1789年に発見され，1925年に靭性ジルコニウムが製造された．原子炉用燃料被覆材*として一躍有名になった．中性子吸収断面積の小さいこと，耐食性が優れていること，ガスの吸収力が大きいことなどのためである．製法はクロール法*が中心である．特に高純度のものはファン・アーケル法*で作られる．用途は真空管ゲッター*，閃光電球のフラッシュ促進剤，耐熱合金，核燃料被覆材，鉄鋼，Mg, Al, Cuなどの添加元素．酸化物は，セラミックス構造材，発熱体，赤外光ファイバーなど．

ジルコニウム銅 (zirconium copper)
高力高電導銅*合金の一つ．0.02〜0.03%のZrと0.03〜0.04%のMgを含み，90〜80%IACS*の高導電性を示す．高温(650℃)まで耐熱性がある．

ジルコンサンド (zircon sand)
67.2 ZrO_2, 32.8 SiO_2の組成の砂で，鋳鋼用鋳物砂として使用される．ケイ砂より耐火度，熱伝導度，密度が高く，熱膨張率が小さいため，焼つき，浸透，すくわれ*，あばたなどが防止できる．

シルジン青銅 (silzin bronze)
スズ(Sn)を含まないが青銅と呼ばれているものの一例．黄銅(Cu–9〜15Zn)に3〜5Siを加えた鋳造合金で，流動性がよく強さと耐食性を必要とするものに適する．船舶用部品などに用いられる．

シルマナール (silmanal)
Ag基強磁性合金．ホイスラー合金*のCuをAgで置きかえたもので，強磁性を示し磁石材料として使われていた．古典的合金．86.9Ag, 8.8Mn, 4.3Al.

シルミン (silumin)
Al–Si系鋳造合金．12.6Siの共晶付近の組成が基本の合金でドイツではシルミン，米国ではアルパックスと呼ばれる．流動性がよく，薄肉の鋳物に適し，耐食性が大きいので，計器部品，クランクケースなどに用いられる．粗大Si相が晶出しやすいので，Na添加により，Siを微細化し，機械的性質を改善する(改良処理*)．非熱処理型合金でJIS AC3A相当．なおシルミンβは0.3Mg添加で，固溶硬化材．シルミンγはシルミンβの熱処理材である．シルミン：11〜14Si，残Al．シルミンβ：12Si, 0.3Mg, 0.5Mn, 残Al. →含銅シルミン

C_{60}フラーレン (C_{60} fullerene)
グラファイトの六角形結合(6員環)と五角形結合(5員環)による，サッカーボール状の球殻構造を持つ炭素分子(直径約10Å)．サッカーボール分子とか，バックミンスターフラーレンともいわれる．ヘリウムガス中でグラファイト電極の放電による「すす」の中にできる．C–フラーレンはこの他に，C_{70}, C_{76}からC_{120}くらいまでのものが知られている．カリウムインターカレーション(K_3C_{60})は超伝導を示す．→フラーレン，環式化合物

白スズ (白色スズ) (white tin)
13.2℃以上で安定なβ–Sn(金属スズ)．体心正方晶系β–Sn構造．軟らかく延性に富んでいる．13.2℃以下でのα–Snへの同素変態は過冷や，不純物のため起こりにくいが，–48℃位になると急激に進行するといわれる．→灰色スズ，スズペスト

磁歪 (magnetostriction)
強磁性体が磁化によって変形する現象．磁化が飽和した段階でもひずみ(dl/l)として10^{-5}〜10^{-6}程度で熱膨張よりは小さい．インバー*，エリンバー*特性の一因をなしている．超音波振動子に応用される．また逆にトランスの騒音(ヒステリシス損の一部)の原因でもある．→パーマロイ，パーメンジュール，アルフェル

芯 (転位の) (core)
転位の中心部分(転位線に沿った部分)で，ひずみが大きく(最大で原子間隔の1/

2), 通常の弾性論では取り扱えない部分をいう. 通常, バーガースベクトルの約5倍以内とされている. その外部は応力とひずみが一次の関係にあり, 弾性論で扱える.

真応力 (true stress)
引張試験等, 変形中は断面積も刻々変化する. それを考慮し, その時その時の断面積で荷重を割った応力, 公称応力*の対語. →真ひずみ

ジンカリウム (Zincalium)
鉄鋼に対するZn-Al合金めっきでアルミニウムの多いものの商品名. 溶融亜鉛めっきには, Zn-Feの余分な成長を抑えるためアルミニウムが添加されるが, 最近では積極的にZn-Al合金めっきが行われ, Al 50%のものまで行われている. これの商品名.

真空アーク溶解 (vacuum arc melting)
真空中で電気アークを熱源として金属を溶かし水冷銅るつぼ中に鋳塊をつくる溶解法. 活性金属*(チタンなどの大気と反応しやすい金属)の溶解のために開発された. →消耗電極式アーク溶解

真空紫外光電子分光法 (ultraviolet photoelectron spectroscopy : UPS)
真空紫外光を用いた光電子分光法. 試料表面の比較的浅い価電子帯の状態密度分布を調べるための手法. 励起光源は希ガスの放電管からの真空紫外線で, He II 線で約20電子ボルトときわめて低い.

真空蒸着 (vacuum deposition)
高真空中で金属または非金属の小片を加熱蒸発させて, ガラス, 水晶板, 結晶などの下地表面に薄膜として凝着させること. 10^{-7}Pa程度またはそれ以上の高真空のもとで下地の物質の状態と下地の温度や蒸着速度などの条件を選ぶことによって非晶質膜からエピタキシャル単結晶までの種々の薄膜を成膜することができる. イオンプレーティング*, スパッタリング*とともに物理的蒸着法 (PVD) の一つ.

真空蒸留 (vacuum distillation)
常圧では沸点が高過ぎてその温度では熱分解や熱重合が生じたりして加熱が困難な場合, 真空により蒸留温度を下げて物質の分離精製をする方法.

真空精錬 (vacuum refining)
蒸気圧の差を利用して不純物を除去するため真空あるいは減圧を利用する精錬法. 鉛からの亜鉛の分離などは常圧下で行うときもある. これも広義の真空精錬という.

真空脱ガス法 (vacuum degassing process)
溶融金属中のガスを真空処理することにより除去する方法. 鉄鋼精製で広く採用され, RH法*, DH法*, 真空槽でアルゴンを吹きながら脱ガスする取鍋脱ガス法*などが行われる. 多くの場合, 脱ガスと共に溶鋼の撹拌を行い, 介在物の浮上分離を促進させる役割を果たす.

真空鋳造法 (vacuum casting)
真空(減圧)中または不活性ガス中で金属を鋳造する方法. 通常真空脱ガスに引き続いて行なう.

真空度 (degree of vacuum)

真空状態を表すための慣用語．圧力とほぼ同じ．単位はPa, 気圧 (atm), mbar, Torrなど．換算式は，1気圧 = 1.013×10^5 Pa = 1013 mbar = 760 Torr. 油回転ポンプの到達真空度は約1Pa, 真空放電（ガイスラー管）が見られるのは10^3Pa程度からである．

真空溶解銅（vacuum melted copper）
　電子関係やガラス封入用の銅には酸素の少ない無酸素銅＊が求められる．その製造法の一つで，高真空中で溶解すると（例えば1200℃で），Cu_2Oの蒸気圧は割合高いので分解除去され，99.99％程度の銅が得られる．

真空ろう付け（vacuum brazing）
　真空中で金属のろう付けを行うこと．フラックス＊を使用しなくてもよいので，後の耐食性が増加する．

シンクロトロン（synchrotron）
　高周波電圧と強力磁石による荷電粒子の円形加速器．荷電粒子の速度が光速に近づくと相対論効果により，粒子速度が遅くなるために回転周期と加速高周波電圧の周期は同期がとれなくなる．しかし，軌道を決める磁場の強さと加速用空洞の高周波振動数をある関係におくと荷電粒子は高周波のある位相付近で安定に移動し（位相安定原理），そのエネルギーは一定に保たれる．その関係を維持しつつ磁場を強めると粒子のエネルギーも増大する．加速は原理的に上限はないが，磁場の強さと高周波の可変範囲で決まる．そのため，何段かの装置を連続して加速する．粒子は最高エネルギーに達して，軌道の外部または内部で実験に供せられる．

シンクロトロン放射光（synchrotron radiation : SR）＝放射光

新KS鋼（new KS steel）
　本多光太郎らによる析出硬化型永久磁石材料（1933年特許）．鋳造成形後焼鈍（600～700℃）のみ施す．磁石材料として優秀であった．組成例：27Co-18Ni-6.7Ti-3.7Al, 残Fe. 保磁力(H_c)：760 Oe, 残留磁束密度(B_r)：7000G, $(BH)_{max}$：2×10^6GOe.
→ KS鋼，MK鋼，永久磁石

人工格子（artificial lattice）
　下地温度，蒸発量などを精密に制御した分子線エピタキシーによって，1～数原子層ごとに異なる原子または化合物を層状に積み重ねた人工の結晶格子．天然には存在しない，人工超格子など新しい機能を持った素子ができる．

人工時効（artificial ageing）
　適当な温度に加熱して時効硬化＊を促進する処理．高温時効ともいう．自然時効＊の対語．

人工超格子＝規則格子②

浸出処理（leaching）
　リーチングともよくいう．鉱石または選鉱後の鉱石を，溶媒を用いて目的成分と不純物に分ける処理．酸またはアルカリを用い，目的成分を溶液中に，不純物を沈殿させる．事前処理として，か（煆）焼＊，ばい（焙）焼＊．事後は電気分解で精製することが多い．

刃状転位（じんじょうてんい）（edge dislocation）＝はじょうてんい

深食法(deep etching)
　強腐食, ディープエッチングともいう. 肉眼で組織を見るために普通の検鏡腐食より強く腐食すること. →サルファプリント, マクロエッチング

靭性(toughness)
　金属の強さをいう. 強さとは大きな応力にも耐えることと同時に, 急に破断しないことも必要である. 靭性は材料が粘り強くて, 衝撃にもよく耐えることとされ, 破断するまでに要するエネルギーで表し, それが大きいことをいう. 簡単には, "最大応力×最大ひずみ"で表す. 広義には, ゆっくりした変形についても考える. →しぼり, 衝撃試験, 破壊機構, 破壊靭性, ↔脆性

浸漬ノズル(immersion nozzle)
　鋼の連続鋳造においてタンディッシュ*から鋳型中の未凝固の溶鋼に浸漬しているノズル. タンディッシュから流れる溶鋼の再酸化を防ぐと共に鋳型内の溶鋼の鋳造流れを調える役目を持つ.

伸線加工＝線引き加工

芯組織(cored structure)
　有核組織ともいう. 二相領域を通過する冷却過程で, 拡散が十分に起きないと, 結晶粒の中心部分と外周部で濃度勾配が生じているような非平衡微細組織をいう. →コア

浸炭(carburizing cementation, carburization)
　鋼をはじめ金属の表面に炭素を侵入させ, 表面を硬化させる方法. 固体浸炭法*, ガス浸炭法*, 液体浸炭法*がある. 一般にオーステナイト領域の温度で行なう. 硬度のみでなく, 耐摩耗性も向上する. →窒化処理, 浸炭鋼, 浸炭窒化法

浸炭鋼(carburizing steel)
　機械構造用材料として特に高耐疲れ性, 高耐摩耗性を目的とした浸炭焼入れ焼戻しを行なって使用する鋼で, 通常肌焼鋼といわれ, $0.13〜0.25C$ の低炭素鋼や, これに Mn, Cr, Ni, Mo などの元素を適量添加した鋼が用いられる.

浸炭窒化法(carbo-nitriding)
　炭窒化法ともいう. 鋼の表面層に炭素と窒素を同時に拡散させ, 引き続く焼入れにより表面のみを硬化する方法. 浸炭性のキャリアガスに HNO_3 を添加して行なうガス浸炭窒化法*とシアン化ソーダなどの塩浴中で行なう液体窒化(浸炭)法*がある. 炭素は温度が高いほど, 窒素は低めの方が浸入しやすいので $800〜900℃$ で行なわれる. →浸炭, 窒化処理, 浸炭鋼, 窒化鋼

浸炭箱(carburizing box)
　浸炭に用いる鉄製の箱. 木炭, コークス, 骨灰, 黒鉛などの浸炭剤, Na_2CO_3, $BaCO_3$, $SrCO_3$ などの促進剤を入れ, その中に浸炭すべき肌焼鋼部品を埋めて, A_3 点以上に加熱する.

真鍮(しんちゅう)
　黄銅*(brass)のこと. やや古いいいかた.

浸透圧(osmotic pressure)
　溶媒(例えば水)は通すが溶質(例えば食塩)は通さないような膜を半透膜とい

う. 溶媒と溶液を半透膜を介して接触させると，溶媒が溶液中に拡散して圧力が増加する．これを浸透圧という．ファント・ホッフは希薄溶液の浸透圧 Π とモル体積 V の間に $\Pi V=nRT$ (n：モル数，T：絶対温度，R：気体定数) という関係を見いだした．

振動因子＝頻度因子
浸透探傷法 (penetrant flaw test) →染色浸透探傷法
ジントル型化合物 (Zintl compound)

アルカリ金属またはアルカリ土類金属と Al, Ga, In, Tl, P, As, Pb などからできている金属間化合物*の総称．イオン性が強く例えば NaTl では Na^+Tl^- に近い．Tl^- が炭素のように振舞い，ダイヤモンド構造をとり，Na^+ がそのすき間に入る構造を持つ．ジントル (E.Zintl) 一派が研究整理した．

ジントル相 (Zintl phase) →ジントル型化合物
新日鉄法 (NSC process)

シャフト炉を用いた直接製鉄法*の一つ．還元ガスの高圧化 (0.4MPa) が特徴．ピュウロフェル法*と類似する．

侵入型化合物 (interstitial compound)

遷移金属と軽い非金属元素の H, B, C, N との化合物で，例えば Fe_3C, Fe_4N など．金属的性質を示すが，多くは硬く，融点が高い．結晶構造は元の金属と異なる．多くは定比化合物であるが，不定比のものもある．→侵入型固溶体

侵入型原子 (interstitial atom)

格子間原子，割り込み型原子ともいう．同種原子の場合もあるが，一般的には母体の格子の規則性を乱すことなく，しかし，少しひずませて，その隙間にちょうど入り込んでいる異種原子．例えば Fe 中の C, N のように原子半径の小さな溶質原子の場合に見られる．→点欠陥 (図を含む)，格子間位置

侵入型原子拡散 (interstitial diffusion)

格子間拡散ともいう．侵入型原子として入った小さな原子が格子間を移動する拡散．置換型原子拡散より機構は簡単で，一般に拡散速度は大きい．

侵入型合金 (interstitial alloy)

侵入型固溶体*合金や，侵入型中間相*・化合物*のこと．Fe や Ti, W, Pd などの遷移金属と，C, N, B, O, H によるものがその例である．原子半径の比や侵入原子の濃度によって，固溶体，中間相，化合物などの区分，分類が考えられる．

侵入型固溶体 (interstitial solid solution)

溶質原子が侵入型原子*で，合金組成が不定比組成である場合をいう．→不定比化合物，ヘッグ則，↔置換型固溶体

侵入型中間相 (interstitial intermediate phase)

遷移元素の水素化合物，窒素化合物，炭素化合物，ボロン化合物などは合金元素が小さく，侵入型になっている．特にそれが母相金属原子の 0.59 倍より小さい時には，ヘッグ則*のように母相金属の構造を残した中間相になっている．

侵入型不純物原子 (interstitial impurity atom) →侵入型原子
侵入元素の固溶限 (solubility limit of interstitial atoms)

遷移金属に対する，C, N, B, O, H の固溶限は，遷移金属の原子番号が若いほど大きく，また bcc 金属よりは fcc 金属の方が大きい．

真ひずみ (true strain)

引張り試験等，変形中のひずみはその時その時の微小な荷重増に対応した微小伸び (dl) をその時の長さ(l)で割ったもの (dl/l) ずつ増加していく．応力ひずみ線図に現れるのは，dl/l を初めの長さ (l_0) から l まで積分したもの．すなわち，$\ln(l/l_0)$ である．これを真ひずみという．公称ひずみ*の対語．標点間距離の伸びが同じ場合，数値としては公称ひずみよりも小さくなる．→真応力

振幅物質 (amplitude affect substance)

電子顕微鏡*で観察されるコントラストには，物質が電子線を吸収して生じる部分と，電子線の波長を変え位相をずらす作用による部分とがある．試料物質を前者に注目して呼ぶ言葉が振幅物質である．後者に注目すると位相物質と呼ばれる．位相物質*の対語．

シンプレックス法 (simplex process)

低炭 FeCr の製造法．微粉砕した高炭 FeCr と Cr 鉱石を混合してブリケットとし，減圧下で 1000℃に加熱し，Cr_7C_3 と Cr_2O_3 および FeO を反応させ Cr および Fe を得る．

信頼性工学 (reliability engineering)

ハード・ソフトを含む対象が，与えられた条件下で，決められた時間の間，求められた機能を果たし得ることを信頼性といい，そのための工学体系を信頼性工学という．対象の，企画・設計・製造・検査・使用・保全など各段階において考えられる．過去の事例研究などから信頼性設計，製造段階での各部品の品質保証，環境試験や耐久試験，故障や異常をいち早く検出して修復する保全性，さらに，もし故障が起これば，原因解析，対策なども含まれる．

浸硫 (sulfurizing)

硫黄*による表面硬化法．鉄鋼を硫黄化合物を含んだ溶融塩*中で加熱する．摩擦係数の小さい，耐摩耗性のある，疲労強度の高い表面が得られる．

深冷処理 (cold treatment) ＝サブゼロ処理

す

水金 ＝みずきん

水銀 (mercury)

元素記号 Hg (ラテン名：hydrargyrum), 原子番号 80, 原子量 200.6, 常温で唯一の液体金属．密度 13.546g/cm³ (20℃), 融点 -38.72℃. 水銀は他の金属をはじめ多くの物質と化合物を作り，それはアマルガム*と呼ばれている．また金などの精錬用として，あるいは古来の金めっき用として用いられた．化合物には有毒なものもあるが，温度計，圧力計をはじめ工業上重要なものも多い．水銀蒸気による中毒はよく知られている．また，無機水銀は体外への排泄が早いが，有機水銀化合物のメチル水銀は，脳に取り込まれて中枢神経を冒し，運動失調，知覚障害，ふるえなどの症状を起こす (チッソ水俣工場の排水による水俣病，新潟水俣病). →環境問題

吸い込み中心（空孔の）＝消滅中心（空孔の）

水準線腐食（water-line corrosion）
　　　水中から空気中に立ち上がっているような構造物の場合,水面近くと深い部分で酸素供給量が異なり,水面近くがカソード,深い部分がアノードになって発生する腐食. →濃淡電池

水靱法（water toughening）
　　　高マンガン鋼を1000〜1200℃から水冷する処理. 均一なオーステナイト組織となり,靱性に富み,耐摩耗性も増す. 高マンガン,高炭素のオーステナイト中では,積層欠陥エネルギーが低く転位が拡張し,移動が困難になるためといわれている.

吹精（bessemerizing）
　　　ベッセマー転炉法*に同じ. ただし銅精錬についてもいう. →銅

水性ガス反応（water gas reaction）
　　　$H_2O + CO = H_2 + CO_2 + 920 kJ/m^3(CO_2+H_2)$の反応.

水素過電圧（hydrogen over potential）
　　　水素の発生を伴う電極反応の過電圧. →過電圧

水素吸蔵合金（hydrogen storage alloy）
　　　比較的容易に水素化物を形成して水素を吸蔵でき,かつ平衡水素圧をより低くしてはじめて水素を放出するような合金. 平衡水素圧を縦軸に取り,吸収量を横軸に取った線図ではヒステリシスが描ける（→PCT曲線図）. 利用形態によっては,昇温や,減圧で放出させるやり方もある. 金属の水素化合物は多くあるが,その量と結合力が常温付近で適当なものがこれである. 具体的な合金としては,$LaNi_5$, $FeTi$, $TiMn_2$, Mg_2Niなどがあり,希土類合金が優れている. これらの合金におけるFe, Niは,分子状のH_2を原子に解離する触媒作用があると見られている. 表面を清浄にする「活性化」や,「アモルファス化」「微細組織化」などの方法で,吸蔵量,繰り返し寿命などの向上がはかられている. 水素は,クリーンなエネルギーといわれ,水素を燃料とする自動車,水素電池,蓄熱,冷暖房などの応用が考えられており,またそれらのための,水素の貯蔵・運搬などで今後利用増大が期待されている. →燃料電池,ニッケル–水素電池

水素脆化（脆性）（hydrogen brittlement）
　　　吸収した水素によって金属材料が脆くなる現象. 溶鋼中の水素が凝固後,白点*・毛割れ*などを生じる内在水素によるものや,酸洗い・めっき・湿潤環境からの外在水素によるものなど多種多様である. 荷重のかかった状態で起こる「遅れ破壊*」もその一例で,一般に合金元素が増え,強度が高くなると水素脆性に敏感になる傾向がある. 銅の「水素病」も水素脆性の一例で,タフピッチ銅*の酸素が水素気流中で加熱されると,粒界を破壊し強度が低下する. このため銅の脱酸は,リンで脱酸したリン脱酸銅*,真空溶解による無酸素銅*,OFHC銅*などを用いる.

水素電極（hydrogen electrode）
　　　水素イオンを含む液に浸漬した不溶性電極（例えば白金黒つきの白金）の表面に水素の気泡を通している電極. 単極電位*の測定の基準となる. →標準水素電極

水素誘起割れ（hydrogen induced cracking: HIC）

水素脆性＊と異なり無荷重状態で割れが発生する現象．湿潤環境や硫化水素雰囲気で，金属（主に鋼）中に侵入した水素が，金属中の格子欠陥＊や介在物＊などに集まり，気体分子となった時の圧力によると考えられている．

垂直磁気記録（magnetic memory with perpendicular magnetization）

ハードディスクなどの磁気記録の方式の一つ．現在の磁気記録方式は面内記録方式だが，1平方インチ当たり100ギガビットが限界とされている．これは面内の近接した磁気記録が時間経過とともに除々に消失してしまう「熱ゆらぎ」が原因である．これに対して垂直記録方式では1平方インチ当たり1テラビット（1000ギガビット）を越える記録が可能で，「熱ゆらぎ」も大幅に緩和され，次世代の記録方式として注目されている．

水熱合成法（hydrothermal synthesis）

高温高圧の水の存在下で行われる物質の合成法の総称．この方法によりゼオライト＊，水晶，ルビーなどの結晶ができる．

水平ゾンデ（horizontal sonde）

高炉＊のストックライン上あるいは炉胸部上部の装入物中に水平に挿入されたガス採取器をいう．ガス温度とガス組成を炉の半径方向に沿って測定できる．

酔歩の理論（random walk theory）

動く方向が全くランダムな運動では，時間（t）がたつにつれ，居場所がぼやけ，広がっていく．その存在確率についての理論．金属の拡散＊理論の基礎である．ある距離をある方向に動き，ランダムに向きを変えて，またある距離進む．これを繰り返す場合，最初の居場所（原点）を中心とする正規分布になる．その時，原点からの距離xの二乗平均$\langle X^2 \rangle$が，$\langle X^2 \rangle = 2D \cdot t$となる（xそのものの平均$\langle X \rangle = 0$）．Dは拡散定数＊に相当する．拡散現象は濃度勾配が駆動力ではなく，酔歩が本質であるとよくいわれる．しかし，濃度勾配が駆動力ではないにしても，酔歩自体が存在確率という広義の濃度を問題にしている．→濃度差拡散

水和（hydration）→イオンの溶媒和

すえ込み（upsetting）

軸方向に圧縮応力を加え，長さを減らし，断面を大きくする加工．小型鋳塊から大きい断面で，偏析の少ない材料が得られる．

スエリング（swelling）

照射ふくれのこと．→照射損傷

スカベンジング効果（scavenging effect）

硬化に寄与していた侵入型元素が，合金元素と結合して固定されると，硬化が現れなくなる現象．軟化も起こる．

スカル溶解（skull melting）

精錬後のチタンを鋳造などのため溶解する時の特別な方法．チタンは高温で化学的に活性なので，溶解するには，真空中で消耗電極式アーク溶解＊か電子衝撃溶解を行う．水冷銅鋳型を用い，溶湯の薄い凝固膜を作りその中で溶解する．こうすると高融点耐火るつぼを必要とせず，不純物の混入もない．

すき間腐食 (crevice corrosion)

湿潤な環境で部材間にすき間があるとその奥と外で供給酸素量に差ができ,奥がアノード*,外がカソード*となって進行する腐食.これは酸素濃淡電池による腐食であるが,金属イオン濃度の差によるすき間腐食もある (→濃淡電池).すき間は,腐食生成物,ごみ,ボルト,リベットなどさまざまな原因でできる.構造物にすき間ができないような形態に設計する.ステンレスではMo量の多いものを使うなどで防ぐ.

スキンパス圧延 (skin pass rolling)

圧下率1～3%の軽度の冷間圧延.調質圧延*ということもある.また線引き加工*についても,軽度の加工をスキンパスという.

スクイド (superconducting quantum interference device: SQUID)

超伝導リングを一つまたは二つのジョセフソン接合に結合した微小磁束測定デバイス.10^{-13}T程度の磁界測定ができ,磁束計としては従来のものに比べ最高で2桁程度感度がすぐれている.高感度磁力計,近接界アンテナ,極微小電流または電圧の測定およびとくに生体活動に伴う磁界,例えば脳波や心電図に対応する磁気パルス測定など医療の分野での生体磁気検出に盛んに利用されている.→ジョセフソン効果

スクッテルダイト化合物 (skutterudite compound)

スクッテルダイトは,$CoAs_3$の鉱物名であるが,それと同構造のTX_3化合物の総称.TとしてはCo, Rh, Ir, Ni, XとしてはP, As, Sbの化合物 (プニクタイドという) がある.構造は,TX_6正八面体8個が,頂点を共有して大きな立方格子を形成している.立方格子の中心と8隅は一般には空席であるが,そこにBaや希土類金属が入ったものは充填スクッテルダイト (filled skutterudite) といわれ,その時はTとしてFe, Ru, Osが入る.いずれも半導体であるが正孔移動度が大きく,熱電 (変換) 素子として注目を集めており,特に充填型でT元素を選ぶと,熱伝導率が減少し,性能指数 (→熱電素子) が向上する.

スクラバー (scrubber)

ダスト含有ガスに水その他の液を噴射し,ダストを泥状としてガスから分離,回収する装置.縦形で円筒式,充填塔式,多段棚式など多種の型式がある.

すくわれ (scab)

鋳造*において,溶湯の沸騰などで鋳型砂がすくい取られること,およびその結果できる鋳物のきず.

スケルプ (skelp)

厚さが2.5～3.5mm,幅が100mm,長さが5000mm程度の寸法に粗圧延した鋼板をいう.主に鍛接鋼管用に用いられる.→ブルーム,スラブ,ビレット,シートバー

スズ (錫) (tin)

元素記号Sn (ラテン名:stannum),原子番号50,原子量118.7の銀白色金属元素.密度はα型:5.75g/cm^3,β型:7.31g/cm^3 (20℃),融点:232.1℃,沸点:2270℃.天然にはスズ石 (SnO_2) として存在する.13.2℃以下の低温ではダイヤモンド構造*のα-Sn (灰色スズ*) が,13.2℃以上では正方晶系の金属スズ (白スズ*,β-Sn) が安定である.用途は,はんだ*,活字合金*,軸受合金*,食器,装飾合金,めっき,

箔（コンデンサー），超伝導用材料＊(Nb_3Sn)，透明導電性フィルム（酸化インジウム・スズ），レーザー素子（$Pb・Sn・Te$）など．有機スズ化合物のトリブチルスズ，トリフェニルスズは，除草剤，殺菌剤，船底・魚網の防汚塗料に用いられてきた．その毒性による貝，軟体動物，魚類に対する影響が大きく，貝類の生殖にかかわる環境ホルモンの問題として注目されている．1980年代から，国際的にも規制されているが被害は続いており，対策の徹底が指摘されている．→スズペスト，スズ鳴り，スズ鋼板

スズ黄銅（tin brass）

耐海水性を持たせるために，スズを約1％含んだ黄銅．六四黄銅＊に1％Sn添加したものをネーバル黄銅＊，七三黄銅に1％Sn添加したものをアドミラルティ黄銅＊という．

鈴木効果（Suzuki effect）

転位＊と溶質（不純物）原子の相互作用の一つ．fcc＊およびhcp＊合金の転位は多くの場合拡張転位＊になっており，大きくはないが，まわりとはある程度異なったエネルギー状態にある．そこには溶質＊原子が偏析＊する．

この部分の転位が動くと，熱的に非平衡な偏析部分が後に残ると同時に偏析のない部分が生じる．この双方は新たにエネルギーの大きな部分を作るので，転位の運動に抵抗となる．その固着力は，弾性的相互作用＊と同程度であるが，拡張部分が大きいので固着から抜け出すことはより困難である．この転位と溶質原子の相互作用＊を，鈴木効果あるいは化学的相互作用（chemical interaction）という（鈴木秀次：1952年）．

スズ鋼板（tin steel plate）

薄鋼板の両面に純良なスズを薄くめっきしたもので，ブリキとよくいわれている．安価なので，缶詰，石油缶など容器用に用いられる．亜鉛めっき鋼板＊（トタン板）とともにめっき鋼材の代表的品種．電気めっきブリキ，熱せきブリキなどがある．

スズ鳴り（スズ鳴き）（tin cry）

スズの棒に曲げ応力を加えると，表面に変化がないのに，竹を折るような澄んだ音が出ること．双晶変形＊による．

スズペスト（tin pest）

スズは低温のダイヤモンド型スズに変態すると体積が増し，はれ物状になり崩れやすくなる．この変態部分の伝播の有様からスズペストといわれる．→灰色スズ，白スズ

スターリングシルバー（sterling silver）

92.5Ag, 7.5Cuの貨幣の標準となるAg–Cu合金．スターリングの名は12世紀コインの品質を落とすことが一般化した時代に，厳格に品質を保って銀貨の取引を行ったドイツの取引業者の名E.A.Sterlingに由来するという．銀器・装身具にも用いられる．

スターリングの近似式（Sterling's approximation formula）

合金の規則－不規則変態＊や強磁性のキュリー点での変態など協力現象＊で「場合の数」を計算するときによく使われる近似式．大きな整数Nの階乗（！）に対して成り立つ；$\log(N!) = N \log N - N$．

スタントン数 (Stanton number)

流れの中にある物体の表面Sを通して熱量Qが出入りする場合,流れと伝熱を関連づける無次元数.流れの代表速度をu,流体の密度をρ,定圧比熱をC_p,粘性率をηとするとき,スタントン数$St=Q/\rho C_p Su(T_1-T_0)$で与えられる.ここで$T_1$は物体の温度,$T_0$は流体の温度である.$\kappa$を流体の熱伝導率とするとStはヌッセルト数* Nu,レノルズ数* Re と次の関係にある.$St=Nu/\sigma Re$,ここで$\sigma=\eta C_p/\kappa$.

ステアロッド転位 (stair-rod dislocation)

fcc結晶で加工が進むと,異なるすべり面を運動する転位の交差が起こるようになる.二本の拡張転位*が,二つの{111}面の交線で出会った時や,一組の拡張転位が二つのすべり面の交線で折れ曲がっている時,その折れ曲がりには二つの半転位*の反応によって,交線方向の転位線を持ち,それと垂直なバーガースベクトルを持つ刃状転位が発生している.この転位は不動転位*である.またその形態が階段のじゅうたんを各段の奥で押えているしんちゅう棒(stair-rod)に似ているのでこの名がついている.

ステダイト (steadite)

鋳鉄において,不純物のリン(P)が多いと粒界に網目状に現れる$Fe_3P+Fe_3C+\alpha$(Feのα固溶体,通常はフェライト)の三元共晶相.硬いので,鋳鉄に耐摩耗性を与えるが,凝固収縮量が増え,欠陥の原因になりやすいので少ない方が良い.

ステーブ (stave)

高炉*側壁の冷却方式の一種.冷却水を内部に通す冷却ブロック.高炉側壁の鉄鈹に沿って張りつける.高圧操業の高炉においてはガスシール上有効であるが,操業中の交換が困難という欠点もある.

ステライト (stellite)

1907年Haynesの開発による,Co基の硬質鋳造合金.常温では焼入れ高速度工具鋼よりも軟らかい($HR_C=52$)が600℃以上では,それよりも硬くなる.鍛錬は不可能で,鋳造か,粉末冶金,または熱間静水圧プレス(HIP*)で成形される.切削にも用いられるが,脆く,衝撃に弱い.刃物,耐摩耗性工具,耐熱耐食金具として用いられる.1〜2.6C,45〜46Co,25〜30Cr,4〜20W,0〜5Fe.

なお,ステライト6,ステライト31は,Deloro Stellite Ltd.(英)の開発によるCo基耐熱合金で組成・用途の異なる合金である.

ステレオ三角形 (stereo triangle)

ステレオ投影*において,立方晶系で多く用いられる(001)投影では,全体が24個の{100}{110}{111}で囲まれる三角形(曲線で囲まれた部分もある)に分けられるが,対称性を考えると中心近くの一つの三角形でさまざまな検討ができる.この三角形のこと.

ステレオ投影 (stereographic projection)

立体投影ともいう.三次元の結晶方位(結晶方向と結晶面の法線)を二次元平面に投影して表現する方法(結晶投影法)の一つ.加工による結晶面の回転,変態前後の結晶方位の関連,集合組織の成因と集合度など,結晶に関する考察に欠かせない.まず地球に見立てた球の中心に結晶と光源を置き,結晶方位を球面上に投影する(球

面投影).投影された位置を極または極点という.北半球にある球面投影点と南極を結ぶ線が赤道面を切る点が(北半球の)ステレオ投影点である.これで北半球の方位はすべて平面に表し得る.南半球の点は,北極と結ぶ線の赤道面への投影で表す.立方晶系について,中心を100,上端を001,右端を010としたステレオ投影を(100)標準投影図(standard projection)という.また,上・下端を両極にし,経線と緯線を投影した図は,方位間の角度など方位関係を測定・表示できる定規となる.これをウルフネット(Wulff net)またはステレオネットという.なお,北極に接する平面に球面投影をそのまま延長したものをノモン投影*という.赤道にある点は無限遠に行ってしまう.

ステンレス鋼(stainless steel)

Feに12%以上のCrまたはCr–Niを添加して,耐食性をもたせた鋼.不銹鋼ともいう.空気中の酸素や水分,また多くの薬品に侵されにくい.それは,表面にできるCrの酸化物,あるいは水酸化物が不動態*膜を形成しているためであろうといわれている.この皮膜は材料そのものが持っているので,傷がついても自己修復する.ただし,硫酸・塩酸などの非酸化性の酸や,海水,食塩など塩素の存在は耐食性を弱める.そこを改良するのがNiの添加である.開発の歴史はもう少し複雑だが,後から考えるとこうしてステンレス鋼にCr系ステンレスとCr–Ni系ステンレスができたといえる.このようにして,ステンレス鋼はCr系と,Cr–Ni系に大別されるが,その内容は非常に多様である.以下に,JIS番号と共に示す.金属組織についてはシェフラーの組織図*が知られている.

(1) Cr系 :　(a) フェライト組織 : JIS–SUS 400番台
　　　　　　(b) マルテンサイト組織 : –SUS400番台
(2) Cr–Ni系 :　(c) オーステナイト組織 : –SUS 300番台
　　　　　　(d) 析出硬化型 : –SUS 630
　　　　　　(e) オーステナイト–フェライト二相組織 : –SUS 329J1
(3) Cr–Ni–Mn系 : (f) オーステナイト組織 : –SUS 200番台

(1) Cr系ステンレス*(10～30%Cr)は,炭素量によって(a)フェライト系*(b)マルテンサイト系*に分類される.前者は加工しやすく,屋内用に使われる.後者は焼入れ硬化性があり,刃物,機械部品に使われる.

(2) Cr–Ni系ステンレス*は,(c) 18Cr–8Niが代表的で,耐食性もステンレス鋼中で最も良好である.準安定オーステナイト組織を持ち,非磁性である.硬さは低く,靭性があり,冷間加工で強化され200 kgf/mm^{2}程度の引張り強さを持つ.(d) 析出硬化型ステンレスは,耐食性と共に耐熱性が目的のもので,ジェットエンジンやロケットに使われる.析出母相によって,マルテンサイト,オーステナイト,フェライトの三つの型がある.マルテンサイト型が一般的で,Cu, Al, Tiで析出硬化させる(→17-4PH*).(e) 二相組織ステンレスは,耐孔食性(→孔食)・耐海水性を向上させる目的で,Crを増やしNiを減らし,Moを添加している.増やしたCrが有効にFeの表面を覆うと説明されている.

(3) (f) Cr–Ni–Mn系ステンレスは,高価なNiを節約しようというものである.

なお,ステンレスの工業的生産においては,原料であるフェロクロムを酸化させ

ずに脱酸することが必要で,通常の製銑・製鋼過程とは異なった方法で,希釈精錬法(AOD法*,複合転炉法)と減圧精錬法(VOD法*,RH-OB法)といわれている.
ストークス・アインシュタインの関係式 (Stokes-Einstein's relation)
自己拡散*係数Dと粘性率ηの間に成立する関係,$D = kT/a\pi r\eta$.ここで$a\pi r\eta$は半径rの球体に働くストークス抵抗で,連続媒中では$a=6$である.ストークス抵抗は移動度Bの逆数であるので一般には$D=kTB$と書ける.
ストライエーション (striation)
疲労破断面のミクロ組織として見られる平行線群(延性ストライエーション)と,それが切断された線群(脆性ストライエーション).ビーチマーク*がマクロ組織であるのに対し,これはミクロ組織として見られるもの.繰り返し応力き裂の進行を示す点では同じで,応力の大きさ,き裂進展速さなどが推定できる.→破面組織解析
ストラティファイド素材 (stratified material)
「成層化された素材」の意味であるが,単原子層,人工超格子*をはじめ,マイクロクラスター*,フラーレン*,ナノチューブ*などナノからミクロン以下のスケールで,構造が制御できるものをいう.極微小物質が示す固・液中間的挙動,電子構造の特異化などによる,超伝導*,巨大磁気抵抗*,非線形など特殊光学素子,超常磁性*などの新しい機能が現れる素材として注目されている.
ストレッチゾーン (stretched zone)
破壊力学の研究で使用されるき裂試験において,通常その破面は,き裂に続いて,まずすべり面*に沿ったぎざぎざ部分が現れ,次いで平坦な破面に移行する.この平坦破面領域をいう.
ストレッチャーストレーン (stretcher strain)
軟鋼などを引張ったり深絞りしたときにできる表面のしわ模様で,引張りじわともいう.リューダース帯*の発生によるもので,炭素や窒素の含有量を減らしたり,加工直前に調質圧延*して,不均一な応力場と,コットレル雰囲気*を作ってしまうなどの方法で防ぐ.
ストロンチウム (strontium)
元素記号Sr,原子番号38,原子量87.62.アルカリ土類金属*の一つ.主要鉱石は天青石$SrSO_4$,ストロンチアン石$SrCO_3$.鉱石を加工した塩化ストロンチウムか,それに塩化ナトリウムを加えた溶融塩電解*または,酸化物をアルミニウムで還元したものを蒸留分離して得られる.銀白色.常温でfcc,213℃以上でhcp,621℃以上でbccである.融点769℃.密度$2.54 g/cm^3$(20℃).化学的にはカルシウムとバリウムの中間的性質.水,酸と激しく反応する.チタン酸ストロンチウムはチタン酸バリウムに混ぜて誘電率を上げる効果があり,硝酸ストロンチウムは花火などに用いられる.^{90}Srは主要な核分裂生成物で,β線を放出するため,体に入ると骨のガンや白血病の原因になるといわれている.→三つ組元素
スネークピーク (Snoek peak)
体心立方金属(Fe, Nb, Taなど)の中の侵入型溶質元素(C, N, Oなど)が周期的応力によって侵入位置を変えるために生じる内部摩擦ピーク.鋼の内部摩擦を捻り振動法で測定し,測定周波数に対してプロットすると,約0.1Hz付近にピークが

現れる．Fe中の侵入型不純物の分析に使える．スネーク (J.L.Snoek) が最初に注目した (1947)．なお，スネーク・ケスターピーク (Snoek-Köster peak) は点欠陥*や溶質原子と転位の相互作用による緩和型内部摩擦ピークをいう．→内部摩擦ピーク，転位と溶質原子の相互作用

スーパーアロイ (superalloy)
超合金といわれることもあるが，超耐熱合金*の意味で，特定の合金 (系) ではない．ジェットエンジンなどに使用される650℃以上の使用に耐える耐熱合金の総称．→超耐熱合金

スーパーアンバー (super invar)
室温付近での熱膨張係数*が小さいニッケル鋼の一種．インバー合金*は，フランスのギョーム (C.E.Guillaume) による1897年の発明なので，フランス語読みでアンバーともいうが，アンバーよりもさらに熱膨張係数の小さい合金，スーパーアンバーが増本量により発見された．組成は32Ni, 5Co, 残Feで，熱膨張係数は石英ガラス*なみの$10^{-7}/K$のオーダである．

スパイス (speiss)
重金属ヒ化物 (ときにはSb化合物を含む) が均一に混合した人工的な溶融合成物．ヒ化鉱石の製錬に際し目的金属を濃縮するために作られる．ひかわともいう．

スパイラルコーン (Spiralkone)
変圧器鉄芯用の方向性ケイ素鋼板*の商品名 (米)．

スーパージョグ (super jog)
ジョグの高さが，数原子分もある背の高いジョグのこと．転位*の周辺に空孔が多数ある場合など転位が空孔を吸収して上昇し，できることがある．→ジョグ

スーパーシルバー (super silver alloy)
高力高電導銅*合金の一種．Cu>99.6, Mg: 0.01～0.12, P: 0.04～0.08, Ag>0.04 (いずれもwt%) の組成を持ち，40%以上の冷間加工，370～540℃の析出処理の後，再び90%の冷間加工で$70 kgf/mm^2$の強度，85%IACS*の導電性を示す．

スーパースチール (super steel) →超高張力鋼，加工熱処理，ホール・ペッチの式

スパッタ中性粒子質量分析 (sputtered neutral mass spectrometry : SNMS)
試料表面をイオンでスパッタすると，表面から放出される原子の大部分は中性で，イオン化されているものは極めて少ない．この中性原子をイオン化する方法としてたとえば熱フィラメントを利用する方法があるが，温度上昇によりガス放出などの汚染効果を生じ，特に水素，炭素，窒素などの軽元素に対して信頼性が低い．このため中性原子をイオン化する別の方法，たとえばレーザーイオン化表面分析* (SALI) などがある．

スパッタ法 (sputtering)
基板の上に薄膜をつける方法で，真空蒸着*法，イオンプレーティング*法などとともに物理的蒸着法 (PVD) のひとつ．スパッタ法では薄膜の材料で作った円板をターゲットとして基板と向かい合わせ，この間に数百～1kVの高周波電圧をかけプラズマを発生させ，プラズマ中のイオンがターゲットに衝突，原子をはじき飛ばして (スパッタリング) それを基板表面につける．電界のほかに磁界をかけて強力

にスパッタさせ薄膜を作る方式を高速スパッタ法という．スパッタ法の長所は①材料を選ばない，②付着強度が大きい，③膜厚が均一，④膜の面積を広くとれる．一方，短所としては①付着速度が非常に遅い，②マスキングが困難．

スーパーマロイ（supermalloy）

パーマロイ*（Fe–78.5Ni）にMn, Moなどを添加，溶解，熱処理法を改良して，初透磁率*（μ_i）を$>1\times10^5$，最大透磁率（μ_m）を8×10^5としたBell Telephone社（米）の超高透磁率合金．軟磁性材料でトランス，通信，レーダー部品用．15.7Fe, 5Mo, 0.3Mn, 残Ni．

スーパーメタル（super metal）

結晶粒を超微細化することにより，強度・靱性を向上させ，他の新しい機能発現をねらった金属材料．スーパースチールもその一つ．→超高張力鋼，加工熱処理，ホール・ペッチの式

スピゴット（spigot）

シックナー*の底に沈積した沈殿物をかき集めた濃泥をいう．

スピッティング（spitting）

転炉*の炉口から細かいメルト粒が飛散する現象．

スピネル型結晶（spinel structure crystal）

もともとのスピネル（尖晶石）は$MgAl_2O_4$であるが，2価と3価の金属の酸化物（$M^{2+}O\cdot M_2^{3+}O_3$）として多くの天然鉱物・人工結晶があり，この構造をスピネル型結晶と呼んでいる．その結晶構造は，立方晶系であるが，単位胞が大きく，2種類の部分格子（M^{3+}とOのNaCl型格子とOの四面体の中にM^{2+}が入った格子）が交互に8個組み合わされ，それ全体をM^{2+}がfcc的に包んでいる．全体で上記の化学式単位を8個含んだ構造である．また見方によっては，酸素イオンが近似的にfcc格子を組んでおり，その四面体位置（格子

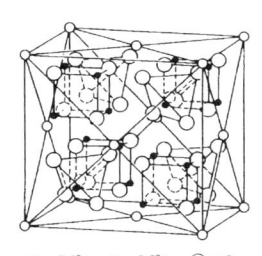

●：M^{3+} ○：M^{2+} ◯：O

内の位置をしばしばサイトともいう）を2価金属，八面体位置を3価金属が占める構造ともいえる．これを正スピネル構造という．M^{2+}とM^{3+}は位置交換が容易で，逆に四面体位置を3価金属，八面体位置を2価金属と3価金属（八面体位置の方が席数が多い）が占める構造がある．これを逆スピネル構造という．正スピネル構造で，M^{3+}の位置（八面体位置）を，16d位置，B位置ともいう．またM^{2+}の位置（四面体位置）を8a位置，A位置ともいう．16と8は単位胞中の位置の数を示している．磁性材料のフェライトの多くは逆スピネルである．しかしこの配置はかなり自由で，熱処理等で相互変化する．→格子間位置

スピネル型フェライト（spinel ferrite）→フェライト

スピノーダル磁石（spinodal magnet）

アルニコ系の磁石を熱処理すると，スピノーダル分解により生じた，一方向に整列した微細な析出結晶粒が生成し，それがFeの単磁区臨界直径に近く，アルニコ系磁石の大きな保磁力の原因となっている．そこからアルニコ系の合金磁石やFe–

198 [す]

Co–Cr磁石をスピノーダル型合金磁石またはスピノーダル磁石という．→MK鋼，アルニコ磁石，単磁区，スピノーダル分解

スピノーダル分解 (spinodal decomposition)

析出あるいは相分離の過程が，核生成－成長*でなく，広い範囲にわたって溶質原子の濃淡分布が，自発的に，細かく周期的に起こり，ついには明白な二相分離に至る析出現象をスピルノーダル分解という．図(a)は析出が起こるような固溶限（AXMとBYM，バイノーダル線ともいう）をもった合金の状態図で，温度Tにおける自由エネルギー曲線は図(b)のように示される．図(c)の濃度c'の合金のエネルギーはp点にあるが，濃度の揺らぎによってqとrの濃淡に分離した場合，その平均エネルギーp'は元の固溶体のエネルギーpより高くなるので不安定で，臨界核生成が起こるまで相分離は進まない．これに対して図(d)の濃度c''の場合には濃度揺らぎによりtとuに分離すると，分離した平均エネルギーs'が元の状態のsより低下するので濃度の揺らぎは連続的に成長し，相分離は自発的に進む．前者は核生成型，後者は核生成のない型でスピノーダル分解という．両者の境目は図(b)の変曲点w，v：$(d^2G/dc^2 = 0)$で，この温度変化による軌跡は図(a)の点線WM，VMで示され，スピノーダル線 (spinodal line) といい，スピノーダル分解はスピノーダル線の内側

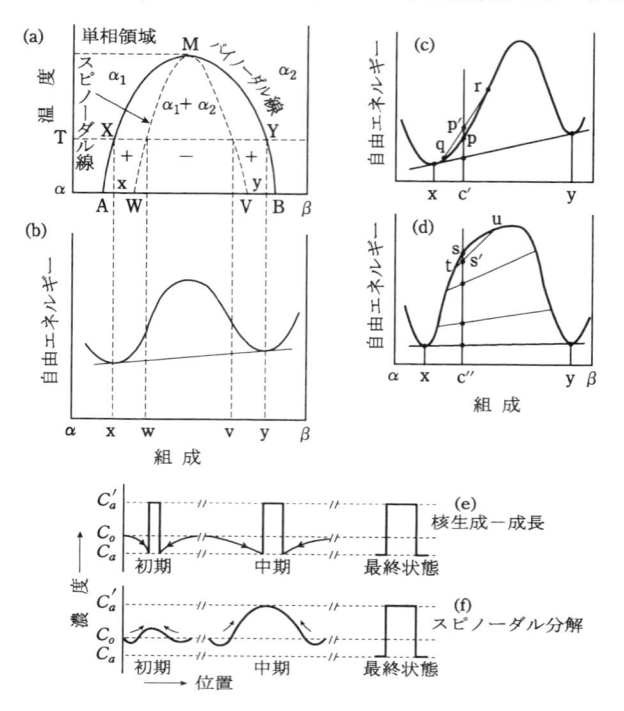

の範囲（$d^2G/dc^2<0$）で起こる．これに対して図(b)のx, yの温度変化の軌跡は図(a)のAXM, BYMで示され，バイノーダル線（binodal line）という．スピノーダル分解では図(f)に示すように濃度勾配に逆行する方向で拡散が起こるので，これを逆拡散*という．スピノーダル分解によって新しく生まれる相の結晶形は，母相のそれと同じか，極めて近いもので，また結晶格子は母相と互いに連続する（整合）という制約を受け，濃度の変化により体積が変わるから弾性ひずみを生じ，スピノーダル分解を抑制する．スピノーダル分解の組織はナノメートルサイズの細かい周期的な波状の濃度分布が特徴で，強力な磁石や高強力材料などに応用されている．MK磁石（Fe-Ni-Al）にCoを加えて米国において開発されたAlnico-V磁石はスピノーダル分解組織の応用である．1971年に金子らにより開発されたスピノーダル分解型のFe-Co-Cr磁石は加工性がよいという特徴がある．→スピノーダル磁石，核形成－成長論，二相分離型合金

スピン（電子の）（spin）

スピンは電子などの素粒子および素粒子から構成される量子力学的対象が持つ「内部自由度」（軌道運動や古典力学的な回転でもない，電子自体が持っている自由度）の一つ．「自転」にたとえられるがそれはあくまでもたとえ話に過ぎない．電子スピンは最初，磁場中で発光させた物質の原子スペクトルが多数の線に分裂する異常ゼーマン効果を説明するためにパウリによって導入された（1924）．量子力学的角運動量（$h/4\pi$）と磁気モーメント*（1ボーアマグネトンμ_B）を持つ．

スピンバルブ型磁気抵抗素子（spin-valve type MR-device）

反強磁性層／強磁性層／非強磁性層／強磁性層の4層からなる．反強磁性層／強磁性層をピン層と呼び，反強磁性層の磁化で強磁性層のスピンを固定する．もう一つの強磁性層はフリー層と呼び，磁場で磁化の向きを変え，磁気抵抗効果*を発生させる．非強磁性層は，二つの強磁性層が交換相互作用しない厚さにし，金属（例：Cu）にすれば巨大磁気抵抗効果*（GMR）型に，絶縁体（例：a-Al-O）にすればトンネル磁気抵抗効果*（TMR）型になる．

スピン量子数（spin quantum number）

原子核の回りの電子の状態を示す量子数のうち，異常ゼーマン効果を説明するために，パウリによって導入された第4の量子数*．これとパウリの排他律*によって原子の電子配置*が最終的に決まった．電子固有の磁気能率もこれで決まる．
→スピン

スプリングバック磁石（spring-back magnet）

交換スプリングバック磁石ともいう．保磁力（H_c）*付近までの大きな逆磁場がかかっても，逆磁場が取り除かれると再び残留磁化（B_r）*程度にまで磁化が戻る永久磁石*材料．ナノメートル程度の軟質磁性相と硬質磁性相が，交換相互作用*で結合している構造（ナノコンポジット構造）を持ち，軟質磁性相が周りの硬質磁性相によって磁化を取り戻すためである．ナノコンポジット磁石ともいわれる．Nd-Fe-B, Sm-Co-Fe系など，これまでの磁石と同じ合金系をはじめ，さまざまな合金系があるが，特徴はナノ構造を作ることで，アモルファス合金*の結晶化，メカニカルアロイング*の熱処理，粉末磁性材料の磁場中熱処理*などさまざまな方法が

研究されている．→ナノ結晶材料，ナノグラニュラー結晶材料

スプレイフォーミング (spray forming)

溶融金属を細いノズルから高圧不活性ガス雰囲気のチャンバー内へ噴出させると，溶滴は半溶融，半凝固状態の超微粒子化して，コレクターと呼ばれるベースの上に凝着する．コレクターの形状，動きを変えて，リング，ビレット，プレート等，様々の形状，大きさの半製品ができる．マクロ偏析がない，微細，均一，等方的結晶組織，低酸素，熱間加工性大などの特長があり，圧延用の高炭素高速度鋼のクラッドロール，超合金リング，タービンディスク，高合金鋼ビレット，アルミニウム合金押出し用ビレット，銅合金ビレットなどが製作されている．

すべり (slip, glide)

金属が変形するのは，構成原子が，外力に対して斜めの原子面に沿ってずれるからで，このずれをすべり (slip) という．金属の変形の基本過程である．実際には原子面が材料の端から端まで一度にすべるのでなく，一原子列ずつ，隣接原子面を乗り越えるように盛り上がりながらずれて行く．そのずれの伝播前線が転位＊である．原子（列）の移動（すべり：slip）の方向（バーガースベクトル＊）と転位の移動（すべり：glide）の方向は刃状転位＊では同一であるが，らせん転位＊では垂直で，同じすべりとはいうが，原子と転位で slip と glide という区別をする（→らせん転位，不完全転位）．→シュミット則，すべり線，すべり系，ミラー指数

すべり系 (slip system)

すべり面とすべり方向の組．結晶系＊によって大まかに決まっており，fcc格子＊では {111} <110>，bcc格子＊では {110} か {112} <111>，hcp格子＊では {0001} <11$\bar{2}$1> がほとんどである．これらの面と方向は原子配列の最も密な面と方向である．通常は結晶学的に同等な面と方向 {hkl} <hkl> で表すが，主すべり系＊，二次すべり系＊を議論する時など場合によっては個々の面と方向 (hkl)[hkl] をいうこともある．

すべり線 (slip line)

金属を変形させると，その表面に多くの平行な線が現れ，顕微鏡でも肉眼でも見える．これは結晶のある面に沿って原子がすべったからで，この平行線をすべり線という．群れになって現れたものがすべり帯＊である．

すべり帯 (slip band)

スリップバンド．塑性変形した結晶の表面に現れる．200Å程度の幅を持つ多数の平行線（すべり線）の束．すべり線＊と区別しないこともある．リューダースひずみ＊で表れるリューダース帯とは別である．

すべり楕円 (slip ellipse)

すべり変形の幾何学（シュミット則＊など）において，円柱試料の斜めすべり面を考えた時の断面の楕円．

すべり面 (slip plane)

すべりが生じる結晶面．応力の方向と結晶系が決まると大まかにすべり面とすべり方向も決まる．→シュミット則，すべり系

すべり要素 (slip element) ＝すべり系

スポット溶接（spot welding）
2本の棒状電極で結合すべき2枚の金属板をはさみ，加圧・通電して，接触面を電気抵抗による発熱で点状に溶接する方法．薄板に広く用いられている．

スポーリング（spalling）
耐火物の表面が，内部ひずみのため，はげ落ちる現象．急熱，急冷など温度の急変や，機械的圧力の不均一を原因とする組織，構造の変化などによるひずみで表面にき裂を生じ，はげ落ちる．また歯車歯面など，金属同士が狭い面積で接触する場合に，表面下少し内部に大きなせん断応力が生じ，ピッチング（あばた状表面破壊）や，スポーリング（剥離表面破壊）が生じることがある．

スポンジチタン（sponge titanium）
チタンを鉱石から精錬する過程において，例えばクロール法*ではチタンのハロゲン化物（例えば$TiCl_4$）をつくり，これをマグネシウムで還元すると金属チタンと$MgCl_2$ができる．この金属チタンは海綿状をしているためスポンジチタンと呼ばれる（ハンター法*でも同様）．スポンジチタンは不純物が多いので圧縮成形し，これを電極として電解処理して純度をあげ溶解しチタン塊をつくる．中間製品であるスポンジチタンは，そのままで売買される．

スマートマテリアル（smart material）→インテリジェント・マテリアル／メタル

スミアロフスキー構造（Smialovski structure）
ゆっくりした凝固時などにできる小角粒界*でできた多結晶構造．リニェージ*，セル組織*と同じ．

隅角効果（焼入れの）（corner effect）
鋼を焼入れした時，形状が鋭角的な部分には残留応力が集中しやすいことをいう．できるだけ丸みを持たせるなどの工夫をする．

スライディングノズル（sliding nozzle）
取鍋*の底にある注ぎ口は以前，ストッパーで閉じられていた．しかし作業性，安定性の面からスライディングノズルが開発された．これはジルコンかコランダム質の上ノズルと下ノズルから成り，下ノズルが油圧により左右に摺動する．この方式では注入作業を自動で行うことができ安定性が高い．

スラグ（slag）
鉱石を融解精錬する時，溶剤（フラックス*）の作用によってできる混合酸化物を主体とする物質で，この場合を鉱滓（こうさい），のろ，非鉄精錬ではからみという．また金属を溶製する際，湯面に発生する金属の酸化物のこともいう．どちらも酸性酸化物と塩基性酸化物の混合物（例えば$SiO_2 \cdot CaO$など）の場合が多く，その易融性を増すために中性の酸化物が加えられることもある．→製鉄・製鋼，銅

スラッジ（sludge）
排水の物理的，化学的，生物学的処理により排出する汚泥（沈殿物）をいう．

スラブ（slab）
厚板に圧延する前に，分塊*圧延で作られた長方形断面の板用鋼片．通常シートバーより厚く，厚さが>50mm，幅が>300mm以上あるものをいう．→シートバー，ブルーム，ビレット，スケルプ

スラリー（slurry）
　流動性のある泥状物体をいう．
スリップ（slip）
　高炉*操業で装入物の降下が一時的に遅滞し，その後急激に下降する現象．棚吊り*と異なる点は，装入物の落下が一時的に止まるが永続的には止まらない点にある．
スリップ キャスティング（slip casting）
　非加圧の成形法．石膏などの型に，金属，セラミックス等の粉末懸濁液を流し込み，石膏型に水分を吸収させ半乾燥の製品を得る．次いで焼結などで完成品とする．
ずれ応力（shear stress）＝せん断応力
ずれ弾性率（rigidity modulus, shear modulus, modulus of rigidity）＝せん断弾性率
スレーター・ポーリング曲線（Slater–Pauling's curve）
　Fe, Ni, Co単体および，それと3d遷移金属V〜Znの合金について，縦軸には原子1個あたりの飽和磁気モーメント（0Kにおける），横軸には原子1個あたりの電子数をプロットした曲線．何本かの分岐をもつが全体としてきれいな山形となり，これらの強磁性*の起源として，磁場方向のスピン（＋）と逆方向のスピン（－）のエネルギー差でバンド内電子数に差が生じ，その差が強磁性となるというモデル（3dバンド模型）を考察する基礎となった．
スロッピング（slopping）
　転炉*の炉口からメタル粒を含むスラグ塊が飛散する現象．
寸法因子（size factor）→15％寸法因子
寸法効果（size effect）→転位と溶質原子の相互作用

せ　0, z, ζ

青化法（cyaniding process）
　金・銀の精錬法の一つ．金・銀は，酸素があるとNaCN, Ca(CN)$_2$などのシアン化液に溶けるので，その溶液を作り，亜鉛粉末を添加して置換沈殿させる方法．その後電解精錬で純度を上げる．
制御圧延（controlled rolling）
　鋼の性能改良のため，圧延温度，圧下率などを細かく制御し，その後の熱処理とも組み合わせて金属組織を制御し，強度や靱性を高めるための圧延加工．添加元素を増やさず高張力鋼*を作ることなどに応用されている．
精鉱（concentrate）
　選鉱によって目的鉱物の品位（含有濃度）が高められた鉱石．
正孔（positive hole）→空孔②
製鋼（steelmaking）→製鉄・製鋼
整合状態（coherent state）
　接合状態ともいう．析出相などの異相の原子配列が母相のそれと一対一など，一定の対応関係を保っている状態．析出の初期段階などに見られる．相境界に応力が

存在し，硬化も起こる．非整合析出との中間状態として，半整合（semi-coherent：不整合転位*（⊥）を介して連続），部分整合（partially coherent：特定の方位のみ整合）などの状態がある．図参照．→G-Pゾーン，非整合析出

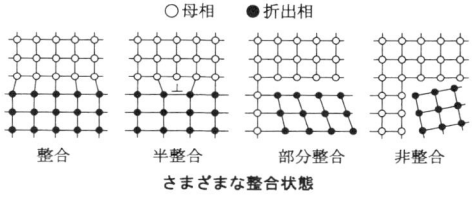

○母相　●析出相

整合　半整合　部分整合　非整合

さまざまな整合状態

生産冶金 (extractive metallurgy, process metallurgy)
金属鉱石から金属地金を得るまでの冶金*をいう．抽出冶金ともいう．金属精錬といわれるもので，乾式冶金，湿式冶金，電気冶金を含む．ただ冶金といえばこれをさすことが多い．得られた金属の加工（加工冶金*）と対比されることば．→製造冶金

成熟度（鋳鉄の）(Reifegrad)
鋳鉄の引張強さを「基準引張強さ」で割った値．「基準引張強さ」は，直径30mmの標準試験片の鋳放し状態のものに対応し，$\sigma_{tn}=102-82.5 \cdot S_C$ (kgf/mm^2) で表され，S_C は「炭素飽和度*」である．

制振合金＝防振合金

静水圧押出し法 (hydrostatic extrusion)
高圧の液体を媒体としてダイス*から金属を押し出す方法．液体で強制潤滑され摩擦が小さい．難加工材，高押出し比の押出し*が可能．液圧押出し法ともいう．

脆性 (brittleness, shortness)
ある応力*で，あるいは使用中に急に破壊してしまう性質．もろさ．靭性*（じんせい）の逆．特定の加工温度や使用温度において現れる脆性（brittleness, shortness）と，処理が不注意で材料が脆化した場合（脆化：embrittlement）を区別することもある．→熱間脆性，青熱脆性，低温脆性，水素脆化（性），焼戻し脆化，衝撃試験，破壊靭性，破壊機構

脆性破壊 (brittle fracture)
ガラスやセラミックスなどで，表面の微小クラックから塑性変形なしに起こる破壊．金属でも低温やひずみ速度が大きいと，非金属介在物や溶接割れを起点に巨視的には塑性変形がほとんどなく破断に至る．これも脆性破壊である．その破断面は光沢のある粒状構造をもつ．→グリフィス模型

精製用フラックス（Mg合金の）(refining flux)
マグネシウムの溶解において，空気との接触による酸化・窒化などの反応や燃焼などを防ぐための混合塩（$MgCl_2 + KCl + NaCl + \cdots$）フラックス．この他に空気遮断のみの目的の被覆用フラックス*もある．

製造冶金 (process metallurgy)
金属の精錬・加工を含めていう場合が多い．→生産冶金，加工冶金

正則溶液 (regular solution)
2種類の液体または溶液を混合する時，混合エントロピー*は理想溶液*と変わ

成長過程 (growth process)

多くの場合結晶粒の成長をいう．凝固にせよ，析出にせよ（スピノーダル析出を除いて）ある大きさの核ができるまでには一定の時間がかかり（潜伏期*），核ができるとそこから結晶成長が始まる．再結晶では，二次再結晶*（粗大化）のような成長もある．→核形成−成長論

静的回復 (static recovery)

通常の，加工後のなましによる回復のこと．加工中に温度が上がり回復が起こる「動的回復*」に対比した言葉．再結晶についても同様な区別をすることもある（静的再結晶）．→動的再結晶

静的熱機械測定→熱機械測定

静的疲労 (static fatigue)

遅れ破壊*を静的疲労ともいう．

静滴法 (sessile drop method (for contact angle))

液体試料Aの固体試料Bに対するぬれ性*を評価する場合に行われる測定法．所定温度に保持されている固体試料Bの水平平面上に液体試料Aの一滴（直径3〜10mm）を静かにおいて，水平方向の液滴像を撮影して，接触角*や表面張力*を測定する．

製鉄・製鋼 (iron and steel making)

通常，高炉によって銑鉄*を作り，転炉*によって鋼*を作る．高炉の基本的な反応は$Fe_3O_4+4CO \rightarrow 3Fe+4CO_2$，転炉では銑鉄中のCを$2C+O_2 \rightarrow 2CO$で除去する反応を基本とし，$CaCO_3$やCaOを添加してPやSを除去する．これを一貫して行う工場を「銑鋼一貫工場」などという．これには，鉱石の前処理や，コークスを作るコークス炉などさまざまな付属作業や設備がある．また，高炉も鉱石やコークスを装入する方法や吹き込む熱風に重油や粉炭を混入して効率を上げるなどの進歩がある．また，転炉も下吹きから上吹き，両吹きからLD転炉への発展もある．さらに，最近は連続鋳造法*によってかつての分塊*圧延工程がなくなったり，できる鋼の性質を炉でコントロールしたりしている．一方排出ガス，粉塵，廃棄物などについての環境対策も重要になっている．→高炉，LD転炉，エリンガム線図，操業線図，産業廃棄物対策，環境問題

青銅 (bronze)

Cu−Sn合金をいう．銅合金では黄銅*以外の銅合金をすべて「……青銅」と呼ぶ古い習慣があるほど一般的な名称である．例えばSnの代りにAlまたはSiなどを含有したCu−Al合金をアルミニウム青銅，Cu−Si合金をシルジン青銅*と呼ぶ．このためCu−Sn合金を特にスズ青銅ということがある．Snが約10%（α固溶体単相）までの低Sn側は展伸材，10%以上の高Sn側は主として鋳物に使用される．4〜10Snはコイン，メダル，賞牌など，9〜11Snは砲金*，10〜25Snは工芸美術用，15〜25Snは鐘用（鐘青銅*），20〜30Snは鏡用（鏡青銅*）として従来から使用されている．

Cu–20〜11.0Sn 系に Zn（湯流れの向上），Pb（被切削性の向上）を加えたものが青銅鋳物（特殊青銅）として JIS に規格化されている．また「……青銅」と呼ばれ，JIS に規格化されているものにリン青銅，鉛青銅などがある．→アルミニウム青銅，リン青銅，シルジン青銅，鉛青銅

青熱脆性（blue brittleness, blue shortness）
　　鋼が 200〜300℃で硬化して生じる脆性．青色酸化皮膜の生成温度域なので青熱脆性といわれる．炭素，窒素などの侵入型原子が転位線上に集積する（ひずみ時効 *）ためと考えられている．→高温焼戻し脆性

成分（component, constituent）
　　（1）合金や化合物を構成する各元素．
　　（2）相律 * における重要概念で，複数物質系において，各相の組成を表す基準となる物質のこと．合金系で，二元系，三元系という時の二，三という数は相の数ではなく，成分を示す．

正偏析（normal segregation）
　　鋼塊のマクロ偏析において取鍋の平均組成より濃度の高い偏析を正偏析，低い偏析を負偏析という．キルド鋼 * では鋼塊中心部の V 字形偏析，柱状晶と等軸晶の境界付近の逆 V 偏析が正偏析である．リムド鋼 * ではリム内部が正偏析，リム部は負偏析である．→偏析

正方晶系（tetragonal system）→結晶系

精密鋳造（precision casting）
　　非常に寸法精度が高く，鋳肌もきれいな鋳物を作る鋳造法．インベストメント法 *，シェルモールド法 *，ショウプロセス法などがある．

正四面体位置（regular tetrahedral site）
　　面心立方格子において，一つの隅とそれに最近接な三つの面心位置で構成される正四面体の中心位置．八面体位置と同様に，他原子が入りやすい位置．→格子間位置

製錬と精錬（smelting and refining）
　　天然鉱石から目的の金属成分を取り出す過程を製錬といい，これで得られた粗金属の純度を高め，あるいは成分調整をすることを精錬という．前者では，抽出率の向上とこれに要するエネルギーの節約，後者では，最終製品の品質が重要である．→生産冶金，製造冶金

ゼオライト（zeolite）
　　化学組成は長石類に類似し，$M_xM'_yO_{2y}\cdot nH_2O$ で示される化学式の含水ケイ酸塩鉱物で日本名は沸石．M はアルカリ金属 *，アルカリ土類金属 * である Na, K, Ca. M′ は Al, Si, SiO_2 と Al_2O_3 が主成分で，その結晶は三次元骨格構造（網目状構造）を形成し，空隙に結晶水を入れているが，これは容易に分解し，規則性のある細孔ができる．この細孔には有機分子が吸着されやすく吸着材料となる．また細孔の大きさが一定のため，大きい分子は細孔を通過できず，分子ふるいの効果を示す．炭化水素の分離，酸素富化，吸着剤，イオン交換，金属担持触媒，蓄熱材料などの用途がある．
　　水熱合成法 * で合成され，ナノスケールの孔をもつ合成ゼオライトが多く用いら

れている．孔の名称は次のように孔径により分類されている．ミクロ細孔は2nm以下，メソ細孔は2〜50nm，マクロ細孔は50nm以上．ミクロ細孔物質としてはシリカ系のゼオライトと活性炭など．触媒，吸着剤などに広く利用されている．

石英（quartz）

シリカ（SiO_2）の結晶には代表的な結晶型として石英（quartz），トリジマイト（tridymite）およびクリストバライト（cristbalite）などがある．3種類の結晶型ともそれぞれ高温型と低温型の変態がある．石英の低温型（α–quartz）は三方晶で密度 $=2.65g/cm^3$，高温型（β–quartz）は六方晶，$\alpha \to \beta$ の転移温度は573℃，この転移は熱分析（DTA）で特徴的な鋭いピークを描く．最近，この転移の過程で α，β の不整合相の存在が八田らにより見出されている．シリカを高温に加熱して溶融したものを冷却するとガラス状態となり，石英ガラス＊となる．石英ガラスを1300℃以上の高温に保持すると，クリストバライトの微結晶が生じ，不透明となる．失透という．

石英ガラス（quartz glass）

シリカ（SiO_2）を溶融後，急冷したもので，原料と処理によって，透明石英ガラス（fused quartz）と不透明石英ガラス（fused silica）に大別される．他のガラスと比較して，純度，耐熱性が高く，化学的に安定で，ガラスの中ですぐれた性質を持ち，理化学用ガラスとして広く用いられている．透明石英ガラスは，可視光に対し透過率も高く（屈折率：1.46），軟化点：1650℃，比抵抗：10^{15} Ω・cm，線膨張係数：5.4×10^{-7}/℃，使用限度：1100℃で，不透明石英ガラスはこれより劣るが，同様の性質をもち，赤熱して水をかけても壊れない．耐熱ガラス，電気炉心管，電気絶縁用薄膜，素子基板，光ファイバー，紫外線透過用ガラスなどの用途がある．

赤外吸収（infrared absorption, IR absorption）

分子は赤外光の振動数に近い振動数で固有振動している．赤外光を分子に照射すると，分子はその光を吸収して吸収スペクトルが観測される．この吸収振動数から分子と結合の情報が得られる．赤外吸収スペクトルは当初は透過測定であったが，1970年代，赤外光の干渉スペクトルをフーリエ変換する測定法（フーリエ変換赤外吸収分光：FT–IR）が開発されて以来，表面反射の赤外分光も行われるようになった．

析出（precipitation）

急冷などで非平衡状態にある過飽和な固溶体や，変態温度に達した固溶体から，溶質原子が母格子とは別の新しい相を形成する現象．一般には拡散を伴う相変態の一種．再結晶＊とは区別される．→核形成－成長論，スピノーダル分解，粒界反応型析出

析出硬化（precipitation hardening）

過飽和固溶体からの析出によって起こる硬化．析出層と母相の間のひずみ，析出相そのものの硬さ，析出物による転位運動への抵抗などの機構がある．→時効硬化，転位，G–Pゾーン

赤色鋳物（Rotguss）

ロートグース，レッドブロンズともいう．レッドブラス＊ともほとんど同じ．ドイツの含亜鉛青銅鋳物で機械用青銅の一種．鋳造性，耐食性，切削性に優れており，

安価. 軸受機械付属品, バルブなどに用いられる. また Oederlin 社 (スイス) のものは Rotguss 4, 5, 8, 9, 10 などで表示される.

Rotguss：82〜93Cu, 4〜10Sn, 3〜10Zn, 1〜2Pb. Rotguss 4：93Cu, 4Sn, 2Zn, 1Pb.

積層欠陥 (stacking fault)

原子面の積み重なり方が, 周辺部分と異なった規則性になっている格子欠陥. 例えば, fcc格子の(111)面は, ABCABCABC…と積み重なっているが, 部分転位*が通ると, 例えばABCA / CABCAB…と, / の原子面でずれてしまう. ずれた部分はその境界付近で, 周辺と異なるので, 面状の欠陥となり, これを積層欠陥という. fcc格子の(111)面をすべる刃状転位は, 部分転位になりやすく, しばしば積層欠陥を伴い拡張転位*になっている. この欠陥は転位以外でも, 双晶*(ABCABACBA)や, 層状物質 (layered compound) で見られる. →拡張転位

積層欠陥四面体 (stacking fault tetrahedron)

金など fcc 金属を急冷した後, 適当な温度で焼鈍*すると0.1〜1μm程度の大きさで, 4枚の(111)面で構成された四面体空洞が観測される. これは, 急冷された時の空孔*が集まったもので, 積層欠陥エネルギーの小さな金属でよく見られ, 四面体の各面が積層欠陥*, 各辺が部分転位だと考えられる. 転位ループ*と共に金属を硬化させる.

赤泥 (red mud)

バイヤー法*でアルミニウムを作る時, 濃苛性ソーダでボーキサイト*を処理すると生じる沈殿物のこと. この中には鉄化合物とケイ素酸化物が含まれており, 窯業原料, 製鉄原料, 道路資材, 建築材料などへの有効利用が研究されている.

赤鉄鉱 (hematite)

Fe_2O_3 組成の酸化鉄鉱石. 世界鉄鉱石埋蔵量の48.3％を占め鉄鉱石原料として最も多い. アメリカ五大湖地方, カナダ東部, インド・ゴア, ブラジル, 西オーストラリア, アフリカが主生産地.

赤熱脆性 (hot shortness, red shortness)

鋼の熱間加工*中約900℃で起こる脆性. 硫黄が原因といわれている. 硫黄と結合するに十分なマンガンを加え, 均質化処理*で防げる.

セグリゲーション (segregation)

(1) 偏析*.

(2) 塩化焙焼で揮発させた金属塩化物ガスをコークスのような還元剤に接触させ金属として析出させる方法 (セグリゲーション焙焼法).

ゼーゲルコーン (Seger corn)

高温度の温度測定具の一つ. またこれを用いて耐火物が高温で軟化 (溶融する前の状態) する温度をその耐火物の耐火度として測定することもできる. ゼーゲルコーンは Al_2O_3-SiO_2 系にアルカリ金属*やアルカリ土類金属*の配合量を少しずつ変えて, 高さ3cm程度で底辺の長さ約7mmくらいの三角錐の形に成形したもので, 600〜2000℃の軟化温度に対応して022〜42番まで59段階のSK番号が付された標準のコーンが市販されている. 加熱炉内に置かれたアルミナ製の皿上にこのコーンと試験体を並列して立たせて加熱する. 炉温がコーンの軟化温度に達すると,

コーンは自重により三角錐の先端が軟化して下を向くように変形し、ついには先端が皿面につく．試験体と標準コーンの挙動が一致した時のコーンのSK番号をもって試験体の耐火度とする．

セシウム（caesium, cesium）

元素記号Cs，原子番号55，原子量132.9のアルカリ金属*元素．密度1.873g/cm^3（20℃），融点：28.55℃の銀白色の軟らかい金属．アルカリ金属中最も反応しやすい．古くから光電管の陰極材料に使用される．人工放射性同位体のなかで^{137}Csはもっとも危険といわれる．核爆発によって生じる核分裂生成物に含まれ，半減期が30.2年と長いことから人体への影響が危惧されている．高い透過力を利用してガン治療などに用いられる．

ゼーダーベルグ式電極（Söderberg type electrode）

自焼成電極の一種．粒状炭材に粘結剤を加えてペースト状に混和し，鋼製電極筒中に充填し，炉内からの伝熱と電極の抵抗熱で自己焼成する．電極の長さ調節や交換などによる作業の中断がなく経済性に優れている．

節（node）

(1)（波動関数の）：波動関数*がゼロの面．したがってこの面上では電子を見出す確率はゼロである．

(2)（転位の）：3本以上の転位*が1点に集まった所を節という．転位線の向きを全部流入か流出に採った時，節でのバーガースベクトル*の和はゼロである．集まっている転位が拡張している場合には，収縮節*と拡張節*が現れる．

石灰石（lime stone）

脈石*などの酸性成分を中和する塩基性媒溶材として利用される．鉄鋼製錬では脱硫作用を有する精錬材として用いられる．→塩基度

切削加工（machining）

切削．金属等の素材を刃物で削り，その部分を削りくずとして除去しながら所定の形状寸法に仕上げる加工．旋盤加工，シェーパー加工，ドリルによる穴開け加工，ブローチ加工など．

接種（inoculation）

鋳鉄の組織を微細化し，樹枝状晶*化を防ぐため，鋳込み直前の溶湯に，フェロシリコン，カルシウムシリコンなどを0.1～0.3％程度加えること．チル層*発生も防止され，質量効果*も小さくなる．この処理で作られた鋳鉄を強靭鋳鉄*，高級鋳鉄*という．→チッセン・エンメル法，ミーハナイト鋳鉄

接触改質（plat forming）

白金アルミナ触媒の用途の一つ．白金アルミナ触媒を用いて，石油ナフサから高オクタンガソリンを製造する過程．

接触角（contact angle）

液体が固体表面に接触して平衡界面を形成するとき，固・液・気（空気）三相の接触する境界線において，液・固面のなす角を液体側で表した角度．図はヤング・デュプレの式参照．

絶対温度（absolute temperature）

温度目盛として使われる色々な物質の特性に依存しない温度目盛として考えられたもの．熱力学的温度（目盛り），あるいはケルビン温度*（目盛り）ともいう（温度目盛りは温度を数値で表したもの）．物質の，ゼロではないが，最低のエネルギー状態，あるいは熱力学的に考え得る最低温度（セ氏温度目盛りでは $-273.15℃$）を絶対零度：$0K$（ケルビン）とし，水の三重点を $273.16K$ と定義した温度目盛り．これを基本として，その途中と，より高温に基準となるいくつかの定点が決められている．なお水の氷点は水の三重点より 0.01 度低い．→ランキン温度

接点用金合金（contact gold alloy）

　69Au-25Ag-6Pt（電子顕微鏡接点・電話交換機用），10Au-90Ag（電圧調整器・電話交換機・その他一般用）などがある．白金系で発生するブラウンパウダー*はないが，白金系に比べて耐アーク性は劣る．→白金合金

接点用銀合金（contact silver alloy）

　銀合金の非常に重要な用途で，軽・中負荷用として広く利用されている．

　Ag-3.0〜40Cu：広い Cu 組成範囲で使われ，純銀より高い接触電圧に耐える．

　Ag-CdO：銀素地に CdO を分散させたもので，中負荷で最も多く使われている．CdO12〜13％のものが最も高い耐融着性・耐消耗性・耐アーク性を持つ．

　この他，接触信頼性の高い Ag-Au 系，耐食性では Ag-Pd 系，さらに，Ag-Ni, Ag-C, Ag-W 系などもある．

接点用合金（contact alloy）

　電気接点に使われる合金．電気接点は，スイッチ，リレー，整流子など一組の金属導体を機械的開閉または摺動させて接触させることにより，電流または電気信号を断続させるもので，その材料は，導電性，接触特性（抵抗），アーク特性（移転，消耗）が良く，耐溶着性，耐食性も大きいことが必要とされる．合金として，Au, Ag, Pd, Pt などの貴金属系，W, Mo などの高融点金属系，Cu, C などの導電材料系がある．電流容量により使い分けられる．→ブラウンパウダー

ゼノタイム（xenotime）

　希土類*元素の重要な鉱石．リン酸イットリウム鉱（YPO_4）ともいう．Y_2O_3 を約 33％含み，イットリウム（Y）の重要な鉱石である．マレーシア，タイ，中国で多く産出する．Y の他に Dy, Yb, Er, Ce などの含有量が多い．→バストネサイト，モナザイト，ランタノイド

ゼーベック効果（Seebeck effect）→熱起電力

ゼーマン効果（Zeeman effect）

　物質の発光または吸収スペクトル線が磁場中で数本に分かれる現象．→スピン，スピン量子数

セミキルド鋼（semi-killed steel）

　半鎮静鋼ともいい，不完全脱酸鋼のこと．リムド鋼とキルド鋼の中間の性質をもつ．凝固収縮孔を減らすため，適度な脱酸剤添加で一酸化炭素の放出を行わせ，鋼中に気泡を適当に残し，分塊歩留りの低下を防ぐ．キルド鋼に比べ安価なので，高張力鋼*，造船用厚板，一般構造用などに多く用いられた．→キルド鋼，リムド鋼

セメンタイト (cementite)

Fe中の炭素 (C) の三つの存在形態 (固溶, セメンタイト, グラファイト) の一つ. 分子式 Fe_3C で, 斜方晶系の炭化物, 準安定化合物で, 最終的には Fe+C (graphite) になるが, 実際はかなり安定である. そのため, Fe-C系状態図も, Fe-C (graphite) と Fe-Fe_3C の両系が同時に書き込まれている (複状態図*という), Fe-C (graphite) 系は鋳鉄で, Fe-Fe_3C 系は鋼で用いられる.

セメンテーション (cementation)

①軟鋼などの表面に種々の金属, 非金属を拡散・浸透させ耐食性・耐摩耗性を高める処理. 浸炭*, 窒化*, ボロン化*, シリコナイジング*, クロマイジング*, カロライジング*などがある.

②ばらばらの粒子が接合剤の硬化によって"接合 (セメント)"され, 一つの物体になる過程.

③イオン化傾向の差を利用し, 卑な金属*を加えて貴な金属*を置換還元する湿式製錬法.

セラソーム (cerasome)

生物の細胞膜と似た構造をもちながら, その表面がセラミックコーティングされているナノサイズの脂質の微小球. 有機-無機複合材料の人工細胞膜としての応用が期待されている新開発の材料.「ソーム」は小胞体,「セラ」はセラミックを表す合成語. セラソームの作成法はゾル-ゲル反応*による. 生体の細胞膜に似た構造の「リポソーム」はちょっとした衝撃でも壊れるが, セラソームはこの欠点がない. 薬物のドラッグデリバリーシステムに利用される.

セラミック工具 (ceramic tool)

硬い材料の高速切削に使用される工具. 耐熱・耐摩耗性がある. Al_2O_3 系, Al_2O_3-TiC 系, Si_3N_4 系の三種に分類される. Al_2O_3 系は, Al_2O_3 粉末に添加材を加え, 成型焼結したもので, 靭性改善のため $5\sim15\%$ の ZrO_2 を添加した材料もある. Al_2O_3-TiC 系は Al_2O_3 粉末と TiC 粉末との混合焼結材. セラミック工具中, 最も硬度が高い. Si_3N_4 系は, Si_3N_4 粉末に添加剤を加え, プレス法で緻密に焼結したもので靭性が高い.

セル構造・セル組織 ("cell" structure, cellular structure)

いくつかの構造・組織をいう. (1) 合金の凝固時に, 樹枝状晶*が発達し, 凝固方向に結晶粒が整列した構造の断面 (→組成的過冷却). (2) 合金で, 主晶の粒界に他の成分が析出した組織. (3) 加工の進んだ状態で, 転位*が絡み合って (タングルして) できた, 乱れた網目構造.

セレーション (serration)

引張試験*において, さまざまな原因・機構により, 荷重-伸び線図がぎざぎざになる現象 (降伏伸び*ではない). 高温では転位*が不純物から離脱する機構, 極低温引張りでは, 極微小部分の昇温, 双晶変形*, 中間温度で不純物雰囲気のある時には転位が高速なほど抵抗が少ないという不安定現象などによる. 材料, ひずみ速度, 試験機の剛性などで異なる. →ポルトバン・ルシャトリエ効果

セレン (selenium)

セレニウムともいう．元素記号Se，原子番号34，原子量78.96の半金属元素．密度4.79g/cm^3，融点：220.2℃，沸点：684.9℃で，灰黒色．SeSの形で黄銅鉱，黄鉄鉱に共存する．整流器，電子写真感光体，受光素子，赤色顔料などに使われる．セレンは人体にとって必須の元素である．欠乏すると主に子供に心不全を起こすというカシンベック病（克山病）が中国で認められた．

ゼロエミッション (zero emission)

ある産業で排出される廃棄物を，別の産業の原料として使い，地球全体としてみると廃棄物がない，廃棄物をゼロにしようという計画．環境コスト管理の考えからリサイクルにより工場からのごみをゼロにする計画．→産業廃棄物対策

セロロ系低融点合金 (Cerrolow low melting alloy)

Cerro de Pasco Co.(米)とMining & Chomical Co.(英)のBi基低融点合金．セロロ(Cerrolow)：火災安全制御系用，21.70Pb，7.97Sn，5.09Cd，4.00Hg，18.33In，42.91Bi，融解区域：38〜43℃，61〜65℃．セロセーフ(Cerrosafe)：玩具鋳物用，11.5Sn，40.0Pb，8.5Cd，40.0Bi，融解区域：70〜90℃．セロマトリックス(Cerromatrix)：歯科材料用，精密鋳造用，14.5Sn，28.5Pb，9.0Sb，48.0Bi，融解区域：103〜227℃．

閃亜鉛鉱型構造 (zincblend structure, sphalerite type structure)

InSb，GaAsなどの化合物半導体に見られる構造．亜鉛＊の主要鉱石α–ZnS（閃亜鉛鉱，イオン結晶）の結晶構造でダイヤモンド型の格子点を亜鉛と硫黄が交互に占めている構造．B3型と表示．↔ウルツ鉱型構造

遷移温度 (transient temperature)

延性－脆性遷移温度＊のこと．

繊維強化 (fiber strengthening, fiber reinforcing)

金属・プラスチック・セラミック材料に，繊維強化用ファイバー＊を組み込んでさまざまな特徴を持つ強化材料を作ること．→FRM，FRP

繊維強化用ファイバー (fiber for reinforcing)

金属繊維では，タングステン，モリブデン，ピアノ線，ステンレス（SUS304），炭素鋼，アモルファスFe-Si-Bなどがある．無機系では，ボロン，カーボン，シリコンカーバイド（炭化ケイ素），アルミナ，ガラス，有機系では，アラミド，ナイロン，ポリエチレンなどの繊維がある．現在も開発が進んでおり，進展も激しい．強度・耐熱性の他に，一般に長さが要求され，アスペクト比＊が重視される．→ガラス繊維，炭素繊維

遷移金属 (transition metals)

最も狭義には周期律表第4周期のスカンジウム（Sc）から亜鉛（Zn）までの金属元素をいうが，一般には第5周期のイットリウム（Y）からカドミウム（Cd），第6周期のルテチウム（Lu）あるいはハフニウム（Hf）から水銀（Hg）までの金属元素を含めていう．遷移元素(transition element)は，ランタノイド，アクチノイドを含め周期律表の3〜12族の元素をいうが，その中で，d殻が占められていく過程の「主遷移元素」のことである．f殻が占められていく「内遷移元素」と区別するが，最も広義にはそれも含める．しかし一般には，原子の電子配置でいうと，電子

が3d, 4d, 5d殻に配置されていく過程の元素である．そのため，化学的性質において，周期律表の縦の「族」より「横」の類似性が目立つ集団である．特徴としては，他の金属に比べて融点が高い（凝集エネルギー＊が大きい），強磁性・反強磁性，あるいは超伝導など特殊な性質を示す，多くの元素と合金をつくるなどである．表見返し「展開型周期律表」参照．金属材料として中心的な存在．→d電子，希土類金属，アクチノイド

遷移クリープ (transient creep)

一次クリープともいう．瞬間伸びに続く，時間的変形の最初の段階．まず動きやすい転位＊が動いて変形が急速に進むが，次第に動きやすい転位もピン止め＊され，変形が遅くなる段階．次の定常クリープ＊段階につながる．→クリープ曲線

繊維組織 (fiber texture)

加工・変形や結晶成長後に，長さ方向に結晶方位が揃った状態．→加工集合組織

前駆段階 (pre-stage)

(1) 潜伏期＊のこと．(2) Au-, Cu- 合金系のβ相 (bcc) 合金でのマルテンサイト変態は，弱い一次相転移とか，二次的相転移とかいわれているが，変態温度の数十度も上で，すでに組織的な変化（まだら組織，ツイード組織）や，剛性率の異方性が見られる．この状態をいう．→熱弾性マルテンサイト変態

線形クリープ (linear creep)

クリープのはじめから変形速度が一定で，言い換えると遷移段階がなく，すぐに定常クリープ＊段階になっている形のクリープ．→クリープ曲線

線欠陥 (line defect)

転位のこと．格子欠陥を次元で分類した時のいい方．→格子欠陥，転位

選鉱 (mineral dressing, ore dressing)

採鉱と製錬の中間の工程で，鉱山で採掘されたままの鉱石（粗鋼という）を粉砕し，それを有用鉱物成分と脈石＊に分離する作業．鉱物の物理的性質の差（比重，硬度，磁性，導電率など）や物理化学的性質（表面のぬれ性などの差）を利用する．手選鉱 (hand picking)，比重選鉱 (gravity separation)，浮遊選鉱＊ (flotation)，磁力選鉱 (magnetic separation)，静電選鉱 (electrostatic separation) などがある．

先在き裂 (pre-existing crack)

グリフィスが材料の破壊を考察した時，ガラスのように転位の存在しないものに仮説的に予想したクラック．破壊の発端になる．ガラス線を細くするほど先在き裂も短くなり破断強度も上がる．

センジミア ミル (Sendzimir mill)

圧延用の細いロール（ワーキングロール）を12段，20段と多数のロールで支えた圧延機．ワーキングロールの径が小さいので圧延率が極めて大きく取れる．薄板の圧延に使われる．

染色浸透探傷法 (visible dye penetrant inspection)

非破壊検査法＊の一つ．浸透液を塗布・浸透させた後拭い取り，現像剤によって拡大・コントラストづけし，表面の傷などの欠陥を調べる方法．→探傷法，非破壊試験法

選択エッチング(differentiate etching)
　腐食液を選択して,合金などの特定の相だけを腐食すること.
選択酸化(selective oxidation)
　多成分合金の,高温酸化において特定の成分あるいは相だけが選択的に酸化され侵されること.
選択方位(preferred orientation)
　集合組織で現れる大まかに揃った結晶方位をいう. →集合組織
センダスト(Sendust)
　1936年仙台の東北大で開発されたのでこの名前がついている. Fe-Si-Al系高透磁率合金. パーロマイ*に匹敵する超高透磁率をもつが, 非常に硬くてもろく, 鍛造・圧延加工ができないので, 鋳物か粉末を固めて, 磁気ヘッド, 磁気シールド, 通信機器の磁芯に用いられていた. 最近第三元素の添加, 超急冷法などにより, 薄帯化, 機械加工が可能となり, 耐摩耗性が大きいのでATR(オーディオテープレコーダー), VTRの磁気ヘッドとして再評価されている. センダスト: 9.5Si, 5.5Al, 残Fe; キュリー温度(T_C): 500℃. スーパーセンダスト: 6.2Si, 5.4Al, 1.0Ni, 残Fe; キュリー温度(T_C): 590℃.
せん断応力(shear stress)
　ずれ応力ともいう. 矩形が平行四辺形になるような変形を「ずれ」または「せん断変形」というが, これを起こすような, 互いに平行で逆向きの力(せん断力)を, その力が作用している面の面積で割ったもの. 金属の変形の多くはこの形式の応力で生じる. 引張試験では引張応力のすべり面内成分と考えられる. →せん断弾性率
せん断角(shear angle)
　切削加工において, 刃物前方で切くずになった部分とまだ素材である部分の境界線(せん断面:多くの場合切削方向に倒れている)が切削方向となす角.
せん断弾性率(rigidity modulus, shear modulus, modulus of rigidity)
　弾性係数の一つ. 剛性率, またはずれ弾性率ともいう. 記号μ, Gなど. 高さh, 側面a×h, 奥行bの直方体を考え, 天・地面(面積a・b)にaに平行で, 互に逆向きの力fをかけた場合, aとhのなす角が$90°±\alpha$ひずんだ時, せん断応力は$f/(a\cdot b)$, ひずみは$\tan \alpha$で, せん断弾性率Gは, $G=(f/a\cdot b)/\tan \alpha$. →弾性係数, 弾性定数間の関係
銑鉄(pig iron)
　高炉*(溶鉱炉)で鉄鉱石の還元により, または電気炉で製造された高炭素の原料銑で俗に「ずく」または「なまこ」といわれる. 鋳造用の鋳鉄*と実体は同じである. 銑鉄中で破面のねずみ色のものをねずみ銑(gray pig iron), 白色のものを白銑(white pig iron), 両者の中間で混合した組織のものを斑銑(まだらせん, mottled pig iron)という.
潜熱(latent heat)
　物質の融解・凝固時のように, 物質の温度は変わらず物質の状態を変化するために費やされる熱量. 融解熱, 気化熱, 同素変態熱など. 一次の相転移*に伴い現れる.

全反射蛍光X線分光（total reflection X-ray fluorescence spectroscopy: TXRFS）
 シリコンウエハなどの表面に存在する成分の分析法の一つ．表面で全反射を起こすような表面にすれすれの入射角でX線を入射すると，ごく表面に存在する成分のみが励起されて蛍光X線を発生するから，ウエハ表面の重金属などが容易に検出できる．

線引き加工（wire drawing）
 伸線加工ともいう．素線材より断面積の小さいダイスを通して引き抜き，ダイス断面積まで加工すること．→引き抜き加工

潜伏期（変態の）（incubation period, incubation time）
 析出や相変態の初期に，変化の見られない一定の期間がある．それぞれの核形成において，臨界値以上の大きさの核ができるまで（それ以下をエンブリオ*という）に一定のエネルギー障壁があるため，その状態になるまでの期間をいう．

線分析（lineal analysis）
 （1）多相合金の各相の体積比率を求める一方法．一つの断面に任意の直線を想定し，各相を横切る線の長さを測定し，計算によって求める．（2）EPMA*などで異なる相を横切って長さ方向に元素分析をすることもいう．→計量金属組織学

線熱膨張率（linear thermal expansion coefficient）→熱膨張係数

全率固溶体（complete solid solution）
 合金成分の濃度にかかわりなく，全組成範囲で固溶しあう合金系．中間相，規則相も作らない．図は「状態図」参照．例：Bi-Sb, Se-Te, Ti-Zr, V-Wなど．→固溶体

そ

相（phase）
 はっきりした物理的な境界で囲まれており，その内部は化学組成，原子の集合状態などが均一であるような物質，あるいはその部分をいう．単一の相には純物質（純相）の場合も，多成分（溶体）のものもある．固溶体は単相であるが，析出によって多相になる．しかし規則合金*は単相である．→均一系

蒼鉛（bismuth）＝ビスマス

相応状態の原理（principle of corresponding state）
 対応状態の原理ともいう．実在気体の状態式において，圧力p，比体積v，温度Tの代わりに臨界状態での値，p_c, v_c, T_cとの比，$\pi = p/p_c, \upsilon = v/v_c, \theta = T/T_c$ を変数に取ると，例えばファン・デル・ワールスの状態式*は$(\pi + 3/\upsilon^2)(3\upsilon - 1) = 8\theta$と書くことができ，物質によらない状態式になる．これを相応状態の原理という．

造塊（ingot making）
 転炉，電気炉等で精錬した溶鋼を取鍋*に受け，成分調整，脱酸，温度調整を行った後，鋳型に鋳造して鋼塊を作るか，あるいは連続鋳造機により鋳片を作るかする．この工程を造塊という．→鋼塊

総括反応速度（overall reaction rate）
 不均一系の冶金化学反応は，一般にⅰ）反応物質の反応界面への移動，ⅱ）反応界面での化学反応，ⅲ）反応生成物の反応界面からの離脱の3段階で起こる．そこで

全体の反応速度-総括反応速度は反応界面における化学反応速度と拡散を含む反応物質の移動速度によって定まるが,これらの段階のうち,最も速度の遅い律速段階*が全体の速度,総括反応速度を支配する.

層間化合物=インターカレーション

操業線図(operational diagram)

　　高炉*の平衡論的解析法の一種.高炉をいくつかの区間に分け,各区間で熱的・化学的な平衡が成立していると考え,一次元で軸方向の温度分布や固体の反応状態を推算する方法で,ライハルト(Reichardt)にはじまり(1927),リスト(Rist)によって完成された(1965).

相計算法(phase computation: PHACOMP)

　　Ni基耐熱合金などのように,成分元素が多い場合に,組成によってどんな相が現れるかを決める経験的手法.特に,脆いσ相*などの位相的最密構造*相と単相領域の境界を決めるのに使われる.加える合金元素それぞれに「最外殻電子空孔数」(基元素 Fe,Co,Ni にも依存)を与え,それらの組成加重合計値によって相境界を決める.同様な目的の計算法に,熱力学的な「状態図理論計算」(calculation of phase diagram: CALPHAD)がある.

相互拡散(mutual diffusion, interdiffusion)

　　異種金属や,濃度の大きく異なる合金間の拡散.カーケンドール効果*の図参照.それぞれの金属の相手側金属内での拡散定数は一般に異なり,また濃度分布が実験的に求まっても,解析的には解けないので,ボルツマン-俣野の方法*で解く.その定数を相互拡散定数,または化学拡散定数といい,$\tilde{D}$で表す.これは異なる拡散定数をもつ2金属の総合された,みかけ上一つの拡散過程の拡散定数である.それぞれの固有拡散定数をD_A^i, D_B^iとすると$\tilde{D}=D_A^i \cdot N_B + D_B^i \cdot N_A$ (N_A, N_B: 濃度, $N_A+N_B=1$)である.化学拡散ともいわれ,自己拡散・不純物拡散の対語.→固有拡散定数,拡散方程式

相互作用係数(interaction parameter)

　　活量係数に及ぼす他成分の影響を表す熱力学量.ある溶質成分iの活量γ_iに及ぼす第三成分jの影響は溶質濃度(モル分率x)が十分小さい希薄溶液の場合,次の一次形式で表せる.$\ln \gamma_i (x_2, x_3, \cdots) = \ln \gamma_i^0 + \varepsilon_i^{(i)} x_i + \Sigma \varepsilon_i^{(j)} x_j$, ここで$\varepsilon_i^{(j)} = \partial \ln \gamma_i / \partial x_j$をi成分に対するj成分の相互作用母係数という.モル分率の代わりに質量%をとり$\ln$の代わりに$\log$を用いた$e_i^{(j)} = \partial \log f_i / \partial [\%j]$を相互作用助係数と定義する.ここでfはヘンリー基準(無限希薄溶液基準)の活量係数である(→ヘンリーの法則).

走査型アトムプローブ顕微鏡(scanning type atom probe microscope: SAP)

　　試料表面の近くに,局部的に電界をかける引出電極をもうけると試料が針先でなくても数nm〜数10nmの部分から1個ずつのイオンが引き出せる.スクリーンの中央にあけた穴を通り抜けたイオンの質量分析で元素の同定もできる.アトムプローブ電界イオン顕微鏡(試料が尖端形)とは別形式.

走査型オージェ顕微鏡(scanning Auger microprobe / microscope: SAM)

　　入射電子を細く絞って走査し,オージェ電子の信号強度を画像の濃淡で表した顕微鏡.

216 [そ]

走査型電子顕微鏡（scanning type electron microscope: SEM）

　細い電子線束で試料表面を走査し，発生する二次電子・反射電子で表面像を作る形式の電子顕微鏡．焦点深度が深く，また低倍率から高倍率まで容易に変えられるので破面とか金属表面などの研究に威力を発揮している．SEMと略称される．その後，走査型ではあるが原理の異なる走査プローブ型（尖端金属のプローブで走査する）として走査型トンネル電子顕微鏡＊（STM）や原子間力顕微鏡＊（AFM）などが登場している．→環境調節型SEM

走査型トンネル電子顕微鏡（scanning type tunneling electron microscope: STM）

　非常に尖った金属あるいは半導体の針を試料に近付け，電圧を掛けると，トンネル電流が流れる．それが一定になるように針と試料の間隔を調節しつつ，試料面上を二次元的に走査する．間隔調節のための電圧等の情報から，金属・半導体の「表面超構造」など，試料面のナノメートル以下の形状がわかる．1981年，G. ビニッヒとH. ローラーが開発した．また試料表面に加工を施すこともできる．このタイプのものは応用が広がり，原子間力顕微鏡＊，ポテンショメトリー顕微鏡など多種類のものが考案されている．これらを走査型プローブ顕微鏡（SPM），STMファミリー，SXMなどという．

双晶（twin）

　結晶内で，ある原子面について，両側の結晶が鏡面対称にある時，この二つの結晶粒は双晶関係にあるという．また，結晶の一部分がその両側と双晶関係にある時，この部分を双晶ということもある．→双晶変形

双晶型マルテンサイト（twinned martensite）

　形状記憶合金＊に見られる熱弾性型マルテンサイト変態＊は，双晶による変態でこれをいう．一般にマルテンサイト変態は多くの双晶を含み，これを強調していう場合もある．

層状構造（lamellar structure, layer structure）

　特に密に原子が配列された面が互いにやや弱い結合力で平行に並んでいるような構造．グラファイト，CdI_2，雲母，粘土鉱物などこの例である．亜鉛，カドミウムあるいはビスマスなども一つの層状構造とも考えられる．これらの層の間に他原子を導入した二次元構造を層間化合物（インターカレーション＊）という．→亜鉛

双晶ベクトル（twinning vector）

　双晶変形を起こした時の，一方の側の結晶格子の変位ベクトル．他方を固定して考えたもの．相対的な変位．

双晶変形（twin deformation）

　境界線をはさんで一方が，他方に対して双晶＊関係に変形すること．金属の変形は，転位によるすべり＊変形が多いが，低温時や高速変形時に，双晶変形によって起こる場合もある．すべり変形ではすべった後も元の格子だが，双晶変形では元と鏡面対称で方位が大きく異なる．すべり変形に比べて頻度も小さく，変形の幾何学的制約から大変形はできない．双晶面とずれ方向は大体決まっており，fccでは$\{111\}\langle 112\rangle$，bccでは$\{112\}\langle 111\rangle$，hcpでは$\{1012\}\langle 1011\rangle$．→マルテンサイト変態

相図（phase diagram, constitution diagram）＝状態図

相転移 (phase change, phase transition, phase transformation)

相変態,単に変態ともいう.温度・圧力・磁場・成分濃度などの変化によって物質の相*が変化すること.協力現象*である.極めて広汎に用いられる言葉で,物質の固 ⇌ 液 ⇌ 気態変化や,それぞれの三態中での原子配列,原子の集合状態の変化,電子・スピンの状態変化,さらに宇宙の始まりにおけるクォーク・グルオン・プラズマ状態→ハドロン物質状態をいうこともある.

金属の融解*・凝固,同素変態*,第一種の超伝導*-常伝導転移などは,自由エネルギー*(あるいは,1モル当たりにして,化学ポテンシャル*)は連続,その温度・圧力による一次導関数は不連続,エントロピーや体積に跳びがあり,潜熱*が現れる.これを「一次相転移」という.合金の規則-不規則変態*,キュリー点*における強磁性*-常磁性変態,第二種の常伝導-超伝導転移などでは,自由エネルギーの一次導関数は連続,二次導関数が不連続,潜熱も体積も跳びがない,比熱はλ型の変化が現れる.これを「二次相転移」という.Au-,Cu-合金系のβ相(bcc)合金でのマルテンサイト変態*のように,中間的な相転移もある.

分類には次数の他に拡散変態*-非拡散変態*,恒温変態-非等温変態*などの分類もある.熱分析*,X線解析(デバイ・シェラー法*),比熱*測定,電気抵抗の温度変化などで決定する.→共晶反応,共析反応,包析反応,時効硬化(析出),バイノーダル線,スピノーダル分解,構造緩和,ガラス転移

相反応平衡図 (stability diagram)

縦軸・横軸に製錬反応に関わる2種のガス分圧 $\log p_a$, $\log p_b$ をとり,特定温度において金属単体-a化合物-b化合物の安定な存在領域を記入したもの.図には金属-酸化物-硫化物の安定な領域を p_{S_2}, p_{O_2} に対して示した(1300K).たとえば,金属Niは $p_{S_2}<10^{-4}$kPa, $p_{O_2}<10^{-8}$kPa の範囲で安定に存在し,$p_{S_2}>10^{-4}$kPa では Ni_3S_2 が,$p_{O_2}>10^{-8}$kPa では NiO が安定に存在することを示している.製錬反応の設計,解析に利用される.ポテンシャル図*の一つ.

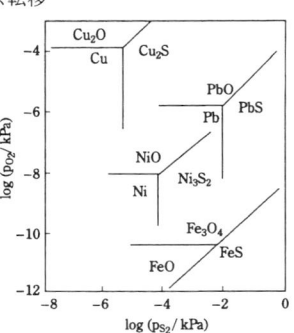

1300Kにおける相反応平衡図

送風技術 (blow technique)

高炉操業における重要問題が送風で,以前は棚吊り*や吹き抜け*の関係で温度管理が厳しかった.その後の焼結鉱*・ペレット*化などで棚吊りの危険が減り,高温送風で操業できるようになった.そのため,コークス負担も減り,酸素富化で窒素も減り,さらに,天然ガス・微粉炭・重油などを添加する複合送風技術が進んでいる.→高炉,高圧操業法

相平衡 (phase equilibrium)

複数の相が共存し,それらの相の(1)温度が等しく,(2)圧力が等しく,(3)化学ポテンシャル*が等しい場合(熱平衡)をいう.

双ベルト方式 (conti rod system)

コンチロッド法ともいう.タフピッチ銅*から,棹銅*に鋳造せず,連続鋳造・

218 [そ]

圧延する時の一方法．二つのベルト車輪で行うやり方．

相変化 (phase change) ＝相転移

相変態 (phase transformation) ＝相転移

相律 (phase rule)

いくつもの相*を含んだ物質系が平衡状態にあるための条件は，それぞれの相の化学ポテンシャル*が等しいことである．これから次の規則が得られる．相の数をp，成分*数をcとすると，温度，圧力，組成など示強変数*のうちで自由に変化させ得るものの数fは，$f=c-p+2$ である．fを自由度*という．金属など凝縮系で，圧力の影響が無視できる場合には，すでに圧力を指定したことになり，自由度は減って，$f=c-p+1$ となる．二元合金の液相線上では，$c=2$, $p=2$ で，$f=1$ となり，温度か組成の一つだけが変化させ得る．つまり液相線が決まる．また，共晶反応では三相平衡であるから $f=2-3+1=0$. つまり組成も温度も決まり，共晶「点」となる．1875年頃ギブス (J.W.Gibbs) が発見した．

ソーキング (soaking)

均熱処理，均質化処理ともいう．転炉での製鋼後の鋼塊などに対して行う．→均質化処理

速度論 (kinetics, rate process theory)

（主として化学）反応速度に及ぼす諸要因についての理論．化学反応速度論 (chemical kinetics) を意味することが多い．成分濃度と反応速度，反応次数などの研究から始まり，原子的過程を問題にする素過程論，複合反応についての反応経路論などに発展した．→反応速度論，反応座標

束縛エネルギー (bound energy)

内部エネルギーの内，仕事として利用できないエネルギーの意味であるが，今はあまり使われていない．ヘルムホルツの自由エネルギー*$F=U-TS$ のTS部分をいい，仕事として使える部分を自由エネルギーといった．しかし，系をどこまで広くとるかによって，エントロピーが減少する過程もあり，この考えは必ずしも成立しない．→自由エネルギー

塑性安定性 (plastic stability)

超塑性変形で，引張りの時くびれが発生しないこと．

塑性加工 (plastic working)

圧延*，鍛造*，引き抜き*，押出し*など金属の展伸性*を利用して希望の形に塑性変形*させること．→金属

組成三角形 (constitution triangle)

三元系合金の組成を表示するための三角形．各頂点に成分の純金属をとり，そこが100％になるように，右回りまたは左回りに各辺を100等分に目盛る．組成はこの中の一点で表すが，純金属を示す頂点の対辺に平行に，その一点からたどり，その目盛りの数字を読む．右回り・左回り，左下の金属を主にする，など，いくつかの方法があるので注意が必要である．「ギブスの三角形」ということもある．

組成的過冷却 (constitutional supercooling)

合金が凝固する時，実際には固相中の拡散が遅れ，液相の濃度が平衡値からずれ

る.固-液界面の温度は低下しているにもかかわらず液相の濃度が温度でいうと高い状態なので,これを過冷却と見なし組成的過冷却という.多角柱的樹枝状晶(cellular dendrite)が発生しやすい. →セル構造・セル組織

塑性ひずみ比 (plastic strain ratio) = r (アール) 値

塑性変形 (plastic deformation)
外力を取り去っても元に戻らないような変形.永久変形ともいう. →金属の塑性

塑性流動 (plastic flow)
材料を加工すると,結晶粒が変形したり移動したりして,マクロに見た時,組織が流れているように見えること.

粗大化 (結晶粒の) (coarsening)
再結晶が進んだ後,ある時間をおいて急に結晶粒が大きくなる現象.二次再結晶*ともいう.

ソーダ焙焼 (roasting with soda ash)
鉱石中の目的成分を水溶性とするためソーダ灰(Na_2CO_3)を加えて焙焼*する方法.タングステン製錬で鉄マンガン重石(wolframite)のタングステンを浸出するために用いられる.

ソーダ灰法 (soda-ash process)
銑鉄の脱硫・脱リンのためにソーダ灰(炭酸ナトリウムNa_2CO_3)を酸素とともに吹き込むなどの方法で添加すること.Na_2CO_3が分解して鉄中の硫黄分は硫化ナトリウムとしてスラグの中に入って行く.

粗銅 (blister copper)
ブリスタ銅ともいう.銅精錬の中間物質.純度 98.5 ~ 99.5%.電解精錬に使用する. →銅

その場再結晶 (in-situ recrystallization)
連続再結晶ともいう.回復*のこと.再結晶粒なしの状態変化から. →インサイチュ

その場析出 (in-situ nucleation, in-situ precipitation)
すでにある析出物の中に新しく析出*が始まること.例えば,高クロム鋼の鉄炭化物(セメンタイト:$(Fe-Cr)_3C$)の中にCr_7C_3が析出する. →インサイチュ

その場変態 (in-situ transition)
その場析出*と同じだが,高クロム鋼の例でいえば,新たな析出物(Cr_7C_3)が既存の析出物(セメンタイト)に置き換わっていくことを変態*といったもの.

ソープション ポンプ (adsorption pump)
モレキュラーシーブスのような多孔質物質の表面に残留気体を物理的に吸着することにより排気する真空ポンプ.

ソフトブロー (soft blow)
酸素上吹き転炉*で溶鋼およびスラグ*の撹拌を行い,スラグ中の全鉄濃度を適切に保持するためにランス高さを適当に保ち酸素ジェットの鋼浴への侵入を制御することが大切で,そのパラメータとして溶鋼のジェットによるくぼみLと鋼浴の深さL_0の比を用いる.L/L_0が1に近づくほどハードブローといい,0に近いほどソ

フトブローと呼ばれる．ハードブローでは脱炭反応に対する酸素の利用効率は高くなり，吹き止め時の鋼中酸素値は平衡値に近づく．ソフトブローでは逆に吹き止め時の酸素濃度が平衡値より高くなるが脱リンには有効である．

粗粒鋼（coarse-grained steel）

鋼のオーステナイト結晶粒度＊で粒度番号5未満の鋼をいう．→結晶粒度

ゾル-ゲル法（sol-gel process）

液体中に微粒子が分散している状態をコロイド＊またはゾルという．ゾルがゼリー状に流動性のない状態をゲルという．ゲルを乾燥し，固体状態になったものをキセロゲルという．（例）ケイ酸コロイド－ケイ酸ゲル－シリカゲルの関係．金属アルコシドのゾルを加水分解し，縮重合反応によりゲル化し，加熱乾燥によりキセロゲル化して，セラミックやガラスを作る方法をゾル-ゲル法という．セラミック薄膜のコーティング，セラミックファイバーにも応用される．高温にしないでセラミックができる，純粋系の製法が可能などの特長がある．

ソルバイト（sorbite）

鋼の焼入れマルテンサイト＊を500～600℃に焼戻したときに得られる組織で，フェライト＊中に微粒セメンタイトが分散した組織．靭性があり，衝撃にも強い．金相学の開拓者の一人ソルビー（H.C.Sorby）にちなんでつけられた名．以前はこれを焼戻しソルバイト，二次ソルバイトなどと呼んだが，現在は単にソルバイトという．また，以前はオーステナイトを空冷または鉛浴焼入れしてできた組織を，ソルバイト，一次ソルバイト，焼入れソルバイトなどと呼んでいたが，現在は微細パーライトと呼んでいる．→トルースタイト

ソルバス（solvus (line)）

固溶体合金で，固溶範囲を示す線．状態図＊で純金属側でいえば，一次固溶体＊の限界を示す線．→固溶限

ゾーン精製法（zone refining）＝帯溶融法

ゾーンメルティング（zone melting）＝帯溶融法

ゾーンレベリング（zone leveling）＝帯均質化法

た w, τ

帯域溶融法＝帯溶融法

第一原理計算（first principles calculation）
　固体の性質を経験的なパラメーターなどを使用せずに，構成元素の電子状態に基づいて計算する方法．二元系や三元系状態図などの計算に応用される．

第一種超伝導体（superconductor of the first kind）・**第二種超伝導体**（superconductor of the second kind）
　超伝導体を磁気的性質で分類すると，第一種超伝導体(a)と第二種超伝導体(b)に分けられる．外部磁場がないかまたは低い場合は第一種も第二種も完全反磁性を示すが，外部磁場を高くしていき，ある磁場の値を越えると，第一種超伝導体は完全反磁性がなくなり，磁束が内部にはいり込み，超伝導状態が失われ，常伝導状態となる（一次相転移＊）．このときの磁場を臨界磁場＊（H_c）という．第二種超伝導体では外部磁場がある値（下部臨界磁場，H_{c1}）になると，磁束が内部に徐々にはいり込み，超伝導状態と常伝導状態が混合した状態になる．さらに磁場が高くなると，内部に進入する磁束はさらに増加し，超伝導状態の体積は減少していき，ついに超伝導状態はなくなり，常伝導状態になる（二次相転移）．このときの磁場を上部臨界磁場（H_{c2}）という．→超伝導，超伝導体，超伝導用材料

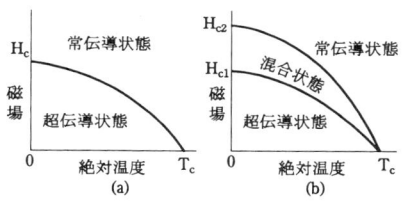

対応粒界（coincidence boundary）
　粒界の一方の格子を延長したとき，他方に共有できる格子点が多い粒界．両方の格子を「対応方位関係にある」という．共通の格子点で新格子をつくり，新格子点がもとの格子点数に占める割合の逆数nを求め，Σnの対応粒界＊という．厳密に重ならないものも含め規則粒界ともいう．nは小さいほど共通格子点の密度は高く粒界エネルギーは低くなると考えられ，結晶方位や原子構造を一応除外して，Σnで粒界の性質がおおよそ表示され，材料特性も予想できると考えられている．立方晶系では多くの種類の対応粒界が存在する．対応粒界は整合性がよく，移動しやすいので，再結晶集合組織生成の一因と考えられている．対応方位でない粒界をランダム粒界という．大角度粒界＊，小傾角粒界＊とは別の概念．

耐海水鋼（seawater resisting steel）
　塩素イオンの環境中では通常のステンレス鋼は使えないので，Cu, P, Cr, Al, Niなどを少量添加して，緻密なさび層を形成させ，耐食性を高めた低合金鋼．

耐火金属（refractory metal）＝高融点金属

大角度粒界（large-angle grain boundary）
　両側の結晶粒の方位差（傾角，ねじれ角）が大きく異なっている粒界で，ランダム粒界ということもある．この場合は小傾角粒界のように転位列などでその構造を説

明できず，一種の乱れた層，ガラス層とか無定形層とか表現される部分の存在も考えられる．しかし，この層の厚みが小さいことも多く，そういう場合には，二つの結晶を単に突き合わせて，適当なすきまの詰め合いが起こっていると考えられる．また，この粒界の性格の表示法として，対応粒界*の表示法がある．↔小傾角粒界

ダイカスト（die casting, pressure die casting）

溶けている金属を精密金型に圧力をかけて注入して鋳物を作る方法．亜鉛やアルミニウム，マグネシウムの合金に使われ，精密で肌の美しい品物を大量に作るのに適している．→亜鉛ダイカスト合金

ダイカスト用亜鉛合金＝亜鉛ダイカスト合金

耐火度（refractoriness）→ゼーゲルコーン

耐環境用特殊鋼（atmospheric corrosion resisting steel）

環境としてさまざまなものが考えられ，大気・水などの自然環境に対しては耐候性鋼*，高温に対しては耐熱性（特殊）鋼*，低温に対しては低温用（特殊）鋼*，特殊な腐食環境に対してはステンレス鋼*の中から選んで用いる．

耐久限（endurance limit, fatigue limit）＝疲労限

帯均質化法（zone leveling）

ゾーンレベリングともいう．帯溶融法*を用いて，偏析係数などを考慮し，不純物濃度が均一の細長い試料を作る方法．

大傾角粒界＝大角度粒界

耐候性鋼（atmospheric anti-corrosion steel）

低合金鋼（添加合金元素量が数％以下，ステンレス鋼は含まれない）で，大気中で，耐食性が炭素鋼より優れている鋼をいう．Cu, P, CrおよびNi, Mo, Alの組合せによる添加が有効とされ，これらがさびの下層に濃縮して，保護的な安定さびを形成するとされている．橋梁，水門などのダム施設，港湾設備，土木工事建築部材，車輛用品など多くの分野で使用されている．

耐酸鋳鉄（anti-acid cast iron）

鋳鉄に，14〜18％のSiを添加して，耐酸性を改善したもの．アルカリに対しては，約5％のNiを添加したものを用いる．

対称性（結晶の）（symmetry of crystal）

水晶のような結晶では，ある軸のまわりに回転してみると何度も同じ形になる．このようにある操作で元の形に重なる性質を「対称性」といい，加えた操作を「対称操作」という．結晶の外形に見られる対称性は，結晶の大小・長短などに関係なく六角形の側面とか端面の傾きとかが常に一定であることに見られ（面角一定の法則），このことはなんらかの構成要素（今では原子または原子団）の規則的配列をうかがわせていたが，それはX線回折で証明された．

一般に，線対称，面対称，点対称といわれるが，対称性（対称操作）には次のようなものがあり，それぞれ記号がついている．

(1) 回転(rotation)(対称)軸：ある軸の回りに360°回転した時に同じ形が現れる回数を次数（multiplicity）といいその数で表す．すなわち(1, 2, 3, 4, 6)である（準結晶や微細晶，分子では5も現れるが，一般の結晶では5, 7, 8は現れない）．(2) 鏡

映（mirror / reflection）面: (m). (3) 反転（inversion）中心: (i). (4) 回反（rotary inversion）軸（回転＋反転）: ($\bar{1}$=i, $\bar{2}$=m, $\bar{3}$=3+$\bar{1}$, $\bar{4}$, $\bar{6}$=3+m). (5) 回映（rotary reflection）面（回転＋鏡映）: ($\tilde{n}$: $\tilde{1}$=$\bar{2}$, $\tilde{2}$=$\bar{1}$, $\tilde{3}$=$\bar{6}$, $\tilde{4}$=$\bar{4}$, $\tilde{6}$=$\bar{3}$).

さらに，一般の結晶は同じ原子・原子団が，規則的・周期的に三次元に続いているものであるから，これを(6) 並進（translation）対称性といい(t)で表す．これと組み合わせると，(7) らせん（screw）軸（並進＋回転）:（2_1; 3_1, 3_2; 4_1, 4_2, 4_3, ; 6_1, 6_2, 6_3, 6_4, 6_5）（n_m は格子周期Tのm/nずつ進むことを表す）. (8) 映進（glide）面（並進＋鏡映）:（a, b, c: 格子のa, b, c軸方向に1／2ずつ進む. n: (a+b)／2, (b+c)／2, (c+a)／2ずつ面対角線方向に. d: (a±b)／4, (b±c)／4, (c±a)／4ずつ体対角線方向に）という対称性ができ，これらそれぞれを「対称要素」という．

結晶の原子的配列のすべての対称性は230種で表現でき，これを「空間群*」という（対称操作の組が数学でいう「群」をなすから）．並進対称性を考えず，格子点を固定して考えた対称性が32種の「点群*」．それは7種の晶系に整理でき，これが7種の「結晶系*」に相当する．これに，格子点以外の面心・体心などの原子を考慮した対称性から14種の構造が分類できる．これがブラベー格子*である．結晶の空間群，点群を表す方法に「ヘルマン・モーガンの記号*」（上記対称要素記号を用いる）と「シェーンフリースの記号*」がある．→結晶

耐食合金（corrosion resistant alloys）

鉄鋼材料では，耐候性鋼*，ステンレス鋼*，耐海水鋼*などさまざまな環境に適応するものがある．鋳鉄でも，耐酸鋳鉄*をはじめ，高クロム，高ニッケルのものに耐食性がある．銅合金ではSnを含んだネーバル黄銅*や，マンガン青銅*，アルミニウム青銅*も良く用いられる．Al, Niは耐食性が良い．Tiもいいが，塩酸，希硫酸などの非酸化性酸に侵されるので，Pd添加や，Mo+Zrを添加する．いずれにしても，用いられる環境・対象などによって多くの耐食合金がある．

耐食性（corrosion resistance）

主として金属材料の腐食*に対する抵抗性能のこと．腐食は，環境の湿度，温度，化学的雰囲気，応力状態，振動，摩擦など千差万別の条件下で生じ，一律にはいかないが，さまざまな合金化や添加元素によってそれぞれに適した耐食性が工夫されてきた．耐食性は主に材料についていい，腐食を防ぐ方法一般は防食法という．→耐食合金，耐候性鋼，防食法

帯磁率（magnetic susceptibility）

磁化率ともいう．物質の磁性を示す重要な係数．記号χ．磁場（H）を掛けた時の磁化*（I）の大きさ，すなわち，χ＝I／Hである．これが正で小さい物質を常磁性*体，負で小さい物質を反磁性*体といい，正で大きい物質を強磁性*体というが，強磁性体では，値が磁場の関数となり定数ではない．通常は真空の透磁率μ_0で割った相対帯磁率$\bar{\chi}$を用いる．いずれも単位体積あたりで定義された量である．透磁率*（μ）とはχ＝μ−μ_0, $\bar{\chi}$＝$\bar{\mu}$−1の関係にある．→磁化曲線，透磁率

体心正方格子（body-centered tetragonal lattice: bct）

正方晶系（a＝b≠c, α＝β＝γ＝90°）で，体心にも原子のある格子．αマルテンサイトなどがこの構造である．→結晶系

体心立方格子(body-centered cubic lattice: bcc)

立方晶系*で,体心にも原子のある格子.bcc格子ともいう.α鉄(フェライト)はじめ金属で非常に多く見られる構造.→結晶系,ブラベー格子

ダイス(dies)

本来ダイ(金型*)の複数型.さまざまな加工に用いられる金属製の型のこと.鋳造のための鋳型,線引き加工,,押出し加工などに使う穴の開いた型板.プレスで曲げ,打抜き加工する際の金具,さらに実験室的な雄ねじ切り工具などについていわれる.

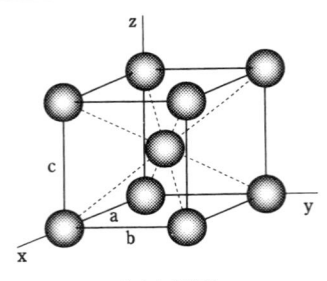

体心立方格子

対数クリープ(logarithmic creep)

クリープの初期(遷移クリープ*段階)の数式表現として,単一硬化モデルから $\varepsilon = \varepsilon_0 + \alpha \log(1+at)$ (ただし,ε:ひずみ,t:時間,α,a:定数)で表されるクリープ.→クリープ曲線

堆積(転位の)(pile-up)

加工によって転位*が増殖する場合,同一すべり面上に転位が並ぶ.その運動を妨げる障害物や粒界で,先頭の転位が停止し,転位が次々と堆積してくること.先頭転位の前面には大きな応力集中が起こる.

体積当りの比熱(specific heat per unit volume)

単位体積当たりの比熱を c [J/cm^3・K],密度を ρ [g/cm^3],定圧比熱を C_p [J/g・K]とすると,$c\rho = C_p$.均質な物質の熱拡散率*と熱伝導率*を,α [cm^2/s],λ [W/m・K]とすると,$c\alpha = \lambda$.デバイ温度より十分に高い温度において,デュロン・プティの法則*により,原子1個あたりに換算した熱容量は,$3k$ で (k:ボルツマン定数),原子数密度を n とすれば,単位体積当たりの熱容量 c は,$3nk$ となる.n は大抵の物質では,ほぼ 0.6×10^{23} cm^{-3} であるから,$3nk$ は 2.5 J/cm^3・K となり,単位体積当たりの比熱は物質によらず,ほぼ 2.5 J/cm^3・K に近い.

体積拡散(volume diffusion)

物質の内部を通っての拡散*.金属内部の拡散をもいうが,それは当然のことで,主として金属の焼結過程の一つとして用いられる語.粉末が相互に接触し,"めり込む"部分の原子が空孔機構で外部へ拡散し,粉末の間隔が減少する.この拡散をいう.表面を運動する原子の拡散で焼結を説明する表面拡散*の対語.

体積弾性率(bulk modulus (of elasticity))

弾性係数の一つ.等方的弾性体に一様な圧力 (p) を加えると弾性限内では,p/κ の割合で体積が減少する.この κ のこと.一般の物質では $\kappa = dp/(dv/v)$.「圧縮率」の逆数.→弾性係数,弾性定数間の関係

代替フロン(alternative flon)→フロン

ダイナパック(Dynapack)

圧縮ガスの瞬間的放出でプレスする方法.

ダイナミック クラウディオン (dynamic crowdion)

動的集団イオン列ともいう．放射線・粒子線照射についての動力学的計算で現れる集束衝突 (focusing collision) の一つによって，<110>方向に生じる「集束置換衝突連鎖」で過程的に生れる原子列をいう．数個の原子列で始点に空孔＊を生じ，終点では格子間原子＊を生じる．

ダイナモブロンズ (dynamo bronze)

住友金属の特殊アルミニウム青銅＊．耐摩耗性，耐食性に優れ，一般機械用歯車，ピニオン，航空機エンジン用ブッシュなどに用いられる．9.5～10.5Al, 4～6Ni, 4～6Fe, 2>Mn, 1>Zn, 残 Cu.

第二種超伝導体 (superconductor of the second kind)

→第一種超伝導体・第二種超伝導体

第二相 (second phase)

時効析出などで析出＊してくる相をいう．

耐熱鋼 (heat resisting steel)

高温における各種環境で高温強度，耐酸化性，耐高温腐食性を保持する合金鋼．数％以上の Cr の他に Ni, Co, W その他の合金元素を含むことが多い．主としてその組成によってマルテンサイト＊系，フェライト＊系，オーステナイト＊系および析出硬化＊系の四つに分類される．なお，合金元素の総量が約50％を超える場合は，一般に超耐熱合金＊または耐熱合金＊，もしくは単に超合金と呼ばれる．

マルテンサイト系耐熱鋼 (martensitic heat resisting steel)：焼入れしてマルテンサイト組織にした後，焼戻して使用される耐熱鋼．約550℃以下においてオーステナイト系およびフェライト系と比較して強度が高い特長をもつ．JIS には，SUH1, SUH3, SUH4, SUH11, SUS403, SUS410 などが規格化されている．SUH3 の組成は，0.35～0.45C, 1.8～2.5Si, 0.6>Mn, 0.6>Ni, 10~12Cr, 0.7~1.3Mo.

フェライト系耐熱鋼 (ferritic heat resisting steel)：フェライト組織を示す耐熱鋼．一般に熱膨張係数が小さく，熱伝導率＊が大きいために，熱応力＊が小さく，低温度におけるクリープ強さ＊や降伏点＊が高い特長をもつ．JIS には，SUH446, SUS405 などが規格化されている．SUH446 の組成は，0.20>C, 1.0>Si, 1.5>Mn, 23~27Cr, 0.25>N.

オーステナイト系耐熱鋼 (austenitic heat resisting steel)：オーステナイト組織を示す耐熱鋼．耐高温酸化性と高い高温強度をもち，一般に靭性が高く，成形性，溶接性もすぐれている．JIS には SUH31, SUH35, SUH36, SUH37, SUH38, SUS304, SUS316 などが規格化されている．SUH31 の組成は，0.35～0.45C, 1.5~2.5Si, 0.6>Mn, 13~15Ni, 14~16Cr, 2~3W.

析出硬化系耐熱鋼 (precipitation hardening heat resisting steel)：析出硬化性を与える元素を添加して，熱処理によって優れた高温強度をもつ耐熱鋼．JIS には，SUS630, SUS631 が規格化されている．SUS630 の組成は，0.07>C, 1.00>Si, 1.00>Mn, 3.0~5.0 Ni, 15.0~17.5Cr, 3.0~5.0 Cu, 0.15～0.45Nb.

耐熱合金 (heat resisting alloy)

高温での強度，耐クリープ性，耐酸・耐食性が求められる合金で，耐熱鋼＊，耐熱

鋳鋼*,耐熱鋳鉄*,耐熱銅合金などがある.超耐熱合金*をいうことも多い.合金系を耐熱性の低いほうから大まかに並べると,マグネシウム合金*,アルミニウム合金*,サップ*,黄銅*,炭素鋼*,チタン合金*,クロム・モリブデン鋼*,ステンレス*,ニッケル合金*,コバルト合金,クロム合金,モリブデン合金という順になる.

耐熱鋳鋼 (heat resisting steel casting)

22%までのニッケルを含むクロム鋳鋼と高ニッケル・クロム合金とに大別される.いずれも1150℃までの耐酸化性があるが,前者は高いクリープ強さ*と伸び*,後者は耐熱衝撃と加熱冷却の熱サイクルに優れている.クロム鋳鋼(9～12Ni, 19～32Cr)は,焼なまし皿,チューブ,サポート,浸炭箱,放熱管,加熱炉部分などに使用されている.高ニッケル・クロム合金はクロム量は10～23%であるが,ニッケルは23～68%と広範囲に及んでいる.高ニッケル・クロム合金は耐熱鋳鋼生産量の1/3を占め,とくにSCH 15 (ASTMのHTに相当)は760～1100℃の高温範囲で応力下に耐える材料として期待されており,風道,浸炭箱,鉛浴鍋,ガラス用鋳型などに用途がある.なお高ニッケル系鋼種は,浸炭性雰囲気には強いが,高硫黄ガスの雰囲気には弱い.他方高クロム系の鋼種は1100℃まで硫黄雰囲気に耐える.

耐熱鋳鉄 (heat resisting cast iron)

クロムやニッケルを添加した鋳鉄.クロムを0.8%添加すると加熱による成長が普通鋳鉄の約1/5になる.ニッケルを多く添加するとオーステナイト鋳鉄*になる.ケイ素およびアルミニウムを多く添加しても耐熱性ができる.

耐摩耗合金 (wear resisting alloys)

摩耗は,相手方の金属その他の材料との組み合わせで検討されるべきものである.また荷重などの条件もさまざまであるが,一般的にいえば,軸受合金*,黒鉛*を含んだ灰鋳鉄*などの系統があり,一方硬くして耐摩耗性を持たせるものとしては,鋼では,1.5%タングステンを添加した工具鋼*関係,高炭素クロム工具鋼系のもの,耐摩耗鋳鉄*などがある.→摩耗

耐摩耗性特殊鋼 (wear resisting steel)

耐摩耗性を要求される鋼材は,機械部品,切削工具として,機械構造用炭素鋼,合金鋼*,冷間・熱間加工用炭素工具鋼,合金工具鋼,軸受鋼*,高速度工具鋼*材および建設機械用(中空鋼材)などである.また鋼材の表面に浸炭*,窒化*,浸硫*などの表面処理を施し,あるいは窒化チタン*などの硬い皮膜をイオン・コーティングして硬化し,耐摩耗性を付与することも極く普通に行われる.このような表面硬化*・表面処理*鋼も耐摩耗性鋼として扱われる.

耐摩耗鋳鉄 (wear resisting cast iron)

クロム,ニッケル,リン,硫黄などを添加し,白銑化と同時に,鋳造条件を制御してマルテンサイト化すると,非常に硬質のチル鋳物*となる.硬度HB=600～700で,ロール用に使われる.→チルドロール

ダイ焼入れ (die quenching)

厚みの小さい薄肉物の焼入れにおいて,変形を防ぐため鋼鉄の冷たいダイス*にはさむことで冷却し,焼入れること.

タイヤトラック (tire track)

疲労破壊面に特徴的なミクロ破壊組織．ストライエーション*が幅短く切れて，き裂進展方向に並んだもの．破壊時に硬い粒子や突起物が応力1サイクルごとに接触してつけられた痕である．→破面組織解析

ダイヤモンド型構造（格子）
(diamond type structure, diamond type lattice)
二つのfcc格子を，立体対角線（body diagonal）に沿って，その1/4ずらした構造．どの原子も配位数4で，正四面体的に囲まれている．ダイヤモンドはじめ，ケイ素，ゲルマニウム，灰色スズ（スズの低温相）などの構造．

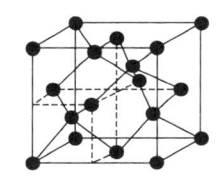

太陽電池（solar cell）
太陽光のエネルギーを光電変換によって直接能率よく電気エネルギーに変える半導体*素子のことで，GaAs，Si単結晶，アモルファスシリコン*などが用いられている．GaAs電池は，光電変換効率が200℃で21.5％と高く，放射線にも劣化が少ないので，人工衛星用として注目されている．Si単結晶は特性も安定で無人灯台や辺地の無線中継所の小電源としても実用化されており，変換効率は14％位である．アモルファスシリコンは，大量生産に適し，製造の際のエネルギー収支もSi単結晶より有利であるが，変換効率が～8％と低いことと，長年月の使用での効率低下に問題があるといわれている．

帯溶融法（zone melting）
ゾーン精製法（zone refining），ゾーンメルティングともいう．細長い横形るつぼ（ボートという）に入れたり，棒状試料を垂直に支持し，その一端あるいは一部分を溶融し，試料または加熱装置をゆっくり移動して，溶融部分（ゾーン）を他端まで移動させる手法．平衡分配係数*（固体中濃度／液相中濃度）が1より小さい不純物を終端に掃き寄せ得る．これを帯溶融法といい，ゲルマニウムの高純度化はこれで達成された．また，添加すべき成分をこれで一様に添加し得る．これをゾーンレベリング（帯均質化法*）という．さらに一端を種結晶から始めれば，望む方位の単結晶試料もできる．さらに最近，縦形法（浮遊帯溶融法*）が金属の超高純度化に使われている．→残留抵抗比

耐力（proof stress）＝オフセット降伏応力

ダウ法（Dow method）
マグネシウム精錬の一方法，Dow Chemical社（英）で開発されたもので，海水を原料とし，黒鉛を陽極・鋳鉄鍋を陰極として$MgCl_2 \cdot 1.25H_2O$を電解する．金属マグネシウムは表面に浮かぶ．

ダウ メタル（Dow metal）
マグネシウム基の金型鋳造用合金．固溶処理により，高強度が得られる．耐圧性，強度，溶接性が優れ，モーターや動力工具容器などによい．10.0Al, 0.10<Mn, 残Mg．

ダウンズ槽（Downs cell）
ナトリウム精錬で現在主流の溶融食塩電解法で用いられる電解槽．鉄製容器（陰極），黒鉛棒（陽極）およびその中間の鉄鋼隔膜でできている．

ダクタイル鋳鉄（ductile cast iron）＝球状黒鉛鋳鉄

他形(allotriomorphism)
　結晶の成長あるいは析出*に際して外形がその周囲のものの形によって規制され,本来の形をとれなかったもの.粒界に析出する初析フェライト*の形などがこれである.→晶癖面

多形(polymorphism)
　同質多形,同質多像ともいう.同一の化学組成で異なる結晶構造をもち,従って形態も異なるものをいう.元素については同素体*という.温度,圧力,生成条件などによって生じる.鉄のα, γや,スズのα, β, SiO_2, TiO_2など金属合金,無機化合物,鉱物に多くの例がある.

多結晶体(polycrystal)
　固体の内部がいろいろな結晶方向をもった結晶粒の集まりである状態.一般の金属材料の多くはこれである.

多孔質ガラス(porous glass)
　代表的なものはホウケイ酸ソーダガラス.熱処理によって$B_2O_3 \cdot Na_2O$とSiO_2に富む組織に微細に分相させた後に酸で処理し,$B_2O_3 \cdot Na_2O$を溶解させることにより多孔質化したガラス.ナノサイズの細孔をもつナノ材料の一つ.燃料電池*の電解質膜への応用などが考えられている.

多孔質金属(porous metal)
　焼結やめっき*でできる,あるいは意識的に作った多孔質な金属の総称.目的としては,含油軸受,フィルター,吸音材などが考えられる.「水に浮く金属」,海綿状の発泡金属*などもある.

多重すべり(multiple slip)
　金属材料に応力がかかると,応力の方向に対応した最もすべりやすい,すなわち分解せん断応力*が最大の面と方向ですべり*変形が始まる.変形によって結晶が回転すると,シュミット因子*も変化し,他のすべり面とすべり方向が等しいシュミット因子になってくる.こうして,異なる複数のすべりが活動するようになり,これを多重すべりという.

たたら吹き製鉄(tatara method for iron and steel making)→冶金の歴史

脱亜鉛現象(dezincification)
　亜鉛*を含む合金では,亜鉛の蒸気圧が高いので,高温時あるいは水溶液中で亜鉛が選択的に腐食してなくなっていくことをいう.腐食した部分には海綿状の銅と亜鉛の腐食生成物が残り,強度が低下する.黄銅では次第に赤みが増す.圧力が加わると,水を通す配管など突然孔があいたり,裂けたりする.α相よりもβ相からの方が激しい.黄銅*の環境劣化として重要.

脱ガス(degassing)
　鋼の精錬過程において,水素,窒素,酸素,炭素などを除去する目的で,転炉の次に取鍋*(とりべ)などで溶けた金属を真空に曝す方法(→取鍋脱ガス法)や,高温で蒸発しやすいNb, Ta, Mo, Wなどの酸化物を除去するため真空中で電子ビーム溶解する方法,さらには浮遊帯溶融法*(フローティングゾーンメルト)で水素,窒素,酸素などを取り除く方法などが行われている.

脱酸銅 (deoxidized copper)

タフピッチ銅*に脱酸剤を少量添加して，酸素を除いた銅．微量の脱酸剤の残留が電気伝導性を損なうので注意が必要である．脱酸剤としては，Li, P, Si などが使われる．→OFHC銅，無酸素銅

脱炭 (decarburization)

鋼*や鋳鉄*を高温加熱，あるいは保持すると炭素が抜ける現象．合金の性質が変化してしまい，焼入れ性などが悪くなる．それを防ぐ雰囲気が重要だが，鋼材では大きいものが多いから，不活性ガスは高価につく．そこで，無水アンモニアを分解した H_2, N_2 混合ガス，コークス炉ガス，発生炉ガスを部分燃焼して水分を除いたものが使われる．また，NaCl, CaCl, BaCl などの混合塩浴中で加熱する場合もある．

竪型蒸留法（亜鉛の）(shaft distillation)

亜鉛の乾式精錬法の一つ．SiC 製レトルトで亜鉛蒸気を液化・捕集する．

縦弾性係数 (modulus of longitudinal elasticity, tensile modulus)

弾性係数*の一つ．ヤング率ともいう．一軸引張試験で弾性範囲では引張応力とひずみは比例し，その比例係数（応力をひずみで割った値）のこと．→弾性係数，弾性定数間の関係

棚吊り (hanging)

高炉操業において，鉱石・コークスなど装入物が途中に引っ掛かって順調に落ちていかない状態．コークスの機械的強度と羽口からの熱風温度のバランスが崩れると起こる．炉内圧が高まり危険を伴う．吹き抜け*と共に高炉の二大事故．→高炉，送風技術

ターニッシング (tarnishing)

銅線がビニール被覆の中で Cu_2O の黒色皮膜を持って脆性的に切れること．被覆中の水分と張力による一種の応力腐食割れ*，または疲労（疲れ*）破壊と考えられている．

ダービル法 (Durville process)

傾鋳法ともいう．るつぼあるいは湯溜りと鋳型を一体のものとして作り，全体を回転して鋳込む方法．スラグ*を巻き込まず，湯が乱れないので美肌になる．

タービン用超合金 (superalloys for turbine engine)

最も高温強度を要求されるジェットエンジン用 Ni 基合金のこと．Cr, Co, Ti, W, Mo などを含んだ合金で，改良を進めてきたが，合金では限界に来ている．→スーパーアロイ

タフトライド法 (tufftriding)

軟窒化法ともいう．鉄鋼材料の表面硬化法の一方法．約15% の Na_2CO_3 を含む KCNO や NaCNO 中で 520～580℃ に加熱して窒化し，表面硬化させる．青酸塩を使用した場合よりも表面硬度は劣るが，毒性が弱くなるので使いやすい特長がある．→軟窒化鋼

タフピッチ銅 (tough pitch copper)

本来はポーリングを行った銅をさすが，現在は溶銅製錬した電気銅を反射炉中で再融解，アンモニア，ブタンなどで還元精製することが多い（→ポーリング，銅，無

酸素銅). 電気, 熱の伝導性が優れ, 展延性, 絞り加工性, 耐食性, 耐候性がよい. 電気用蒸留釜, 建築, 化学工業用, ガスケット, 器物などに用いられる. JIS記号はC1100. Cu>99.90で, 精銅ともいう.

ダブルカップ破断面（double-cup fracture surface）
　延性破壊*では, 通常カップコーン破断面*を見せるが, より延性の大きい材料で両面ともカップ状になっている破断面.

ターボ分子ポンプ（turbo-molecular pump）
　ロータ（回転子）に溝または羽根があって, それに対応する同様のステータ（固定子）の間を回転する分子ポンプ. 回転子の周速は気体分子の運動速度とほぼ同じである. 通常, 分子流*条件のもとでその性能を発揮する. 分子ポンプでは高速のロータ表面によって気体分子に運動量が与えられ, ポンプの排気口の方向に気体が輸送される.

タリウム（thallium）
　元素記号Tl, 原子番号81, 原子量204.4. 軟らかい白色金属. 湿った空気中で酸化されやすい. 密度$11.85g/cm^3$（20℃）, 融点303.7℃. タリウム化合物はすべて毒性が強いので, 殺鼠剤, 殺虫剤として使われたが, 人にも危険なため使用されなくなった. 硫化タリウムは光電池に, 放射性同位元素*である^{201}Tlは心筋細胞の診断に臨床の場で用いられる.

ダルセ合金（D'Arcet fusible alloy）
　英国のBi基低融点合金*. ボイラー安全栓, 火災報知器用. 25Pb-25Sn-50Bi. 融解区域: 96〜98℃.

単位格子（unit cell）
　結晶では, 原子または原子集団が三次元的に周期的に整列している. 同一平面上にない任意の三軸で, それらを次々貫くように取った時, 1周期ずつでできる平行六面体をいう. 取り方は何種類もあり, 同一体積である. 平行六面体の3稜の長さが最小のものを既約単位格子といい, 通常これをさす. 稠密六方格子*では六角柱で表現されるものの1/3の四角柱（原子2個を含む）が単位格子である. →結晶

炭化タングステン（tungsten carbide）
　一般にα型WCをいう. 三方晶系の侵入型化合物である. 密度$15.6g/cm^3$, モース硬さ9. 耐酸性がある. Coを加えて, 超硬工具*合金として使われる.

炭化物（carbide）
　一般に金属と炭素（C）の化合物をいうが, 遷移金属*以外の金属炭化物は不安定であったり（アルカリ金属*）, 加水分解する（アルカリ土類金属*）. 遷移金属炭化物は, 硬く安定で融点も高く, 熱・電気の伝導性もあり, 硬質金属ともいわれる. 鉄鋼の炭化物は特に重要である. Fe-Cとしては, セメンタイト*, ε炭化物*がある. 高合金鋼で添加元素が多くなるとそれとの炭化物が現れる. 多くの場合, Feを含む複雑な三元の炭化物を形成し, 非常に硬いので, 切削工具や耐摩耗性添加物として用いられる. 同時に, 鋼の性質に種々の影響を与えるので注意が必要である.

タンガロイ（Tungalloy）
　東芝タンガロイの切削工具用焼結炭化タングステン*合金で, 超硬質切削工具用,

G種(鋳鉄用), S種(鋼用), D種, TX種, PR種がある.

単極電位(single electrode potential, half-cell potential)

電解液中における金属の, 液に対する電位. 電極電位ともいう. 絶対値の測定はできず, 例えば水素の単極電位をゼロとして, それと組み合わせて測定する (→標準水素電極). 電池の酸化系, 還元系それぞれの活量*が1の時の電位を金属の標準単極(電極)電位, あるいは平衡電極電位という. →半電池, アノード, カソード

タングステン(tungsten)

元素記号W(ラテン名Wolframium), 原子番号74, 原子量183.8の金属元素. 灰白色で体心立方晶, 融点:3380℃, 沸点:5700℃, 密度:19.3g/cm^3(20℃), 主要鉱物は鉄マンガン重石((Fe, Mn)WO$_4$), 灰重石(CaWO$_4$)など. Fe, Cuなどの添加元素. 26W-Re合金は熱電対, W-ThO$_2$はフィラメント, WCは超硬合金*, 20～30W-Ag, 30～80W-Cuは接点材料, CaWO$_4$はX線増感紙(青色蛍光体), その他記録表示素子, ガスセンサーなどに用途がある.

ダングリングボンド(dangling bond)

共有結合は2個の原子からの1個ずつの電子で構成されているが, 格子欠陥*や表面で, 一方の原子がなく, 残った原子からの電子が不対電子*の状態になった結合手をいう. SiやGeの転位線*に沿っても存在する. また, 金属・半導体の「表面超構造*」はダングリングボンド同士の結合によると考えられている.

タングル(転位の)(tangling)

変形が進んだ段階で現れる転位*のもつれ. 加工硬化の原因の一つである.

単結晶(single crystal)

全体が単一の結晶からできていて, 結晶粒界*を含まない結晶体. 同一方位のみからなり, 多くの方位が混在する多結晶体*と比べられる. 物質固有の性質を知るために, 単結晶材料が用いられる.

単結晶作製法(single crystal making)

単結晶*作製法は多種あるが, 金属分野でよく行われているのは, (1)融液からの方法として, ブリッジマン法*, 引上げ結晶成長法(チョクラルスキー法*, Cz法), 浮遊帯溶融法*(フローティングゾーン法, FZ法), ベルヌーイ法, また(2)固相からの方法としては, ひずみ・焼鈍成長法*などである(この他に, 溶液から, および気相からの方法もある).

単原子層成長モデル(one-atomic layer growth model)

蒸着膜が成長する時, 下地をまず1原子層が覆い, 次いで2原子層目が積み重なってゆくというふうに, 一層一層積み重なってゆくという模型. 人工格子*などではこれが実現している. 島状成長モデル*と対比される.

団鉱(briquette)

製錬の原料粉体にセメントやベントナイト*を結合剤として加え, 混練・加圧・成形・整形し, 運搬・装入などをしやすくしたもの. ペレット*よりも強度が低い.

単磁区(magnetic single domain)

強磁性物質の粉末や析出相が小さくなると磁区*の大きさも小さくなるが, 磁区の幅dは, 結晶の大きさaについて$\sqrt{a}$に比例して小さくなるので, 結晶粒が小さく

なるよりゆっくり磁区が小さくなり，ついには粒子が一つの磁区になってしまう．磁極ができるため静磁エネルギーが増えるが，磁壁エネルギーが減り，釣り合う所で単磁区化する．磁場中冷却や磁場中成形，あるいはスピノーダル分解で，単磁区粒子の生成・整列ができると単軸異方性*により強い磁石になる．→スピノーダル磁石，磁場中熱処理

単軸異方性（uniaxial anisotropy）

一軸異方性のこと．バルクでは強力な永久磁石*材料ができる．薄膜磁性材料などでは，180°違った二つの方向に磁化が向きやすくなり，どちらの向きかで情報を記憶するのにも利用できる．↔ 一方向異方性

ターンシート（メタル）（terne sheet）

鉛とスズの合金（terne metal）を被覆した耐食性鋼板をターンシートという．terneとはdullの意で，スズに比較してやや鈍い光沢をもっていることから名付けられた．これは冷延鋼板の機械的性質に安価な鉛の耐食性を与えることである．鉛だけでは鉄と合金を作らないが，スズを10～25％添加することによって鋼板と密着性のよい防錆被覆が作られる．ターンシートは戦時中，米国でスズの不足をカバーするために相当量生産されたといわれる．ぶりき*の代用品ではなく，耐食性，加工性，はんだ性，塗装性が優れているので，自動車用ガソリンタンク，エアクリーナー，ラジエタ部品，油容器などに使われた．

単斜晶系（monoclinic system）→結晶系

単純格子（simple lattice, primitive lattice）

単位格子*で，平行六面体の8隅のみに原子または原子集団の代表点があるもの．面心，体心，底心など面上あるいは内部にもある多重単位格子の対語．→結晶系，ブラベー格子

探傷法（defect testing）

材料の肉眼的及びそれよりやや小さな欠陥を発見する方法．表面については，磁粉検査*，染色浸透探傷*，表面波（超音波の）探傷法．内部に対しては，超音波探傷*，放射線探傷．この他うず電流探傷．動的にはアコースティックエミッション*などもある．→非破壊検査法

弾性異方性（elastic anisotropy）

立方晶系において，一般化した弾性定数 C_{ij}（→弾性定数の成分）を用いて，$2C_{44}/(C_{11}-C_{12})$で表される量をいう．これが1に近ければ等方的，1から離れれば異方的である．純金属では，Al, Mo, Wなどが等方的で，Cu, Au, Pbなどが異方的である．→異方性パラメーター

弾性係数／弾性定数（elastic constants）

弾性率ともいう．ヤング率（縦弾性係数*：Young's modulus），体積弾性率*（bulk modulus），剛性率*（shear modulus / rigidity）等の総称．ポアソン比*（Poisson's ratio）を含める場合もある．→弾性定数の成分，弾性定数間の関係

弾性限（elastic limit）

応力*を除いた時，ひずみ*が残らない最大の応力をいう．図は「応力－ひずみ線図の二形態」参照．工業的には小さいひずみを規定してその時の応力をいう．例

えば0.2％耐力＊（ただし，この場合は降伏＊を意味しない）．比例限＊を弾性限という場合もあるが厳密には別で，一般的には弾性限のほうが大きい．

弾性定数間の関係（relation of elastic moduluses）

ヤング率＊E, 剛性率＊G, 体積弾性率＊κ, ポアソン比＊νとするとこれらの間には次のような関係があることをいう．$E=3\kappa(1-2\nu)=2G(1+\nu)$.

弾性定数の成分（modulus of elasticity tensor）

物体中に小さな立方体素片を考え，この3面にかかる(1)面法線方向の引張り・圧縮力$\sigma_1 \sim \sigma_3$, (2)面内方向のせん断力$\sigma_4 \sim \sigma_6$と，これによる(3)法線方向のひずみ$\varepsilon_1 \sim \varepsilon_3$, (4)せん断ひずみ$\varepsilon_4 \sim \varepsilon_6$の関係を示す36個のテンソル成分$C_{11} \sim C_{66}$（一般化弾性定数）をいう．関係式は$\sigma_i = \sum_{j=1 \sim 6} C_{ij}\varepsilon_j$ ($i=1 \sim 6$)である．さまざまな方向の応力＊が，さまざまなひずみ＊を生じる関係を総合的に表すための量．

弾性的相互作用（elastic interaction）→転位と溶質原子の相互作用

弾性変形（elastic deformation）

力を加えたときは変形するが，力を除くともとに戻るような永久的でない変形．

弾性余効（elastic after-effect）

弾性ひずみに時間変化に関係した成分（特に遅れ）が生じること．

弾性率（elastic modulus）＝弾性定数

鍛接（welding by forging）

2個の金属物体を加熱し，鍛造＊によって両者を接合する方法．最も古くから行なわれている接合法．主として低炭素，低合金鋼で行なわれる．

炭素（carbon）

元素記号C, 原子番号6, 原子量12.01の非金属固体元素で，同素体＊にダイヤモンドと黒鉛＊, C_{60}フラーレン＊, カーボンナノチューブ＊, 無定形炭素（→無定形物質）がある．炭素の温度による変化は3650℃までは黒鉛が安定相であり，それ以上の温度では液相を経ることなく直接昇華する．炭素は多くの元素と化合し，無機化合物，有機化合物をつくる．ダイヤモンドは切削工具，振動板，宝石，研磨材として，また黒鉛は各種の工業材料として重要である．鉄など金属の合金元素，各種炭化物（WC, TiC, Cr_3C_2など）の原料，印刷インク，ゴム，プラスチックス充填材，電極，れんが，発熱材，るつぼ，隔壁，ガスケット，ろ過材，吸着剤，ライナー，生体材料，軸受，潤滑材，パッキング，接点，電磁波シールド材，減速材＊，繊維，建材などに用いられる．高強度のカーボンファイバー（炭素繊維＊）は複合材料＊に用いられる．超微粒子ではC_{60}フラーレン，カーボンナノチューブなど特殊な構造のものも発見されている．炭素の同位体である放射性の^{14}Cは生物の化石や遺跡の年代判定に利用される．

鍛造（forging）

さまざまな大きさのハンマーでたたいて変形加工すること．多くの場合，熱間加工＊である．成形する目的の他に，鋳造組織を壊して結晶を微細化し，全体を均一化するなど機械的性質を改善する目的もある．平鎚と金敷で行う方法の他，型鍛造＊もある．

炭素鋼（carbon steel）

鉄の中に主な合金元素として0.02〜2.0%の炭素および,製鋼上不可避的な不純物と脱酸剤として添加された微量の元素を含む鋼をいう.含まれた炭素または炭素とマンガンで主な特性がきまる.通常 0.10>Cのものを特別極軟鋼, 0.10〜0.18Cのものを極軟鋼, 0.18〜0.30のものを軟鋼, 0.30〜0.40のものを半軟鋼, 0.40〜0.50のものを半硬鋼, 0.50〜0.60のものを硬鋼, 0.60<Cのものを最硬鋼とよんでいる.国際標準化機構(ISO)の非合金鋼に相当する.外国ではcarbon steel, plain carbon steel, ordinary steel, straight carbon steelなどと呼ばれている. 0.02〜2.0C, 0.01〜0.3Si, 0.3〜0.8Mn, 0.01〜0.05P, 0.01〜0.05S.

炭素鋼の標準組織 (normal structure of carbon steel)
炭素鋼をオーステナイト*領域から炉冷(約10℃/min)すると,それまでの熱処理履歴に関係なく,炭素量のみに対応した組織が得られる.この組織をいう.

弾塑性破壊靭性 (elastic-plastic fracture toughness)
非線形破壊靭性ともいう.破壊が進むき裂先端の塑性変形部分が大きくて,き裂長と同等な場合(これを大規模降伏状態という)の破壊靭性.J積分*やき裂開口変位(COD*)の破壊靭性値で議論しなければならない(これを弾塑性破壊力学という).対語は線形破壊靭性(linear fracture toughness).→破壊靭性

炭素繊維 (carbon fiber: CF)
ピッチ,液化石炭などから紡糸するか,レーヨン繊維などを焼成炭化して作られる.低比重,高引張り強度,高弾性率,細くしなやか,耐クリープ性などの長所と共に,酸化しやすい.金属とのぬれ性が悪いなどの欠点もある.ピッチなどから紡糸したものは,高温断熱材として用いられるほか,電磁シールドへの応用も期待されている.繊維を焼成炭化したものは,機械的性質が優れ,複合材料*の素材として用いられる.宇宙・航空機材料,ゴルフ用具材などにも応用されている.

炭素当量 (carbon equivalent: CE)
炭素以外の合金元素の作用を炭素量に換算したものをいう.鋳鉄*におけるものは,全C%+0.3Si%+0.3P%.鉄鋼の溶接性については,C%+1/6Mn%+1/24Si%+1/40Ni%+1/5Cr%+1/4Mo%+1/14V.

炭素飽和度 (saturated carbon: S_c)
鋳鉄で,共晶点炭素量に対する炭素含有量の割合.ただし,共晶点は共存Siなどで変わるからそれを考慮して,S_c=C%/共晶C%=C%/{4.32−(Si%/3.2)}で表される.

担体 (carrier, supporter)
(1) 電荷や物質を運ぶもの.半導体の電子と正孔.ガスクロマトグラフィーで試料気体を移動させるために混合するガス.(キャリアーガス,展開ガス).
(2) 触媒物質を大きな表面積の形態に支えるためや,粉体などで成形しにくい物質の場合,骨組みとなって支えるもの.例えば,白金懐炉で白金粉を支えるアスベスト.

タンタライト (tantalite)
タンタルの鉱石の一つ.(Fe, Mn)O・Ta_2O_5で,コロンバイト*と共存する場合が多い.西部オーストラリア,コンゴ,南アフリカ,ブラジル,カナダ,タイなどに産

出する.

タンタル (tantalum)
　元素記号Ta, 原子番号73, 原子量180.9の金属元素. 灰黒色で体心立方晶, 密度：16.65 g／cm³ (20℃), 融点：2996℃. 展延性に富み, 耐食性に優れる. 主要鉱石はタンタライト*, コロンバイト* ((Fe, Mn) (Ta, Nb)$_2$O$_6$). 合金添加元素, プラズマ用の中空電極, 電解コンデンサー, 電子工業用加工品材料, 化学装置用材料, 超硬工具* (TaC) などに用いられる. JISにはタンタル展伸材 (板：TaP, はく：TaH, 棒：TaB, 線：TaW, 条：TaR) が規格化されている. 人体との反応がもっとも少ないといわれ, 骨のつなぎ合わせの医療器具, 外科手術用具に用いられている.

タンチロン (tantiron)
　Lennox Foundry社 (英) で開発したフェライト系高Si耐食鋳鉄. フッ化水素酸以外のほとんどすべての酸に侵されないため化学工業, 石油工業, 織物工業, 鉄鋼業, 製紙業, 金属精錬業, めっき工業など腐食が問題になる部分に使用される. 0.8～1.2C, 14.0～15.0Si, 2.0～2.4Mn, 0.3＞P, 0.1＞S, 残Fe.

タンディッシュ (tundish)
　連続鋳造*において取鍋*と鋳型*の中間において漏斗の役目を果たす容器. 取鍋からいったんタンディッシュに注ぐことにより鋼の流量を調節し, また介在物*の浮上分離を促す効果がある.

丹銅 (red brass)
　亜鉛が4～22％のCu-Zn合金で, 美しい光沢をもつ. 展延性, 曲げ性, 絞り加工性, 耐食性などが優れ, めっきのつきもよく, 建築用, 装身具, 化粧品ケースなどに用いられる. →ギルディングメタル, ローブラス

断熱型熱量計 (adiabatic calorimeter)
　材料の比熱*, 変態エネルギーなど熱的物性を測定する時, 試料と環境の間の熱の出入りをなくし, 試料の熱的変化のみを正確に知るため, 試料と環境の温度差がない状態を保ちつつ測定する装置. 試料の温度変化と, 環境の温度変化のために独立した加熱調節系を持ち, 試料と環境の温度差を検出してそれをゼロにするよう環境の温度を調節する.

断熱消磁 (adiabatic demagnetization) ＝磁気冷却

断熱法熱容量測定 (adiabatic calorimetry)
　固体の熱容量*の温度依存性を測定する熱分析の技法. 質量mの試料をその周囲と熱の出入りのない状態 (断熱状態) におき, 試料にヒーターで熱量qを与え, それによって生ずる試料の温度上昇$\Delta\theta$を測定すれば, 試料の定圧比熱容量C_pは, $C_p = q/m\cdot\Delta\theta$. 極低温付近では輻射による熱の伝わりかたが小さいので断熱状態を作るのが比較的容易だが, 室温以上の高温では断熱状態を作ることは容易ではない. 高温域で金属物理学上, 比熱容量測定を有名にしたのは, 1935年のC.Sykesによるβ黄銅 (50at.％Zn, 50at.％Cu) の450℃付近の規則格子*変態の測定である. 真空中で一定速度で温度上昇する銅容器の中に試料 (質量m) をおき, 試料内に挿入したヒーターを制御して試料温度を銅容器と等温にすると試料の比熱C_pは, 次式で与えられる. $C_p = (w/m)/(d\theta/dt)$. ここでwはヒーター電力, $d\theta/dt$は昇温

速度．日本では1948年，Sykes の熱量計を改良した長崎-高木による熱量計が金属合金や誘電体の測定に多く用いられた．→熱分析

短範囲規則（short range order）
　原子配列において，隣り合う原子のように近い距離の配列の規則性．規則合金において逆位相境界*の両側を一体で見ると規則性が失われているが，それぞれの内部では規則的である．またキュリー温度や規則-不規則変態*点の直上で比熱が尾を引くのは，数原子ずつの規則性が残っているためで，このような近い距離での規則性をいう．これを考慮して近似を上げた模型がベーテの近似*である．長範囲規則*の対語．→キュリー・ワイスの法則

ダンプ リーチング（dump leaching）
　鉱石や廃鉱石を野積みとし，上から希硫酸をかけて金属を溶解浸出する野積浸出（heap leaching）のうち，廃鉱石を対象とするものをダンプリーチングという．

タンマン管（Tammann tube）
　試験管あるいはそれより太く長い磁器製の一端封じの管．金属試料の溶解などに使う．

タンマン炉（Tammann furnace）
　黒鉛管を抵抗体とし，これに直接電流を流す方式の電気抵抗加熱炉．真空中または不活性ガス中で2000K以上が得られ，実験用の炉として非常に有用．

断面収縮率（reduction in / of area）
　絞りともいう．引張試験*で破断後の試料の，最小断面積の原断面積との差を，原断面積で除した割合．％で表す．靱性*の目安となる．

短絡拡散（short-circuit diffusion）
　短回路拡散ともいう．金属の表面，粒界，転位*など，原子配列にすき間があり，活性化エネルギー*の低い径路を通じての拡散．拡散速度が大きい．→高速拡散

鍛錬成形比（forging ratio）
　鍛造*，展伸などの加工における加工度を示す量．加工前後の寸法比から求めるが，JIS に詳しい規定がある．

ち

遅延反応（時効の）（slow reaction）
　例えばAl-4Cuの合金で溶体化処理*し，焼入れ後室温時効させると最初の30分は時効速度は極めて速いが，その後速度が遅くなる．これを時効の遅延反応という．

置換型固溶体（substitutional solid solution）
　固溶体*で，正規の格子点に，合金成分の原子も入っている型の原子配列をもつ固溶体．侵入型固溶体*の対語．溶媒原子（主成分金属）と溶質原子（合金成分金属）との原子半径*にあまり大きな差がない時の構造（多くの合金はこれである）．→ヒューム-ロザリーの規則，↔ 侵入型原子，侵入型固溶体

置換型不純物（substitutional impurity）
　本来の結晶の原子の位置に置き換わって入った不純物原子．これも一種の点欠陥*

とみなせる．本来の原子の間に割り込んで入った侵入型不純物原子＊の対語．

チキソ モールディング（thixo-moulding）

　マグネシウム合金の射出成形法として，90年代から急速に実用化された鋳造法＊で，固液共存状態の金属が，せん断応力下では完全溶融状態に近い低粘性となるチキソトロピー性を利用している．マグネシウム合金材を切削して，米粒ほどの大きさとした原料チップを加熱シリンダー前方に送り，1ショット分の溶融合金がたまったら，スクリューの高速前進により，ノズルを通して金型内に射出，百分の数秒程度で凝固させる．ダイカスト＊に比べ，溶湯温度が低いため，鋳造欠陥＊が少ない，寸法精度が高い，結晶粒が微細で強度が高く，薄肉品の成形多量生産に適しているなどの特徴がある．「シキソモールディング」「シキソトロピー」の表記が実際の発音に近い．ダウケミカルの特許文書は「シキソ」を使用，訳語は「搖変性」．→金型

蓄熱室（regenerator）

　耐火レンガを格子状に組み，高炉＊やコークス炉，平炉＊などから出る廃ガスの熱を利用してレンガを加熱しておく装置．次の段階ではその熱で空気を加熱し，炉への熱風を作る．レンガは1500℃にまで加熱され，加熱冷却が繰り返される．ケイ石質，高アルミナレンガが使われる．

チコナール（Ticonal）

　Phillips Electronic & Associated Industries Ltd（英）のFe基鋳造用永久磁石＊．砂型および精密鋳造．Alnico 5に類似．チコナール3A, C, D, E, 600, 700など多品種がある．例：6〜9Al, 12〜18Ni, 0〜2.5Ti, 2〜5Cu, 20〜30Co, 残Fe.

チタン（titanium）

　元素記号Ti, 原子番号22, 原子量47.87の金属元素．銀灰色．稠密六方晶（α）で882℃で体心立方晶（β）に変態する．融点：1660℃，沸点：3300℃，密度：4.54g/cm^3（20℃）．耐食性，耐熱性に優れている．主要鉱物はルチル＊（TiO_2），イルメナイト＊（チタン鉄鉱 $FeTiO_3$）．クロール法＊，ハンター法＊，高純度のものはファン・アーケル法＊や溶融塩電解＊で作られる．合金添加元素．Ti合金は海水淡水化プラント，航空機，宇宙ロケット，原子力発電所，石油化学プラント，超伝導材＊，水素吸蔵合金＊，形状記憶合金＊など，TiC, TiNは切削工具，超硬工具＊のコーティング膜や焼結合金．無機化合物は赤外線センサー，圧電セラミックス，顔料，断熱材，など用途は数限りない．

チタン合金（titanium alloy）

　添加される合金元素によって，状態図的に，Tiの$\alpha \leftrightarrow \beta$変態点が①上昇するもの（$\alpha$安定型：Al, Ga, C, N, O …），②下降してβが常温にまで来るもの（β安定型：V, Mo, Nb…），③下降するが共析変態するもの（β共析型：Fe, Mn, Cr, Co, Ni …），④影響の小さいもの（中性型，全率固溶型：Hf, Zr …）があるが，常温の相からいうと，ⓐα型合金（上記①：hcp単相），ⓑβ型合金（上記②：bcc単相），ⓒ$\alpha + \beta$型合金（上記に関係なくhcp + bcc）に分類される．また，$\alpha + \beta$型合金の中で，β相が10％以下のものはニアα型と呼ばれる．α型合金は，初期のTi-5Al-2.5Snが代表的で常温強さは低いが，450℃付近で脆性が出ないので，耐熱Ti合金の基本型．

β型Ti合金は，合金元素が多く，固溶硬化，熱処理性があって，高強度が得られる．
α + β型は二相合金で，熱処理により，組織調整ができ，Ti-6Al-4V が代表的．これは，軽量である上，熱処理で 120 kgf/mm² の高強度がえられ，靭性，加工性，溶接性，鋳造性がよいため，航空機部品やジェットエンジン，コンプレッサー部品として不可欠で，Ti 合金生産量の 2/3 を占める．なお Ti-6Al-2Sn-4Zr-2Mo-0.1Si 合金を，6242S とするように，簡略数字化して表示することが多い．→ω相（チタン合金の）

縮み代（shrinkage allowance）
　一般に金属・合金は凝固時とその後の冷却で収縮するから鋳造物は鋳型*よりも一般に小さくなる．この収縮寸法差，またはそれを避けるため，型を大きめに作る寸法差をいう．

窒化アルミニウムセラミックス（aluminium nitride ceramics）
　窒化アルミニウム（AlN，六方晶）またはこれを主体とし，Y_2O_3 などを加えて成形焼結したもの．AlN は安定で高温強度も高く，約 1800℃ までは顕著な分解はせず，化学耐久性もすぐれ，熱伝導率*は 100～200 W/m·K とアルミナ*の 25 W/m·K より高く，電気抵抗*もアルミナと同様高い．不純物として Al_2O_3 が含まれると熱伝導率が落ちるので，高純度原料と Y_2O_3 などを加えてホットプレス法（1800～2000℃），常圧焼結法（～1800℃）などで焼結する．焼結体は高熱伝導率のため，LSI などの放熱性の基板材料と期待されたが，現在はコスト高のために特殊用途に限られている．

窒化鋼（nitriding steel）
　窒化処理*に適した中炭素・低合金鋼で，Al, Cr, Mo, V などの窒素と化合しやすい元素を含んでいる．窒化処理によって表面は HV（ビッカース硬さ）1000 位となり，耐摩耗性ができる．シリンダ，カム，ゲージブロックなどに用いられる．

窒化処理（nitriding）
　鋼をアンモニアガス，シアン化物で加熱し，表面にできる窒化層で，表面を硬化する方法．このための鋼は，Al, Cr, Mo, V などを含んでいる必要がある．→窒化鋼

窒化チタン膜（coating film with titanium nitride）
　窒化チタン（TiN）の結晶は NaCl 型，格子定数 a=0.424 nm，ヌープ硬度*=2000，体積弾性率 =288 GPa という物性からわかるように工具，特に超硬合金*などの切削工具の母材の靭性を損なわずに，耐摩耗性を向上させるための表面硬化セラミック膜に応用されている．コーティング法は CVD*（化学的蒸着法），PVD（物理的蒸着法）の気相合成法の他に湿式めっきも使われる．コーティング膜は TiN の単独よりも TiN と他の窒化物との複合膜，たとえば TiN/AlN の超格子膜は耐摩耗性，硬度がより高く，工具寿命が 3～4 倍も長い．

窒化物磁性体（nitride magnetic material）
　Fe_4N, Mn_4N を基本とする強磁性体．Fe または Mn が fcc 構造となり，その体心に N が侵入型原子*として入った構造を持つ．fcc-Fe は反強磁性*であるが，N の侵入によって格子が膨張したため強磁*性を示すと考えられている．同じ構造を示すものとしては $Fe_4N_{1-x}C_x$, $Mn_4N_{0.75}C_{0.25}$, Fe_3PtN など，構造が異なるものとしては Fe_8N（bct：体心正方格子*），$Fe_2N_{0.78}$（hcp）などがある．Fe 基はフェロ磁性*，Mn 基は

フェリ磁性*である.

秩序－無秩序変態＝規則－不規則変態

チッセン・エンメル法（Thyssen-Emmel method）

　　エンメル（Emmel, 独）がThyssen工場（独）で開発した高級鋳鉄*の製造法. 高Siパーライト鋳鉄；$2.5～3.0C, 1.8～2.5Si, 0.8～1.2Mn, 0.1～0.2P, 0.1～0.15S$, 残Fe. →ミーハナイト鋳鉄, 接種

窒素酸化物対策（correspondence to nitrogen oxide）

　　通常二酸化窒素（NO_2）, 一酸化窒素（NO）などをまとめて窒素酸化物といい, ノックス（NO_x）ともいう. 光化学オキシダントの生成原因ともなる重大な大気汚染物質である. とくに二酸化窒素は, 濃度が高い場合には目を刺激し, 呼吸器に急性の喘息性の症状を起こす. 一般環境では, 単独で健康に被害を及ぼすような濃度ではないが, 粒子状物質, 化学物質などとの複合的作用による呼吸器への悪影響が問題にされている. 鉄鋼, 金属産業などの固定発生源から発生する窒素酸化物は大気中の全体量の20%前後を占めている. 他は自動車などの移動発生源によるものである. 日本の固定発生源からの窒素酸化物への対策は, ボイラー, 金属加熱炉ほかすべての煤煙発生施設からの窒素酸化物排出量の約6割が規制対象となっている. 事業所が行っている窒素酸化物低減対策は, ①排煙脱硝技術として排ガス中の窒素酸化物を気相で除去する乾式法と排ガスを吸収液に通して除去する湿式法, ②低窒素酸化物燃焼技術として炉中の燃焼温度と速度を下げる低窒素酸化物バーナー, 2段燃焼, 排ガス混合燃焼方式, ③燃料対策として天然ガス（LNG）, 低硫黄燃料の使用など. この他, 尿素, アンモニアを炉内に吸入し窒素酸化物を分解する無触媒脱硝法, 低温での除去にクロム－チタン系触媒を用いる触媒反応は有効である. →環境問題, 硫黄, オキシダント

チャー（char）

　　家庭用の無煙燃料を作る目的で, 非粘結炭を乾留して得られる残骸. 冶金用に粘結炭を乾留して得られる残骸, コーク（coke）と区別される.

着色エッチング（stain etching）

　　顕微鏡による金属組織観察で特定の相だけを着色するためのエッチング*. 例えば, 過共析鋼をピクリン酸ソーダ（アルカリ溶液）で煮沸すると初析セメンタイト（赤褐色）とフェライトを区別できる. →ピクラール

着色中心（color center）

　　色（いろ）中心, カラーセンターともいう. アルカリハロゲン化合物の結晶を金属蒸気中で加熱したり, X線や電子線で照射したりすると結晶が着色する現象がある. これは結晶中の陰イオンが抜けてそこに電子が捉えられたF－中心, 格子欠陥に正孔が捕らえられたV－中心などができ, 可視光域（F－中心）, 紫外域（V－中心）に吸収帯を生成するためで, これら欠陥との複合体を着色中心という. →フレンケル欠陥, ショットキー欠陥

チャネリング（channeling）

　　充填層にガスを送る場合, 層内に部分的にできた細い流路を通ってガスが抜ける現象.

チャネリング法(channeling method)

イオンビームを加速し結晶の低指数面に平行な方向に入射すると,比較的容易に透過する.その時,格子間原子などがあるとビーム強度が減少するので,金属中の水素の存在量や位置がわかる.これをイオンチャネリング法という.結晶の原子自身から核反応などで出るビームは低指数面方向にはチャネリングせず,これをブロッキングという.電子線も同様な現象を示すが,チャネリングとブロッキングの関係が逆になる.

チャルマース法(Chalmers' method)

金属単結晶作製の一方法.とがったボートを電気炉の中で動かし,その先端からゆっくり固めて行く方法.→単結晶作製法,ブリッジマン法

中間焼鈍(process annealing)

加工硬化*した材料を軟化させ冷間加工*を続ける目的で,加工途中で施す軟化なまし*(焼鈍).再結晶温度以上の適当な温度に加熱し,徐冷する.薄鋼板や鋼線の製造の際にこのような処理を行なう.

中間析出物(時効の)(intermediate precipitate)

Cu–Al合金の時効析出過程では,G–PゾーンI→G–PゾーンII(θ''相)→θ'相→θ相と析出が進む.このθ'',θ'相のように,最終析出物でなく,析出の中間段階で現れるものをいう.→G–Pゾーン

中間相(intermediate phase)

状態図で一次固溶体*よりも溶質原子濃度の高い相.領域が広い場合二次固溶体*ともいう.狭い場合には金属間化合物*のことが多い.

中空鋼(cored steel, hollow drill steel)

さく岩機のたがねなどに使用される中空の硬鋼で,インサートビット用とロッド用に分かれる.インサートビット用は植込式または着脱式の超硬工具をつけ穿孔に使用するもので,主に構造用合金鋼系鋼種(JIS SKC 24)が,ロッド用は成形後ビッド端に焼入れを施して,穿孔に使用するもので,工具鋼*系鋼種(JIS SKC 3, SKC 11)が使用されている.最近は後者にも,植込式の超硬工具*を取り付けることが多い.また前者にも肌焼鋼*系鋼種(SKC 31)が使われる傾向にある.中空は冷却水を通すためで,オーステナイト・マンガン鋼の芯金を使用して圧延製造される.

鋳鋼(cast steel)

鋳造用の鋼(C≦2.2%)をいう.機械部品,構造材などで,鍛造品,型打物などでは製造できないか,または鋳鉄では,強さ,靭性,耐衝撃力が不足する鋳物に用いる.材質別では,普通鋳鋼と合金鋳鋼に,用途別では,一般,構造用,耐摩耗,耐食,耐熱用に大別される.鋳造法は,砂型鋳造,シェルモールド*,遠心鋳造*,ロストワックス法*が広く使用されている.→鋼(はがね),鉄鋼材料

鍮石(ちゅうしゃく)

古代中国での黄銅*の古名.日本では16世紀末になって「真鍮」の語が使われるまで中尺とも表記した.

抽出冶金(extractive metallurgy)→生産冶金

柱状晶(columnar crystal, columnar grain, columnar structure)

鋳塊などで，細長く成長した結晶粒及びそれが並んだ組織．鋳型表面から少し離れた位置で，冷却速度はチル層*よりは小さいが，まだ十分速く，同時に一方向冷却が強い部分で，熱流と平行方向に並んで成長する．

柱状晶デンドライト（columnar dendrite）
　成長している結晶に接する融液の温度勾配が小さく，冷却速度がやや大きい時に柱状晶のサブ組織として生じる．その幹と枝は低指数結晶方向のことが多い．

中性子（neutron）
　陽子*とともに原子核を構成している粒子で電気を帯びていない．そのため固体内にもよく貫入する．エネルギーの違いによって高速，中速，低速，熱の各中性子がある．スピン*をもち，中性子線回折*など物性研究に広く応用されている．
→高速中性子，熱中性子

中性子線回折（neutron diffraction）
　中性子の原子・電子・原子核による回折現象．X線と同様な波長をもたせ得る（熱中性子）ので，原子間隔程度の情報が得られる．またX線と異なり，スピン*をもつので，結晶中の軽原子（例えば水素）の位置，磁性結晶の磁気的構造，原子磁気モーメントの値，さらにはフォノン，マグノン（スピン波）の観測などができる．

中性子反射率法（neutron reflectance method）
　物質の界面のナノ構造の解析法の一つ．高速の陽子を重金属ターゲットに衝突させて発生するパルス状中性子を測定面にあて，界面からの反射により干渉縞を測定解析すると，中性子の波長はナノメートルオーダーのため，界面のナノ構造がわかる．この干渉縞を「キーシッヒ縞」という．

鋳造（casting）
　鋳型に溶融金属を注入して所定の形態の金属製品を作る方法をいう．金属は加熱されても燃えずに溶けるという特質の応用で，融点の低い金属材料が使われる．複雑な形状のものを作るのに便利で広く用いられている．金属の成形方法として鋳造の歴史は古い．→鋳型，鋳鉄，鋳物

鋳造欠陥（casting defect）
　鋳物*に発生する欠陥で，主に形態から5種に分類してみると，(1) 孔，(2) 鋳肌キズ，(3) 材料不良，(4) き裂，(5) その他，がある．(1) 孔（穴，巣，ブローホール）はガスまたは凝固収縮によるもの，(2) 鋳肌キズは鋳壁の熱による膨張や溶湯との反応によるもの，(3) 材質不良は溶湯と鋳型壁との化学反応による組織不良，(4) き裂（ヘヤークラック）は鋳物の凝固冷却のときの応力集中によるものなど．発生原因は多種多様なので，主因の把握がまず必要である．

中炭素鋼（medium carbon steel）
　炭素鋼中 0.30～0.50C の炭素鋼*をいう．冷間加工性，溶接性はやや悪いが，焼入れ焼もどしを行うことにより強靭性が増大するので比較的重要な機械構造用部品，シャフト，レール，ギアなどに広く用いられている．

鋳鉄（cast iron）
　俗に「ずく」，「なまこ」ともいわれる鉄．Fe-C系合金で共晶温度における溶解度（約2％）以上のC（2～4.5％）を含有する．高炉*から得られる銑鉄*と実体は同

じである.普通 Si, Mn, P, S その他の成分も含有している.常温,高温とも可塑性に乏しいが,溶融温度が比較的低く,流動性に優れているため鋳造に使用する材料.元来は靭性に欠けるが成分調節,熱処理などによってかなり靭性が得られる.白鋳鉄*, ねずみ鋳鉄*, 強靭鋳鉄*, 球状黒鉛鋳鉄*(ダクタイル鋳鉄), 可鍛鋳鉄*, 合金鋳鉄(耐熱鋳鉄*, 耐食鋳鉄)などがある.→ミーハナイト鋳鉄,耐摩耗鋳鉄,特殊鋳鉄,接種,改良処理,チッセン・エンメル法

稠密パッキング (close packing) = 最密充填

稠密六方構造／格子 (close packed hexagonal structure, close packed hexagonal lattice)

六方最密または hcp (hexagonal close packed) 構造ともいう(ブラベー格子*ではないので構造という).金属の結晶構造として多く見られる構造で,原子が最密充填*されている構造の一つである(もう一つは面心立方格子*).同一原子を最密充填するにはまず平面に最密配列する.それは六方対称となる.これを第1層とし,その3原子でできた凹みの位置に第2層を配列する.これも六方対称となる.第3層を置く場合,第1層の原子の真上と,第3の位置と二通りの置き方がある.第1層の原子の真上に置くとhcp構造となる(第3の位置に置くとfcc格子になる).この積み重ね構造をABAB…構造と表現することが多い.通常描かれる構造(図参照)は,六角柱のすべての角と上下の面の中心,そしてその中間に三つの原子がある構造であるが,これは単位格子*ではない.単位格子は通常描かれているものの1/3の構造である(図では実線で囲んだ部分.60°, 120°の角柱である平行六面体で,原子は各隅プラス体心から偏った中間位置).また軸比*(c/a) も重要な定数で,理想的には1.633であるが,これに近い金属は Mg, α-Co など,これより大きいものは Zn, Cd など,小さいものは α-Ti, Zr などである(図は縦に引き伸ばされている).

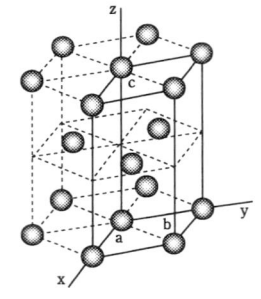

超ウラン元素 (transuranic elements)

原子番号がウラン(原子番号92)より大きい元素.いずれも人工放射性核種.

超音波顕微鏡 (scanning acoustic microscope : SAM)

走査型超音波顕微鏡(SAM)ともいう.サファイアなどの「音響レンズ」で,超音波を絞り,水などの「カプラー」を用いて焦点位置を決める.試料面に超音波ビームを二次元的に走査しながら照射し,その反射波または透過波を解析して試料の弾性率の二次元または三次元像を得る.光学的に不透明物質でも観察できる利点がある.材料内部の微細欠陥の検出,内部組織の変化の検出などに応用されている.分解能は通常,数 μm だが,超低温で液体ヘリウムをカプラーにし 4GHz の超音波を使って数 10nm が得られている.

超音波探傷法 (ultrasonic flaw detection test)

試料表面からMHzオーダーの超音波をパルスとして入射し(通常は垂直,対象物の形状など場合によっては斜めに),反対側の端面からの反射以外の反射を観察する.それが,試料内のき裂,不均一などの欠陥からの反射で,反射波の現れる位置

で欠陥の深さがわかる．分解能は肉眼よりやや良い．非破壊試験法＊として広く用いられている．→斜角法, 探傷法

超快削鋼（super machining steel）

快削性を与えるために硫黄に加えて鉛も添加して鋼の被削性を黄銅に近づけるようにした鋼種．→快削性

超共析鋼＝過共析鋼

超交換相互作用（superexchange interaction）

化合物磁性体などに見られる磁気秩序の一形式とその起源．磁性イオンの間の陰イオンや結晶水を媒介として生じる，磁気モーメントが反平行になる相互作用．反強磁性体 MnO などの磁性を理解するのに役立つ．→反磁性, ↔ 交換相互作用

超合金＝スーパーアロイ

超硬合金（super hard alloy）

粉末冶金で焼結により作られる超高硬度の合金で, 主として WC（炭化タングステン＊）-Co 系合金を指す．用途はほとんどが切削工具用で, その他耐摩耗工具, 耐衝撃工具にも使われ, 最近は TiC サーメット系も同様に使われ始めている．JIS H 5501, B 4053．→窒化チタン膜

超硬工具（sintered carbide tool）

WC, TiC, TaC などの硬い炭化物の粉末を Co の粉末に混ぜて圧縮成型, 焼結して作られた工具で高速度鋼よりも高温硬さ, 耐摩耗性に優れ高速切削に適しているが靱性＊は小さい．

超格子（superlattice）＝規則格子

超高真空（ultra-high vacuum）

圧力が 10^{-5}Pa 以下の真空をいう（1Pa=7.5×10^{-3}Torr）．圧力が 0.1～10^{-5}Pa の範囲の真空は高真空という．

超高張力鋼（ultra-high strength steel）

超強力鋼, 超強靱鋼（super hard and tough steel）ともいう．航空機, 宇宙船, 特殊船舶などの歯車, フレームなどに開発された特に軽量で強靱性が優れ, 切欠き感受性, 溶接性などもよい強力鋼で, 通常降伏応力＊1380MPa（引張強さ＊1450MPa）以上とされている．大別すると構造用合金鋼の改良鋼, 中炭素 5Cr 工具鋼の利用, マルテンサイト系ステンレス鋼, オーステナイト系ステンレス鋼, PH ステンレス鋼, マルエージング鋼などに分類される．主な鋼種をあげると, 構造用低合金鋼では AISI4340（JIS SNCM439）, D6AC（0.47C-0.55Ni-1.05Cr-1.00Mo-0.07V）, 5Cr 工具鋼では JIS SKD 6（AISI H11 相当）, ステンレス鋼＊では PH13-8Mo, 17-4PH, マルエージング鋼では通称 18Ni（200）, 18Ni（250）（AMS 6512A）, 18Ni（300）（AMS 6514A）, 18Ni（350）などがある．上記のうち低合金鋼や工具鋼は鋼種としては極く一般的であるが, 真空アーク炉による再溶解法により, 鋼の清浄度を高めて, 衝撃値, 破壊靱性などの耐破壊性を大幅に改善してある高信頼度鋼である．また析出硬化系ステンレス鋼の PH13-8Mo, PH15-5 は鋼材の特性である加工方向（例えば圧延方向）による機械的性質の異方性を改善して特性に信頼性を持たせた鋼種である．その他マルエージング・ステンレス鋼としてアルマー 362, カスタム 455 などがあ

る.最近は合金元素に頼らず,微細・整形結晶粒で強度を上げる方向(スーパースチール)が主流になりつつある.→マルエージング鋼,PH鋼,加工熱処理,ホール・ペッチの式

調質圧延(temper rolling)

　冷間圧延鋼板の焼鈍後,硬度の調整,またはストレッチャーストレイン*を出さないために行う1〜2%の軽い冷間圧延*.

調質鋼(tempered steel)

　焼入れ・焼戻しで強靭性を出した強靭鋼*.焼入れ条件は鋼種で決め,焼戻し温度は,焼戻し脆化温度より高くとり,脆化温度域を急冷する.同時に,P, Sn, Sbを少なくする.→非調質鋼

長周期規則格子(long period superlattice)

　ある大きさの規則格子(格子数n:これを周期Mと表す)に続いて,構成原子の位置が逆転した規則格子(逆位相格子)がまたn格子続き,これが繰り返される構造.一次元のもの(CuAu II, M=5),二次元のもの(Au_3Mn, $M_1=6$, $M_2=5$)などがある.構造が逆転する境界を逆位相境界という.→規則格子,逆位相境界

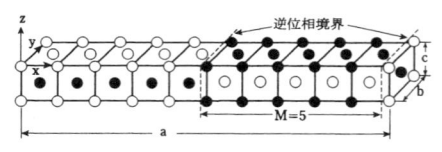

長周期規則格子(CuAu II)

超ジュラルミン(super duralumin)

　Al-Cu-Mg系時効型合金で,ジュラルミン*よりMgをふやし強度を増加させている.耐力30kgf/mm^2前後,引張強さ50kgf/mm^2前後である.JISではA 2024が相当する.A 2024:0.50>Si, 0.50>Fe, 3.8〜4.9Cu, 0.30〜0.9Mn, 1.2〜1.8Mg, 0.10>Cr, 0.25>Zn, 0.20>Zr+Ti, 残Al.かつては24Sともいわれた.アメリカの2024(24S),ドイツのDM 31,イギリスのRR*56などがある.

超純水(ultra-pure water)

　蒸留,イオン交換*(一次),逆浸透*,限外濾過*(二次)などの操作により高度に精製した水で,電子部品の超LSIや医療関連,原子力工学などに主として洗浄用に用いられる.超純水中の不純物の主なものは,微粒子,TOC (total organic carbon:全有機炭素),溶存酸素などで,例えば超LSI製作で微粒子は回路パターンを描くフォトリソグラフィー工程でパターン欠陥や酸化膜のピンホールの原因となる.TOCは,酸化膜欠陥密度と明らかな相関があり,超LSI製造には数ppbレベルが要求される.溶存酸素は,超純水中のDO (dissolved oxygen)のことで,洗浄装置中の細菌繁殖抑制だけでなく,半導体素子の洗浄時に形成される自然酸化膜形成の抑制のためにも,その除去が重要とされている.代表的な超純水製造装置は,イオン交換樹脂を中心とした純水製造システムとさらにこれを高純度化する超純水製造システムよりなり,2段逆浸透装置(塩類,TOC除去),紫外線酸化装置(TOCを数ppb

レベルまで下げる),DO除去装置(不活性窒素ガスを利用),外圧式限外濾過モジュール(中空糸ダブルスキン膜使用で微粒子の安定的除去),熱水殺菌システム,高品質配管材の採用などにより構成されている.

超常磁性(superparamagnetism)

強磁性あるいは反強磁性体の粒子あるいは析出物が非常に微細(10〜100Å)で,磁化回転の障壁エネルギー(磁気異方性と体積の積)が,熱エネルギーよりも小さくなり,絶えず磁化の方向が動揺し,常磁性的になったもの.磁気ヒステリシスや残留磁化を示さないが,磁化は飽和を示し,通常の常磁性より$10^2 \sim 10^5$倍大きい.

超親水性(superhydrophilicity)

水によくぬれる性質を親水性といい,水にぬれずはじく性質を撥水性という.親水性または撥水性をはかるには,静滴法*による接触角を計ればよい.通常,親水性の物質の接触角は20〜30°で,10°以下0°に近い物質の場合,超親水性という.酸化チタン光触媒に適当な組成を組み合わせた薄膜表面は紫外線照射により活性化し,超親水性を発現することが発見され,曇らない鏡などに利用されている.→接触角,ぬれ性

超塑性(superplasticity)

特定の組織や加工法で,変形応力が小さくなり,くびれを起こさず,非常に大きな伸びが得られる現象.現象的な分類として,微細結晶粒超塑性(構造超塑性)と変態誘起超塑性とがある.前者はAl-Cu,Al-Zn-Mg-Zr,Pb-Sn,Bi-Snなどの共晶合金で,特定の温度範囲で低速加工すると非常に大きな伸びを示す現象.数百%の塑性変形が生じることがある.粒界・粒内の転位が動きやすく,粒界すべりが容易な条件下で起こる.これを微細粒超塑性という.これに対して小さい応力をかけつつ,変態点を上下させると生じる変態超塑性(動的超塑性)もあり,必ずしも微細組織である必要はなく,Fe-30Ni,Zr,Tiなどでみられる.現在,より大きな変形速度でも可能にする研究開発が進められている.→構造超塑性,環境超塑性

超耐熱合金(super heat-resisting alloy, superalloy)

超合金,スーパーアロイ*などともいわれるが,特定の合金(系)ではない.650℃以上の高温での使用に耐える合金の総称で,さまざまな種類がある.

Fe基合金,Co基合金,Ni基合金,Cr基合金,焼結合金をはじめ,凝固制御によるNi基柱状晶(→一方向凝固共晶合金),酸化物粒子と金属間化合物の分散強化型合金などである.Fe基のものでは,18-8鋼を改良したチニジュール(0.1C-20Ni-15Cr-1.7Ti),高合金オーステナイト鋼のN-155(0.4C-20Ni-20Cr-20Co-2.5W-3Mo-1Nb-0.1N),インコロイ系(40〜50Fe-30Ni-20Cr…)などがある(Fe基超耐熱合金とは,合金元素が50%を超えるか,または使用温度でいうが,耐熱(特殊)鋼*との区別ははっきりしない).Co基では,バイタリウム*,ステライト31(0.5C-25.5Cr-10.5Ni-7.5W-残Co),Ni基では,ナイモニック*,インコネル*などがある.Co基,Ni基の使用限度は1100℃まで,1100〜1300℃はCr基や分散強化合金*,それ以上では合金よりはセラミックスになる.→サーメット

高温耐クリープ性,高温疲労強度,高温耐食・耐酸化性,熱膨張係数,熱伝導率などさまざまな特性から使用材料が決められている.

超弾性(superelasticity)

変態擬弾性ともいう.Cu-14.5Al-4.4Niなど形状記憶(熱弾性型マルテンサイト変態)を示す合金を,A_f点*(逆変態終了温度)以上で変形すると,応力誘起変態*を起こしているが,除荷とともに変形もなくなる現象.応力-ひずみ線図で見ると,降伏は示すが,負荷・除荷過程の履歴が小さい.変形は双晶変形で,一種の応力誘起変態が生じており,除荷すると容易に逆変態*し,格子・外形とも元に戻るためである.よく伸び,元に戻るので「ゴム的弾性」ともいわれるが,ゴムの弾性は「エントロピー弾性」で,金属などの「エネルギー弾性」と異なり,その特徴から「ゴム弾性」という語が生まれているので区別したい.→形状記憶合金,熱弾性型マルテンサイト変態,↔強弾性

超々ジュラルミン(extra super duralumin: ESD)

住友金属の五十嵐,北原によって開発されたAl-Zn-Mg-Cu系時効性合金.ESD*ともいう.ジュラルミン*,超ジュラルミン*より強度が高い($60kgf/mm^2$)のでこう呼ばれる.Al-Zn系合金は強度は出るが応力腐食割れ*を起こすので実用化に至らなかったが0.3%程度のCr,Mnを添加することにより応力腐食割れを防ぐことに成功した.日本では第二次大戦前より実用化されており(1940年実用化に成功)第二次大戦の零式戦闘機の翼桁に使われたので有名.また東大航空研究所ではSnをCrの代りに添加して応力腐食割れを防止し,これをSSDと称した.

超々ジュラルミンはJIS合金番号7075に相当し,その組成は,5.4Zn,2.5Mg,0.30>Mn,1.6Cu,0.50>Fe,0.40>Si,0.25>(Zr+Ti),0.23Cr,残Al.

超伝導(superconductivity)

いくつかの金属,合金,金属間化合物,さらに酸化物の電気抵抗*が,それぞれ固有の転移温度T_c以下で急速にゼロになる現象.1912年オランダのカメリン-オンネス(Kamerlingh-Onnes)が水銀について発見した.フォノンを中だちとする電子対(クーパー対*)が,フォノンの妨害なしに運動することによる.電気抵抗=0とマイスナー効果*が超伝導状態の二大特徴である.第一種超伝導体と第二種超伝導体がある.超伝導磁石*,リニアモーターカーなどの他,ジョセフソン効果*応用の素子では極弱磁場の測定などに応用されている.また超伝導送電線(2000A,50m)も試作されている.→超伝導体,第一種超伝導体・第二種超伝導体,BCS理論,ボース・アインシュタイン統計

超伝導酸化物(superconductive oxide)→高温超伝導体

超伝導磁石(superconducting magnet)

第二種超伝導体で作った電線を用い,強力で安定した磁場が得られる.最近は冷凍機による冷却で液体ヘリウム不用のものもふえた.物性測定一般,また磁気共鳴断層診断(MRI*)で医療に応用されている.→第一種超伝導体・第二種超伝導体

超伝導遷移温度(superconducting transition temperature)

常伝導から超伝導*に転移する温度.臨界温度ともいう.純金属ではNbの9.5Kが最高であるが,酸化物超伝導体では,液体窒素温度から最高135Kのものも発見されている.→高温超伝導体,第一種超伝導体・第二種超伝導体

超伝導体(superconductor)

超伝導*を示す物質．① 純金属ではHg, Pb, In, Al, Sn, Nbなど，② 合金ではNb-Tiなど①の合金，③ さらにNb$_3$SnやV$_3$Ga，最近発見されたMgB$_2$などの金属間化合物超伝導体，④ また，YBa$_2$Cu$_3$O$_{7-x}$, Bi$_2$Sr$_2$CaCu$_2$O$_x$などの酸化物高温超伝導体もある．→第一種超伝導体・第二種超伝導体，化合物超伝導体，二硼化マグネシウム，高温超伝導体

超伝導用材料(superconducting material)

実際に広く用いられている合金は，Nb-50Tiである．これもNb-TiとCuの複合極細(μmオーダー)多芯線構造にしてはじめて安定的に用いられ，4.2Kで9T(テスラ)までの磁界が発生できる(その磁界まで耐えられる)．これ以上の磁界に対しては，Nb$_3$SnやV$_3$Gaの化合物複合線材(→インサイチュ法)において，4.2Kで19T，1.8Kで21Tの磁界が発生できている．開発中のものとしては，Nb$_3$Al, Nb$_3$(Al, Ge)などがある．なお，酸化物高温超伝導材料は，上部臨界磁場，臨界電流密度の点で実用材料としては，まだ開発途上にあり，実用材料としては，合金・化合物系に限られている．→超伝導体，高温超伝導体

長範囲規則(long range order)

短範囲規則*の対語．長距離秩序ともいう．原子間距離の何桁も大きい範囲の規則性．X線回折*，電気抵抗*などの物性に現れる．→規則度，規則－不規則変態，ブラッグ・ウィリアムスの理論

超微粉(super fine particle)

超微粒子ともいう．これは粒子を細かくしたものという感じで，クラスター*は原子を集めたものという感じのニュアンスの違いがある．どちらかといえば超微粉＞クラスターだが実態的な違いは微妙．直径がナノメートル程度になると，さまざまな特異性が現れる．表面の占める割合が大きくなるので，できるだけ表面積が小さくなるように形が変わる，安定に存在する原子数に規則性が現れる(マジックナンバー)，液体と固体の両方の性質を示すなどである．磁性体では「超常磁性*」を示す．→C$_{60}$フラーレン，クラスター

超臨界状態(supercritical state)

温度－圧力状態図で臨界点*より少し上の温度および圧力の状態をいう．水蒸気では347℃，22.12MPaが臨界点であるから，これより高温度，高圧の場合に超臨界状態となり，気体と液体の両方の性質を併せ持つ．有機物質の分解，抽出，合成などの応用が注目されている．

調和融解(congruent melting)

一致融解ともいう．合金や化合物において，融点で組成が変化しない融解をいう．例えば，AuMnやFe$_2$Tiのようにある程度の組成幅を持ち，双方の液相線と固相線が融点で合一する場合と，多くの定比金属間化合物のようにその組成のまま融解する場合がある(状態図を分けて考える境界線になる)．一般に融点の場合をいうが，Fe-6Crの850℃にあるといわれる$\alpha \leftrightarrow \gamma$変態も調和変態(congruent transition)といわれ，この場合はマルテンサイト変態*のような非拡散の場合と区別する意味がある．不調和融解*，分解融解(incongruent melting)の対語．

直接製鋼法(direct steelmaking process)

鉄鉱石から還元により固体鉄を作り,次いで電気炉で鋼を製造する方法.さまざまな方法がある.装置でいうと,シャフト炉法,ロータリーキルン法,流動層炉法などである.還元剤としては天然ガスまたはそれを改質したものである.電気炉によって成分調整等を行い鋼とする.高炉-転炉法に比べて小建設費で小規模生産の場合に行われている.

直線クリープ(linear creep)=線形クリープ

直方晶系(orthorhombic system)→斜方晶系

チョクラルスキー法(Czochralski method, Cz method)

引き上げ法ともいう.るつぼ内の溶融素材に,種結晶を接触,それを多くの場合回転しながら引き上げると種結晶と同方位の単結晶円柱を作ることができる.LSIのシリコン基板 * をはじめ,多くの結晶作製に広く用いられている.Cz法と略称.→単結晶作製法,浮遊帯溶融法

チル鋳物(chilled casting)

冷硬鋳物,チルド鋳物,冷硬鉄ともいう.鋳物の一部をとくに硬化させる目的で金型を用い,その冷却速度を速めて遊離セメンタイトを存在させたものをいう.表面は白鋳鉄で内部に向かって斑(まだら)鋳鉄*,ねずみ鋳鉄*と変化する.したがって外周部はよく摩耗に耐え,しかもチルしない内部は強靭であるため,チルドロール*,チルドタイヤなどに応用されている.

チル層(chill zone, chilled layer)

鋳塊の鋳型*(特に金型*)に接した部分にできる微細結晶粒の層.細かい等軸晶の集合で,その特定のものから柱状晶*が成長する.焼入れ材の表面層,一方向凝固用底面冷却鋳型などについてもいう.→急冷帯

チルドロール(chilled roll)

ロール表面をチル化(チル層*化)により硬化させた圧延ロール.多くの場合遠心鋳造法*で作られる.表面は硬く,内部は靭性がある.→チル鋳物

鎮静鋼(killed steel)=キルド鋼

鎮静効果(killing effect)

鋼の低温脆性*はさまざまな要因に依るが,経験的にそれを防ぐ一つの方法として,アルミニウム,チタン,ジルコニウムなどの脱酸剤を添加し,窒化物として有害な窒素を固定すること.延性-脆性遷移温度*が下る.

つ

疲れ(fatigue)

通常の引張試験の破断応力よりは小さいにもかかわらず,繰り返し応力によって材料が破壊に至る現象.マクロな塑性変形なしに破壊に至る.その基本機構は,き裂*の発生と伝播で,き裂は応力集中部,粒界などで発生する.疲れ破面はき裂発生点とそれを中心とする同心半円の波形(ストライエーション*,ビーチマーク*)が特徴である.以下いくつかの用語の「疲れ~」は「疲労~」ともいわれる.

疲れ限度 (fatigue limit, endurance limit) ＝疲労限

疲れ試験 (fatigue test)

 疲労試験ともいう．さまざまな繰り返し応力 (S) で，破断するまでの繰り返し回数 (N) を測定する試験．横軸にN，縦軸にSをとってこれをS–N曲線＊という．繰り返し応力の波形や周波数に色々なものが考えられ，雰囲気・温度も色々な場合で行われる．

疲れ寿命 (fatigue life)

 破壊に到るまでの応力繰り返し回数．

疲れ強さ (fatigue strength)

 疲れ破壊が起こらない最大応力．それが明瞭に現れない場合は負荷繰り返し回数 10^7 回の応力振幅で表すことが多い．→疲労限，S–N曲線．

疲れ破壊 (fatigue fracture) →疲れ

突き出し (extrusion)

 疲労過程で試料の表面に生じる刃状の突起．押出しともいう．→はいり込み，破面組織解析

継目無し鋼管 (seamless steel pipe) ＝シームレス鋼管

つば出しすえ込み (injection upsetting)

 すえ込み＊加工でつばを作るような変形．

強さ係数 (strength coefficient)

 材料の応力－ひずみ曲線で後段の流動曲線になる領域では応力 (σ) はひずみ (ε) の n 乗に比例する ($\sigma = \kappa \cdot \varepsilon^n$) がこの比例係数 ($\kappa$) のこと．n は加工硬化指数＊という．

て d, t, δ

DI缶 (drawing and ironing can)

 深絞り＊としごき加工によって，平板から成形した円筒形の容器．アルミキルド鋼を連続鋳造圧延して電気めっきしたブリキや，アルミニウム薄板を成形フランジ加工して耐圧性を持たせている．

定圧比熱 (specific heat at constant pressure)

 圧力一定という条件下での比熱．すなわち，体積の増・減をみとめそのエネルギーも含んだ比熱．C_p で表す．固体・液体について実験で測定するのはこの比熱である．金属のように，体積変化が無視できる場合なら物質内の変化を表す．→定積比熱

TRIP鋼 ＝トリップ鋼

DR缶 (drawing and redrawing can)

 絞り－再絞り加工で成形された円筒状容器．缶の高さがDI缶＊より低い．

DALめっき法 (Diffusion Alloy Ltd process)

 気相の塩化クロム中に入れて行なうクロムめっき＊法の一つ．気相クロムめっきにはこの他に BDS 法＊ (Becker–Daeves–Steinberg process) がある．

DH法 (Dortmund Hörder process)

真空脱ガス法*の一種．1本の吸引管を取鍋中の溶鋼に挿入し，減圧して真空槽内に溶鋼を吸い上げる．その後，真空槽または取鍋を上下して溶鋼を真空槽内に出し入れし溶鋼を真空に曝して脱ガスする．→RH法

TMCP鋼 (thermomechanical control process steel)

TMCP法あるいは加工熱処理法*と呼ばれる強化法により強度を向上させた鋼のこと．従来鋼では炭素当量の増加により強度を増加させていたが，TMCP鋼では熱間圧延の温度（800℃以上）や，圧下率，冷却速度を制御し，$\gamma-\alpha$変態を通じて，低い炭素当量で結晶粒を微細化し（粒径5〜10μm），高強度（引張り強さ，降伏強度）を得た．炭素当量が低いので溶接熱影響部の脆化を防止し，溶接性のすぐれた高強度鋼となっている．→炭素当量，非調質鋼

TM-DSC (temperature modulated differential scanning calorimetry, -calorimeter)

温度変調型示差走査熱量測定，または温度変調型示差走査熱量計．通常の示差走査熱量測定（DSC）では一定速度の温度上昇（または冷却）の温度プログラムのもとに試料の熱変化に要する熱量が測定されるが，この温度プログラムに温度変調（ある一定の周波数で振動）を加えたDSCをTM-DSCという．TM-DSCの出力は振動成分を伴った出力となるが，その温度変調の位相との位相差と振動減衰を測定することにより，転移*現象に関する新たな情報が得られるという熱分析*の新しい手法．→示差熱分析，示差走査熱量測定

TN法 (Thyssen Niederrhein process, TN process)

取鍋精錬法の一種．取鍋中の溶鋼にランスを通してアルカリ土類金属*かその合金を吹き込み，脱酸，脱硫，介在物の形態制御を行う方法．→取鍋精錬

低温クリープ (low temperature creep) →クリープ曲線

低温脆性 (low temperature brittleness)

材料によって決まる特定の温度（域, T_c）以下で，急激に延性がなくなり脆性破壊を起こすこと．体心立方，稠密六方の金属，特に構造用鋼で起こり，重要な問題である．Ni添加，結晶粒微細化，侵入型固溶元素の低減化などで防止する．→延性－脆性遷移温度，低温用鋼，IF鋼

低温焼戻し脆化 (low temperature temper embrittlement)

500°F（350℃）脆化ともいう．焼入れしたマルテンサイト鋼を200〜400℃の範囲で焼戻すと，その材料が脆化する現象．

低温用鋼 (low temperature alloy steel, cryogenic steel)

液化ガスの運搬などの用途から，鋼の低温脆性を改善した鋼．fccであるオーステナイト系の鋼が有利であるが高価なため，通常のフェライト系の鋼で合金化により低温脆性が改善されている．(1) Si-Mn系高張力鋼・低合金高張力鋼：-50℃以上用．(2) 2.25Ni鋼：-50℃付近用．(3) 3.5Ni鋼：-60〜-80℃用．(4) 5.5Ni鋼，9Ni鋼：-80〜-200℃用．(5) オーステナイト系ステンレス鋼：-200℃以下用．→低温脆性

ティグ溶接 (tungsten inert gas welding: TIG)

ヘリウムあるいはアルゴンなどの不活性ガスを吹き付けながら，非消耗のタングステン電極と母材の間にアークを飛ばし，母材を溶融して接合する．酸化物等がな

く，高強度・高靱性の良好な溶接が可能．→電気アーク溶接

D鋼 (Ducol steel)

デュコール鋼．Colvilles社（英）の低マンガン高張力鋼．固溶強化フェライトが母相となっている．降伏点と引張強さが相当大きく，展延性の減少が比較的少ないので，鉄骨，橋梁など構造部品，艦船用部品，圧力容器に用いられる．0.20～0.30C, 1.20～2.00Mn, 0.20>Si, 0.05>P, 0.05>S, 残Fe.

低合金工具鋼 (low alloy tool steel)

高炭素鋼で，切削用，耐衝撃用，耐摩耗不変形用，熱間加工用などがあり，それぞれ炭素量が異なる．合金元素はCr, W, Mo, V, Mn, Si, Niなどであるが，添加総量はせいぜい5％程度である．

低合金鋳鋼 (low alloy cast steel)

強度，耐摩耗性，耐熱性などを向上させる目的で，約5％以下の合金元素を添加した鋳鋼．合金元素としては，Mn（強度），Cr（耐摩耗性），Mo（耐熱性），Si, Cu, Vなどが用いられる．

抵抗溶接 (resistance welding)

接合すべき面に大電流を流し，その電気抵抗による発熱によって溶接する方法．

抵抗用白金合金 (platinum alloy for resistance)

発熱用抵抗体としては，Pt–Rh合金が最もよく用いられる．他の合金元素では，高温で酸化・揮発・低融点化などの問題があるためである．またPt–Rh合金は，抵抗がいちばん大きくなるのがRh25％付近であるが，温度係数が最も小さくなるのも30％付近なので，標準抵抗体としてもよく使われる．→白金合金

T材（アルミニウムの熱処理材）(tempered aluminium alloy)

アルミニウム合金などの熱処理別記号でTの付く材料のこと．よく使われるT4は溶体化処理後常温時効，T6は溶体化処理後人工時効の意味で．JISではアルミニウム，マグネシウム，およびそれらの合金の質別記号として規定されている．

ディジミウム (didymium)

ジジミウム，ジジウム，ジジムともいわれる．希土類元素ネオジム（Nd），プラセオジウム（Pr）の混合物で，バストネサイト*，モナズ石から得られる．マグネシウム合金の強度を増す添加剤やネオマックス*磁石に使われる．

低周波誘導炉 (low frequency induction furnace)

商用交流電源（50, 60Hz）を用い誘導渦電流による発熱を利用した溶解炉．特殊な電源が不要で，電力効率も良い．撹拌作用も大きく，大型炉が多い．不導体の耐火物るつぼの外側から誘導するもの（るつぼ型）と，耐火物で囲んだワークコイルを溶湯の中に入れたもの（チャンネル型）があり，後者は鋳込み時に溶湯の一部を残して次の溶解にそなえる．鋳鉄，銅，アルミ合金などの溶解に用いる．

定常クリープ (steady state creep)

二次クリープともいう．時間的変形の第2段階．変形速度が一定になる段階．遷移クリープ*段階で，動きやすい転位は動いてしまい，加工硬化が始まるが，応力が小さい場合は拡散による変形，応力が大きい場合は転位の上昇運動*や交差すべり*などによる変形が，加工硬化と釣り合って，一定速度で変形が進む．低温・低

応力では変形速度がゼロになり定常クリープ曲線は水平になり,クリープは進まない. 高温・高応力では定常クリープ段階がなくなり,遷移段階から直接加速段階になる. つまり,この段階のあり方でクリープ曲線が大別される. →クリープ曲線,クリープ機構,クリープ速度,べき乗則クリープ,ドルン・ベルトマンの式

定積比熱 (specific heat at constant volume)
体積一定という条件下での比熱. 定容比熱ともいう. C_v で表す. 固体・液体では定圧比熱 (C_p) との差は, C_v の3～10%で, C_p を測定し,熱膨張率,圧縮率を含む熱力学的関係を用い,計算で求める. 気体については直接測定できる. ↔定圧比熱

低速電子線回折 (low energy electron diffraction : LEED)
数百 eV 以下の低エネルギー電子線による電子線回折*. 電子は表面数原子層しか入らない. 反射法で表面の原子配列や吸着物の状態がわかる.

ディップフォーミング法 (dip forming process)
電気銅*をやや還元性雰囲気で溶解し,この溶銅中に電気銅母線を通し,その表面に溶銅を凝着させ,水冷しつつ熱間加工により,径約9mmφのあら引き線を作る. General Electric 社で開発された方法で,高純度銅線ができる.

T-T-A 曲線 (time-temperature-austenization curve)
鋼の表面硬化法の一つである高周波焼入れ*などの時に必要な,加熱時間・恒温保持温度・パーライトからオーステナイトへの変態状況を示す曲線. 焼入れ前の加熱によるオーステナイト化が不十分になるのを防ぐため.

T-T-T 曲線 (time-temperature-transformation curve)
鋼のさまざまな特性を引き出す上で重要な恒温変態*を表す線図. 恒温変態曲線,等温変態曲線,S曲線,C曲線,3T曲線などともいわれる. 縦軸に温度,横軸に時間をとり,例えば約0.8%Cの鋼を,オーステナイト*領域で加熱し,A_1点以下の各温度に冷却しその温度に保持する. その後,室温に急冷し組織を観察する. 各保持温度において,オーステナイト(厳密には過冷オーステナイトで非平衡状態)が変態を開始する時刻と変態完了時刻を求め,開始点同士,完了点同士で2本の曲線を作る. 2本のS,またはC字型になるので,S曲線,C曲線の名がある.

A_1点直下では,ゆっくりパーライト*に変態(オーステナイトの分解)するが,保持温度の低下と共に変態の始まりは早くなり,ソルバイト*,トルースタイト*に変態するようになる. ここまでを「パーライト反応」といい,オーステナイトがフェライト*とセメンタイト*に分解する過程である. 保持温度がより低くなると変態の開始は再び遅くなる. 変態開始が最も早い領域を曲線の鼻(nose)とか膝(knee)という. それより保持温度が低くなると組織は大きく変わり,ベイナイト*となる. ノーズ直下では上部ベイナイト*, もっと低温では下部ベイナイト*が現れる. さらに保持温度が低いと,つまりオーステナイトから急冷するとマルテンサイト*に変態するようになる. 以上の経過全体を表したものがT-T-T曲線である. さまざまな鋼種,鉄合金について測定されている. →パーライト変態, C-C-T曲線

TD ニッケル (Thoria dispersed nickel alloy)
Du Pont de Nemours 社(米)が開発したニッケル基分散強化型超耐熱合金. 約2vol.%のThO_2微粒を粉末冶金*法で,ニッケル母材中に分散させたもので,純ニッ

ケルと同程度の加工性を有し,900〜1300℃でニッケルより3〜4倍強くなり,粒界腐食*が少ない.強磁性で防振合金*にもなる.ジェットエンジン,ガスタービンアフターバーナー,ノズル,宇宙航空構造材,炉構造材など,高い耐熱,耐酸化,耐硫酸性の必要な個所に使用されている.〜2vol.%ThO$_2$, 98Ni.

停点 (arrest (point), halting point)

状態図*を決定するための熱分析*において温度−時間曲線が平らになる点をいう.純金属の凝固時,合金の共晶反応*,包晶反応*,偏晶反応*,三元系では三相共晶反応などに見られる(過冷却が起こるときれいな水平部分にならない).→不動点

d電子 (d-electron)

方位量子数*l=2の電子(主量子量*は3〜6).dは分光学でdiffuseの意味.遷移金属*は,不完全d軌道を持ち,磁性に大きな関係を持つ.特に3d軌道が活発で,Fe, Co, Niの強磁性を作りだしており,遷移金属の一般的性質が似ている点もd不完全軌道による.→3d電子, 3d遷移金属

定比化合物 (daltonide compound)

ダルトナイド(またはドルトナイド)化合物ともいう.化合物の原子数比が簡単な整数比である,つまり定比例の法則が成り立っている化合物.不定比(組成)化合物*の対語.

TPロール (taper piston roll)

くさび状のピストンを動作させ,ふくらみ量が調節できるロール.板幅方向の板厚分布を制御するための圧延装置.→VCロール,CVCミル

ディフラクトメーター (diffractometer)

回折装置一般より,通常,X線回折*装置(X-ray diffractometer)を指すことが多い.試料による回折強度を回折角に対して自動記録する装置.X線源としては単色(特性)X線を用い,円周上の一点から入射する.試料は粉末試料(試料中の結晶方向をランダムにするため)を板状に固め,円の中心の試料台に置く.X線入射方向を0°として,試料面を角度θで回転する.それと同期して,円周上に置いたX線計数管を2θで回転する.ブラッグの反射条件*を満足する角度θで回折が記録される.試料台(ゴニオメーター)を交換することにより,集合組織*測定や,単結晶用四軸回折計などにも使われる.

低膨張合金 (low expansion alloy)

温度の変化に対し伸縮の小さい合金のことで,インバー(Invar, Fe-36Ni)が代表的.この熱膨張係数*は約13×10^{-7}/℃(20〜200℃)で,Fe(約120×10^{-7}),Ni(約130×10^{-7})の1/10.230℃付近に磁気変態点をもち,これに接近するにつれ,磁気ひずみにより収縮し,熱膨張を打消すためとされる.変態点より高温では,常磁性で,大きい熱膨張にもどる.巻尺,標準尺,バイメタルの低膨張側,時計振子,計測機器,ガラス封着合金,IC用リードフレーム合金*などの用途がある.コバール,などもこの種の合金である.→インバー,コバール,デュメット線

ティムケン合金 (Timken alloy)

Timken社(米)のNi-Cr-Mo系耐熱鋼.普通ティムケン16-25-6と呼ばれている.16Cr, 25Ni, 6Mo, 残Feの意味で,常用使用温度は600℃.古典合金に属する.

低融点合金 (low melting alloy)

通常は「易融または可融合金*(fusible alloy)」をさし, 250℃～常温の融点を持つ合金をいうが, 言葉どおりにとれば常温以下の融点を持つ合金も含まれることになる. 前者は, ビスマス (Bi) を主成分とする多元の共晶を利用した合金と, 同じ Bi 基の非共晶の合金に分類される. 共晶系では, ニュートン合金*, ウッド合金* をはじめ, -Sn-Zn, -Sn-Cd, -Sn-In, -Pb-Sn-In, -Pb-Sn-Cd-In など, 融点を 130～45℃ に調節できるものが多い. 非共晶系では, セロロ系低融点合金*, マロット合金*, ローズ合金*, オニオン合金*, ダルセ合金*, リポヴィッツ合金* などがある. いずれも, ヒューズ, はんだ*, スプリンクラー, 精密鋳型, パッキンなどに用いられる. 後者の常温以下の融点を持つ合金としては, Rb-8Na (-5), K-23.3Na (-12.6)(→ナック), Hg-0.56Zn (-41.4), Hg-8.7Tl (-59), (かっこ内は融点:℃) などがあり, 冷却材など特殊な用途がある.

テイラーの理論 (加工硬化の) (Taylor's theory of work hardening)

1934 年テイラー (G.I. Taylor) が転位論を発表した時, 同時に提案した理論. 正・負の刃状転位が一定の間隔で規則的に整列している中を次の転位が運動することを考え, 転位密度がひずみと共に増大することから, 応力-ひずみ線図が放物線になることを導いた. →転位

ティン クライ (tin cry) ＝スズ鳴り

ティン フリー スチール板 (tin free steel sheet)

スズめっきでなく, クロムめっき* した薄鋼板. ジュース, ビールなどの缶用に使われる.

ディンプル (dimple)

材料破面のミクロ組織で多数の小さな丸みのある凹凸組織. 材料中の介在物, 析出物が核となってできた空洞が広がり, つながって破壊してできる. 単純引張りの場合は円形の, せん断が加わると伸長型ディンプルになる. 延性破壊面に見られるが, 疲労破壊の最終部分, 比較的ゆっくりした繰り返し応力による破面にも見られる. →破面組織解析

デオキソ (Deoxyso)

水素, 窒素, アルゴン, 炭酸ガスなどから, 酸素を取り除く装置の商品名. Pd を 0.3～0.7% 含む Pd-Al$_2$O$_3$ 触媒で, 室温で H$_2$ と O$_2$ を化合させ, O$_2$ を 1ppm 以下にできる.

適合原子径範囲 (favourable atomic size range) →15% 大きさ因子

てこの法則 (lever rule, lever relation)

槓杆 (こうかん) 関係, 天秤則などともいう. 状態図上で平衡している相の量の比を表す規則で, 二元素の場合は平衡共存している二相の共役線*(タイライン) を「てこ」, 組成を示す点をその支点, 平衡している二相の量はタイラインの両端につるしてバランスする量になる, という規則. 三相領域では, 組成点が共役三角形* の対辺へ下した垂線の長さを, 各頂点から対辺へ下した垂線の長さで除したものの比となる (組成三角形* の表現法にも依るので注意).

デスケーリング (descaling)

熱間加工などで生じた脆い酸化皮膜（スケール）を除去すること．

鉄（元素）(iron)

元素記号Fe（ラテン名Ferrum），原子番号26，原子量55.85，密度7.87g／cm³(20℃)，融点1536℃．結晶構造911℃以下で体心立方格子＊（α鉄），911〜1392℃で面心立方格子＊（γ鉄），1392℃以上の融点まで体心立方格子（δ鉄）．α鉄は強磁性＊で磁気変態点（キュリー点）は約780℃，これ以上では常磁性体．かつては780℃から911℃までの間をβ鉄と呼び区別したことがある．地殻における存在量はシリコン，アルミニウムに次いで多く，約7％である．鉄の原子核は，全元素中で，核子1個あたりの原子核結合エネルギーが（負で）最大であり，最も安定である．

現代が「鉄鋼の時代」といわれるように，最も重要な金属材料である．青銅に続いて古くから活用された．製錬の過程で入ってくる炭素が結果的には鋼と鋳鉄を生み，鋼の強度・加工性，鋳鉄の造形性などで非常に有用である．構造材料，磁性材料をはじめ用途も広大で，われわれに最もなじみ深い金属である．鉄が生命にとって必須であることは古くから知られており，17世紀以降，鉄は血液の構成成分で，ヘモグロビンとして赤血球の中に含まれていることが科学的に明らかにされた．→製鉄・製鋼，鉄鋼材料，鋳鉄，鉄合金，鉄化合物．

鉄化合物（iron compound）

価数が -2 から $+4$ まで7種の化合物があるが，主要なものは $+2$ と $+3$ 価のイオン性化合物である．またホウ化物，炭化物，窒化物などには格子間化合物で価数の特定しにくいものもある．

(1) 酸化鉄（iron oxide）：FeO, Fe_3O_4, Fe_2O_3 があるが，$Fe_{1-x}O$ (x<0.043) の不定比性もある．FeO は黒色の立方晶で560℃以上の高温で安定．それ以下では $Fe + Fe_3O_4$ となる．Fe_3O_4 はマグネタイト＊で，昇温と共に電導度が増す．Fe_2O_3 には α（ヘマタイト＊）とγ（マグヘマイト）があり，前者は赤茶色（赤鉄鉱）のコランダム型＊，後者は淡褐色のスピネル型構造＊で磁性を持つ．反応性が高く ZnO, MnO と600℃以上でスピネル型構造の磁性体を作る．酸化鉄の用途は，塗料，顔料，インク，磁性材料（フェライト＊，磁気テープ，磁気シールド材），触媒，ガスセンサー，研磨材など広い．→鉄鉱石

(2) 硫化鉄（iron sulfide）：FeS, FeS_2 があるがどちらも不定比性がある．前者は，磁硫鉄鉱＊（ピロータイト）で，$Fe_{1-x}S$ (x=0〜0.17) の不定比化合物．六方晶系 NiAs 型構造で磁性（x=0：反強磁性，x≒0.12：フェリ磁性）を持つ．硫酸の原料．後者には黄鉄鉱（パイライト＊：高温安定）と白鉄鉱（マルカサイト：低温安定）があり，ともに FeS_{2-x} と表される．黄鉄鉱は含銅硫化鉄鉱ともいわれ，立方晶 NaCl 型構造で，どちらかの位置に S_2 がペアで入っている．金属光沢のある淡黄色，不透明．硫酸製造に用いられる．白鉄鉱は斜方晶でルチル TiO_2 をひずませた構造である．新鮮面はスズ白色だが空気中では黄色を帯びる．→鉄鉱石

(3) 硫酸鉄（iron sulfate）：$FeSO_4$, $Fe_2(SO_4)_3$ がある．前者は古くから「緑ばん（7水塩）」として知られ，ベンガラ，黒インキ，医薬品などに使われ，後者は媒染剤，鉄みょうばん，医薬品などに用いられる．

(4) この他層状構造を持つ $FeCl_3$, $FeBr_3$ や，磁性材料として $Fe_5Y_3O_{12}$（イットリ

ウムアイアンガーネット*：YIG）をはじめ，さまざまな構造の複化合物がフェライトとして知られている．

鉄合金（alloy of iron）

合金鋼・特殊鋼とも呼び，炭素以外の合金元素を加えて，炭素鋼とは異なった特殊な性質を持たせた鋼の総称．→鉄鋼材料，高張力鋼，特殊強靱鋼，超高張力鋼，マルエージング鋼，耐摩耗性特殊鋼，工具鋼，高速度工具鋼，耐環境用特殊鋼，ステンレス鋼，耐熱鋼，低温用特殊鋼，ケイ素鋼，浸炭，窒化処理，浸硫，高周波焼入れ法，表面処理，γ領域

鉄鋼材料（iron and steel, ferrous materials）

鉄を主成分とする材料で，現代産業を支える最も根幹の工業材料である．炭素の量によって，（工業用）純鉄*（C<0.02％），鋼*（炭素鋼*）（0.02<C<2.0），鋳鉄*（C>2.0）と大別される．この中で最も重要なのは鋼で，その系統的な分類にはいろいろな考え方があるが，多くは組成によって炭素鋼と合金鋼*に分類し，次いで用途によって，軟鋼*，高張力鋼*，特殊鋼板，機械構造用鋼*，ばね鋼，工具鋼*，軸受鋼*，ステンレス鋼*，耐候性鋼*，低温用鋼*，耐熱鋼*，機能材料などに分類し，その中でさらに細かく分類されている．→鋼（はがね），リムド鋼，キルド鋼，鋳鋼，鉄合金，ゲージ鋼，高速度工具鋼，マルエージング鋼，ケイ素鋼，焼入れ，浸炭，窒化処理，浸硫，表面処理

鉄鉱石（iron ore）

経済的に鉄を製造することのできる含鉄鉱物を意味し，現在では赤鉄鉱*（ヘマタイト*），磁鉄鉱*（マグネタイト*），褐鉄鉱*（Limonite, $Fe_2O_3 \cdot nH_2O$）などが最も普通である．他に硫化鉄鉱（ピロータイト*やパイライト*など）を焙焼してえられる硫酸滓やTiを多く含む砂鉄も利用される．東南アジアなどの熱帯地方に大量に埋蔵されているラテライト*は，Ni，Cr，Al_2O_3などの不純物が高く，現在は利用されていないが，将来の鉄鉱資源として期待される．→冶金（たたら製鉄）

鉄-コンスタンタン（iron-constantan）

温度測定用熱電対．正脚：Fe線，負脚：コンスタンタン線．→コンスタンタン

鉄損（core loss, iron loss）

変圧器，電動機など，交流電流で用いる器機の鉄芯（コア*：磁性材料）内で生じる電力損失．うず電流損*，ヒステリシス損*，残留損からなる．金属鉄芯では前二者がほとんどで，フェライトコアでは残留損がほとんどである．残留損は，磁壁共鳴・寸法共鳴・自然共鳴など，前二者以外の損失をひっくるめていう．→高周波損失

デバイ・シェラー法（Debye-Scherrer method）

粉末回折法ともいう．単色X線を用い，結晶方向がランダムに分布する粉末試料または微粒多結晶体で，主にフィルムを用いて行う．それにより，格子定数*および各指数の結晶面からのX線反射が，同心円状に規則的に現われる．それから物体の格子定数を求め，同定する．この方法はX線以外でも使える．

デバイの特性温度（Debye's characteristic temperature）

デバイの比熱式*で重要な特性温度（Θ_D）．格子振動の自由度総数，最大振動数

に関係する. 通常の金属では 100 ～ 400K（特に低いのはセシウム（38K），高いのはベリリウム（1440K））. すなわち, 低温では低い振動数（長い波長）の, Θ_D になると最大振動数（格子間隔の波長）の格子振動が励起される.

デバイの比熱式（Debye's formula for specific heat）

固体比熱のデバイモデルともいう. 格子振動に振動数分布と全原子の自由度総数から決まる最大振動数（カットオフ）を導入し, アインシュタインの比熱式*を改良して, デバイ（P.Debye）が提出した（1912年）固体についての比熱式. 定積モル比熱 c_V は, $c_V = 3Rf_D(\Theta_D/T)$, R は気体定数, Θ_D は特性温度*（デバイ温度）, f_D はデバイ関数といわれるものである. この式は高温ではデュロン・プティの法則*に一致し, 低温（$T \ll \Theta_D$）では T^3 に比例することをよく説明できた. しかし, 中間温度での一致がなお不十分であったが, ボルン（M.Born）らの格子振動論でいっそう改善された（1913年）.

デバイ・ヒュッケルの理論（Debye–Huekel's theory）

強電解質*溶液についての理論. 電解質は完全に解離しており, 溶媒は単なる誘電体であるとする. イオン間に働くクーロン力が理想溶液*からの偏倚を説明するとしている.

テムキンモデル（Temkin's model）

溶融した電解質溶液において陽イオン, 陰イオンが交互に配列して成分間の相互作用を相殺し, 無秩序に陽イオン間, 陰イオン間の位置交換ができるとしたモデル. いわば構成成分をイオンとした理想溶液モデルをいう.

デュアル フェイズ鋼（dual phase steel: DP steel）

二相組織鋼, 複合組織鋼. 軟質のフェライトを主軸としたフェライト*＋マルテンサイト*の焼入れ共存組織であるため, プレス成形の加工性がよく同一強度の他の鋼種にくらべて延性が高い. TRIP 鋼*とともに高い衝撃エネルギー吸収能と大きな延性を併せ持つ衝突安全部品に適した自動車用高強度鋼板. DP 鋼ともいう.

デュメット線（Dumet wire）

Fe-42Ni の合金線に銅めっき（全量の 20 ～ 30％）した線で, 軸方向の線膨張係数が $55 \sim 65 \times 10^{-7} K^{-1}$ とガラスとほぼ同じなので, 真空管や電球など軟質ガラス製品の封入用リード線に用いられている. →低膨張合金, コバール

デュロン・プティの法則（Dulong–Petit's law）

固体元素の原子熱*（1グラム原子の熱容量）が, 常温ではほとんどの物質で約 6cal/deg であるという近似法則（1819年発見）. 当初は固体元素の原子量の算定に利用された. 例外は炭素, ホウ素など少数. 後にこの法則の正当性と, 正確な値は気体定数（$R = 8.314 J \cdot mol^{-1} \cdot K^{-1} = 1.99 cal \cdot mol^{-1} \cdot deg^{-1}$）の 3 倍であることがボルツマンによって証明された. また, 比熱は低温ではゼロに近づく. →アインシュタインの比熱模型, デバイの比熱式

テーラード ウェルデッド ブランク シート（tailored welded blank sheet: TWBS）

板厚や材質の異なる複数の鋼板を目的に合わせて溶接により仕立てたプレス素材. 洋服生地の縫い合わせに似ていることから名付けられた自動車車体の生産性をあげるため開発された加工技術. テーラードブランク（TB）と略称.

δ鉄 (δ-iron, delta iron)

鉄の同素体. A_{cm} 線*の図参照. 1392℃から融点まで, bcc格子を持つ. 格子定数・常磁性帯磁率など物性の温度変化は, α鉄 (常温～911℃) の延長線上にある.

デルタマックス (deltamax)

パーマロイ*E級の磁性材料*. ヒステリシスループ (→磁化曲線) が, 鋭い角形性を示すので, 磁気増幅器, パルス発振機, 記憶回路などに使用される. 45～55Ni, 残Fe.

デルタメタル (Delta metal)

1883年ディック (Dick, 英) が開発した耐食性高力黄銅. 引張強さ, 靭性が大で鋳造品, 鍛造品 (熱間, 冷間圧延可能) のいずれにも適用される. 引張強さ：32～58kgf/mm^2, 伸び：9～17%.

テルミット (Thermit process (welding))

テルミット (溶接) 法のこと. 酸化しやすいアルミニウム粉と鉄の酸化物が燃焼する際に発生する多量の熱で, レールなど大型の鉄鋼材料を溶接する方法.

テルル (tellurium)

元素記号Te, 原子番号52. 原子量127.6. 天然には金属テルル化物の形で産出. 灰黒色の半金属. 密度6.24g/cm^3 (20℃), 融点449.8℃. 単体として使われることはないが, 微量合金元素として有用. また電子材料の成分としても重要.

転移 (transition)

①量子遷移. 二つの量子的定常状態の間を状態が移り変わること. ②相転移*をいうこともある.

転位 (dislocation)

金属の変形において, ある結晶面ですべり*が進行する時, 結晶面1枚が一時にすべるのではなく, 1原子間隔ずつすべっていく. このすべった部分とまだすべっていない部分との境界 (線) を転位という. 転位とは線状の格子欠陥である.

結晶を構成する原子間に働く力からすべりを起こさせる応力を計算することができるが, その計算値は実測値より数桁も大きい. この不一致を説明するため, 1934年にテイラー (G.I.Taylor, 英国), オローワン (E.Orowan, ポーランド), ポラーニー (M.Polanyi, ハンガリー) が独立に転位仮説 (刃状転位*) を提唱し, バーガース (J.M.Burgers, オランダ) は, もう一つ別種の転位, らせん転位* (screw dislocation) を発見し, 現在の転位論の基礎ができた.

図1は単純立方格子の断面で, 図(b),(c)はすべり面の上部に1枚の原子面が余計に割り込んだ状態で, わずかな外力によって結晶のすべりが進行することを示している. この割り込み原子面の先端は紙面に垂直な直線となり, この原子面の左側はすでにすべりが起きており, 右側はまだすべりが起きていない領域に分けられる. この線が転位線 (dislocation line) である. 図1ではすべりの方向と転位線の方向は直交しており, このような転位を刃状転位 (edge dislocation) という. また図の割り込み原子面*は転位線の上に位置しており, これを正の刃状転位 (⊥記号) といい, この図を上下逆にした刃状転位を負の転位という. 同一のすべり面上にある正負の符号の刃状転位は合体して消滅することができる. 図2は刃状転位の図解を示した.

図3はらせん転位を示しているが，すべりの方向は転位線と平行である．図2,3に示したようにすべり方向と量をバーガース ベクトル*(Burgers vector) $\mathbf{b}$ で表し，転位線の方向を単位ベクトル l で表すと，刃状転位は $\mathbf{b}\perp l$ で表され，らせん転位は $\mathbf{b}\parallel l$ で表される．図3のすべり面ABDCを上から見た平面図を図4に示した．図で実線と●はすべり面の下の原子面であり，点線と○はその上のすべった原子面を示している．この図からららせん転位の原子の連なりを転位線に沿って眺めると，時計方向の回転でFE方向を軸とするピッチ $\mathbf{b}$ のらせんとみることができる．らせん転位も刃状転位のように正負の符号をつけて表すことができる．刃状転位とらせん転位は $\mathbf{b}$ が共通であれば，両者は接続できる．図5はその一例を図示した．

　実在の転位は，刃状転位成分とらせん転位が混合しているものが多い．

　金属の加工硬化，結晶粒界の影響，合金化による強化，析出硬化，軟鋼の降伏*挙

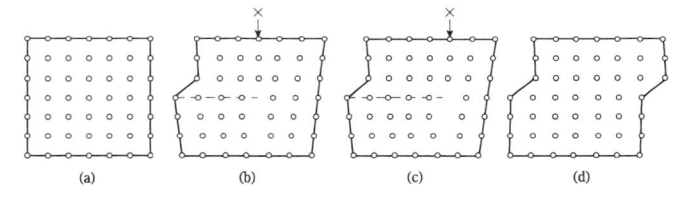

図1 すべりの進行過程 (Taylorによる)（×は割り込み原子面，点線はすでにすべりを起こした面）

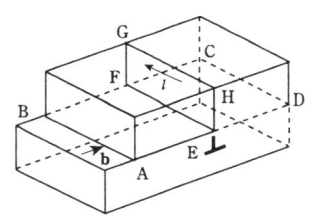

図2 刃状転位 （割り込み原子面：EFGH，転位線：EF，すでにすべりが起きた部分：ABEF，まだすべりが起きていない部分：CDEF，$\mathbf{b}$：バーガース・ベクトル，l：転位線の方向ベクトル）

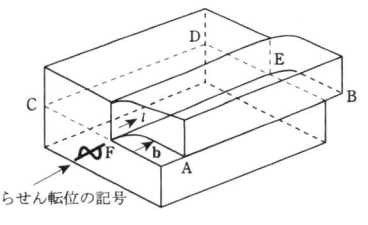

図3 らせん転位 （転位線：EF，すでにすべりが起きた部分：ABEF，まだすべりが起きていない部分：CDEF）

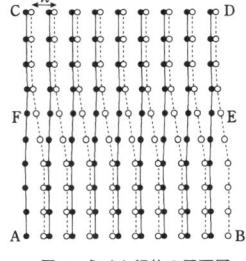

図4 らせん転位の平面図

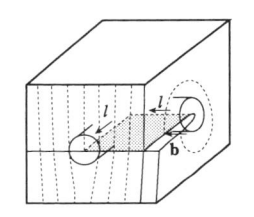

図5 らせん転位と刃状転位の接続

動,破壊,クリープ*などの転位論による定性的な説明が試みられた.さらに粒界*構造,放射線損傷*,拡散*,マルテンサイト変態*をはじめ種々の物性にも関係し,内部摩擦*の原因にもなっている.→転位の符号,転位の直接観察,拡張転位,積層欠陥,ジョグ,キンク,上昇運動,すべり,加工硬化,フランク・リード源,ギルマン・ジョンストン機構,混合転位

転位拡散(dislocation short circuit diffusion)

　転位に沿って起こる拡散*.速度は大きい.→粒界拡散,表面拡散

転位クリープ(dislocation creep)→べき乗則クリープ

転位線(dislocation line)→転位

転位双極子(dislocation dipole)

　数原子間隔離れた平行なすべり面を異符号の転位がすべって来ると,45°あるいは135°の位置で安定なペアを形成する.これをいう.同じすべり面を進む次の転位の障害となり,加工硬化の原因となる.→転位の符号

転位と溶質原子の相互作用(interaction of dislocation and impurity)

　この相互作用には(1)弾性的相互作用,(2)化学的相互作用,(3)電気的相互作用がある.(1)には,原子の大きさの差による寸法効果と,周辺との剛性率の差による剛性率効果*がある.これらは,置換型の場合と侵入型の場合で差があるが,一般には,転位の回りに安定な位置を求めて集まり,転位の動きをより困難にする(コットレル効果).(2)は鈴木効果*ともいわれ,拡張転位*の積層欠陥*部分に溶質*原子が集まり,やはり転位の運動を妨げる.(1)の場合が転位の近傍に限られていたのに比べて,(2)は転位が拡張した幅に関係するからより大きい.(3)は溶質原子の電子配置が一般には異なることから生じるものであるが,(1),(2)の数分の一である.→固着,降伏,固溶硬化,固溶軟化,合金型クリープ,内部摩擦ピーク,コットレル雰囲気

転位の網目構造(dislocation network)

　結晶内で転位が,六角形の網目のようにつながっている転位構造のこと.2本の転位が引き合い斜めに交わったとき,交わった結果できる第三の転位の自己エネルギーが前二者のその和よりも小さいと第三の転位ができる.その結果,単に交わったX字状からY字状になり六角網目構造ができる.

転位のエントロピー(entropy of dislocation)

　転位も格子の乱れであるからエントロピー*を持っている.しかしそれは小さい.加工によってできた転位が焼鈍によって容易に消滅することは,転位が熱的にあまり安定でないことを示している.この安定性は転位の自由エネルギーで考えられるが,空孔と比べて,エントロピーが小さいので,よほど高温でないと自由エネルギーに効いてこないためである.

転位の合体消滅(annihilation of dislocation)

　逆符号の刃状転位が同じすべり面上で出会い消滅すること.すべりは完成する.もし,逆符号の刃状転位が一原子面ずれていると,空格子点(列)や,格子間原子(列)ができる.→転位,転位双極子

転位の切り合い(intersection of dislocation)

転位間の相互作用の一つで刃状と刃状, らせんとらせん, 刃状とらせん転位の出会いで, ジョグ*またはキンク*が生じること.

転位の弦模型 (string model of dislocation)

両端が固定された転位を弦のように考え, 固有振動数などを求める模型. 運動エネルギーから転位の"質量"を求めることもある. →転位の線張力, 内部摩擦ピーク

転位の上昇運動→上昇運動 (転位の)

転位の線張力 (line tension of dislocation)

転位が曲がった時, 直線に戻ろうとする力. 長さが増加したことによる弾性ひずみエネルギーの増加をいうことが多い. もう一つは, パイエルスポテンシャルによるもので, これも曲がるためにポテンシャルの谷から出る必要があるためである. →転位の弦模型, パイエルス応力

転位の増殖 (multiplication of dislocation)→フランク・リード源

転位の直接観察 (direct observation of dislocation)

金属の薄片試料を透過電子顕微鏡で見てその中の転位を観察すること. 透過電顕での転位像は, 電子線の回折効果によるもので, 転位による格子のひずみコントラストとして10nm程度に広がった線として観察される. 金属の加工状態, 焼鈍過程などの観察や, 応力をかけたり温度を変えて, 動的観察も広く行われている.

転位の熱活性化運動 (thermally activated motion of dislocation)

転位の運動はほとんどが力学的なものである. しかし次のような過程は熱活性化過程*による運動である. 置換型不純物*など点的障害の通過, 分散垂直転位との切り合い, ジョグ*の上昇運動* (非保存運動*), パイエルスポテンシャル (→パイエルス応力) をキンク*形成で乗り越える運動, 拡張転位の収縮*. これらの場合には力学的なエネルギーとボルツマン因子*で規定される確率的熱エネルギーの助けで運動する.

転位のピン止め (pinning of dislocation)→固着

転位の符号 (sign of dislocation)

刃状転位では, 割り込んだ余分な原子面*が上にあるものを, 正の刃状転位という. らせん転位では, 転位線の回りを時計方向に回った時, 前進するものを, 右手らせん転位という. 刃状転位では正・負, らせん転位では右手・左手で符号付けをする. →転位

電位-pH線図＝プールベ線図

転位密度 (dislocation density)

結晶の単位体積中に含まれる転位線*の長さの総和. または結晶の切断面の単位面積を貫く転位線の数. 転位線の方向がランダムと見なせる時, 両者はほぼ等しい. 単位はm/m^3, または本/m^2. 高温で長時間焼鈍した金属結晶では, 転位密度はほぼ10^6cm^{-2}程度で, 転位線と転位線の間隔は平均10μmになる. 加工硬化した金属の転位密度は10^{10}〜10^{12}cm^{-2}にもなり, 転位線の間隔は10nm程度になる.

転位ループ (dislocation loop)

結晶内で転位が閉曲線を作っている場合をいう. これが現れるのは, フランク・リード源*で新しい転位ができた場合とか, 放射線照射や急冷でできた, 原子空孔

の集合体（空孔クラスター）がつぶれた場合などである．

電位列 (electrochemical series)

電気化学列，イオン化列，イオン化傾向＊ともいう．通常は水中でのイオン化しやすい順をいう．厳密には溶液の種類によって異なる．それぞれの溶液中で標準電極電位の順に並べたもの．腐食，防食（陰極防食＊）での指針となる．→単極電位

転位ロック (dislocation lock)→ローマー・コットレルの不動転位

電界イオン顕微鏡 (field-ion microscope: FIM)

鋭い尖端をもつ試料に正の高電界をかけ，尖端表面から放射されるイオン（原子）を高電位のブラウン管蛍光面に飛ばし，その拡大像を得る装置で，ミュラー（Müller）型顕微鏡ともいわれる．ほとんどの金属・半導体に適用できる．倍率は約 10^6，1nm の分解能がある．またこれに，プローブホールをもつスクリーンとその後方に質量分析器および位置敏感型検出器を設置したアトムプローブ電界イオン顕微鏡（AP-FIM）で放出イオンの原子種を特定することもできる．↔走査型アトムプローブ顕微鏡

電界拡散 (electro-migration)

合金をある温度に保持しながら，電流を流すと，合金成分の一方が，＋または－方向に移動すること．成分原子が相対的にイオン化しており，電界で輸送されるためと考えられている．→エレクトロマイグレーション

電解クロム (electrolytic chromium)

クロムの湿式製錬法の中間製品．鉱石 $FeO \cdot Cr_2O_3$ からフェロクロム（Cr-Fe）を作り，硫酸クロム＋遊離硫酸＋硫酸アンモンの電解質中で，鋼板を陰極，不溶性電極を陽極として電解で得られるクロムのこと．大量の水素を含んでいるので，空気を遮断して加熱して減らす．非常に硬くて脆いので，さらに，還元・高温プレス・脱ガス・焼結・溶解・高温プレスか圧延・焼なまし・加工で板や線，という長いプロセスでダクタイルクロムになる．→クロム，ファン・アーケル法

電解研磨 (electro-polishing)

研磨する材料を陽極とし，適当な電流密度と電圧で電気分解すると，凸部に電流が集中して凹凸が平均化され，平滑面が得られることによる研磨法＊．

電解採取 (electro-wining)

不溶性の電極（陰，陽）を用い電解浴中に溶解している金属塩の還元分解を行い，陰極上に金属を得ることを電解採取という．溶解性の粗金属を陽極とする次項の電解精製と対比される．

電解精製 (electrolytic refining)

粗金属を陽極とし，電気分解で精製する方法．陽極の粗金属は電解質中に溶解し，純粋なものが陰極に析出する．不純物は陽極泥＊（スライム）として沈殿するか電解質中に残る．電解液・添加剤・電解電圧・電流密度の選択が必要である．

電解鉄 (electrolytic iron)

くず鉄・くず鋼を溶解して作った粗板を陽極とし，六四黄銅＊を陰極として硫酸鉄の水溶液中で電解して製造した鉄．一般に市販されている鉄では純度は最も高く99.85％以上だが水素が含まれている．→純鉄，バーゲス法，フィッシャー法

電解チャージ法 (electrolytic charging method)
材料と水素の相互作用の研究のため,大気中よりも多量の水素を固溶させる方法.試験片を一方の電極とし,他方は,白金などを電極として水の電気分解をし,試料側で水素を発生させる.この水素は発生期の水素として活性で,容易に試料中に入っていく.

電解銅 (electrolytic copper)
鉱石から種々の炉で得た粗銅(純度98%～99%)を硫酸銅の溶液中で電解精製*し,99.9%以上の純度としたもの.→銅

電界放射顕微鏡 (field emission microscope：FEM)
細い探針に負の高電界をかけ,先端から放射される電子を検出する顕微鏡.探針先端における仕事関数や電子密度を反映したパターンが得られる.→電界イオン顕微鏡

電気亜鉛めっき (electrolytic zinc plating)
鋼板に電解で亜鉛めっきすること.電解浴には,酸性浴(硫酸塩,塩化物,ホウフッ化塩浴)とアルカリ性浴(シアン,ピロリン酸塩浴)がある.前者は高速で低コスト,後者はめっきのつきが良いが,シアンが環境的に問題である.→亜鉛めっき鋼板

電気アーク製鋼 (electric arc steelmaking)
電気炉製鋼ともいう.黒鉛電極とくず鉄の間にアークを飛ばすアーク炉(エルー炉*)で,溶融精錬して新しく高品質の鋼や合金を作る方法.

電気アーク溶接 (electric arc welding)
放電の電気エネルギーを熱源とする溶接法.被覆(電極)アーク溶接*法と自動・半自動アーク溶接法がある.前者は,金属芯線のまわりに被覆剤を塗った溶接棒と溶接すべき材料(母材)との間でアークをとばす方法で,いわゆる手溶接はこれである.各種の鋼をはじめ広く一般に使われている.後者は,電極が消耗型かどうか,シールドの方法などによって多くの方法があるが,自動・半自動は,アークの長さと溶接速度を共に制御するか,アーク長のみを制御するかの差である.非消耗電極式には,ティグ溶接*,プラズマ溶接がある.消耗電極式は,さらに,ガスシールド方式とフラックスシールド方式,これらの混合方式などに分類され,多様な方法がある.ガスシールド方式には,ミグ溶接*,炭酸ガスアーク溶接,混合ガスアーク溶接(マグ溶接*)など,フラックスシールド方式には,サブマージ溶接*などがある.

電気圧接法 (electric pressure welding, electric pressure joining)
材料に直接電流を通じ,接触抵抗の熱で加熱し(溶融点以下),同時に圧力を加えて接合する方法.普通は,突合せ抵抗溶接(圧接)(resistance butt welding / joining)といわれている.→電縫鋼管

電気陰性度 (electronegativity)
原子が化学結合を作るときに電子を引きつける能力をいう.結合する原子の電気陰性度の差が大きいほどイオン性が強い.その原子の電子受容性,供与性の目安ともなる.→ヒュームーロザリーの規則

電気泳動力 (electrophoretic force)
強電解質*溶液中で一般にイオンは溶媒和*しており電場中でイオンが動くとき

反対電荷を持つイオン雰囲気が溶媒を伴って逆方向に動く．そのためイオンは静止溶媒中を動く時に比べてより大きな抵抗を受けるが，この抵抗力を電気泳動力という．

電気化学的化合物 (electrochemical compound)

金属間化合物を結合で分類したものの一種．電気化学的に陽性（卑）な金属と陰性（貴）な金属，半導体，非金属の化合物で，化学量論組成*のものが多い．例えば，Mg_2Pb（Ⅱ − Ⅳ），GaAs（Ⅲ − Ⅴ），CdS（Ⅱ − Ⅵ），PbSe（Ⅳ − Ⅵ）など．なおこの分類法では，他の金属間化合物は，電子化合物*，配位多面化合物となる．→金属間化合物

電気化学当量 (electrochemical equivalent)

電極反応において，1クーロンの電気量の移動によって起こる物質変化のグラム数を電気化学当量という．モル数Mを，電荷zとファラデー定数Fの積で割った値，M/zFに等しい．→当量

電気製鉄法 (electric iron making)

高炉*製鉄法がコークスの羽口前での燃焼熱と送風顕熱を熱源としているのに対し，電気抵抗による発熱を主要熱源とする製鉄法をいう．炭材は還元剤と加炭材の役割を果たす．炉高が低く，高炉ほどの装入物強度を必要としないので原料の選択幅が広い．電力コストの安いノルウェー，低リン銑を製錬するスウェーデン，チタンスラグを製造するカナダなどで採用されている．

電気接点材料 (electrical contact materials) →接点用合金

電気抵抗 (electric resistance)

線材に電位差を与えた時，流れる電流で電位差を割った値．単位オーム（Ω）．長さ（l），断面積（S）が一様な線材の電気抵抗Rは，電気抵抗率*をρとすると，$R = \rho l / S$である．

電気抵抗率 (electric resistivity)

比電気抵抗，単に比抵抗ともいう．導電物質中の電場Eと電流密度iの比例定数ρとして，局所的オームの法則から$E = \rho i$で決まる．単位オーム・メーター（Ω・m）．通常は，断面積S（cm^2），長さl（cm）の一様な導線の両端に電位差V（volt）を与えた時流れる電流I（A）から$V/I = R = \rho \cdot (l/S)$で決まる$\rho$をいう．電気伝導度*の逆数．

電気鉄板 (electromagnetic steel)

変圧器，電動機等電気機器の鉄芯として磁気回路を構成する鉄板．電磁鋼板ともいう．電磁軟鉄*とケイ素鋼板*はその代表的なもの．方向性ケイ素鋼板，無方向性ケイ素鋼板，特殊用途電磁鋼板に大別される．→方向性ケイ素鋼板

電気伝導 (electric conduction)

電気を良く伝えることは金属の最大の特徴である．それは金属には自由電子*があるからで，金属結合*と深く関係している．正確には，電位差を与えると電流が流れること．電流を電位差で割った値が電気伝導の大きさを表している．単位ジーメンス（S）（$=1/\Omega$）．→電気伝導度，伝導電子，金属電子論，バンド理論，ウィーデマン・フランツ則，電気抵抗，電気抵抗率

電気伝導度(electric conductivity)

電気伝導率ともいう。電気抵抗率*の逆数。導電率ともいう。単位ジーメンス／メーター(S／m)。電気伝導度 $\sigma = (1／\rho)$。→電気抵抗率，電気伝導，電子易動度

電気銅(electrolytic copper)＝電解銅

電気二重層(electric double layer)

異種物質の界面で電荷が正から負へと連続的に分布し，かつ正負の電荷が近接して電荷の面密度が等しい状態，つまり電気双極子の二重層をいう．接触電位差や界面電気現象はこれによって説明され，固／液界面において重要な役割を果たす。

電気ニッケル(electrolytic nickel)

ニッケル精錬で，オーフォード法*の最終段階で，$NiSO_4$ 中で電解して得られたニッケル．純度99.95％で，Co を 0.3〜0.5％含む．

電気比抵抗＝電気抵抗率

電気防食法(electric protection)

陰極防食*と陽極防食*がある．一般には前者をいう．

電気めっき(electroplating)

めっきすべき金属のイオンを含む水溶液中で，被めっき物をカソードとし，めっきとして与える金属の板あるいは不溶性耐食性金属をアノードとして通電し，金属イオンを金属として還元・析出させる方法．現在めっきのほとんどが電気めっきである．電流密度，pH，添加剤などの制御・選択が重要．→溶融めっき

電気毛管現象(electro-capillary phenomenon)

毛管内で接触している二つの液体間に電圧を加えると，界面張力*が変化して界面が移動する現象．界面の電気二重層*の性質に依存する．

電気冶金(electro-metallurgy)

電熱や電解を利用する製錬法の総称．

電極電位(electrode potential)＝単極電位

電気炉(electric furnace)

電力で加熱する炉の総称．ジュール熱の抵抗加熱炉が一般的だが，この他に，アーク炉，誘導炉*，プラズマジェット炉*，電子ビーム炉などがある．→アーク溶解，電子ビーム溶解炉

電気炉製鋼法(electric furnace steelmaking)

電気エネルギーを熱源とする製鋼法である．電気炉としては直接，間接アーク炉，低，高周波炉などいろいろあるが，実用化されているものはエルー型直接アーク炉(エルー炉*)および高周波炉*である．特徴は原料(スクラップ，還元鉄，銑鉄など)による制約がないこと，炉内の雰囲気調整が容易で酸化スラグ，還元スラグが利用できること，温度調節が容易，短時間の間欠的操業が可能なことなどである．反面，経済性，生産性などで転炉法*より劣る．

点群(point group)

巨視的な結晶の形態から定めた対称性を示す用語．結晶構成要素の原子や原子団を考えないので並進対称性が考慮されていない．結晶で可能な対称操作は32種類となり，それぞれは数学的な群を作っているので，点群または結晶群という．結晶

構造の対称性を記述するには並進対称操作を加えた空間群が必要である．→空間群，対称性

点欠陥 (point defect)

点状の格子欠陥*．原子空孔（空格子点*），侵入型原子*など．加工，急冷，放射線照射などで生じる．原子空孔は配列エントロピーにより各温度で熱平衡的に一定数存在する．

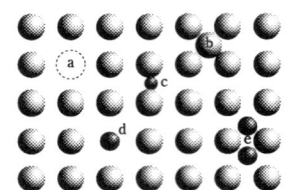

a：空格子点
b：侵入型原子
c：侵入型不純物原子
d：置換型不純物原子
e：二重侵入型原子

電子移動度 (electron mobility)

電子易動度，単に移動度ともいう．電場 (E) がかかった時の移動速度 (v) の比例係数 (μ) のこと．すなわち，$v=\mu E$．単位は $m^2/(volt\cdot s)$．半導体のホール効果の移動度と区別する時には，ドリフト移動度という．電気伝導率*は $\sigma = ne\mu$ (n：単位体積中の電子数，e：電子の電荷) である．

電子雲 (electron cloud)

原子内で電子の位置は量子力学的には決定できない．しかし波動関数の形からその存在確率は考えられる．その広がりを雲にたとえた言葉．

電子殻 (electron shell)

原子内の電子が，エネルギー的にいくつかのグループをなしていることがわかった頃(前期量子論)，それが原子核のまわりに殻をなして存在しているようにとらえたことば．主量子数*nごとに殻を作っていることになる．n=1に対してK殻，n=2に対してL殻等というように大文字で表すことが多い．同一の主量子数で，異なる方位量子数*lのグループを副殻 (subshell) といい，$l=0, 1, 2, 3\cdots$の副殻をs殻，p殻，d殻，f殻，…という．例えば，3d殻というのはn=3, $l=2$の殻を意味する．

電子化合物 (electron compound)

1価金属 (Cu, Ag, Au) と2価金層 (Zn, Cd, Hg, Bi, Mg) の合金系で現れる金属間化合物について，構成原子1個あたりの価電子数（電子・原子比因子）(e/a) が 3/2, 21/13, 7/4 の組成でそれぞれ特有の結晶構造の化合物が現れるというヒューム－ロザリー規則*(の一つ)に対応した化合物のこと．3/2ではβ相 (bcc)，μ相 (β-Mn型)，ζ相 (hcp)．21/13ではγ相 (γ黄銅型*)，7/4ではε相 (hcp)が現れる．当てはまる合金系も多いが例外もある．

電子軌道 (electron orbit)

原子核の周りの電子エネルギーが離散的であることから仮想的に考えられた軌道．それがいくつかの組をなしているので各組を電子殻*と名づけ，分光学の結果から順序づけられている．それによって原子の電子配置，周期律が説明できる．量子力学*的には電子波動関数*の空間部分をいい，軌道関数*ともいう

電子・原子比因子 (electron atom ratio factor)

電子濃度因子ともいう．合金の構成原子1個あたりの価電子数 (e/a) で表す．Cu_5Zn_8 (γ黄銅の代表組成) であれば 21/13 である．ヒューム－ロザリーの規則*で，電子化合物*の存在や，一次固溶体の固溶限*，hcp合金の軸比* (c/a) などの

指標となっている．e/aそのものはスレーター・ポーリング曲線*など広く物性研究で使われる指標である．

電子顕微鏡（electron microscope）

電子線が電場や磁場で曲げられること，波動性を持つことを利用して，試料にあてた電子線の像を用いる顕微鏡．電子波の波長が短いため高倍率，高分解能が得られる．薄い試料の透過電子線による拡大像を観察する透過型電子顕微鏡*，細く絞った電子線で試料面を走査し，発生する二次電子・反射電子の拡大像を観察する走査型電子顕微鏡*，同様な走査で発生する特性X線*で試料の微小部分の元素分析をするEPMA*，やや形式の異なる電界イオン顕微鏡*など種類も多く，さまざまな条件下で観察できるよう発達している．→電子線回折，位相物体，振幅物体，格子像

電子磁気共鳴（electron spin magnetic resonance: ESR）

電子スピン磁気共鳴ともいう．静磁場中におかれた不対電子スピン*に電磁波を加えたときに生じる共鳴現象．マイクロ波で生ずる．不対電子の定量，分布測定，特に酸素や重金属錯体の研究に使用される．最近の注目されている応用に，生体内の活性酸素の影響，その防御機構の研究がある．

電磁石（electromagnet）

電流の磁気作用を利用し，コイルに電流を流すことによって磁場*を発生させる装置．鉄芯の有無，コイルの形状，コイルの配置などによってさまざまな強さ・方向の磁場を作ることができる．電磁石によってはじめてさまざまな人工の磁場を自由に作れるようになった．

電子銃（electron gun）

電子ビームを発生する装置．$10^{-2} \sim 10^{-3}$Paの真空中でタングステンやタンタルの陰極を加熱して熱電子を放射させ，陰極と加速陽極のつくる電界により加速し，それを電子レンズで収束してエネルギー密度を高める．加速電圧は$14 \sim 35$kV，陰極での電位勾配は$2800 \sim 3000$V/cmである．

電子照射誘起脱離（electron stimulated desorption: ESD）

電子ビームを細く絞って表面の吸着気体を放出させて質量分析計*で分析することによって吸着種を知ることができる脱離法．

電子スピン（electron spin）→スピン（電子の）

電子線回折（electron diffraction）

電子の波動性を利用して，原子配列・結晶による回折を観測すること．X線よりも物質内に侵入しないので，主として薄膜や表面の構造の研究に用いられる．低速電子線回折*（LEED），反射高速電子線回折*（RHEED），透過電子線回折（TED）などがある．結晶内では，弾性散乱→回折によって菊地パターンが現れる．透過電子顕微鏡*での格子欠陥によるコントラストは電子線の回折によるものが多い．

電子相（electron phase）

電子化合物*と考えられる合金相をいう．

電磁鋳鉄（magnetic cast iron）

特殊鋳鉄のうちで，ケイ素を多くし，化合物炭素を少なくし，透磁率*μを大きく，ヒステリシス損失*を小さくしたもの．逆に非磁性の鋳鉄が必要な時は，Ni9~12％，

Mn6%を添加すると常磁性になる.

電子対結合 (electron pair bond)
共有結合*のこと.

電磁特殊鋼 (magnetic iron alloy)
鉄は磁性材料の主なものであり,(1)軟質磁性材料にも,(2)硬質磁性材料にも,また(3)半硬質磁性材料としても用いられている.(1)としては,純鉄,軟鉄,ケイ素鋼*をはじめ,Fe-Al, Fe-Si-Al, Fe-Cr合金などがある.(2)としては,焼入れ鋼系,析出型のケスター鋼系,アルニコ系など多くある.(3)には,クロム鋼系,アルニコ系(アルニコ磁石*), Fe-Mn-Ti系などがある. →磁性材料,軟質磁性材料,硬質磁性材料,半硬質磁性材料,電気鋼板,電磁軟鉄

電磁軟鉄 (electromagnetic soft iron)
リレー用,電磁石用として使われる純鉄*の棒,板で,鉄芯材料としての磁気的性質が優れているが,交流磁化条件ではエネルギー損失が大きいので,直流磁化条件で使用される. JISではSUY-0, 1, 2, 3, A-12, 20, 60, 80, 120, 240が規定されている.

工業溶純鉄:0.5>不純物. アームコ鉄*:0.08>不純物. チオフィー(Cioffi)純鉄:0.05>不純物. 低炭素鋼板(代表例):0.01C, 0.35Mn, 0.01P, 0.02S, 0.1Si, 残Fe.

電子のオクテット模型 (octet model)
8隅説または,電子の8個構造ともいい,共有結合*を説明するルイス(G.N. Lewis)・ラングミュア(I. Langmuir)の原子価理論. 最外殻が8個の不活性ガス元素が安定なように,化合物も電子の8個構造を取ると安定になるという説.

電子配置(原子の) (electron configuration)
原子番号の順に増えていく電子が,どのような順序で原子核の周囲に配置されていくかを表示したもの. 付録3参照. 四つの量子数*のうち主量子数*,方位量子数*に従って,またエネルギー順に入っていく. しかしこの配置は自由電子についてのもので,結晶を組むと電子の存在確率は固定したものでなく拡がる. 金属(鉄・白金・銅・亜鉛族)では内殻電子が最外殻へ"しみ出し"てくる. →電子軌道,電子殻,パウリの排他律,周期律,バンド理論

電子比熱 (electronic specific heat)
固体の比熱は格子振動による部分(格子比熱*)と電子の運動による部分(電子比熱)で構成されている. 低温になると,比熱は絶対温度に比例する項とそれの3乗に比例する項の和として表される. 前者が電子比熱で,その内容は,フェルミ面*での電子のエネルギーの温度変化で,フェルミ面での状態密度*に比例する.

電子ビーム溶解炉 (electron beam melting furnace)
加速した電子ビームを材料に当て,電子が衝突した時に発生する熱で溶解を行う真空溶解炉の一種である.アーク炉と違って溶解速度を自由に制御できるので脱ガス*に適している. アーク炉と同様水冷した銅るつぼを用いる. 活性金属*,特殊鋼*などの溶解に用いられる.

電子ボルト (electron volt)

電子をはじめ,原子,素粒子などのエネルギーの単位.電子が,真空中で電位差1ボルトの2点間で加速された時に得るエネルギー.記号 eV. 1eV = 1.602×10^{-19}J(ジュール).

電食(stray current corrosion)
電気腐食ともいう.→迷走電流

展伸性(ductility)
引張り・圧縮・衝撃などの応力を加えた時,金属が破壊せず,伸びたり広がったり変形して加工できる性質.これは金属の最大の特徴で,この性質があるため,古くから人間にとって有用な材料となった.→金属の塑性,塑性変形,変形加工の原子的機構,金属,金属結合

転造(form rolling)
ねじ,歯車,ギア,フィン付きパイプ,場合によっては球を作る目的で,複数のダイス*にはさんで回転しつつ成形する方法.ダイスには平形の場合とロール形の場合がある.大量生産では切削機械加工より,生産性,歩留まりが良い.

電池(cell, battery)
化学エネルギー,熱エネルギー,光エネルギーなどを電気エネルギーに変換する装置.化学電池(一次電池,二次電池*,燃料電池*)と物理電池(太陽電池*,熱電素子*)などに分類される.

電着(electrodeposition)
電気めっき*や電鋳*のように,電気分解で物質が電極に析出・付着すること.金属の場合陰極に付着する.

電着のエピタキシー(epitaxy at electrodeposition)
電着による結晶成長において,それが,下地結晶の方向等に影響されて,特定方位の優先成長をすること.下地金属がある温度以上であること,小さな電流密度であることがエピタキシーには必要で,なおこの他に,電解液のpH・温度,微量添加物などに影響される.多くは下地の結晶面と方向を引き継ぐが,Cu (111) [110] 上のCr (110) [001] や,Fe (110) [001] 上の Au (001) [100] のような例もある.

電鋳(electroforming)
電気めっき*で母型を精密に複製すること.母型を樹脂等に転写し,それに蒸着,無電解めっき,銀鏡反応などで導電性を与え,それに目的金属を電着させる.金属で母型を作る方法,転写する樹脂を可溶性のもので作る方法など多くの方法がある.

伝導電子(conduction electron)
金属では電子が,自由電子*となって電気伝導を担う.それを伝導電子という.これは,結晶を組んで原子が接近すると,電子のエネルギーレベルがバンドに広がり(バンド理論),金属では最外殻とその内側のバンドが重なって広いバンドとなり,電子がその途中までを占め,小さなエネルギーでも容易に動き得るからである.
→金属電子論,バンド理論

デンドライト=樹枝状晶

電熱蒸留法(亜鉛の)(electric heating distillation process)
亜鉛の乾式製錬法*の一つ.焼結鉱とコークス粒の混合粒に直接通電して,亜鉛

蒸気とし，それをコンデンサーで液化する．生産能力も大きく，熱効率もいいが，大量の電力とコークスを要する．

電熱線用合金（electric heating alloy）
　Ni-Cr系（オーステナイト組織）とFe-Cr-Al系（フェライト組織）とに大別される．前者はいわゆるニクロム線および帯で，常温でも靱性があり，加工が比較的容易で，高温強さもFe-Cr-Al系よりはるかに優れている．後者はFe-Cr線および帯で，常温での加工は困難で，高温でも脆性があるので，連続使用が望ましい．加熱炉，熱処理炉，溶解炉，乾燥炉，パン焼炉，陶磁器焼成炉などの工業用と，電気ストーブ，こたつ，電気炊飯器，トースター，ポット，アイロン，ドライヤー，レンジなどの家庭用との用途がある．→ニクロム

天然ウラン（natural uranium）
　鉱石から製錬・精製しただけのウラン＊で濃縮ウラン＊の対語．このウランには核分裂を起こすウラン235は0.7％程度しか含まれていない．

天秤則 ＝ てこの法則

電縫鋼管（seam welded steel pipe）
　電気抵抗溶接した鋼管．帯鋼を冷間圧延，焼なまし処理後，数組のロールを通して管状の素管とし，これを突合せ抵抗溶接する．外径65～165mmの中径管と外径65mm以下の小径管がある．鋼管生産量の約半分を占める．Steel & Tube社（米）の開発による．

電錬 ＝ 電解精製

転炉（convertor）
　銑鉄＊から鋼＊を作るための炉の一種で，鉄鋼の大量生産を可能にした画期的技術．炉の底の穴から空気または酸素を吹き込んで銑鉄中の炭素を除くものから始まり，現在では上部から水冷ランスにより純酸素を吹き付けるLD転炉＊が主流である（→製鉄・製鋼，ベッセマー転炉法，トーマス転炉法，上吹き転炉，純酸素転炉）．銅製錬で使われる転炉は横型で空気を吹き込む．→銅，吹精

と

銅（copper）
　元素記号Cu，原子番号29，原子量63.55．結晶構造は面心立方格子．融点1084.5℃，沸点2571℃．変態点が70℃付近にあるという説もある．色は赤色，密度8.96g/cm^3（20℃），熱容量24.5 J/K・mol，熱伝導度398 W/m・K，電気比抵抗1.56×10^{-6} Ω・cm（0℃）．自然界には純銅としても存在するが，一般には硫化物として存在することが多い（→黒鉱，パイライト）．クラーク数＊0.01で酸素（49.5），ケイ素（25.8），アルミニウム（7.56），鉄（4.70）の順に低くなって29番目である．自然銅，青銅器時代（BC.3000年頃から）と古来より人類に親しまれた金属で，紀元前240年頃に既に中国に「銅」という文字が存在したといわれる．鉱石から自溶炉＊または反射炉，溶鉱炉でかわ＊とし，次いで転炉＊で吹精＊され（いずれも酸化過程），さらに精製炉で酸化・還元して得られたものが粗銅＊（純度98～99％）である（→反応ポテンシャ

ル図).これには,通常酸素の他,Pb, As, Sb, Ag, Au などの有用不純物を含み,次の電気分解で陽極泥*として回収する.粗銅を電気分解して得られたのが電気銅*である(99.8〜99.9%).電気銅はさらに酸化・還元炉(精銅反射炉)で酸素・水素量を調節する.これがタフピッチ銅*で,その鋳塊を棹銅*と呼び,これから線材等に加工する.しかし,さらに脱酸銅*,無酸素銅*としたものが電気的用途に用いられる(→SCR法,双ベルト方式,ディップフォーミング法).銅は量産金属のうちで最も電気伝導度*が大きいので,その長所を生かして送電線,電話線,電気・電子部品や機械などに大量に使用される.また鉄を除く多くの金属類と合金しやすく,黄銅*(真鍮*),各種青銅*類,キュプロニッケル*,ベリリウム銅*などの基礎的金属となり,鉄と並んで安価で有用かつ重要な金属である.公害の原点といわれる足尾銅山の鉱毒事件は,銅の製錬に伴う亜硫酸ガスの大量放出,銅,亜鉛,鉛,ヒ素などを含む廃水が渡瀬川に流れ込むことによって起きた.→水素脆性

銅−亜鉛(Cu−Zn)型体心立方規則格子(Cu-Zn type bcc superlattice) →β黄銅型

同位元素(isotope)

アイソトープ,同位体ともいう.同一元素であるが原子核の陽子数が同じで中性子数が異なっているもの同士をいう(例:水素,重水素,三重水素).周期律表*上で同じ(isos)位置(topos)にあることからついた名称.化学的性質はほとんど同じである.放射性のものを放射性同位元素*(ラジオアイソトープ)という.

同位元素拡散(tracer diffusion)

自己拡散*と不純物拡散*をまとめていう.拡散物質の濃度,濃度勾配が小さい拡散.放射性同位元素*をトレーサーとして拡散定数*を測定するため,こういわれる.

同位元素効果(isotope effect)

同位元素の質量数(原子核の陽子と中性子の和の数)の違いによって起こる物理的,化学的性質の差.気体の拡散,電磁場中でのイオンの運動,各種化学反応での平衡定数などに現れ,水素を含む化合物を重水素(D)で置換すると変態点などが大きく変わる.

等温焼鈍(isothermal annealing)

恒温焼なましともいう.温度は一定で,加熱時間を何段階かに変化させて焼鈍すること.析出その他物性研究でよく使われる手法.等時焼鈍*の対語.

等温変態(isothermal transformation) =恒温変態

等温変態曲線(isothermal transformation curve) =T−T−T曲線

等温マルテンサイト(isothermal martensite)

一定温度に保持していても時間とともに変態量が増大する形式のマルテンサイト.例:Fe-24.9Ni-3.9Mn. →マルテンサイト

透過型電子顕微鏡(transmission electron microscope: TEM)

電子線を試料に透過させ,磁場を用いた電子レンズで像を結ばせる電子顕微鏡*.100〜200kVの加速電圧のもので,1000倍〜50万倍まで連続可変で,解像力は3nm以上に達している.金属薄片試料の観察に広く使われているが,薄片化でバルクと状態が変わる危険性があり,より高電圧で厚い試料を見ようとしている.走査型電子顕微鏡*の対語.

等価結合＝共有結合

銅－金（Cu–Au）型面心正方規則格子（Cu–Au type fct superlattice）

長周期規則格子＊の図に示すように，面心正方格子の一つの方向（c軸）の，0, c, 2c, 3c, …にCu，（図の左半分では○）0.5c, 1.5c, 2.5c, …の面心にAu（同じく図の左半分では●）が入った層状構造（c：格子定数）の規則格子＊．図の左半分ではCuが底心正方格子，Auがそれとc軸について45°回転した単純正方格子を形成している．SB記号＊で$L1_0$型ともいう．c/aが大きくなると変態温度も高くなる．→規則合金

銅－金（Cu_3–Au）型面心立方規則格子（Cu_3–Au type fcc superlattice）

fcc格子の四隅をAu，すべての面心をCuが占めた構造の規則格子．SB記号＊で$L1_2$型ともいう．→規則合金

等極結合（homopolar bond）＝共有結合

同形（isotype, isostructure）

異なる物質で，結晶の原子配列が同等のものをいう（空間群＊が同じで等価位置に構成原子があるもの）．化学的性質が近いものを狭義の同形，単に原子の幾何学的配置の同等のものを広義の同形という．

等傾角干渉縞（bend contour, equal inclination fringes）

電子顕微鏡＊において，原子面がブラッグの反射条件＊を満たして，電子線が大きく曲がって，絞りの外に出てしまった部分は暗くなる．それが，結晶の曲がりや裂け目では，いくつもの縞模様となって見えるもの．

凍結余剰空孔（frozen–in excess vacancy）＝過剰空孔

銅－コンスタンタン（copper–constantan）

温度測定用熱電対．正脚：銅線，負脚：コンスタンタン線．→コンスタンタン

逃散能（フガシティー）（fugacity）

実在気体の性質を論ずる際，ルイスが導入した熱力量．理想気体では自由エネルギー変化dG=RTln pが成立する．この形を実在気体でも保持するようdG=RTln fとして導入された補正圧力fを逃散能という．圧力pが低いところでf/p→1となる．

等軸晶（equiaxial crystal grain）

構成結晶粒の形状も方位も等方的な多結晶組織．柱状晶＊，樹枝状晶＊の対語．

等軸晶系（cubic system）＝立方晶系

等時焼鈍（isochronal annealing）

焼鈍時間は同一で，その温度を何段階か変えて行う焼鈍．この方法で測定した物性値から活性化エネルギー＊などを求める．↔等温焼鈍

透磁率（permeability）

磁場そのものの空間，あるいはその中に置いた物質に生じる磁束密度＊をその時の磁場で除した値（μ=B/H）．物質についていえば，常磁性＊体と反磁性＊体では物質常数であるが，強磁性＊体では磁場の強さで変化し，初透磁率＊，最大透磁率＊，可逆透磁率，微分透磁率，複素透磁率などで考える．通常，真空の透磁率（$μ_0=4π×10^{-7}$ヘンリー／メーター（H/m））で除した相対透磁率$\bar{μ}$（無次元数）を用いる．単位体積あたりの量．帯磁率（χ）との関係は，$μ=χ+μ_0$，$\bar{μ}=\bar{χ}+1$である．→帯磁率

同素体（allotropy）

同一元素で結晶構造が異なる単体同士をいう．温度変化で変わる（変態*する）もの（灰色スズ*と白色スズ*）と，同じ温度域でも，それぞれ存在するもの（黒鉛*とダイヤモンド）もある．元素以外一般の物質については多形*（polymorphism）の語が用いられる．

同素変態（allotropic transformation）
　　同素体*間の変態（相転移*）．→格子変態

銅損（copper loss）
　　変圧器，モーターなどにおける電力損失の一つ．銅巻線の抵抗による熱等への損失．電力損失には他に鉄損*，迷走負荷損がある．

動的回復（dynamic recovery）
　　加工温度が高い時や，低温（常温）でも，加工率が大きい時，加工中に起こる回復*．らせん転位の交差すべり*や，刃状転位*の上昇運動*による消滅が起こるようになると応力-ひずみ曲線が放物線となる（硬化が鈍るだけで，硬化は続いている）．このこともいう．↔静的回復

動的再結晶（dynamic recrystallization）
　　加工温度が高い時，加工中に起こる再結晶*．

動的熱機械試験→熱機械測定

等電点（isoelectric point）
　　水溶液中の固体表面の電荷は両性物質の場合pH*により，酸性側で正に，アルカリ性側で負に帯電する．この表面電荷がゼロになるpHを等電点という．懸濁物質の凝集，分散に関係する．

導電用アルミニウム合金（aluminium alloy conductor）
　　アルミニウムは，電線用に張力を持たせるための合金化や複合化で，導電性が一部分そがれるが，軽くて導電性も高いという長所をもっている．ヨーロッパでは，アルドライ*，アルメレック*などのAl-Mg-Si合金系で，引張り強さ31.5 kgf/mm^2，導電率52％IACS（→パーセントIACS）などがあり，アメリカと日本は鋼線その他による複合強化で，18 kgf/mm^2，61％IACSのものや，25 kgf/mm^2，58％IACSのものなどが使われている．→AAAC電線，AAC電線，ACAR電線，ACSR電線

導電率＝電気伝導度

等方性（isotropic）
　　物質の性質が方向による違いを持たないこと．異方性*の対語．結晶では多結晶体において近似的に成り立つのみで，等方性物体は一種の理想化である．

等方性磁石（isotropic magnet）
　　結晶粒の方位・形状がランダムに分布し，磁気異方性*を持たない磁石．使用方向を選ばないが，性能（最大エネルギー積*）は低い．

等方的弾性体（isotropic elasticity）
　　弾性定数*が方向による差異を持たない物体．結晶の方位がランダムであるような多結晶金属とか岩石は近似的に等方的弾性体といえる．→弾性異方性

動力学的回折理論（dynamical theory of diffraction）
　　X線，電子線の回折において，これらの波が試料中で繰り返し散乱を受け，元の透

過波と散乱波との間でやりとりがある場合の理論．像コントラストの詳しい議論ができる．これに対して，試料中の1回の散乱で像を説明するのを運動学的理論 (kinematical theory) という．

当量 (equivalent)
化学当量 (chemical equivalent) と同義に用いられる．酸素1/2モルと化合する元素の質量をもってその元素の化学当量 (略して当量) とする．原子量をその原子価で割った値に等しい．中和反応では酸として働く1当量の水素を含む酸，およびこれを中和する塩基の量をいう．酸化還元反応においては，水素1当量を含む還元剤の量，およびそれに相当する酸化剤の量を化学当量という．

当量電導度 (equivalent conductivity)
長さl，断面積Aを持つ長方体の電解質溶液の電気抵抗Rは，R=$(l/\kappa)(l/A)$で表される．ここでκは電気伝導度 (S/m) である．電導度は体積一定の溶液の比較には都合が良いが，溶液の種類による相違を比較するにはイオン当量を一定にすることが必要となる．そこで$1m^3$中に溶質1kg当量 (kg単位で表したモル質量をイオン価数で割った値) を含む溶液の電導度を当量電導度といい，この値を比較に用いる．当量電導度をΛ，1kg当量の電解質を含む溶液の体積をV_eとすると$\Lambda = \kappa V_e$の関係がある．→コールラウシュの法則

とがた (塗型) (washing)
鋳物*の焼きつきを防止し，鋳肌の改善や鋳造欠陥*の防止のために，鋳型*の表面に塗る被覆材，またはそれを塗ること．黒鉛，雲母などを水やアルコールに混ぜたものを用いる．

毒重石 ($BaCO_3$) (witherite)
バリウムの鉱石．炭酸塩が主成分．もう一つの鉱石である重晶石*と共に，アメリカ，ドイツ，中国などに産する．

特殊黄銅 (special brass)
黄銅の性能向上のために第三元素を添加した黄銅．鉛黄銅*，スズ黄銅*，鉄黄銅 (デルタメタル*)，マンガン黄銅*，アルミニウム黄銅*などがある．

特殊強靭鋼 (special tough steel)
0.3～0.4％Cの中炭素鋼に，Ni, Cr, Mn, Moなどの強化元素を添加し，焼入れ・焼戻し (高温) で，微細なソルバイト*組織を主とする強力な構造用鋼．

特殊鋼 (special steel)
主として日本と欧州で採用されている区分で，普通鋼以外の鋼をいい，合金鋼はこれに含まれる．ただし合金でなくても特別な品質を保証されている鋼も特殊鋼に含めている．すなわち，どちらかといえば用途で呼ばれていることが多い (例，工具鋼*，耐熱鋼*)．一般には，引張強さが60 kgf/mm^2以上の高張力鋼*と50 kgf/mm^2以上でブラッセル関税条約の合金鋼に相当するものは特殊鋼に含めている．日本鉄鋼協会標準化委員会では合金鋼のほかに次の条件に該当する炭素鋼を特殊鋼に含めることにした．
1) 規格下限のC含有量が0.6％以上のもの．
2) 規格下限のC含有量が0.6％未満でも次のいずれかを満足するもの．(イ) 規格に

キルド鋼*であることが規定されているか,明記されていなくてもSi量が範囲で規定されており,かつその下限から判断してキルド鋼であるもの.(ロ)化学成分でC,Si, Mn, P, Sの含有量がともに規定されているか,C量が範囲で規定され最大最小値の差が0.06%以下であるか,不純物としてのPとSの含有量がともにに0.035%以下であるもの.(ハ)内外品質がチェックあるいは誤差として定量的に一つ以上規定されているもの.
3) Mn系のH鋼*(焼入性を保証した構造用鋼材)
4) 硫黄および硫黄複合快削鋼

なお,日本鉄鋼連盟では次に示す重量%の鋼を特殊鋼扱いとしている. 0.3<Ni, 0.3<Cr, 0.1<Mo, 0.1<V, 0.3<W, 0.3<Co, 0.3<Al, 0.3<Cu, 0.1<P, 0.1<Ti.
→炭素鋼,鉄合金

特殊青銅 (special bronze)

Cu-Snに少量のZn, Pb, Pを添加したもの.Znを添加したものは,アドミラルティ砲金*といわれたり,鋳造で種々の機械部品となる赤色(せきしょく)鋳物*と呼ばれるものもある.Pb添加は切削性向上のためである.Pの添加は,リン青銅*としてよく知られている.ばね性,耐摩耗性,耐食性が向上する.

特殊鋳鉄 (special cast iron)

特殊元素の添加により機械的性質の改善,耐熱,耐食性が増大した鋳鉄*の総称.添加元素として, Ni, Cr, Cu, Mo, Al, Ti, Vなどがある.組成により低合金鋳鉄と高合金鋳鉄に,また組織によりパーライト系,マルテンサイト系(ベイナイト系),レーデブライト*系(白銑),オーステナイト系,フェライト系に分けられる.主なものを挙げると,Ni鋳鉄はシリンダーライナー,ソーダ煮詰鍋,クランク軸用など, Cr鋳鉄は低Crが耐摩耗鋳物,高Crが耐熱,耐酸,耐摩耗鋳物, Ni-Cr鋳鉄は耐酸・耐海水鋳物, Ti鋳鉄は耐摩耗用, Cu鋳鉄はシリンダーブロック,歯車,ディーゼルエンジン,シリンダー,金型,ブレーキドラム用,高Si鋳鉄は耐熱,耐食用に用いられ,その他オーステナイト鋳鉄*,アシキュラー鋳鉄*,合金チルド鋳鉄などがある.

特性X線 (characteristic X-rays)

固有X線,単色X線ともいう.高エネルギーの電子線,イオンビームで励起された内殻電子の空席に外殻電子が遷移する時に発生するX線で,各元素に固有の線スペクトルを持ち,その波長が原子番号に従って系統的に変化していく(モーズレーの法則: H.G. J.Moseleyが1913年発見).フィルターを使うと特定波長のX線が得られ, X線回折*などに使われる. X線で励起されて出る時は,蛍光X線*という.

特性温度 (characteristic temperature)

①=デバイの特性温度*.②強磁性体*の常磁性キュリー温度(漸近キュリー温度)に相当するものを強誘電体でこう呼ぶことがある.→キュリー・ワイスの法則

ドクターブレード法 (doctor blade method)

IC*基板など薄くて大面積のセラミック基板の製造に用いられる重要な湿式成形技術で.一定速度で送られるポリエステルなどのフィルムの上に,セラミックスの原料粉末に分散剤,可塑剤,結合剤,溶剤などの有機成形助剤を加え,均一に混合し

たスラリーを流し出し，その厚味をドクターブレードと呼ばれるフィルム面に垂直な金属製の刃で調整する．均一で極めて薄い厚さのスラリーをのせたフィルムは乾燥炉を通って溶剤が除去され，丈夫なグリーンシートが得られるので，これを切断または打抜き加工して焼成すると薄物のセラミックス基板となる．

床吹法（ore-hearth process）

高品位の方鉛鉱（PbS）の酸化焙焼反応により PbS を PbO とし，この PbO をさらに PbS と反応させて Pb を得る方法．

土酸金属（earth acid metals）

Vb 族の V, Nb, Ta の 3 元素をいう．主酸化数 5 で，この酸化物が酸性を示すのでこの名がある．なお earth（土類）とは Al, Zr, Y のように還元し難い金属酸化物を指している．

トタン（zinc plating steel sheet）

トタン板ともいう．亜鉛めっき鋼板＊のこと．本来は亜鉛を意味するポルトガル語のツタンナガ（tutanaga）が日本に伝わる際にトタンとなまって聞き取られたのが語源．その後，トタン板を意味するようになった．→溶融めっき

トッコ法（TOCCO process）

TOCCO は The Ohio Crankshaft Co. の略．鋼の高周波焼入れ＊のこと．高周波は表層のみを流れるから表面硬化に都合が良い．短時間で終わる表面の加熱すなわち，オーステナイト化が十分であるよう T-T-A 曲線＊を用いる．

トップダウン（ナノ技術の）（top down）

電子素子のサイズについての発展段階を年代的にみると 1940 年代は mm サイズから始まり，μm サイズ，nm サイズと微小化の方向に進展している．このように「上から削って微細化していく」技術傾向をトップダウン技術という．この反対の見方がボトムアップ技術である．↔ ボトムアップ

ドナー（donor）

半導体＊を極微量の添加元素で n 型，p 型半導体＊にする時，前者では，電子を与える（donate）ものという意味で添加元素，あるいはその作用をするものをドナーという．エネルギー準位図では，伝導帯に近い禁制帯＊内に準位ができ，これをドナー準位（donor level）という．同様に後者では，電子を受け入れる（accept）ものという意味でアクセプターという．アクセプターは価電子帯から電子を取ってその跡に正孔（→空孔②）を作る．アクセプター準位（acceptor level）は，価電子帯に近い禁制帯内にできる．Si, Ge などの真性半導体に対しては，ドナーは 5 価または 6 価の微量添加元素，アクセプターは 3 価または 2 価のそれでできる（両方をまとめて不純物準位（impurity level）という）．一方，イオン性の強い化合物半導体では，陰性元素（元来電子を受け取っていた元素）の空格子点＊はドナーに，金属性元素の空格子点はアクセプターになる．

トーピードカー（torpedo car）

ボギー台車に中心部は円筒，両端は円錐形の容器を載せた車両．高炉＊から出銑された溶銑を製鋼工場まで運ぶのに使用される．溶銑輸送と混銑炉＊の機能を果す．

ドーピング（doping）

半導体の特性を求めるものにするため，ドナー*またはアクセプター*(担体)不純物をゾーンメルティング*や拡散法によって意識的に半導体に加えること．

トポケミカル反応 (topochemical reaction)
反応界面が反応物の外形と相似の形でありかつ反応界面が明瞭な場合，反応はトポケミカルに進むという．例えば固体粒子の大気中での酸化反応が，まず酸化膜が生成し，次にこの酸化膜を通って酸素が拡散し次第に酸化膜が厚くなって酸化が中心まで進行する場合，酸化膜が十分緻密であれば反応界面は明瞭になるが，生成した酸化膜に気孔や割れなどがあれば反応は局部的に進行し相似形な反応界面は得られない．したがって前者はトポケミカルであるが後者は異なる．

トーマス転炉法 (Thomas convertor)
塩基性転炉 (basic convertor) 製鋼法ともいう．塩基性酸化物 (CaO, MgO, Al_2O_3 等) を主体とする耐火物を裏張りに用いた転炉*による製鋼法．S.ギルクリスト・トーマスが始めた (1878年) のでこの名がある．これでベッセマー転炉の欠点である含リン鉄鉱石からの銑鉄も鋼にできるようになった．→塩基性製鋼法，↔ベッセマー転炉法

トムソン効果 (Thomson effect)
不均一な温度分布を有する金属に電流を流すと，ジュール熱以外に熱の発生・吸収が起こる現象．簡単に，温度差ΔT，電流I，単位時間に発生する熱量Qとすると，$Q=\theta \cdot I \cdot \Delta T$．$\theta$をトムソン係数または電気の比熱という．Cu, Znで正，Fe, Ptで負になる．Pbではほとんど0なので熱起電力の比較の時の基準とされる．トムソン効果，ゼーベック効果*，ペルティエ効果*をまとめて熱電効果という．→熱起電力

トライボロジー (tribology)
摩擦学．英語は"friction"だが，ギリシャ語の"tribos"が語源．摩擦，潤滑*，摩耗*・摩滅などについての学問分野．

ドラッグ効果 (drag effect)
転位が運動すると，その周辺で雰囲気を作っていた不純物(溶質)原子も平衡状態を取り戻そうとして動く．これを転位から見て，不純物原子の雰囲気を引きずって動くこと，及びそれにより抵抗を受けることをいう．→転位と溶質原子の相互作用

トランプエレメント (tramp element)
鋼のそれぞれの特殊性を出すために添加された鋼中の微量元素．たとえばNi, Cr, Mo, Cu, Snなどのこと．鋼のリサイクルではじゃま物となる．→金属リサイクル

トリチウム (tritium)
三重水素ともいう．陽子1個と中性子2個の原子核を持つ質量数3の水素の放射性同位元素*．半減期は12年．宇宙線による核反応などで大気上層でつくられ雨水の中などに含まれる．水素の可視化などで利用される．

トリップ (TRIP) 鋼 (TRIP steel)
変態誘起塑性鋼 (transformation induced plasticity steel) の略称．オーステナイト*とマルテンサイト*の混合組織なので，外力により変形すると，オーステナイトが徐々にマルテンサイトに変態し，その際の体積変化により，応力集中が緩和される．それによる高強度化で，著しく大きな絞り，伸びが得られる．430～455℃の

温間加工で，加工率が53％から84％になると，降伏強さが122 kgf/mm² から155 kgf/mm² に，引張り強さが140 kgf/mm² から196 kgf/mm² に増加し，絞り約50％，伸び約40％が得られる．→変態誘起塑性

ドリフト（drift）

(1) 一般には，原子のブラウン運動や拡散過程のような，また，電子ではフェルミレベル*でのランダムな運動のようなミクロな自由度に，外力・電場などがかけられた時に生じる粒子の運動のこと．金属の電子では，他の電子，格子の陽イオン，不純物，格子欠陥などの存在を前提とした場合の，電場による電子の一定速度の運動．ドリフト速度 v は電場 E に比例し，ドリフト移動度 (mobility) μ によって $v=\mu E$ と表される． μ は散乱緩和時間 τ と有効質量 m ，電荷 e から $\mu=(e\tau)/m$ であり，電子密度を n とすると，電流密度 J は， $J=ne\mu E=(ne^2\tau E)/m$ ．電気伝導度* σ と電気抵抗率* ρ は， $\sigma=1/\rho=(ne^2\tau)/m$ で表される．

(2) 同様に，応力下での拡散（例えば，拡散クリープ*）は方向性を持ち，これもドリフトという．この場合のドリフト速度は，バーガースベクトル*と自己拡散*係数，かけられている応力で表され，クリープ速度の計算が行われている．

(3) 測定器の指示値が，測定対象や条件を一定にしておいてもずれていくこと．

取鍋（とりべ）（ladle）

内部を耐火物で覆った鉄板製の桶．溶融金属の運搬，一時保存に使う．目的により，大きさ・構造は多様．「とりべ」が慣用的．

取鍋精錬（ladle refining）

転炉*から出た溶鋼を取鍋などに受け，脱酸，脱炭，脱ガスや介在物の形態制御，合金添加などの仕上げ精錬を行うこと．このような炉外精錬を二次精錬といい，このために加熱装置を備えたり，また真空や不活性ガスなど雰囲気を制御できる特殊な取鍋などが利用される．

取鍋脱ガス法（ladle degassing）

取鍋*に受けた溶鋼を真空容器に入れるか（DH法*），不活性ガスを吸い込んで（RH法*），酸素，水素，窒素を除くこと．→脱ガス

トリメタル（tri–metal）

アメリカの銀貨用3層金属．Ag–10Cu合金が表裏面に使われている．

トルースタイト（troostite）

焼戻しトルースタイト，二次トルースタイトともいう．焼入れマルテンサイト*を約400℃に焼戻したときに得られる組織で，フェライト*（ α 鉄）と極微細なセメンタイト*との混合組織で黒く見える．硬さと靭性をもつので高級刃物などに用いられる．以前は，焼入れを500℃付近で停止し，A_1 変態*を起こさせた微細なパーライトを一次トルースタイト，焼入れトルースタイト，結節状トルースタイトなどといったが，現在では微細パーライトという．→ソルバイト

トルートンの法則（Truton's rule）

液体の蒸発熱 ΔH_v と沸点 T_v の間に $\Delta H_v/T_v \fallingdotseq 90 \text{J}\cdot\text{mol}^{-1}\cdot\text{K}^{-1}$ が成立するという実験法則．沸点における蒸発エントロピー変化は会合や解離が起こる場合を除いて，どの物質もほぼ等しいことを示している．

ドルン・ベルトマンの式（Dorn–Weertmann's formula）

定常クリープ*の速度（$d\varepsilon/dt$）の，温度－応力依存性の式．$d\varepsilon/dt = A\sigma^m \cdot \exp(-Q/RT)$．Rは気体定数，$m \fallingdotseq 5$である．Qは自己拡散*エネルギー，Aは定数．

トレーサー法（tracer technique）

構成原子あるいは物質中の不純物の移動や挙動を知るために，ある物質を添加しその物質（トレーサー）を追跡する方法．トレーサーとして放射性同位元素*を用い，その放射能を測ることが多いが，最近は放射性廃棄物処理問題であまり使われない．拡散*，摩耗*，反応過程などを研究する方法．

トロイ ユニット（troy unit）＝金衡

ドロー ベンチ（draw bench）

直線状のまま引き抜き加工*，線引き加工*を行うために，ダイス*を通した材料をつかんで，引張る装置．

ドロマイト（dolomite）

① $CaMg(CO_3)_2$の化学組成をもつ鉱物．苦灰石，白雲石ともいう．

②主成分が生石灰（CaO）とマグネシア*（MgO）とからなり，これにケイ酸，アルミナ*，酸化鉄などを少量含有した塩基性耐火材料．これを材料として塩基性耐火煉瓦を作る．→塩基性製鋼法

トンネル拡散（tunnel diffusion）

トンネル効果*でエネルギー障壁を通過する拡散．拡散速度が大きい．金属，例えばNi中での水素の拡散を，重水素・三重水素との比較でみると，低温で水素の拡散が非常に大きくなっている．これはトンネル拡散とみられている．

トンネル効果（tunnel effect）

量子力学的対象ではエネルギー障壁よりも低いエネルギーのものでも，ある確率でそれを通過できること．

トンネル磁気抵抗効果（tunnel magnetoresistance effect:TMR）

絶縁層をはさんだ，二つの強磁性層間に流れるトンネル電流の磁気抵抗効果*．二つの強磁性層の磁化の方向差によって磁気抵抗が生じ，IrMn / CoFe / a–Al–O / CoFe / NiFe (a:アモルファス) のスピンバルブ型*で，最高約50％（室温）の磁気抵抗効果が得られている．

内生的介在物 (indigenous inclusion)

鉄鋼中の非金属介在物*で, 脱酸 (脱硫) 反応の結果生じたもの. 例えば, Al_2O_3, MnO, SiO_2, MnS, TiS, CaS など. これに対して快削性のために意識的に添加された Mn あるいは取鍋の耐火物由来のものなどは, 外来性 (exogenous) 介在物といわれる.

ナイタール (nital (etchant))

鉄鋼の顕微鏡組織の観察用腐食液*. 1〜5%硝酸を添加したエチルまたはメチルアルコール溶液. 炭素鋼, 低合金鋼, 鋳鉄などに広く用いられ, パーライトが黒く, フェライト粒界もよく見える. ピクラール*との混合液 (1:1) もよく用いられる.

ナイトラロイ＝ニトラロイ

内部エネルギー (internal energy)

物質や場が, マクロな運動をしていない時に, その系が持つエネルギー. 熱力学第1法則は, これが状態量*であることを主張している. 物質の比熱* (定積) を温度について積分したものは内部エネルギーに相当する.

内部応力 (internal stress)

一般的には, 加工後に残る材料中の応力 (残留応力*) をいうことも多いが, 転位論では特に, 「非熱的応力 (athermal stress)」のことを慣習的にこういっている.「非熱的応力」とは, 転位同士の相互作用のように転位に対する抵抗が (1) 温度に依存せず, (2) 応力範囲が広いものをいう. パイエルスポテンシャルとか, 置換型不純物の抵抗は「熱活性化過程」であり, 温度に依存する短範囲の応力で, これを「熱的応力 (thermal stress)」「有効応力 (effective stress)」という.「金属を変形するのに要する応力 (τ)」＝「内部応力 (τ_i)」+「有効応力 (τ_e)」は良く使われる. ただし τ_i, τ_e は独立とはいいきれない. ↔有効せん断応力

内部くびれ (internal necking)

延性破断面の中心部にできる, いくつかの小さなくびれ*. 延性破断面は全体がくびれて切れるが, 最後が一点にまでくびれるとは限らず, 内部にも空洞ができ, 小さなくびれがいくつかできて切れる. →延性繊維状破断面

内部酸化 (internal oxidation)

主成分金属より酸化しやすい合金元素や析出物が, 拡散してきた酸素によって合金内部で酸化物となり, 粒界に析出したり, 分散粒子として析出すること. 後者は分散強化合金*の一製法.

内部磁場 (internal field)

一般には物質内部の磁場の意味であるが, 特に原子核と電子系が原子核の核磁気モーメントに作用する磁場を指す. 核磁気共鳴*やメスバウアー効果*で測定される.

内部摩擦 (internal friction)

材料に振動的な力学エネルギーを与えた時, 空気抵抗や支持部の摩擦でなく, 材

料そのものの内部構造的な原因でエネルギーが熱となって失われる現象とその機構をいう．中国風に「内耗」といわれることもある．エネルギー消失の機構は，格子欠陥，不純物，結晶粒界などとそれらの相互作用が考えられ，さまざまな温度，非常に広い振動数範囲において(温度と振動数は相関していることが多い)，さまざまな内部摩擦ピーク*が観察され，その機構と共に格子欠陥や不純物などに関する情報が得られる．模型的には擬弾性*(図も参照)と考えられる．→内部摩擦ピーク

内部摩擦を単純に振動の減衰とみる時は，外から与えた振動を停止した後の自由振動を観測し，その対数減衰率(δ，自然対数)をその指標とする．また与えた振動外力に対する振動ひずみの時間的遅れに注目する時には，位相の遅れ角(ϕ：ラジアン)でみる．さらに，与える振動の振動数を変化させ，共振させた時の共振の鋭さからみる時には，共振の半値幅($d\omega$)または共振の鋭さ(Q，またはその逆数Q^{-1})で表す．これらの間には，$\delta/\pi = \tan\phi = d\omega/\omega_r = Q^{-1}$の関係があり，多くの場合$Q^{-1}$で表示される($\omega_r$：共振振動数).

また，以上を緩和過程とみなした場合，$Q^{-1} = \Delta \cdot \omega\tau / [1+(\omega\tau)^2]$($\Delta$：緩和強度，$\omega$：角振動数，$\tau$：緩和時間)と表され，$Q^{-1}$のピークは，$\omega\tau = 1$に現れる．緩和時間は温度の関数で，$\tau = \tau_0 \cdot \exp(E/kT)$(ただし，E：活性化エネルギー，$k$：ボルツマン定数，T：温度)と表され，振動数と温度が関係づけられる．活性化エネルギーは内部摩擦の起源・機構についての重要な手がかりを与える．

測定法も，捩り振子法(Hz領域：δ)，電磁振動法(kHz領域：ϕ，Q^{-1})，超音波減衰法(MHz領域：δ)をはじめ，最近位相遅れを直接測定する方法($10^{-3}\sim10$Hz)も開発されている．

内部摩擦ピーク(internal friction peak)

現象的には，緩和型(特定振動数・温度でピークが現れ，振動数と温度には正の相関がある)，共鳴型(特定の振動数で生じ，温度・振幅依存性は小さい)，静的履歴型(振幅の増大と共にピークも大きくなる)の三種類がある．機構的に分類すると，(1)溶質原子による緩和：スネークピーク*，ゼナーピーク(置換型不純物*原子の位置変化)，(2)転位の運動(低応力範囲)：グラナト・リュッケピーク(i)(両端が転位網の分岐，支柱転位*で止められた転位弦(→転位の弦模型)の振動：非緩和共鳴型)，ボルドニーピーク*(緩和型)，(3)転位と点欠陥の相互作用：橋口ピーク(冷間加工ピーク*)，グラナト・リュッケピーク(ii)(転位弦がその中間の不純物などのピン止めと相互作用しつつ運動：非緩和静的履歴型)，転位がパイエルスポテンシャルを乗り越えての運動(非緩和静的履歴型)，スネーク・ケスターピーク*(緩和型)，(4)粒界すべりピーク(緩和型)などである．→内部摩擦

ナイモニック(nimonic)

Mond Nickel社(英)，Wiggin & Co.社(英)が開発したNi基超耐熱合金で，Ni-Cr系，Ni-Cr-Fe系，Ni-Cr-Ti系などがあり，耐酸化性と抗クリープ性が優れている．強析出硬化型で，Ti + Al量の増加により，時効硬度，ラプチャー強度の増大を図り，他方Cr量を減少させ，耐酸化性は多少減少するが，その分他元素を増加させて，強度を高めるなどの改良が加えられており，多品種の合金が開発されている．ジェットエンジン，ガスタービンのブレード，ミサイル部品などの用途がある．

ナイロン6-クレイハイブリッド (nylon6-clay hybrid: NCH)
ナイロン6と粘土鉱物のモンモリロナイトとのナノサイズの複合材料. →インターカレーション

中子 (core)
鋳物＊の中空部分をつくるために, 主型 (おもがた) とは別に造られる. 通気性と強度が必要. →鋳型

ナック (NaK)
K-23.3Naの共晶合金で, 融点が-12.6℃のため, 室温で液体であり, 熱伝導性がよいので, 原子炉の冷却用液体金属として利用されている. 沸点：約784℃, 密度：0.847g/cm^3 (100℃), 融解のときの容積変化: 2.5%.

ナトリウム (sodium)
元素記号Na (ラテン名Natrium), 原子番号11, 原子量22.99のアルカリ金属. 銀白色の金属で密度0.971g/cm^3 (20℃), 融点97.81℃, 空気に触れるとただちに酸化され, 水と激しく反応する. 自然界にNaClをはじめ各種の化合物として存在する. 熱伝導性もよいので, 冷却用液体金属として, 単体で, またカリウムとの合金で使われる (→ナック). 高速増殖炉「もんじゅ」の冷却材として使われたが, 試験運転中の1995年, ナトリウム洩れによる火災事故を起こして運転停止となった. かつてナトリウムは生産の60%がアンチノック剤である四エチル鉛の製造にあてられていた. ナトリウム化合物は, 紙, ガラス, 石けん, 繊維, 石油化学, 金属工業などに重要で, 用途は多い. ナトリウムの炎色反応を利用して高速道路やトンネル内部の照明用に使われている.

ナトリウム還元法 (sodium reduction process) ＝ハンター法

ナノインデンテーション (nanoindentation)
ナノメートルオーダーの押し込み法による薄膜の力学的性質の測定法. 微少応力により薄膜に圧子を押し込み, そのナノメートルオーダーの変形をキャパシタ・センサーで測定し, 膜のヤング率など力学的性質を評価する. 測定温度は室温に限られる.

ナノガラス (nano-glass)
ナノガラス・プロジェクト研究の目標物質. 無機非晶質材料の分子間構造を制御して分子を改変させることにより新機能を付加したり, 改質した分子を材料表面や材料内部に並べる技術の開発を行い, 応用に結びつける研究対象.

ナノクラスター (nano-cluster)
数個から数百個程度の原子や分子を会合させると, ナノメートルサイズの超微粒子ができる. これを総称して「ナノクラスター」という. マイクロクラスター＊を言いかえたもの.

ナノグラニュラー結晶材料 (nanometre size granular crystalline materials)
ナノ結晶材料＊とあまり区別なく用いられるが, 一方が微粒子で他方のマトリックス中に分散しているような材料や, ナノサイズの結晶粒の間が, 別の相, 特に, 非金属の絶縁相で隔てられているような構造のものをいう. 電気抵抗が高く, 例えば, 高周波磁性に優れる.

ナノ計測 (nano-measurement)

ナノメートルレベルでの分解能と 10^{-9} の確からしさを目指す測定.

ナノ結晶材料 (nanometre size crystalline materials)

アモルファス材料の結晶化過程の研究が一つのきっかけとなって,ナノメートルサイズの多相物質がさまざまに研究されている.例えば,永久磁石材料の内部に軟質磁性相を析出させて,交換相互作用が働くようにしたスプリングバック磁石*など,新しい機能素子が多種考案されている.

ナノ コーティング (nano-coating)

粉体表面には化学反応を速める活性点があり,粉体と共存する他の成分を劣化させる場合,粉体表面をできるだけ薄くコーティングして表面のマイナス面をなくし,さらに望みの性質を表面に与え,機能性粉体に変えることがナノコーティングのねらい.具体的には気体のテトラメチルシクロテトラシロキサンというシリコーンの一種で,粉体表面を覆った後に重合させ,粉体表面に網目状分子膜ができ,さらに不飽和の結合手に機能性化合物をつける方法がある.応用例として高速液体クロマトグラフィ用の充填剤で,0.5nmのナノコーティングがなされている.

ナノ コーン (nano-cone)

ナノスケール物質の一種で,アイスクリームのコーンのような円錐状の形をしている.1998年に飯島らにより開発され,単層グラファイトからなる20nmの円錐構造体の集合体として作られた.炭酸ガスレーザー照射で大量合成が可能.窒化ホウ素(BN)でもナノコーンができる.→カーボンナノホーン

ナノ コンポジット (nano-composite)

ナノメートルオーダーの微細な粒子をポリマーマトリックス中に均一に分散して形成した複合材料.異種材料の分子オーダーでの複合化とその構造制御を目的としたもので,従来のマイクロメートルオーダーの複合材料技術とは異なる.

ナノ シート (nano-sheet)

ナノスケール物質の中で二次元の形態をもつもの.炭素では厚さが数nmの微細な薄膜(カーボンナノシート)が合成されている.

ナノ チューブ (nano-tube) →カーボンナノチューブ

ナノ メタル (nano-metal)

金属母材とナノメートルサイズの微粒子を100nm以下のナノメートルスケールで制御して作る複合材料で,普通の組織,構造をもつ同じ組成の合金より特別に優れた性能をもつ材料をナノメタルと総称している.

ナバロ・ヘリングクリープ (Nabarro-Herring creep)

拡散クリープ*のひとつ.高温・低応力での定常クリープは個々の原子の格子粒内拡散によって生じる.この機構の提案者の名前にちなむ.格子拡散クリープ*,空孔クリープともいう.→クリープ機構

ナフィオン (nafion)

70年代にデュポン社(米)が開発したフッ素樹脂.イオン交換容量が大きく,燃料電池*のイオン交換分離膜として採用されたが,さらに食塩水の電気分解によって,塩素と水酸化ナトリウムを製造するイオン交換膜として広く使われるように

なった．→固体高分子型燃料電池

鍋炉（pot furnace, pan furnace）

溶かすべき金属・合金を入れる部分が鍋型で，通常下から加熱して用いる．potとpanの区別は相対的な深い・浅いに対応している．Sn, Pb, Zn, Al合金など比較的融点が低い合金の溶解に用いられる．

生型（green sand mould）

水分を含んだままの砂と粘結材でつくった鋳型．造形能率が良く，大量生産向き．ただし，精密さには欠ける．

生鉱吹（pyritic smelting）

塊状銅鉱石のシャフト炉溶錬で硫化鉄の酸化発熱を主熱源とする操業方式．現在では鉱石を予備処理して部分脱硫しコークスを用い，羽口から送風して溶錬する還元吹が行われる．

なまこ鉛（pig lead）

なまこの形状になった鉛地金．

鉛（lead）

元素記号Pb，原子番号82，原子量207.2の銀黒色の金属元素．密度11.35g/cm^3 (20℃)，融点327.5℃．主要鉱石は方鉛鉱（PbS）で，焙焼*により酸化物とし，高炉で炭素により還元して粗鉛とする．精錬には湿式と乾式があり，湿式はベッツ法*である．乾式は粗鉛を溶融状態で脱銅し柔鉛*とする．次いで，脱銀，脱亜鉛，脱ビスマス，仕上げ精製，鋳造と進む．これらの中には，ハリス法*，パークス法*など興味深いプロセスがある．用途の約4割は蓄電池用で，鉛管，はんだ*，低融点合金*，放射線の遮へい材，光学ガラス，クリスタルガラス，釉，顔料，合金元素として重要である．鉛は人体に有害で，かつては，鉛入りの容器にそそいだワインやジュースから酢酸鉛が溶けたり，白粉の原料の鉛白から鉛が体内に入ることによって脳疾患や神経障害を起こすことが多かった．有機化合物ではガソリンのアンチノック剤として四エチル鉛，四メチル鉛が使われたが，大気中の鉛汚染が問題となり，日本では1970年に禁止された．水道の鉛管は無害といわれていたが，水のpHが下がると鉛が微妙に溶け出す．→鉛合金，鉛蓄電池用材料

鉛黄銅（leaded brass）

黄銅に鉛を1～4%程度添加したCu–Zn–Pb合金で，特に被削性に優れている．→快削黄銅

鉛快削鋼（leaded free cutting steel）

鉛0.1～0.3%を添加した快削鋼*．鉛は他の性質に影響なく快削性*を高める．特に硫黄と複合添加したものは非常に快削性がよく超快削鋼*といわれる．

鉛基軸受合金（lead–base bearing alloy）

強度を持たせるため，Sbを添加したPb–Sb–Sn系合金が一般的で，バビットメタル*，ホワイトメタル*と呼ばれている．Pb–Ca系合金はバーンメタル*といわれている．

鉛合金（lead alloy）

鉛合金は，鉛蓄電池*，鉛基軸受合金*，活字合金*，ケーブルシース用合金（Pb–

Sb-Sn系),化学工業,光学ガラス,クリスタルガラス,釉顔料,建築用耐酸・耐湿用板材,鉛管用(純Pb),ターンシート*などが主な用途である.

鉛青銅 (lead bronze)

Cu-Sn-5～19Pb三元合金で鋳物用.高温での潤滑性,耐焼付性,防食性や耐衝撃,疲れ強さ,抗圧力などが優れ,衝撃をともなう高荷重の中・高速用滑り軸受,摺動部品などに用いられる.

鉛蓄電池用材料 (material for lead battery)

鉛蓄電池の電極板はグリッド*といわれ,鉛の板・棒材を格子状に組み,その間に活物質を塗り込める.その強度,硬度を保持するため,通常Pb-Sb合金が用いられ,組成はPb-7～12Sb-0.1～0.5Snで,As, Agなどを機械的性質や耐食性改善に添加する.活物質*は,陽極に過酸化鉛(PbO_2),陰極には微粒鉛(Pb)で,電解液は比重が約1.215～1.280(20℃)の硫酸を約28～37%の希硫酸にして使用する.アメリカでは,グリッド用にPb-～0.1Ca-微量Sn合金が充電時の補水が省略できるとして,原子力潜水艦などに利用されている.

鉛フリーはんだ (lead free solder)

環境問題,公害防止の観点から求められている鉛を含まないはんだ*.現在実用に近いものとしてはSn-Ag系合金で,これにBi, In-Bi, Cuを添加したものが考えられている.ぬれ性*,融点,強度などが課題とされ,開発が進められている.他には,Sn-Zn系,Sn-Zn-Al系も候補として検討されている.

軟化点 (softening temperature)

①ガラスや高分子では温度上昇とともに一気に溶けず,ある温度域を通過すると,流動性をもった軟らかな状態になる.この温度(域)をいう.高分子分野では粘度(粘性率)が10^{11}～10^{12}P(ポアズ)になる温度をいう.

②$4.5×10^7$P(ポアズ)の粘度を示す温度でリトルトン点(littleton point)とも呼ばれる.直径0.55～0.75mm,長さ230mmのガラス糸を熱したとき,1mm/minの速度で伸びる温度に相当する.

軟化なまし (softening)

加工硬化した材料を再結晶・軟化させるため,鋼においてはA_1変態点～650℃に加熱後徐冷する.加工の途中に行う時は中間焼鈍*という.軟化の目的によって,除ひずみなまし*,再結晶なまし*ともいう.

軟鋼 (mild steel, soft steel)

一般的には炭素含有量が0.18～0.30%の普通鋼.低炭素鋼(low carbon steel)ともいう(→LC-steel).特別極軟鋼,極軟鋼,軟鋼,半軟鋼などと分類することもある(→炭素鋼).焼入れ,焼もどしせずに用いる.加工が容易で,溶接性も良い.鋳鋼*としても用いられるが,その時は焼ならし*で微細組織化する.

軟質磁性材料 (soft magnetic material)

小さな磁場でも,容易に磁化され,ヒステリシス(磁気履歴曲線*)が小さく保磁力*も小さな高透磁率磁性材料のこと.ケイ素鋼板*,パーマロイ*,センダスト*,フェライト*などがあり,モーター,オーディオやVTRの磁気ヘッド,電力用トランス鉄芯などに用いられる.→磁性材料,↔硬質磁性材料,半硬質磁性材料

軟質超伝導体（soft superconductor）
　第一種超伝導体のこと．→第一種超伝導体・第二種超伝導体

軟窒化鋼（soft nitrided steel）
　比較的低温・短時間の窒化処理をした鋼．鋼をA_1変態点（Fe–C–N系は590℃）以下（530～570℃）で軟窒化処理すれば，熱処理変形が小さく，処理後の研削工程が省略でき，耐摩耗性，疲れ限度も向上するなどの利点がある．現在Cr–Al系軟窒化鋼（1.0Cr–0.2Al）が開発され，自動車部品鋳物やミッション・シンクロ機構部品，エンジンギア，クランクシャフト，電動工具ギアなどに利用されている．またCr–Mo–V系の窒化鋼も開発されており，部品製造のトータルコスト大幅低減が期待されている．→タフトライド法

軟ろう（soft solder）
　溶融点が450℃より低いろう材をいう．いわゆるはんだである．なお450℃より高いものを硬ろう*という．→はんだ，ろう材

に 2, ν

ニオブ（niobium）
　元素記号Nb，米国では，コロンビウム（columbium, Cb）と呼ぶことが多い．原子番号41，原子量92.91の金属元素．灰白色で体心立方晶．融点2470℃，沸点4700℃，密度$8.57g/cm^3$（20℃）．主要鉱物はコロンバイト*，タンタライト*（組成はともに$(Fe, Mn)(Nb, Ta)_2O_6$）．常にTaとともに産出する．鋼などの添加元素．超伝導用材料*，化学装置用耐熱合金，原子炉材料など，その他硬質磁性材料*，焦電材料，水素吸蔵合金*などへの応用がある．

ニカロ法（Nicaro process）
　ニッケルの湿式製錬法の一つ．ラテライト*などの酸化鉱を還元焙焼*して低品位の金属ニッケルとし，アンモニア浸出後煆（か）焼*して酸化ニッケルを回収する方法．

肉盛法（surfacing）
　耐食性，耐摩耗性を持たせるため，材料の表面に他の合金や鋼材を溶接などで厚く溶着させること．→ハードフェーシング

ニクロム（nichrome）
　Ni–Cr系，Ni–Cr–Fe系の電熱線用合金*のことで，もともとはDriver Harris社（英）の商標（15Cr, 25Fe, 1Si残Ni）．電気抵抗，耐熱性，耐食性が大きいため，線，条，帯，として加熱用に広く用いられている．Ni60～90％，Cr35～10％が代表組成．これにFeを20％位加え安くしたものもある．

二元合金（binary alloy）
　二成分合金のこと（→合金）．相律*から考えると，自由度（f）はf=c+2-p=4-p，すなわち温度，圧力の自由度を放棄すれば四相まで共存できるが，実用的には圧力一定（既定）と考えると，f=3-pで，三相平衡（温度も組成も変えられない．例えば共晶点），または二相が平衡して存在していれば，温度か組成の変化を考えることが

でき,状態図も温度－組成平面図で表現できる.

二次イオン質量分析(secondary ion mass spectrometry：SIMS)

表面微量分析法の一つ.試料表面に酸素,アルゴン,セシウムなどの一次イオンを照射し,放出する二次イオンの質量分析により微量の原子濃度を定量する.静的二次イオン質量分析(s-SIMS)は表面への一次イオンの照射を少なくして表面第一層だけが検出できるようにしたSIMSをいう.一次イオンによる表面撹乱があらわれる前の表面の情報を得ようとするもの.これに対して動的二次イオン質量分析(d-SIMS)は半導体単結晶中にドープされているppbまたはそれ以下の微量不純物濃度をμm以下の小面積で定量する分析法.

二次クリープ(secondary creep)＝定常クリープ

二次欠陥(secondary lattice defects)

急冷や放射線照射による過剰の原子空孔＊や,格子間原子＊(これを一次欠陥(primary defect)という)が移動・集合・転化してできた転位ループ＊,空洞,積層欠陥四面体＊などの欠陥.照射材などの性質を決めるもの.

二次結合力(secondary bonding force)

不活性ガス同士の結合,安定な分子間などの比較的弱い原子間の結合のこと.多くの場合,それら固有の永久双極子で発生した結合力.ファン・デル・ワールス力＊による結合のことだが,金属結合＊,イオン結合＊,共有結合＊の強い結合を一次結合＊というのに対することば.

二次硬化(secondary hardening)

①Mo, V, Nb, Ti, Wを含む合金鋼は焼戻し軟化曲線で焼戻し温度が上がると,一度軟化した後再び硬化する段階がある.このような現象を二次硬化という.合金成分の炭化物が析出するためである.

②面心立方単結晶に典型的な加工硬化第三段階(動的回復＊②の領域)のこと.加工硬化の二段階目ともみられるためにこう呼ばれる.応力－ひずみ曲線が放物線になる.

二次固溶体(secondary solid solution)

合金において固溶成分濃度が大きくなり,溶媒の純金属と結晶形の違う固溶体.中間相＊,金属間化合物＊という場合もある.一次固溶体＊の対語.

二次再結晶(secondary recrystallization)

異常結晶粒成長ともいう.一次再結晶＊が進行して結晶粒成長＊が停止した後,なお加熱を続けていると,ある潜伏期間の後,一次再結晶の優先方位＊でない特定の再結晶粒で,平均より粒径の大きいものが選択的に粗大化する現象.一次再結晶の粒成長が,析出物・介在物,一次再結晶集合組織＊,材料表面などで阻止され,粒界界面エネルギーを駆動力として起こる場合と,それら阻止要因に変化が生じて起こる場合がある.

二次すべり系(secondary slip system)

主すべり系＊以外のすべり系.シュミット因子＊が二番目に大きいすべり系をいうこともある.

二次ソルバイト(secondary sorbite)＝ソルバイト

二次電池 (secondary cell, secondary battery)

蓄電池ともいう．充電可能の電池．電池反応が可逆的に可能な電池．従来，鉛蓄電池やニッケル－カドミウム電池が使用されてきたが，環境問題から新たな二次電池の開発が注目されている．ニッケル－水素電池，ニッケル－金属水素化物電池，空気－金属水素化物などの二次電池の実用化が進んでいる．→ニッケル－水素電池，リチウム二次電池

西山の関係 (Nishiyama's relation)

29％Ni以上のFe-Ni合金，1.4％C以上の高炭素鋼の一部では，マルテンサイト変態に際して，元のオーステナイト格子 (a) と，マルテンサイト格子 (m) の，面と方向に次のような関係がある．すなわち，$(111)_a//(011)_m$，$[11\bar{2}]_a//[01\bar{1}]_m$．西山善次が1934年に提案した．→クルジュモフ・ザックスの関係

二重交差すべり (double cross-slip)

らせん転位＊は，転位線とバーガースベクトルが平行なので，それまですべってきたすべり面と傾斜したいろいろな結晶面でも，転位線が乗ってさえいれば，連続してすべりが可能である（これをglide planeといって，slip planeと区別することもある）．そこで，一度別のすべり面をすべった（交差すべり＊）後，またすべり面を変えて，元のすべり面と平行な面にも移れる．これを二重交差すべりという．→拡張転位，収縮

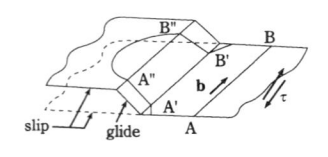

二重すべり (double slip)

二つのすべり系で同じ程度の大きさのすべりが同時に起こること．

ニスパンC合金 (Ni-span C alloy)

Wilson社 (米)，Engelhard Minerals & Chemicals社 (米) のFe-Ni系恒弾性係数合金 (エリンバー＊)．楽器，スプリング，振動板などに用いられる．41～43Ni, 2.4Ti, 5.1～5.7Cr, 0.6>C, 0.6Al, 0.8Si, 残Fe.

またニスパン-Cアロイ902 (Ni-Span-C alloy 902)は，Huntington Alloys社 (米)，Ulbrich Stainless Steel & Special Metals社 (米) のFe-Ni系低膨張係数合金 (インバー＊)．共振器，時計バネなどに用いられる．42.5Ni, 0.03C, 0.40Mn, 48.5Fe, 0.02S, 0.50Si, 0.05Cu, 5.83Cr, 0.55Al, 2.58Ti.

二相ステンレス鋼 (duplex stainless steel)

二相組織ステンレスともいう．→ステンレス鋼

二相分離型合金 (miscibility gap type alloy)

均一な合金相が，温度の低下と共に，組成は異なるが結晶構造は同一の二相に分離すること．横軸組成，縦軸温度で描くと上に凸の山形になる（スピノーダル分解＊の図参照）．この境界線を二相分離曲線 (miscibility line, スピノーダル分解の図 (a) のAXMYB線) という．そこは，組成－自由エネルギー曲線の二つの極小点に当たり，その共通接線の温度軌跡に当たる．この内側をミシビリティーギャップ (miscibility gap) という．その内部，組成的にもっと近寄った所に，組成－自由エネルギー曲線の変曲点 (二次微分=0) があり，それより内部では，濃度ゆらぎがある

と自発的にそれが増大する（スピノーダル分解）．この変曲点の組成軌跡をスピノーダル線（spinodal line, スピノーダル分解の図(a)のW-M-V線），その内側の範囲をスピノーダルギャップ（spinodal gap）という．それより外では，核形成-成長*型析出となる（バイノーダル線（分解））．二相分離曲線とスピノーダル線の間をバイノーダルギャップ（binodal gap）という．二相分離曲線をバイノーダル線（binodal line：意味は二交点線）ということもある．これらの相分離は強度，磁性などに大きく影響し，逆にこれを利用してさまざまな特性が生み出されている．→スピノーダル分解

ニチノール（Nitinol）

代表的形状記憶合金でTi50：Ni50 (at.%)の合金の商品名．1960年米で発見された最初の形状記憶合金．大きな回復力をもち，疲労にも強い．月面上アンテナの自動組立て，熱エンジンなど特殊な用途の他，スイッチの開閉機構，メガネフレーム，ブラジャー（ワイヤーの違和感をなくす）などの日用品への応用が試みられている．→形状記憶合金

ニッケル（nickel）

元素記号Ni, 原子番号28, 原子量58.69, 鉄族，銀白色の金属元素．面心立方（fcc）格子．融点1450℃，密度$8.902 g/cm^3$(25℃), 比抵抗$6.84 \times 10^{-6} \Omega cm$, 強磁性．製錬は，鉱石によって多種多様であるが，大別すると乾式製錬（マット電解法*, オーフォード法*, モンド法*：いずれも硫化鉱から），あるいは湿式製錬（ニカロ法*, モア・ベイ法*：以上酸化鉱から，シェリット・ゴードン法*：硫化鉱から）による．またニッケルの大きな用途がステンレス鋼なので，ガーニエライトなどの低品位酸化鉱から強還元気流中で加熱し，直接フェロニッケル*とすることも行われている．展伸性大．空気，湿度にも安定．磁性材料，抵抗材料，Ni-Cd電池の電極材料，その他合金元素として広範囲に用いられ極めて重要な元素．→ニッケル合金，磁性材料

ニッケル・アーセナイド構造（nickel arsenide structure）

ヒ化ニッケル構造ともいう．SB記号：$B8_1$. 六方晶系*. fcc格子*の［111］方向の積み重ねをABCABCと表現した場合，この間にA層を挿入したABACABACという格子を作り，A位置にNiを，B, C位置にAsを入れた構造．Niは各層同じA位置にあるが，AsはB位置とC位置であることが特徴．CoTe, NiTe, CrSb, CoSbなどにみられ，いずれもA層には陽性原子が入る．また，これらを含め，Fe_7S_8のように不定比組成*になりやすく，遷移金属とS, Se, Te, Sbなど多くの陰性原子との化合物がある．磁性的に興味深いものが多く，金属とイオン結晶の中間的性質を示す．

ニッケルカーボニル（nickel carbonyl）

$Ni(CO)_4$. 粉末状のニッケルと一酸化炭素の直接反応でできる．沸点43℃，猛毒無色揮発性の液体．200℃で金属ニッケルとCOに分解する．この反応はモンドニッケル法*としてニッケルの精錬に利用されている．

ニッケル・クロム鋼（nickel-chromium steel）

構造用合金鋼としては最も歴史の古い鋼種である．現在では汎用のクロム・モリブデン鋼*が量的に多く使用されるが，クロム・モリブデン鋼中最も市場性のあるJIS SCM 435（0.35C-1.05Cr-0.2Mo）と同等の炭素量を有し，やはり市場性の高い

ニッケル・クロム鋼の JIS SNC 631 (0.31C-2.75Ni-0.8Cr) と両者の機械的特性を比較すると, 降伏点, 引張強さでは前者にやや数値が劣るものの, シャルピー値*において 118J/cm² 以上と, 前者の 78J/cm² 以上をかなり上回る. もちろん単純に比較することは困難だがクランク軸, シャフト類, 歯車などに使用され, 耐衝撃性の点では明らかにクロム・モリブデン鋼より優れる. 鋼種としては上記鋼種以外にも, SNC 415 (0.15C-2.3Ni-0.4Cr) が高級肌焼鋼として市場性がある. →合金鋼, ニッケル・クロム・モリブデン鋼

ニッケル・クロム・モリブデン鋼 (nickel-chrome-molybdenum steel)

ニッケル・クロム鋼と同様, 高級構造用合金鋼としての市場価値が高い鋼種である. 用途はニッケル・クロム鋼同様に, 歯車類, シャフト類の, 特に大径の構造材としての信頼性が高い. また真空アーク炉再溶解法にて精錬された清浄度が高く信頼度の大きい JIS SNCM 439 (0.40C-1.8Ni-0.8Cr-0.2Mo) などは航空機の構造部材にも使用される. この鋼種は市場性も大で (ただし市場品は通常の大気溶解材), 他の高級肌焼鋼 SNCM 420 (0.2C-1.8Ni-0.5Cr-0.2Mo) とともに市場に常時在庫が確保されている. なお前者はアメリカ AISI* 規格の汎用性のある 4340 鋼に, 後者は 4320 鋼に相当する. →合金鋼, ニッケル・クロム鋼

ニッケル鋼 (nickel steel)

ニッケルは大部分鉄の母相に固溶し, 安定な炭化物をつくらない. 有効なオーステナイト相安定化元素で焼入れ性, 靭性, 耐食性, 熱間強度を増大, 低温脆性*の防止などの効果がある. ニッケルはクロムやマンガンより高価で焼入れ効果も小さいため, 単なるニッケル鋼はあまり用いられていない. 低温圧力容器用ニッケル鋼, 低温熱交換器用鋼, 低温配管用鋼などがある. →低温用鋼

ニッケル合金 (nickel alloy)

ニッケル合金には, その強靭性, 耐熱性, 耐食性, 強磁性の各特長を利用した合金がある. 以下に主な合金名を示す.

磁性合金: Ni-Fe系; パーマロイ*, イソパーム, パーミンバー*. Ni-Mo系; スーパーマロイ*.

耐熱性合金: Ni-Cr系; インコネル, その他超合金*.

耐食性合金: Ni-Mo系; ハステロイ*. Ni-Cr系; インコネル*, ハステロイ*. Ni-Cu系; モネルメタル*, 洋白*.

低膨張合金: Ni-Fe系; インバー*.

定弾性合金: Fe-Ni系; エリンバー*.

電熱線用合金: Ni-Fe系, Ni-Cr系; ニクロム*線.

熱電対用合金: クロメル, アルメル. →クロメル-アルメル熱電対

ニッケルシルバー=洋白

ニッケル-水素電池 (nickel-hydrogen cell)

二次電池の一種で, 充放電が可能. ニッケル-カドミウム電池のカドミウムの代わりに水素吸蔵合金を用いた低公害型電池として 1990 年実用化され, ハイブリッドカー用電池として搭載された. 正極に酸化ニッケル, 負極に水素吸蔵合金として現在 $LaNi_5$ が用いられ, 電解液はアルカリ溶液である. 電池電圧は 1.2V, エネルギー

密度はニッケル-カドミウム電池の1.5～2倍など,二次電池として優れた特性をもっている.電池反応は以下のとおりである.→二次電池,水素吸蔵合金

ニッケル正極　　　　$Ni(OH)_2 + OH^-　\rightleftarrows　NiOOH + H_2O + e^-$
水素吸蔵合金負極　　$M + H_2O + e^-　\rightleftarrows　MH + OH^-$
全反応　　　　　　　$M + Ni(OH)_2　\rightleftarrows　MH + NiOOH$
　M:水素吸蔵合金,---> 充電, <— 放電

ニッケル・モリブデン合金 (nickel-molybdenum alloy)

ニッケル側に広い固溶領域がある.モリブデン添加によって耐食性・耐熱性が向上する.①耐食性合金としてはハステロイ*がよく知られている.②耐熱合金もハステロイX,ナイモニック*105などが知られている.

ニトラロイ (nitralloy)

Firth Brown社(英),Nitralloy Corp(米)などの窒化鋼.ギア,シャフト,軸受など表皮の硬さをもっとも大きくする必要のある窒化部品鋼材.ニトラロイ No.135 CVM,ニトラロイ 230, 640, EZ, GK5, GR, Hcm^3, LK3, N など各社で多品種がある.組成例:ニトラロイ No.135 CVM : 0.30～0.40C, 0.9～1.4Cr, 0.15～0.25Mo, 1.0～1.4Al,残Fe.ニトラロイN:0.20～0.27C, 0.4～0.7Mn, 1.0～1.3Cr, 0.2～0.3Mo, 3.25～3.75Ni, 1.1～1.4Al 残Fe.

二硼化マグネシウム (MgB_2)

2000年10月,青山学院大学・秋光純研究室で見出された金属系超伝導体.超伝導臨界温度T_cが39Kとなり,今まで最高のNb_3Geの23Kを大きく上まわり世界を驚かせた.MgB_2の結晶構造はAlB_2型の六方晶,格子定数はa=3.084Å, c=3.522Å.MgB_2の超伝導特性はフォノンの関与するBCS理論*で説明づけられ,第二種超伝導体である.→超伝導体,化合物超伝導体,第一種超伝導体・第二種超伝導体

二方向性ケイ素鋼板 (double (or cube) oriented silicon steel plate)

(100)⟨001⟩集合組織*(立方方位ともいう)をもつ約3%Si-Fe合金.鋳造時に一方向凝固*させる方法や,一次再結晶を人為的に阻止して特定方向の粗大化などで作られる.板の打抜きでZ方向に磁化容易方向が得られる.しかし量産されていない.→方向性ケイ素鋼板,立方方位

ニューカレドニア法 (New Caledonia process)

ニッケルの乾式製錬法の一つ.ニューカレドニアで産出する酸化物鉱ガーニエライトに,硫化アルカリを添加してマットにする.それを転炉で吹き,焙焼して硫黄を抜き,キューブ状の酸化物とする.これを還元し,キューブニッケルとして市販する.

ニュージャージー法 (New Jersey process)

縦形レトルトによる亜鉛の連続還元蒸留法.

ニュートリノ (neutrino)

中性微子ともいう.原子核のβ崩壊におけるエネルギー保存のため,W.パウリが1930年導入した素粒子.質量は,ないかまたはきわめて小さく,物質との相互作用も小さいので観測が困難であった.岐阜県神岡町の「カミオカンデ」を用いて超新星からのニュートリノが観測された(1987年,小柴昌俊:東大).

ニュートン合金(Newton fusible alloy)
　英国の Bi 基低融点合金*．火災報知機，自動消火栓用．18.75Sn, 31.25Pb, 50Bi. 融解区域：96～97℃．

ニュートンの冷却法則(Newton's law of cooling)
　物体が放射によって失う熱量はその物体と周囲との温度差に比例するという法則．自由放冷すると温度は指数関数的に下がる．温度差の小さいときに成り立つ近似則．

煮られ(boiling)
　鋳込温度が高過ぎ，あるいは砂の耐火度が低過ぎるとき，部分的に型砂が溶けて鋳肌が荒れること．

ぬ

抜き(け)勾配(draught, draft)
　鋳型用語．鋳型から模型を抜きやすくするため，模型につける勾配．

ヌッセルト数(Nusselt number)
　流れの中にある物体の表面を通して熱が出入りする割合を表す無次元数．乱れのない流体の温度を T_0, 物体の温度を T_1, 表面積 S を通して流れる熱量を Q, 流体の熱伝導率を κ, 流れの代表長さを L とするとき，ヌッセルト数 $Nu=Q/(\kappa S|T_1-T_0|/L)$ で定義される．

ヌープ硬さ(Knoop hardness)
　菱形角錐形ダイヤモンド圧子(縦横比 7.11 対 1，正面頂角 172°30′, 側面頂角 130°)を押し仕込んで測定する硬さ*．記号 HK．脆い材料や薄板の測定に適している．

ぬれ性(wettability)
　液体が固体の表面に自然に広がること．付着(adhesion)の一種．接触角*を θ, 液体の表面張力を γ とすると，$\gamma \cos \theta$ などでその大きさを表現する．$\theta=0°$ でぬれ性が最も良く，$\theta=180°$ で最も悪い(撥水性が良い)．普通，$\theta<30°$ のとき，ぬれるという．→接触角，超親水性

ぬれ大気腐食(wet atmospheric corrosion)
　湿度が高く，金属の表面に凝結した水膜が肉眼で見えるような大気中での腐食*．

ね

ネオジム(neodymium)
　元素記号 Nd, 原子番号 60, 原子量 144.2 のランタノイド元素．鉱石は，モナズ石*, バストネサイト*, ガドリン石など．淡黄白色で，hcp 格子*の金属．密度 7.007g/cm³, 融点 1024℃．Fe との合金は強力なマグネットとなる．→ネオマックス

ネオジム磁石(neodymium magnet)
　住友特殊金属が開発(1983)した Nd-Fe-B 系高性能永久磁石で，Sm-Co 系磁石の次世代の磁石として期待されている．標準組成は，$Nd_{15}B_8Fe_{77}$. 正方晶．原料を

Ar雰囲気中で溶解, N_2中で粉砕し, ミルで微細粉末としたのち, 磁場中でプレス成型し1000～1200℃のAr気流中で焼結急冷する. c軸方向に強い磁気異方性があり, 最大エネルギー積$(BH)_{max}$は200～280kJ／m^3が得られている. 機械的に強く, 比重が小さいが, 耐食性, 磁性の温度特性が悪いといわれ, 対策が研究されている. Neomax27～40などの商品がある. →ネオマックス, HDDR

ネオマックス (Neomax)
 住友特殊金属で開発したNd-Fe-B系高性能の焼結永久磁石の商品名. 標準組成の$Nd_{15}B_8Fe_{77}$にCo, Ni, C, N, P, Al, Ti, V, Crなどを少量添加する. ネオマックス-27, 27H, 30, 30H, 35, 40などがある. ネオマックス40: $Nd_{2-x}Dy_xFe_{14}B_1$. $(BH)_{max}$＝300～340kJ／m^3. →ネオジム磁石

ねじり試験 (twisting test, torsion test)
 断面が円の棒状試験片の一端を固定し, 多端に回転応力をかけて, その時のねじりモーメントとねじれ角を測定する. それからねじりの比例限, 弾性限, せん断弾性率, 破断までのねじり回数などを求める試験.

ねじり衝撃試験 (torsion impact test)
 荷重速度の非常に大きなねじり試験.

ねじれ粒界 (twist boundary)
 両側の結晶方位が, 粒界面法線を軸として回転しているような関係にある粒界. かたむき粒界 (tilt boundary) の対語. →小角ねじれ粒界, 小傾角粒界

ねずみスズ＝灰色スズ

ねずみ鋳鉄 (gray (grey) cast iron)
 破面が灰色で, 含有炭素の一定量が遊離片状黒鉛として存在している鋳鉄 (マトリックス*はパーライト*). 鋳造性, 切削性, 機械的性質に優れ, 機械用材料として広く用いられている. 2.5～4.0C, 0.5～3.0Si, 0.3～1.2Mn, 0.1～0.6P, 0.02～0.12S. →鋳鉄, 銑鉄, マウラーの組織図, 片状黒鉛鋳鉄

熱 (heat)
 エネルギーの一形態で, ミクロには, 原子・分子の振動その他の運動エネルギーである. 金属の場合は格子振動が主たるものといえる. 一般に, 物体に熱エネルギーを与えるとその温度は上昇する. 金属では, 原子が動きやすくなって, 軟化し, 加工しやすくなり, 拡散も激しくなる. →比熱, 内部エネルギー

熱影響部 (溶接の) (heat affected zone: HAZ) →溶接熱影響部

熱塩割れ (hot salt cracking)
 チタンおよびその合金で起こる応力腐食割れ*の一つ. LiCl, NaCl, AgCl, KClなどの塩と空気中の水分, 高温などが組み合わさると, HClが発生し, 割れを生じると考えられている. 機体が高温になる超音速ジェット機, 海に近い空港, 合金系チタンで起きやすい. 亜鉛めっき, 応力除去加熱, 純チタンクラッドなどで対処する.

熱応力 (thermal stress)
 温度変化によって生じる膨張・収縮が拘束されている場合, あるいは, 急熱・急冷その他の原因で, 一物体の温度や温度変化に位置的な差がある場合, この物体中

に生じる応力のこと.

熱拡散(thermal diffusion)

混合流体に温度分布がある場合,高温側と,低温側にそれぞれの成分が集まる拡散現象.核燃料などの金属の精製過程にこの現象を使う.熱分離効果と同じ.

熱拡散率(thermal diffusivity)

温度に着目して熱伝導の大きさを表した量.フーリエの熱伝方程式により等方性物質中のある場所における温度の時間変化は,$\partial T/\partial t = \alpha(\partial^2 T/\partial x^2)$ と表される.この比例定数 α を熱拡散率という.$\alpha = \lambda/(C_p \cdot \rho)$ で,λ は熱伝導率,ρ は密度,C_p は定圧比熱.単位時間に単位面積を通して移動する熱量を,温度勾配と密度と定圧比熱との積で割ったものである.温度伝導率(temperature conductivity),温度拡散率(temperature diffusivity)ともいう.SI単位では m^2/s.$(C_p \cdot \rho)$ は体積当たりの比熱*に等しく,物体によらずほとんど一定値に近い.したがって物体の熱拡散率の大小は熱伝導率の大小に一致する.物体を局部的に加熱したり,周期的に加熱する場合の物体内の温度変動や温度分布を求めるような非定常状態の記述には,熱伝導率よりも熱拡散率が必要になる.たとえば角周波数 ω で周期加熱を受けた物体内の温度波の減衰定数 k は,$k = (\omega/2\alpha)^{1/2}$.熱の輸送現象は無次元パラメータのフーリエ数($F_o = \alpha t/l^2$,ここで α は熱拡散率,t は代表的な時間,l は代表的な長さ)を用いて現象を記述することができ,測定法もこれに基づく.方程式の一元化,模型実験のスケール調節および関与する物質の換算などの使用例が多い.

物体の熱伝導率を測定するには比較的大型試料を長時間かけて熱的定常状態を作らねばならないが,熱拡散率は非定常状態で求められるので比較的短時間に小型の試料で測定できるから,比熱と密度がわかれば上の定義式より熱拡散率から熱伝導率を求めるという測定上の便法がしばしば利用されている.熱拡散率の測定法はパルス加熱を使う方式のレーザーフラッシュ法*をはじめ,周期加熱を使う交流法,温度波法や方形波の加熱によるステップ加熱法など多くの方法が考案されている.レーザーフラッシュ法は金属,セラミックの熱拡散率の測定法として,JIS,ASTM で規格となっている.→熱伝導,熱伝導度

熱活性化過程(thermally activated process)

熱エネルギーによって,移動や反応が,ポテンシャルエネルギー(E)を超えて進む過程をいう.核生成析出,拡散*,パイエルスポテンシャルや置換型不純物の抵抗を越えて転位が進む変形,内部摩擦*などがこれである.いずれも,過程の進む確率=$\exp(-E/kT)$(E:活性化エネルギー,k:ボルツマン定数,T:温度)のアレニウスの式*が成り立つ.→析出,パイエルス応力,核形成-成長論

熱活性化変態(thermally activated transformation)

原子配列の変化が熱活性化過程*で進む変態.潜伏期があり,核形成-成長機構*で進行する.また,等温的に進行し変態量は時間と共に増大する.オーステナイトからのパーライト変態はその典型的なものである.→T-T-A曲線,T-T-T曲線

熱間圧延(hot rolling)

再結晶*温度以上に加熱して行う圧延.→熱間加工,冷間圧延,圧延加工

熱間加工 (hot working)

材料の再結晶*温度以上で加工することをいう．多くの場合，加工中に回復や再結晶が生じ，展伸性が良くなり希望形状への加工が容易になる．→温間加工，冷間加工

熱間脆性 (hot shortness, high temperature embrittlement)

高温脆性ともいう．多くの場合鋼についていわれ，高温で現れる脆性一般をさす．白熱脆性 (white shortness：>1100℃)，赤熱脆性*(900～1000℃) を区別する場合と含む場合がある (青熱脆性*は含まない)．その原因となる機構はいろいろで，融点に近い温度では，樹枝状晶の間や粒界にある硫化物 FeS や Cu の溶解，1000～900℃のオーステナイト領域では，MnS, AlN, NbC などの硫化物，窒化物，炭化物の粒界析出 (赤熱脆性)，オーステナイト－フェライト二相領域では，オーステナイト粒界へ析出するフェライトへの応力集中，粒界への炭化物の析出などである．いずれも，S を減らしたり，Mn などによる固定が行われている．

熱含量 (heat content)

エンタルピーのこと．現在ではあまり使われない言葉である．→エンタルピー

熱機械分析 (thermal mechanometry)

定速昇降温下で試料に応力 (またはひずみ) を加えて，生じたひずみ (または応力) を温度の関数として測定する熱分析*の一技法．物質の外部から加えられた荷重による変形，またはこれにより導かれる弾性率または弾性損失を，一定の速度で加熱または冷却する環境中で，温度または時間の関数として記録する技法をいう．大別して静的熱機械測定 (thermomechanical analysis: TMA) と動的熱機械測定 (dynamic thermomechanical analysis: DMA) に分類される．静的熱機械測定は定速昇降温下の試料に静的な応力，荷重 (またはひずみ) を加え，ひずみ，変形速度 (または応力，応力変化速度) を測定し，温度の関数として記録する．応力荷重硬化をゼロにした場合の寸法変化の測定の TMA が熱膨張測定*に相当する．針入法も静的熱機械測定の一法である．動的熱機械測定はこれに対して定速昇降温下の試料に，周期的な応力 (またはひずみ) を加え，発生した振動ひずみ (または応力) を測定し，温度の関数として記録する．定速昇温下のねじり振動測定やねじりひも分析なども動的熱機械測定に含まれる．

熱起電力 (thermoelectromotive force)

導体中に温度の異なる部分を作るとその間に生じる電位差．しかし通常は，2 種類の導体で回路を作り，二つの接点に温度差を与えて生じる電位差をいう．ゼーベック効果ともいう．この応用が熱電対温度計である．鉛はトムソン効果*がほとんどゼロなのでそれを基準物質とし，1K の温度差に対する起電力を熱電能*または熱電率，あるいはゼーベック係数 (η) という．逆に，この回路に電流 (I) を流すと二つの接点で熱量 (Q) の発生または吸収が生じる．これをペルティエ効果*という．$Q=P_{AB} \cdot I$．比例定数 P_{AB} を導体 A, B 間のペルティエ係数という．さらに，温度差 (ΔT) のある，均一な導体に電流 (I) を流すと，ジュール熱以外に熱の発生あるいは吸収 (Q) が生じ．これをトムソン効果*という．$Q=\theta \cdot I \cdot \Delta T$．比例定数 θ をトムソン係数または電気の比熱という．この三つの効果は関連を持ち，まとめて熱

電効果 (thermo-electric effect) といわれる. 係数間には, $P=T \cdot \eta$, $\theta=T \cdot (d\eta/dT)$ の関係がある.

熱CVD法 (thermal CVD)

化学気相析出法*の一種. 原料ガスを約1000℃の高温で熱分解させ, 比較的厚い薄膜 (5〜15μm) を形成させる方法で, 超硬工具用のTiN, TiC積層コーティングなどがある.

熱磁気記録材料 (thermomagnetic recording material)

強磁性体のキュリー温度*またはフェリ磁性体の磁気補償点を利用して, レーザービームなどで一時的に加熱して材料の各点の磁気状態を変えて記録するもの. 読み取りは磁気カー効果*などによる. 材料としてはMnBi, MnAlGeなどの合金系, $Y_3GaFe_4O_{12}$, $TbFeO_3$などの酸化物系, GdCo, GdFe, TbFeなどの非晶質系がある. レーザービームを使うので光磁気記録ともいわれる.

熱重量測定 (thermogravimetry: TG)

一定のプログラムにしたがって温度を変えながら, 物質の質量の変化を温度の関数として測定する熱分析*の一技法. 測定には熱天秤*を使用する. 温度〜重量変化の曲線を熱重量曲線, TG曲線といい, この曲線を時間微分した曲線を微分熱重量曲線 (DTG曲線) という.

熱衝撃 (thermal shock, heat shock)

熱膨張係数が大きく, かつ熱伝導度が小さな物質などに, 急激な温度変化を与えると, 大きな応力または破壊を生じることがある. この現象をいう. 熱衝撃試験もある.

熱処理 (heat treatment)

金属・合金に適当な加熱・冷却の組み合わせ処理を施し, 求められた性質にすること. 焼鈍*, 焼入れ*, 焼戻し*, 焼ならし*, 時効 (硬化)*, 加工熱処理*, 拡散*, 焼結 (現象)*, 磁場中熱処理*など極めて多くの熱処理操作がある. 金属材料の性質を制御し, 強度, 硬さ, 靭性をはじめ, さまざまな性質を持たせ得るのは熱処理の工夫によるもので, 金属材料を扱う上で極めて重要な操作である.

熱線法 (hot wire method)

非定常・細線法ともいう. 非定常法による物質の熱伝導率*の測定法の一技法. 無限大近似の一定温度に保持された均質な物質内に, 金属細線を張り, これに微少な定電流を通じた際に生ずる細線自体の温度上昇から次式により熱伝導率 (λ) を求める方法. $\lambda = 2.303 (I^2R/\Delta T) \cdot \log(t_2/t_1)$ (単位 W/m·K). ここで I, R, ΔT, t_2, t_1 は, 細線に流した電流, 細線の電気抵抗, 時間t_1から時間t_2までの時間に細線が昇温した温度上昇分. 時間間隔として, 10分程度とることが多い. 均質な煉瓦, セラミックス, ガラスなどに用いられ, 工業規格にもなっている.

熱脱離法 (thermal desorption: TD)

試料の温度をあげていくと, やがて表面から吸着気体が放出される. 放出する温度は気体の吸着エネルギーと密接な関係がある. 放出気体を質量分析計で検出することによって吸着種, 脱離エネルギーを知ることができる. 超高真空*材料の評価のための手法.

熱弾性型マルテンサイト変態 (thermoelastic martensitic transformation)

鉄鋼のマルテンサイト変態は非熱弾性型 (non-thermoelastic) といわれ, 個々のマルテンサイト相の成長速度は速いが, 温度を下げても時間がたっても, 個々のマルテンサイト相はそれ以上成長せず, 温度を下げると別のマルテンサイト相が生成・成長する. これと対照的に, Au–Cd合金など, Au, Cu基の β 相 (bcc) 合金に見られるマルテンサイト変態を熱弾性型変態という. この変態は鋼の場合と違って, (1) 二次的な相変態である. (2) 変態の温度履歴 (ヒステリシス) が小さい, つまり変態が容易に起こり, 温度変化に対して構造の転移 (母相とマルテンサイト相の相境界の移動, つまりマルテンサイト相の成長, 収縮) が容易で, 可逆である (→逆変態). また (3) 変態点よりかなり高温で, 異方的軟化・局所ひずみによる散漫散乱などの「前駆現象」が見られる. この変態は, 主として双晶変形によって担われ, 外力がなければ変態は起こっていても双晶の自己調整で外形に変化はない. 外力を与えると容易に変形するが, 変態点以上に加熱すると逆変態を起こし, 格子も外形も元に戻る (→形状記憶合金). この変態様式は, アサーマル変態*, アイソサーマル変態とは別の概念である. →マルテンサイト変態, 熱弾性効果, 熱弾性変態, 前駆段階

熱弾性効果 (thermoelastic effect)

① 熱的・温度的に不均一な状態・環境がその物質の弾性に与える影響.

② 変態等において, 両相の化学自由エネルギー (の差) すなわち, 純粋に構造のみの変化のエネルギー (化学エネルギー) 以外に, 新たな相との境界の発生, ひずみ・変形の発生などのいわゆる「非化学的エネルギー*」が必要となること.

③ ②の非化学的エネルギーが小さく, 過熱・冷却や, 保持時間によって, 変態が容易に (ヒステリシスも小さく) 前進・後退 (新しい相が成長・収縮) し, あたかも弾性的 (変態に伴う変形が可逆で容易, 熱的効果と弾性的効果のつりあいの二面がいえる) であるかのように見えること. →熱弾性変態, 熱弾性型マルテンサイト変態

熱弾性変態 (thermoelastic transformation)

熱弾性効果*③のような相変態. 例えば, 形状記憶*や超弾性*の起源である熱弾性型マルテンサイト変態*.

熱中性子 (thermal neutron)

百分の数電子ボルト (eV) 程度の低いエネルギーを持つ中性子をいう. 常温の熱中性子の運動エネルギーは約 0.025 eV である. 核分裂時に生じる中性子は高速中性子*であり, これを減速材*に衝突させて熱平衡状態まで減速した中性子を熱中性子と呼ぶ. ウラン235などほとんどの核分裂性物質は熱中性子に対する衝突断面積が大きい.

熱的ゆらぎ (thermal fluctuation)

さまざまな現象が時間的・位置的に細かな変動をする時, その変動あるいは, 平均値からのずれを「ゆらぎ」といい, それが熱エネルギーによるものである場合を熱的ゆらぎという. 核生成析出*の核や核芽 (embryo) のように, ゆらぎつまり不均一があることによって熱的過程が進む. しかし, マクロに見るといたるところにゆらぎがあり「均一核生成」などの表現も可能となる.

熱電効果 (thermoelectric effect)

ゼーベック効果*, トムソン効果*, ペルティエ効果*をまとめていったもの. この3効果には関連があり, それぞれの係数は独立ではない. →熱起電力

熱電子放射 (thermoelectronic emission)

リチャードソン効果*ともいう. 熱エネルギーを与えられることによって, 金属などの表面から電子が放射される現象. 金属の表面には「仕事関数*」と呼ばれるエネルギー障壁があって電子がひとりでに飛び出さない状態を保っている.

熱電素子 (thermoelectric device)

ゼーベック効果*（熱→電気変換）やペルティエ効果*（電気→熱変換）を高い効率で利用できる素子. これによる発電を熱電発電という. 現在発見されているものはn型およびp型にドープしたBi–Te系, Pb–Te系, SiGeなどの半導体であるが, まだ効率は13％程度で低い. 最近, この他にスクッテルダイト化合物系*, 希土類ルコゲナイド系, チムニーラダー構造系, 酸化物ペロフスカイト系など多くの材料で研究が進んでいる. 材料条件としては大きな熱電能*（ゼーベック係数：η）とともに（電気伝導度 σ / 熱伝導度 κ）の比が大きいことが必要で, この素子の性能を示すものとして性能指数 $Z = \eta^2 \sigma / \kappa$ があり, この比を高める「ウィーデマン・フランツ則*への挑戦」が続けられている.

熱伝達係数 (heat transfer coefficient)

単位面積, 単位温度差, 単位時間当たりの熱の移動量を一般に熱伝達係数という.

熱電対用合金 (thermocouple alloy)

熱起電力*で温度を測定する道具が熱電対で, 工業用温度計測には, 熱起電力が大きく, 熱的履歴現象がなく, 熱的, 化学的, 機械的に強く, 長期間出力特性が安定で, 安価などの諸条件が要求される. JISでは, 白金・ロジウム合金系*（JIS記号 B, R, S）, クロメル－アルメル*（K）, クロメル－コンスタンタン（E）, 鉄－コンスタンタン*（J）, 銅－コンスタンタン*（T）が規定されている. このほか, −200℃以下の極低温用には, 銀・金－金・鉄, 銅－金・コバルト, クロメル－金・鉄などの熱電対が, 1000℃以上の高温には白金・ロジウム合金系, イリジウム－イリジウム・ロジウム, タングステン－レニウム合金系などが使用されている.

熱伝導 (thermal conduction)

物質の移動なしに, 熱が物体の高温部分から低温部分に移ること. 熱流量は, 温度勾配に比例する（フーリエの法則）. 金属は, 自由電子による大きな熱伝導度を持つ. 熱伝導度と電気伝導度*との間にはウィーデマン・フランツ則*がある. →熱伝導度（率）

熱伝導度（率）(thermal conductivity)

物体内部の等温面の単位面積を通って単位時間に垂直に流れる熱量（Q）と, この方向における温度勾配（dT/dx）との比. 熱伝導度を κ とすれば, $Q = \kappa (dT/dx)$. 単位は $W/(m \cdot K)$ または $cal/(cm \cdot s \cdot deg)$. 電気伝導度との間にウィーデマン・フランツ則*がある. 測定法にはレーザーフラッシュ法*, 熱線法*などがある.

熱電能 (thermoelectric power) →熱起電力

熱天秤 (thermobalance)

物質の温度を変えながら質量を連続的に測定できる天秤装置.物質の熱分解,酸化,脱水,還元などの情報が得られる.

熱風炉(hot stove)

高炉へ吹き込む熱風をつくる炉.耐火煉瓦を格子積みした蓄熱室と燃焼室から成り,燃焼室では高炉ガス,コークス炉ガスや重油が燃やされ,蓄熱室の煉瓦を加熱する(燃焼蓄熱期).次の段階では空気の流れを逆転し,空気を熱風にして高炉へ送る(加熱送風期).高炉1基に4基の熱風炉が通例である.→蓄熱室

熱分析(thermal analysis)

従来狭義には,物質を加熱・冷却しながら物質の示す温度の時間的変化を追い,停点*などから物質の変態点を知る方法.通常は加熱・溶解した試料(金属)を放冷し,冷却温度曲線の停点や温度変化の勾配が変わる点から相変化等を読み取ること(→冷却曲線).現在の用語としては,国際熱分析連合の定義によれば,「熱分析とは物質を一定の条件で加熱または冷却して,その物質の,あるいはその反応生成物の,物理的変化を温度の関数として測定する一群の技術」をいう(付表:熱分析の技法の分類).

物理的性質	定義される技法
質量	熱重量測定*(thermogravimetry (TG))
	微分熱重量測定(derivative thermogravimetry (DTG))
	発生気体検知法(evolved gas detection (EGD))
	発生気体分析*(evolved gas analysis (EGA))
	エマネーション熱分析*(emanation thermal analysis)
	熱粒子分析(thermoparticulate analysis)
温度	加熱曲線法(heating curve determination)
	冷却曲線法(cooling curve method)
	示差熱分析*(differential thermal analysis (DTA))
エンタルピー	示差走査熱量測定*(differential scanning calorimetry (DSC))
熱容量	断熱法熱容量測定*(adiabatic calorimetry)
寸法	熱膨張測定*(thermodilatometry)
力学的特性	静的熱機械測定(thermomechanical analysis (TMA))
	動的熱機械測定(dynamic thermomechanical analysis (DMA))

熱平衡(thermal equilibrium)

二物体間あるいは物体と環境の間で熱的なエネルギーの流れがなく,かつ相の変化がない状態.AとBが熱平衡で,かつBとCも熱平衡ならば,AとCも熱平衡である.これを熱力学第0法則ということがある.これで温度というものを客観的に定義できる.

熱放射(thermal radiation)

物体から電磁波の形で熱エネルギーを放出する現象.放射するエネルギーとそのスペクトルは物体の種類,表面性状と温度のみで定まる.→プランクの放射分布則,黒体放射

熱膨張 (thermal expansion)
物体の体積が温度と共に大きくなること.固体の場合は長さの増加率も温度の関数として定まる.

熱膨張測定 (dilatometry, thermodilatometry)
静的熱機械測定の一方法.定速昇降温下の試料の寸法変化を温度の関数として測定する技法で,線熱膨張測定と体膨張測定に分類される.線熱膨張測定は試料の一次元方向の熱膨張(熱収縮)を温度の関数として測定する方法で,押し棒式,光干渉式,望遠測微計法,X線回折法などがある.体膨張測定は試料の体積膨張(収縮)を温度の関数として測定する方法.→熱機械測定

熱膨張係数 (coefficient of thermal expansion)
体積 V の物体が圧力一定のもとに温度が T から $(T+\Delta T)$ に上昇し,その体積が ΔV だけ変化した場合,次式で定義される α を体熱膨張係数(cubical thermal expansion coefficient)または体膨張率という.$\alpha = (1/V_0)(\Delta V/\Delta T)$.ここで V_0 は 20°C (293K) の V の値.

長さ L の物体が温度上昇 ΔT によりその長さが ΔL だけ変化した場合,次式で定義される β を線熱膨張係数(coefficient of linear thermal expansion)または熱膨張率という.$\beta = (1/L_0)(\Delta L/\Delta T)$.ここで L_0 は 20°C (293K) の L の値.等方性の物体では近似的に,$\alpha = 3\beta$ が成り立つ.上式で $\Delta T \to 0$ の極限をとって求めた熱膨張係数の瞬時値,$\beta = (1/L_0)(dL/dT)$ は温度に対して精密な熱膨張を与えるが,一般的には簡便法として次の式で定義される平均線熱膨張係数(mean coefficient of thermal expansion)が用いられる.$\overline{\beta} = (1/L_0) \cdot (L-L_0)/(T-T_0)$.

デバイの比熱理論より熱膨張係数と比熱との関係式,$\alpha = \gamma C_v \cdot k/V$ が導かれ,熱膨張係数の温度による変化は比熱の温度変化にほぼ一致する.ここで γ, C_v, k, V はグリュナイゼン定数*,定積比熱*,圧縮率,モル体積.

また物質の融点(T_m [K])と熱膨張係数との間には次の近似式があり,融点が高い物質ほど熱膨張が小さい.$\beta \cdot T_m = $ 一定.

熱容量 (heat capacity)
物体あるいは系の温度を1度 (1°C or 1K) だけ高めるのに必要な熱量.比熱*に質量を乗じた量.

熱力学温度 = 絶対温度

熱力学第1法則 (first law of thermodynamics)
エネルギー保存の法則をマクロな系についていったもの.系の変化において,その間に外力が系になす仕事 (A),外界から吸収する熱量 (Q),および外界との間の物質の出入りによる質量的作用量 (Z) の総和が途中の過程によらず最初と最後の状態によって定まるという法則.系のエネルギーを E とすると $\Delta E = A+Q+Z$.またこの法則は,エネルギーの形態が可変であることもいっている.

熱力学第2法則 (second law of thermodynamics)
熱現象の不可逆性を主張する法則.表現にはいろいろあるが,熱がひとりでに(不可逆的に)高温から低温に移動すること(クラウジウス),仕事がひとりでに熱に変わってしまうこと(トムソン),断熱系または孤立系のエントロピー*は減らな

ネーバル黄銅 (naval brass)
スズ入り六四黄銅*．六四黄銅は他の組成の黄銅に比べて脱亜鉛腐食を起こしやすいので，その防止にスズを1%程度添加した合金で，強さを増すとともに耐食性が増加した．JISではC 4621, 4622, 4640, 4641があり，耐海水性が優れ，熱交換器，復水器用管板，船舶部品，空気冷却器板，船舶海水取入口用材などの用途がある．

ネール点（温度）(Néel point, Néel temperature)
フェリ磁性*体および反強磁性*体において，温度の上昇によってそれらの磁気秩序がなくなり常磁性*に転移する温度．記号T_N．異常比熱がみられる．

ネルンスト・アインシュタインの関係 (Nernst–Einstein's equation)
電位勾配によるイオンの移動（電導度）と濃度勾配によるイオンの移動（拡散係数）の間に成立する関係，$\Lambda = (F^2/RT)(z_+ D_+ + z_- D_-)$．ここで$\Lambda$は当量電導度*，$z_+$, z_-はイオン価数，D_+, D_-はイオンの相互拡散係数，Fはファラデー定数*．

ネルンスト効果 (Nernst effect)
ネルンスト・エッティングスハウゼン効果ともいう．金属や半導体において温度勾配がある時，熱流方向と垂直に磁場をかけると両者に垂直な方向に電位差が生じる現象．また温度勾配がなく，電流が流れている時に磁場をかけると，電流方向に温度差が現れる現象も単にネルンスト効果という．

ネルンストの式 (Nernst's equation)
電極と溶液の間に電流が流れず電極反応が平衡にあるとき，電極反応$O+ne=R$に対する平衡電極電位*E_eはネルンストの式により$E_e = E° + (RT/nF)\ln(a_O/a_R)$で与えられる．ここでFはファラデー定数，$a_O$, a_Rは反応物O, Rの活量，$E°$は$a_O=a_R=1$のときの平衡電極電位である．$E°$は注目している系に固有の値で，標準電極電位という．

ネルンスト・プランクの定理 (Nernst–Planck's theorem)
熱力学の第3法則ともいう．熱平衡状態の物質や場のエントロピーは絶対零度においてゼロであるという法則．ガラス状態（非平衡状態）の物質はこれがゼロでなく（残余エントロピー），その非平衡度の目安になる．

燃焼帯 (combustion zone)
加熱帯，酸化帯ともいわれる．キュポラの羽口に近いところで，コークスの燃焼が最も盛んで，温度も一番高い．→キュポラ

粘性係数 (viscosity coefficient)
鋳造や製錬で，溶融金属の流れやすさ・流れにくさが問題となる．流れに対する抵抗を一般に粘性というがそれを定量的に表したものが粘性係数で，粘度ともいう．流体の粘性は，流速(v)に場所的な差が生じたとき，それを平均化しようと，流れの方向にせん断応力(f)が発生する．この応力fと，流れに垂直な方向の流速勾配(dv/dz)が比例関係$f = \eta(dv/dz)$（ニュートンの式）にある時，この流体をニュートン流体といい，比例係数ηを粘性係数あるいは粘度（粘性率）という．単位はパスカル・秒$(Pa \cdot s)$(cgs単位系ではポアズで，$Pa \cdot s$の10倍 = $dPa \cdot s$)．これは物

質定数である．単純な流体ではニュートンの関係が成立するが，流れに伴い流体に構造変化が起きるような場合，この関係は成立しない（非ニュートン流体）．なお粘性係数を密度で割った値を動粘性係数といい，現実の流動現象には動粘性のほうが直接的に関係する．

粘性流（viscous flow）→クヌーセン数

粘弾性（viscoelasticity）

狭義には，物体に応力をかけた時，瞬時に伸びを示し（弾性），その後ゆっくりとどこまでも変形が続く（粘性）ような性質．ばねとダッシュポットが直列に組み合わさった模型（マックスウェル模型）で表される．除荷しても元に戻らない．広義には，擬弾性 * を含む．擬弾性と狭義の粘弾性をまとめて，非弾性（inelasticity）という．粘弾性は，クリープ * が典型的で，超塑性 *，焼結現象 * でも考えられる．

燃料（原子炉の）（nuclear fuel）→核燃料，原子炉材料

燃料電池（fuel cell）

水素，天然ガス，メタノールなどと，酸素，空気などの酸化性ガスとの電気化学反応，すなわち燃焼でない反応により，これらの物質（「燃料」とたとえて呼ばれる）の持つ化学エネルギーを直接電気エネルギーに変換する電池．基本的には，正極（酸素）／電解質／負極（燃料）から構成されている．一次電池や二次電池 * では反応物質は電池の内部に蓄えられているが，燃料電池は反応物質を電池系外から連続的に供給する．熱機関による発電では熱エネルギーを経由して電気エネルギーに変換する場合の効率が熱機関のカルノー効率で与えられ，現在多くの場合約30％である．これに対して燃料電池は36～60％と変換効率が高いことが特長であり，水素を燃料とした場合，生成物が水だけであるため，環境負荷の少ない発電方式として注目されている．ダイレクトメタノール型（DMFC），固体高分子型（PEFC），リン酸型（PAFC），溶融炭酸塩型（MCFC)），固体電解質型（SOFC），アルカリ型（AFC）などが現在開発中である．PAFCは50～200kWの発電プラント用，SOFCは100kWなど定置大電力発電用，MCFCは1000kW用の試験などが行なわれており，PEFCは水素自動車の搭載用として期待が大きい．燃料の供給システム，水素などのもれ対策等が問題である．→水素吸蔵合金，固体高分子型燃料電池

燃料被覆材（fuel cladding material）

原子炉心材の一つで，核燃料を被覆し，その腐食を防ぎ，核分裂生成物が冷却材中にもれるのを防ぐ．燃料被覆材は，はげしい照射条件と腐食環境にさらされるので中性子吸収断面積が小さく，高温機械強さ，クリープ強さ，延性が大きく，照射による劣化が少なく，冷却材に対し安定で，腐食されず，高温で核生成物を漏出せず，溶接性もよいなどの各条件が要求される．ガス冷却炉では，マグノックス *，水冷却炉では，ジルカロイ * 2, 4，高速増殖炉では，JIS SUS316 ステンレス鋼などが使用されている．

の

ノイマン・コップの法則（Neumann–Kopp's law）

固溶体合金のモル比熱*は,成分金属の原子比熱の和であるという法則,ただし,デュロン・プティの法則*が成り立つ範囲内においてのもの. →比熱

濃縮ウラン (enriched uranium)
　　ウラン*に含まれる同位体U-235の比率を天然ウラン(約0.7%)よりも濃くしたウラン. 核燃料として使われる.

濃淡電池 (concentration cell)
　　電極あるいは電解質が同一で,電極を包む物質の濃度が異なる場合(極濃淡電池)と同一電極を異なる濃度の電解質に浸漬した場合(液濃淡電池)がある. すき間腐食*や地表近くの土壌腐食,水準線腐食*は,濃淡電池が形成されることによる.

濃度差拡散 (diffusion by concentration gradient)
　　拡散*は濃度勾配によって起こり,その速さも濃度勾配によるという,フィックの法則*の立場から拡散を考えたもの. しかし,自己拡散*にはこの考えはそのままでは成り立たず,拡散の本質は原子のランダムな位置変化(ランダムウォーク: 酔歩の理論*)である. ランダムウォーク理論とフィックの法則を結びつけることもできる. 拡散において濃度差が駆動力や律速要因ではないけれども,実は,ランダムウォークで議論されている存在確率も濃度差なのである.

ノジュラー鋳鉄 (nodular cast iron) →球状黒鉛鋳鉄

伸び (elongation)
　　金属材料の引張り試験において,破断後試料を十分突き合わせて,試験前に決めておいた2点(標点)間の長さ(l_0)と,試験後の長さ(l)の差($\delta l = l - l_0$)をいう. 破断伸び,永久伸びということもある. 伸びをもとの長さで割った百分率($\delta l / l_0$)はひずみという. l_0, lそれぞれを,標点距離*という. →降伏伸び

ノボコンスタント (novokonstant)
　　Vereinigte Deutsche Metallwerke (独)の標準抵抗用銅合金. 電気抵抗率は45μΩ·cm, 20℃での抵抗温度係数が-4×10^{-5}/K. 13.5Mn, 3.0Al, 1.0Fe, 82.5Cu.

ノモン投影 (gnomonic projection)
　　結晶方向や結晶面(の法線方向)を平面上に表す一方法. 結晶を,地球に見立てた球の中心に置き,その方向や面法線の方向を,地球でいえば北極で球に接する平面上に投影したもの. 例えば,[001]方向を北極方向に採れば投影面の中心に来るが,[100][010]方向は無限遠に行ってしまうが,ラウエ写真の解析にはこれが使われる. →ラウエ法

ノランダ法 (Noranda process)
　　横長転炉の一端から銅の精鉱を装入し,しらかわ(Cu_2S)を経てさらに酸化を続け,粗銅を得る方法. スラグへのCuロスが多く,不純物が完全に除去できないなどの理由で70Cu-30Cu_2S程度を製品としている.

ノルトハイムの法則 (Nordheim's rule)
　　純金属に不純物を加えると残留抵抗*(residual resistivity)が増えるが, xを与えられた不純物の濃度,$\rho_r(x)$は不純物による残留抵抗への寄与とすると,不純物濃度依存性として,$\rho_r(x) = Ax(1-x)$になるという規則. Aは定数で不純物および導体の種類による.

のろ=スラグ

は 8, π

配位数（coordination number, ligancy）
　原子（またはイオン）のまわりを，いくつの原子またはイオンが取り囲み，結合あるいは接触しているかという数．一般の複数元素からなる化合物では，結合の構造（どの原子とどの原子が結合しているか）から考えて決める．金属元素の場合には，最密充填の fcc, hcp 格子では最近接原子＊の 12 個，bcc 格子では第二近接原子も含め 14 個である．

灰色スズ（grey (gray) tin）
　ねずみスズともいう．13.2℃以下で安定な α–Sn のことで，ダイヤモンド構造＊でもろい．13.2℃以上で安定な β–Sn（白色スズ，正方晶）から α への変態（$\beta \to \alpha$）は微量の Bi, Sb, Pb などの共存によって押えられているが，極寒などにより変態が急速に進行し，Sn が崩壊することがある．→スズペスト，白スズ

パイエルス応力（Peierls stress）
　すべり面上の静止している転位＊は，ほぼ原子間距離を周期とするポテンシャルの溝（格子点よりは高いが準安定）に入っており，次の安定位置へはそのポテンシャルを越えなくてはならない．この転位が見ているポテンシャルをパイエルスポテンシャル（Peierls potential）といい，それは直線の転位 1 本を動かすのに要する単位長さあたりの応力に相当する．これをパイエルス応力あるいはパイエルス・ナバロ応力という．絶対 0 度での臨界分解せん断応力に対応するが，理論からの計算値は実験より非常に大きくなる．有限温度ではキンク＊ができるのでもっと小さくなる．

バイオマグネット（bio-magnet）
　磁性細菌がつくるナノサイズの磁性粒子．磁性細菌の例として「磁性細菌 Magnetospirillum magneticum AMB-1」は長さは数 μm で，磁性細菌のつくる磁性粒子は 50 ～ 100nm の大きさで薄い有機膜に覆われており，構成する物質はマグネタイト（Fe_3O_4）である．この細菌に様々な機能性タンパク質をつけ，環境ホルモン様物質の検出とスクリーニングなどに利用できる．

バイカロイ（vicalloy）
　Driver 社（米）と Teledyne Vasco 社（米）の Co 基鍛造材で半硬質＊，角形ヒステリシス磁性材料．薄板，細線用．残留磁束密度が高い．焼戻し前は，塑性加工が容易なので細線または薄板として，磁石回転小型計器用，磁場測定用，ヒステリシスモーター，タイマーモーターなど小型磁石に利用される．

排気ガス関連材（exhaust gas treatment materials）
　①排気ガス（CO, hydrocarbon）の酸化と，NO_x の還元用触媒として，Pt-Rh-Pd-Ce-Al_2O_3 系触媒，La(Y)-Rh-Ni(Fe)-Co-Pd-Ru-O 系複合酸化物触媒が利用されている．②排気ガスセンサーとしては，Y で安定化した ZrO_2 が有望視されている．

ばい（焙）焼（roasting）
　金属鉱石を溶解しない温度に加熱し，その後の製錬で処理しやすい化合物に変えること．酸化物，硫酸塩にする酸化焙焼，酸化物鉱石を還元する還元焙焼，水溶性

塩にするソーダ焙焼*などがあり，ロータリーキルン，流動焙焼炉などによって行われる．空気を送り，その量を制御する．この点で煆（か）焼*と区別される．

ハイス＝高速度工具鋼

バイタリウム（vitallium）

　整形外科，歯科用にHowmet Corp, Austenal Div.（米）で開発したCo基鋳造合金．代表組成60Co, 28Cr, 3Ni, 6Mo, 2Fe. 耐熱性も良好なため，ガスタービンブレード，ジェットエンジン部品にも使用される．相対腐食速度がJIS SUS316の40分の1と，極めて耐食性力がよいが，加工性がよくないので，複雑な形状はロストワックス法*で作る．人工関節，骨固定用ネジなどにも使われる．

灰チタン石（perovskite）＝ペロフスカイト

配置のエントロピー（configurational entropy）

　例えば，格子のそれぞれの位置に，どの成分原子を置くかの組み合わせの数で決まるエントロピー．規則格子の統計力学理論で用いる．→エントロピー，ボルツマンの原理

灰鋳鉄＝ねずみ鋳鉄

ハイテン

　日本で使用している高張力鋼の英語名称 "high tensile strength steel" のhiとtensileのtenとを連ねた合成語で，今は一般的名称または用語となっている．→高張力鋼

バイノーダル線（binodal line）→二相分離型合金

ハイパーシル（Hipersil）

　Westinghouse Electric Corp. Specialty Metals div. の高透磁率変圧器鉄芯用ケイ素鋼板．圧延で方向性鋼板が作られる．3〜4Si, 残Fe. →ケイ素鋼

ハイパーニック（Hypernic）

　Westinghouse社（米）の高透磁率Fe-Ni合金で，パーマロイ*のNiを減らして安価にしたもの．40〜50Ni, 残Fe. 電気部品，交流用磁芯などに使われる．日本ではhypermalloy-Aといわれる．

ハイパーム（Hyperm）

　Fried. Krupp Hüttenwerke（独）の軟磁性合金．Hyperm4（Fe-2.5〜4.5Si-C系），36（Fe-C系），50Y（Fe-Ni-C系）などがある．変圧器磁芯，電気装置，トルクモーター，ゼネレーター，リレー，整流器，コンピューター増幅器などに用いられる．

ハイビネット法（Hybinette process）

　ニッケルの電解精錬法．マット電解法ともいう．硫化ニッケル鉱を溶錬してニッケルの濃縮された濃ひ（concentrated matte）を作り，これを酸化焙焼後，脱銅電解尾液によって銅を浸出し，その残渣を電気炉で還元溶融して粗ニッケルを作る．これを隔膜を使い，不純物を含む陽極液と陰極液との混合を防ぎながら電解精製し純ニッケルを得る．

パイプ拡散（pipe diffusion）

　転位による結晶ひずみのある場合の拡散は，ない場合と比較して拡散速度が速くなる．この現象をパイプ拡散という．転位（パイプ）拡散*ともいう．短絡拡散*

の一つ.

灰吹法 (cupellation)
金, 銀を含む鉛を溶融酸化して分離し, 金, 銀と酸化鉛を得る方法. 金, 銀の濃度を高める点に注目した操作を煆(か)焼*(scorification)ともいう.

ハイブリダイゼーション (hybridization)
化合物や, 金属のような固体を作っている物質では, 孤立原子の電子状態と違って, 軌道の混じり合いができている. 混じり合うことによって全体のエネルギーが下がるためである. そういう新たな電子軌道を作ること. 混成ともいう. できた軌道を混成軌道*という.

Cu, Ag, Au は従来, full metal といわれ, 閉じた d 殻が大きなイオン半径を持ち, それが自由電子の圧力で, 原子半径にほぼ等しい状態 (fcc) に凝縮しているといわれてきた. しかし, 体積弾性率や結合エネルギーを説明するためには, 実際は spd 混成によって d 電子が強い引力をもたらし E_{sd}, E_{sp} の自由電子も圧縮されているのである.

一般には, 炭素は 2 価 (直線的結合), 3 価 (グラファイト的), 4 価 (ダイヤモンド的) を採るが, これを, 遊離炭素の電子配置 $2s^22p^2$ から, 二つの sp 混成軌道, 三つの sp^2 混成軌道, 四つの sp^3 混成軌道で説明するなどのために考えられたものである.

ハイブリッド材料 (hybridized material)
ハイブリッド複合材料ともいう. 磁気微粒子と半導体, 磁気微粒格子と超伝導体などというように, 異なる機能をもつ物質の, 原子, 分子スケール複合によって, 素材と異なる新しい機能を生み出そうとするのがハイブリッド材料である. 単なる複合材料*が大まかには同じ機能をもつ材料の複合によってその機能をいっそう向上させようとするものであるのと区別される. また, 複合化のスケールでも区別されるが, 主旨は機能にある. クラスター*(超微粒子), 薄膜などの低次元物質, インターカレーション*(層間化合物), 人工超格子*や, 金属原子を中に入れたフラーレン*ナノチューブ*などを基本構造とし, 例えば冒頭の単磁区微粒子を格子状に整列させたものによって, トランジスタ作用や超伝導状態を制御し, 新たな機能材料を作る試みなどが行われている.

灰分 (ash)
コークスを燃やした後に残る固形成分, 高炉ではスラグになるが, 少ない方が良い.

バイメタル (bimetal)
熱膨張係数の異なる 2 種の金属薄板を貼り合せて棒, 線, 板やゼンマイ状にしたもの. 温度上昇により, 熱膨張係数の小さい金属側に曲がるので, $-200 \sim 400$℃ の温度範囲で, 温度調節スイッチ, 温度表示器, 火災報知器, 温度動作型スプリングなどに利用される. インバー (Ni-Fe 系) 低膨張率合金に黄銅, モネルメタル, オーステナイト系 Ni-Cr-Fe 合金, Ni-Mn-Fe 合金など高膨張率合金を貼り合せる. 精度は悪いが, 低価格, 高寿命なので, 家庭用器具への用途が多い.

バイヤー法 (Bayer process)
アルミニウム製錬の最初の過程. ボーキサイト*を苛性ソーダでリーチング処理してアルミナを可溶性に変え, 不溶性不純物残渣 (赤泥*) をろ過除去する. その後

水酸化アルミニウムを析出させ，焙焼してアルミナにする．この過程までをバイヤー法という．この後ホール・エルー法*でアルミニウムを得る．

ハイヤル ブロンズ (highal bronze)
ブロンズとはいうが，Sn は含まない Cu–10Al 合金で，Ni, Mn, Fe など第三元素を少量加える．$60～70 \text{ kgf/mm}^2$ の強さで，耐海水性もあり，大きな船のスクリューなどに使われる．

パイライト (pyrite) →鉄鉱石, 鉄化合物

はいり込み (intrusion)
疲労過程で結晶表面に生じるエッジ状の薄いくぼみ．突き出し*の反対．

パイロセラム (pyroceram)
Corning Glass Works 社（米）で開発された結晶化ガラス*の商品名．核形成材に TiO_2 を使っている．熱膨張係数が普通のガラスより1桁小さく，耐熱性に優れている．耐熱性窓ガラス，食器，電子用部品，建築材料，熱伝導率測定用の標準物質（パイロセラム9606），電波をよく通すのでロケット先端部のレーダー用カバーなどに使われている．

パイロメーター (pyrometer)
高温を測定する温度計．高温計ともいう．一部，白金抵抗温度計なども用いられるが，光高温計*が一般的であった．1500℃以上では，各種放射高温計*が用いられる．これは物体からの光の色調が温度によって変わることを利用したものである．物体から離れていても測定できるが，一般には物体の表面状態などに依存する「放射率 (emissivity)」を知る必要がある．それを避けた工夫のある高温計もある．

バウシンガー効果 (Bauschinger effect)
引張り試験の途中で，耐力を超えた状態から加重を反転させて圧縮試験にすると圧縮耐力が引張りの時より小さくなる現象．オローワン機構*で堆積した転位は逆応力ではかえって降伏を助ける．オローワン機構の証明になっている．応力-ひずみ曲線では小応力で直線性を失い降伏を示すが，加工硬化は強くなる．

パウリの排他律 (Pauli's exclusion principle)
パウリの原理ともいう．多電子原子において，主量子数*，方位量子数*，磁気量子数*が同じ「軌道」には二つの電子しか入れないという規則．パウリが，第4の量子数（スピン量子数*）と，この規則の導入で，原子の電子配置*，周期律*を説明した（1924年）．

破壊機構 (fracture mechanism)
破壊そのものの多様性に従って，機構も多様である．応力によって，くびれ*や絞り*など塑性変形を示した後に破断するものを延性破壊*，長時間の繰り返し応力下で起こる破断を疲労破壊*というが，破壊で最も危険なのは塑性変形なしに突然起こる破壊であり，これが脆性破壊*と遅れ破壊*である．脆性破壊には，常温からやや低温で起こる低温脆性*，200～300℃付近で起こる青熱脆性*，などがあり，遅れ破壊は水素脆性であるともいわれている．多くの場合，侵入型不純物や，介在物などが，粒界に集まったり，強固な異相を形成したりして，脆い部分や，応力集中を起こす不均一部分を作り，そこから破壊が始まる．→破壊靱性，破壊の転位理

論, 水素脆性

破壊靱性 (fracture toughness)

材料の破壊に対する抵抗力のこと. 従来は, シャルピー衝撃試験*の値などが用いられていたが, 荷重速度のもっと小さい試験が行われるようになってきた. 試験片としては, 切欠きを入れた試験片を疲れ試験機にかけ, 切欠きの奥にさらに一定の長さのき裂を入れたもの (これがCT試験片で, 細かな規定がある) を用いる. これにある速度での引張り, あるいは曲げなどの応力をかけ, き裂が進展し始める荷重や, 荷重点間距離と荷重の関係を測定する (→ K_{IC}試験). おおまかにいって, 脆性が強い場合は, 応力拡大係数*(K), エネルギー解放率 (き裂進展により解放される弾性ひずみエネルギーを意味し, これが材料が示した変形抵抗による仕事に等しいとする条件から考えたもの: (G)) などとして, また塑性を示す場合にはき裂開口変位 (crack tip opening displacement: CTOD*: δ_{IC}), J積分*などで評価する. その時応力と破壊の方向によって, モードI (開口型)・モードII (面内せん断型: 刃状転位に形状が類似)・モードIII (縦せん断型: らせん転位に形状が類似) の3種類が区別される. K_{IC}*, J_{IC}*, G_{IC}などの用語はこれらを表している. 平面ひずみ状態 (試料が十分厚くて値が飽和する状態) では, $K_{IC}^2(1-\nu^2)/E = J_{IC} = G_{IC} = \alpha \sigma_y \delta_{IC}$の関係がある (但し, ν: ポアソン比, E: ヤング率, α: 1に近い係数, σ_y: 降伏応力). いずれも考察の基礎は, 進展するき裂の新生面の表面エネルギーを応力による弾性エネルギー等が上回った時に破壊が生じるという「グリフィス模型*」にある.

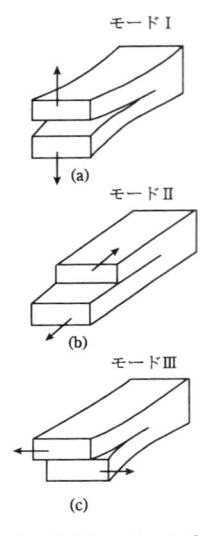

モードI (a)

モードII (b)

モードIII (c)

破壊の転位理論 (dislocation-theory of fracture)

金属のような変形能を有する物質の場合, グリフィス模型*はそのままでは適用できない. しかしその理論で仮定された「先在き裂」に相当するクラックとして, 強固な介在物にせき止められた転位堆積群とか, 小角粒界の転位列の一部が介在物に止められたとか, あるいは異符号転位の集合でできるなどのさまざまな模型をいう.

バーガース回路 (Burgers circuit)

バーガースベクトル*を定義するために, 結晶の中で転位の回りを巡り, 格子点をたどる閉回路. 厳密な手続きでいうと, それと同じ格子点数の回路を完全結晶内に採ると (参照回路: reference circuit という), 転位のない分だけ食い違う量からバーガースベクトルを定義する.

バーガース ベクトル (Burgers vector)

すべり*の方向と大きさを表すベクトル. 転位を含む格子内で作ったバーガース回路*と同じものを, 理想結晶内に作った時生じる食い違いを埋め合わせるために必要な, 回路の始点から終点へのベクトルである. 転位にとって最も基本的な量で

あり，1本の転位の刃状部分であろうが，らせん部分であろうが変わらない．1本の転位であれば，そのすべり量を示す．バーガースベクトルの大きさを転位の強度ともいう．「転位」の図2,3の**b**である．

鋼（はがね）(steel)

国際標準化機構（ISO）では次のように定義している．「Feを主成分として，通常固態で要求される形状に成形加工でき普通2%以下のCとその他の元素を含有する材料である．特殊なCr鋼にはCが2.0%を超えるものもあるが，一般には2.0%という数字が鋼と鋳鉄*の分岐点である」と．Cの上限が2%というのは実用的な見地から決まったので，日本の鋳鋼ロール業界ではCが2.2%程度までを鋳鋼*と称している．大まかな分類は，「鉄鋼材料」参照．→鉄鋼材料，炭素鋼，合金鋼，特殊鋼，鉄合金，鉄

刃金（tool steel）

刃物に用いられる金属の意味であるが，実体は工具鋼*である．

パーカライジング（Parkerizing）

米のParker Rust Proof社で開発されたリン酸塩被覆による鉄鋼防錆法．化学化成処理の一種．→化成処理

白雲石＝ドロマイト

白色X線（white X-rays）

連続波長のX線で，連続X線ともいう．発生したX線のスペクトルにおいて，特性X線以外の部分である．X線回折の透過法やラウエ法*に使われる．→特性X線

白色スズ（white tin）＝白スズ

白心（white heart）＝白心鋳鉄（white heart cast iron）＝白心可鍛鋳鉄

白心可鍛鋳鉄（white heart malleable cast iron）

白鋳鉄鋳物を酸化鉄（Fe_2O_3（赤鉄鉱）やFeO（ミル・スケール*））中に埋め，900〜950℃の温度で長時間加熱し，表面層からFe_3C（セメンタイト）の炭素を酸化，脱炭させて，鋼程度まで炭素%を下げ表面層の靭性を上げた鋳鉄であり，その破面が白色を呈することから白心可鍛鋳鉄という．脱炭速度は鋳鉄の化学成分，脱炭剤の種類，加熱温度，鋳物の肉厚などに影響される．一般に炭素，マンガンは脱炭速度を増加，ケイ素，ニッケル，クロムは減少させる．また脱炭剤を使用せず雰囲気（空気＋蒸気）で脱炭させることも行われている．→可鍛鋳鉄

パークス法（Parkes process）

鉛の乾式精製で重要なプロセス．450〜520℃に溶融した鉛に亜鉛を加え，340℃に冷却すると金，銀が亜鉛化合物として浮上，付着する．鉛の精製と貴金属を回収するための方法．

白銑（white pig iron）

破面が白色を呈する銑鉄．実体は白鋳鉄*と同一物．非常に硬くてもろい．→銑鉄

羽口（tuyere）

熱風炉*からの熱風を高炉*に吹き込む口のこと．現在の高炉では1mおきに多数設けられている．熱風のほか重油・微粉炭も吹き込まれる．スラグ*の排出口（鉱

滓羽口)と区別する場合には送風羽口という．キュポラ*についてもいう．

白鋳鉄（white cast iron）

通常鋳鉄は凝固過程で黒鉛*を晶出するため破面はねずみ色を呈する(ねずみ鋳鉄*)が，凝固時の冷却温度が大きいと炭化物(Fe_3C：セメンタイト*)とオーステナイト*(γ)の共晶すなわちレーデブライト*を晶出し，オーステナイトは727℃以下で初析セメンタイト(Fe_3C)とパーライト*($\alpha-Fe+Fe_3C$)となるため破面が白色となる．これを白鋳鉄という．ねずみ鋳鉄と白鋳鉄の混在したものがまだら鋳鉄*である．凝固の際Fe中のCの黒鉛化または炭化物化は冷却速度のほかに合金元素にも依存する．黒鉛化促進元素：Si, Ti, Ni, Cu, Al, Coなど．炭化物化促進元素：Cr, Te, S, V, Mn, Mo, P, W, Mg, B, O, Nなど．→鋳鉄，銑鉄，マウラーの組織図

バクテリア腐食（bacterial corrosion）

土壌中，水中のバクテリアの代謝によって生成する酸などによる腐食．例えば，硫酸塩還元菌(嫌気性)が硫酸塩を硫化物にすることで腐食環境を作る．バクテリアが直接金属を侵すわけではない．

白点（white spot (flake)）

鋼*，特に特殊鋼*に入りやすい水素が，鍛造後，集まってできる扁平な空洞欠陥．破面に白く見える．向きが変わると細く見え，毛割れ*ともいう．

白銅（white copper）

Cu-Ni合金で，本来は色調から20％以上のNiを含んだ，貨幣用のものをいうが，JISでは幅広く，Ni10～30％で，通常キュプロニッケル*と呼んでいるものを白銅といっている．Cu-Zn系のような置き割れ*や脱亜鉛現象*もなく，優れた耐食性，特に耐海水性がある．またばね性もある．なお，洋白(洋銀)*を含めて呼ぶこともあるが，洋白は本来Znを含むので，一応区別される．

箔冶金法（foil metallurgy）

金属箔と金属箔の間に繊維を整列させたものを重ね合わせて熱間で圧延とかプレスして複合材料*をつくる方法をいう．

バーゲス法（Burgess process）

市販純鉄の一種である電解鉄*を硫酸塩浴で作るやり方．→純鉄，フィッシャー法

箱焼鈍（box annealing, pot annealing, close annealing, pack annealing）

密閉した容器中に鋼をおさめて鋼表面の酸化をなるべく少なくした焼鈍操作．酸化・脱炭*を厳しく防止しつつ焼鈍する方法で，鉄または鋳鉄の箱または管の中に，古い浸炭*剤，鋳鉄粉などをつめ，その中に鋼を入れて焼鈍する．高級工具鋼*，特殊鋼*に対して行なわれる．

はじき出し（atomic displacement, knock-on）

ノックオンともいう．粒子線照射など高エネルギー粒子と原子の弾性衝突で，原子が格子位置からはじき出されること．はじき出された原子は，何回か他の原子と衝突してそれもはじき出し，最後は熱エネルギーを放出して停止する．

刃状転位（はじょうてんい）（edge dislocation）

転位線とすべり方向が直角である転位*．「転位」の図2参照．転位線の上には，

すべりつつある一枚余分な原子面*が割り込んでいる形になっているのでこの名前がある．じんじょう転位ともいう．らせん転位の対語．→混合転位，転位の符号

バージンメタル（virgin metal）

鉱石からの製錬で作られたままの状態の金属．再生金属と区別する．→金属リサイクル

波数ベクトル（wave number vector）

波面に垂直な方向を持ち，波数$k=2\pi/\lambda$（λ：波長）を大きさとし，進行方向を向いたベクトル．量子論での運動量は$p=(h/2\pi)k$である（h：プランク定数）．→金属電子論，ブリュアン帯域

ハステロイ（Hastelloy）

Haynes Stellite 社（現 Cabot Corp. Stellite Div.：米）開発の耐塩酸合金として有名な Ni 基の合金．他に Mo, W, Cr, Fe などが合金元素として入っている．Hastelloy A, B, B2, C, C276, D, F, G, N, S, T, W, X, XR など多くの品種がある．Hastelloy A, B, C は，いずれも耐食性に優れ，化学，薬品工業用の各部品，メカニカルシール，フィルター，ポンプ，バルブ，シャフト類に，Hastelloy X は耐熱性も高く，特にガスタービン，燃焼器などに多用される．

バースト型変態→ウムクラップ過程

バストネサイト（bastnäsite）

(Ce, La)(CO₃)(F, OH)．希土類金属鉱石中，現在最も産出量の多い鉱石．主としてアメリカ産．セリウム，ランタン，ネオジム*の原料．→モナザイト，ゼノタイム，希土類金属

パーセントIACS（%IACS）

金属材料の電気伝導度*（導電率）を示す単位．1913年の国際電気委員会が，焼なました純銅の20℃における電気比抵抗値を$1.7241\mu\Omega\cdot cm$と定め，この導電率を100％とした値．International Annealed Copper Standard の略．現在の高純度銅の値は100％よりやや大きい．

バタフライ組織（butterfly structure）

転がり疲れ*によって軌道上に生じる金属組織の一種．

肌焼鋼（case hardening steel）＝浸炭鋼

破断応力（fracture stress）

破断した時の荷重（破断荷重）をもとの断面積で割った値．破断時にはくびれて断面積も小さいが，そこまで考慮しない工業的な約束の数値．「応力－ひずみ線図の二形態」の図参照．

破断部形状（shape of fracture part）

機械試験*の結果破断した試料についての考察で，破面組織解析の一部．①延性破断の傾向が強い場合は，十分くびれるから，破断部は一点に近くまで細くなる．②通常は加工硬化*もあり，内部の欠陥・介在物などのため，ある程度くびれた後，周辺が45°の凹面（カップ）と，凸面（コーン），内部に小さなくびれ（内部くびれ*）が生じる．③脆い材料では，力と直角の面で直線的に切れる．細かく見ると，結晶粒界で破断していたり，粒内で，へき開していたりする．→くびれ，カップコーン

破面,延性破壊,脆性破壊,へき開破壊

(8-N) 法則 ((8-N) law)
　価電子数Nの原子が共有結合*をする場合,配位数が8-Nの結晶になるというもの.

八面体位置 (octahedral site, octahedral hole, octahedral voids, interstitial octahedral site) →格子間位置

発火合金 (pyrophoric alloy, pyrophoric metal)
　こすったり,引っかいたりしたときに火花を発する合金の総称.Ceなど希土類を主体としたものと,それ以外の2種類ある.ミッシュメタル*は前者に属し,後者にはZn-Sn系,V-Fe系などがある.写真用フラッシュ,照明弾,花火などに使われる.ライターの発火石にも使われるので,ライター石ともいわれる.組成例:35Fe-24La-4Yb-2Er- 残Ce.

発汗現象 (sweating)
　Al-Cu, Cu-Sn-P系の鋳造合金や焼結合金の表面に細かな汗のような凹凸ができること.主に,逆偏析によって低融点部分が表面付近に最後まで残って生じる.

白金 (platinum)
　元素記号Pt,原子番号78,原子量195.1.銀白色の貴金属元素.融点1769℃,密度21.45g/cm^3 (20℃).fcc格子で加工性良好.高温用の熱電対材料,電熱材料,装飾用金属,各種化学薬品の容器,るつぼとして,また白金黒は触媒として重要で,自動車の排気ガスの処理に利用される.

白金加金 (platinum added gold)
　AuとPtが75％以上で,耐食性・ばね性の優れた歯科用合金.Pt-Au系は偏析が大きい.10～70Auでは二相分離系なので,急冷・時効などで特性を出す.

白金合金 (platinum alloy)
　白金とその合金は高融点,耐食性,耐熱性と加工の容易性などの特長があり,多くの応用域がある.るつぼ*,化学実験器具用のPt, Pt-Rh, Pt-Ir合金.宝飾,装身具のPt, Pt-Pd合金.義歯用のPt-Au-Ag合金.熱電対*,測温抵抗用のPt-PtRh, Pt-PtIr合金.電熱線用のPt, Pt-Rh, Pt-Ir合金.永久磁石*用のPt-Co, Pt-Fe合金.ガラス-金属シール用のPt-Rh合金.電気接点*用のPt-Ir, Au-Pt-Ag合金.その他触媒,めっき材料としての使途も多い.

白金-コバルト永久磁石 (platinum-cobalt magnet)
　Pt-23Co, Pt-50Coなどがある.それぞれ760, 825℃に規則-不規則変態があり,規則相が面心正方晶で,その生成に伴って強いひずみが生じる.昇温による磁化減少が少なく,耐食性,加工性,強度でも優れている.後者の特性は,B_r=7000gauss, H_c=4800 Oe, $(BH)_{max}$=12×10^{6}gauss・Oeである.

白金族元素 (platinum group elements)
　Ru, Rh*, Pd*, Os*, Ir*, Pt*をいう.これらは,高密度,高融点,銀白色,耐化学薬品性などの共通点を持つ.また,白金鉱,金銀鉱から王水処理など複雑な工程で分離されるほか,銅*,ニッケル*の電解製錬の陽極泥*からも得られる.　→イリドスミン

白金族触媒 (platinum group catalysis)

①反応促進用触媒：Pt-10Rh合金がアンモニアを酸化して硝酸を作るために，Pt, Pd触媒が各種水素化反応に，Pt-Al$_2$O$_3$触媒がガソリンの高オクタン化に（接触改質*），Pd触媒がエチレン・プロピレンの直接酸化によるアセトアルデヒド・アセトン製造に，Ru触媒がN$_2$・O$_2$の直接反応で硝酸製造に，などと用いられている．

②ガス精製用触媒：Pd-Al$_2$O$_3$触媒が，各種気体から酸素を除くために（デオキソ*），微量のPtを含む多孔質陶器製管やPtまたはPdをAl$_2$O$_3$・SiO$_2$担体*に吸着させたものがNO$_X$除去に，PtをAl$_2$O$_3$担体*に吸着させたものが自動車排ガスの清浄化などに使われている．

白金・ロジウム合金→白金合金

白金・ロジウム-白金熱電対（platinum rhodium-platinum thermocouple, PtRh-Pt thermocouple）

白金-ロジウム合金系の熱電対は次表の3種類がJISおよびASTMの規格，1種類がASTM規格である．

熱電対の構成	略号	適用温度範囲
JIS C1602-('95)およびASTM E230-('96)		
白金・13%ロジウム(+)-白金(-)	R熱電対*	0℃〜1400℃（連続使用）
白金・10%ロジウム(+)-白金(-)	S熱電対	0℃〜1400℃（連続使用）
白金・30%ロジウム(+)-白金・6%ロジウム(-)	B熱電対	600℃〜1500℃（連続使用）
ASTM E 1751-('95)		
白金・40%ロジウム(+)-白金・20%ロジウム(-)		0℃〜1888℃

*ルシャトリエ熱電対ともいう．

発光ダイオード（light emitting diode: LED）

半導体のpn接合部に電圧を加えると，電子と正孔が再結合して発光する現象を利用した電子デバイス．GaAs, AlGaAsは赤色，GaN, ZnSe系では青緑色の光を発する．

発生気体分析（evolved gas analysis: EGA）

一定のプログラムにしたがって温度を変えながら，試料から発生する揮発生成物の定性，定量，あるいは同定を温度の関数として測定する熱分析の技法．揮発物質の定性，定量の分析装置として，ガスクロマトグラフや質量分析計*などが用いられる．

発生期の炭素（nascent carbon）

化合物から解離した瞬間の反応性に富む炭素．浸炭の時，木炭，コークス，骨灰，黒鉛などを，炭酸塩の促進剤と混ぜ加熱すると発生期の炭素ができ，鋼の内部に浸透しやすくなる．

発生炉ガス（producer gas）

石炭，コークスまたは木炭を適量の空気と水蒸気中で不完全燃焼させて得られる燃料用ガス．水素，一酸化炭素，メタン，窒素などを含む．

ハッドフィールド鋼（Hadfield's steel）

1882年ハッドフィールド（英）が発明した10〜13Mn, 0.9〜1.2Cの高マンガン

耐摩耗性鋳鋼で，発明者にちなんでこの呼び名がある．高マンガン鋼*ともいう．

発熱反応（exothermic reaction）

熱の発生を伴う化学反応．大部分の反応はこれである．この反応で，系のエンタルピーは減少する．吸熱反応*の対語．

発泡金属（foam metal）

多孔体金属のこと．発泡樹脂を原型とし，電気めっき法（Ni, Ni-Cr, Cu, Ag），鋳造法（Al合金，Zn合金，Pb合金）や，粉体焼結法（Ni, Cu, セラミックス）などの製法がある．Niの場合，多孔率が〜98％，見かけ密度は$0.2g/cm^3$と木材より軽く，すべて連通気孔の海綿状になり空孔に他の物質を多量に充填できる．気体，蒸気，液体の濾過用，分離濃縮用，通気孔，真空リーク弁，緩衝消音材，液体の供給，移送材，分流制御用，アルカリ電池用極板材，触媒用担体，複合材料（発泡ニッケルとAl合金を高圧鋳造して，強度と耐熱性を与え自動車エンジン用に用いる）などの用途が開発されている．→多孔質金属

パティナ = 緑青（ろくしょう）

パテンティング（patenting）

冷間引き抜き加工を容易にするとともに加工によって優れた性質を与えるための処理．中・高炭素鋼を，オーステナイト*領域で加熱した後，あらかじめA_{c1}以下の適当な温度（主に約500℃）に保持した溶融鉛または溶融塩浴中に急冷し，適当時間保持した後常温まで冷却する操作（鉛パテンティング）．オーステナイト化後空冷することもある（空気パテンティング（air patenting））．

波動関数（wave function）

一般には時間的・空間的に変化する物理量を時間と空間座標の関数として表現した関数．通常は量子力学で粒子の状態を表すシュレーディンガー方程式*の従属変数Ψをいう．その2乗が粒子の存在確率を表す．

ハードフェーシング（hard facing）

ある基材に耐摩耗性をもたせるため，溶接などで，種々の耐摩耗性鋼を溶着させること．

ハードブロー（hard blow）→ソフトブロー

ハードヘッド（hard head）

スズ製錬でできる中間生成物（46Sn-64Fe）．スズ鉱石（SnO_2）溶錬のときできるスラグにコークス，石灰石を加えて還元溶錬しSn1％以下のスラグとSn-Fe合金（ハードヘッド）を作る．これはスズ鉱石の溶錬に返すかあるいはコークス，ケイ砂を加えて電気炉で還元（1530℃）して粗スズとFe-Si合金を得る．

パドル法（puddling process）

撹錬法ともいう．転炉*，平炉*が発明される以前，銑鉄を反射炉*内で撹拌し酸化・脱炭して低炭素鋼にした処理法．この方法で得られた低炭素鋼を錬鉄*という．

バナジウム（vanadium）

元素記号V，原子番号23，原子量50.94の遷移元素（bcc構造）．密度$6.11g/cm^3$（19℃），融点1887℃．鋼色の金属で硬く，腐食されにくい．鉄の合金元素として有用であり，また酸化物は触媒として使用される．重油にかなり含まれている．バナ

ジウムとチタンとの合金は航空機材料として，バナジウムとガリウムの合金は超伝導磁石*の製造に用いられ，これを用いた超伝導コイル用テープは日本で開発された．→超伝導用材料

バナール模型（アモルファスの）（Bernal model）＝最密無秩序充填

バーニング（burning）＝過熱

ばね材料（spring materials）

機器用ばね材料と鉄道，自動車などの車両用，一般機械用，建設機械用などのばね材料があり，機器用は主として非鉄系合金，車両用以下のものは鉄系が主流である．ばね特性を与える方法としては熱処理（焼入れ焼もどし，溶体化処理，析出硬化処理など），冷間加工，熱処理後冷間加工，冷間加工後熱処理（低温焼なましなど）などがある．

非鉄系材料：黄銅（7/3），リン青銅，洋白，キュプロニッケル，Be 銅，Ti 銅など．
鉄系材料：炭素鋼，炭素工具鋼，Si-Mn 鋼，Mn-Cr 鋼，Cr-V 鋼，Mn-Cr-B 鋼，Si-Cr 鋼，ステンレス鋼（オーステナイト系，析出硬化系）など．
→ベリリウム銅，洋白，リン青銅，キュプロニッケル

パノスコピック材料（pano-scopic material）

「パノ」はあらゆるサイズを意味する接頭語で，原子あるいは分子スケールの構造をミクロ，メソ，マクロの各サイズのレベルで順次階層的に組み上げて作る組織体をいう．各階層に組み込まれた機能が相互に連携し，光学的，電磁気的，化学的，力学的な総合的な機能をもつ次世代型高機能性材料．応用例としてパノスコピック結晶化ガラス．

バーバの法則（Barba's law）

引張試験で規定寸法以外の試験片の場合，$\sqrt{断面積}/標点距離$を規定寸法と同一にとれば等しい伸びを得るという法則．

バビットメタル（Babbitt metal）

Sn を主成分とする Sn-Sb 系軸受合金を起源とする．柔軟な Sn マトリックス中に，硬い β' 相（SnSb：ひずんだ三方晶構造）が分散し良好な軸受特性を示す．ただ，強度が低いのと，さらにそれが100℃で半減するのが欠点である．バビット（I.Babbitt）の発明（1839）で，当初は Sn-7.4Sb-3.7Cu を強度のある枠（台という）に内張りして用いるものであった．これをハードバビットメタルといい，Sn-4.5Sb-4.5Cu のソフトバビットメタルもある．その後，Pb も添加されるようになったが，逆に Pb を主成分とするものも現れた（Pb-10Sb-5Sn：Pb-Sb 系は単純共晶）．その結果，Sn 基・Pb 基の軸受合金全体をいうようになったが，これは米・英での呼称で，日本と独ではホワイトメタルと呼んでいる（Sn 基のみをバビットメタルということもある）．各種軸受用として広く用いられている．→軸受合金

ハフニウム（hafnium）

元素記号 Hf，原子番号72，原子量178.5．ジルコニウム*の同族元素で，鉱石中に共存する．融点2227℃，密度 $13.31 g/cm^3$,（20℃）．光沢のある延性に富む金属．原子炉の制御棒，ガス入り電球や白熱電球に用いられる．

ハーフ メタル (half metal)

マンガン酸化物などにおいては,局在電子のスピンに引きずられて伝導電子のスピンが分極している.その分極率 (P) が1に近いような金属酸化物をいう.小数キャリアー密度$N_\downarrow$,多数キャリアー密度$N_\uparrow$であるとき,$P=(N_\uparrow-N_\downarrow)/(N_\uparrow+N_\downarrow)$と定義される.半金属*とは全く別のもの.巨大磁気抵抗*効果で注目されている.

バブル磁区 (bubble domain)

泡磁区,磁気バブルともいう.薄膜の強磁性体で,磁化容易方向が面の法線方向である場合,適当な膜厚なら法線方向の磁壁を持つ入り組んだ磁区構造となる.法線方向に磁化していくと磁場方向の領域が大きくなるが,全体が揃う前の磁化状態で,円筒形の磁区が現れる.その半径は,磁場と逆方向の磁化ポテンシャルエネルギーと磁壁エネルギーの和と,面に出ている磁極による静エネルギーの釣合で決まる.この磁区はそれと同程度の大きさの局所的な磁場によって自由に移動させ得るので,記憶・論理装置として使える.具体的な材料としては,ガーネットフェライトの薄膜を用い,数ミクロンのバブルができる.パーマロイの蒸着膜で駆動磁極を作り駆動する.電源を切っても消滅しない(不揮発性)記憶装置ではあるが,動作時間は遅い.

パーマロイ (permalloy)

Fe-Ni 系合金で金属軟質磁性材料*の代表.透磁率* (μ) が非常に大きい ($\mu_{max} \fallingdotseq 10^5$).$Ni_3Fe$の組成が中心で,これは$Cu_3Au$型の規則格子構造をもっているが,600℃以上から急冷すると不規則状態となり,磁気異方性*,磁歪*がともにゼロに近くそれが高透磁率をもたらしている.

パーマロイ プロブレム (permalloy problem)

パーマロイ問題ともいう.1920年,アーノルド(H.D.Arnold)とエルメン(G.W.Elemen)によってNi_3Feの組成の合金(パーマロイと名付けられた)が600℃から急冷すると,高透磁率が得られることが発見されたが,当時,何故焼鈍でなく,常識に反する急冷によって良好な磁気特性が得られるのかが大きな疑問とされ,磁性研究者の間で,「パーマロイ問題」といわれた.後に1938年,510℃以下の温度でCu_3Au型の規則格子が形成されることが茅誠司らによる比熱の測定によって明らかにされ,パーマロイの高透磁率磁性はその規則状態を避けて得られることがわかり,「パーロマイ問題」の解決をみた.

パーミンバー (perminvar)

permeability invariable (定透磁率) から来た名称.あまり強くない磁場範囲で直線性の良好な磁化を示す.代表組成:42Ni, 25Co, 30Fe の Fe-Ni-Co 三元系合金であるが多種あり,パーミンバーの後に,Co, Ni の組成値を番号としてつける.この特性は400〜450℃で24hr焼鈍して得られる.焼鈍で磁壁が固定されるためと考えられている.磁場中で冷却すると良好な角形ヒステリシスをもつようになる.

パーメンジュール (Permendur)

Western Electric 社(米),Bell Telephone Laboratories 社(米),Telcon Metal 社(英)などの Fe-Co 系高透磁率合金(軟質磁性材料*).磁化も大きい.Permendur (50Fe, 50Co), Permendur2-V (48.8Fe, 48.8Co, 0.4Mn, 1.7V), 24 (76Fe, 24Co), 49

(49Fe, 49Co, 2V), 50KF (49.95Co, 1.4V, 0.04Si, 0.22Mn, 0.02C, 0.007S, 残Fe) などがある. 直流トランス, 受話器ダイアフラム, 磁極片などに用途.

破面組織解析 (fractography)

　破面観察, 破面試験, フラクトグラフィーなどともいう. 使用中破断した材料あるいは破壊試験で破断した材料の破面の観察・解析をいう. 肉眼あるいはルーペ程度の倍率の場合をマクロ, それ以上の倍率の場合をミクロと区別する. 破壊試験の場合は, 破面のうち, 延性破壊部分と脆性破壊部分の面積の比率を試験温度の関数として計量し, 延性−脆性遷移温度*を決めたり, 破壊 (破断) 機構*を考察する. 使用中破断した材料では, これによって破断原因を解析する. まず破断から観察までの時間間隔によって, 破面に腐食が見られた場合それが破断後のものか, 破断以前に徐々に起こったものかを区別する. 次いで, 粒内破壊 (粒内割れ*) か, 粒界破壊 (粒界割れ*) かを見る. 破面の特徴的な形状を求め, 延性破壊* (ディンプル*, リップルパターン*＝さざ波模様など), 脆性破壊* (へき開ファセットやリバーパターン*など), 疲労破壊* (突き出し*・はいり込み*, ビーチマーク*＝貝殻模様, 摩擦痕, ストライエーション*, タイヤトラック*など), 遅れ破壊* (ロックキャンディパターン*など) などを区別する. 疲労破壊の場合には, 破壊の開始点に欠陥や切欠きがないかを見る. また, 古代・中世では, 十分に溶融状態にならない鉄塊を割って, 各部分の色などで (炭素量の多少を判断して) 鉄材を選別していたが, これも重要な破面解析であった.

刃物用ステンレス鋼 (cutlery stainless steel)

　包丁, ナイフ, 医療用メスなどに用いられるステンレス鋼* (SUS410, 420J2, 440Aなど). いずれもマルテンサイト系で炭素濃度がやや高い. 150〜200℃に焼戻して, 硬さ $HR_C 57$ 以上として用いる.

パーライト (pearlite)

　鋼または鋳鉄をオーステナイト*状態から徐冷した時, A_1 変態*で生じるフェライト*とセメンタイト*の層状共析組織をいう. 冷却速度の大小により層状組織には疎密を生じる. 層状組織が回折格子の作用をし, 斜光で見ると真珠に似ていることからの名称. →共析鋼

パーライト変態 (pearlite transformation)

　過冷オーステナイトの結晶粒界近傍にセメンタイトが核形成され, そのセメンタイト板の隣接部が炭素濃度の低下とともにフェライトに変わって, セメンタイト−フェライトの層状組織 (パーライト) が成長する反応と考えられ, ベイナイト変態と異なる. また, パーライトは粒外で, 粒界と垂直方向に成長するが, 全体として塊状となり, これをパーライトノジュール (pearlite nodule) という. →パーライト, 共析鋼, ベイナイト

パラジウム (palladium)

　元素記号 Pd, 原子番号 46, 原子量 106.4, 密度 $12.02g/cm^3$ (20℃), 融点 1552℃, fcc, 銀白色の白金族元素. 単体は高温で酸化されるが, 常温では耐化学薬品性がある (白金族では最低). 合金元素として, また歯科材料として使われる. 水素吸蔵性が大きく, 水素吸蔵合金*, 水素純化にも用いられる. →デオキソ, 白金, 白金合金

パラジウムろう (palladium brazing filler metal)

耐熱機器などのろう付けに使用するろうで,Ag–Cu–Pd系,Pd–Ni系,Cu–Pd系,Au–Cu–Pd系,Ag–Pd系など各種の合金がある.JISにはBPd–1〜12, 14の13種類が規格化されている.
BPd–1:4.5〜5.5Pd, 68〜69Ag, 26〜27Cu:ろう付け温度:810〜900℃.BPD–10:32.5〜33.5Pd, 63.5〜64.5Ag, 2.5〜3.5Mn;ろう付け温度:1200〜1300℃.

バリアント (variants) = 兄弟晶

バリウム (barium)

元素記号Ba,原子番号56,原子量137.3,銀白色の軟らかいアルカリ土類金属*.bcc構造.密度3.5g/cm³(20℃).融点725℃,沸点1640℃.同じアルカリ土類金属のCa, Srより反応性大.イオン半径が大きく(1.43Å),化合物は複雑な構造をとる.ゲッターとしての用途のほか,硫酸バリウムはX線の造影剤,硝酸バリウムは花火の製造に用いられる.→マグネトプランバイト,三つ組元素

バリウム フェライト (barium ferrite)

BaO・6Fe₂O₃の組成で,マグネトプランバイト*構造の永久磁石材料*(ハードフェライトともいう).Fe₂O₃とBaCO₃粉末を混合焙焼し,1μm位に粉砕,磁場中で圧縮成形し,1000〜1300℃で焼結する.耐食性が良く安価なため,各種の磁石,ゴム磁石*,プラスチック磁石として使用されている.→硬質磁性材料

バリスター (varistor)

電圧–電流特性の非直線的な抵抗素子(variable resistor)の総称.Ge, Siダイオードやツェナーダイオードの正負非対称性を用いるものと,SiCやZnOの焼結体の粒界バリア特性を用いたものとがある.前者は小電圧用で,対称性が必要な時は2個の素子を直列または並列に組んで用いる.後者は高電圧用である.電気接点の火花消去,サージ電圧からの保護,避雷器などに用いられる.

ハリス法 (Harris process)

鉛の製錬において,焙焼・還元で得られた粗鉛から,乾式法でSn, Sb, Asを分離,除去する一方法.鉄鍋中で粗鉛を500℃付近に加熱し,苛性ソーダを加えて強く撹拌すると,SnはNa₂SnO₃に,SbはNaSbO₃に,AsはNa₃AsO₄となって浮上分離する.

張出し成形 (stretch forming, bulging)

板材の周辺をクランプし,ポンチを押し込むなどの方法で,バルジ成形ともいわれる.面内に二軸引張りを与えながら任意の曲面板に成形する方法と,パイプ状の材料に内圧を加えつつ,外面を型で押さえてふくらませる成形法などをいう.→エリクセン試験,深絞り加工

バルクハウゼン効果 (Barkhausen effect)

強磁性体が磁化する時,その周辺に巻いたコイルから不規則な電圧が検出され,雑音として聞こえる現象.磁化が磁壁移動によるものであり,磁壁が障害物にひっかかりながら移動するという不連続的過程であることの証拠である.

バルク非晶質合金 (bulk amorphous alloy)

当初アモルファス合金*は急冷でのみ得られていたので,リボン状,線状でしか得られなかった.これが材料としての利用範囲をせばめていたが,その後,急冷で

なく通常の鋳込みや溶湯鍛造法でもアモルファスになる合金が発見された.この棒状,塊状で得られるアモルファス合金をバルク非晶質合金という.Fe-B系,Fe-P系,Te-系,Zr-系など多数の系で発見されている.→ガラス状態

パルス焼なまし (pulse annealing)
薄板や線など形状的に熱容量の小さい材料を短時間焼鈍すること.所定の焼鈍温度までの昇温・降温の速度も大きくする.

ハロー (halo pattern)
特性X線*を非晶質試料に当てた場合の回折像は,同心円状のブロードなパターンとなり,これをハローまたはハローパターン(暈(かさ)回折像)という.

パロー (palau)
Au-10～40Pd合金.白金の代用であるホワイトゴールド*の一種.もう一種のホワイトゴールドであるAu-Ni系より柔軟で加工しやすい.色は完全に白色で装飾品,化学実験用器具に用いられる.ロタニウムともいわれる.

ハロゲン (halogen)
VII族元素のうちF, Cl, Br, I, Atの総称で,金属と塩を作りいやすいことから"塩"を意味するhaloと"生成するもの"を示すgenとの合成語.このうちCl, Br, Iはいわゆる三つ組元素*として知られている.Clは比較的多く地殻中に存在するが,Br, Iは少なく,Atは放射性で極微量存在するに過ぎない.電子配列は外殻がs^2p^5で希ガス構造から電子が1個不足している.そのため電子親和力が大きく,1価の陰イオンとなりやすい.融点,沸点,比重はともに原子番号順に大きくなるが,一方電気陰性度は小さくなる.電気的に陽性なアルカリ金属*,アルカリ土類金属*と反応し典型的なイオン結合性の塩を作る.陰性な元素とは共有結合性の化合物を作り,種々な酸化物,オキソ酸を作る.これらの化合物では+1, +3, +5, +7などの酸化数をとる.またハロゲン同士でハロゲン間化合物も作る.

パワーボール (power ball)
耐水性のプラスチックでコーティングされた水素化ナトリウム(NaH)のピンポン球状のボール.水中でコーティングを切断するとNaHは水と反応して水素を発生する($NaH+H_2O=NaOH+H_2$).エネルギー源としての水素の移動形態として候補の一つに考えられている.アメリカ・ユタ州にパワーボールのベンチャービジネスが出現した.

バーンアウト (burn-out)
沸騰が激しく,冷却液が高温材料の表面で激しく沸騰してしまい,膜沸騰状態になって冷却されず過熱面が融点以上になってしまう現象.

反位相境界＝逆位相境界

半温度時間 (half-temperature time)
焼入れ冷却速度の簡便な目安.材料が焼入れ温度Tからその半分の温度(0.5T)に下がるまでの時間.厳密には温度はセ氏で表現しなくてはならない.この時間が大きいと冷却速度としては小さいことになる.→半冷曲線,焼入れ性

半金型 (semipermanent mould casting)
中だけ砂型にし,その他を金型にしてくりかえし使えるようにした鋳型.半永久

鋳型ともいう.

反強磁性(anti-ferromagnetism)

秩序磁性の一種で,磁化過程に,スピンフロップ(spin flopping)やメタ磁性＊などの特異な振舞いを示し,磁化の温度変化にも特徴がある.いくつかの種類があり,一つは原子の磁気能率が結晶中のとなりあった位置で反平行に配列している秩序磁性で,元素のγ-Mn, γ-Fe,化合物では(超交換相互作用＊で)MnO, Cr_2O_3, FeSなど.この他,Crでは体心と体隅の磁気能率が逆向きで,かつ25原子周期で正弦的に変化しているスピン密度波構造の反強磁性.また希土類元素の後半に位置するものはらせん型,円錐型の磁気配列構造をもつ反強磁性である.最近スピンバルブ型巨大磁気抵抗＊素子への応用がすすんでいる.→磁性, f電子, 4f遷移金属

半金属

①(semimetals)金属と同様の自由電子(正孔)をもつが,その密度が普通の金属よりもはるかに小さい物質.グラファイト,ヒ素,アンチモン,ビスマスがその例.
②(metalloid element)メタロイド＊の俗称.

半減期(half-value period, half life)

不安定な素粒子や放射性原子がその数を1/2に減らすまでの時間.各粒子,原子核に個有の時間で,それらを識別するのに使える.

半硬質磁性材料(semihard magnetic material)

高透磁率材料と高保磁力材料の中間的な保磁力＊と残留磁束をもち,良好な角形ヒステリシスを示す磁性材料.焼入鋼型(Co-Cr鋼),α/γ変態型(バイカロイ＊, Fe-Mn, Fe-Ni合金),スピノーダル分解＊型(Fe-Ni-Al-Co, Fe-Ni-Al-Ti),析出型(高Co-Fe合金)などで,ヒステリシスモーター,ラッチングリレー,リマネントリードスイッチ,多接点封止型スイッチなどの用途がある.

反磁性(diamagnetism)

ある物質に磁界を作用させた場合,磁界と反対の向きに磁化が発生する性質.このような物質を反磁性体といい,その帯磁率＊は負である.原子の電子構造が閉殻である場合や,電子スピンと電子の反磁場方向の円運動による磁性の大小で決まる場合などが複合して現れる.周期律＊表でCu, Ag, Auから右は全部反磁性を示すが, Bi, Sbなどは相当に強い反磁性を持っている.→磁性,常磁性,強磁性

反磁場係数(demagnetizing factor)

強磁性体を磁化＊(I)すると,その表面・端面に生じる磁極によって逆方向の磁場が発生する.これを反磁場(demagnetizing field, H_d)というが,その大きさは$H_d = NI/\mu_0$(μ_0は真空の透磁率)でNを反磁場係数という.Nは磁性体の形状によって決まる係数(無名数)で,無限に長い針状試料をその方向に磁化すると0に近く,球では1/3,平板を法線方向に磁化すると1になってしまう.磁化曲線ではこれを補正しなくてはならない(ずれ補正という).

反射高速電子線回折(reflection high energy electron diffraction : RHEED)

細い一次電子ビームを用いた極小領域の表面構造の評価分析法.表面回折強度を測定して表面構造を決めることができる.平滑な表面に原子が積み上げられていくときに,回折強度信号は表面に積み上げられた状態を反映して特有の振動を示す.

この振動を利用して超格子構造を作成する際の制御も行われる. →電子線回折

反射ラマン散乱(Raman scattering, surface enhanced Raman scattering : SERS)

分子による光の散乱には分子特有のエネルギーのやりとりをして散乱するラマン散乱がある. 入射光および入射光と同じ波長の散乱(レイリー散乱)を取り除いてラマン散乱光を測定することにより分子の振動状態を知ることができる.

反射炉(reverberatory furnace, air furnace)

浅い鍋底型の炉本体と低い天井の炉で, 一端で燃料を燃やし, 装入物と天井を加熱し, 他端に煙突がある. 燃焼による加熱空気と天井からの反射熱で金属を溶解, 製錬する. 高炉以前に用いられた. パドル法*はこの応用.

はんだ(soft solder)

「軟ろう」ともいう. 450℃より低い溶融温度のろう接用溶加材. Pb-Sn, Pb-Sn-Sb系など各種あり, 銅, 銅合金, アルミニウム, ぶりきなどの接合に用いられる. はんだに関するJISには, はんだ(JIS Z 3282 ('99), やに入りはんだ(JIS Z 3283 ('01)), ソルダペースト(JIS Z 3284 ('94))などが, ASTMではんだ, やに入りはんだおよびはんだペーストを含めて, ASTM-B32 ('00)で規格化されている. 環境問題から鉛フリーのはんだ合金が開発されており, Sn-Ag系合金が候補の一つだが, 高融点であるなどの問題がある. →硬ろう, ろう材, ろう付け, 共晶はんだ

はんだ付け(soldering, soft soldering)

はんだ*合金によるろう付け*. 一般にろう付けとは, ろう合金を溶融して金属同士を接合する方法.

はんだペースト(solder paste)

はんだクリームと同じ. 米国でははんだペーストといい, 欧州や日本でははんだクリームということが多い. はんだ粉末とフラックスを混練したもので, プリント配線板(PCB)の表面実装に多く用いられている. →はんだ

ハンター法(Hunter process)

金属チタン*製錬法の一つ. 四塩化チタン($TiCl_4$)を金属ナトリウムで還元する方法で. 鋼製ボンベ中で真空加熱して反応させ, 粉末状あるいはスポンジ状のチタンが得られる. ハンター(M.A.Hunter)らによって発明された. ナトリウム還元法ともいう. →クロール法

半値(価)幅(half-value width)

X線回折ピークや, 比熱曲線のピーク, 共鳴吸収のピークなどを$y_p=f(x_p)$とするとき, ピークの値の半分の値($y_p/2$)を与える独立変数の幅$(x_p+x_a)-(x_p-x_b)$をいう. ピークの前後における連続的な値(ベースライン)から上の値をピーク値とする. ピークの鋭さの目安である. X線回折では塑性変形量の目安となる.

バンディ管(Bundy weld steel tube)

Bundy Tubing Corp.のsteel tubing部門(米)の, 銅めっきした鋼条を二重巻きにした管の商品名. 成形後還元性雰囲気で加熱し, 銅ろう付けする. 振動疲労に強く, 耐衝撃性, 延性, 耐圧性, 耐食性にもすぐれている. 配管に多く使われる.

半転位(half dislocation)

fcc金属の拡張転位*を構成している二つの$(a/6)<211>$型のバーガースベク

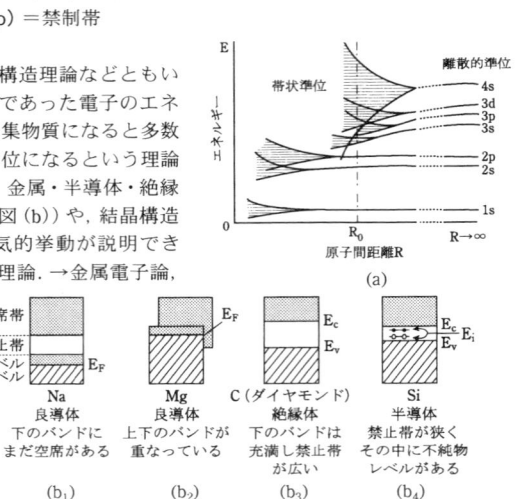

トルをもつ転位のそれぞれをいう．ハイデンライク・ショックレーの部分転位ということもある．→拡張転位，不完全転位

半電池（half-cell）

電解質と1種類の金属または半導体の電極で構成された電池系．電池の基本要素として考えたもの．しかしその電位は，何か標準の電池か，もう1種類の電池との間でしか決められない．一般に（化学）電池＊は二つの半電池で構成される．電池の起電力は二つの半電池の平衡電極電位＊と液間電位（電池内に液・液界面があるとき）の代数和である．→単極電位

ばん土（alumina）

アルミナ＊のこと．アルミニウム製錬の原料であるアルミナまたは鉱物学的にボーキサイト＊に45～60％含まれるアルミナをいう．

反同形化合物（anti-isomorphous compound）

逆同形，アンチ同形ともいう．イオン結晶で正と負のイオンをとり替えた化合物が同じ構造原理で結晶している場合をいう．例 K_2O / CaF_2, Cs_2O / CdI_2, Mg_3N_2 / Sc_2O_3 など．

半導体（semiconductor）

電気伝導度が，金属と絶縁体の中間（室温で $10^{-10} \sim 10^3 \mathrm{S/cm}$）で，その温度係数が正である物質．元素では Si, Ge, 化合物では GaAs, InSb, ZnTe, あるいはアモルファス半導体など多数ある．これらの純粋半導体を真性半導体（intrinsic semiconductor）といい，バンド構造では価電子帯と伝導帯の間が離れている（禁制帯）．3価または5価の不純物を含むもの（外来性半導体：extrinsic semiconductor）をそれぞれp型およびn型半導体といい，さまざまに電気伝導を制御できる．トランジスターはじめ現代エレクトロニクスの基本的材料．→ドナー，禁制帯，バンド理論，ブリュアン帯域，フェルミレベル

バンド ギャップ（band gap）＝禁制帯

バンド理論（band theory）

バンドモデル，バンド構造理論などともいう．孤立原子では離散的であった電子のエネルギー準位が結晶など凝集物質になると多数の準位を含んだ帯状の準位になるという理論（図(a)）．それによって，金属・半導体・絶縁体という電気的大分類（図(b)）や，結晶構造にもとづく物質の電磁気的挙動が説明できる．現代物性論の中心的理論．→金属電子論，

フェルミ面,ブリュアン帯域

反応座標(reaction coordinate)

　化学反応の進行過程を表現するための座標.縦軸を自由エネルギーなどポテンシャルとして,反応・変化の過程を示す図の横軸のこと.反応物,中間生成物,最終生成物,および途中の活性化過程などをポテンシャルに注目して表すとき,ポテンシャル曲面の座標は位相空間が採られるが,通常は単にポテンシャルの極大・極小値を連ねた経路で示される.このパラメータ的な経路を反応座標という.

反応次数(order of reaction)

　反応速度(v)が反応物(A, B, C, …)の濃度のべき関数に比例するとき,すなわち $v = k[A]^p[B]^q[C]^r \cdots$ であるとき,$p+q+r \cdots$ を反応の(全)次数といい,Aについてp次,Bについてq次,Cについてr次…ともいう.一般にp, q, rは整数とは限らない.

反応進行度(extent of reaction)

　化学反応 $\nu_a A + \nu_b B + \cdots \rightarrow \nu_l L + \nu_m M + \cdots$ が進行しているとき,成分のモル数変化を化学量論係数νで割った値は全ての成分について等しい.$dn_A / \nu_a = dn_B / \nu_b = \cdots = dn_L / \nu_l = dn_M / \nu_m = \cdots = \xi$ を反応進行度という.質量保存が成立する場合,一つのパラメーターで各成分変化の進み方を表すことができる.

反応速度論(chemical kinetics)

　純粋に反応速度のみを問題にする分野を反応速度理論(theory of reaction rate)として独立にいう場合もあるが,通常は,化学反応の速度とそれに関する諸問題を対象とする物理化学の一分野.まず素反応の反応速度の理論的内容,すなわち反応速度の反応系物質濃度依存性と,反応速度定数の温度依存性を表すアレニウスの式*の理論的内容から始まり,1930年代後半アイリング(H.Eyring)らの活性錯体理論,いわゆる絶対反応速度論の研究,もう一つは,複合反応の反応経路と反応機構に基づく反応速度表示などの研究,さらに反応系物質の分子構造・物性と反応速度の関係など,反応の微視的過程・反応機構の研究である.→反応座標,反応次数

反応ポテンシャル図(reaction potential diagram)

　金属製錬や腐食・防食などにおけるさまざまな反応の進行を判断するために用いられる線図で,エリンガム線図*,相反応平衡図,電位-pH図(プールベ線図*)などをいうが,相反応平衡図のみを指していうこともある.これは,特定の温度において,金属-酸化物-硫化物の安定領域を図示したもので,銅製錬($Cu_2S \rightarrow Cu_2O \rightarrow Cu$)などで重要である.→相反応平衡図

反発硬さ(rebound hardness, scleroscope hardness)→ショアー硬さ,硬さ

バーンメタル(Bahn metal)

　アルカリ金属*およびアルカリ土類金属*を含む鉛合金で,第一次大戦時Sn, Sbの欠乏から独で開発された.Sn基ホワイトメタル*の代用品.時効硬化型でホワイトメタルより高温硬さが高い.0.7Ca, 0.6Na, 0.6K, 0.02Al, 0.04Li, 残Pb.→バビットメタル

半溶融鋳造法(slush casting, rheo-casting, thixo-casting, compo-casting)

　(1)(slush casting) 液相-固相共存温度範囲の大きい合金について,一旦鋳型に

注湯した後,鋳型を傾けて溶湯を排出し中空の鋳物を作る方法.
　(2) 液－固共存状態でダイカストのように鋳造・成形する方法で,小さい力ですみ,成形性もよい.(a)(rheo-casting) レオキャスト*,半凝固鋳造法ともいう.固相が一部晶出・凝固している状態で鋳造・成形する.(b)(thixo-casting) 一度鋳塊にしたものを再加熱し,液－固共存状態で応力をかけると流動性が増すこと(チキソトロピー)を利用して成形する(→チキソモールディング).(c)(compo-casting) 半溶融スラリーに複合すべき粒子・繊維などを混合して型に押し込み成形する.

半冷曲線（half cooling curve）
　鉄鋼材料の焼入れ性を示す図で,横軸に「半冷時間(対数)」をとり,縦軸は硬度で表す.「半冷時間」とは,焼入れ温度から(焼入れ温度＋室温)/2に冷えるまでの時間で,半温度時間と同じ考え方だが,より簡明である.いずれもジョミニー試験*に比べて,いくつかの冷却速度で実験しなくてはならないが,試料作製などでは簡便といえ,焼入れ性の情報も多い.→半温度時間,焼入れ性

ひ　b, p

ピアソンの記号（Pearson symbol）
　金属,合金,セラミックス,鉱石などの結晶構造を表す簡便な一方法.アルファベット小文字／同大文字／数字からなり,それぞれ結晶系(a：三斜晶系,m：単斜晶系,o：斜方(直方)晶系,t：正方晶系,h：三方(菱面体)晶系と六方晶系,c：立方晶系)／ブラベー空間格子形(P：単純,I：体心,F：面心,C(またはA, B)：底心,R：菱面体／単位格子中の原子数を表す.NaCl型と閃亜鉛鉱型がどちらもcF8となり異なる構造が同一の記号になってしまうなど不完全だが簡便なのでSB記号とともによく用いられる.巻末付録参照.→SB記号

ピアノ線材（piano wire rods）
　ピアノ線,オイルテンパー線,PC鋼線,PC鋼より線,ワイヤーロープなどの製造に用いられる高炭素鋼線材で,不純物の少ない高級銑鉄と高級鋼くずを原料とする.

pH（potential of hydrogen）
　水素イオン濃度指数を表す記号.$pH=-\log_{10}[H^+]$で,$[H^+]$は水素イオンモル濃度(mol/dm^3)を表す.25℃中性の水溶液中では$[H^+]=[OH^-]=10^{-7}mol/dm^3$なので中性水溶液のpH＝7である.pH＞7ではアルカリ性,pH＜7では酸性といえる.一般に酸性,アルカリ性を示すのに使う.厳密には濃度の代りに活量*a_{H^+}をとり$pH=-\log_{10}a_{H^+}$である.→プールベ線図

BH鋼（bake-hardenable steel）
　焼付塗装硬化性鋼(板)の意味.自動車のパネル用冷延鋼板で,焼付塗装による加熱によって強度が上がる.しかし続くプレス加工によってストレッチャーストレーン*も発生するので,固溶炭素量を約4mass ppmに抑えておく必要がある.冷延後の再結晶なまし後,300℃に急冷,あらためて400℃以下の過時効処理で実現している.→ULC-steel, LC-steel

PHステンレス鋼（PH stainless steel, precipitation hardening stainless steel）

析出硬化型の耐食, 耐熱を目的としたステンレス鋼のことで, Al, Cu, Ti, Nb, P, N, などを適量添加して, 析出硬化性を与え, 高温での耐食性, 強度, 靭性を改善した. 析出母相に, マルテンサイト, オーステナイト, フェライトの3種類がある. マルテンサイト型が最も一般的で, Armco社の17-4PH*(17Cr, 4Ni, 4Cu), 17-7PH (17Cr, 7Ni, 1Al) AFC77, Custom455などは有名. オーステナイト型は, Tenelonなどがある. ギア, カム, バルブ, スプリング, ジェットエンジン軸用材などに用いられる. JISでは, SUS 630 (17-4PH), SUS631 (17-7PH), SUS 631J1 (17-8PH, 線用)がある. さらに加工方向による強度の異方性をなくした改良PHステンレスにPH13-8Mo鋼がある. 航空機, 宇宙開発機器の構造材用. →ステンレス鋼

P-L効果 (Portevin-Le Chatelier effect) =ポルトバン・ルシャトリエ効果

BOF (basic oxygen furnace)

塩基性酸素精錬炉という意味で, アメリカではLD転炉*をBOFあるいはBOP (basic oxygen process) という. イギリス, カナダ, オーストラリアではBOS (basic oxygen steelmaking) が用いられる.

ピオワルスキー法 (Piowarsky process)

引張り強度30 kgf/mm^{2}以上の強靭な鋳鉄 (高級鋳鉄*) を得る方法の一つ. 鋳鉄の強度を増すためには, 炭素当量*(CE = C% + (1/3)Si%) と炭素飽和度*(共晶度)(S_C = C% / 共晶C%) を下げなければならないが, そのために鋳鉄を高温で溶解する方法.

非化学的エネルギー (non-chemical energy)

変態に必要な熱力学的自由エネルギーよりも余分なエネルギー. 鉄鋼のマルテンサイト変態*のようなアサーマル変態*に必要. マルテンサイト相の界面エネルギーや変態のひずみエネルギー, 音波エネルギーなど.

非化学量論的組成 (non-stoichiometric composition)

不定比組成ともいう. 化合物の原子数比が簡単な整数比からずれている場合をいう. →不定比化合物

非可逆過程 =不可逆過程

非拡散型変態 (diffusionless transformation) =無拡散変態

光起電力効果 (photovoltaic effect)

主に半導体のp-n接合部, 整流作用のある金属-半導体の接触部分に光をあてると電位差 (光起電力) ができる効果. 太陽電池*, フォトトランジスタなどに利用される.

光高温計 (optical pyrometer)

パイロメーター*ということもある. 可変電流で光らせたフィラメントと測温すべき高温物体を望遠鏡の同一視野におき, 光の色が同じになってフィラメントが見掛け上消滅した時の電流から温度を知る高温計. 主として約1000℃以上で非接触で測れる. 放射高温計*をいうこともある.

光CVD法 (light CVD)

化学気相析出法の一種. 原料ガスを光で励起・分解・結合させる方法で, 紫外線, アルゴンイオンレーザー, エキシマレーザーなどが光源として用いられ, レーザー

光の照射領域でのみ反応が生じ,基板に生成物が堆積する.高品質の多層膜の作製に用いられる. →化学気相析出法

光磁気記録(optmagnetic recording) →熱磁気記録材料

光磁気ディスク(magneto optical disk)

MOディスク,MOともいう.消去・書き込み可能な光ディスクの一種.磁気薄膜の熱磁気効果を利用してデータを書き込み,光磁気効果を利用して読み出すディスク状の光メモリー.基板に対して垂直異方性をもつ光磁気膜を用い,レーザー光を照射して媒体の磁区が自由になる温度(キュリー点)まで媒体温度を上昇させ,外部などから書き込む方向の磁界をあてて記録する.再生は記録後の膜に対して光を照射しディスクから戻ってくる光ビームが,光の当たったところの磁化の向きにより偏光方向がわずかに変わる(ファラデー効果*)ことで検出する.

光伝導効果(photoconduction effect)

光エネルギーによって,半導体,絶縁体,金属間化合物,プラスチックなどの電子が,不純物準位や価電子帯から伝導帯に励起され電気伝導が発生または増加する効果.光伝導セルなどに利用される.

光ファイバー(optical fiber)

光を伝送するための伝送路.断面は円形で,中心部(コア)の屈折率が周縁部(クラッド)より大きいので,コアに入射した光は屈折率の違いでコア/クラッド境界面で全反射を繰り返し,光ファイバー内に閉じこめられて前方へ進む.材質は石英ガラス*やプラスチックを主成分とする.光通信用,センサーなどにも使われる.

ひかわ=スパイス

引上げ結晶成長法=チョクラルスキー法

引きずり抵抗(drag resistance)

転位のまわりの溶質原子が雰囲気をつくっている時,その間の引力で転位は雰囲気をひきずって運動しなければならず,これが転位運動の抵抗になる.雰囲気の溶質原子の分布の非平衡状態からの緩和であり,転位の運動速度に対して,最初は比例して増大し,ピークを示した後,漸減する.すなわち,溶質原子がついて行けなくなり,抵抗も減る.

引き抜き加工(drawing)

棒状または管状の素材をより断面積の小さなダイスを通して引張り,ダイス断面積まで小さくする加工.管材では外径を小さくするだけの空(から)引きと肉厚も減らすプラグ引き,マンドレル*引きもある. →線引き加工

引き抜き集合組織(drawing texture) →加工集合組織

比強度(specific strength)

(引張り強さ/密度)の値.構造物の軽量化,重量あたりの強さを考える場合の重要なパラメータの一つ.

卑金属(base metal)=卑な金属

非金属介在物(non-metallic inclusion)

金属マトリックス中に介在する酸化物,炭化物,ケイ酸化物,硫化物,耐火物,鉄滓などをいう.鉄鋼の場合JIS G0555に次の三種が定義されている.

A系介在物：加工によって粘性変形したもの（硫化物，けい酸塩など）．必要ある場合には，更に硫化物とけい酸塩とに分け，前者をA_1系介在物，後者をA_2系介在物という．

B系介在物：加工方向に集団をなして不連続的に粒状の介在物が並んだもの（アルミナなど）．Nb, Ti, Zr（単独または二種以上）を含む鋼において，必要ある場合には，更にアルミナなどの酸化物系とNb, Ti, Zrの炭窒化物系とに分け，前者をB_1系介在物，後者をB_2系介在物という．

C系介在物：粘性変形をしないで不規則に分散するもの（粒状酸化物など）．Nb, Ti, Zr（単独または二種以上）を含む鋼において，必要ある場合には，さらに酸化物系とNb, Ti, Zrの炭窒化物系とに分け，前者をC_1系介在物，後者をC_2系介在物という．

この非金属鋼介在物の種類および数量を測定し，これによって鋼の清浄度を判定する．JISの鋼種では高炭素クロム軸受鋼鋼材（SUJ）に不純物金属元素の清浄度が定められている．A系：0.15％以下，B系＋C系：0.05％以下，A系＋B系＋C系：0.18％以下．

ピクシー（粒子励起X線分析法）（PIXE: particle induced X-ray emission）

H^+やHe^{2+}イオンを数MeV程度に加速し，集束したイオンビームとして，真空中で標的物質を衝撃し，含有元素の特性X線を発生させ，それをSiやGe半導体検出器または結晶分光器で検出，元素分析する．PIXEは，X線や電子線励起法に比べ，多量の特性X線を発生させることができ，バックグラウンドが小さいためS／N比がよく，検出限界が2～3桁程度上で，数百ppb程度の検出限界で原子番号20(Ca)～35(Br)の元素分析ができ，医学，環境科学，工業材料の微量分析に利用されている．
→特性X線

ピクラール腐食液 (picral etchant)

主として炭素鋼の顕微鏡組織観察に用いられる腐食液．ピクリン酸4～5％添加のアルコール溶液．フェライト相の粒界は見られないが，合金鋼組織の細部が見られる．ナイタール＊との1：1混合液もよく用いられる．

ひげ結晶 (whisker)

ウイスカー，ホイスカーともいう．猫のひげのようにぴんとした金属の細線のことであるが，曲がったものや羽毛状のものもある．分野により意味が異なる．①トランジスタなどに立てた電極用の金属細線．これは通常単に細い金属線である．②真性ひげ結晶 (intrinsic whisker)：めっきした金属板などからひとりでに成長する金属細線（μmオーダー）．めっき面から成長するものは，めっき金属と同じ金属で，根元から成長し，様々な形状を示す．写真はスズめっき（下部）から発生したスズひげ結晶．電子部品間で短絡（ショート）の原因となる．成長機構は，最初「転位モデル」が提唱されたが矛盾も多く，面内再結晶が阻止され外部へ成長するものと考えられる．まっすぐなものは強度が大きく，

完全結晶に近いと考えられ，複合材料の素材になると考えられている．めっき板を重ねて加圧しても発生し，これを圧出ひげ結晶とかスクイーズホイスカー(squeeze whisker)という．酸化性，硫化性の雰囲気中で成長するものは雰囲気との化合物である．③人工(非真性)ひげ結晶(extrinsic whisker)：気相または液相から人工的に成長させた細線．

引け巣 (shrinkage cavity)

銑鉄をインゴットに鋳造した時，最後に凝固する上面中央部にできるへこみ．キルド鋼*では深く内部にも生じることがある．また一般に凝固収縮によって生じる鋳造収縮孔 (shrinkage hole) をもいう．→押湯，↔ブローホール

被削性 (machinability) ＝快削性

BGA (ball grid array)

エレクトロニクス表面実装技術の一つ．エポキシ樹脂などの有機基板上にはんだボールを並べてチップと接続する技法．はんだボールの位置が多少ずれても溶融状態の表面張力によって元の実装位置に戻ってくる特性を利用している．この技法のためには 0.5mm 以下の直径のそろった真球に近い，球状はんだが必要となる．

BCS 理論 (Bardeen-Cooper-Schrieffer theory, BCS theory)

超伝導*の発生機構についてバーディーン(J.Bardeen)，クーパー(L.N.Cooper)，シュリーファー(J.R.Schrieffer)が出した理論(1957年)．フォノンを媒介として波数ベクトルとスピンが反対である一対の電子の組(クーパー対*)ができ，それがボース粒子*になり，「運動量の凝縮」状態で抵抗なしに運動しているというもの．酸化物(高温)超伝導体ではクーパー対の存在以外は，異なる機構であろうといわれている．

bcc 格子＝体心立方格子

非磁性鋼 (non-magnetic steel)

高磁場中の構造材には非磁性鋼が必要となる．核融合炉，リニアモータカーなど超伝導磁石を利用した装置内では，普通鋼のような磁性材を使うと，磁場の磁界分布を乱し，材料中に渦電流を生じて材料が加熱され，構造物が危険となる．そこで相対透磁率(μ) 1.5 以下(一般の鋼は 150 前後)の非磁性鋼が求められる．非磁性鋼には，高 Mn 鋼(ハッドフィールド鋼*)，非磁性ステンレス鋼*，超合金がある．VTR 用ガイドローラ，磁気ヘッド用バネ，非磁性ベアリング，発電機用エンドリング，モーターのバインド線，超伝導送電，エネルギー貯蔵装置などの用途がある．

非磁性ステンレス鋼 (non-magnetic stainless steel)

非磁性鋼の一種．Ni含有量の高いステンレス鋼で，オーステナイトを安定化するために高Niに加えて，TiおよびAlを添加し，Ti_3Alなどの金属間化合物を析出硬化させる．→非磁性鋼

PCT 曲線図 (PCT diagram)

水素吸蔵の特性を示す線図の一つで，圧力－組成等温線図ともいう．図の縦軸はある温度の平衡水素圧力，横軸は固相中の水素濃度(水素原子Hと金属原子Mとの比，H/M)を示す．水素吸蔵合金をある温度Tに一定に保ったまま，水素圧を上げていくと，合金中の水素濃度は図のA→B→C→Dのように変化する．A→Bは合

金中に水素が固溶していく状態で,水素濃度は水素圧の平方根に比例する.これをシーベルトの法則*という.BC間は水素化物が生成している区間で,この水平部分をプラトー(plateau)という.実際の水素吸蔵はこのB→C領域で行われる.C→Dは水素の吸蔵能力は減少し水素圧は上昇する.水素の放出のときの水素圧は吸蔵圧より低く,この現象を水素吸蔵のヒステリシスという.

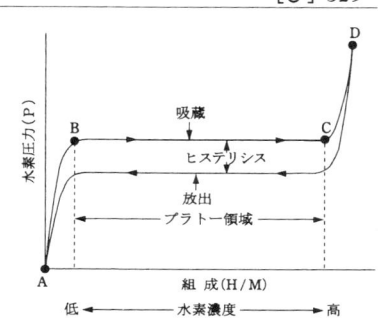

bct格子=体心正方格子

比重(specific gravity)

　ある温度で,ある物質の質量と,同体積のある標準物質(普通は4℃の水)の質量との比.実用上は密度に等しいが,これは無次元数.

微小X線法(micro-radiography)

　微小X線写真法,微小放射線透過法ともいう.被検物をX線フィルムに密着して置き,微小焦点X線源による透過写真をとり,それを拡大して物質内部の拡大像を得る方法.

微小硬さ(micro-hardness)

　金属・合金の多相組織や粒界,連続的に変化している部分などにおいてその微小部分の硬さをいう.その測定は微小荷重による押込み硬さ測定による.JISでは1 kgf以下のビッカース硬さ*,ヌープ硬さ*が規定されている.

微小き裂(micro-crack)

　顕微鏡で見える程度の小さなクラック.疲労初期にあらわれるものや,溶接部に発生するものなどいろいろある.

非晶質合金(amorphous alloy)=アモルファス合金

非消耗電極式アーク溶解(non-consumable electrode arc melting)

　タングステンまたは黒鉛の電極を使用したアーク溶解.チタンなど大気中の酸素と結合しやすい金属を溶解する場合に使用する.融液中に電極からの不純物が入りやすい欠点があるが,雰囲気を調節して手軽に活性金属を溶解できるという利点がある.研究開発用.→ボタン溶解法

非消耗電極式アーク溶接(non-consumable electrode arc welding)

　→電気アーク溶接,ティグ溶接

ピジョン法(Pidgeon process)

　マグネシウム製錬法の一つ.ドロマイト*($MgCO_3 \cdot CaCO_3$)焼成粉末とフェロシリコン粉末を混合し,真空高温で気化したマグネシウムを凝縮回収する.純度は高い.日本で1956年ごろから行われている.

ヒステリシス損失(hysteresis loss)

　磁気履歴曲線*を1サイクルさせた時に生じるエネルギー損失.ゆっくり変化させても生じる.内容的には不純物・介在物・異相などで磁壁移動が妨げられること

や磁歪*で発生する騒音が原因である．1サイクルごとのロスだから交流磁化では周波数とともに増加する．

ビスマス（bismuth）

蒼鉛（そうえん）ともいう．元素記号 Bi，原子番号 83，原子量 209.0．融点 271.4℃，密度 9.747g/cm^3（20℃），銀白色の金属．低融点合金*として，また電子材料として有用である．

ビスマノール（Bismanol）

MnBi 金属間化合物（16.5Mn-83.5Bi）を単磁区*粒子程度に微粒化し，2×10^4Oe 程度の磁界中でプレスした永久磁石合金（商品名）．

ひずみ（strain）

外力や内部変化で生じた変形．通常割合で表す．長さの変形の場合は，その長さを初めの長さで割った割合（％）で表す（→伸び）．ずれ（せん断）変形の場合は角度（tan α）で表す（→せん断弾性率）．析出*や変態*によるひずみもある．→ひずみ速度感度指数

ひずみ計（strain gauge）

ストレーン・ゲージともいう．機械的変位を主に電気的変化に変換する素子．抵抗線ひずみ計はマンガニン*線を紙などに貼りつけたもので，ひずみを与えると電気抵抗が変化する．コイルやコンデンサを用いる方法もある（例，差動変圧器）．

ひずみ硬化（strain hardening）＝加工硬化

ひずみ時効（strain ageing）

いったん降伏が起こった材料をしばらく放置したり，わずかに加熱すると，再び降伏を示すようになること．炭素や窒素などの格子間原子*の転位周辺における分布が元に戻るためと考えられている．ストレッチャーストレーン*の原因になる．

ひずみ・焼鈍成長法（strain-anneal crystal growth method）

単結晶作製法*の一つ．試料にごく僅かひずみを与え，これを焼なまし再結晶させて結晶を成長させる．特別な工夫をすると特定方位のものが得られる．

ひずみ速度感度指数（strain-rate sensitivity exponent）

変形速度感度指数，m 値（m-value）ともいう．超塑性の変形の際，応力（σ）とひずみ速度（dε/dt）の関係は次式で示される．$\sigma = K(d\varepsilon/dt)^m$．m をひずみ速度感度指数という．K は物質定数．超塑性変形は $1 > m \geq 0.3$ の領域で行われる．→超塑性

ひずみテンソル（strain tensor）

結晶のように性質に方向性があるものに任意の方向に力が加わった時，応力もひずみもそれぞれ，三軸方向の伸びまたは縮みと，相対する三つの面上のせん断という，六つの成分を持つ．これらは弾性定数*C_{ij}（i, j ＝ 1〜6）で関係づけられるが，このように，ベクトルの成分の積に対応した変換を受ける量をテンソルといい，応力もひずみも（弾性定数も）テンソルである（前二者は 2 階の，弾性定数は 4 階の）．ひずみテンソルは通常，3 行 3 列の対称行列（$C_{ij} = C_{ji}$）で書かれる（応力テンソルも同じ．弾性定数テンソルは 6 行 6 列）．ひずみテンソルで留意すべきは，せん断ひずみを計算する時，それは単に軸方向の変位 ε_{xy} や ε_{yx} そのものではではなく，それらの

和（$\varepsilon_{xy}+\varepsilon_{yx}$）がひずみテンソルの成分（$\gamma_{xy}=\gamma_{yx}$）になっていることである（弾性定数テンソルのせん断成分はγで書いてある）．

ひずみ取り焼鈍（stress relief annealing）＝除ひずみなまし

ひずみ誘起変態（strain induced transformation）→加工誘起変態

非整合析出（incoherent precipitation）

析出物とまわりの格子に連続性がなく，境界がはっきりしている析出状態．析出が進んだ段階で現れることが多い．まわりの格子のひずみは小さい．→整合状態（図）

PZT（PZT ceramics, lead zirconate-titanate ceramics）

チタン酸ジルコン酸鉛（$PbTiO_3$-$PbZrO_3$）の略称．圧電セラミックスの代表的なもので，家庭用ガス器具の点火装置，電子血圧計，振動，衝撃センサーなどの用途があり，また赤外線センサー用焦電材料として，火災報知器，侵入警報器等に用いられる．→圧電材料

被穿孔性（drillability）

ドリル等による穴あけ作業のしやすさを表す性質で被削性＊の一種．

ヒ（砒）素（arsenic）

原子番号33，元素記号As，原子量74.92．地表近くで気相，液相，固相の状態で存在するが，単独の状態で存在する場合は固相に限られる．固相の同素体として灰色ヒ素（結晶構造は三方晶系），黄色ヒ素（六方晶系），黒色ヒ素（非晶質）がある．最も安定な灰色ヒ素は亜金属光沢を持つもろい結晶で，常圧では613℃で融解することなく昇華する．主として石黄（雄黄）（As_2S_3），鶏冠石（As_4S_4）などの硫化物として産出し，まれに単体の形でも産出する．農薬，殺虫剤，除草剤として使われてきたが，毒性のために現在は使用が制限されている．金属工業では特殊金属の合金原料として，またヒ化ガリウム（ガリウムヒ素）GaAs，ヒ化インジウム（インジウムヒ素）InAsなどの金属間化合物は化合物半導体として注目されている．

ヒ素は単体（蒸気や粉塵），化合物とも猛毒である．無機ヒ素の一種，亜ヒ酸は古くから殺人，自殺に使われた．森永ヒ素ミルク事件は粉ミルク製造過程で添加した第二リン酸ナトリウムに大量に含まれていたヒ素が原因であった．土呂久公害は硫ヒ鉄鉱より亜ヒ酸の生成過程での慢性ヒ素中毒者，ガン患者が発生した．無機ヒ素は，3価の水溶性のものがもっとも毒性が強く，岩盤や堆積物に含まれる無機ヒ素が水に溶け，地下水を飲用しているアジア，中米で慢性ヒ素中毒患者が多い．茨城県神栖町の井戸水飲用によるヒ素中毒は毒ガスの嘔吐剤の成分が水などと化学反応を起こしてできた有機ヒ素化合物「ビスオキサイド」が原因といわれる．

ピーチ・ケラーの式（Peach-Koehler equation）

P–K式ともいう．転位のまわりにテンソル**P**で表される応力がある時，バーガースベクトル**b**，方向（単位ベクトルで表す）**t**の転位には単位長さあたり$\mathbf{f}=\mathbf{Pb}\times\mathbf{t}$の力が働くという式をいう．直交する転位の相互作用の計算に使われる．

ビーチ マーク（beach mark）

疲労破壊した材料に特徴的なマクロ破面組織．貝殻模様ともいう．き裂の発生点を中心とする同心円（半月形）模様．繰り返し応力の一回毎に進展したき裂で大きい応力に対応しているから，応力の大きさ，き裂進展速度などが推定できる．

非調質鋼(non-heat treated steel)

　焼入れ・焼戻しをしない鋼の意味だが，必ずしも熱処理をしないわけではない．熱間圧延(制御圧延，加速冷却を含む)のまま，あるいは熱間圧延－焼戻し・焼ならしなどが行なわれることもある．これらの処理をTMCP (thermo mechanical controlled processing)という．製鋼法の進歩と加工技術の進歩の両面から焼入れ・焼戻しなしで用いられる鋼ができた．→調質鋼

ビッカース硬さ(Vickers hardness)

　対面角136°のダイヤモンド四角錐の圧子で荷重をかけて材料に凹みを作り，その凹みの対角線の長さを測定し，それから計算した表面積(mm^2)で荷重(kgf)を割った数値で硬さを表したもの．記号HV. JISでは50gf～50kgfの荷重のものが規定されており，1kgf以下のものを微小硬さ*(micro Vickers)といっている．荷重の大小にかかわらず一定の硬さの値が得られる利点がある．ロックウェル硬さ*と共に最も多く使われている．

ビッターパターン(Bitter pattern)

　研磨した強磁性体上に，強磁性体粉末のコロイド液をのせた時に現れる顕微鏡的な磁区*図形．研磨によるひずんだ層を，電解研磨などで，十分除去するとはじめて正確な磁区の形態が見られる．

引張応力(tensile stress)

　細長い材料をその長さ方向に引張った時，その力を断面積で割った値．単位 Pa (パスカル) = N/m^2(ニュートン/メートル^2) = 1.02×10^{-7} kgf/mm^2, 1kgf/mm^2=9.81MPa．

引張試験(tensile test, tension test)

　部材に引張荷重をかけ，引張強さ*，降伏点(→上降伏点)，耐力*，伸び*，絞り*，弾性率*などを測定する試験．通常JISに規定された試験片を用い，応力－ひずみ線図*を描いて行なう．

引張強さ(tensile strength, ultimate tensile strength: UTS)

　引張試験において破断までに示した最高の引張応力*(公称応力*)．「応力－ひずみ線図の二形態」参照．以前は抗張力ともいった．部材がどれくらいの荷重に耐えられるかを示す重要な値で，降伏応力*，オフセット降伏応力*とともに表示しなければならない値．

BDSめっき法(Becker-Daeves-Steinberg process)

　気体の塩化クロムによってクロムめっき*する方法．→ DAL法

比抵抗(resistivity, specific resistance)＝電気抵抗率

非鉄材料(non-ferrous materials)

　非鉄金属材料を鉄，鋼，鋳鉄以外の金属材料と考えれば，それは膨大な数にのぼり，それを系統的に分類するのはなかなか困難である．一つの網羅的分類法としては，元素で考え，それぞれの金属とその合金を次のように分類することであろう．

1. 軽金属：Al, Ti, Mg, Be, Ca, Sr, Ba, Li, Na, K, Rb, Cs, Sc, …
2. 重金属：2-1 低融点重金属：Zn, Pb, Sn, Bi, Sb, Cd, Hg, In, Ga, Tl, Se, Te, Ge, Si, …
　2-2 高融点重金属：Cu, Ni, Co, Cr, Mn, Zr, V, Mo, W, Ta, Nb, Au, Ag, Pt, La, …

これはほとんど周期律表と同じで，それならばいっそのこと周期律表の「族」に従って分類すればいいともいえるが，それでは材料としての視点がなくなる．

もう一つの考え方は，構造材料*と機能材料*に分類することである．

複数の視点から総合的に体系化すべき非鉄金属材料を一方法で分類することはできず，以上の二つを参考に，各項目を参照されたい．→金属

非等温的変態 (athermal transformation) ＝アサーマル変態

非等温的マルテンサイト (athermal martensite)

　非等温的変態*で生じるマルテンサイト．

ヒートサイクル試験 (heat-cycle test)

　加熱・冷却をくりかえして材料の特性変化をみる試験．膨張－収縮によって内部と表面の応力差でひずんだり，き裂の発生なども試験する．人工衛星など，過酷な温度変化にさらされる材料などで行なわれる．

ヒートチェック (heat check)

　熱き裂ともいう．材料の表面がくりかえし加熱・冷却されることによって生じたき裂のこと．熱間圧延ロール，ダイカスト金型などに発生する．熱間工具鋼ではCr組成を高めMoの添加などで耐ヒートチェック性を与えている．

ヒドロナリウム (hydronalium)

　Vesevorder Metallwerke社(独), Westfalische Leichtmetallwerke社(独), Oederlin & Co.社(スイス)のAl-Mg系耐食性合金．海水に対して純Alと同程度の耐食性をもつ熱処理型で船舶部品，架線金具，航空機部品，航空機用機体部品，光学機械フレームケース，事務機器などに用途．例：6～10Mg, 0.2～0.7Mn, 1.5>Fe, 残Al.

卑な金属 (base metal)

　卑金属ともいう．貴金属あるいは貴な金属に対する用語で，「貴」と「貴な」のような区別はない．活性な金属ともいう．アルカリ金属，アルカリ土類金属，Al, Zn, Pb, Fe, Niなど空気中で容易に酸化し，これを加熱しても解離しないなどの性質がある．標準電極電位の値が正で大きいほど，イオン化しやすく「卑である」といい，反対に負の値で大きいほど，イオン化し難く「貴である」という．→貴金属，貴な金属

ピーニング (peening) ＝ショットピーニング

比熱 (specific heat)

　比熱容量．単位質量の物体を単位温度加熱するに必要な熱量．定圧比熱*と定積比熱*がある．通常は1gの物体を1K温める熱量（ジュール）で表す．J／K・g, SI単位ではJ／kg・K．1分子量当りで表す場合はモル比熱*といい，単位はJ／K・mol. →格子比熱，電子比熱，デュロン・プティの法則，アインシュタインの比熱模型，デバイの比熱式，断熱型熱量計，内部エネルギー，熱容量

非熱弾性型マルテンサイト変態 (nonthermoelastic martensitic transformation)

　→熱弾性型マルテンサイト変態

非熱的変態 (athermal transformation) ＝アサーマル変態

非破壊試験法 (non-destructive testing)

　実際に使用中の部材から試験片を切り出さずに欠陥（肉眼・ルーペ程度のき裂や空隙）の有無を検査したり，試験片についても変形や破断しない範囲で機械的性質*

を検査する方法.欠陥検査には,X線・γ線透過法,超音波探傷法*,磁気探傷法(磁粉検査*,マグナフラックス法*)などがあり(→探傷法),アコースティックエミッション*は実機の使用状態または試験片の微小ひずみ状態での試験について行われる.またX線や光弾性*などによる応力・ひずみ測定も非破壊で行われている.さらに最近は,使用中の構造物の材質変化・劣化の度合いや「余寿命」の推定が非破壊試験の重要な内容となっており,上記の欠陥検査の手法を改良・応用したものが検討されている.

被覆材(cladding materials, coating materials)
金属の表面に耐食性・耐摩耗性を与えるため,かぶせたり,くるんだりする金属やプラスチック材料.

被覆電極アーク溶接(shielded metal arc welding)
溶接棒が溶接金属と被覆剤でできており,アークの熱で溶接する.その際,被覆剤が溶接部の酸化を防ぐようにできている. →電気アーク溶接

被覆用フラックス(covering flux)
マグネシウムを溶解する際,大気と溶融マグネシウム金属との接触を断つ目的だけに使用されるフラックス.

微分モル自由エネルギー(partial molar free energy)
部分モル自由エネルギーともいう. →部分モル量

非保存運動(転位の)(non-conservative motion)
非らせん転位の割り込み原子面*が保存されない転位の運動.すなわち転位の上昇運動のこと. →上昇運動,ジョグ,↔保存運動

冷し金(chilling block, chill)
冷し金は肉厚による部分的温度差を減少するためや,各部の凝固収縮を調節するため,および部分的に急冷するために用いられる金物.チル鋳物*に用いる.冷し金には種類が多いが,当金(あてがね)には板および鋳鋼片(12mm前後の厚み),棒には軟鋼線(チルコイル)および丸棒($8 \sim 30mm \phi$)が用いられる. →鋳ぐるみ

ピュウロフェル法(Purofer process)
シャフト炉*を用いる直接製鉄の一種.冷却帯がなく高温で還元鉄を作ることと,還元ガスに天然ガスを改質して用いる場合は蓄熱室*を持つ改質炉を2基持つことが特徴である.重油の部分酸化による還元ガスも併用する.

ピューター(pewter)
食器,装飾品用のSn基合金.この合金で作られた製品類も習慣上ピューターと呼ぶことがある.軟らかく,靭性があり,細工性がよく,独特の色,光沢をもっていることからかなり古くから使われている.現在でも洋酒器,茶器,花器,菓子器,卓上用品などに使用されている.用途に応じてSnにSb, Bi, Cu, Zn, Pbなどが単独または複合して添加される.ローマピューター*は70Sn-30Pb,チューダーピューターは91Sn-9Sb(食器用),Pbが添加されると黒味をおび,かつ食器としては不適当である.また,軟ろう*としてはんだ付け*にも用いられる.

ヒューミング法(slag fuming process)
Zn含有のスラグを溶鉱炉で溶解し,羽口から微粉炭を吹き込みスラグ中のZnO

を還元揮発しZnをZnOとして回収する方法.

ヒューム-ロザリーの規則 (Hume-Rothery rule)

ヒューム-ロザリー (W.Hume-Rothery) が1947年以来発表した,合金で出現しやすい安定構造,などについての経験則.細かく数えると6項目ほどある.①相当な濃度幅の置換型固溶体ができるのは原子半径の差が±15％以内(15％寸法因子*).②1原子あたりの原子価電子数 (これを電子・原子比*といい, e/aで表す) が, 3/2, 21/13, 7/4の組成において安定な構造が現れる (電子化合物*).③銅合金,銀合金では最大固溶限はe/a<1.4.④稠密六方型 (hcp) 合金において, e/a=1.2～1.9で軸比*(c/a)=1.55～1.65, e/a>1.9でc/a=1.75～1.9.⑤化学親和力が強いと固溶範囲は狭い.⑥母相より高原子価のものは固溶されやすい.

これらの内, e/aに関するものは,自由電子近似で考えたフェルミ面*(球形)の大きさがe/aと共に大きくなり,それぞれの結晶型で決まるブリュアン帯域*の境界に近づくとその構造が安定する (その構造に変態する) という相互関係で説明される.

ピュロン (Puron)

Westinghouse Electric社 (米) の純鉄の商品名.高純度 (99.95％Fe) で,分光,磁気分析用の標準試料として用いられる.不純物は0.003C, 0.001Mn, 0.001P, 0.004S, 0.002Si, 0.009Cu, 0.003Ni, 0.0074O, 0.006N.

標準自由エネルギー変化 (standard free energy change)

反応に関与する各成分が標準状態にあるとき,生成系の有する自由エネルギーから反応系の自由エネルギーを差し引いた値.標準状態の元素から標準状態の化合物1モルを作る際の自由エネルギーを標準生成自由エネルギー (standard free energy of formation) という.

標準状態 (standard state)

物質の標準状態とは気体では1気圧の状態,固・液体では1気圧での純物質をいう.自由エネルギー*やエンタルピー*などの値を考える時の標準とする.

標準水素電極 (standard hydrogen electrode: SHE)

水素電極*で水素イオンの活量*が1,水素ガス分圧も1気圧の状態のものをいう.これをゼロとして他の標準単極電位*の値を決める.この電極の絶対的な電位は温度によって変化するが,他の標準単極電位の基準としてはどの温度においてもゼロと考える.→単極電位

標準組織 (normal structure)

炭素鋼をオーステナイト域から炉冷 (10℃/min程度) すると,それまでの熱処理の履歴に無関係となり,炭素濃度だけに対応した組織になる.これを標準組織という.粒度については別である.(→オーステナイト粒度).→亜共析鋼,共析鋼,過共析鋼

標準単極電位 (standard half-cell potential)

標準電極電位 (standard electrode potential) ともいう.→単極電位

氷晶石 (cryolite)

$AlF_3 \cdot 3NaF$の化学組成をもつ.無色から雪白色の結晶で,アルミナ*に加えて,

その融点を1000℃以下に下げ,溶融塩電解*を可能にする.アルミニウム製錬の必需品.

標点距離(gauge (gage) length)

引張試験*において試験片の平行部に設ける2個の標点(引張応力をかける前後の長さの基準点)間の距離で,伸び*測定の基準とするもの.

表面拡散(surface diffusion)

金属の表面を原子が移動する拡散*.表面は原子が片方しかなく,結合も不完全で固有の欠陥も多い.その結果,拡散が容易である.機構が特異な高速拡散*には及ばないが粒界拡散*より一般に拡散速度が大きい.焼結現象*や固・気反応(成長)で重要な役割を果たしている.しかし逆に定量化が困難である.

表面活性成分(surface active agent)

液体の内部に存在するより液体表面に吸着されやすい溶質成分をいう.この成分の表面濃度は内部濃度より過剰になっている.系全体の溶質量から液内部の溶質量を差し引き,表面積で割り付けた単位表面積当たりの溶質過剰量を表面過剰濃度という.→ギブスの吸着式

表面欠陥(surface defects)

図に代表的な表面欠陥を示す.A:テラス(terrace),B:1原子厚さの階段で,棚(ledge),C:1個の吸着原子(adatom),D:1個の原子を除いてできた空孔(vacancy),E:吸着原子の集合体(adatom cluster),F:棚に吸着した原子(ledge atom),G:キンク*(kink),H:刃状転位と表面との交点,I:らせん転位が表面に出てきた点.→コッセル結晶模型

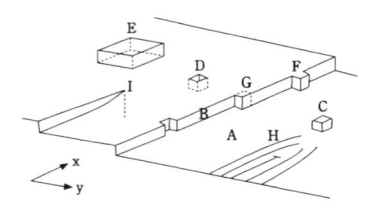

表面硬化法(surface hardening)

金属材料の耐摩耗性,耐衝撃性,耐疲労性,耐食性などの向上のため表面を硬化させる処理.主に鋼を対象として次のような方法がある.すなわち①浸炭*法,②窒化処理*法,③浸炭窒化法*,④高周波焼入れ法*,火炎焼入れ法*,⑤めっき*法,⑥ハードフェーシング*,⑦ショットピーニング*や表面圧延などの加工硬化法,⑧チル層*化.

表面処理(surface treatment)

表面改質法といわれることも多い.主として防食・耐食性をもたせるための表面加工で,鉄鋼を対象としたものがほとんどである.塗装(有機塗料の塗布・焼付け),ライニング*(セラミックや樹脂),化成処理*(リン酸・クロム酸皮膜),陽極酸化*(Al, Mgに対して用いられる),めっき*(電気めっき,無電解めっき,溶融めっき*),真空蒸着*,スパッタ法*,イオンプレーティング*,さらには金属被覆(クラッド材,鋼の上にAlなど)が用いられる.→表面硬化法

表面探傷法(surface defect testing)→探傷法

表面超構造(surface superstructure, surface reconstruction)

固体の清浄表面は内部の格子構造と異なる原子配列をとることがある.これを表

面超構造, 表面再構成構造という. 金属では例えばAu(110)面が2×1構造(2原子が1単位), (001)面で5×20構造などが見られる. 同様にIr(001)面では5×1, W(001)ではC(2×2)(中心に原子のある2×2)なども見られる. Si(111)面では7×7構造がよく知られている. これらは表面では結合が切れたり(ダングリングボンド*), 金属ではフェルミ面でのdバンド構造に依存している. また温度が変わったり, 他原子を吸着すると構造も変わる.

表面張力 (surface tension)

液体が気体(液体の飽和蒸気を含む)と接する表面では, 原子の配位数が液体内部にある原子より減少している. このため表面は内部よりも過剰な自由エネルギーをもっている. この過剰な自由エネルギーは表面積を減少させようとして張力を生じる. この張力を表面張力という. 単位:ニュートン/メートル(N/m). 熱力学的には液体内部を平面で等温可逆的に切断し新しい表面を作るときに必要な単位面積当たりの仕事の半分(表面が2枚できるから)に等しい.

表面分析法 (surface analysis)

材料の表面層や界面の薄い部分の組成や構造を明らかにする手法. 分析の対象・目的によって異なる多くの方法がある.

まず組成分析では, X線光電子分光(XPS:ESCA*ともいう), オージェ電子分光*(AES), 二次イオン質量分析*(SIMS), イオン散乱分光*(ISS), ラザフォード後方散乱分光*(RBS), 粒子励起光分光(SCANIIR), 粒子励起X線分光(PIXE*)など.

構造分析では, 電子線回折*(LEED, RHEED)をはじめ, 電界イオン顕微鏡*(FIM, AP-FIM)や, 走査型電子顕微鏡*(SEM)・走査型トンネル電子顕微鏡*(STM)から大いに発展しつつある各種の走査型プローブ顕微鏡(SPM)がある.

表面溶着法 (hard facing) =ハード・フェーシング

微粒子磁石 (fine particle magnet)

単に微粒子を固めた磁石ではなく, 単磁区*粒子程度の微粒子で, 形状磁気異方性*・結晶磁気異方性を持った微粒子の集合体あるいはそれを分散・析出させた永久磁石のこと. 形状異方性と結晶異方性は一応独立であり, また微粒子の揃え方にも種々あるから, さまざまな複合的存在のものもある. 形状に着目したものはESD磁石*(elongated single domain magnet)といわれ, アルニコ磁石*, Fe-Cr-Co磁石のようにスピノーダル分解*によって一方向に磁性相を揃えて析出させたものや, 針状Fe-Co合金などがそうである. 微粒子が本来大きな結晶磁気異方性を持っている磁石には, 希土類磁石*, バリウムフェライト*・ストロンチウムフェライトなどがある. →ナノ結晶材料, ナノグラニュラー結晶材料

ピーリング (peeling)

めっきと下地金属のような二つの層の間ではがれること.

ピリング・ベッドワースの比 (Pilling-Bedworth ratio)

金属の腐食に際して, 腐食生成物の体積と, そのために減少したもとの金属の体積の比. この比が1に近いとち密な腐食生成物となるが, 2～3ともなる(硫化面)と保護性は失われる.

ビルビー層 (Beilby layer) =ベイルビー層

比例限 (proportional limit)

材料は荷重の小さい間は応力＊とひずみが＊比例する．荷重が大となって，この比例関係が破れる限界の応力を比例限という．すなわち応力-ひずみ線図が直線より外れるときの応力をいう．「応力-ひずみ線図の二形態」の図参照．比例限は一般に弾性限＊に近いが，考えとしては別のもので，一般的には比例限＜弾性限である．

ビレット (billet) →鋼片，押出し加工

疲労 = 疲れ

疲労強度 = 疲れ強さ

疲労限 (fatigue limit, endurance limit)

耐久限，疲れ限度ともいう．材料にある種の繰り返し応力を作用させても，それが永久に破壊しない限界の応力（その限界内での最大の応力）を疲労限という．疲労限は一般に降伏強さ，比例限または弾性限よりも低く，引張り強さの約 0.4〜0.6 倍である．鉄鋼材料の S-N 曲線＊では，10^7 回付近で明瞭な折点を示して水平となる．これをその材料の疲労限という．10^9〜10^{10} 回に再び折点（疲労限の低下）が現れるという研究もある．試験法（超音波）とともに検討されている．その他の材料で明瞭な折点を示さない場合は繰り返し回数 $(10〜15) \times 10^6$ を最大限度とし，これで破壊しないときは不破壊と認定する．この場合 10^7 回疲労強度ともいう．

疲労限度比 (fatigue ratio)

ファティーグレシオともいう．疲労限＊を引張強さ＊で割った値．bcc 格子金属では 0.5〜0.8，fcc と hcp 金属では 0.3〜0.4．引張強さで疲労限を推定する目安となっている．

疲労硬化 (fatigue hardening)

疲労の過程で変形抵抗が増大すること．繰り返し加工による硬化で，疲労でない場合も多い．

疲労試験 = 疲れ試験

疲労寿命 = 疲れ寿命

疲労破壊 (fatigue fracture) →疲れ

疲労摩耗 (fatigue wear)

摩耗＊の一形態．圧力と摩擦力を受け続けている金属表面に疲労き裂＊が発生し，表面がはがれ落ちる摩耗．→き裂

ピロータイト (pyrrhotite)

磁硫鉄鉱と呼ばれることも多い．→鉄化合物

ピンクゴールド (pink gold)

14K〜10K（→カラット②）の Au-Cu-Ag-Ni 系装飾用金合金．応力腐食割れ＊が生じやすく，酸化性または硫化性の雰囲気で黒化する．ピンクゴールド 14K：58.3Au, 3〜5Ag, 30〜32Cu, 3〜5Ni, 0〜4Zn，ピンクゴールド 12K：50.0Au, 0〜4Ag, 37〜42Cu, 4〜6Ni, 2〜5Zn．

頻度因子 (frequency factor)

振動因子，速度定数ともいう．化学反応の速度定数をアレニウス (Arrhenius) の式＊, $k = A\exp(-E/kT)$ で表したときの A のこと．一次反応のとき［時間］$^{-1}$ の次

元を持つのでこの名がある．特に拡散現象では拡散定数D，拡散活性化エネルギーE，ボルツマン定数をkとしたとき$D=D_0\exp(-E/kT)$となり，D_0は拡散する原子の振動数に関係する量でD_0値ともいわれる．例えばγ鉄中に炭素が拡散する場合，D_0は0.2cm^2/sec，Eは142J/g・molといった値である．→拡散定数

ピン止め＝固着

ピンホール（pin hole）

鋳物，鋳塊，インゴット等に生じる小さな針の穴ほどの気泡状の巣．溶湯あるいは型砂からのガスによることが多い．→ボイド，ブローホール

ふ φ, Ψ

ファセット結晶（faceted crystal）

晶癖結晶（habit crystal）ともいう．特定の結晶面（多くの場合低指数面）に沿って成長した結果，晶癖が現れ外形が多角形である結晶．→晶癖面

ファティーグ レシオ（fatigue ratio）＝疲労限度比

ファヤライト（fayalite）

鉄カンラン石．70FeO–30SiO$_2$(2FeO・SiO$_2$)の鉄オルソシリケート．この組成近傍で著しく融点が低下し，鉄鉱石の高温還元機構や融解機構に深く関連する．

ファラデー効果（Faraday effect）

磁気光学効果の一つ．磁場中の媒質を直線偏光が通過すると，偏光面が回転する現象．回転角は磁場の強さと媒質を通った距離に比例する（弱磁場において）．その比例定数をヴェルデ定数という．磁場の向きが一定の媒質中を光が往復すると回転角が2倍になる．透明磁性体の磁区観察やマイクロ波のアイソレータ，ジャイレータに応用される．

ファラデー定数（Faraday constant）

1価イオンを1モルだけ電気分解するに要する電気量．電子電荷をe，1モルの粒子数（アボガドロ数）をNとすると，ファラデー定数Fは，次式となる．

$F=Ne=9.6485\times10^4$C/mol（C：coulomb）．この電気量を1ファラデーともいう．

ファラデーの電気分解の法則（Faraday's law of electrolysis）

電解質の電解によって析出する元素（原子団）の量は電極を通る電気量（電流x時間）に比例する．また1g当量の元素（原子団）が析出するのに要する電気量は元素（原子団）の種類によらず一定（ファラデー定数）であるという法則．→電気化学当量

ファン・アーケル法（van Arkel process）

ヨード法ともいう．高純度のチタン*，ジルコニウム*，クロム*を作る方法．500Kの密閉容器中で作った金属のヨウ化物を，1600Kのタングステンフィラメント上で熱分解して高純度の金属を析出させる．

ファン・デル・ワールス力（van der Waals force）

不対電子*をもたない原子または分子間に働く弱い引力．原子内の電子の電荷分布に熱的なゆらぎがあり，それが近傍の原子または分子にも同様な分極を誘起することによる．分子性結晶や液体の凝集の主要な結合力でもある．→二次結合力

ファン・デル・ワールスの状態式 (van der Waals' equation of state)

ファン・デル・ワールスが1887年に示した半実験式. $(p+a/v^2)(v-b)=RT$ (ただし, p：圧力, v：体積, R：気体定数, T：絶対温度). a, bは分子間力および分子の体積に関連する定数で気体に固有の値をとる. 実在気体と理想気体の差異をある程度説明する. →相応状態の原理

ファント・ホッフの式 (van't Hoff's equation)

ファント・ホッフの等温式ともいい, 次のように示される. $\Delta G°=-RT\ln K$. ここでΔG：反応の標準自由エネルギー, ギブスの自由エネルギー＊とも呼ばれる. R：気体定数 ($R=8.314 J/mol \cdot K=1.99 cal/mol \cdot K$), T：絶対温度(Kelvin), K：平衡定数. ファント・ホッフの式は化学熱力学の実用面で最も利用される式の一つで, 与えられた条件下での反応が自然に変化する方向および反応の終点を見積もることができる. →ギブスの自由エネルギー, 標準自由エネルギー変化, エリンガム線図

ふいご (鞴, 吹子) (bellows)

金属製錬用の送風機で弁作用によるもの. 近代以前の製錬・鍛冶において最も重要な道具・装置(技術)で, それまでの自然風力・火吹き竹・吹管に比べて飛躍的な送風・加熱力をもたらした. 革袋を抱えるようにして使ったものや, 手で引き揚げ・足で踏むものは非常に古い(BC1500年頃). 日本では鹿革で「天の羽鞴(あめのはぶき)」を作ったとの記述(日本書紀)がある. 10世紀前後の大矢遺跡(広島県)からは「踏みふいご」の台座らしいものが発見されている. 「踏みふいご」は2枚の板(嶋板)を中央で支えシーソーのように左右交代に上下させるもので, 17世紀末にはその改良型である「天秤鞴(てんびんふいご)」へと発展したが, いずれも送風力の飛躍的増大をもたらした(後の二つを「たたら」ともいう. 「たたら」はふいご, たたら炉, たたら製鉄などいろいろの意味に使われる). 一方, 箱形で把手で前後に押し引きする「吹差し(ふきさし)ふいご」も広く使われていた. ヨーロッパでは2枚の板の間に蛇腹をつけた形式のものが多い. 動力源としては人力から水車, 蒸気機関へと変化した. 今でも鋳物・鍛冶職では, 旧暦11月8日を「ふいご祭」として祝うほど重要な技術である. →冶金の歴史

フィシウム (fissium, Fs)

乾式再処理方法で照射済みウランを処理して, 揮発性, 半揮発性成分を除いた核分裂生成物(Mo, Zr, Ru, Rh, Pdなど)全体を元素のような名称でいったものである. フィシウムでZrを含むものを, フィジウム(fizzium, Fz)と呼んでいる.

フィックの第1法則 (Fick's first law)

拡散＊の基本的な法則. ある方向(x)の単位時間, 単位断面積あたりの物質の拡散量(f)はその方向の物質の濃度(c)の勾配に比例する. $f=-D(\partial c/\partial x)$, 比例定数Dを拡散定数＊という. →拡散方程式, 酔歩の理論

フィックの第2法則 (Fick's second law)

物質の拡散＊において, ある方向(x)の濃度(c)の時間的変化は, $\partial c/\partial t=D(\partial^2 c/\partial x^2)$ すなわち濃度の距離による二次微分に比例するという法則. 与えられた初期条件・境界条件下でこの式から濃度分布やその時間的変化が求められる. →拡散方程式, ボルツマン・俣野の方法

フィッシャー法(純鉄)(Fischer process)
塩化物浴を使用する電解鉄*の電解精錬法の一つ.

フィッシュ アイ欠陥(fish eye defect)
疲労*破壊破面に見られる円形(魚の眼状)の欠陥で,そこがき裂発生部分(ある大きさがある)となっている.表面硬化*した鋼でよく見られる.

フィラー メタル(filler metals)
薄肉パイプの曲げ加工などで,坐屈*が生じないよう内部に充填する金属.柔軟性の金属(例:Bi合金)が用いられる.→ベンドメタル

フィールドイオン顕微鏡=電界イオン顕微鏡

封孔処理(sealing)
さまざまな表面処理のうち,できた皮膜のピンホールや多孔性を補充するためにそれぞれの場合に応じた孔をふさぐ処理.アルミニウムの陽極酸化皮膜に対しては,沸騰水または加圧蒸気中に一定時間静置し,腐食生成物でこの孔をふさぐ(→アルマイト).溶射皮膜に対してはエポキシ,フェノール等の樹脂を浸透させる.

封着合金(alloys for packaging)
コバール*,デュメット線*などのガラス封着合金から最近はリードフレーム合金*へと重点が移ってきた.

フェイゾン(phason)
準結晶に特有な原子(または原子団)配列の乱れ.フェイゾン"欠陥"ともいえる.準結晶の広義の周期性(準周期性)が乱れて準結晶では許されない配置,通常結晶の配置になっている欠陥をいう.X線回折点に拡がりが生じる(規則性が乱れている).これが周期的・系統的に入ると準結晶の周期である黄金比 $\tau(=(\sqrt{5}+1)/2)$ に近い有理数周期,つまり通常結晶になってしまう.これが近似結晶である.→準結晶,近似結晶,ランダムタイリング

フェライト(ferrite)
①顕微鏡組織*で α–Fe のこと.もともとラテン語の Ferrum(鉄)からきた言葉とされている.組成は純鉄に近いがCを最大0.02%(727℃)固溶できる.→α鉄

②酸化第二鉄 Fe_2O_3 を主成分とする一群の $MO \cdot Fe_2O_3$ (MはMn,Ni,Cu,Zn,Baなど2価の金属イオンおよびその複合イオン)よりなるものをいい,一般にフェリ磁性*を示す.前記の組成のものは逆スピネル*構造で高周波用の高透磁率材料*として用いられる.Fe_2O_3 と他の金属の複酸化物もあり,ガーネット型,マグネトプランバイト型等いろいろである.マグネトプランバイト*型は永久磁石材料*に用いられる.

フェライト系ステンレス(ferritic stainless steel)
組織がフェライト相のステンレス鋼*で,0.12C以下,11～32Crの成分範囲をもつ.焼入れ硬化性はないがマルテンサイト系に比べ加工性,溶接性,耐食性,耐強酸化薬品性などに優れているため硝酸系化学工業用,建築材料,厨房用材料などに用いられる.→475℃脆性,クロム系ステンレス鋼,シェフラーの組織図

フェライト結晶粒度(ferrite grain size)
主として炭素含有量0.25%以下の鋼のフェライト結晶粒の大きさの程度をいい,

断面積1mm²当りの粒数（m）を用いて粒度番号として表す．粒数mと粒度番号Gはm=8×2^Gで関係づけられている．通常100倍に拡大した顕微鏡写真を標準図と比べて決める．JISに"鋼のフェライト結晶粒度試験方法"が定められている．→結晶粒度

フェライト コア (ferrite core)
フェライト磁芯ともいう．フェライト磁性材料のうち，主として高周波用高透磁率材料*をいう．逆スピネル*型のMn-Zn，Ni-Zn，Mg-Mnフェライトなどがある（Mn-Znフェライトは(Mn・Zn)O・Fe_2O_3のこと）．コイル・トランス，一部では磁気メモリ，ヘッドなどに用いられる．→軟質磁性材料，フェリ磁性

フェライト磁石 (ferrite magnet)
フェライト②のうちで，六方晶マグネトプランバイト型となるBaフェライト（BaO・$6Fe_2O_3$），Srフェライト（BaフェライトのBaを一部Srで置換）など，大きな結晶磁気異方性による永久磁石*をいう．時にはセラミックス磁石ともいう．保磁力(H_c)は大きいが，残留磁束密度(B_r)が小さく．最大エネルギー積$(BH)_{max}$もアルニコ磁石には及ばない．しかし，低コストのため広く使われている．樹脂やゴムで固めたものはプラスチック磁石，ゴム磁石*などといわれている．→硬質磁性材料

フェライト スラグ (ferrite slag)
三菱式連続製銅法（三菱法*）において粗銅を作る最終段階（製銅炉）でもちいるCu_2O-CaO-Fe_3O_4系スラグ．SiO_2を含む通常のスラグに対しFe_3O_4を含むためフェライトスラグと呼ばれる．

フェリー (Ferry)
Mond Nickel社(英)とWiggin & Co.社(英)のNi-Cu系抵抗用合金．コンスタンタンと同系で熱電対，標準抵抗，加減抵抗器などに用いられる．55～56Cu，44～45Ni．→コンスタンタン

フェリ磁性 (ferrimagnetism)
磁気能率*を持つ原子が，①複数種含まれている，あるいは②その占める位置（site）が結晶構造上異なるなどの原因で，磁気能率の方向に大きさや数の差が生じ，その結果全体として一方向の自発磁化*を示している秩序磁性*．反強磁性*の一種ともいえる．フェライト*②の示す磁性．→フェライトコア，フェライト磁石，スピネル型結晶，マグネトプランバイト

フェルミ・ディラック統計 (Fermi-Dirac's statistics)
電子のように同種粒子が区別できず，パウリの排他律のように一つの状態に1個しか存在できない粒子（フェルミ粒子*）についての統計．半整数のスピンを持つ粒子（電子，陽子，中性子）やこれらの粒子の奇数個で構成された系に適用される統計（フェルミ分布は→フェルミレベル）．→フェルミレベル，↔ボース・アインシュタイン統計

フェルミ面 (Fermi surface)
結晶内電子のフェルミレベル*を波数ベクトル*の関数として（波数：k空間で）表した面．球か類似の閉曲面である．1原子当りの電子数（電子・原子比因子*）が大きくなるとフェルミ面も大きくなり，ブリユアン帯域（多面体）いっぱいになり，

それに接するようになると相変態し,別の結晶構造になることなど,金属の物性が説明できる. →ヒューム－ロザリーの規則 ② ③

フェルミ粒子 (Fermi particle, fermion)

　フェルミオンともいう.電子・陽子・中性子等,フェルミ・ディラック統計*で考察すべき粒子.ボース粒子*の対語.

フェルミ レベル (Fermi level)

　フェルミ準位ともいう.フェルミ粒子*の集団がある時,その存在確率(分布確率)は,温度(T),エネルギー(ε)の関数として,フェルミ・ディラック分布 $f(\varepsilon)=1/[\exp\{(\varepsilon-\zeta)/kT\}+1]$ に従う.この分布は,横軸を ε にとると,$\varepsilon=0$ からずっと一定値 $f=1$ で,ζ 付近でゆるやかに0となり(ζ で $f=1/2$),その減り方は低温ほど急激である.この ζ をフェルミレベルという.エネルギーの最高値の目安なので0Kでの ζ をフェルミエネルギーということもある(ζ を形式的に温度に換算したものを「フェルミ温度 (T_f)」という.Cuで $T_f=2.9\times10^4$K という途方もないものであるが,これは運動している電子の最高エネルギーで,Cuそのものの温度ではない).ζ は電子の化学ポテンシャル*に等しい.金属では ζ は許容帯の中間にあるが,真性半導体と絶縁体では禁制帯の中間,n型半導体では不純物準位と伝導帯の間,p型では不純物準位と充満帯の間にある.バンド理論とその図参照.

フェロアロイ (ferro-alloy)

　X-Fe系合金(X:Mn, Si, Cr, W, Mo, V, Ti, P, Ni, B, Nbなど)のことで,鉄鋼の脱酸,脱硫,脱窒,還元,造さい(滓),脱ガスや合金化のための添加用合金.母合金の一種.フェロマンガン,フェロシリコン,フェロクロム,フェロモリブデンなど多種ある.JISではFMn, FSi, FCr, FW, FMo, FV, FTi, FP, FNi, FB, FNbが規格化されており,これに炭素量に応じてH, M, Lの記号を付ける.→フェロマンガン,フェロクロム,フェロニッケル,母合金

フェロクロム (ferro-chromium)

　Cr-Fe二元合金で鉄鋼の製造に合金成分(Cr)添加剤として用いられる.JISにはFCrH0, H1, H2, H3, H4, H5, M3, M4, L1, L2, L3, L4が規格化されている.Hは高炭素フェロクロム,Mは中炭素フェロクロム,Lは低炭素フェロクロムである.FCrH0:65～70Cr, 8.0>C, 1.5>Si, 0.04>P, 0.08>S, 残Fe. FCrM3:60～65Cr, 4.0>C, 3.5>Si, 0.04>P, 0.05>S, 残Fe. FCrL1:65～70Cr, 0.10>C, 1.0>Si, 0.04>P, 0.03>S, 残Fe. →フェロアロイ

フェロ磁性 (ferromagnetism) →強磁性

フェロックスデュール (Ferroxdure)

　Philips社(オランダ)のBaフェライト*磁石($BaO\cdot6Fe_2O_3$).マグネトプランバイト*型構造で,マグネトプランバイトM型材料と呼ばれる.Baの代りにPb, Sr, Caなども入り得て種類は多い.いずれも結晶異方性大である.磁化方向を六方晶c軸方向に揃えている.残留磁気は金属磁石より小さいが,抗磁力が大きく,耐湿,耐酸性,電気抵抗が大きい.永久磁石でモーター,オイルフィルター磁石,磁性セラミックなどに使われる.なお,North American Philips社(米)の商標はFerrodure Ⅰ, Ⅱで同種.

フェロックスプレーナ（ferroxplana）

　　フェロックスプラナとも呼ばれる．マグネトプランバイト*型とスピネル*型の中間的組成$BaO \cdot nFeO \cdot mFe_2O_3$をもち，六方晶構造で結晶磁気異方性が大きいフェライト磁芯*材料．$Ba_2M_2Fe_{12}O_{22}$（Yタイプ），$Ba_3M_2Fe_{24}O_{41}$（Zタイプ），$BaM_2Fe_{16}O_{27}$（Wタイプ）の三種がある．ただしMはCo, Fe, Mg, Mn, Ni, Zn．磁化方向を六方晶底面内に揃え，超高周波500〜1000MHzでの利用が可能なトランスコアなどとして使われる．

フェロニッケル（ferro-nickel）

　　Fe-Ni二元合金で，鉄鋼の製造に合金成分（Ni）添加剤として用いられる．JISにはFNiH1, H2, L1, L2が規格化されている．FNiH1：16.0>Ni, 3.0>C, 3.0>Si, 0.30>Mn, 0.05>P, 0.030>S, 2.0>Cr, 0.10>Cu, Ni×0.05>Co, 残Fe．FNiL1：28.0>Ni, 0.02>C, 0.3>Si, 0.02>P, 0.03>S, 0.3>Cr, 0.10>Cu, Ni×0.05>Co. 残Fe．
→フェロアロイ

フェロマンガン（ferro-manganese）

　　Mn-Fe二元合金で鉄鋼の製造に脱酸剤，脱硫剤または合金成分（Mn）添加剤として用いられる．JISにはFMn H0, H1, M0, M2, L0, L1が規格化され，Hは高炭素フェロマンガン，Mは中炭素フェロマンガン，Lは低炭素フェロマンガンである．FMn H0：78〜82Mn, 7.5>C, 1.2>Si, 0.40>P, 0.02>S, 残Fe．FMn M0：80〜85Mn, 1.5>C, 1.5>Si, 0.40>P, 0.02>S, 残Fe．FMn L0：80〜85Mn, 1.0>C, 1.5>Si, 0.35>P, 0.02>S, 残Fe．

フォノン（phonon）＝音子

フォーミング（slag foaming）

　　転炉*の吹錬中，溶鋼から発生するCOガスによりスラグが泡立つ現象．

フォン・ミーゼスの条件（von Mises criterion）→降伏条件

不可逆過程（irreversible process）

　　非可逆過程ともいう．可逆過程*でない変化過程．すなわち，その系だけで変化を元に戻せないか，他の系（外界）を使って戻せても外界に変化が残る過程．一般に自発的現象がそうであり，現実の摩擦や発熱を伴う力学過程・電磁気過程がこれである．高温の物体からは低温の物体にのみ熱が流れる，水に落したインクは拡がる一方であるなど熱現象・拡散現象はその典型といえる．不可逆過程ではエントロピー*が保存されず（dS>dQ/T），断熱系（dQ=0）ではエントロピーが変わらないか増大する（dS>0）．同じく等温等積変化ではヘルムホルツの自由エネルギー*が，等温等圧変化ではギブスの自由エネルギー*が減少する方向に進む．→熱力学第2法則

深絞り加工（deep drawing）

　　平板の円板材からコップ状の製品を成形する加工．プレス型を用いて円板の中央部を丸棒状のポンチを圧入させ，円板の半径方向には引張り，円周方向には圧縮変形が生じている（張出し成形*は半径方向にも円周方向にも引張り変形）．すなわちフランジ部分に発生する半径絞り変形が主な成形行程となるようなプレス加工．
→r（アール）値，コニカルカップ試験，IF鋼

不完全殻（3d〜6d, 4f〜5f）（incomplete shell）

元素の電子配置をみると，Sc～Ni, Y～Pd, LaまたはLu（→ランタノイド）～Ptではそれぞれ3d殻，4d殻，5d殻に電子が順次入るが，それよりも早く4s, 5s, 6sに外殻電子が入っている．同じ現象はLa～Ybでも4f殻より早くより外側の殻に電子が入っている．これらの3d～6d, 4f～5f殻を不完全殻という．その結果，これらの元素では電子数が増加してもそれぞれのグループで性質が似かよっており，それぞれ集団として3d～6d遷移金属*，ランタノイド*・アクチノイド*と呼ばれる．

不完全結晶 (imperfect crystal)

格子欠陥などを含み，それによる物性を議論する結晶描像．実在結晶*に近い考え方．→完全結晶

不完全転位 (imperfect dislocation)

バーガースベクトル*が結晶の並進ベクトルに等しくない転位．転位過程で原子配列が変化している．このような転位の運動を，すべりだが，グライド（glide）といって，結晶のすべり（slip）と区別することがある（→すべり）．拡張転位を構成している二つの転位のことで，部分転位ともいう．→拡張転位，半転位，↔完全転位

不規則固溶体 (disordered solid solution)

AB合金（固溶体）においてA原子とB原子が決まった位置を占めていない固溶体．規則合金*でない固溶体．→規則－不規則変態

吹き抜け (blow off)

高炉操業でコークス強度と送風量・温度のバランスがくずれると，鉱石・コークスの半溶融部分（軟化融着帯）が崩れ，熱風（～1000℃）がそのまま炉頂に吹きつけベル等の装入部分を損傷する事故．棚吊り*と共に高炉の二大事故．→高炉，送風技術

不均一核形成 (heterogeneous nucleation)

金属の凝固や析出の時，容器壁，不純物等異物の表面や結晶粒界など特別な位置に多く核形成しやすいので，これを不均一（質）核生成といっている．→核形成－成長論

不均一系 (heterogeneous system)

均質でない物質系．すなわち2種以上の相が共存する多相系．

不均化反応 (disproportionation)

1種類の物質が2分子あるいはそれ以上で相互に酸化・還元などの反応を行った結果，2種類以上の物質を生ずることをいう．例えば $3MnO_4^{2-}+4H^+ \to 2MnO_4^-+MnO_2+2H_2O$，また熱分解により例えば $3AlCl \to 2Al+AlCl_3$ のように幾つかの原子価を取ることのできる元素の化合物が高原子価と低原子価の反応物に分解するような反応もいう．

復極 (depolarization)

電極反応で分極*の小さくなる現象をいう．

複空孔 (divacancy)

二重空孔ともいう．2個の単一空孔が隣り合って対になって存在しているもの．別々に存在するより安定である．熱平衡状態でも融点の近くでは空孔の1%位が対になって存在しているし，放射線照射などでも多数発生する．fcc金属では単一空孔

より易動性がある.

副結晶粒組織 (subgrain structure)
亜結晶粒組織*, サブバウンダリー組織ともいう. →亜結晶粒界

復元現象 (reversion)
時効硬化*した合金を,時効温度より高温で,第二相の溶解度線より低い温度に加熱すると,時効硬化でできていた析出,あるいはその前駆相などが不安定になり,時効前の状態にもどる現象をいう. 溶解度線温度に近いと起こらない. かってはRückbildung (独)の術語がよく用いられた. →時効硬化

複合材料 (composite materials: CM)
単にコンポジット (composites)と略していうこともある. 二つ以上の素材を組み合わせてより特性のよい材料としたもので,マトリックス(母材)に入れる分散材(強化材)による分類とマトリックスが何であるかによる分類とがある. →FRM, FRP, 分散強化型合金, ハイブリッド材料

副格子 (sub-lattice)
①フェリ磁性*を示す結晶や規則格子*のように単位格子*の中で,原子種や磁気モーメントが異なる原子やイオンが決まった位置 (site: サイトという)を占め,より小さな格子のような規則性があるときの状態をいう.

②部分格子ともいう. 単位格子の中に,その構成要素として考えられる平行六面体の単純格子. 例えばスピネル型結晶*.

③規則格子*の副格子.

複合送風 (combined blast)
高炉の羽口から加熱送風するだけでなく,送風に酸素や水蒸気を添加したり,重油,天然ガスなどの補助燃料を吹き込んで,銑鉄生産量の増加,使用コークス量の低下,操業の安定化を計るなど送風条件を調節して操業することを複合送風という.

複合転位 (compound dislocation, mixed dislocation) =混合転位

複合めっき (complex plating)
共析めっき,分散めっきと同じ. めっき液に特定の機能をもつ微粒子を懸濁させ,めっき金属と微粒子を共析させること. めっき面に金属的性質に加え,特定の機能を同時にもたせることができる. 抗菌めっき*の原理.

複雑電子化合物 (complex electron compound)
電子化合物*のうち, β-Mn型構造 (μ相ともいわれる. $e/a=3/2$)とγ黄銅型構造 (γ相といわれる. $e/a=21/13$)の化合物は構造が複雑で,単位格子中にそれぞれ20, 52原子を含んでいる. β-Mn型には$Cu_5Si, Ag_3Al, CoZn_3$, γ黄銅型には$Cu_5Cd_8, Cu_9Al_4, Ag_9In_4, Ni_5Zn_{21}$などがある.

輻射高温計 (radiation pyrometer, radiation thermometer) =放射温度計

複状態図 (double diagram)
例えばFe-C系の状態図 (→A_{cm}線)のようにFe-C(グラファイト)系とFe-Fe_3C(セメンタイト)系状態図を一つの図に併記した状態図. この場合セメンタイトは準安定ともいわれているためであるが,この方が鋼の組織をよく説明している. もう一つのFeとグラファイト系は鋳鉄の組織を説明している. 実際の組織ではFeと

グラファイトにセメンタイトが混じったりしている．

節 (node) ＝せつ

不純物 (impurity)

金属・合金中に，意識的に加えていない少量の他種元素．製錬工程で十分除去されなかったものや加工中に混入したものなどである．金属性不純物，非金属性不純物およびガス不純物の3種がある．

不純物拡散 (impurity diffusion)

複数元素の系で，濃度の差が大きく，溶媒元素と溶質*元素が区別できたり，少ない方を不純物元素と見なせる場合の拡散．自己拡散*，相互拡散*の対語ともいえる．置換型不純物拡散は他の金属の拡散と同様の空孔拡散*で，侵入型不純物拡散は格子の間を通り抜けて行く格子間拡散（侵入型原子拡散*）機構による．

腐食 (corrosion)

金属が置かれた環境との相互作用によって変化し，多くの場合，損傷，消耗，劣化していくこと．大まかな分類として，空気中の水蒸気，雨水，海水などによる電気化学的な腐食を湿食，酸化性・硫化性などのガスや高温酸化などを乾食（乾燥腐食*）とか高温腐食 (hot corrosion) という．→さび，ぬれ大気腐食，応力腐食割れ，すき間腐食，硫化腐食，ガルバニック腐食，局部腐食，アノード分極曲線，プールベ線図

腐食液 (etching reagent, etchant)

金属面を試薬を用いて腐食させ，金属組織を検鏡するときに用いる試薬を腐食液という．腐食液は供試片の組織，成分によって効果を異にするので，供試片によって適当なものを選ぶ．主な鉄鋼用腐食液は，硝酸，硝酸アルコール，ピクリン酸，塩酸，ピクリン酸ソーダ，過酸化水素のアルカリ溶液，赤血塩のアルカリ溶液，塩化第二鉄の塩酸溶液，塩化第二銅液などであり，この他特殊鋼用，銅合金用，ニッケル合金用，アルミニウム合金用などによって組成を異にする．→ナイタール，ピクラール，金属組織学

腐食孔 (etch pit) ＝食孔

腐食試験 (corrosion test)

さまざまな環境における金属材料の，腐食の程度，耐久性，腐食原因・機構の解明，耐食材料の開発などのために行われる試験．実験室的な試験と現場的な試験がある．前者には，電気化学的な測定，物理的・機械的な測定があり，後者には，塩水噴霧試験，大気暴露試験などがある．JIS-D, G, H, Z などに規定がある．

腐食電位列 (corrosion-potential series)

いろいろな金属について，環境を特定した場合のイオン化傾向*すなわち腐食電位を卑から貴へ並べたもの．不動態化するAl, Cr, Tiなどは平衡電位（標準イオン化傾向）より貴な値を示すことが多い．→電位列

腐食疲労 (corrosion fatigue)

繰り返し応力負荷による破壊は疲労と呼ばれるが，湿潤雰囲気，水中，海水中などの腐食環境下で繰り返し応力が加えられると両者が別々に作用した場合より著しく疲労強度と寿命が低下する．これを腐食疲労と呼び，非常に小さな応力状態でも

疲労破壊に至るので注意が必要である.

腐食摩耗 (corrosion-wear)

摩耗*の一形態. 潤滑している時, 潤滑剤の中や環境の腐食性物質によって腐食が生じ, その生成物が, 軟らかくすりへっていく機構. 摩耗速度は非常に小さい.

腐食抑制剤 (rust inhibitor, corrosion inhibitor)

金属の腐食反応で陽性または陰性反応を阻止する働きをする化合物. その機構から, (1)表面に物理的, 化学的吸着により金属の電気化学的反応を抑制するものと, (2)化学反応によって生じた反応生成物が保護皮膜の作用をするものの2種がある. rust inhibitor はとくに鉄鋼の腐食抑制剤をさすもので corrosion inhibitor の一つである. →抑制剤

不整合転位 (misfit dislocation)

ミスフィット転位ともいう. 析出相と母相, マルテンサイト*相とオーステナイト相, エピタキシャル成長*時の下地相と蒸着相などの界面における方位と格子定数の差を埋め合わせるために考えられた転位. この転位の間隔をボールマン (Bollmann) 格子 (O格子, 人によってはゼロ格子とも) という. 方位が同じ (エピタキシャル成長) なら両相の格子定数を $a, a+\varepsilon$ とすると不整合転位の間隔は a^2/ε となる. 整合状態*の図の半整合参照.

付着仕事 (work of adhesion)

異種の物質が接触したときこれを引き離すのに要する仕事で, 物質の付着による自由エネルギーの減少量に等しい. 表面張力 γ_A の液体を固体Bの上に置くとき, 接触角*を θ とすれば付着仕事 $W = \gamma_A(1-\cos\theta)$ で与えられる.

不調和融解 (incongruent melting)

分解融解ともいう. 包晶反応のように中間相が一つの固相と一つの液相というように二つの相に分解してとけること. 調和融解*の対語.

不対電子 (unpaired electron)

原子・分子で電子数が偶数の場合, 反対向きのスピンをもつ2個の電子が対になって存在している (対電子). 奇数の場合は軌道が1個のみで占められるのでこれを不対電子とか奇電子 (odd electron) という. 遷移金属*のd殻, f殻, 半導体のダングリングボンド*にみられる. 強磁性・常磁性の起源となり, 遊離基では反応性を生む. 電子磁気共鳴*で検出される.

普通鋼 (plain steel)

特殊鋼*に対する言葉であるが, 生産量の7〜8割を占め, 最もよく使われている種々の機械構造用鋼*. 少量の Si, Mn, S, P などを含む. 一般に熱間加工*後そのままか, 簡単な焼ならし*状態で使われる.

普通鋳鋼 (carbon steel casting)

炭素鋼鋳鋼のことで溶鋼を耐火鋳型に注入して作られるので, 複雑な形状をもつことができ, 鋼の強靭性, 熱処理, 溶接性などが優れ, 鍛造品のような方向性をもたない. 反面凝固時の体積収縮が大きく, 大きな押湯*が必要で, 引け巣*もできやすい. 土木, 一般機械, 船舶, 鉄道材として広く用いられている.

フックの法則 (Hooke's law)
弾性体のひずみ*は応力*に比例するという法則．小さい応力範囲で成立する．→比例限

沸石 (zeolite) ＝ゼオライト

沸点 (boiling point)
沸騰点ともいう．液状の物質を加熱し内部からも気化しつつある状態を沸騰といい，その時液体の蒸気圧は外圧（通常1気圧）に等しい．その温度をいう．圧力が決まれば一定．

物理吸着 ((physical) adsorption)
ファン・デル・ワールス吸着ともいう．物質表面での弱い吸着．ファン・デル・ワールス力*などによる．低温における鉄表面や活性炭に吸着された窒素などがこれで，温度が上昇すると解離しやすい．

物理冶金学 (physical metallurgy)
金属や合金の主として物理的性質（物性）を物理的手段で研究する学問分野．最近のわが国では金属物理学 (metal physics) の言葉の方がよく使われる．製錬や腐食を解明する化学冶金の対語．→金属，金属の物性測定

不定比化合物 (non-stoichiometric compound)
化合物の構成原子数比が簡単な整数比からずれている化合物．ベルトライド化合物，非化学量論的化合物ともいわれる．成因は格子欠陥*といわれるが天然の硫化物などでは生成状況にもよる．整数比からのずれは微小でも物性に大きな変化がある．ピロータイト* (Fe_7S_{8+x}), VO_{2-x}, TiO_{2-x} などがある．定比化合物*の対語．

不動態 (passive state)
濃硝酸のような酸化性の強い酸の中や，他の酸でもあるpH*と電位の範囲では，鉄のような卑な金属でも溶解しないであたかも貴な金属のようにみえる状態．金属表面は数nmの薄い含水酸化物の層でおおわれており，いったん破壊されても自己修復する．→アノード分極曲線，プールベ線図，ステンレス鋼

不動点（不変点）(invariant)
相律*から見て自由度*がゼロの状態をいう．主として，二成分（元）系あるいは三成分系で，共晶点のように，平衡状態にある相の数が3あるいは4の場合，温度も組成も決まってしまう状態のこと．熱分析*としては停点*になる．

不動転位 (sessile dislocation)
バーガースベクトル*が活発な（動ける）すべり面*にない転位．フランクの不動転位（ループ）*，ローマー・コットレルの不動転位*，ステアロッド転位*などがある．これらの転位はそのままでは動かない．

ブドワー反応 (Boudouard reaction)
$C(s)+CO_2(g)=2CO(g)$ 反応をいう．炭素を還元剤とする反応の基本反応であり，多くの研究がある．とくに炭素が燃焼する右方向の反応をソリューションロス反応と呼んでいる．

部分転位 (partial dislocation) ＝不完全転位

部分モル量(partial molar quantity)

製錬溶湯中などで,各成分一つ一つのモル当りのエンタルピー,エントロピー,自由エネルギーなどの熱力学的関数(A)がわかっていても,多成分溶湯中では全体のそれが各モル分率との単純加算にはならない.そこでは,成分(i)を微量添加した時の全体の変化$(\partial A / \partial n_i)_{T, P, n_i}$から求まるモル当りの熱力学関数(A)を用いなければならない.これを部分モル量,微分モル量,分子配量などという.

浮遊選鉱法(flotation)

選鉱*の一つで,まず脈石*と一体になっている目的金属を含んだ有用鉱石,あるいは目的金属の鉱石と他の金属の鉱石を粉砕したものに,特別な捕集剤*を加えて,それらの疎水性に差を持たせる.一方,捕集剤の吸着や浮上に適するようにpHや溶存イオンを調整した液槽の中で,空気を吹き込みつつ撹拌すると,目的鉱石が気泡に取り込まれて浮上してくる.この泡沫をかきとって有用鉱石を集める.捕集剤やpH*,溶存イオンを調整することによって,Cu鉱・Pb鉱・Zn鉱・Fe鉱などの混じった鉱石を分離することもできる.

浮遊帯溶融法(floating zone melting)

帯溶融法*の一種.棒状試料を垂直に立てて,表面張力で溶融帯を保持しボート無しで純化する方法.FZ法ともいう.真空中で金属の高純度化ができる.→純鉄

ブラウンパウダー(brown powder)

白金を含む接点用合金*では,接点表面に吸着した有機ガスとの反応により,褐色粉を発生し,接触不良を起こす傾向がある.この褐色粉をブラウンパウダーという.

フラクタル(fractal)

自己相似性のある図形をいう.自己相似性とは図形の一部を縮小すると,その部分に全体の図形が縮小されて現れてくるような性質をいい,感覚的には入れ子構造にいくらか似ている.海岸線や樹木の枝分かれなど自然界に見られる図形を理論化するためマンデルブロ(Mandelbrot)によって提唱された(1975).フラクタル図形の複雑さを示すためにフラクタル次元が用いられる.通常の次元は図形を表すためにとられる独立変数の数を示すが,フラクタル次元は相似性への依存性を示すので一般に非整数である.普通,図形を$1/a$に縮小したときに現れる相似図形の数bを用い,$\log b / \log a$をフラクタル次元と定義する.頂角60°と120°の等辺三角形の辺をつないだ形のコッホ曲線では一辺を$1/3$に縮小すると4個の相似図形が現れるので,そのフラクタル次元は$\log 4 / \log 3 \simeq 1.2618$である.なお,通常の図形のフラクタル次元は1である.

プラスチシン(Plasticin)

Peter Pan Playthings社(英)の商品で,ゴム粘土の一種.白と黒の2種類のプラスチシンの積層試料を鍛造金型に押し込んで,混合状態を観察するなど,塑性加工時の金属材料の塑性流動や混合状態のシミュレーションによく用いられる.

プラズマ(plasma)

自由に運動する正負の荷電粒子が共存し全体として電気的中性を保っている状態.固態,液態,気態と共に第四の物質状態ともいわれる.主として気体状態についていわれ,中性気体分子が混じっている弱電離プラズマ,イオン化ポテンシャル

の低いアルカリ金属蒸気では完全電離プラズマなどがある.

プラズマCVD法 (plasma CVD)

化学気相析出法*の一種. 低圧ガス中でグロー放電させると, ガス温度は数百度と低いが, 電子温度は数万度に達し, 化学反応が効率的に進行し, 薄膜が形成される方法で, シランガスを原料としたアモルファスシリコン皮膜などがある.

プラズマジェット炉 (plasma jet furnace)

プラズマを適当なノズルでしぼって, 長い炎状に噴出させたもの. 高融点金属の溶解, 切断加工, セラミックコーティングなどへの利用が試みられている.

プラズマディスプレーパネル (plasma display panel : PDP)

電極を組み込み, 蛍光物質を塗布した2枚のガラス板を0.1 mmほどの隙間をもって対向させ, その間にネオンなどの不活性気体を封入したもの. 電極に電圧をかけ, 電流を流し, 気体を放電させ, そのとき生じた電子とイオンが再結合するときに発生する紫外線が蛍光物質にあたって発光する原理に基づく. AC型とDC型とがある. AC型は電極が誘電体層におおわれていて, 放電空間に露出せず, この誘電体の作用で, メモリ機能をもつ. DC型は電極が放電空間に露出していて, 電圧を印加した期間だけ放電する. 液晶に続く次世代の大画面, 薄型の壁掛けテレビとして期待が大きい.

プラズマスプレー法 (plasma spraying process)

プラズマ溶射法ともいう. プラズマジェット(炉)*に溶射すべき金属セラミックなどの粉末を送給し基盤金属に皮膜を形成する方法.

ブラスロッド (brass rod)

64Cu, 36Znの黄銅の呼び名(六四黄銅とか65/35黄銅とかの名称と同じ).

プラチナイト (platinite)

Fe-Ni系ガラス封着合金. ガラスと同じ熱膨張係数をもつため電球用導入線として用いられる. 48Ni, 0.5Co, 残Fe. 熱膨張係数:$5 \sim 9 \times 10^{-6}$/℃.

プラチネル (Platinel)

金-パラジウム合金系の熱電対合金. Engelhard Corp.の商品名. プラチネル合金の中, プラチネルⅡがASTM E1751-('95)で規格化され, 広く使用されている. 熱電対の構成は:55%Pd-31%Pt-14%Au(+)/65%Au-35%Pd(-), 適用温度範囲は0℃～1400℃. 1000℃までの熱電対はK熱電対(クロメル-アルメル熱電対*)が適用され, それ以上の高温用には白金・ロジウム系熱電対(R, S, B熱電対)となるが, 起電力はK熱電対の約1/4になる. プラチネルⅡ熱電対は1400℃までK熱電対とほぼ同じ起電力を直線的に発生するので便利である. ただし真空中で使用できない, 高温加熱により材質が脆くなるなどの欠点がある.

プラチノイド (Platinoid)

英国で開発されたCu基高耐食合金. Platinoid, Platinoid A, Bなどの品種がある. 前者はCu-Ni系合金で化学装置, 建築材料などに, 後二者はCu-Ni-Zn-W系(タングステンジャーマンシルバー)合金でヒーター, 熱電対などに使われる.
Platinoid:$50 \sim 90$Cu, $3 \sim 40$Ni, 0.10Al, 0.40Zn. Platinoid A:60Cu, 24Zn, 14Ni, 2W. Platinoid B:54Cu, 20Zn, 25Ni, 0.3W, 0.5Fe, 0.2Mn. →洋銀, 洋白

ブラッグ・ウィリアムスの理論（Bragg-Williams theory）

規則格子＊の形成を，配置のエントロピー＊と結合エネルギーを考えた自由エネルギーで説明した理論．長範囲規則度＊の考えのみで，後にベーテ（H.A.Bethe）によって改良された．1930年代の半ばに提案．→ベーテの理論

フラックス（flux）

溶剤，媒溶剤，融剤ともいう．

①化学分析：酸の水溶液などに溶けない物質を可溶性にするためある物質と混合融解するとき，混合する物質をフラックスという．塩基性金属酸化物には硫酸水素カリウム，ケイ酸塩には炭酸ナトリウム，四ホウ酸リチウムなど．②鉄鋼精錬：スラグを生成させる物質（造滓剤）をフラックスという．石灰石，蛍石，重晶石など．③金属，合金融解，非鉄精錬：不純物除去，酸化防止，脱ガス，融点の低下，スラグ生成などの目的で添加する物質をフラックスという．アルミニウムの場合は氷晶石，塩化ナトリウム，塩化カリウム，ケイフッ化ナトリウム，フッ化カリウムなどの単純または複合．④溶接，ろう付，溶断：酸化防止，酸化皮膜除去，融点の低下，スラグ生成などの目的で用いる物質をフラックスという．ホウ砂，ホウ酸，ケイ酸ナトリウム，重炭酸ナトリウム，炭酸ナトリウム，黄血塩，フッ化ナトリウム，フッ化カリウム，硫酸カリウム，塩化カリウム，塩化亜鉛，松やになどの単独または複合．⑤セラミックス：添加することにより焼結反応を促進したり，溶融反応や結晶化を促進する薬剤をフラックスという．

ブラッグの反射条件（Bragg condition, Bragg's law）

より正確にはブラッグの回折条件のこと．X線や電子線が結晶の原子列によって回折されるため，それらの波長（λ），入射/反射角，原子列（原子面）間隔(d)との間に生じる一定の関係のこと．通常は視射角（glancing angle：入射角の余角，照角ともいう．この場合はブラッグ角（Bragg angleという））（θ）を取り，$2d \cdot \sin\theta = n\lambda$（ただしnは回折次数）という関係のこと．ディフラクトメーター＊はこの条件を基礎にしている．

フラッシュ スメルティング（flash smelting）

自溶炉製錬．微粉の精鉱と酸素を噴出させ瞬時に酸化・溶融を行う製錬法で，反射炉の一端から噴出させるInco法と反射炉の床にシャフト炉を立てその上端から噴射するOutokumpu法がある．銅の粉状精鉱の自溶炉＊として標準的な方法となっている．

フラッシュ焙焼炉（flash roaster）

多段焙焼炉の中央部に鉱石をバーナーで吹き込む構造をもつ焙焼炉．処理能力が大きいが反面煙灰の発生量も多い．

フラッシュ・バット溶接法（flash butt welding）

火花突き合わせ溶接法ともいう．接触させた二つの金属の端部に直接通電し，接触抵抗の発熱で半溶融状態まで加熱し加圧して結合させる溶接法．

フラッシュ法（flash method, laser flash method）＝レーザーフラッシュ法

プラナー組織（planner structure）

一つのすべり面に転位が並んでいる組織．fcc＊合金の変形初期に見られる．積層

欠陥*エネルギーが低くて拡張しやすく,交差すべりがしにくいため,加工がすすむとセル組織*になる.

プラネタリー圧延機 (planetary mill)
　支えロールの周囲に小径のロールを遊星のように配列した高性能圧延機.

ブラベー格子 (Bravais lattice)
　ブラベー空間格子ともいう.規則的・周期的に配列している結晶の単位(格子)*に注目し,それを対称性*によって分類すると7種の結晶系*となり,面心・体心・底心をも考慮すると14種のブラベー格子になる(三軸の長さの比,三軸間の角度などによる区別は結果としてのもので,本来の分類は対称性による).→結晶系,結晶

結晶系	ブラベー格子				
	単純 (P)	体心 (I)	面心 (F)	底心 (C)	菱面 (R)
①立方晶系 (cubic)	▨	▨	▨		
②六方晶系 (hexagonal)	▨				
③正方晶系 (tetragonal)	▨	▨			
④三方晶系 (trigonal) 菱面体晶系 (rhombohedral)	(六方晶系と同じ)				▨
⑤斜方晶系 (orthorhombic)	▨	▨	▨	▨	
⑥単斜晶系 (monoclinic)	▨			▨	
⑦三斜晶系 (triclinic)	▨				

フラーレン (fullerene)
　C_{60}やC_{70}などの一群の球殻状の炭素分子の総称.炭素の第三の同素体.→C_{60}フラーレン

フランク・カスパー相 (Frank–Kasper phase)

準結晶*の近似結晶*である一連の金属間化合物*. 例えば $(Al, Zn)_{49}Mg_{32}$ の化合物 (立方晶) は正二十面体対称の原子クラスターから成り, 急冷すると準結晶になる.

フランクの不動転位ループ (Frank sessile dislocation loop)

空孔が多数集まって平板状になるとそれがつぶれて周囲に刃状転位のループができる. 格子間原子の集合でも同様なループができる. この転位ループはバーガースベクトルがすべり面{110}面にのっていないのですべれず不動転位である. この種の不動転位をいう.

プランクの放射分布則 (Planck's law of radiation)

マックス・プランク (Max Planck) が1900年に提唱した黒体放射のエネルギー分布則. 温度Tの黒体からの電磁波のうち, 振動数が ν と $\nu+d\nu$ の間にある放射エネルギー密度を $\rho_\nu d\nu$ とすると, $\rho_\nu = (8\pi h\nu^3/c^3)\cdot(1/[\exp(h\nu/kT)-1])$. ここで h はプランク定数, $h\nu$ は量子化されたエネルギーの最小単位, c は光速. 量子論のはじまりというべき式. →熱放射

フランク・リード源 (転位の) (Frank–Read source)

FR源ともいう. フランク (F.C.Frank) とリード (W.T.Read) が1950年に提案. 応力によって変形が進行するためには転位*が大量に存在するか, 次々と発生しなければならない. そのために考えられた結晶内で転位が増殖する機構で, 二つの支柱転位*で, 両端を押さえられた一本の転位 (AB) が, 応力 (τ) によってふくらみ, 支柱転位の両側を囲むように広がり, 異符号のらせん転位 C, D が合体消滅して, 最終的にはもとと同じ転位および, 正負の刃状転位とらせん転位で構成された転位ループとなり, これを繰り返して転位が増殖していくという機構をいう.

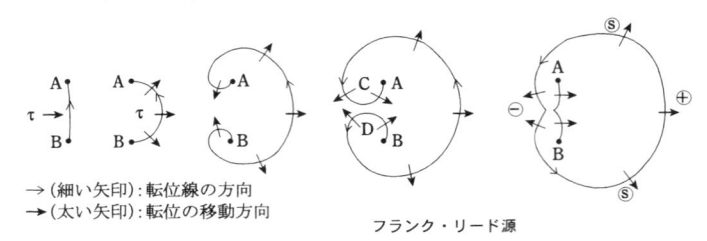

→ (細い矢印): 転位線の方向
➝ (太い矢印): 転位の移動方向

フランク・リード源

ブランケット (blanket)

核融合炉で, プラズマを閉じ込める第一壁のすぐ外側をとりまき, 冷却と同時にトリチウム*を作るためのリチウム (^6Li) 濃縮化合物の層.

プラントル数 (Prandtl number)

液体の粘性率を η, 定圧比熱を C_p, 熱伝導率を κ とすると, $Pr = \eta C_p / \kappa$ は無次元量となる. これをプラントル数といい, 熱対流や高速気流で粘性が問題となる場合, たとえば境界層の流れなどで重要な意味をもつ.

ぶりき (tin plate) = スズ鋼板

プリズマティック転位ループ (prismatic dislocation loop)

空孔が平板状に集まってつぶれた周囲にできる転位ループはループのままでそれと垂直方向にしか,移動できない.三角柱・六角柱を束ねて長さ方向に1本だけ動かすようなもので,この運動をプリズマティック運動(プリズマティックパンチング),この転位ループをプリズマティック転位ループという.→フランクの不動転位ループ

ブリタニアメタル (Britannia metal)

バビットメタル*(89Sn, 7.5Sb, 3.5Cu)と似た組成の合金.類似の合金もBritannia…といわれる.研磨すると美しい白色を呈する.各種装飾品などに用いられる.

ブリッジマン法 (Bridgman method)

単結晶作製法*の一種.タンマン・ブリッジマン法ともいう.先の尖ったつぼに試料を入れてとかし,ゆっくり先端から冷却して単結晶とする.温度勾配をつけた炉の中で試料を動かすか逆に炉を移動させる.炉の温度を徐々に低下させる方法(これを特にタンマン法ということもある)もある.

ブリネル硬さ (Brinell hardness)

押し込み硬さ*の一種.直径10mmの鋼球または超硬合金球を500〜3000 kgfで押し込み,生じた永久凹みの表面積($S:mm^2$)で荷重($F:kgf$)を除した商で示した硬さ.記号HB(鋼球:HBS,超硬合金球:HBW).圧痕が大きいので,その直径の10倍以上の厚さ,広い間隔が必要.

プリフォームはんだ (solder preform)

プリント配線板(PCB)の上ではんだ*接合ができるような形にはんだ合金シートから打ち抜いたものをいう.表面にフラックスがコーティングされていることが多い.基板上にこのプリフォームはんだ板を配置し,リードを差し込み,温度を上げてはんだを溶かし,表面実装を行う.

ブリュアン帯域 (Brillouin zone)

原子が結晶を組むと電子のエネルギー準位が幅を持つようになる(→バンド理論).別の見方をすれば,結晶内では原子の周期的ポテンシャル下で運動する電子波(ブロッホ波動関数*の波)は格子定数とある関係の時格子で反射され進行できない.このエネルギーバンドの上限から下限,あるいは電子波が反射されてしまわない範囲を電子波の波数ベクトル*で表現した時,その領域をブリュアン帯域という(波数ベクトルは金属電子論で重要な「良い量子数(good quantum number)」なのである).

また,電子波が反射されるのは,波数ベクトルが逆格子*空間において,原点と逆格子点を結ぶ線の中点にある時なので,それを境界とする領域としてブリュアン帯域を逆格子空間で考え得る.すなわちfcc格子の逆格子はbccで,原点に近い逆格子点{111}および{020}と原点の二等分面でできる多面体が第1ブリュアン帯域で,それは立方体の8隅を大きく切り落とした十四面体である.同様にbcc格子のブリュアン帯域は十二菱面体,hcpは六角柱になる.この場合は,逆格子空間の原点を含む領域から順に,第1,第2,第3…ブリュアン帯域で,これが異なるエネルギーバンドに対応する.導体・半導体・絶縁体の区別は,エネルギーバンドの詰ま

り方で考えても,ブリュアン帯域の詰まり方で考えても同じである.合金におけるヒュームーロザリーの規則*(②電子化合物,③固溶限)もブリュアン帯域の境界(多面体)とフェルミ面*の形状(ほとんど球でそれがブリュアン帯域の中に納まっているか,接しているかなど)の関係で説明されている.

ブルーイング処理 (bluing)

鋼線の弾性限*,疲労限*の改善のため,残留ひずみの除去を目的とする低温(250～370℃)焼なまし.また外観と耐食性改善のために空気,水蒸気,または化学薬品にさらして酸化物薄膜を生成させる操作.いずれも表面が青みがかる.

ブルサイト (brucite)

ブルース石,水滑石ともいう.マグネシウムの水酸化物で原料鉱物の一つ.$Mg(OH)_2$の組成で六方晶系.板状,葉片状,繊維状.弾力性があり柔らかい.

プルトニウム (plutonium)

元素記号 Pu,原子番号94.銀白色.超ウラン元素*の一つでウラン238に高速中性子*を照射することによってできる人工元素.熱中性子*によって核分裂をおこすのはプルトニウム239で,核燃料*となる.常温で安定なα相は単斜晶系で,639.5℃でとけるまでに$\beta, \gamma, \delta, \delta', \varepsilon$と相変態する.空気中で非常に不安定で発火しやすい.水素,窒素,ハロゲン,ハロゲン化水素などとも徐々に反応する.塩酸,希硫酸,リン酸にとけるが濃硝酸,濃硫酸,アルカリには侵されない.毒性が元素中最も高く,危険な放射能が長期にわたって存在し,強力な発がん性元素.密度:19.84g/cm³(25℃),沸点:3232℃.

プールベ線図 (Pourbaix diagram)

電位-pH線図ともいう.ポテンシャル図*の一つ.横軸にpH,縦軸に酸化・還元電位をとり,各々の領域で安定な反応生成物やイオンを記入したもの.金属のアノード溶解生成物,不感域,不動態*域,イオンなどが記入される.例えば図で金属FeはFeの電極電位が-0.4V以下で存在するが,溶液のpHが高くなりアルカリ領域にかたよると還元電位がさらに卑な側に下がってゆくことを示している.→アノード分極曲線

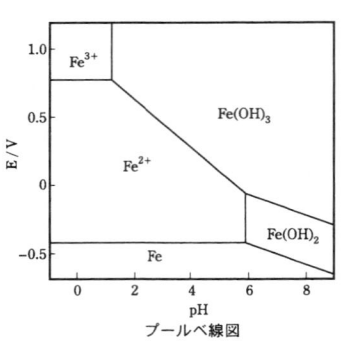

プールベ線図

ブルーム (bloom) →鋼片,錬鉄

フルメタル (full metal)

金属元素を区別する時の一つの見方.Cu, Ag, Auではイオン半径と原子半径の差が小さい.一方アルカリ金属*のそれは非常に大きい.銅族金属をフルメタル,アルカリ金属をオープンメタルといって対比する.

ブレージングシート (brazing sheet)

ろう付けする芯材の片面あるいは両面に圧延加工などによりろうを被覆させて作った積層板で,ろう接時にはこれを母材に密着させて加熱すれば,ろう付け作業

なしでろう接できる．とくにアルミニウム合金でよく用いられ，熱交換器などのアルミニウム合金薄板構造物のろう付けなどに用いられている．→アルミニウム合金ろう

プレス加工 (press working)
型や工具を用いた圧縮加工で金属に塑性変形を加える加工法．板材の成形，せん断などがあるが，深絞り成形をさすことがある．

フレッチング コロージョン (fretting corrosion)
シェイフィングともいう．2種の金属が接触していて振動等により微小変位がある状態（フレッチング）で生じる．摩耗・疲労が起こり，酸化物が生じる腐食．

フレンケル欠陥 (Frenkel defect)
金属中において原子空孔と格子間原子が対となってあまり離れずに存在している点欠陥*の一種．放射線照射などによって生じる．元来はイオン結晶において，多くの場合動きやすい（小さい）陽イオンが空孔と格子間イオンとして対になっているような点欠陥．→ショットキー欠陥

プロチウム (protium)
普通の水素，質量数が1の水素，軽水素ともいう．水素には3種類の同位体があり，軽水素（^1H），重水素（^2H），三重水素（^3H）で，地球上の水素の各含有%は99.985%，0.0157%，痕跡（10^{-20}%くらい）．

ブロッホ・ウォール (Bloch wall)
磁壁のこと．1932年，ブロッホ（F.Bloch）によってはじめて研究されたのでこういう．厳密には磁壁法線を軸に磁化回転しているもの．→磁壁

ブロッホ関数 (Bloch function)
結晶中で，原子による周期的ポテンシャルの下での電子の波動関数．→ブリュアン帯域

ブローホール (blow hole)
凝固中の金属から放出されたガスが外部に逃げきれず生じた鋳物中の穴．比較的大きいものをブローホール，小さいものをピンホール*という（↔引け巣）．また溶接金属中に発生する球状の穴をいうこともある．

フロン (flon)
フロンはクロロフルオロカーボン（chloro-fluoro-carbon）[メタンまたはエタンの水素原子の一部または全部をフッ素および塩素原子で置換した化合物]の総称．代表的なものはCFC-11，CFC-12，CFC-113，CFC-114，CFC-115の5種類（CFC-11の化学式はCCl_3F）．化学的に安定なために冷媒，洗浄剤，噴霧剤として多用されてきたが，1974年頃より，これが地球を取り巻くオゾン層を破壊し，皮膚ガンの発生率を高めるという警告が出され，上記5種の特定フロンとトリクロロエタンは1995年末までに全廃することが決められた（1987年）．代替フロン（alternative flon）は特定フロンの代替として開発されたフッ化物．HCFC-123，HFC-134a（HCFC-123=$CHCl_2CF_3$，HFC-134a=CH_2FCF_3）などがあるが，1997年の京都会議（COP3：気候変動枠組み条約第三回締約国会議）で，オゾン破壊作用は弱いが，地球温暖化作用が指摘され，HFC，HCFC削減の数値目標が決められた．→環境問題

358 [ふ]

分塊(rolling of blooms, slabs and billets)

分塊圧延のこと．鋼塊を加熱・均熱＊して分塊圧延機にかけて，次の行程に適する形状，寸法の鋼片を作る作業．鉄鋼の連続鋳造により直接圧延が可能となった現在，この分塊圧延は過去のものとなりつつある．→鋼片

分解せん断応力(resolved shear stress)

金属に応力が加わった時，ある結晶面上のある方向(多くの場合最密面・最密方向を考える)への外部荷重による応力の分力をいう．→シュミット因子

分極(polarization)

①偏極ともいう．外部電場，磁場などによって電荷または磁気量の分布が変化し双極子モーメントが変化すること．異種物質界面で電気二重層＊が発生すること．
②電気化学的分極，電解分極ともいう．電極反応が進行し，電流が流れている状態での電極電位，電池の端子電圧などが平衡状態と異なることをいう．電位の差を大まかに分極電圧という．

分散強化(dispersion strengthening)／**分散強化型合金**(dispersion strengthened alloys)

延性はあるが強さの小さい母材中(Al, Cuなど)に，延性は乏しいが強さの大きい微粒子(平均直径が0.1μm以下)を分散させて強化するもので，サップ＊(SAP : sintered aluminium powder)やTDニッケル＊，TD–NiCr(Thoria dispersed Ni–Cr alloy)などが代表例である．分散相は，酸化物，窒化物，炭化物など高温で安定なセラミックス粒子で，容積率は数％，微粒子が転位の移動を阻止するので，常温での強さが向上し，高温でも強さの劣化が少ない．製法は表面酸化法(SAP)，内部酸化＊法，共沈法(TD–NiCr)，メカニカルアロイング＊法などがあり，ジェットエンジンやガスタービン部品など高温で高強度と耐クリープ性，耐熱衝撃性を要求される材料や耐熱性，高電気伝導性，高熱伝導性を要求される部品の製造に用いられている．

分散粒子(dispersoid)

溶鋼の脱酸剤として，Al, Tiなどが0.01～0.07％程度添加されるが，Alの場合，溶鋼中の酸素および窒素はそれぞれAl_2O_3, AlNとして固定化し，溶鋼中で分散粒子となって分布し，凝固過程でオーステナイト形成の核となったり，結晶粒の成長を阻止したりして，鋼材の結晶粒微細化に役立つ．

分子軌道法(molecular orbital method)

分子軌道関数法ともいわれ，MO法と略記される．分子の電子状態を計算する近似法の一つ．まず分子の電子波動関数を一電子近似で表す．電子は原子核とそれ以外の電子のつくるポテンシャルの中を運動し，その波動関数は分子全体に拡がっている．このような一電子の波動関数を分子軌道と呼び，それを合成して分子の全電子波動関数を得る方法．他の近似法に「原子価結合法」があるが，計算時間と汎用性の点で分子軌道法が優れている．

分子磁場説(molecular field theory, Weiss approximation)

ワイス近似，ワイス模型ともいう．強磁性の発生機構としてワイス(P.Weiss)によって(1907年)考えられた最も簡単なモデル．多数のスピンの作用を平均的な相

互作用としてとり入れ,自発磁化＊とその温度変化を説明した.分子場近似 (molecular field approximation) ともいう.

分子線エピタキシー (molecular beam epitaxy: MBE)

高真空中に導いた原子または分子のビームを制御しながら,下地結晶表面に下地と一定の方位関係をもった結晶を成長させる技術.エピタキシーとは一つの結晶が他の結晶の表面上にある一定の方位関係をとって成長する状態をいう.ギリシャ語の epi は英語の on, taxis は orderly arrangement の意味. MBE 法＊と同じ.

分子動力学 (molecular dynamics)

①分子動力学法ともいい,「計算(機)物理」の一つ.多数の原子・分子を含む固体,液体について,個々の原子分子に着目し,ポテンシャルを仮定し,相互作用も古典力学に従うとして,コンピューターシミュレーション＊で物性を求めるもの.

②原子・分子の動的な状態を研究する学問分野.レーザー分光法,分子線法などの実験手段と,コンピューターの発達で可能となった.分子の振動・回転の状況,反応の素過程などを研究する.

分子熱 (molecular heat capacity) ＝モル比熱

分子流 (molecular flow) →クヌーセン数

分析電子顕微鏡 (analytical electron microscope: AEM)

透過型電子顕微鏡にX線検出器をとりつけて特性X線を測定したり,透過電子のエネルギーを分析して元素の同定と定量が行うことができる.

フントの規則 (Hund's rule)

原子の電子配置＊についてスピン量子数(s)・方位量子数(l)に関して,どのような順序で電子が配置されていくかについての経験則である.それは,パウリの排他律＊を前提とし,(i)合成スピン角運動量 ($S=\Sigma s_i$) が最大になるように,(ii)その上で合成軌道角運動量 ($L=\Sigma l_i$) が最大になるように,というものである.希土類3価イオンの4f電子では良く成り立っているし,スピネルフェライトでの3d電子の2価イオンでは大まかに成立している.

分配係数 (distribution coefficient)

一般には,平衡状態にある二相における溶質濃度(厳密には活量)の比をいい,熱力学的分配係数という.二相はそのつど考察しているもので決まっていない.よく用いられるのは凝固過程におけるもので,(固相中の溶質濃度/液相中の溶質濃度)をいう. →偏析係数

粉末磁石 (powder magnet)

永久磁石材料(硬質磁性材料)には硬いものが多い(フェライト磁石＊,希土類磁石＊など).これらを粉末にしたもの.焼結(磁場中焼結)で成形実用にしたり,プラスチックと混合して固めボンド磁石,ゴム磁石＊として用いる.

粉末冶金 (powder metallurgy)

金属あるいはセラミックスの粉末を加圧成形した後,あらためて加圧,加熱して焼結＊させ,焼結材料,焼結合金,焼結部品を製造する技術の総称.高融点金属や難加工性金属の成形,複雑形状のものなどに広く応用される.

へ β

ベアリング メタル (bearing metal) ＝軸受合金

閉殻 (closed shell)

電子殻*においてその殻がパウリの排他律*で許される最大限の個数の電子を収容している電子殻. 満杯でない殻を不完全殻*, 開殻 (open shell) という.

平滑圧延 (leveller rolling)

板材を平滑にするための圧延加工. 上下にずらした単独ロールを交互に並べ, その間に材料を通して上下に繰り返し曲げて平滑にする. →レベリング

平均二乗変位 (mean square displacement) →酔歩の理論

平均自由行程 (mean free path)

気体分子や原子, 電子が他の分子, 原子, 電子などと衝突しながら移動するとき, あいつぐ衝突の間に進む距離の平均値.

平衡状態 (equilibrium condition)

化学反応で一方に進む反応速度と, 反対方向に進む速度が等しくて外見上なんらの変化が見られない安定な状態. 熱力学では2物体の温度が同じで熱の移動がないこと (熱平衡状態). 厳密には自由エネルギー*やエントロピー*など, 熱力学特性関数が最小 (自由エネルギー) または最大 (エントロピー) である状態.

平衡状態図 (equilibrium diagram)

状態図, 相図ともいう. 長時間その状態に保って平衡状態を実現した時の相の存在領域を示したものの意味である. 一成分系では温度対圧力線図, 二成分系では圧力を一定とした温度対成分比の線図 (二元合金状態図) がよく利用される. 三元系, 四元系状態図, 特定組成についてみる断面状態図などがある. →状態図, 組成三角形, 相律

平行成長 (epitaxial growth) ＝エピタキシャル成長

平衡定数 (equilibrium constant)

均一系 (気相または液相) での, 化学反応 $aA+bB+\cdots \rightleftharpoons pP+qQ+\cdots$ (a,b,··p,q,··はモル数で濃度ではない) が平衡にある時, 各成分の濃度 C の比は, $[(C_P)^p(C_Q)^q\cdots /(C_A)^a(C_B)^b\cdots]=k$ のように, 温度・(系全体の) 圧力のみに依存し, 濃度に依存しない定数 (k) になる. これを質量作用の法則*といい, このkを平衡定数という. 濃度比で表したkを濃度平衡定数, 気相の場合, 分圧で表したkを圧力平衡定数という. しかし理想溶液・理想気体以外ではkは濃度に依存するため, 実効濃度として活量*a_iを使わなければならない.

平衡電極電位 (equilibrium electrode potential)

電極と溶液の間に電流が流れず電極反応が平衡状態にあるとき, 溶液に対し電極が示す電位をいう. →ネルンストの式

平衡分配係数 (equilibrium distribution coefficient)

平衡が成立しつつ凝固する場合, 固体と液体における合金元素の濃度比 C_S/C_L を平衡分配係数といい, 凝固における偏析傾向の目安, 帯域精製においては不純物

除去の目安を与える．→実効分配係数，偏析係数
平衡偏析（equilibrium segregation）
　熱力学的平衡状態にある偏析*のこと．一般の偏析は非平衡のことが多い．それ故考えられる平衡偏析とは，結晶粒内・粒界・析出物など区別し得る領域間の組成の差をいう．
閉鎖γ領域型（closed γ-field type）→γ領域閉鎖型，γループ型
ベイナイト（bainite）
　鋼の恒温変態*でノーズより低温で現れる相．T-T-T曲線での考察を始めたベイン（E.C.Bain）にちなんだ名称．その変態はベイナイト変態といわれ，過冷オーステナイトの結晶粒中に過飽和のフェライトが核形成され，このフェライト中より炭化物が析出する反応と考えられている．この反応機構からベイナイト変態はマルテンサイト変態に近い性格をもっている．ただマルテンサイトが形成されるM_s点よりも高温なので，炭素原子の拡散はマルテンサイト形成の場合よりもかなり容易であって，面心立方晶より体心立方晶の格子変態と析出が同時進行するものと考えられている．他の熱処理と組み合わせて鋼の材質向上に用いる．→上部ベイナイト，下部ベイナイト，T-T-T曲線，パーライト変態
ベイニング（veining）
　①銅単結晶の疲労過程で見られる刃状転位のループ*や転位双極子*の密集した部分（ベインvein）と隣接した転位のない部分（チャンネルchannel）でできた構造を束状構造（vein structure）といい，これらができる過程をベイニングという．
　②凝固，冷却時に不純物等が集まった結晶粒界．
平面ひずみ破壊靭性（plain strain fracture toughness）
　三次元破壊靭性*の議論で，板厚が厚い場合の近似的破壊靭性．板厚方向をzとすると，変位は無視できて，$\sigma_z = \nu \cdot (\sigma_x + \sigma_y)$, $\tau_{zx} = \tau_{yz} = 0$（$\nu$はポアソン比*）．逆に，薄い場合の近似を平面応力破壊靭性（$\sigma_z = 0, \tau_{zx} = \tau_{yz} = 0$）という．
ベイルビー層（Beilby layer）
　ビルビー層ともいう．研磨加工された金属の表面層にある原子配列が乱れ，非晶質となっている層．ベイルビー（Beilby）の命名．
平炉（open hearth）
　以前は転炉*とならぶ重要な製鋼の設備．溶銑および屑鉄を原料とし蓄熱炉からの高温ガスにより溶解精錬して鋼を製造する炉（最初は酸性，のち塩基性）．時間はかかるが良く調節された鋼が作れた．しかしLD転炉*の進歩により日本では現在，ほとんど使われていない．→ジーメンス・マルタン法，塩基性製鋼法，酸性製鋼法
ベインの機構（マルテンサイトの）（Bain mechanism）
　オーステナイト*（a）からマルテンサイト*（m）になる機構と方位関係についての最も初期の簡単な理論（1924年，E.C.Bain）．$(001)_a // (001)_m$, $[110]_a // [100]_m$, [001]方向に20%収縮し，[100][010]方向に12%伸長するというもの．→クルジュモフ・ザックスの関係，西山の関係
ベガード則（Vegard's law）
　置換型固溶体の格子定数は成分元素の格子定数の算術平均で変化する（additive

である)という近似的経験則.第2,第3元素の濃度が低いなど極めて限定された範囲でのみ成立する.

へき開破壊 (cleavage fracture)

結晶粒内破壊の一つで,特定の低指数面に沿っている破壊.多くの場合へき開面が一時に破壊するのでなく,小さなき裂の伝播による.せん断破壊(→せん断応力)の対語.→へき開面

へき開ファセット (cleavage facet) →リバーパターン

へき開面 (cleavage plane)

結晶は特定の方向の面で割れやすく,それをへき開といい,その特定方位の面をへき開面という.多くは表面エネルギーの低い,低指数面である.多結晶体では細かな(結晶粒ごとの)平滑面の集合となる.

べき乗則クリープ (power-law creep)

クリープ*の定常(二次)段階において,比較的高応力の場合の変形機構から名付けたもの.クリープ速度($\dot{\varepsilon}$)が応力(σ)のべき乗に比例するようなクリープ.すなわち$\dot{\varepsilon} = A\sigma^n$.低温ではn=5～7,高温ではn=3～5である.nをクリープ速度の応力指数という.このクリープは転位運動と加工硬化の均衡による.転位クリープともいう.n=1:拡散クリープ*,n=2:超塑性を含めていうこともある.→クリープ速度,クリープ機構

ベーキング (baking)

酸化皮膜の生成,内部応力の安定,磁性の改善,あるいはガス除去のために低温度で加熱すること.

ペグマタイト (pegmatite)

巨大結晶花崗岩.マグマの凝固過程の中で最終段階で晶出した岩石成分で,花崗岩質の岩石.多成分系の多種類の鉱物が含有されている.高品位のケイ石(SiO_2)はペグマタイトと石英鉱床に限られている.

ペシネ・ユージン法 (Pechiney-Ugine process)

アルミナに炭素還元剤を混じて2000℃以上で還元し,Al_4C_3を作り,これを高温減圧下で分解してアルミニウムを得る方法.

ヘスの法則 (Hess's law)

総熱量不変の法則ともいう.一連の化学反応の反応熱の総和はその反応の初めの状態と終わりの状態だけで決まるというもの.直接に測定することの難しい化学反応の反応熱の決定に使われる.

β黄銅型 (β-brass type, beta-brass type)

CuZnを代表組成とする体心立方格子で,約480℃以下では原子はCsCl型(Cs,Clそれぞれの二つの単純立方格子が(1/2,1/2,1/2)だけずれんだ入り組んだ構造)の規則的配列をとる.β黄銅型規則格子として有名.Zn50%atのところでは常温ではγ相がいくらか存在している.SB記号*ではB2(または$L2_0$)と書かれる.→規則格子,γ黄銅型合金

βクリープ (β-creep, beta-creep) →クリープ曲線

β処理 (beta treatment)

同素変態のある金属で，一度β相の温度範囲に加熱して冷却する熱処理．常温でもβ相であるようにする場合と，再びα相になってしまうがその組織が改良されるので行う場合とがある．

βチタン（β–titanium, beta-titanium）

チタン（Ti）は1155K（882℃）に相転移がある．この転移点より低温域のチタンをαチタン*，高温域のチタンをβチタンと名付けた．αチタンの結晶構造は最密六方（hcp構造*）であるのに対してβチタンの結晶構造は体心立方格子*である．

β鉄（β–iron, beta-iron）

磁気変態点（780℃）から上の体心立方格子*の鉄（A_2変態からA_3変態の間）．以前の呼称．

βマルテンサイト（β–martensite, beta–martensite）＝焼戻しマルテンサイト

βマンガン型（β–manganese type structure, beta–manganese type structure）

結晶構造の一つ．複雑な立方晶で，単位格子中に含む原子数は20．Cu_5Si, $AgHg$, Ag_3Al, Au_3Al, $CoZn_3$などの金属間化合物の結晶構造はβマンガン型である．SB記号*ではA13．

ベータロイ（betalloy）

Delta Memory Metal社（英）が開発したCu–Al–Zn系形状記憶合金*．ベータロイ製のコイルバネを用いて，温度により開閉を加減する温室窓の自動開閉装置，温水暖房用の温度調節弁，サーモスタット，自動車エンジン過熱防止用ファンクラッチ，キャブレタ用ジェットオリフィス制御器などに用途がある．13.5Zn, 8Al, 残Cu. 27.5Zn, 4.5Al, 残Cuなど．

ベッカー理論（核形成の）（Becker's theory of nucleation）

析出において核が形成される時，のり越えるべき自由エネルギーの山は析出物の濃度をもった核の大きさで決まる山であるという説．大きさ軸上にある山といえる．通常この理論で議論されているが，濃度に注目したボレリウス理論，大きさと濃度両方を考慮するホブシュテッター（J.N.Hobstetter）説もある．→ボレリウス理論

ヘッグ則（Hägg's law）

侵入型固溶体*・中間相*が形成される条件として，原子の大きさの比が0.59以下の場合に好都合であるという経験則．

ベッセマー転炉法（Bessemer convertor process）

酸性転炉（acid convertor）製鋼法ともいう．この転炉*は1856年にベッセマー（英）が発明した製鋼炉で，酸性の耐火材料で内張りした転炉である．それまでのパドル炉法からの画期的発明で鋼の大量生産が可能となった．しかし，含リン酸鉱石からの銑鉄の製鋼はできなかった．→酸性製鋼法，↔トーマス転炉法

ベッツ法（Bett's process）

粗鉛の電解精錬法．電解液にケイフッ化水素（H_2SiF_6）を使用し，陽極に粗鉛，陰極に電解鉛を使用して電解を行う．99.99％以上の高純度鉛が得られる．

ベーテの理論（規則格子の）（Bethe's theory）

規則–不規則変態*において短範囲規則度の考えを導入してブラッグ・ウィリアムス理論*より一層近似を高めた理論．λ型比熱変化の高温側のすそが説明でき

た．→短範囲規則

ペーハー (pH) = pH (ピーエッチ)

ベーマイト (boemite)

結晶水を持ったアルミナで化学式は$Al_2O_3 \cdot H_2O$である．斜方晶系，板状の結晶．アルマイト*処理の際，陽極表面に多孔質のベーマイト層が形成される．

ヘマタイト (hematite)

赤鉄鉱*．材料部門ではヘマタイトというときは$\alpha-Fe_2O_3$の化学組成の非金属介在物または鉄錆（さび*）の外層としての酸化皮膜をいうことが多い．$\alpha-Fe_2O_3$の主な性質は三方晶のコランダム構造*で，密度：$5.23g/cm^3$，融点：1350～1360℃，鉄鉱石としても重要．

ヘリウム (helium)

元素記号He，原子番号2，原子量4で極微量（1.3×10^{-4}％）の^3Heが存在する．宇宙存在比は水素に次いで大きく，恒星内での核融合反応に大きな役割を果たしているが，地球上の存在比は大気中で0.0005％，ネオン（Ne）の1/3以下である．北アメリカの天然ガス中に1％前後含まれ，低温高圧で液化して，混在する気体を分離し，純粋なヘリウムを得ている．融点-272.2℃（26atm），沸点-268.9℃（4.25K）．気体としての利用は，化学的に安定でかつ密度の低いこと（$0.1785g/\ell$，（0℃，1atm）を利用した気球用ガス（空気の密度：$1.293g/\ell$），血液に対する溶解度の小さいことを用い酸素ガスを希釈した混合吸入用ガス，沸点の低いことを利用する冷却剤がある．液体ヘリウムは原子質量が小さく原子間引力が強いため零点運動の効果が大きく，また量子統計の縮退も重要になるため量子液体と呼ばれている．普通の液体ヘリウムは^4Heで0Kまで液体で存在し，25atm以上で固体となる．液体ヘリウムにはI相とII相のλ転移*がある．T–p図上で（2.19K, 0.05086atm）–（1.75K, 29.9atm）がλ転移線で，これより高温側がHe(I)，低温側がHe(II)である．He(II)では超流動や可逆的熱伝導が起こる．液体ヘリウムは極低温をつくる冷却剤として使われる．

ヘリカル圧延 (helical rolling)

円錐台状で片持ちのロールを3個，棒状素材に斜めに添わせ同一方向に回転する．素材も回転し，送られながら直径を減少する．途中で直径を変化させることもできる．

ベリリア (beryllia)

酸化ベリリウム（BeO）．ウルツ鉱型構造*．融点2570℃，沸点3900℃，密度：$3.02g/cm^3$．この粉を吸うと肺結核と似た症状を示し有毒である．金属ベリリウムの原料のほか熱伝導性がよく機械的強度も強いので，セラミックスとして使われ，原子炉材料*として使われる．

ベリリウム (beryllium)

元素記号Be，原子番号4，原子量9.012，密度$1.848g/cm^3$（20℃），融点1287℃，銀白色，hcp構造の金属．緑柱石に含まれている．酸化物は耐火物，絶縁物，原子炉材料として減速材，反射材などに使われる．合金元素として銅，ニッケルに1～2％添加され，時効硬化で強力な材料となる．加工中の粉末や蒸気，酸化物は有毒である．

工業的に生産されるようになってから，工場従業員に被害が出ている．→ベリリア，ベリリウム銅

ベリリウム青銅（beryllium bronze） ＝ベリリウム銅

ベリリウム銅（beryllium copper）

ジュラルミンと共に代表的な非鉄の時効硬化型合金でベリリウム青銅とも呼ぶ．ベリリウム低濃度（0.30〜0.75％Be）合金は高電導材料で，スイッチ，回路遮断器，スイッチギアのばね部分などに，中濃度合金（1.60〜2.15Be）は高力合金で強力ばね，ダイヤフラム，ベロー，バルブ用など，高濃度合金（1.90〜2.75Be）は，鋳造用で，ブッシュ，軸受，ダイス，カム，ギア，ポンプ部品と衝撃無火花工具＊材に用いられる．いずれも少量のコバルトを添加，熱処理での結晶粒粗大化や過時効を抑制している．粉塵は有毒で，加工作業中も注意を要する．

ベルク・バレット法（Berg–Barret method）

X線回折顕微鏡法の一つ．試料と低角で斜交した微粒子フィルムの間から，線状焦点から出た波長の長い単色X線を試料に低角入射し試料面全体を照射する．その平面的反射X線を微粒子フィルムにあて，現像して顕微鏡で観察する．モザイク構造，結晶粒の大きさや傾き，転位分布などがわかる．

ペルティエ効果（Peltier effect）

2種の物質（A, B）の接合部を通過して電流（I）を流したとき，接合部に生じる熱（Q）の吸収あるいは放出．電流の方向より可逆的．$Q=P_{AB} \cdot I$：係数P_{AB}をペルティエ係数という．→熱電効果，熱起電力，トムソン効果

ベルトライド化合物（berthollide compound） ＝不定比化合物

ヘルマン・モーガンの記号（Hermann–Mauguin symbol / notation）

結晶の対称要素を表す記号．また，それを用いて点群＊や空間群＊，さらには個々の結晶構造を表示する記号である．同様なシェーンフリースの記号＊より情報が多く，国際記号（international notation）としても用いられている．対称要素（→対称性）は，回転，反転，回反，らせんを数字と添え字，頭線等で表し，鏡映（m）・映進（a, b, c, n, d）などの記号を用いる．点群はその構造に含まれる独立な対称要素を，これらの組み合わせで（直交する要素は分数で）示し，空間群についてはブラベー格子の型（P:単純, I:体心, F:面心, C(A,B):底心, R:菱面体）を冒頭につけ，その後に対称要素を列記する．

結晶構造を示す場合，格子型記号に続く要素記号は，三斜晶系と単斜晶系では一つ，菱面体晶系では二つ，斜方晶系，正方晶系，六方晶系，立方晶系では三つの部分で表記されている．これには完全表記と短縮表記があり，例えばbccを表すヘルマン・モーガン記号はI4/m32/mであるが短縮表記ではIm3mとなり一般にはこれが用いられている．結晶構造の表記に慣れない間は，SB記号等から参考書の図を見るのが早い．→シェーンフリースの記号，SB記号，ピアソンの記号

ヘルムホルツの自由エネルギー（Helmholtz free energy）

定積自由エネルギー（free energy at constant volume）ともいう．系の内部エネルギー＊Uからエントロピー項TSを引いたもの$F=U-TS$（T：温度，S：エントロピー＊）．閉じた系の等温・等積過程ではFの極小が熱平衡を表す．また閉じた系

で可逆変化ならばFの増加は外部からの仕事*に等しいのでヘルムホルツが自由エネルギーと命名した(1882年).クラウジウスはTS項を束縛エネルギー*と呼んだ.→ギブスの自由エネルギー

ヘレショフ炉(Herreshoff roaster)

多段焙焼炉の一種.円筒形で多段の棚をもち,各段の棚は撹拌腕で撹拌される.鉱石は上部から装入され順次撹拌されながら下段に移動する.ガスは炉の最下部から供給され,鉱石を焙焼しながら向流して上部に至り,鉱石を予熱してから炉外に排出される.焼鉱は炉下部から取り出される.

ペレット(pellet)

高炉用鉄鉱石粉末に適当に水と添加剤(ベントナイト*,セメント,石灰石など)を加え転がしながら作った団塊のうち,10〜20mmの球状のものをいう.一般には酸化焼成ペレットを指すが,石灰石添加の自溶性ペレット*や予備還元した還元ペレットもある.団塊には,この他に焼結鉱*,塊鉱がある.

ペロフスカイト(perovskite)

灰チタン石($CaTiO_3$)ともいう.ABO_3の化学組成で表される立方晶で,多少ひずんでいる(ペロフスカイト型構造).陽イオンAは立方体の隅を占め,陽イオンBは体心に,陰イオンのOは面心に位置している.多種の結晶があり誘電性,強誘電性,圧電性,焦電性,半導体性,熱電素子,磁性,光機能性など多様な物性を示すものが多い.チタン酸バリウム($BaTiO_3$),透光性PLZT($(Pb, La)(Zr, Ti)O_3$),半導体性ペロフスカイト($K(Ta, Nb)O_3$),磁性ペロフスカイト($(La, Ca)MnO_3$)などが,この型の酸化物で,コンデンサ,超音波発振子,着火素子,圧電性マイクロフォン,焦電性赤外線検出素子,サーミスター,光バルブ,光導波路などの用途がある.高温超伝導材料*(酸化物)は,これを3層積み重ね,酸素が一部抜けた構造である.

変形加工の原子機構(atomic mechanism of deformation)

金属の展伸性*の起源は金属結合*にあり,原子が規則的に並んでいる結晶*性もそこから生じる.結晶性からすべりによる変形が可能となるが,すべりは転位機構を原子的(ミクロ)機構としている.→転位,すべり,シュミット則,加工硬化,加工熱処理

変形機構図(deformation mechanism map, deformation mechanism diagram)

変形機構領域図ともいう.主としてクリープ*や超塑性*など定常変形について,横軸に融点で規格化した温度(T/T_m)や結晶粒径/バーガースベクトル*(d/b)をとり,縦軸に剛性率*で規格化した応力(τ/μ)やひずみ速度($\dot{\varepsilon}$)などをとる.三次元,切断図にすることもある.それぞれの値によって例えばクリープなら,低温/高温べき(累)乗クリープ*,拡散クリープ*,粒界拡散クリープ*などの領域に分割できる.条件($T, d, \tau, \dot{\varepsilon}$)を与え,定常変形機構を予測するのに用いられる.

変形集合組織(deformation texture)→加工集合組織

変形双晶(deformation twin)

双晶変形*によって生じた双晶*.すべり変形した部分はもとの結晶と同じ格子を持っているが,変形双晶はもとの結晶とは鏡面対称になる.

変形速度感度指数(strain-rate sensitivity exponent)=ひずみ速度感度指数

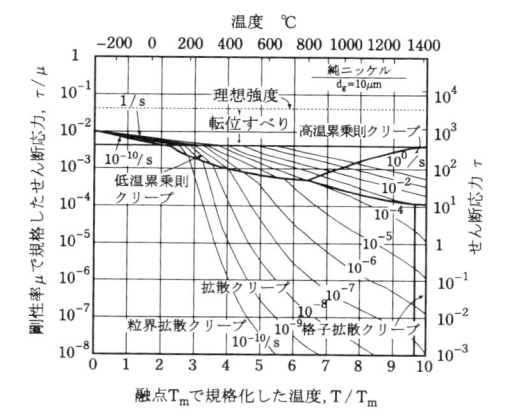

変形機構図（クリープの場合）

変形帯（deformation band）

金属の変形がすすむと，結晶粒内でさまざまな局所的組織が生じてくる．それらの複合として，光学顕微鏡的に見える複雑な筋状模様．電子顕微鏡的には次のように区別される組織．①キンク帯（kink band：同符号転位が集積した屈曲．一次すべり面に垂直）②せん断帯（shear band：圧延面と35°で板幅方向に現れ圧延がすすむと板厚に達する．すべりよりもせん断変形が先行した結果）③マトリックス帯（matrix band：1μm程度のセル組織の集合）④遷移帯（transition band：マトリックス帯の境界．境界の引き伸ばされたセル組織の列）⑤相境界帯（grain boundary band：結晶粒界，析出物境界など）⑥マイクロバンド＊

片状黒鉛鋳鉄（flaky graphite cast iron）

鋳鉄における黒鉛が球状でなく，細長い片状，曲がった線状であるもの．通常のねずみ鋳鉄＊の組織である．↔ 球状黒鉛鋳鉄

偏晶反応（monotectic reaction）

二成分系の三相平衡反応の一つ．高温で一相だった液相が冷却とともに二液相（L_1, L_2）に分離し，その一つ（L_1）がすでにある固相（α）とL_2に分かれる反応．図は「状態図」参照．二成分が互いに分離する傾向が著しい場合に生じやすい．例としてはCu–Pb, Pb–Zn系など．

偏析（segregation）

合金組成が，凝固時に不均一になること（→偏析係数）．熱流不均一，比重＊などの原因による（→重力偏析）．偏析反応＊とは別である．

偏析係数（segregation coefficient）

合金が凝固する時，液相と固相の成分濃度比．液相の溶質濃度をC_L，固相のそれをC_Sとすると偏析係数は，$1-(C_S/C_L)$で表される．$C_S/C_L=k$は平衡分配係数＊（equilibrium distribution coefficient）といわれる．また，凝固した合金の溶質濃度

の最大 (c_M)・最小 (c_m) 比：c_M / c_m を偏析比または偏析指数という．

偏析反応 (monotectoid)

偏晶反応*と同じ反応が固相同士で起こるもの．ある固溶体 α が α_1, α_2 に分離し，もう一つの異なる固溶体 β との間で $\alpha_2 \to \alpha_1 + \beta$ (冷却時) の反応が生じるもの．Al-Zn 系，Ta-Zr 系 (Ta, Zr に同素変態あり) などに見られる．segregation の偏析とまぎらわしいのでモノテクトイドということもある．

変態① (transformation, transition) ＝相転移

② (modification) 同素変態*における個々の物質をいい，多形*，同素体*ともいう．例：α 鉄・γ 鉄・ε 鉄，ダイヤモンド・グラファイトなど．

変態応力 (transformation stress)

結晶変態にともなって膨張または収縮が生ずる場合，材料内部に残る応力 (残留応力のこと)．これを変態応力という．炭素鋼のマルテンサイト変態の場合は，膨張を生じるので，表面付近に張力，中心付近に圧縮の変態応力が残り，割れの発生原因となる．材料内部で変態が不均一に進む場合にも発生する．

変態機構 (transformation mechanism)

相変態*の原子再配列の状況をいう．さらにその駆動力についての考察も含む．規則-不規則変態*では規則度*の温度変化，その長範囲・短範囲規則*なども考察する．→マルテンサイト変態，スピノーダル分解，恒温変態，アサーマル変態，同素変態，熱弾性変態．

変態擬弾性 (transformation induced pseudo-elasticity) ＝超弾性

変態曲線の鼻・膝 (nose or knee of T-T-T curve) → T-T-T 曲線

変態誘起塑性 (transformation induced plasticity)

M_s 点*以上でも応力を加えるとマルテンサイト変態が起こる (応力誘起変態*) が，その際比較的容易に大変形が可能で，それをいう．超塑性*ではない．→M_d 点，トリップ鋼

変態誘起超塑性 (transformation induced superplasticity) →超塑性

変調構造 (modulated structure)

スピノーダル分解で典型的に見られる波長 1μm 前後の規則的な濃度の変動．濃度の変動から体積，内部応力も変動し機械的性質にも特徴が出る．特定の結晶方向に沿って成長するので縞模様の組織になる．方向と波長が揃うのでそれを制御すると磁性などの特性を向上させることができる．→スピノーダル分解，スピノーダル磁石，アルニコ系磁石，キュニコ，キュニフェ

ベントナイト (bentonite)

火山灰の堆積層が風化して生じた粘度鉱物の一種．水にふれると強い膨張性 (自重の 5～15 倍に膨張) を示し，糊状となって強い粘着力を示すので鋳型 (砂型)，ペレットの造粒などの粘結剤や，ボーリング時の孔壁，固化剤に用いられる．主成分はモンモリロナイト ($Al_2O_3 \cdot 4SiO_2 \cdot H_2O$) とバイデライト ($Al_2O_3 \cdot 3SiO_2 \cdot xH_2O$) の微結晶で，ワイオミング州 (米) 地層 (Benton 系) 産のボルクレーベントナイトが最も良質で有名である．日本では福岡，群馬，新潟，山形，島根などに産地がある．→ペレット

ベンドメタル (bend metal)
　管材の曲げ加工に際して,座屈が起こらずなめらかに曲げられるように,管の中に流し込む低融点合金. →フィラーメタル

ヘンリーの法則 (Henry's law)
　希薄溶液をなす溶質成分が気相と平衡にあるとき,溶液中の溶質濃度は気相中の溶質の分圧に比例するという法則.希薄溶液では分圧は活量に比例するから溶質成分iの活量a_iが濃度c_iに比例するという表現,$a_i=kc_i$,もできる.十分に希薄な溶液を考えているので濃度cの単位として質量%,モル%など任意のものを選ぶことができる.溶鋼のような場合,実用的な論議には質量%が用いられ,無限希薄溶液の活量を基準(活量係数＝1)としたときの値をヘンリー基準の活量と呼ぶ.

遍歴電子模型 (itinerant electron model)
　巡回電子模型ともいう.遷移金属のd軌道の電子は金属の磁性に関与するが,このd電子＊もある原子から隣の原子のd軌道に次々と移動しながら交換相互作用＊し,それによって局部的に磁性の強弱を生じ,強磁性,反強磁性などの秩序磁性が生じる.バンド理論からの説明(→スレーター・ポーリング曲線)や,原子当りの磁気モーメントがボーア磁子＊の非整数倍の状態も考えている.→集団電子模型,↔ 局在電子模型

ペンローズタイリング (Penrose tiling)
　準結晶の構造モデルとなっている空間充填パターンの一つ.1974年にペンローズ(R.Penrose)が考えたもので,太い菱形(小さい方の項角72°)と細い菱形(同36°)で平面全体を埋めつくすことができ,しかも周期性がないパターン.準周期性があり,5回対称を満足する.三次元に拡張でき,2種の平行六面体で全空間がすき間なく埋めつくせる.→準結晶,準単位胞,ランダムタイリング

ほ

ボーア磁子 (Bohr magneton)
　ボーア・マグネトン.→磁子

ポアソン比 (Poisson's ratio)
　弾性係数の一つ.棒状試料に軸方向の引張り(または圧縮)応力を加えひずみεを生じた時,それと直角の太さ方向にもひずみε'(例えば直径変化$\delta d/d_0$)が生じる.比$\nu=\varepsilon'/\varepsilon$をポアソン比という.等方弾性体で比例限内なら物質定数である.通常正の値で表し,金属では〜0.3,ゴムでは0.46〜0.49.→弾性係数,弾性定数間の関係

ホイスカー (whisker) ＝ひげ結晶

ホイスラー合金 (Heusler alloy)
　1901年にホイスラー(F.Heusler)(独)が開発したCu-Al-Mn系強磁性合金.Fe,Ni,Co等の強磁性元素を含まないで,強磁性が現れる.Cu_2AlMnが最も磁性が強く,焼入れ-焼もどし処理により磁性が強化される.準安定規則格子相であるために実用化されていない.類似の合金にMnSb,MnAlなどがある.

ボイド(void)

空洞のこと．光学顕微鏡で見える以上の大きなものをいう．→ピンホール

方位量子数(azimuthal quantum number)

軌道量子数(orbital quantum number)ともいう．原子核のまわりにある電子の運動を古典的に考えた時，軌道運動の角運動量の大きさ，すなわち軌道の形を示す量子数*．lで表す．主量子数*をnとすると$l=0, 1, 2, \cdots, n-1$で，それぞれs, p, d, f, …と記号で表す．例えば鉄の3d電子と言えば$n=3, l=2$の状態の電子を示す．→電子殻，電子配置

防音防振合金→防振合金

硼化(ほうか)マグネシウム→二硼化マグネシウム

砲金(gun metal)

スズを9〜11％を含む青銅(Cu–Sn系合金)で，昔大砲の鋳造に使用されたのがこの名称の由来である．代表組成：86.5〜89.5Cu, 9.0〜11.0Sn, 1.0〜3.0Zn, 1.0>Pb, 1.0>不純物．耐圧性，耐摩耗性，耐食性に優れ，機械的強度も高いため軸受，スリーブ，ブッシュ，ポンプ胴体，羽根車，バルブ，歯車，船舶取付具，電動機器部品，その他一般機械部品などに用途がある．

方向性ケイ素鋼板(anisotropic silicon steel plate, grain oriented silicon steel)

一方向性ケイ素鋼板，異方性ケイ素鋼板ともいう．約3.5％のケイ素と少量のマンガン，硫黄を含むケイ素鋼を熱間圧延で3mm厚さ程度とした後，中間焼なましをはさんで50〜70％の強冷間圧延を2回行って最終厚さとし，水素中高温仕上げ焼なましを施して，多くの結晶粒の(110), <001>方位を圧延方向に配向させた鋼帯で，これらの方位の圧延方向からのずれ角度は平均7°以内である．無方向性ケイ素鋼板にくらべ鉄損が極めて少なく，電力用変圧器の鉄芯に用いられている．一般に無機質の絶縁皮膜を施す．→ケイ素鋼，二方向性ケイ素鋼板．無方向性ケイ素鋼板．ゴス組織，集合組織，鉄損

放射型電子イオン顕微鏡(emission type electron–ion microscope)

電界イオン顕微鏡*と電界放射顕微鏡*をミューラー型としてまとめた表現．

放射化分析(radioactive analysis)

未知物質を含む試料を高エネルギー核粒子で照射して，その安定核を放射性核種にし，それから放射される特有のエネルギーと半減期*から核種を決定する．また放射強度が目的核種の量に比例するから定量も可能となる．微量分析に応用される．

放射光(synchrotron radiation: SR)

シンクロトロン放射光．円周状の軌道に沿い，電子を電磁的に加速して光速近くまで加速する加速器を電子シンクロトロンという．電子シンクロトロンの電子軌道が曲がるところに強い電磁波ができる．これをシンクロトロン放射光，または単に放射光という．この電磁波には強力なX線や紫外線が含まれているので，これを用いて構造解析などに利用する．兵庫県の播磨科学公園都市に建設された放射光施設は1.4kmの埋設リング中で電子を加速する世界一の施設．→シンクロトロン

放射高温計 (radiation pyrometer, radiation thermometer)

輻射高温計ともいう.高温物体からの熱放射を何らかの方法で電流に変換して測温する装置.ただし,熱放射は物体の表面状況(放射率)で大きく変わるから,その補正をしたり,二つの異なる色の放射を比較したり(二色高温計)して精度をあげている.非接触で測温でき,移動している物体にも使える. →光高温計

放射性同位元素 (radioisotope)

ラジオアイソトープ,放射性同位体ともいう.原子核で陽子数が等しく中性子数が異なるもののうち,安定でなく放射線を出して壊変する同位元素をいう.ラジウム226,ウラニウムなどは天然のものであるが,他の多くは人工である.

放射線損傷 (radiation damage) =照射損傷

包晶反応 (peritectic reaction)

二元系合金の変態反応の一つ.冷却過程ですでに凝固している固相(α)と液相(L)によって,より液相組成に近い別の固相(β)が生成する反応.初晶αの周囲をβが包み込むような組織になるのでこの名前がつけられた.図は「状態図」参照.

防食亜鉛 (anode zinc)

陰極防食で,犠牲陽極として用いられる亜鉛のこと. →陰極防食

防食法 (corrosion protection)

金属の腐食*を防止する諸手段.金属・合金の種類,環境(自然,応力など),手間・コストなど多くの要因を総合的に考慮して決める.以下の方法が組み合わされることもある.①材料そのものの表面の改良:不動態*皮膜の形成.化学的処理(塗装,めっき*,陽極酸化*,化成処理*,ほうろうなど).物理的処理(皮膜蒸着,スパッタリング*,レーザー・電子線処理).溶射(メタリコン*など).ひずみ取り焼鈍*で内部応力の除去.②環境の改善:ボイラーなどで腐食抑制剤*(インヒビター)添加.水の脱酸素処理.③部材の形状改善:隙間,隅を丸くする.カソード面の面積を減らす.④電気的方法(陰極防食*):ガルバニック防食*法.外部電源法.⑤耐食性材料の活用:ステンレス*,銅*管,耐候性鋼*などの利用.

防振合金 (high damping alloy)

内部摩擦*が非常に大きく,振動エネルギーを熱エネルギーに変換する能力が大きいため,振動を速やかに吸収減衰させる機能を持つ合金で,機械や車両,構造体などの振動と騒音の防止に利用される.減衰機構から大別して,(1)複合型:片状黒鉛鋳鉄*,Zn-Al系,(2)強磁性型:高純度Fe, Ni, 12Cr鋼,サイレンタロイ,ジェンタロイ,ニブコ,(3)転位型:高純度Mg, Mg-MgNi系,(4)双晶型:ソノストン,Cu-Al-Ni系,(5)表面微細クラック型:Fe-Ni系などがある. →サイレンタロイ

包析反応 (peritectoid reaction)

二元系合金の変態の一種.包晶反応*が全部固相中で起こっている反応.

膨張係数 (expansion coefficient) →熱膨張率

放電加工 (electro-spark machining)

エネルギー密度の高い加工法の一つ.絶縁液中で被加工物と電極間に火花放電を生じさせ,金属等の導電性物質を加工・成形する方法.硬いものも加工可能だし,非接触なので脆い材料,細かな加工ができる.

飽和磁化(saturation magnetization)

物体に強い磁場*をかけ，現れた磁化*が飽和した最大の磁化．強磁性体やフェリ磁性体では自発磁化*の強さを表している．

飽和磁束密度(saturation flux density)

強力な磁場によって到達した最大の磁束密度*．飽和磁化(I_s)を磁束密度で表したもの．MKSA単位系(E-H系)で表せば，$B_s=I_s+\mu_0 H$(μ_0は真空の透磁率：$4\pi \times 10^{-7}$[H/m]，Hは磁場[A/m])．

ボーキサイト(bauxite)

主に酸化アルミニウム水和物とアルミニウムに富むラテライト*(紅土)からなる風化生成岩石．アルミニウムの原料として有名であり，中性耐火材料(高アルミナ耐火煉瓦)の原料にもなる．化学組成は$Al_2O_3 \cdot 2H_2O$に近いがFe_2O_3, SiO_2, CaO, MgOなどが含まれており，粒状，塊状，粘土状で産する．

母合金(mother alloy, master alloy)

中間合金ともいう．合金をつくる時に前もって作っておく高濃度の合金．つくる合金が低濃度の場合には計量に便利であるし，融点や比重の大きく異なる金属どうしの場合にも操作や温度管理も簡単になる．また害にならない不純物が入っていてもよく，鉄を含むクロム，モリブデン，バナジウムは簡単に作れるので，フェロクロム*，フェロモリブデン，フェロバナジウムという母合金として用いられる．→フェロアロイ

ポジスター(posister)

PTCサーミスターのこと．→サーミスター

捕集剤(collector)

浮遊選鉱法において鉱物粒子の表面に吸着されて疎水性とし気泡に付着させやすくする薬剤．ザンセート，エロフロートなどがよく用いられる．

保磁力(coercive force)

抗磁力ともいう．記号H_c．強磁性体をいったん飽和にまで磁化した後，反対方向の磁場をかけ磁束密度*または磁化*がゼロになるときの磁場の強さ．前者をH_cまたは$_BH_c$，後者を$_IH_c$と区別する．永久磁石*の強さの目安．高透磁率(軟質)磁性材料*では小さい方がよい．→磁化曲線，減磁特性，最大エネルギー積

ボース・アインシュタイン統計(Bose-Einstein statistics)

ボース統計ともいう．同一の状態に粒子が何個でも入り得るような粒子状態に対する統計．フェルミ・ディラック統計(パウリの排他律*が成立している統計)の対語．最初光子について考えられたが，低温における超伝導，超流動状態の電子等についても適用される．この状態をボース・アインシュタイン凝縮という．熱平衡状態にあり，この統計に従う粒子(ボース粒子*)の分布は，エネルギー準位εを占める確率(粒子数)として$f(\varepsilon)=1/[\{\exp(\varepsilon-\mu)/kT\}-1]$($\mu$は1粒子当りの化学ポテンシャル*)となる．↔フェルミ・ディラック統計

ボース粒子(Bose particle, boson)

ボソンともいう．ボース統計が適用できる状態の粒子のこと．質量数が偶数の原子核や光子，π中間子など．→ボース・アインシュタイン統計，↔フェルミ粒子

保存運動 (conservative motion)
　非らせん転位において割り込み原子面*が保存される転位運動のこと．すなわち，通常のすべり運動．非保存運動*（上昇運動*）の対語．

蛍石型構造 (fluorite structure)
　蛍石（CaF_2: fluorite）の構造でAX_2（A：陽性元素，X：陰性元素）化合物に見られる．Aがfcc構造をもち，その内部にすっぽり入る単純立方格子をXが占めている．SB記号*ではC1．CaF_2のほか，SrF_2, BaF_2, UO_2などがある．陽性・陰性元素が逆転したLi_2O, Cu_2Seなどは逆蛍石型構造という．

ボタン溶解法 (button melting)
　アーク溶解*の一種．チタンなどの高融点高活性金属合金の溶解法の一つ．アルゴンガス中で水冷銅鋳型に溶解するスポンジ状チタンをいれ，タングステン電極でアーク放電で溶解する．溶解過程でタングステン電極から融体中に不純物がとけ込みやすい欠点がある．

ボッシュガス (bosh gas)
　酸素と重油が反応して生成するガス．おおよそCO；33.5%, H_2：5.5%, N_2：61%の組成をもつ．高炉*朝顔部におけるガス．

ホットサイジング (hot sizing)
　チタン合金*の成形加工法の一つ．高温での延性の増大とクリープによる塑性流動を利用したもの．変形速度が小さいのが難点．

ホットストリップミル (hot strip mill)
　厚鋼板製造のための熱間圧延機．この後行程に薄鋼板製造用の冷間圧延機と連続熱処理装置が配置され，いずれもコンピュータ制御により，厚鋼板から薄板まで一貫作業で薄鋼板*ができる．

ホットプレス法 (hot pressing method)
　加熱圧縮で成形すること．粉末または圧粉体を加熱圧縮し，焼結・成形を同時に行う．真密度に近い緻密な焼結体が得られる．複合材料の製作や異種材料の接合にも利用される．

ホッピング伝導 (hopping conduction)
　高純度半導体，非晶質半導体，一部のイオン結晶などに見られる電子の局在位置から局在位置への跳躍（ホッピング）による電気伝導．伝導率は小さく，交流測定では非常に小さくなる（直流測定に比べて），ホール効果*がみられないなど特異である．伝導率σは温度と共に上昇$\sigma = c \exp(-\Delta \varepsilon / kT)$の形になる（c：定数，$\Delta \varepsilon$：活性化エネルギー）．

ポテンシャルエネルギー (potential energy)
　位置のエネルギーのこと．物体や原子・電子などのエネルギーのうち，存在する位置によって決まるエネルギー．逆にまわりの原子などによってつくられ，原子や電子に作用しているエネルギーをいうこともある．その勾配（$\partial E_p / \partial x$）がそれによる力に相当する（通常逆符号）．熱力学でいう内部エネルギーの一部分で相互作用エネルギー（interaction energy）といわれるものがそれであり，転位*の弾性論や溶質原子との相互作用などで重要である．

ポテンシャル図 (potential diagram)

平衡状態にある物質の相と熱力学的関数 (ポテンシャル) の関係を示した図を一般にポテンシャル図という．標準生成自由エネルギーと温度の関係 (エリンガム線図*)，気体の熱力学的ポテンシャル (分圧) と安定相の関係 (相反応平衡図*)，水溶液のpHと酸化・還元電位の関係 (プールベ線図*) など，直観的に相や化合物の安定領域がわかるような種々の図が考案されている．

ボトム アップ (ナノ技術の) (bottom up)

トップダウンの反対の方向．「下から積み上げていく」方向の技術傾向をいう．ナノテクノロジーにより原子を一つ一つ積み上げ複雑化していくシステム構成の技術傾向をいう．↔ トップダウン

ホーニング (honing)

砥石を回転，往復させて行う精密研磨仕上げ法．特に円筒内面 (エンジンシリンダーなど) の仕上げで行われる．

ボフマー フェライン法 (Bochmer Verein process)

Bochmer Verein社で開発された溶鋼の真空脱ガス法*．真空槽中に置いた鋳型または取鍋に溶鋼を注入して脱ガスする真空鋳造あるいは流滴脱ガス法．溶鋼流は真空槽中でガスを放出して小滴となって飛散し脱ガスする．

ポーラロン (polaron)

結晶格子の中で，伝導電子*がそのまわりの格子変形をまといつつ運動している状態のことをいう．イオン結晶などのように，格子振動と伝導電子が強く相互作用する物質中では，伝導電子は格子の局所的な変形を引き起こし，電子の運動はこの変形の着物を引きずるため，電子の有効質量は大きくなる．

ポリゴニゼーション (polygonization)

ポリゴン化ともいう．加工によって生じた多数の刃状転位*は焼鈍によってすべり面と垂直方向に一列に並びやすい．その結果，湾曲していたすべり面が多角形化 (ポリゴン化) してできた組織．刃状転位列は小傾角粒界となる．→ 小傾角粒界

ポーリング (poling of copper)

銅精錬の過程で，電気銅を溶解し，不純物を酸化除去するが，その余剰酸素を還元するため，鋳造直前に生の松丸太を挿入して撹拌すること．これでタフピッチ銅*となる．現在は天然ガスを注入している．→ 銅

ホール・エルー法 (Hall-Héroult process)

ボーキサイト*から作ったアルミナ*を氷晶石*中で溶融塩電解し，アルミニウムを製作する精錬法．ホール (C.M.Hall) とエルー (P.L.T.Héroult) による発明 (1886年) で，現在アルミニウム精錬の中心的方法であるが大電力を要する．

ホール効果 (Hall effect)

半導体や金属の細長い板状試料の長さ方向に電流iを流し，板厚方向に磁場Hをかけると板の幅方向に起電力E_Hが生じる現象．$E_H=RiH$で比例定数Rをホール係数 (Hall coefficient) という．電流の担体*が電子であるときは負，ホール (正孔) であるときは正となる．ローレンツ力*が起源．磁場の測定にも利用される (ホール素子)．

ボルツマン定数（Boltzmann constant）

気体のマクスウェル・ボルツマン分布*に現れるボルツマン因子$\exp(-e/kT)$で導入された普遍定数で，記号kまたはk_B．分子1個あたりの気体定数*（R/N_A）にあたる．値は1.380×10^{-23} J/K．温度とエネルギーの換算係数とも，また系の状態密度*とエントロピー*を結びつける係数ともいえる（ボルツマンの原理*）．

ボルツマンの原理（Boltzmann's principle）

孤立系のエントロピーSは，与えられた条件下で系がとり得る微視的な「場合の数」Wと$S=k\log_e W$の関係にある（kはボルツマン定数．Wはまた熱力学的重率ともいわれ，状態密度を示す）．これをボルツマンの原理という（1887年）．またボルツマンの公式，ボルツマンの関係式ともいわれ，さらにこの形式に書いたのがプランク（M.Planck）であったところからボルツマン・プランクの式ともいわれる．

ボルツマン・俣野の方法（Boltzmann–Matano's method）

相互拡散，すなわち拡散定数*が濃度に依存する場合に，フィックの第2法則*で立てられる拡散方程式を解く一方法（図式解法）．$\eta=x/\sqrt{t}$という変数変換でフィックの第2法則の式（非同次式）を同次式に変換する（ボルツマン）．2元素が等量通過したと考えられる仮想的な界面（俣野界面*）を考え，そこを$x=0$として逆にcを独立変数とすると$\int_0^1 xdc$．ある位置でのdx/dc（濃度勾配の逆数）と$\int_c xdc$を測定結果の図から求めると拡散定数$D=(1/2t)\cdot(dx/dc)$と求まる．これを相互拡散定数といい$\widetilde{D}$で表す（各位置での濃度の関数）．→拡散方程式，相互拡散

ボルドニー ピーク（Bordoni peak）→内部摩擦

ポルトバン・ルシャトリエ効果（Portevin–Le Chatelier effect）

P-L効果ともいう．固溶原子を含んだ合金の引張試験において，特定な温度範囲で応力－ひずみ曲線に鋸歯状部分が現れる現象．炭素鋼で200℃付近，Al-Mg希薄合金で$-50\sim0$℃あたりで現れる．転位が固溶原子の雰囲気を引きずって運動する状態と，それにかまわず運動する状態が交互に現れるためと考えられている．セレーション*の一つ．

ホール・ペッチの式（Hall–Petch equation）

結晶粒の粒径と降伏応力についての次の関係式．$\sigma_y=\sigma_0+k_y d^{-1/2}$．ここで$\sigma_y$は下降伏点，$\sigma_0$, k_yは定数，dは結晶粒径．ホール・ペッチの式は変形応力，破断応力についても成立する．変形応力の時，σ_0は転位の摩擦抵抗になり，σ_0もk_yもひずみに依存した係数になる．最近のスーパースチール*，スーパーメタル*プロジェクトはこれを応用して微細結晶粒化し，強度・靱性を向上しようとするもの．

ボレリウス理論（Borelius theory of nucleation）

析出の核形成時にのり超えなくてはならない自由エネルギーの山は，溶質原子の濃度が析出物の濃度にまで高まることであるとする説．濃度軸上にある山に注目しているといえる．これに対するベッカー理論は析出物濃度をもった芽がある大きさになること，大きさ軸上の山に注目している．濃度－大きさ両方を考えるホブシュテッター理論もある．→ベッカー理論

ポロシティー＝気孔率

ボロン化 (boronizing)

軟鋼の表面にボロンを拡散浸透させることにより,表面硬化,耐食性,耐摩耗性が与えられる表面硬化法の一つ.その浸透厚さは0.5mm以下である.

ボロン繊維 (boron fiber)

タングステン線またはカーボン繊維を芯線として,その上に化学気相析出法*(CVD)でボロンを被覆させた繊維.直径は100〜400μmで繊維強化複合材料として用いられるが,600℃以上の高温では母材のAl, Ti, Fe, Niなどの金属と反応するため,表面を窒化処理したり,B_4Cの組成にすることもある.

ボロン鋼 (boron steel)

焼入れ性の向上,あるいはこの効果にともない省合金元素化(Cr, Moなど)を目的としてボロン(B)を微量添加した鋼のことで,炭素量が0.10〜0.55%の炭素鋼および合金鋼に適用される.最適添加量は5〜30ppmで,焼入れ性寄与にはフリーボロンであることが必要である.このため精錬時のN, Al量の正確な制御が重要となる.焼入れ性は鋼中の炭素量に依存し,炭素量が増加すると焼入れ性は低下し,炭素量が0.7%になるとその効果は消滅する.0.20C, 0.25Si, 0.80Mnの組成をもつ低炭素鋼の理想臨界直径*(ideal crittical diameter: D_I)はオーステナイト結晶粒度*No.8とした場合16.86mmであるが,この組成にボロンを添加するとD_Iは26.47mmとなる.このボロン効果は焼入れ性強化添加元素であるMoに換算すると,その量は0.19%に相当する.またCrでは0.265%に,Niにおいては1.54%となる.ボロン鋼はまだJIS化されていないが,自動車業界では広く使われている.

ホワイトゴールド (white gold)

Au基のPt代用合金でAu–Pd系,Au–Ni系,Au–Ag系がある.耐食性に優れ,装飾品,化学実験器具,ろう付合金として使用される.Au–Pd系は加工性が良く,パロー*,ロタニウム*の商品名がある.Au–Ni系は徐冷すると脆くなる.装飾用にはwhite gold 1, 2, 10K, 14KA, 14KB, 18Kなどがあり,ろう付用には,white gold solder 10K, 14K, 18KA, 18KB, 18KCなどがある.

ホワイトメタル (white metal) →バビットメタル,軸受合金

ホンダジュラルミン (Honda Duralumin)

HD合金ともいう.銅の少ないAl–Zn–Mg–Cu合金系の超々ジュラルミンの一種.1940年代の第二次大戦中,日本では銅を節約して押し出し性の向上を目指して開発された.開発にあたった委員会の長の本多光太郎の名にちなんでHonda Duraluminと名付けられた.組成は,0.8>Cu, 1.5〜2.5Mg, 5.0〜5.8Zn, 0.3〜0.8Mn, 0.1〜0.4Cr, 0.6>Fe, 0.5>Si.熱処理は400〜440℃の溶体化処理,110〜130℃の時効,強度は50 kgf/mm^{2}以上.→ND合金

ボンデライジング (bonderizing)

防食法の一つで,鉄鋼に対する防錆用リン酸塩皮膜の生成(パーカライジング*)を加速させる方法.リン酸銅($Cu_3P_2O_8$)を添加し,浸漬時間を1/10にできる.

ま

マイクロクラスター (microcluster)
　クラスター*①のこと.

マイクロバンド (microband)
　変形帯の一つ.通常のセル構造*(セル構造(3)のこと)の中に見られるさらに細かなセル組織で幅のある線状組織である.加工がすすみ転位密度の非常に高い部分がすべり面にほぼ平行で$0.1 \sim 1\mu m$の幅,1mm近い長さ,$2 \sim 5\mu m$の間隔で並んだもの.別の転位(すべり)で切られ領域となったものもある. →変形帯

マイスナー効果 (Meissner effect)
　超伝導*状態の物体では外部からかけた磁場が内部に入らず,磁束の排除が起こっている現象.電気抵抗=0とともに超伝導状態の基本的特徴である.磁束密度$B=0$と表すことができる.故に磁化$I=-\mu_0 H$.超伝導体表面に電流が生じ(これをマイスナー電流という),それによって$B=0$の状態になっていると考えられている.超伝導の起源をさぐる研究の過程で1933年マイスナー(W.Meissner)とオクセンフェルト(R.Ochsenfeld)が発見した.これを完全反磁性体(磁場の中においても磁気誘導を起こさないことで,"完全な反磁性体"という意味ではない)ともいう.第一種超伝導体*では外部磁場がある値を越えると直ちにこの状態がなくなる.

マウラーの組織図 (Maurer's diagram)
　実用的な鋳鉄の基本系であるFe-C-Si三元系について,マウラーが提案した組織図.縦軸:C wt%,横軸:Si wt%の平面図で,Mn:$0.8 \sim 1.1$%を含む各組成の鋳鉄を75mmφの砂型に鋳込んだ場合の組織(白鋳鉄*〜まだら鋳鉄*〜ねずみ鋳鉄*…)を示したもの. →鋳鉄,銑鉄

巻き取り温度 (winding temperature)
　長尺の熱間圧延材は冷却しつつ巻き取るが,巻き取り時の温度はその後の機械的性質など材質に影響する.実際には仕上げ圧延温度,冷却速度,巻き取り温度などを総合的に制御する.

マクスウェルの応力 (Maxwell stress)
　電磁場の応力 (stress of electromagnetic field) ともいう.電場($\mathbf{E}$),磁場($\mathbf{B}$)中の電荷(ρ),電流($\mathbf{i}$),電束密度($\mathbf{D}$)に作用する力は$\mathbf{f_i} = \rho \mathbf{E_i} + (\mathbf{i} \times \mathbf{B})_i + \partial(\mathbf{D} \times \mathbf{B})_i / \partial t$であるが,これを面積・体積についての微分形式で,応力(テンソル)形式で表したもの.すなわち,$\mathbf{T}_{ij} = \varepsilon (\mathbf{E}_i \mathbf{E}_j - (1/2) \delta_{ij} \mathbf{E}^2) + (1/\mu)(\mathbf{B}_i \mathbf{B}_j - (1/2) \delta_{ij} \mathbf{B}^2)$(但し,$\varepsilon$は誘電率,$\mu$は透磁率,$\delta_{ij}$はクロネッカーのデルタ)をマクスウェルの応力という.電場・磁場の方向に張力,垂直方向に圧力が掛かることを示している.

マクスウェル・ボルツマン分布 (Maxwell-Boltzmann distribution)
　理想気体の平衡状態における分子運動の速度やエネルギーの確率分布.1859年マクスウェル(J.C.Maxwell)が提案し,1868年ボルツマン(L.Boltzmann)が拡張・基礎づけた.分子1個がεというエネルギーをもつ確率が$\exp(-\varepsilon/kT)$(k:ボルツマン定数*,T:絶対温度)で,これをボルツマン因子(Boltzmann factor)という.

マグナフラックス法（magnaflux process）

鋼材の表面探傷法*の一つである磁気探傷法（磁粉検査*）の総称．材料を磁化する方法（通電磁化，残留磁化…），表面に散布する磁粉の種類・方法（湿式，乾式…）（色，蛍光…）など多種にわたっている．→探傷法

マグナリウム（Magnalium）

1898年にMach（英）が開発したAl–Mg合金で，5～30Mgがオリジナルである．耐食性に優れ，軽量でかつ強度も高いが，もろいのが欠点．耐食性軽合金鋳物として装飾品，船舶用部品，航空機用部品，事務機器などに用途がある．Magnalium：0～2.5Cu, 1.0～5.5Mg, 0～1.2Ni, 0～3Sn, 0.2～0.6Si, 0～0.9Fe, 0～0.3Mn，残Al：装飾用，非常にもろい．Magnalium alloy No.1：1.75Mg, 1.75Cu, 1.0Ni, 残Al.

マグナロ法（magnalo process）

マグナグロ（magnaglo）法ともいう．蛍光を出す磁性粉（これをマグナグロともいう）を用いる．マグナフラックス法*の一つ．マグナグロ粉を分散した軽油を塗布，紫外線で蛍光を観察する方法．→磁粉検査，探傷法．

マグネサイト（magnesite）

日本名は菱苦土鉱．理想化学組成は$MgCO_3$で三方晶系．マグネシウムに富む火成岩や変成岩の変質鉱物として産出する．白色，帯黄，帯灰，褐色などの色を呈しており，紫外線により蛍光を発する．モース硬度3.5～4.5，密度が2.95～3.20g/cm^3．マグネシウムの原料鉱石であるほか，人造石床張り，紙，パルプの充填剤，セメント，耐火物などに用途．

マグネサーム法（magnetherm process）

ドロマイトを加熱分解して得た$MgO \cdot CaO$にボーキサイトを添加して融点の低いスラグを作り，このスラグに電流を流して加熱溶融し，減圧下で$MgO \cdot CaO$を還元する．発生するマグネシウム蒸気はコンデンサーにおいて捕集，液体マグネシウムを得る方法．

マグネシア（magnesia）

酸化マグネシウム（MgO）の一般名称．軽焼（活性）マグネシア，死焼マグネシア，電融マグネシアに大別される．結晶格子はNaCl型構造．融点は2830℃，密度が3.65g/cm^3．粘土などを加えて耐火煉瓦，るつぼを作るほか，触媒，吸着剤，マグネシアセメント，医薬品などの用途もある．

マグネシウム（magnesium）

元素記号Mg，原子番号12，原子量24.31．最密六方晶の銀白色の金属．融点649℃，沸点1090℃，密度1.738g/cm^3（20℃）．非常に活性．耐食性の低いのが最大の欠点で，とくに海水に侵されやすい．製錬にはマグネサイト*（$MgCO_3$，菱苦土鉱），ドロマイト*（$CaMg(CO_3)_2$，苦灰石），海水中の苦汁（$MgCl_2 \cdot KCl \cdot 6H_2O$），カーナリット*（$MgCl_2 \cdot KCl \cdot 6H_2O$）などを高温で焼成してマグネシア*（MgO）とし，これを塩化物（$MgCl_2$）にして溶融塩電解*しマグネシウムを得る電解法，マグネシアを高温で主にケイ素で還元してマグネシウムを得る熱還元法などがあり，前者は99.8％以上，後者では99.95％以上の純度が得られる．金属材料としてはMg基合金として自動車や航空機の部材に，またAl基合金の添加元素に用いられる．→アルキャン法，ダウ法

マグネシウム合金 (magnesium alloy)

　実用金属材料中最も軽量（密度がアルミニウム合金の約2/3）で，切削性にも富み，強度／密度比の高いこと，振動吸収性があることが特徴である．最初に利用を始めたのは独でChemischen Fabric Griesheim Elektron社の社名に由来してヨーロッパではエレクトロンメタル*（Electron Metal），米ではマグネシウム製錬で主導的立場をとったDow Chemical社の名をとってダウメタル*（Dow metal）と呼んでいる．最初に開発された合金はMg-Mn, Mg-Al, Mg-Zn, Mg-Al-Zn系が主要な合金系であったが，結晶粒の微細化などによる機械的性質の改良を目的としてMg-Zr, Mg-RE（希土類元素），Mg-Li系合金が実用化されている．航空機，自動車などの部材から，最近はノートパソコン，携帯電話のケースに用いられている．JISに規格化されているものを挙げると鋳物用としてはMg-Al-Zn-Mn系, Mg-Al-Mn系, Mg-Zn-Zr系, Mg-Zn-RE-Zr系などがある．またダイカスト用としては，Mg-Zn-Al系，展伸材としては，Mg-Al-Zn-Mn系, Mg-Zn-Zr系．

マグネタイト (magnetite)

　本来は磁鉄鉱*のことであるが，材料部門でマグネタイトというときは，Fe_3O_4の化学組成の磁性粉や非金属介在物または酸化皮膜をいうことが多い．Fe_3O_4の主な性質は，逆スピネル型構造*の立方晶で密度：$5.175g/cm^3$，融点：$1330 \sim 1380$℃，モース硬さ：$5.5 \sim 6.5$の黒色結晶．顕微鏡では不透明な灰色（非金属介在物）に見え，圧延で粘性変形しない．キュリー温度585℃のフェリ磁性体で，磁気テープに粉末が用いられるほか，Mn, Mg, Ni, Znなどで2価のFeを一部置換したフェライト磁性材料，センサー材料，電波吸収体などの用途もある．→フェライト②

マグネトプランバイト (magnetoplumbite)

　磁鉛鉱ともいわれる六方晶$PbO \cdot 6(Fe_2O_3)$のフェリ磁性体．構造は複雑で，① O^{2-}がfcc的に（111）面で積層し，その中にFe^{3+}やMn, Co, Ni, Cu, …でFeを置換した金属を含んだ層と② O^{2-}とPb^{2+}及びPbを置換したSr, Ba, のhcp層が交互に積み重なっている．通常のバリウムフェライト*をはじめ，フェロックスプレーナ*などがこの構造をとっている．

マグネトン (magneton) ＝磁子

マグノックス (Magnox)

　Calder Hall型CO_2ガス冷却発電用原子炉（英）の燃料被覆材として開発されたMg-Al系合金で，Mgが400℃付近で発火燃焼する危険があるため，高温酸化防止用に微量Beを添加したMagnesium no oxidationの略称である．しかし，現在は，Mg-ZrやMg-Mn合金もマグノックスといわれている．Magnox Al 80が代表的であるが，Magnox C, Magnox ZR55, Magnox MN70などもある．

　Magnox Al 80：0.80Al, 0.005Be, 残Mg. Magnox C：1.0Al, 0.04Be, 残Mg. Magnox ZR55：0.55Zr, 残Mg. Magnox MN70：0.70Mn, 残Mg.

マグ溶接 (metal active gas welding: MAG)

　シールドガスに炭酸ガスあるいは炭酸ガス－アルゴンガスの混合ガスなど非酸化性のガスを用い，溶接ワイヤーと母材間にアークをとばして行う溶接．混合ガスの方が安定で美しい溶接ができる．

マクロエッチング (macro etching)
マクロ組織*を観察するために試薬で金属材料を腐食すること.

マクロ組織 (macrostructure)
マクロ的(通常肉眼,あるいはルーペ程度で見る大きさのこと)な金属組織.金属顕微鏡を用いるミクロ組織に対していう.例えば鋳物状態の組織やサルファプリント*など. →金属組織学

曲げ加工 (bending)
板材,棒材,管材などを曲げて所定の形状・寸法に仕上げる加工.それぞれ,折曲げ機,ポンチとダイス,3本ロール,型ロールなどによって行われる.

曲げ試験 (bend test)
曲げ荷重に対する機械的性質の試験で,①弾性係数*,弾性限*,降伏点*を求める抗折試験と,②板状試料を一定の半径で,一定の角度で曲げ,き裂などの有無を確かめる曲げ性試験がある.

摩擦撹拌溶接 (friction stir welding: FSW)
摩擦溶接法の一種.英国の接合・溶接研究所(TWI)が1991年に発表した新しい工法で,TWIが国際特許をもち,ライセンスにより使用することができる.部材を溶融せず摩擦熱で軟化させる固相接合法で,アルミニウムおよびその合金の溶接が容易,長尺,直線の突き合わせ,重ね合わせ接合を得意とする.特長は①熟練度に左右されにくい,②前処理,後処理が簡単,③接合部強度が従来の溶融工法に比し高い,④異種材料の接合の自由度が高い,⑤ワイヤー,シールドガラス,フラックスなどが不要,⑥ヒュームの発生がない,⑦投入エネルギーが少なく,環境負荷が小さい.

摩擦係数 (friction coefficient)
接触している2面を相対的に動かそうとした時の抵抗力が摩擦である.この力の最大値(F_{max})は2面の垂直荷重(σ)に比例し,接触面積には関係しない.この比例定数($\mu=F_{max}/\sigma$)を摩擦係数という.

摩擦材料 (high friction material)
ブレーキライニングなど大きな摩擦係数*,磨耗*に耐え,耐熱性が求められる材料.大型で強度を必要とするものにはFe-Moに,Al_2O_3-SiO_2などを混合したサーメット*系の材料が用いられている.

摩擦溶接法 (friction welding)
摩擦圧接法ともいう.丸棒材を突き合わせて逆方向に回転するなどの方法で発生させた摩擦熱で溶融し,圧力を加え結合する溶接法.

俣野界面 (Matano plane)
2元素間の拡散定数を求める方法(ボルツマン・俣野の方法)で考えられる仮想的な界面で,2金属を接触させ一定時間相互拡散させた後,両金属が等量通過した界面のこと.その界面では拡散速度や濃度勾配が等しいと考え得る.この仮定と実験結果から,化学拡散定数が求まる. →カーケンドール効果(図を含む),ボルツマン・俣野の方法,相互拡散

まだら組織(マルテンサイト変態の)(mottled structure)

Au系, Cu系などのβ相 (bcc) マルテンサイト (熱弾性型マルテンサイト*) において, マルテンサイト変態がはじまるM_s温度より100℃も高温ですでに見られる不規則な斑紋状のコントラスト (電子顕微鏡で) をいう. M_s点に近付くとツィード (tweed:綾織り) コントラストになる. いずれもマルテンサイト変態の前駆現象 (precursor phenomenon).

まだら (斑) 鋳鉄 (mottled (cast) iron)
　白鋳鉄*とねずみ鋳鉄*の中間の組織の鋳鉄. すなわち, セメンタイト (Fe_3C) と黒鉛が共存している鋳鉄. →鋳鉄, マウラーの組織図

マッシブ変態 (massive transformation)
　無拡散・個別変態を意味する. 組成の変化がなく, 核形成－成長型で結晶構造が変化する. 両相の方位関係はなく変態相は塊状の不規則な形なのでマッシブ (塊状) の名がある. Cu–19Alなど多くの合金相で見られる.

マッシブ・マルテンサイト (massive martensite)
　塊状マルテンサイト, ラス・マルテンサイトともいう. マッシブ変態*とは無関係. →ラス・マルテンサイト

マット (matte) ＝かわ

マット製錬 (matte smelting)
　銅*製錬のようにマット (かわ*) を作る中間工程のこと. 有用金属を濃縮したり, スラグをへらし, 硫化物の反応熱を利用できるなどの利点がある.

マット電解法 (Hybinette process) ＝ハイビネット法

マッフル炉 (muffle furnace)
　横向きトンネル型の炉で加熱室の内壁にニクロム線や炭化ケイ素の加熱体を取りつけたもの.

マティーセンの法則 (Matthiessen's rule)
　電気抵抗は, その原因となるいくつかの散乱機構によるものの和であるとする経験則. それらの相互作用までは考えていない近似的なもの. この応用として残留抵抗* (高温では格子抵抗と不純物抵抗の和, 低温では不純物抵抗のみ) による不純物濃度の推定ができる. →残留抵抗値

マトリックス (matrix)
　母相, 地の相などともいう. 金属組織において, 析出相や第二相のまわりの主要部分をなす相.

摩耗 (wear)
　金属など固体の表面が, 他の物体と接触しつつ相対的に運動することによって, すり減っていくこと. 相手材料との組み合わせ, 荷重条件, 温度, 雰囲気などの下で検討されるべきものである. 四つの形態に分類される. ①アブレッシブ摩耗*②凝着摩耗*③疲労摩耗*④腐食摩耗*である. ただし, 複数の機構が複合して生じることもある. →耐摩耗合金, 耐摩耗性特殊鋼, 耐摩耗鋳鉄

摩耗試験 (wear test)
　各種材料の摩耗*の程度を知る試験. (1) 二円筒回転法；同一軸で上下に並べ上の円筒を回転する. (2) ピン円盤法；回転する円盤上に当てたピンを試料とする.

(3)ピン円筒法；回転している円筒上に試料ピンを押しつける．(4)四球法；小さなすき間をあけた三球の上に試料球を押しつけて回転する．(5)二円板回転式；円板試料2枚を回転数を違えてこすり合わせる．方法によりメカニズムが異なり，目的に合った方法を選ぶ．

マランゴニ対流 (Marangoni's convection)

気・液界面において温度勾配や濃度勾配によって誘起される表面張力の不均一分布により表面近くに生じる対流．宇宙実験室などの微少重力下では通常の重力下での対流が発生せず，かわってマランゴニ対流が支配的になる．

マルエージング (maraging)

マルテンサイトをエージング（時効）させる処理のこと．→マルエージング鋼

マルエージング鋼 (maraging steel)

1960年にInternational Nickel Co.(カナダ)が開発した極低炭素 ($\leq 0.03\%$) 高ニッケル ($12 \sim 26\%$) 系超強力鋼 (1964年日本特許出願公告)．マルテンサイト組織にした後，時効処理をほどこして高強度を得る鋼であるからmartensiteとagingを合成しmaraging steelと名付けられた．Fe-Ni系マルテンサイトはFe-C系と違い軟らかく容易に機械加工，冷間加工ができ，溶接も可能である．例えば18Ni系マルテンサイトが得られ，これを$450 \sim 510℃ \times 3hr$の時効処理をほどこすとNi化合物の析出により，ロックウェル硬さ (H_{RC}) が$48 \sim 52$，引張強さが$1710 \sim 1960MPa$，0.2%耐力が$1615 \sim 1815MPa$，絞りが$40 \sim 60\%$という，従来の強靭鋼では得られない高強度が得られる．12Ni系，18Ni系，20Ni系，25Ni系などの品種があり，宇宙ロケットやミサイルのモーターケース，航空機の着陸用ギア，超強力ばね，シャフト，ボルト，超高圧シリンダー，切欠き靭性を必要とする金型（プラスチック射出成形用，アルミ合金ダイカスト型用中子ピン，押出しピン）などの用途がある．

マルエージングステンレス鋼 (maraging stainless steel)

Cr-Ni系析出硬化型ステンレスを時効したステンレス．強靭で航空機，ロケット部品，化学プラントなどに用いられる．→ステンレス鋼

マールM (MAR-M)

Martrin Metals社（米）のNi基およびCo基超耐熱鋳造用合金（品種によっては一部鍛造用がある）．航空機用タービンのブレード，ベーン，ホイール，ノズル，ローター，ディスク用として開発されたもので，MAR-M×××（×は数字）と表示され多品種がある．

マルクエンチ (marquench, marquenching) ＝マルテンパー

マルテンサイト (martensite)

炭素鋼*をオーステナイト*領域から急冷すると(→焼入れ，T-T-T曲線*)非常に硬いが脆い鉄になる．その時の金属組織は細かな針状組織(→ラス-*/マッシブ・マルテンサイト*)や少し幅があり中心線のある組織（レンズ状-/笹の葉状-マルテンサイト）の密集したもので，これを発見者マルテンス(R.Martens)にちなんでマルテンサイト（相）といった．結晶構造は体心正方晶(bct)に近く，オーステナイト相と一定の方位関係を持つ(→クルジュモフ・ザックスの関係)．またレンズ状マルテンサイトは特定の晶癖面*（オーステナイト相の面指数で表

現)を持つ.急冷によるこの変態をマルテンサイト変態(martensitic transformation)という.この変態は,急速な無拡散変態*で,格子変形*と補足的に生じるすべり*または双晶変形*の二重の変形で生じている(すべり変形の場合がラス・マルテンサイトで,双晶変形で生じるのがレンズ状マルテンサイト).鉄鋼材料の強度を出す上で基本となる重要な変態である.マルテンサイト変態の開始温度をM_s点*,全体がマルテンサイト化する温度をM_f点*という.鋼以外でいわれる広義のマルテンサイトについては熱弾性型マルテンサイト変態*を参照.→逆変態,ジョミニー試験,臨界冷却速度,サブゼロ処理,マルテンパー,マルエージング

その後,さまざまな合金系で同様な無拡散変態が発見され,その中にはNi-Ti系の形状記憶合金*などがあり,一層研究が進んだ.現在では「原子の協力運動による無拡散のせん断変形で生じる構造相転移」をマルテンサイト変態と総称している.→アサーマル変態,熱弾性型マルテンサイト変態,応力誘起マルテンサイト変態,M_d点,超弾性,非化学エネルギー

マルテンサイト系ステンレス鋼(martensitic stainless steel)

ステンレス鋼を分類するとNiCr系とCr系に分けられる.このうちCr系ステンレス鋼は13％Cr型と16％以上を含むタイプに分かれる.そして含有する炭素量が多いために熱処理(焼入れ)によってマルテンサイト組織となるものがマルテンサイト系ステンレス鋼である.マルテンサイト系ステンレス鋼の代表鋼種とその標準組成を以下に示す.

SUS410: 0.12C–0.8Si–0.8Mn–12.5Cr
SUS416: 0.35C–0.8Si–1Mn–0.25S–13Cr
SUS420J2: 0.35C–0.85Si–0.8Mn–13Cr
SUS440C: 1.1C–0.8Si–0.8Mn–17Cr

SUS410は耐食機械部品,低級刃物,一般用途に,SUS416はSUS410の被削性を良好にした快削ステンレス鋼で,機械部品用材として大量に使用される.SUS420J2は13Cr系では最も汎用性の高い鋼種で,高強度機械部品類(小型モーター・シャフト他),刃物,工具,測定器(ノギスなど)に使用されるが,刃物用としてはさらに高い炭素量の13Crステンレス鋼が各メーカーで開発されているので近年では刃物としての用途が少なくなった.SUS440Cは高級刃物,工具などにも多く使用されるが,精密ミニチュア・ベアリングとしての用途に特徴がある.この鋼種は炭素量が高いので,耐食性を考慮して特にMoの添加を0.75％まで認めている.→ステンレス鋼,クロム系ステンレス鋼,シェフラーの組織図

マルテンサイトの晶癖面(habit plane of martensite)

マルテンサイトがオーステナイトの特定の結晶面と関係しながら,生成して示す特定の結晶面のこと.特にマルテンサイトの外形が見せる特定方位の結晶面のこと.→晶癖面

マルテンサイト変態(martensitic transformation)→マルテンサイト

マルテンサイト変態の前駆現象(precurser phenomenon of martensitic transformation)
→熱弾性型マルテンサイト,まだら組織

マルテンパー（martemper, martempering）

マルクエンチともいう。マルテンサイト変態開始温度（M_s点*）付近に保持した温浴中に焼入れして各部分が一様な温度になった後，徐冷する。組織はマルテンサイト。焼入れひずみ，焼割れを防ぐためで「マルテンサイトの焼戻し」ではない．1969年JISで「マルテンパー」と決まったが，M_s点よりずっと低い150℃前後へのクエンチも多くなり，マルクエンチの語も多用されている。肉厚のもの，あるいは肉厚変化の大きい形態のもので合金鋼材に適用される。またいずれも徐冷後，焼戻す必要がある．

マロット合金（Malotte alloy）

Bi 基低融点合金*．34.2Sn, 19.7Pb, 46.1Bi．融解区域：95 ～ 133℃．

マンガニン（manganin）

Cu-Ni-Mn系電気抵抗用合金．固有抵抗が高く，抵抗温度係数が小さいので標準抵抗器用，各種電気計測器用，一般電気抵抗用，熱電対などに用いられる．JISには電気抵抗用銅マンガン線，棒および板（CMW AA, A, B, C, CMB, CMP）が規格化されている．W：線，B：棒，P：板，A, B, C：等級．

マンガン（manganese）

元素記号 Mn，原子番号25，原子量54.94．立方晶系（室温：α*型→727℃→β型→1095℃→γ型→1134℃→δ型）で灰白色の金属．融点：1244℃，密度：7.44/cm³（α），7.29g/cm³（β），主要鉱物は軟マンガン鉱（β-MnO_2），ハウスマン鉱（Mn_3O_4），菱マンガン鉱（$MnCO_3$），ばら輝石（$CaMn_4Si_5O_{15}$）などで，鉱石を還元焙焼しマンガンを酸可溶性に変えて硫酸で浸出する．溶液中の不純物を除き，電解によりマンガンを得る．製鋼用脱酸剤や脱硫剤，鋼，銅，アルミニウムなどの合金元素，マンガン系磁石，マンガン電池などに使われる．なおマンガン資源として深海底に玉石状に堆積するマンガン団塊*が注目されている．マンガンの電子構造はアルゴンのそれを（Ar）と表すと(Ar)$3d^54s^2$．この3d電子の5個が4s電子の2個ととも化学結合に関わるので，マンガンの化合物の酸化数は +2, +3, +4, +6, +7 となる．

マンガン黄銅（manganese brass）→マンガン青銅

マンガン青銅（manganese bronze）

本来は Cu-Mn 合金および Cu-Sn-Mn 合金をいうが，六四黄銅*に Mn, Fe, Al などを添加したいわゆる高力黄銅鋳物（例えば JIS CAC 303, 304：2.5 ～ 5.0Mn, 2.0 ～ 4.0Fe, 3.0 ～ 7.5Al）を俗にマンガン青銅と総称している．Cu に Mn を添加すると耐食性，高温強度が向上するためバルブ，ボルト，ポンプボディ，海洋関係部品などと電気抵抗用材料として用いられるが，Cu-Mn 系の実用材料は数少ない．

マンガン団塊（ノジュール）（manganese nodules）

Mn と Fe を主成分として深海底に分布している非晶質の酸化物または水酸化物の鉱石で，球状，楕円体状または平板状をしており，直径は 1 ～ 20cm ぐらいである．岩石や化石などを中核として，その周囲を殻のように Mn と Fe 層が縞状に取りまいたものが多く，Mn と Fe のほか Ni, Cu, Co, Ti などを微量含有していることが多い．団塊の成因，形成機構，各種元素の供給源などについては全く不明といわれる．太平洋に分布する団塊の総量は5000億トンにもなるという説や，Mn 金属で3600億

トン，Ni金属で150億トンという数字も出ており，経済的な採掘方法が開発されれば，将来有用金属の貴重な資源となる可能性がある．

マンガン－ビスマス金属間化合物（manganese-bismuth intermetallic compound）
抗磁力のきわめて高い磁性材料．微粉末を磁場中で加圧成形すると，$B_r=4300$ gauss，$H_c=3400$ Oeの強力磁性を示す．大気中で変質しやすい欠点がある．

マンツメタル（Muntz metal）
六四黄銅のことで1832年にマンツ（G.F.Muntz，英）が創製したため，このように呼ばれている．→六四黄銅

マンドレル（mandrel）
管材の引き抜き，押出し，曲げ，圧延などの加工で穴がつぶれないように中に挿入する芯材のこと．

マンネスマン法（Mannesmann process）
丸棒材から継目無し管＊を作る方法．軸が斜交した一対の円錐面ロールに丸棒を噛ませ圧延すると一方向に進むが，その時棒材の中心に割れ（揉み割れ）が生じる（マンネスマン効果）．反対側からマンドレルバーの先端に支持されたプラグを押し込み，ロールとプラグで管をつくる方法．この装置をマンネスマンピアサ（Mannesmann piercer）という．

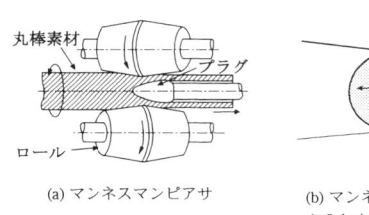

(a) マンネスマンピアサ　　(b) マンネスマン効果（矢印のような応力となり中央に割れ）

マンネスマン法

マンハイムゴールド（Mannheim gold）
トンバック（tombac），タルミ金（talmi gold）ともいう．8～20Zn，1～2Snを含む黄銅．色が黄金色に近く，耐食性もあるので安価な装飾品として用いられる．

マンハッタン現象（Manhattan phenomenon）
プリント基板の表面実装上の欠陥現象の一つ．プリント基板にチップをはんだ付け＊する場合，温度が不均一に加熱されるとチップの一端のはんだが溶融し，他端のはんだが遅れて溶融すると，はんだの表面張力の作用によってチップが基板上に立ち上がることがある．この有様がニューヨークのマンハッタン島でビルが林立している姿に似ているところから，この名前がついた．また墓石が立っている形に似ていることから，墓石現象（tombstone phenomenon）ともいう．

み μ

見かけ比重(apparent specific gravity)　**見かけ密度**(apparent density)
　　粉末冶金で成形された材料の実測比重.成形法による緻密さの目安となる.見かけ密度も同様の量.粉末についてもいわれ,JIS測定法では,規定のオリフィス(流出口)をもつ漏斗(ろうと)から規定のコップに流下させたままの密度をいい,それを振動させたものはタップ密度といって区別する.

ミグ溶接(metal inert gas welding: MIG)
　　ヘリウムやアルゴンを吹きつけながら,溶接ワイヤと母材の間にアークを飛ばして溶接する方法.活性金属(アルミニウム,マグネシウムなど)のやや厚い板に適用される.→電気アーク溶接

水金(liquid bright gold)
　　金液ともいう.植物油中に硫黄を溶かし,塩化金を加えてつくったもの.主に陶磁器に金彩飾をするのに用いられる.銀(Ag),白金(Pt)にも同じようなものがある.

ミスフイット転位(misfit dislocation)＝不整合転位

ミスフイットパラメーター(misfit parameter)
　　析出硬化の硬化度は溶質原子と溶媒原子の大きさの相違度(原子直径差率:ミスフィットパラメーター:m.p.)に左右される.例として原子の大きさが著しく異なるAl-Cu系(m.p.=-10.6%),Cu-Be系(m.p.=-11.7%)では析出硬化は極めて大きいが,ミスフィットパラメーターの小さいAl-Ag系(m.p.=+1.05%)やAl-Zn系(m.p.=-3.51%)では硬化は小さい.

三つ組元素(triad)
　　①元素分類の初めとして1829年デーベライナー(J.W.Döbereiner)によって指摘された事実.原子量がほとんど同じか,等差級数をなす元素の組.Ca, Sr, Ba; Cl, Br, I; S, Se, Te.→アルカリ土類金属,ハロゲン,カルコゲン
　　②Fe, Co, NiおよびRu, Rh, Pdの3元素のこと.性質がよく似ており,共に周期律のⅧ族に配列されている.

密集原子列(crowdion)＝クラウディオン

ミッシュメタル(mischmetal)
　　セリウム族希土類(軽希土類)(→希土類金属)の混合物.モナザイト*(monazite),モナズ石などを精錬(Thを分離抽出)する過程の半成品で,Ceを40～50%,Laを20～40%含有している.鉄鋼の精錬(脱酸剤),合金用添加物,ゲッターの原料,発火合金*などに使われる.

密陀僧(みつだそう)(litharge)
　　一酸化鉛(PbO)からなる橙赤色の顔料でリサージともいう.一酸化鉛には斜方晶で黄色のα型と正方晶で橙赤色のβ型とがある.融解した鉛に空気を吹き込むなどして得られる黄色の粉末は金密陀(きんみつだ)とよばれるが,これをいったん融解させて冷却すると,橙赤色のものが得られ,これを密陀僧という.顔料の他に,光学ガラス,蓄電池,鉛丹(Pb_3O_4),ビニル安定剤,農薬(ヒ酸鉛),ワックスなどの

製造に用いられる．

密度（density）

普通は物体の（質量／体積）をいう（体積密度）．一般には体積密度，面（積）密度，線密度が定義でき，またここでいう質量に当る他の物理量についてもそれぞれの密度が定義できる（例，転位密度，状態密度）．金属の密度は（単位格子中の原子数×原子量／単位格子の体積）で計算でき，これを理想密度*（d_0）とかX線密度（d_x）などという．鋳造状態から鍛造すると増大し，加工状態からさらに強加工すると減少し，焼鈍すると増大する．→理想密度，見かけ密度

密度関数（density function）

一般には確率分布（probability distribution）という．金属では拡散*を酔歩*の問題として扱う時などに現れる，一定時間酔歩した後の存在確率分布のこと．

三菱法（Mitsubishi process）

連続直接銅溶錬法の一種．上吹き方式のマット溶錬炉，生成した65％Cuマットを棄却スラグと分離するスラグクリーニング炉および上吹式の製銅炉より成り，銅精鉱から粗銅が連続的に製錬されるプロセス．→フェライトスラグ

未定係数法（undetermined multipliers method）

一般にはラグランジュの未定乗数法という．関数 $f(x_1, x_2\cdots x_n)$ の極値（停留値）を求める時などに使われる．変数 $x_1, x_2\cdots x_n$ が条件 $g_1(x_1, x_2, \cdots x_n)$, $g_2(x_1, x_2, \cdots x_n)$, $\cdots g_m(x_1, x_2, \cdots x_n)$ を持つ時，新しい関数 $F = f + \lambda_1 g_1 + \lambda_2 g_2 + \cdots \lambda_m g_m$ を導入し，$\partial F / \partial x_1 = 0$ と，$\partial F / \partial x_2 = 0$, $\partial F / \partial x_n = 0$, と $g_1 = 0, g_2 = 0, \cdots g_m = 0$ から $\lambda_1, \lambda_2, \cdots \lambda_m$ を消去して $x_1, x_2 \cdots x_n$ を求めると $f(x_1, x_2 \cdots x_n)$ が極値をとる．$\lambda_1, \lambda_2, \cdots \lambda_m$ を未定係数（乗数）という．

ミドレックス法（Midrex process）

シャフト炉*を用いる直接製鉄法*の一種．Midland–Ross社によって開発された．鉄鉱石のペレットまたは塊鉱を炉頂のホッパーからシャフト炉に装入し，羽口から吹き込む還元ガスによってシャフト炉を降下する原料を約6時間かけて還元する．還元域を通過してできた還元鉄は冷却帯で不活性ガスにより6時間かけて50℃まで冷却され，シャフト炉下部から排出される．還元ガスは H_2 ; 40～60％, CH_4 ; 3～6％, CO_2 ; 0.5～1％, N_2 ; 12～15％, CO ; 24～36％の組成で，天然ガスと炉頂ガス，1：2の割合いで混合しリフォーマーで1100℃で改質されている．

ミーハナイト鋳鉄（Meehanite cast iron）

カルシウム・シリサイドの添加（接種*）によって黒鉛の析出状態をコントロールした高級鋳鉄*の一種．ミーハン（G.M.Meehan）により1923年に開発された．

脈石（gangue）

鉱山で採掘された鉱石（粗鉱）を構成している成分のうち，有用金属を含む鉱物以外の部分．通常はこれが大部分．選鉱*で取除く．

ミューメタル（Mumetal）

Telcon Metals社（英）のNi–Fe系軟磁性高透磁率合金．トランス，チョーク用の低磁場，低損失材料で，パーマロイC級．14Fe, 5Cu, 4Mo, 77Ni.

みょうばん (alum)

1価金属 M^I の硫酸塩と硫酸アルミが作る $M^I Al(SO_4)_2 \cdot 12H_2O$ 型の複塩. M^I の名前をつけてカリみょうばん, アンモニウムみょうばんなどと呼ぶ. すべて同じ結晶形である. $M^I M^{III}(SO_4)_2 \cdot 12H_2O$ 型 (M^{III} =Al, Ga, Fe, Ti, V, Cr, Mn, Te, Cu, Rb, Irなど)の複塩を広義のみょうばんといい,含有する金属名を付けてアンモニウム・鉄みょうばんなどと呼ぶ. 同じ結晶形をもち, $[M^{III}(H_2O)_6]$ による特有な色を示す.

ミラー指数 (Miller indices)

結晶面あるいは結晶方向を (h k l), [h k l] と三つの指数で表示する方法. 次項のミラー・ブラベー指数を含めていう時もある. →結晶方向表示法, 結晶面表示法

ミラー・ブラベー指数 (Miller–Bravais indices)

六方晶系*, 三方晶系*結晶の面あるいは方向を (hkil), [hkil] あるいは (hk・l), [hk・l] などと四つの指数で表示する方法. →結晶方向表示法, 結晶面表示法

ミリング (milling)

切削加工法の一つ. 平削り, フライス削りと同じ.

ミル (mil)

長さの単位. 千分の1インチ (10^{-3} インチ). $1\text{mil} \fallingdotseq 2.5 \times 10^{-2}\text{mm}$.

ミル規格 (military specification)

米国の軍事機関により発行され, 軍の補給品, 装備などに用いられる資材調達仕様書規格.

ミル・スケール (mill scale)

熱間圧延加工中およびその冷却中に鉄鋼表面に生成した酸化皮膜およびそのはく離したもの. 後の行程に影響するためはく離しやすいものになるよう工夫する.

む

無拡散変態 (diffusionless transformation)

非拡散変態ともいう. 原子の長範囲の移動 (拡散) なしで, せん断や双晶変形*などによる変態. マルテンサイト変態*がその典型.

無拡散連係運動 (diffusionless cooperative movement)

無拡散変態*は原子のせん断変形や双晶変形によっているが, これらの変形が一定範囲 (例えば一本のラス) 内の原子の連係運動 (協力現象) として起こっていることをいう.

無酸素銅 (oxygen free copper: OFC)

タフピッチ銅*は微量の Cu_2O を含有するため高温で水素が侵入すると Cu_2O が還元されて H_2O を生じ水素脆性 (水素病) を起こす. これを防止するため P, Si などで脱酸 (脱酸銅*) すると微量の脱酸剤が銅中に残留して導電率を低下させる. そのため導電性と耐水素脆性が要求される場合には電気銅を真空中 ($0.133 \sim 1.33\text{Pa}$) か CO ガス中などの還元雰囲気中で溶解鋳造した銅が用いられる. この銅を無酸素銅 ($0.001 > O$) または無酸素高電導銅 (Oxygen free high conductivity copper, OFHC 銅*) と呼ぶ. →銅, 水素脆性

無析出帯(precipitate free zone, denuded zone)

結晶粒内では均一に析出が生じているのに,粒界や転位周辺で析出物が見られない部分.溶質原子が粒界や転位に吸収されてしまうためとも,またその部分に析出に必要な空孔が少ないためともいわれる.

無秩序(disorder)

不規則ともいう.すなわち規則性がないこと.例えば規則-不規則変態*で異なる原子がランダムに配置している状態.無秩序配置のしかたの数(場合の数)から配置のエントロピー(無秩序の度合)が計算される.→ボルツマンの原理,規則度,エントロピー,ガラス状態

無秩序高密度充填 = 最密無秩序充填

無定形物質(amorphous substance)

X線回折ではっきりした回折線を示さず幅広いもり上がりやハロー*しか示さないもの.X線無定形(X-ray amorphous)とか非晶質(non-crystalline)ともいう.アモルファス合金*,ガラス,ゲルなどがこれである.無定形炭素(すすや炭),めのうなどは肉眼的には無定形であるが微結晶集合体で,現在では無定形物質とはいえない.

無転位結晶(dislocation free crystal)

超集積回路基盤用の高純度シリコンなどで用いられている,転位の(ほとんど)ない結晶.引上げ法*で作る場合,種結晶と結合する部分で細く(ネッキング)する.るつぼなどからの酸素・炭素が原因の転位もあるのでそれらの素材を厳選するなどの手法によって作られる.

無熱溶液(athermal solution)

溶液を構成する成分粒子(原子,分子など)の形状が異なるため相互作用は無視できても無秩序配列ができない溶液をいう.混合熱はゼロ,混合エントロピーは理想溶液*と異なる.

無反跳放射・吸収(recoil free emission and absorption)

メスバウアー効果*を利用する研究などで,γ線を使うが,線源が固体である場合は放射される時の反跳(反動:recoil)も吸収(反応)する時の反跳もない.この事実をメスバウアー(R.Mössbauer)が1958年にたしかめた.これがメスバウアー測定の基礎であり,出発点となった.

無火花工具(non-sparking tool)

高ベリリウム青銅の鋳物合金(20C合金=1.90〜2.15Be, 0.35〜0.65Co, 275C合金=2.50〜2.75Be, 0.35〜0.65Co)は,衝撃によって火花を発しない特性がある.爆発性気体を含む現場で,火花の出ない工具として用いられる.→ベリリウム銅

無方向性ケイ素鋼板(non-oriented silicon steel, isotropic-silicon steel)

等方性ケイ素鋼板ともいう.特定の優先方位*を持たず,誘導磁気異方性*がないようにしたケイ素鋼板.回転機器など用途によって必要な性質をもたせたもの.→ケイ素鋼

ムライト(mullite)

カオリナイト,ピナイトなどケイ酸アルミニウム粘土鉱物の高熱変成物で,化学

組成が $3Al_2O_3 \cdot 2SiO_2 \sim 2Al_2O_3 \cdot SiO_2$ で示される．Al_2O_3 と SiO_2 の二成分系における安定な化合物．斜方晶系で密度が $3.1g/cm^3$，モース硬度が7.5，呼名はスコットランドのムル島で発見されたことに由来するが天然産量は少ない．硬く，耐熱性の高い耐火材に用いられる．陶磁器，$Al_2O_3 \cdot SiO_2$ 系耐火物の主成分．サーメット*にも利用される．

め

芽 (embryo) ＝エンブリオ

明視野像 (bright field image)

　光学顕微鏡*(金属顕微鏡*)では試料面で正反射した光線で見た像．電子顕微鏡*では原子(電子)による散乱吸収を受けコントラストを生じた電子線による像のこと．これを散乱コントラストという．なお，結晶であることによる等傾角干渉縞，等厚干渉縞などの回折コントラストや格子欠陥によるコントラスト，さらに格子像から高分解能像(構造像)まで様々なコントラスト(像)が見られるが，これらの中には明視野像と暗視野像*とがある．→格子像

迷走電流 (stray current)

　大地中，時には水中を流れている電流で，予想できない電気腐食(電食*)の原因となる．電車のレールから変電所への電流の漏れたもの，種々の電気設備のアースから流れ出る電流などである．これによる土中腐食では硝酸塩，硫酸塩，PbO_2 などの腐食成生物が見られるのが特徴である．

メカニカル アロイング (mechanical alloying: MA)

　ボールミル(金属や陶器の円筒容器に，硬質の金属や陶器の球と共に材料を入れ，回転することによって混合・粉砕すること)や，それをより強力・高速にしたアトライター(アトリッションミル)などの高エネルギーミルを用いて，複数種の金属・合金・化合物などの素材に衝撃・摩擦・せん断などの強加工を加え，固相拡散を起こさせて非平衡状態の合金相・非晶質相などを得ること．この方法で作った(通常の溶解・凝固では得られない)合金を強制合金*という．また，セラミック粒子を分散させた耐熱のガスタービン用材料(アメリカのINCO社)など分散強化合金*の製造に使われた．さらにナノ結晶材料*やメソスコピック材料*を作るのにも応用され，構造材料のみでなく，磁性材料，熱電素子，光格子などの機能材料作製にも応用されている．→メカニカルグラインディング

メカニカル グラインディング (mechanical grinding: MG)

　メカニカルミリング(mechanical milling: MM)ともいう．装置や手法はメカニカルアロイング*(MA)と同じであるが，こちらは単一組成の合金，化合物を強加工して非平衡状態にすることをいう．場合によってはMG, MMをMAに含めることもある．

メカノケミカル現象 (mechano-chemical phenomenon)

　メカニカルアロイング*と同様な装置で，強力な機械エネルギーにより，化学反応の活性化や新しい化学反応を生み出す現象．高速加工で生じた材料の破壊新生面

の化学的活性による.メカノキャタリシスなど生じる化学変化もこれまでにないものもあり,その機構もエキソ電子*やマイクロプラズマ*発生などの摩擦電磁気現象をはじめ,さまざまな新しいものが考えられている.超微粉,高触媒活性剤,セラミックス-金属複合材などへの応用が考えられている.

メカノフュージョン (mechano-fusion)

固体粒子に力学的な力を加えて,それぞれ違う種類の微粒子を乾式で直接に接合して複合化された微粒子を作る技術をいう.粒子複合化の形態として,表面被覆型と粒子分散型の二つに分けられる.表面被覆型では,μm以上のホスト粒子(中心のコア粒子)の周りにnmのゲスト微粒子がつく,例としてステンレス鋼粒子にジルコニア超微粒子がついて高温耐熱材料となる.他方,粒子分散型はホスト,ゲストともにほぼ同じ程度のnmサイズの微粒子を分散するか,ラメラ状に積層に複合化するかで,例としてNiAlの超微粒子複合化がある.

メスバウアー効果 (Mössbauer effect)

放射性同位元素*から出るγ線を対象物質の原子核に共鳴吸収させ,原子核付近の内部磁場や,原子の電子配置,イオン価,結合状態,原子配置,合金の規則度,格子欠陥,時効,析出,拡散,結晶構造,成分原子の濃度などに関する情報を得ることができる.これはメスバウアー (R.Mössbauer) によって,固体における無反跳放射・吸収*と放射線源を振動させるドップラー効果によるスキャンニングの工夫が共に発見されたことによる.これらの効果と測定法全体をメスバウアー効果(あるいは分光)という.メスバウアー効果の測定で重要な現象は原子核準位に対するまわりの電子による作用で,これを超微細相互作用 (hyperfine interaction) という.それは,アイソマーシフト (isomer shift),核四重極分裂 (nuclear quadruple splitting),核ゼーマン分裂 (nuclear Zeeman splitting =磁気分裂),吸収線形 (absorption line shape),無反跳率 (recoil-free fraction) などとして測定される.物性研究だけでなく,生物,地学への応用も進んでいる.また最近,放射光*によるメスバウアー測定も始まり,一層多くの物性情報が得られ,新しい研究分野を開きつつある.

メゾスコピック材料 (mesoscopic materials)

メゾはミクロとマクロの中間の意味であるが,むしろスケールを小さくしていった時にマクロな性質が変わってしまう領域とその新しい性質を持った材料をいう.金属人工格子*,スプリングバック磁石*,トンネル磁気抵抗効果*素子,量子井戸*などの最先端の材料である.

メタ磁性 (metamagnetism)

弱い磁場では,常磁性体のように磁化*は磁場に比例するが,強い磁場では磁化は急激に大きくなり,強磁性体と同じような飽和磁化を示す現象.$FeCl_2$, $FeBr_2$などの反強磁性体に生ずる場合と$Co(S, Se)_2$, YCo_2などの外部磁場により常磁性*から強磁性*が誘起される場合とがある.→磁性

メタリコン (metallikon)

金属溶射法の通称.防食,表面硬化,導電性付与,耐熱性付与などのためにZn, Al, Cd, Cu, Snなどの溶融金属を高圧ガスで吹きつけて表面を被覆する.できる金属皮膜には空孔と酸化物が生じやすい.

メタロイド (metalloid element)

類金属元素ともいう．元素分類上のグループで，非金属のうち金属的傾向（変態の中に金属性のもの，電気陰性度の高い元素とは陽性元素として化合するなど）を示すもの．周期律表で，金属と非金属の中間領域にあるものをいう．B, Si, Ge, As, Sb, Se, Teなど．半金属*ということもあるが正確ではない．

めっき (plating)

広義には材料の表面に金属皮膜を作ること，狭義には金属材料の表面に他の金属・合金の皮膜を作ること．方法として(1)電気めっき*(2)溶融めっき（→溶融めっき，ターンシート)(3) 化学めっき（無電解めっき：金属塩溶液中で，イオン交換または還元反応によって金属を析出させる)(4) 気相めっき（真空蒸着*，スパッタ法*，化学蒸着)(5) 溶射（→メタリコン）などがある．→スズ鋼板，亜鉛めっき鋼板，表面処理

メッシュ (mesh)

ふるい（篩）の目の細かさを表す単位で1インチあたりの目の数をいい，これをメッシュナンバーという．粉体の粒度を表すが，その直径を直接表してはいない．メートル法（JIS）ではメッシュではなく，ふるいの目の開きをmmで表し，その数値をふるいの呼び番号としている．

メニスコグラフ (meniscograph)

はんだ*のぬれ性*を評価する試験法の一つ，およびその試験機．天秤の片側の一端に試験銅板を取り付け，これを溶融はんだの浴中に浸漬すると，試験銅板は浮力を受けて押し上げられた後，ぬれの進行に伴い，引き下げられる．この力のバランスの測定によりぬれ性を評価できる．この装置をメニスコグラフといい，自動化されている．メニスコグラフを用いてはんだおよびフラックスのぬれ性を測定評価する測定法をメニスコグラフ法という．

メビウス法 (Moebius process)

銀（Ag）の電解精錬法．95%Ag程度の陽極を硝酸塩浴中で電解し，ステンレスの陰極上に樹枝状に99.998%程度の銀を析出させる方法．

面欠陥 (plane defect)

結晶中の面状，二次元の格子欠陥．積層欠陥*や結晶粒界*，双晶境界*，逆位相境界*など．

面心 (face-centered)

単位格子*の平行六面体の6面の中心が対称の中心であること．空間格子の分類上の性質である．7種の結晶系*の内，立方晶，斜方晶（直方晶）のみがそれをもつ．

面心立方格子 (face-centered cubic lattice: fcc)

fcc格子ともいう．立方体格子の各隅と立方体の各面の中心に原子が1個ずつ存在している結晶構造．14種のブラベー格子*の一つでCu, Al, Agなど多くの金属がこの構造である．

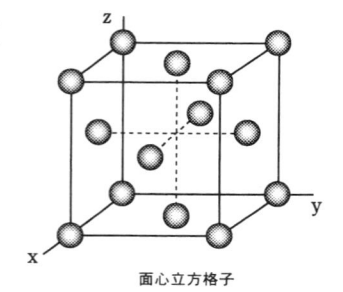

面心立方格子

またこの構造は, 原子を最密充填する一つの方法でもある. (もう一つの方法は稠密 (ちゅうみつ) 六方構造). (111) 面の [111] 方向の積み重なり方が, 三種類の配列を繰返している. これをABCABC … 構造と表現することが多い. →結晶系, 稠密六方構造

面取り (fillet)

成形された品物の角, 陵を少し削り取って丸めること. 鋳造用模型を作る時にも行う.

面分析 (areal analysis)

金属組織分析の一つ. 検討対象の, ある広さについて, 元素分布や各相の面積の割合などを定量すること. →計量金属組織学

も

モア・ベイ法 (Moa Bay process)

ニッケルの湿式製錬法の一つ. 酸化鉱を硫酸浸出し, H_2S で還元, ミックスドサルファイトとして回収する方法. →ニッケル

モアレ模様 (moiré (pattern))

同一図形を2枚重ねて, 角度や位置を微小量動かすと生じるより大きなしま模様. 特にくりかえしパターンが微動したり変化するとそれを増幅して見せてくれる. 伸びや変形の測定に用いられる. また電子顕微鏡の格子像に似たものとして現れるので注意が必要なものである.

モザイク金 (mosaic gold)

①スズの硫化物 (Sn_2S_3, SnS). 黄色で, 水に不溶性の結晶性粉末. 彩色金, 偽金ともいう.

②英国のCu-Zn系合金で, イエローブラス (Yellow brass) ともよび, 安価な装飾品材料. 色はCu量の加減により調整する. 37Zn, 63Cu.

モザイク構造 (mosaic structure)

それぞれの領域は, 単結晶であるが, お互いに方位がわずかに異なって, 全体が単結晶に近いような構造. その境界は不規則で格子欠陥密度も高い点で, リニージ構造やポリゴニゼーション構造と区別される. →リニージ構造

モス (MOS) = MOS (エムオーエス)

モース硬さ (Mohs hardness)

鉱石などのおおまかな硬さを表す数値. 10種の鉱石を基準とし, こすり合わせて傷のついた方が軟らかいとする. それ故中間的な値もあり得る. 基準とする10種はモース硬さ1が滑石, 2が石膏, 3方解石, 4蛍石, 5リン灰石, 6正長石, 7水晶, 8黄玉, 9鋼玉, 10ダイヤモンドである.

モースポテンシャル (Morse potential)

モース (P.Morse) が提案した2原子間の力学的相互作用を表すポテンシャル (引力・斥力の起源) 曲線の式. 原子間の位置をx, ポテンシャルの底 (最近接距離) をr_0とするとポテンシャルUは $U=D[1-\exp\{-a(x-r_0)\}]^2$ の形をもつ. a, Dは定数だ

が，Dは解離エネルギー，a^2 は力の定数に相当する．→レナード・ジョーンズポテンシャル

模造金（imitation gold）
一般に Cu-5～10Al 合金のことをいい，イミテーションゴールドともいう．さびやすいのが欠点であるが Ni を添加すると硬さ，耐食性が増加する．また，Mn, Si, Zn, Sn, Co, Mo などを単独または複合微量添加すると光沢，色調，特性に効果がある．

模造銀（imitation silver）→洋白

モット・ナバロ効果（Mott–Nabarro effect）
合金の析出硬化を考える時，ランダムに分布する析出物による応力場の中で，転位はその自己エネルギーのため長さを短くしようとするので，必ずしも応力場ポテンシャルの谷ばかりにいるわけではなく，その中腹にもいる．この中間的な存在状態をモット・ナバロ効果という．それ故，降伏応力は，転位が最も多くポテンシャルの谷にいるような，析出物の大きさと量の時以上の値になる．このような析出物の転位運動に対する「摩擦抵抗」をモット・ナバロ効果ということもある．

モナザイト（monazite）
モナズ石ともいう．Th や Ce, La, Nd などの希土類元素の原料鉱石．→バストネサイト，ゼノタイム，希土類金属

モネルメタル（Monel metal）
1906 年にモネル（Ambrose Monel，米）が開発した Ni-Cu 系合金で極めて強靭であり，耐食性および耐熱性に富む．Huntington Alloys 社（米），Wiggin 社（米），Driver Harries 社（米）など数社が Monel, Monel alloy ～, Monel filler metal ～（～は数字，記号）などの商標名で表示しており，多品種がある．代表組成は 60～70Ni，残 Cu で品種により Fe, Mn, Si, Al, Ti などが添加されている．

モビポール（movipol）
ポータブルな電解研磨装置．実際に使用中とか大きくて動かせない物品の表面組織を検査するために物品上の小部分を陽極とし，適当な研磨液を含ませたタンポンを陰極として電解研磨を行なう．

モリブデナイト（molybdenite）
二硫化モリブデンともいう．鉱物としては輝水鉛鉱，MoS_2．MoS_2 構造の六方晶．モリブデンと硫黄の層が交互に配列する層状化合物で，層に沿って結晶すべりが起こり微粒子になりやすいので，高温，低温，高速，高荷重での乾燥潤滑に最適の優秀な固体潤滑剤．空気中では酸化モリブデンになると，潤滑機能が低下するのが欠点．

モリブデン（molybdenum）
元素記号 Mo, 原子番号 42, 原子量 95.94 の金属元素．白銀色で体心立方晶．融点：2617℃，密度：10.22g/cm^3（20℃）．主要鉱物は輝水鉛鉱（Molybdenite, MoS_2），黄鉛鉱（Wulfenite, $PbMoO_4$）など．F とは常温で，Cl, Br, S, P, C, Si, B, O とは高温で反応するが，N とは反応しない．塩酸，希硫酸に不溶，濃硝酸には不動態となり，熱濃硫酸，王水に可溶．金属 Mo, Mo 基合金として耐熱材料，鉄鋼や Ti の合金元素，硬質磁性材料，電子管，核融合，超音波－光変調素子，超伝導材料，自己潤滑性合金などに用いられる．

モル比熱 (molar heat capacity)
分子熱,モル熱,モル比熱容量ともいう.比熱とモル質量の積.比熱容量(略して比熱)は,単位質量当たりの熱量 (J/kg・K) が使われる.粒子の数をそろえて考えた方がよいときに,分子量を掛けて,1分子量当たりの比熱 (J/mol・K) を使い,モル比熱という.定積/定圧モル比熱がある.

モンテカルロ法 (Monte Carlo method)
偶然に起こると考え得る現象を乱数を用いて数値計算する方法.結晶粒の成長などの計算に応用される.

モンド法 (Fe, Ni各々の) (Mond process)
比較的高純度 (~99%) の Fe, Ni, Co, Mo, Rh などを得る方法.これらの金属の CO 化合物であるカーボニルを作り,これが比較的低温で熱分解することを利用する.Ni はモンドニッケルと呼ばれるが Fe はカーボニル鉄*と呼ばれる.粉末または粒状.

や

焼入れ (quenching, quench hardening)
高温の金属・合金を急冷すること.元来は炭素鋼をオーステナイト状態から水,油へ急冷してマルテンサイト変態*を起こさせ硬化させる処理であった.そのため硬化が起こることを焼入れという言葉の条件とする場合もある.しかし一般には急冷によって高温状態を常温付近でもそのままであるようにし,その状態で使うか,焼戻しするか,試験・験査するための処理をいっている.すなわち,溶体化処理*をいうこともある.→焼入れ性,高周波焼入れ,サブゼロ処理,焼入れ凍結空孔,急冷凝固

焼入れ残留応力 (quenching residual stress)
鋼材を高温から焼入れした場合に鋼材中に生じる応力.鋼材の変態応力と加熱冷却にともなう熱応力の合成の応力が焼入れ後に残留する.残留応力分布は鋼材の種類,冷却速度,大きさ,形状などにより大きく左右され,材料の変形,割れの発生の原因となる.→残留応力,内部摩擦

焼入れ性 (hardenability)
鋼材において焼入れ*処理の効果の度合いをいうが,実際上は硬さの上昇度合いをいい,焼入れ硬化性(硬化能)ともいわれる.またそれをミクロに見ればマルテンサイト組織の量でもある.焼入れ性に影響する要因は,材質的には炭素を主とする添加元素の含有量(炭素以外の添加元素の炭素換算を焼入れ性倍数:multiplicify factor of hardenability という),オーステナイト粒度であり,材料の形状,焼入れ速度,焼入れ用冷媒など多くかつ複雑である.その測定法と表現法には,ジョミニー試験をはじめ,半冷曲線*,半温度時間*,U曲線(断面直径方向の硬度分布)など種々の方法があり,また,T-T-T曲線*,C-C-T曲線*からも推定できる(いずれの曲線においても,パーライトあるいはベイナイト変態の開始が遅い,つまり曲線が右にあるほど焼きが入りやすい).→ジョミニー試験,焼入れ用冷媒,理想臨界直径

焼入れ性帯 (hardenability band) ＝ H バンド

焼入れ凍結空孔 (quenched-in vacancy)

　高温で熱平衡状態にある多数の空孔*を急冷によって常温でもそのままであるようにしたもの．常温では平衡状態より過剰にあるが，拡散などの実験でその状態が利用される．

焼入れパラメータ (quenching parameter)

　焼入れ前に保持する温度(T)と保持時間(t)で決まるパラメータ（補助変数）(P)．焼入れ前・後のオーステナイト量の目安となり，その材料の焼入れ性の予測に用いられる．$P=T(k+\log t)$．k は設備などで決まる定数．

焼入れ用冷媒 (quenching coolant)

　焼入れする材料を投入する冷媒で，空気・風から水，塩水，油，塩浴（溶融塩*浴），金属浴などがある．単に冷却するだけでなく，どの温度範囲で速い，あるいは遅い冷却が求められるか，材料の表面と内部に差をつけるか，一様性が必要か，表面酸化の許容度などから選択する．→油焼入れ，急冷能，サブゼロ処理

焼き型 (dry sand mould, fired mould)

　粘土と砂で造型し高温で焼成した鋳型．焼成後高温のまま溶融金属を注入する場合が多い．平滑で美しい鋳肌をねらって作られる．

焼流し精密鋳造法 (investment casting) ＝インベストメント鋳造法

焼なまし (annealing) ＝焼鈍

焼ならし (normalizing) ＝焼準

焼戻し (tempering)

　一般には合金を急冷した後，時効処理（→時効硬化）のように，再び低温で加熱し，目的の材質にすることであるが，通常は焼入れした鋼材を727℃の A_1 点以下に再加熱して残留応力*の除去と靭性*の回復によって最終的な使用状態での組織と機械的性質を安定化させる熱処理．中炭素鋼などでは，550〜650℃に加熱して，マルテンサイトを焼戻しソルバイト*にして靭性を回復させる．高炭素工具鋼などでは150〜200℃の低温加熱で脆い α マルテンサイト*を β マルテンサイト*にする．また焼戻し脆性*に注意する．→焼戻しの三段階，焼戻し組織

焼戻し硬化 (temper hardening)

　焼戻しは一般に軟化が起こるが，鋼種や温度域によってかえって硬化が生じ，またはそれを利用することもある．特に炭化物を作りやすいV, Mo, W などを含む合金鋼で500〜600℃で硬化が起こる．二次硬化超強力鋼，熱間金型用合金工具鋼，高速度工具鋼などがこれである．

焼戻し時効 (temper aging) →時効硬化

焼戻し脆化（脆性） (temper embrittlement)

　焼入れ硬化した鋼を焼戻し*した材料に現れやすい脆化現象．高温焼戻し脆化をいうことが多い．→低温焼戻し脆化，高温焼戻し脆化

焼戻し組織 (tempered structure)

　焼戻しの三段階*およびそれより高温での焼戻しに対応する金属組織をいうが，まず400℃付近で現れるトルースタイト*，600℃付近で現れるソルバイト*であ

る．これらはいずれも金属顕微鏡観察によるもので，高倍率ではいずれも集合状態の異なるフェライト（α–Fe）–セメンタイト（Fe_3C）の混合組織（パーライト）であった．このように，X線回折や電子顕微鏡観察からいうと，過飽和に炭素を含んだ鉄であるマルテンサイトが炭素を減らしていく過程で現れる低炭素マルテンサイト（bcc: βマルテンサイト*）とさまざまな炭化物，および残留オーステナイトがフェライトとセメンタイトに分解する過程で現れる物質のさまざまな混合組織である．

焼戻しソルバイト（tempered sorbite, secondary sorbite）

二次ソルバイトともいうが，現在単にソルバイトといえばこれを指す．→ソルバイト，焼戻し組織

焼戻しの三段階（three stages of tempering）

炭素鋼についていう．第一段階（100～150℃）：マルテンサイトからε炭化物*（$Fe_{2.5}C$）が析出．残部は低炭素（0.25％C）マルテンサイト（βマルテンサイト*: bcc）となる．第二段階（200～300℃）：残留オーステナイトが同じく低炭素マルテンサイトとε炭化物に分解．第三段階（250～350℃）：両方の低炭素マルテンサイトからセメンタイト（Fe_3C）が析出し，残部はフェライトに，ε炭化物もセメンタイトに変化する．なお第一段階に現れるのはε炭化物ではなくη炭化物（Fe_2C）であるとし，第二段階では残留オーステナイトは直接フェライトとセメンタイトに分解し，第三段階ではη炭化物の一部はκ炭化物（Fe_5C_2）を経て，他は直接セメンタイトに変化するという説もある．また，第三段階に現れるセメンタイトは二次元状態であり，三次元状態のセメンタイトはもっと高温（450℃以上）で現れ，フェライトも完成されるのはこの段階で，それを第四段階とする説もある．→焼戻し組織

さらに，合金鋼の場合は，炭化物生成元素（Mo, V, W, Ta, Nb, Tiなど）が含まれていると，この後に第四段階（550～600℃）が見られ，それらの炭化物の生成による硬化（焼戻し硬化*）と，同時にセメンタイトの溶解が生じる．

焼戻しパラメータ（tempering parameter）＝焼戻し定数→焼戻し母曲線

焼戻し母曲線（master tempering curve）

鋼の焼戻しにおいて，焼戻し温度（T）と焼戻し時間（t）で焼戻し硬さ（H）が近似的に決まると仮定した時，その関数H=f(T, t)を焼戻しパラメータ（指数）といい，それについて硬さをプロットした曲線を焼戻し母曲線という．fにはHollomon–Jaffのパラメータ：T（C+log t）やFullmanのパラメータ：ln t–C / T（C：定数）などがある．

焼戻しマルテンサイト（tempered martensite）

βマルテンサイトともいう．250℃以下の焼戻しを受けたマルテンサイト．焼入れマルテンサイトからε炭化物が析出し，マルテンサイトは低炭素でbccのβマルテンサイトに変化しているが弾性限・靭性が向上している．焼戻し組織*で見えるマルテンサイトを総称していうこともある．冷却速度の小さい焼入れでも生じる．→焼戻しの三段階

焼割れ（quenching crack）

焼入れ*に際して，表面と内部の温度差による収縮に差が生じ，その結果の内部応力が材料の強度を越えると生じる割れ．鉄鋼材料ではマルテンサイト変態に伴う

膨張が大きく,温度差によるものを大きく上まわりその引張り応力で割れる. これを防ぐには M_s 点以下で冷却速度を小さくする (→焼入れ用冷媒), 肉厚差を生じない, 単純な形態にするなどの工夫が必要である.

冶金 (やきん) (metallurgy)

以前は, 金属の製錬, 合金の製作, 加工, 熱処理, 防食 (設備保全), 物理的・化学的試験検査と物性研究など金属全般にわたる生産労働とその技術・学問をいった. その後の進歩・発展の結果, 冶金は主として製錬に特化されて生産冶金*, 製造冶金*, 化学冶金となり, 他は加工冶金*・物理冶金*などに, 学問の名称も金属工学・金属材料工学・金属物性論などに分かれてきた. もちろんこれらの名称の間にはっきりした境界線があるわけではなく, さまざまな使い方が行われている. また, 冶金を大きく分けて鉄冶金と非鉄冶金に, 乾式冶金 (乾式製錬法*) と湿式冶金 (湿式製錬法*) に分類することもある. さらに, 特種な分野として電気冶金*, 粉末冶金*, 真空冶金 (真空精錬), 溶接*冶金などもある. →金属

冶金技術 (metallurgical technique)

冶金は生産行為であって, そこで重要な役割を果たしている技術者の創意や工夫, すなわち「技 (わざ)」を冶金技術ということもあるが, 厳密にいうとこの「法則性の意識的適用」は技術学的労働 (行為) であって技術ではない. 冶金技術とは, 炉, るつぼ*, ふいご*から, 鍛造機, 圧延機などの設備体系を, 生産という社会的側面にも注目していうものであって, この差異 (技術者の思考による行為か, 企業や国家機関に所有されている物的存在か) は, 冶金を社会の生産全体の中で考える時 (製錬による公害や環境汚染の問題, 技術者の「責任」問題など) 重要になる.

冶金の歴史 (history of metallurgy)

冶金は, 石器時代に自然の金や銅, 隕鉄*など, 極めて稀に手に入れた金属を, 叩いたり熱したりした, 細工としての加工が始まりであり, その結果, 石とは異なる性質の固体であることを認識したことが冶金学の萌芽といえよう. しかし, 銅あるいは青銅*を意識的に製錬して以来でも約6000年の歴史を持っており, 常に社会の生産・存立の基盤という極めて重要な位置を担っている. 特に鉄は重要である. 以下鉄について, また現代以前についてみると, B.C.17世紀ごろ小アジアで鉄製錬が始まったが, それを含め西欧では溶解はできず,「固体還元」で海綿状や半溶融状態のものにし, それを鍛造して錬鉄*を得ていた. 一部では浸炭*によって鋼も得ていた. 一方, 中国ではB.C.6世紀ごろから鉄製錬が始まり, 海綿状の鉄が得られていたが, B.C.4世紀にはふいご (人力) による高温で, 溶融鉄・鋳鉄* (銑鉄*) を得ていた. そして, 銑鉄を撹拌・酸化脱炭*して軟鋼にする「炒 (しょう) 鋼法」(→パドル法*) や, 銑鉄と海綿鉄から製鋼する「共融法」も行われていたらしい.

西欧では15世紀ごろ, ようやく溶融鉄が, 背の高い縦形炉 (→高炉. 還元燃料は木炭→コークス, 送風は水車→蒸気機関) で初めて得られるようになった (中国より約2000年遅く). それを18世紀後半にはパドル炉で撹拌して脱炭 (パドル法*), さらに鍛造・圧延して錬鉄にしはじめた. 19世紀後半に入って, ベッセマー・トーマスの転炉*, マルタン・ジーメンスの平炉*による製鋼法の開発により鉄は大量

生産の時代に入った．それ以後はよく知られている．

日本では，鉄製品の渡来→渡来原料の加工（鍛治）→製錬と進展し6〜8世紀ごろから鉄の生産が始まったらしい．製錬法は，谷間を吹き上げる風による縦形炉とか，ふいごによる長方形炉とかであろう．17〜18世紀には日本独特の「たたら製鉄」が始まった．これは，「かんながし（鉄穴流し）」という一種の比重選鉱法で得た高品位（80〜90％）の砂鉄富鉱と，「てんびんふいご（天秤鞴）」による均一強力な送風，整備された地下構造を持つ屋内の「たたら炉」などによって成立した．砂鉄原料を選ぶことによって，三種類の「たたら吹き」が行われ，(1)「まさ（真砂）」からの「けら押し」では鋼滓を含んだ固体の鋼が得られ，それを分割・選別して高級な「玉鋼」を，(2)「あこめ（赤目）」からの「ずく押し」では溶融鉄として鋳鉄が，(3)「ぶげら（けらまたはずくの下級な一部）」からは錬鉄を得ていた．大量生産はできなかったが品質は良好で，この製法は19世紀いっぱい続けられた．

ヤグ（YAG: Y–Al–garnet）＝イットリウム アルミニウム ガーネット

薬きょう（莢）黄銅（cartridge brass）

七三黄銅のことで，銃弾の薬きょうなど苛酷な深絞り加工に適用されるためこの名がある．慣用名となっているが，Chase Brass & Copper 社（米），Olin 社（米），American Brass 社（米）などが商標名（Cartridge brass）としている．応力腐食割れ*を起こすので加工後の処理には注意が必要である．Cu–28〜32Zn．→七三（しちさん）黄銅

やに入りはんだ（soft solder with resin）

はんだ付けするとき，接合部分の表面の酸化物皮膜などを取り除くために，フラックスが使われる．フラックスの成分は，塩化亜鉛，塩化アンモン，松やになどである．これらのフラックスをペースト状にして，はんだ合金線の芯に内蔵させた，フラックス入りのはんだ材料．→フラックス，はんだ

ヤング・デュプレの式（Young-Dupré equation）

液体が固体表面と接触して平衡界面を形成するとき，固・液・気三相の接触する境界線において成立する式．接触角を θ，固体－気体の界面張力を γ_{SV}，液体－気体の表面張力を γ_{LV}，および固体と液体の界面張力を γ_{SL} とすると，ヤングの式は次式で表される．$\cos\theta = (\gamma_{SV} - \gamma_{SL})/\gamma_{LV}$．→接触角，界面張力

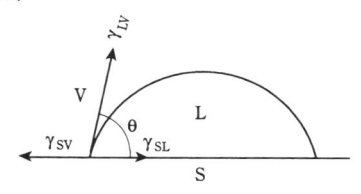

ヤング率（Young's modulus）＝縦弾性係数

ヤーン・テラー効果（Jahn–Teller effect）

例えば $CuO \cdot Fe_2O_3$ は急冷すれば立方晶だが徐冷すると正方晶になる．これは格子が変形して対称性が低くなると縮退が解け，低いエネルギーレベルが現れるからで，ひずみエネルギーとのかねあいで現れる変形である．これをヤーン・テラー効果とかヤーン・テラーひずみという．

ゆ u

UHP操業(ultra high power operation)
　アーク溶解炉の生産性向上のためになされる高電力操業のこと.単位時間当たり投入電力の増加により溶解,昇温の時間を短縮して生産性を向上する.同一炉容量で比較し,従来の2～3倍の大電力を投入する.低電圧,大電流の低力率により,太く短いアークを使用することが特徴.耐火物の局所溶損,電気容量の増大に伴うフリッカ現象などの問題がある.

ULC-steel(ultra low carbon steel)
　極低炭素鋼.数ppmの固溶炭素濃度の鋼.缶ビール用の薄鋼板のような深絞り特性の優れた薄鋼板を製造するには,深絞り加工特性を妨げる炭化物の析出を抑えるために,炭素濃度を低く抑えた鋼が求められている. → LC-steel, IF鋼, BH鋼

融解(melting)
　溶融ともいう.固体が熱せられて液体になる相変化.流動的になる.拡散もさかんになる.

有機金属化合物(organometallic compound)
　構成元素として金属元素を含む有機化合物は数多く存在するが,その中で炭素－金属結合をもつものの総称.有機金属化合物は不安定なものが多く実用になるものは反応性の低いⅣ族の有機金属化合物,有機水銀化合物,有機ケイ素化合物(シリコーン*),有機ヒ素化合物など限られたものになる.用途としては次のようなものがあげられる.
　医薬農薬(マーキュロクロム(赤チン,有機水銀汚染のため現在は製造中止),アルキルスズ化合物は殺菌剤,防腐剤に使われるが,環境汚染の問題がある),ガソリン添加剤(四エチル鉛($(C_2H_5)_4Pb$)がアンチノック剤として使われたが大気中の鉛汚染が問題となり使用禁止),高分子材料(シリコーン),合成化学的利用(有機マグネシウム化合物のグリニャール試薬,チグラー触媒)など.この他,水俣病の原因物質といわれる有機水銀化合物であるジメチル水銀(($CH_3)_2Hg$)も有機金属化合物である.

有効せん断応力(effective shear stress)
　転位を運動させるせん断応力のうち,温度に依存する部分をいう.熱的せん断応力,熱的成分ともいう.内部応力(非熱的応力)の対語. ↔ 内部応力

融合炉材料(fusion reactor materials)
　超高温プラズマを閉じ込める核融合炉に必要な材料として考えられているのは,プラズマを取囲む第一壁は耐高温性のMo, Ni, Ti合金,ステンレス鋼など,それをコーティングするTiC, SiC, TiB_2,黒鉛,さらに放射線遮へい材としてはPb,鋼,モルタルなどが考えられている.

有芯構造(cored structure)
　合金の凝固時に十分な拡散が進まず結晶粒の中心と外周で濃度差のある組織構造をいう.粒内偏析*ともいう.加熱,加工で均一化する.

優先浮選 (differential flotation)
種々な鉱石が混在している鉱石から目的鉱物を順次分離する浮遊選鉱法*. 目的鉱物に疎水性を与え, 目的鉱物以外の鉱物は親水性のまま残すため, アルカリ, SO_2 ガス, シアン化物などの抑制剤を加えたり, 一度抑制した鉱物から抑制効果を除くために活性剤を加えたりして行う. 黒鉱*から銅, 鉛, 亜鉛の精鉱を得るのはその例である.

優先方位 (preferred orientation)
集合組織*で大まかに揃っている結晶方位のこと.

融点 (melting point)
固体が液体に相変化する温度. 溶融点, 融解点ともいう. 固体の凝集エネルギーを表している.

融点降下 (depression of melting point)
混合物の融点または凝固点は純物質または溶媒のそれより低くなる. この現象を融点降下または凝固点 (氷点) 降下という. 純度の検定などに用いる.

誘電材料 (dielectric material)
物質に電場をかけると分極がおこり正負に帯電する. この性質を利用するのが誘電材料であり実用的に最も重要なのはコンデンサー材料である. コンデンサーは容量素子として種々の電子回路, コンピューターなどに多量に用いられている. 古くは紙 (ペーパー) コンデンサーで, 高分子工業の発展によりフィルムコンデンサー (デュポン社, マイラーをつかったもので有名) となり, 現在では静電容量の小さい範囲ではセラミックスコンデンサー, 大きい静電容量を得るためには半導体セラミックスコンデンサーが用いられている. 近年の電子回路のIC (集積) 化に伴ないセラミックス積層コンデンサーの需要拡大が目ざましい. セラミックス誘電 (体) 材料にはBa, Ca, Sr, Mgなどのチタン酸塩, スズ酸塩, ジルコン酸塩, ニオブ酸塩, タンタル酸塩などがある.

融点の周期律 (periodic law of melting point)
横軸を原子番号, 縦軸を融点として元素を並べてみるとC, Si, V, Mo, W, Thを頂点とするピークが見られる. このうち, V, Mo, Wをピークとする山は第3, 4, 5周期の遷移金属である. 逆にLi, Na, K, Rb, Csはそれぞれミニマムを示し, これがアルカリ金属である. これらは元素の結合状態の反映である. →周期律

誘電率 (dielectric constant)
電束密度Dと電場Eとの関係を示す, $D=\varepsilon E$ の比例定数 ε をいう. 電媒定数ともいう. 等方性物質では定数であるが異方性物質では1階のテンソルになる.

誘導焼入れ (induction hardening) =高周波焼入れ法

誘導炉 (induction furnace)
一次コイルに交流電流を流し, その電磁誘導による二次電流で発熱体を加熱するか, 直接導体である物体を加熱する方式の炉. 高周波誘導炉は小規模, 低周波誘導炉は大規模のものが多い. 炉体がなく急熱・急冷ができるものや, 商用電源で高効率のもの (ただし中には冷材からの加熱不能のものも) などがある. →低周波誘導炉, 高周波誘導炉

有理数面・非有理数面 (rational index plane・irrational index plane)

面指数が {111} {225} {3, 10, 15} など整数の組で表現できる面を有理数面という．マルテンサイト相の晶癖面*には整数の組で表すことができず，方向余弦で {0.715, 0.263, 0.648} としか表現できないものがある．これを非有理数面という．

遊離炭素 (free carbon)

Fe–C系で，炭素が Fe_3C や他元素との炭化物でなく，黒鉛*として析出状態で存在しているもの．約4%以上で現れるが，Siが共存しているともっと少なくても出てくる．鋳鉄で，まだら鋳鉄*，ねずみ鋳鉄*として現れる．→マウラーの組織図，炭素当量

有理面指数の法則 (law of rational indices)

実在の結晶の三角形で囲まれたある面 (P_0) をとり，その三角形に集まってくる3本の稜線 (x, y, z) で座標軸を構成する．P_0 を平行移動して座標軸 (x, y, z) に移し，軸との交点の座標を (x_0, y_0, z_0) とする．同じ結晶の他の任意の面をとって同様に座標軸との交点を (x_i, y_i, z_i) とすると，$(x_i / x_0) : (y_i / y_0) : (z_i / z_0) = H : K : L$ が割り合い小さな整数または分数の連比で表されるという経験則．1784年にアユイ (R.J.Hauy) が提唱した．結晶が構成粒子 (原子) の規則的な配列であることを反映している．数値を適当に取れば，(x_0, y_0, z_0) と $H : K : L$ は軸比*，ミラー指数*に対応している．

湯口 (sprue)

鋳造で溶けた金属を注入する口．細かくいうと受口 (pouring cup)，湯口，湯口座 (sprue base) などからなる．→鋳型

湯ざかい・湯じわ (cold shut)

冷えどまりともいう．鋳型中で溶湯が合流する場合，その部分が一様でなく，接触部に境目ができることをいい，湯の温度が低いために起こる．

ユージン・セジュルネ法 (Ugine–Sejournet extrusion process)

鋼の熱間押出しに潤滑剤としてガラス粉末を用いる方法で，ガラス粉末は，ビレットとダイスの間で溶融して潤滑剤の皮膜を作るとともに，断熱剤としてビレットの冷却を防ぐ．1942年フランスのセジュルネにより発明され，現在継目無しステンレス鋼管の主要な製造法となっている．

油井用鋼管 (oil well steel tube)

石油または天燃ガスの掘削・採取に用いられている鋼管で，用途によりドリルパイプ (掘削用ドリルの保持回転用)，ケーシング (石油井戸壁保護用)，チュービング (石油，ガスの地上への輸送用) に分けられる．基本的にはMn–Cr–Mo系の低合金鋼が一般的で，世界的にAPI (米国石油協会) 規格が用いられており，これは機械的強度により，5A, 5AX, 5AC に大別され，さらにグレードにより鋼種が細分されている．JISでは，試すい用継目無し鋼管がSTM-C540, C640, R590, R690, R780, R830 (C：ケーシングチューブ用，コアチューブ用，R：ボーリングロッド用；数字は最小引張強さ (N/mm^2) で表示されている．

湯流れ性 (fluidity)

流動度ともいう．鋳造において溶融金属の鋳型内における流れやすさをいう．金

属そのものの特性は，渦巻き状あるいは長い直線状の試験鋳型に流して判定する．鋳型の形状にもよるから種々の工夫が必要である．

ユニオン・メルト法（union-melt welding）
　サブマージアーク溶接*の商品名であるが，一般名としても使われる．

湯もれ（湯漏れ）（run-out, bleeder）
　鋳型にすき間があったり，溶湯の押しが強いとき，鋳型の一部から注湯がもれ出すこと．注湯中のもれを run-out，注湯後のもれを bleeder という．

ユーリカ（Eureka）
　米国の Ni-Cu 系抵抗用合金（コンスタンタン）で抵抗の温度係数が小さいため計測器などの標準抵抗コイルや可変抵抗体，熱電対などに用いられる．60Cu, 40Ni. 熱膨脹係数：17×10^{-6}/℃，比抵抗 (18℃)：$49 \times 10^{-6} \Omega \cdot cm$. →コンスタンタン

輸率（transport number）
　電解質溶液中を流れる全電流のうち特定のイオンの移動による電流を示す比率．ヒットルフ数（Hittorf number）ともいう．1種類の電解質から成る溶液の陽イオン，陰イオンの輸率 t_+, t_- は，それぞれの移動度を u_+, u_- としたとき $t_+ = u_+/(u_+ + u_-)$, $t_- = u_-/(u_+ + u_-)$ と書ける．→移動度

ユンカース モールド（Junkers mould）
　内壁は銅で熱伝導性を良くし，外壁は鋳鉄で強度をもたせ，この部分を水冷するような構造の鋳型．

よ 4

陽イオン（positive ion, cation）
　カチオン，正イオンともいう．中性原子または分子からいくつかの電子が除かれて，正に荷電したイオン．金属原子など陽性の原子からできやすい．

容易磁化方向（crystal direction of easy magnetization）＝磁化容易軸

容易すべり（easy glide）
　金属単結晶のせん断応力-ひずみ線図の第一段階で，あまり硬化せずよく塑性変形することをいう．当初，fcc と hcp についていわれたが，その後 bcc でも同様であることがわかった．この段階を容易すべり段階とかステージⅠという．

溶液（solution）
　複数の物質の混合物で均一な液相を溶液という．液体に固体，液体，気体を溶解したものが多く，もとの液体を溶媒，溶解した物質を溶質という．液体と液体，固体と固体の場合には多い方を溶媒，少ない方を溶質という．溶媒・溶質を構成する粒子間に相互作用がなく，かつ粒子が無秩序に混合している溶液を理想溶液という．実際には粒子が相互作用を及ぼして集合体を作っていたり，イオン化したりしている．固体に固体が溶け込んだ固溶体*と対比していう時に特に liquid solution ということもある．→活量，正則溶液，理想溶液

溶解帯（melting zone）
　融解帯，還元ゾーンともいう．キュポラ*内で上から装入された地金が融解する

部分．上は予熱帯*，下は燃焼帯*である．下からくるCO₂が多量のコークスCのため還元されてCOとなり還元雰囲気である．→キュポラ

溶解度ギャップ（miscibility gap）

混和間隙，相分離域，ミシビリティーギャップなどともいう．→二相分離型合金，スピノーダル分解

溶解度曲線（solubility curve, solubility line）

一般に状態図において溶解度と温度との関係を図示したもの．金属状態図では，ある成分が固溶して均一な固溶体をつくりうる溶解百分率の最大値と温度との関係を示す曲線で，溶解度限，固溶限*ともよばれる．とくに固溶体における溶解度曲線をソルバス（solvus）とよんでいる．→溶解度ギャップ

溶解度積（solubility product）

飽和溶液において陰，陽両イオンの濃度（mℓ/ℓ）の積をいう．難溶性塩の溶解度積は一定温度で一定の値を示す．沈殿しやすさの目安となる．

ヨウ化カドミウム型構造（cadmium iodide structure）

ヨウ化カドミウム（CdI_2）の示す構造で，AB_2（A：陽性元素，B：陰性元素）の化学式をもつ．六方晶系に属し，その単位胞*（平行六面体）は扁平な四面体2個のつながった菱形を重ねた構造である．SB記号ではC6型．重なり間の結合は弱い．不定比化合物*としてCdI_2型⇌NiAs型⇌Ni_2In型と変化でき，構造も六方晶系で非常によく似ている．→ニッケル・アーセナイド構造

陽極酸化アルミナ（anode oxidizing alumina）

アルミニウムは酸性電解液で陽極酸化すると，表面に多孔質の酸化皮膜ができ，陽極酸化（ポーラス）アルミナという．このアルミナ膜は自己組織化的にナノサイズの細孔が長距離規則化しているので，ナノ材料の出発構造として注目を集めている．

陽極酸化処理（anodizing）

アノード酸化処理ともいう．アルミニウムの場合，金属を硫酸，シュウ酸，クロム酸，あるいは炭酸ソーダなどの電解液中でアノード分極*するとアノード酸化皮膜ができ，この皮膜ははがれず，耐食性，耐摩耗性が向上する．これでできるアルミ上の皮膜は多孔質で着色ができる．電解液を変えて，ホウ酸塩，リン酸塩，アジピン酸塩などの中性液にすると緻密な無定形酸化皮膜となる．これをバリアー型陽極酸化皮膜という．→アルマイト

陽極泥（スライム）（anode slime, anode mud）

金属を陽極にして電解（電解精錬やめっき）したときに電気化学的に溶解しない残渣（滓）で陽極かすともいう．銅の電解精錬で出る陽極泥中にはAu, Ag, Ptなどの貴金属や，Bi, Sb, In, Se, Teなどが含まれ，回収されてこれらの金属の原料となる．Niについても同様である．→銅，電解精製

陽極防食法（anodic protection）

電気防食の一つ．アノード防食法ともいう．鉄鋼やステンレス鋼など不動態化しやすい金属をアノード分極*し，不動態*維持電流まで腐食速度を落とす防食法．材料と環境の組合せで条件が満たされる場合に限られ，また電流消費も大

洋銀（nickel silver）＝洋白

溶鉱炉（blast furnace）＝高炉

陽子（proton）

　　プロトン．中性子＊とともに原子核を構成する粒子．水素原子核はプロトンそのもの．水素イオンも同じ．

溶質（solute）

　　→溶液．固溶体＊においては，不純物原子をいうこともある．

溶浸処理（infiltration）

　　固溶・化合しにくい金属間，あるいは融点差の大きい金属間で，まず融点の高い金属で気孔の多いものを粉末冶金的に作り，それを融点の低い金属の融液に浸して合金化すること．低融点金属をバインダーとも見なせる．Cu–Pb，W–Cuなどの例がある．

溶製鉄（ingot iron）＝インゴットアイアン

溶接（welding）

　　金属材料をつなぎ合わせる方法のうち部分的に溶融させる方法（融接法）をいう．ろう付け＊，圧接＊，鍛接＊を含めていうこともある．電気溶接（電気アーク溶接＊），エレクトロスラグ溶接＊，エレクトロン・ビーム溶接法＊，抵抗溶接法＊，ガス溶接＊，テルミット＊溶接などがある．→溶接熱影響部

溶接構造用鋼（steels for welded structure）

　　切断や軽度の変形加工を加えるだけで，主として溶接により構造物を組立てるのに適し，強度と同時に溶接性も保証されている鋼材をいう．JISには溶接構造圧延鋼材，溶接構造用耐候性熱間圧延鋼材，溶接構造用70キロ級高降伏点鋼板が，また溶接協会規格（WES）には溶接構造用高張力鋼板が規格化されており，船舶，建築，橋梁，鉄道車両，石油タンク，ガスタンク，圧力容器，海洋構造物，土木建築機械など広い分野の構造物に用いられている．

溶接残留応力（welding residual stress）

　　溶接部分は，急熱・急冷による変形のみでなく，材質的な変質（焼入れ・焼戻しなど）も生じる．こうした変化で，溶接部そのものの内部や，周囲の拘束によって溶接部に発生する残留応力．これが大きいと溶接ひずみ＊や溶接割れ＊となる．

溶接性（weldability）

　　溶接作業の難易および部材の使用目的を害さないかの程度を表すもの．前者を工作上の溶接性といって，母材の融点，熱伝導度，熱膨張率などとそれに依存する欠陥発生の程度をいう．後者を使用性能上の溶接性といって，溶接部継手の機械的性質，耐食性，変形・残留応力などの程度をいう．

溶接熱影響部（heat affected zone: HAZ）

　　溶接は，その中心では溶融点以上まで，そこから離れるに従って下がるとはいえ，かなりの高温まで，急熱・急冷される過程である．この過程によって，さまざまな材質変化が生じる部分を熱影響部という．現場では「二番」という．鋼の場合には，変態や，焼入れ・焼戻しなどを受ける結果ともなる．おおまかにいうと，いったん

溶けた部分（ビード部）とその外側部分（粗粒域）は極めて硬く脆い．混粒域を経て，いったん靭性部分（細粒域）があり，その外側に軟らかい部分ができ強度が落ちている（球状パーライト域と脆化域）．そして元の材質のままの部分に続く．それぞれの部分が問題であるが，同時にその境界が応力集中点になる．溶接時に，溶接棒を細かく左右に振ったり（ウェービングという），材質を工夫したり（溶接用鋼），後処理をしたりして影響を減らす．

溶接ひずみ（welding distortion）

溶接による急熱・急冷による膨張・収縮の差や材質変化，周囲の拘束などによって生じた変形．所定寸法からのくるい．これが溶接割れ*になることもある．

溶接用鋼線（steel filler wire）

溶接棒の芯線として使われる鋼線．溶接対象，溶接法によって種々あるが，最も一般的なものとして，0.15％C以下の軟鋼，リムド鋼が用いられる．

溶接割れ（weld crack）

金属の溶接部に発生するき裂をいう．多くの場合，き裂の幅に対して長さ・深さが大きく，先端が鋭いので十分な注意が必要．発生場所によって，溶接金属割れ，熱影響部割れ，母材部割れに区別される．また発生時の温度によって，高温割れ，低温割れ，再加熱割れ（再熱割れ*）などに区別される．→溶接，溶接熱影響部，溶接ひずみ，溶接残留応力

溶銑予備処理（hot metal pretreatment）

溶銑を転炉に装入する前に溶銑中の成分を調整することをいう．予備処理は通常 Si, Mn, P, S, N について行われるが，特に予備脱硫が広く行われている．脱硫剤として Ca, Mg, 希土類等の合金，ソーダ灰，生石灰などが用いられ，取鍋中あるいはトーピードカー*中に吹き込むか機械的に攪拌するなどして反応させる．

溶銑炉（cupola (furnace)）

キュポラ*のこと．鋳鉄を溶解するのに用いる炉．

溶体化処理（solution (heat) treatment）

時効硬化*性の合金に対して最初に行なう熱処理で，溶質原子を完全に均一に固溶させる目的で，溶解度曲線*以上に加熱して，多少急冷ぎみに冷却する処理．その後時効させる．

陽電子消滅（positron annihilation）

物質に入射された陽電子が物質中の電子と対消滅（pair annihilation）する時に放出するγ線を測定して，空格子点*や複空孔*の濃度，フェルミ面*形状などを知り得る数少ない手法．線源としては ^{22}Na, ^{58}Co, ^{57}Ni, ^{64}Cu などのβ崩壊による陽電子を用いる．入射された陽電子は短時間で格子の熱振動程度のエネルギーとなり格子中をゆっくり移動し，空格子点など特異な位置で，外殻電子やフェルミ面の電子と対消滅する．その際放出されるγ線の角度依存性や，β崩壊とγ線放出の時間差から求まる陽電子寿命などの測定から上述のような物性がわかる．

溶湯鍛造（forge casting）＝高圧鋳造

溶媒抽出（solvent extraction）

液－液抽出（liquid-liquid extraction）ともいう．互いに溶け合わない2種の溶媒

中への分配平衡が溶質の種類によって変化することを利用する溶質の分離法.

洋白 (nickel silver)

Cu-Ni-Zn合金の総称をいうJIS用語で, 実用組成は45～75Cu, 8～25Ni, 12～45Znの広い範囲をもつ. 色調はニッケル, 亜鉛量によって銅赤色, 帯赤色, 淡黄色, 淡緑色, 鋼灰色, 銀白色などを呈するが, ニッケルが多いものは銀白色で, 銀に似ているところから洋銀, ニッケルシルバー, ジャーマンシルバー, 模造銀などと呼ばれている. ニッケルの少ないものは銅赤色, 淡黄色で耐食性, 強度はやや劣る. 亜鉛の多いものは鋳造性に富み, 銅の多いものは加工性が良好である. また電気抵抗は銅合金としては高い方で, その温度係数は小さい. 元来色調を好まれた合金であるが耐食性, 耐熱性, 機械的性質 (特にばね性) に優れているため食器 (スプーン, フォーク), 楽器, 装飾品, 美術工芸品, 医療機器, 電子機器, 計測器, 硬ろう, 各種ばね, 電気抵抗線, 建築材, 化学機器, バイメタルなど広く使用される.

溶融塩 (molten salt)

金属の硝酸塩, フッ化塩, 塩化物などの塩を溶融したもの. 流動性が良好で, 電気伝導も大きい. 溶融塩電解*, 高温液体の熱媒体, 反応促進浴材など広い用途に使われる. HTS* (heat transfer salt) は熱媒体としてよく知られている. NaF-NaBF$_4$系は原子炉の冷却材として使われている.

溶融塩電解 (molten salt electrolysis)

アルミニウム*, アルカリ金属*, アルカリ土類金属*など, 活性なため水溶液中で電解できないものの製錬で用いられる方法. 原鉱石あるいはそれをさまざまに処理した化合物を, そのままあるいは類似の溶融塩と共に溶融状態で電気分解する (→マグネシウム, カリウム, リチウム, ホール・エルー法). また高融点のチタン*, タンタル, モリブデンや希土類金属の精製, 高純度化にも, 雰囲気を不活性にし, 不純物混入を避けるなどの対策を講じてこの方法が用いられる.

溶融金属浸透法 (infiltration process) =溶浸処理

溶融シリカ (fused silica) =石英ガラス

溶融石英 (fused quartz)

溶融水晶ともいう. 透明石英ガラスのこと. →石英ガラス

溶融めっき (hot dip coating, hot galvanizing)

溶融金属中に素材 (主に鉄鋼) を浸漬したのち引き上げて, 金属被覆 (めっき) する方法で, メローアン (Melouin, 仏, 1742) の溶融亜鉛めっきが始まりである. 溶融金属は鉄鋼表面と反応し金属間化合物を形成するので, 溶融めっき鋼材は, 界面化合物を介して被覆金属と鋼材が接合された状態にあり, 鋼材の耐食性が向上する. 主な製造過程は, 表面清浄, 活性化処理, 浸漬処理, めっき厚制御で, 連続プロセスで行われる. 主なめっき法には, 溶融亜鉛めっき, 合金化溶融亜鉛めっき, 溶融Zn-Al合金めっき, 溶融アルミニウムめっき, 溶融Pb-Sn合金めっき (ターンめっき) などがあり, とくに合金化溶融亜鉛めっきは, 電気亜鉛めっきに比べ厚めっきが安価にできるため, 自動車外板に広く用いられるようになっている. 溶融亜鉛めっき鋼板はトタン板*とも呼ばれる. →電気めっき, 亜鉛めっき鋼板

溶離 (elution)
イオン交換樹脂を充填したカラムの上端に試料混合物を詰め,適当な電解質溶液で洗い流す(展開する)と成分イオンの吸着能の差によって各成分の吸着帯が異なった速度でカラム中を降下しつつ分離する.この展開操作を溶離と呼び,展開するための電解質溶液を溶離剤 (eluent) という.→イオン交換法

抑止剤 (restrainer)
鋼の酸洗で鋼自体の減量を最小限におさえるために加えられるチオ尿素,キノリン,ピリジンなどの有機物のこと.

抑制剤 (inhibitor)
インヒビター.一般的な名称で,ある変化に付随する余分な変化や好ましくない変化を阻止するために添加される少量の元素や薬剤でさまざまなものがある.例えば①溶融マグネシウム合金の燃焼を阻止するためのフッ化物,ホウ酸,硫黄など.②腐食抑制剤*.③方向性ケイ素鋼板を作るための一次再結晶抑制剤.④定量分析で干渉を抑制するためのインヒビターなど.

横吹き転炉 (tropenace)
炉の横側に空気の吹き込み口のついた小型の転炉(数トン以下)で,鋳鋼用に用いられる.

ヨード法 (iodizing process) =ファン・アーケル法

予熱帯 (preheating zone)
キュポラの装入口からすぐ下の部分で下から熱風によって装入物(地金,燃料,石灰石)が予熱される部分.→キュポラ

余分な原子面 (extra-half plane)
割り込み原子面ともいう.刃状転位*の中心部にすべり面に対して垂直に入っている1枚余分な原子面のこと.すべり*で移動するほか,ジョグ*の移動で上昇運動*する.→転位の符号,非保存運動

4f 遷移金属 (4f transition metals)
57番 La($4f^1$)～70番 Yb($4f^{14}$)あるいは71番 Lu($4f^{14}$)の希土類金属をいう.4f電子*が順次配置されていく過程で(電子配列の形式からいうと Lu は主遷移元素で除かれる),性質の似た希土類元素群が成立する.またこれらを内遷移元素ともいう(3d, 4d, 5d 電子が配置されていく元素を主遷移元素という).低温で強磁性を示したり,らせん磁性,円錐磁性,正弦波構造磁性などの反強磁性*を示し磁気構造が多彩である.付録「周期律表」参照.→希土類金属

4f電子 (4f electron)
主量子数*4,方位量子数*3に属する電子群またはそのエネルギー状態.これが注目されるのは,希土類金属の性質を決めているからである.5s, 5p, 6s の電子群で外側を遮蔽された状態で,$4f^1$(57La)～$4f^{14}$(70Yb)までが順次配置されている.
→希土類金属

475℃脆化(脆性) (475℃ embrittlement)
クロム(Cr)を15%以上含むフェライト系ステンレス*を450～500℃に長く加熱した材料に現れる脆性*.Fe-Cr系の二相分離でα′相が出るためである.600℃

以上に短時間だけ焼鈍するとなくなる．→ステンレス鋼

四面体位置（tetrahedral site, tetrahedral hole, tetrahedral voids, interstitial tetrahedral site）→格子間位置

ら λ

ライニング（lining）

①表面処理＊の一つ．金属容器などの表面を，樹脂やセラミック・耐火物などで，やや厚く被覆して，耐食性，耐熱性などを持たせる処理．

②溶解炉の内張り．

ライフ サイクル アセスメント（life cycle assessment）

製品あるいはサービス(プロセス)の環境に及ぼす負荷を評価する方法の一つ．製品やプロセスのライフサイクル－"原料取得－生産－流通－使用－廃棄－リサイクル"の間に発生する環境への負荷（例えばCO_2発生，エネルギー消費など）を積算して定量的に評価しようとする方法．製品の生産方法やシステムの比較に用いられる．生産時の環境負荷が小さなプロセスを低環境負荷履歴（green environmental profile），廃棄物処理時の環境負荷の小さいものを有害物質フリー（hazardous substance free）という．ISO14040にこの考え方の一般原則が定められている．

ラウエ法（Laue method）

固定した単結晶に連続（白色）X線の細い平行ビームをあて，結晶の奥に垂直においたフィルムに回折像を結ばせる．回折像（スポット）をラウエ斑点といい，結晶系が判定できる．1912年ラウエ達が結晶によるX線の回折をはじめて観測した方法で，それはX線が電磁波であることと，結晶(金属)の原子配列の規則性を証明した．単色X線を使う場合やビーム側にフィルムを置く場合もある．→ノモン投影

ラウタル（lautal）

Lautal Werk 社（独）のAl–Cu–Si系鍛造および鋳造用合金の総称．ジュラルミン組成中のMgをSiで置換したことに発するが（4～6Cu, 1～2Si, 0～0.3Mn, 残Al），強度はジュラルミンよりやや劣る．ヨーロッパではSi0.5～2%程度の鍛錬用合金をいうが，日本ではAl–Cu–Si系合金鋳物を通称ラウタルと呼び，2～5 Cu, 4～10Siが実用範囲である．Siの添加で鋳造性がよく，熱処理は鋳造加工後，500℃から水中焼入れ，時効硬化させ加工する．マニホールド，シリンダーヘッド，バルブボディー，クランクケース，クラッチハウジング，自動車用足回り部品，航空機用，電装品などに用いられる．→ジュラルミン

ラウールの法則（Raoult's law）

不揮発性溶質の添加による溶媒蒸気圧の低下が溶質の濃度に比例するという法則．熱力学的にいうと混合エントロピーはゼロではないが，混合熱がゼロである場合のことである．実際には希薄な部分でしか成立しない．これが成立する溶液を理想溶液＊という．非理想溶液での実効的な濃度として活量＊を考え，それがラウールの法則から小さい方へ偏る時，溶質－溶媒間の結合力が大きく，(合金系も溶体として同様に扱うことができ)金属間化合物を形成しやすく，逆に偏ると二相分離に

なる．→正則溶液

落（下）槌鍛造（drop forging）
　落し火作りともいう．落下槌による型鍛造＊のこと．主として小型品を大量生産する時の方法．

ラザフォード後方散乱（Rutherford back-scattering spectroscopy: RBS）
　試料表面に数百～数百万eVのエネルギーをもつ軽イオンの照射によって生じる散乱情報から，元素の種類，深さ方向の分布，原子の幾何学的配置などがわかる．不純物元素の検出能力などはd-SIMS（動的二次イオン質量分析）に劣るが，数％以上の成分では数分で測定できるという利点がある．→二次イオン質量分析

ラジウム（radium）
　元素記号Ra，原子番号88，白色のアルカリ土類金属．ピッチブレンドから得られる放射線元素．1898年キュリー夫妻（M.S.Curie, P.Curie）と化学者ベモン（G.Bemont）が協同して発見したことで有名．γ線・α線の放射線源として医療・工業的に有用であったが，1950年頃から人工の放射線源が用いられるようになり，放射線治療には^{60}Coに置きかえられ，現在は利用されなくなった．

ラジオアイソトープ（radioisotope）＝放射性同位元素

ラジオグラフィー（radiography）
　放射線透過試験ともいう．X線やγ線を用いて物質内の空洞，割れなど内部構造を調べる非破壊検査法．

ラス・マルテンサイト（lath martensite）
　細かな線状（lath）の組織を示すマルテンサイト．通常のマルテンサイトで光学顕微鏡では塊状に見えるのでマッシブ・マルテンサイト＊ともいう．低炭素鋼・低Ni-Fe合金で見られる．ラスの内部は高転位密度である．第二次ひずみがせん断変形でできたマルテンサイトの組織．↔レンズ状マルテンサイト

らせん磁性（screw type magnetism）→反強磁性

らせん転位（screw dislocation）
　転位＊はすべった部分とまだすべっていない部分との境界線であるが，この線（転位線）の方向とすべりの方向（バーガースベクトル＊）とが平行，すなわち転位の移動・伝播方向とバーガースベクトルが垂直な転位をいう．「転位」の図3参照．転位の中心部分では原子配列がらせん状に変位している．らせん転位は一つのすべり面から同等な他のすべり面へ容易に乗り移ることができる．それだけでなく，転位線の方向とバーガースベクトルが平行なので，両方を含む面ならば，自由に動ける（交差すべり＊）．これをらせん転位のすべり運動（グライドモーション：glide motion）という．→すべり

らせん転位の拡張（extension of screw dislocation）
　bcc金属のらせん転位＊はすべり方向<111>に平行である．いま$[\bar{1}\bar{1}1]$方向を含む$\{211\}$面を考えると$(2\bar{1}1)(1\bar{2}\bar{1})(112)$面が120°で交わっている，らせん転位$(a/2)[\bar{1}\bar{1}1]$は$(a/3)[\bar{1}\bar{1}1]+(a/6)[\bar{1}\bar{1}1]$と拡張し，さらに$(a/3)[\bar{1}\bar{1}1]$が2本の$(a/6)[\bar{1}\bar{1}1]$に拡張し得る．その時もとの転位があった位置には何も残らず完全結晶となる．3本の$(a/6)[\bar{1}\bar{1}1]$不完全転位は安定で動きにくい，また応力の向

きで収縮の容易さに差が生じる，などからbccらせん転位の動きにくさが説明される．またbccでは拡張したままで交差すべりができ，すべり面が一定しないことも説明される．またすべり線*がうねることも見られる．これをペンシルグライド (pencil glide) ともいう．fcc金属については拡張転位*参照．

らせん転位の交差すべり (cross slipping of screw dislocation)

らせん転位*はもともと容易に交差すべり*ができる．しかしfcc金属ではしばしば転位は拡張転位*になっているので，いったん収縮*するかステアロッド転位*をつくらなければ交差すべりができない．それに対してbcc金属では拡張したままでも交差すべりできる．→らせん転位の拡張

ラーソン・ミラー係数 (Larson–Miller parameter)

クリープ破断時間（クリープ寿命）を推定するために計算されるパラメータ．種々の高温でクリープ破断実験を行い，その結果を横軸$T(C+\log t_c)$，縦軸σ（応力）でプロットする．ただし，T：温度（℃），C：定数，t_c：破断時間．この横軸にとる$T(C+\log t_c)$をラーソン・ミラー係数という．通常種々の温度・応力での実験結果は一つの直線上に並び，これをラーソン・ミラープロット (L–M plot) という．これからCを求めて他の温度，応力下での寿命を推定する．しかし温度，応力が変わればクリープ機構が変わってしまうこともあり，実験した最長寿命の3倍以上は精度が落ち，10倍以上は使わないことになっている．

ラテライト (laterite)

玄武岩のFeに富んだ風化産物だが，Fe, Al, Ti, Mnの酸化物・水酸化物としての名称．鉄質ラテライトはFeとNiの鉱石になることもある．アルミ質のラテライトはボーキサイト*の構成部分である．50％の褐鉄鉱分と50％のアルミニウムの水酸化物からなるものもある．西インド諸島，フィリピンなどで産出，有望なフェロニッケル資源としての利用も注目されている．

ラフィナール (raffinal)

高純度アルミニウムのこと．精製することをフランス語でraffineということに由来している．耐食性に優れているため，サッシ，化学プラントなどに使われる．99.99Al．

ラーフェス相 (Laves phase)

ラーヴェス相，ラーベス相などともいう．多数の金属間化合物（化学組成AB_2）で見られ，類似した3種類の構造をもつ相．原子半径がA:B=1.2:1での最密充填*と

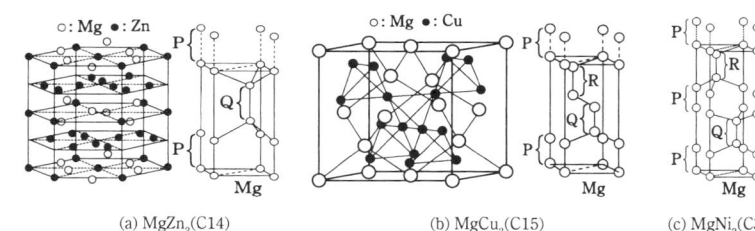

(a) $MgZn_2$(C14)　　　(b) $MgCu_2$(C15)　　　(c) $MgNi_2$(C36)

ラーフェス相

なっている．代表的なものはMgZn$_2$（a），MgCu$_2$（b），MgNi$_2$（c）で，それぞれSB記号*でC14, C15, C36と書かれる構造を持つ．C15は立方晶系でMgがダイヤモンド構造*をとり，そのすき間にCuが四面体集団で入っている．C14とC36は六方晶系で，ダイヤモンド構造を<111>方向に見た積み重ねが方向を逆転しながら，C14ではPQPQと積み重なり，C36ではさらに向きを変えたRが入りPQPRPQPRと積み重なる．ZnやNiはやはり四面体集団で別の向きをとりつつすき間に入る．物性的観点から構造，磁性，超伝導等などの研究が盛んである．

ラプチャー（rupture）
引張試験*で，断面積が0にまでくびれて切れる延性破壊*をいう．多くはクリープ試験*についていう．

ラム鋳型（rammed mold）
チタンおよびその合金の鋳造鋳型の一つ．黒鉛粉末を骨材として，炭素系あるいは樹脂系の粉末で成形乾燥後，焼成したもの．

ラムダ（λ）型転移（lambda type transition）
二次の相転移*のこと．変態にあたって比熱の変化が，ギリシャ文字のラムダ（λ）型を示すのでこの名がついている．→ベーテの理論

ラメラーテア（lamellar tear）
溶接割れ*の一種．板面と垂直方向との継ぎ手がある時，溶接金属部のすぐ中側に板面と平行に発生するもので，アルミキルド鋼でも生じる．介在物などが圧延で板状・面状に並んだ場合に発生する．

ランキン温度（Rankine temperature）
欧米でよく使われているカ氏（華氏）温度で絶対温度*（熱力学的温度）を表したもの．カ氏温度に459.69を加えたもの．°Rと書く．

ランクフォード値（Lankford value）＝ r（アール）値

ラング法（Lang's method）
X線で結晶の欠陥や格子のひずみを観察する方法の一つ．微小焦点からの単色X線を結晶に当て，透過ブラッグ反射条件*にフィルムを置く．その位置関係を保ったまま結晶とフィルムを同時に平行運動させて結晶の広い面積を走査し，透過回折像を撮影する．その回折強度の局所的変化から結晶内のひずみや欠陥についての情報を得るX線回折*顕微鏡法．X線トポグラフィーともいう．乳剤の細かな原子核用フィルム（乾板）を用いるなどで1μm程度の解像力がある．

ラングミュアの蒸発速度式（Langmuir's evaporation rate equation）
ラングミュアによって与えられた真空中の蒸発速度を表す式．蒸発面と平衡する蒸気圧を考えると，蒸気相から蒸発面に衝突して凝縮する粒子数と蒸発面から蒸発する粒子数は等しい．もしこの平衡する蒸気相を取り払って蒸発面が真空に曝されているときも蒸発する粒子数に変化がないとすると，単位時間，単位面積当りの蒸発量Gは壁を叩く粒子数に等しいとして$G=\alpha(M/2\pi RT)^{1/2}p$と書ける．ここで$\alpha$は適応係数（accommodation coefficient），Mは分子量，Rは気体定数，Tは絶対温度，pは平衡蒸気圧である．なお適応係数は蒸発面を叩く粒子のエネルギー交換割合（凝集する確率）で0～1の値をもつ．

ラングミュアの等温吸着式 (Langmuir's adsorption isotherm)

一定温度で固体が気体を吸着するとき単位表面積当たりの吸着量qは気相の圧力pとq=b_1p/(1+b_2p)の関係にある.ここでb_1, b_2は固体と気体の種類によって定まる定数である.この吸着式は単分子層の吸着に対し良く成立する.

ラングミュア・ブロジェット膜 (Langmuir–Blodgett film, LB film)

水面上に1分子の厚さの有機物分子の膜を並べて浮かべ,これを固体表面上に1分子層ずつ移していく.この単分子累積膜をLB膜という.1934年にGE社のラングミュア(I.Langmuir)とブロジェット(K.B.Blodgett)が発見した.ポストシリコン材料としてLB膜の高秩序薄膜が期待されている.

ランジュヴァン関数 (Langevin function)

ランジュヴァンが常磁性の古典統計理論で,キュリーの法則*を証明する際に導入したL(x)=coth x−(1/x)で定義された関数L(x)をいう.xが小さいところではL(x)=x/3, x≫1ではL(x)=1−(1/x)となる.相互作用のないモーメントpの双極子集団がEの電場または磁場内にあるとき,平均モーメントの場の方向成分 <p>は <p>=pL(pE/kT)となる(T:絶対温度).量子論ではブリュアン関数でおき換えられる.ワイスの分子磁場説で,強磁性の温度変化を論じる際にも使われる.

ランタノイド (lanthanoide)・ランタニド (lanthtanide)

→希土類金属, 4f遷移金属

ランダムウォーク (random walk) = 酔歩の理論

ランダム タイリング (random tiling)

高温において準結晶*(三次元ペンローズタイリング*)に多くのフェイゾン*ひずみ(欠陥)がランダムに生じた状態をペンローズタイリングになぞらえた言葉.近似結晶*が高温で準結晶に相転移した時,回折ピークは低くなり,散漫散乱が増える.その状態の乱れた格子のモデルであるが確認されていない.

ランツ法 (Lanz process)

高級鋳鉄の製造法の一つ.引張り強さが30kgf/mm^2以上の強靭な鋳鉄を得るために,1916年にDiefenthallerは低炭素,低ケイ素にして,湯流れを改善するために,予熱した金型に鋳込んだ結果,パーライト基地の強靭な鋳型を得た.ランツのパーライト鋳鉄として有名である.

乱歩 = 酔歩

り

リアクティブメタル (reactive metals)

活性金属ともいう.酸素,窒素などと反応しやすく,従って純金属にしにくい金属.Nb, Mo, Ti, Al, Be, U, V, Mg, Th, Ce, Ca, Sr, Li, Na, Ba, Kなど.

リジッド バンド モデル (rigid band model)

金属特に合金の物性の議論で,例えば遷移金属では3d,4sなど共通・一般的なバンド構造を仮定してそれを固定し,組成変化などで電子数が変化しても,フェルミレベル*だけが変化すると考えるモデル.Ni–Cu合金の磁性などをよく説明する

が，便宜的な近似である．合金では成分金属それぞれの電子散乱を考慮したコヒーレントポテンシャル近似がよく使われている．

リジング (ridging)
クロム量の多いフェライト系ステンレス*に，プレス加工などで，引張り，圧縮，絞りなどの変形を与えると，板の圧延方向に長くうね（畝）のような凹凸が生じること．製品の外観を損ねる．圧延による優先方位*のわずかな方位差が現れたものと考えられ，優先方位を減らすことが考えられている．

理想結晶 (ideal crystal)
原子の規則的・周期的配列のみを考え，格子欠陥を考えない結晶についての描像．
↔ 完全結晶，実在結晶

理想固体 (ideal solid)
弾性ひずみが応力に比例する固体．Hookian solid ともいう．

理想密度 (ideal density)
完全結晶*を想定し，X線回折で，求まる格子定数 (a) と結晶型によって定まる単位格子中の原子数 (n)，原子量* (M) から $1.6605 \times nM/a^3$ として求まる物体の密度 (d_o)．X線密度 (d_X)，理論密度 (d_{th}) ともいう．n は fcc では 4，bcc では 2，hcp では 2（ただし a^3 でなく $(\sqrt{3}/2)a^2c$)，単純立方晶では 1．また，1.6605 は 1 原子量をグラムで表すための係数（原子質量単位）．→密度，見かけ密度，原子量

理想溶液 (ideal solution)
ラウールの法則が成立する溶液．分子の大きさが同程度の大きさの溶液で，混合のエントロピーはあるが，混合熱は示さない場合である．多くの溶液では希薄な時に限られる．→ラウールの法則，活量，正則溶液

理想臨界直径 (ideal critical diameter: D_i)
焼入れ性*の定量的表現の一つ．鋼材を焼入れする時，焼入れ浴に投入した瞬間に鋼材表面温度が焼入れ浴温度になると仮定した時（これを理想焼入れ：ideal quench という），その鋼材に中心まで焼きが入る最大直径のこと．実際にはジョミニー試験*などから図表的に求める．

リチウム (lithium)
元素記号 Li，原子番号 3，原子量 6.941 で体心立方晶の銀白色アルカリ金属．融点 180.69℃，沸点 1347℃，密度 $0.534 g/cm^3$ (20℃)．性質はマグネシウムに類似し，乾燥空気中ではほとんど変化しないが少量の水分存在下では窒素と反応し窒化物 (Li_3N) を生じ，100℃以上に加熱すると酸化リチウム (Li_2O) となる．主要鉱石はリチア輝石 ($LiAlSi_2O_6$)，ペタル石 ($LiAlSi_4O_{10}$)，アンブリゴ石 ($LiAl(F,OH)PO_4$) などで，溶融塩電解*により精製する．銅の脱酸素剤，アルミニウム，マグネシウム，鉛などの合金成分，電池の陽極，半導体，核燃料などに用いられる．

リチウム二次電池 (lithium ion secondary cell / battery)
リチウムがイオンとして電解液に使用されている充電可能の二次電池．ノートパソコンなどの小型，軽量の二次電池として使われているが，電気自動車用の蓄電池としても有望視されている．現在，二次電池として使用されているニッケルーカドミウム電池に比べて，カドミウムのような有毒物質を含まず，エネルギー密度が 280

～350 Wh/ℓと高い，体積で約1/3，重量で約1/4，一回の充電で使える時間が2～3倍も長い．出力は3.6V．→二次電池

リチャーズの法則（Richards' rule）
金属の液相は固相より1エントロピー単位（気体定数R）ほどエントロピーが大きいという法則．これは融解のエントロピー（entropy of fusion）すなわち，（融解の潜熱／融点）がこの程度になるという意味である．

リチャードソン効果（Richardson effect）
熱電子放射ともいう．1902年，O.W.リチャードソンが発表．→熱電子放射

律速段階（rate determining step (process)）
律速過程ともいう．化学反応などの動的過程全体がいくつかの段階（素過程）で構成されている時，その中で最も反応速度が遅く，その速度によって反応全体の速度が決まってしまう段階をいう．

リップルパターン（ripple pattern）
延性破壊あるいは疲労破壊で，すべり面分離が生じた部分に見られるミクロ破面組織．うねったような曲線群（蛇行すべり）の近傍に発生するより細かなほぼ平行の曲線群．比較的純度が高く介在物もない場合，ディンプルにならず，このパターンになる．→破面組織解析

立方晶系（cubic system）
結晶系*の一つ．等軸晶系ともいう．立方体の体対角線方向に4本の3回回転軸か，回反軸のあるもの．それ故4回軸がなくてもよい（例，A15型）．結果として単位格子*の軸長が等しく（a=b=c），軸間角も全部90°である（$\alpha = \beta = \gamma = 90°$）．単純（P），体心（I），面心（F）の3種のブラベー格子がある．→結晶系

立方（体）方位（cube texture）
立方（体）組織ともいう．集合組織（100）[001]を持った組織．圧延板の板面が（100）面，圧延方向に[001]方向が揃っている集合組織*のこと．二方向性ケイ素鋼板*がその例．→ゴス方位，方向性ケイ素鋼板

リードスイッチ（lead switch）
2本の対向する軟質磁性の短冊状の小片（リードという）をガラス管内に不活性気体とともに封入した接点器をいう．

リードフレーム合金（alloy for lead frame）
IC*（集積回路）のリード（導線）とパッケージ（包装）の役割をしている枠構造用合金．ICの集積度向上にともない，電気伝導度，熱伝導度が大で，強度も大きく，熱膨張係数が小さく，繰り返し曲げ強さ，めっき性，ボンディング性などのよいことが要求される．Fe系，Cu系とあり，Fe系合金（Fe-Ni, Fe-Co）はインバー，コバールなどガラス封着合金が転用された．Cu系合金（Cu-Ni, Cu-Ni-Sn, Cu-Ni-Zn）はキュプロニッケル系で，スピノーダル分解や酸化物分散などにより，強化が計られている．実用合金としてはFe-Ni系のF-30, 42合金，Cu系のCA195, 719, 725,などがある．→インバー，コバール，キュプロニッケル

リニェージ構造（lineage structure）
鋳造凝固状態で見られる小傾角粒界*で構成された多結晶構造．方向がわずかに

分散している擬似単結晶構造. →ポリゴニゼーション, ↔モザイク構造

リバーパターン(river pattern)

脆性破面に見られるミクロ組織. 小さなへき開面(へき開ファセット)の1枚ごとに, 葉脈のように, 川の本流に支流が流れ込むように見えるパターン. き裂進展速度が遅くなるとリバーパターンにタング(舌)と呼ばれる, より細かな組織が現れ, 擬へき開破面となる. →破面組織解析

リフラクトリー メタル(refractory metal)=高融点金属

リポヴィッツ合金(Lipovitz alloy)

Bi基低融点合金で消火栓, ヒューズなどに用いられる. 13.3Sn, 26.7Pb, 10.0Cd, 残Bi. 融解区域:70〜73℃.

リボン状デンドライト(ribbon dendrite)

単結晶の板を得る一つの方法として, 特定の方位に成長する樹枝状晶を浮遊帯溶融法*で成長させリボン状にしたもの.

リミング アクション(rimming action)

強制脱酸しないリムド鋼*のように鋳型に注いだ鋼が, 凝固時に多量のCOガスを放出し, 沸騰する現象をいう.

リムド鋼(rimmed steel)

ほとんど脱酸をしないで凝固させた鋼塊. 凝固時多量のガスが発生し(リミングアクション*), 鋼塊中の鋳型周辺に気泡が枠のように見えるところからついた名称. 気泡が残るため凝固による収縮孔*はなく, それは鍛造圧延加工でつぶれてなくなるので全体として部留まりがよい. 安価で大量に使用する鋼種に適用する. →キルド鋼, セミキルド鋼

粒界→結晶粒界

粒界移動(grain boundary migration)

粒界の移動は加工やクリープでのほかにいくつかの場合がある. ①再結晶*の場合は新たに発生したひずみのない結晶粒が加工による内部応力の残っている結晶粒を食って成長するための粒界移動で, 駆動力はひずみエネルギーである. (一次再結晶, ひずみ粒界移動(strain induced grain boundary migration)ともいう. ②一次再結晶終了後, さらに加熱すると, 小さい結晶粒(多角形の角数が少ない粒)が, 大きい結晶粒に食われていく粒成長(結晶粒成長*)でも粒界は移動する. 駆動力は結晶粒界エネルギー*である(これを一次再結晶の一部と見ることもできる). ③さらに高温に加熱すると粗大化*, 異常粒成長*, 二次再結晶*が起こり, 大きく移動する. これは粒成長を阻止していた析出物が再固溶するなどで起きる. 駆動力は表面エネルギーである. ①〜③とも粒界が移動しているともいえるが, また, 再結晶, 粒成長が進んでいると見ることもできる.

粒界エネルギー(grain boundary energy)

結晶粒界が持つエネルギーで, その内容としては次のようなものがある. 原子結合がそこで急に変化することによるエネルギー, 原子配列のずれによるひずみエネルギー, 配列や転位構造などの乱れのエネルギー, 周辺の弾性エネルギー, 電子状態の急変のエネルギーなど.

粒界拡散(grain boundary diffusion)

金属材料の結晶粒界に沿った原子の移動による拡散.表面拡散*に次いで拡散速度が大きい.低温での拡散に効果的である.→拡散,転位拡散,↔高速拡散

粒界拡散クリープ(grain boundary diffusion creep)

拡散クリープの一つ.やや低温,低応力で起こる粒界拡散*によるクリープ*.コーブルクリープともいう.→クリープ機構,格子拡散クリープ

粒界再結晶反応(grain boundary recrystallization reaction)

粒界反応型析出*のことであるが,過飽和固溶体からの析出過程が固相1→固相1+固相2で,再結晶が同時に生じているとの考えからこういう.→析出,再結晶,粒界反応型析出

粒界すべり(grain boundary sliding)

流動変形ともいう.粒界拡散クリープ*に伴う粒界のすべりによる変形.クリープで結晶粒間にすき間や重なりが生じないようにするためのすべり変形.

粒界転位(grain boundary dislocation, dislocation model of grain boundary)

結晶粒界が転位によって構成されていると見なし得る場合の粒界とその構成転位のこと.小傾角粒界*は刃状転位*の列(小角かたむき粒界*)あるいはらせん転位*の列(小角ねじれ粒界*)で構成され,またエピタキシャル成長*晶などではミスフィット転位*で粒界が構成されている.

粒界破壊(intergranular fracture)

粒界割れ*による破壊.

粒界反応型析出(precipitation of grain boundary reaction type)

結晶粒界から析出が始まり,析出相の成長界面の通過時のみで組織変化は終了し,拡散も短距離である.このような析出を不連続析出(discontinuous precipitation)という.母相と析出相が層状(ラメラー状)となり,ノジュール(nodule)やセル(cell)というパーライトに似た形態を示す.核形成‐成長*型析出,スピノーダル*型析出においては,濃度変化も連続して生じ,拡散も長距離で,これを連続析出(continuous precipitation)という.粒界反応型析出は,これらとならんで第三の析出形式といわれる.

粒界腐食(intergranular corrosion)

結晶粒界部分が選択的に腐食されること.粒界に介在物か第二相が出ているようなものによく起こるが,それらによって粒界が電気化学的に卑になった時は粒界が,貴になった時は粒界近傍が選択的に腐食される.→卑な金属,貴な金属

粒界割れ(intergranular cracking)

結晶粒境界に沿って生じた割れ.さまざまな脆性破壊の多くがこれである.これに対して,結晶粒が割れる粒内割れ*がある.どちらの割れになるかは,組成,環境,応力条件などに依存する.→置き割れ,応力腐食割れ,水素脆化,遅れ破壊,低温脆性

硫化応力腐食割れ(sulfide stress corrosion cracking)

硫化水素(H_2S)雰囲気中で,炭素鋼*,低合金鋼,高張力鋼*に発生する応力腐食割れ*.水素脆性*とも考えられる.

硫化腐食（sulfidation corrosion）＝サルファアタック

粒化法（graining）

グレーニングともいう．溶融した金属を融点直上で激しく撹拌すると酸化皮膜が増え，そのまま固化すると粉末になる．簡単な粉末作製法だが酸化皮膜が多く粉末冶金には用いられない．

粒間腐食（intercrystalline corrosion）＝粒界腐食

粒子分散強化（particle dispersion strengthening）→分散強化，分散強化型合金

粒子励起Ｘ線分析法（particle induced X-ray emission : PIXE）＝ピクシー

リューダース帯（Lüders band）

軟鋼の引張り試験において，上降伏点を越えると，試料の一部がすべり変形を起こし，それが引張り方向に伝播していく．このすべり変形は，斜めのしわ模様として見られ，この変形部分をリューダース帯という（すべり帯＊とは別）．伝播は下降伏点の終了まで続き，リューダース伸びは降伏伸び＊になる．→降伏（現象）

流電腐食（galvanic corrosion）＝ガルバニック腐食

流電陽極（galvanic anode）→ガルバニック防食

流動床接触分解用触媒（fluid contact catalyser: FCC）＝FCC触媒

流動度＝湯流れ性

流動変形（flow deformation）＝粒界すべり

粒内破壊（transgranular fracture）

粒内割れ＊による破壊．

粒内偏析（grain segregation）＝有芯構造

粒内割れ（transgranular cracking）

結晶粒を横切って粒内を進んでいる割れ．一般に延性破壊＊の割れ．特定の低指数面に沿ってのへき開破壊＊のこともある．↔粒界割れ

量子井戸（quantum well）

半導体LSIなどの微細加工技術で可能となった，例えばバンドギャップの狭い半導体層を，バンドギャップの広い半導体層で挟んだ構造体のように，電子などの移動範囲を二次元に限定した電子素子の構造．同様に一次元に制限した構造を量子細線（quantum wire），ゼロ次元に制限したものを量子ドット＊（quantum dot）とか量子箱（quantum box）という．いずれも制限された方向に波動性が現れ，状態密度関数が階段状になったり，デルタ関数になったりする．量子サイズ効果の一つ．→メゾスコピック材料

量子数（quantum number）

量子力学＊で考えなければならない物質系の状態を示すのに必要な数，またはその組．物理量の固有値に対応し，それが離散的であれば適当な整数または半整数で表す．固有状態が定常状態であれば「よい量子数」ともいう．スピンのように粒子の座標と運動量で表せない量の量子数を「内部量子数」ともいう．孤立原子の電子の状態を表す量子数は四つあり，①主量子数＊(n): 大まかには電子の存在範囲，古典的には電子軌道の大きさを表し，電子のエネルギーを表すもの．②方位量子数＊(l): 電子の拡がりの形，古典的には軌道運動の角運動量の大きさを表す．③磁気量子数＊(m):

角運動量の特定方向(例えば磁場がかかった時の磁場方向)への成分の大きさを表す．④スピン量子数*(s): 電子の軌道運動でない，固有な「運動」であるスピン*の角運動量を表すもの．→電子配置，電子殻

量子ドット(quantum dot)

量子箱ともいう．電子を数個だけ収容できる大きさの入れ物で，この中に閉じこめられた電子は固体中を自由に動きまわる電子とはその振る舞いが大きく異なり，材料の物性が大きく変わる．→量子井戸

量子力学(quantum mechanics)

原子や電子など小さな対象や超伝導など特別な現象を考察する時には，エネルギーが連続でなくとびとびの(離散的な)値を持つと考えなくてはならない．1900年にプランクが得た黒体放射のスペクトル式がこの事実を示していた(→プランクの放射分布則)．この考えはボーアの原子模型などで成功したがこれを前期量子論という．この考えで物理現象一般を表す量子力学は，1925年ハイゼンベルグ，1926年シュレーディンガーによって形成された．その中心的な特徴は，電子など微視的な物質には粒子的性質と波動的性質があること，それに伴って位置と運動量，時間とエネルギーなどは同時に確定できず，不確定性が現れること，などである．これを量子力学という．20世紀全体を通じて量子力学は，原子・電子などの物性論から，宇宙論まで多くの事実を説明し，物理学の確固とした基礎理論となっている．金属におけるバンド理論*，ブリユアン帯域*，フェルミ面*，交換相互作用*，集団電子模型*，アインシュタインの比熱模型*などもその成果である．

両性酸化物(amphoteric oxide)

一つの酸化物で塩基に対しては酸性，酸に対しては塩基性として振る舞うものをいう．例えばAl_2O_3は酸性スラグ中では$Al_2O_3=2Al_3+ +3O^{2-}$とO^{2-}を与える塩基として，また塩基性スラグ中では$Al_2O_3+3O^{2-}=2AlO_3^{3-}$のアルミネートイオンを作り，酸として働く両性酸化物である．多くはAl, Sn, Pb, As, Sbのように金属とも非金属とも考えられる元素の酸化物，あるいは遷移元素で中程度の酸化数の酸化物が両性となる．

良導体(conductor)

通常は電気伝導*，一般的には熱伝導*も含め，これらの伝導度*の高い物質のこと．→伝導電子

菱面体晶系(rhombohedral system)→三方晶系

緑柱石(beryl)

ベリリウムの原鉱石．BeOとして約14％含む．主な産地はブラジル，南アフリカ，アルゼンチン，インド，オーストラリア，アメリカ，モロッコ，ポルトガルなど．

履歴現象(hysteresis)

ものの性質が，それ以前の加工や温度の影響で，本来の性質を示さない状態・現象．特に周期的応力や交流磁化において，応力－ひずみ線図*や磁化曲線*に，負荷と除荷，正方向と逆方向などで差が現れる現象をいう．

履歴損失(hysteresis loss)＝ヒステリシス損失

理論密度(theoretical density)＝理想密度

リン（燐）(phosphorus)

　元素記号P，原子番号15，原子量30.97で周期表第V族の窒素族元素．1669年にブランド（錬金術者，ハンブルグ）によって尿を蒸発させた残渣（滓）から発見され，暗所でリン光を発し，空気にふれると自然発火するために注目を集めた．語源はギリシャ語のPhos（光）+Phorus（運ぶ者）による．天然にはリン酸塩の形で産出し，主要鉱物はリン灰石（$Ca_5F(PO_4)_3$）などで，動物の骨や歯も類似成分からできている．鉱石にケイ砂とコークスを加え，1300～1400℃に加熱し蒸気として溜出させ冷却して白リン（黄リン）を得る．同素体に白リン，黄リン，黒リンがあり，この他に無定形の赤リン，紅リンが知られている．黒リンはβ金属リンともよばれ最も安定な斜方晶系の層状構造で，白リンを高い圧力下（120GPa）で加熱（200℃）するか，常温でさらに加圧（350GPa）すると得られる．また水銀を触媒に黒リンの小結晶を加えて長時間加熱すると単結晶が得られる．高純度リンは化合物半導体の原料，普通純度のものはマッチ，リン化合物，農薬の製造に用いられる他，脱酸剤，合金添加元素としても用途がある．鉄鉱石でリンを多く含むヨーロッパのミネット系鉱石に対しては塩基性製鋼法*が必要であった．リンを含む有機化合物は神経に対する毒性が強く，殺虫剤や生物化学兵器として利用される．サリンも有機リン化合物である．→リン青銅

臨界 (critical state)

　①ある変数値の上下で性質が急変する時，その値の状態のこと．例えば，核分裂反応で中性子の発生と消滅が均衡している状態．また二次相転移の転移点付近の状態．蒸気の等温圧縮で液体状態の存在し得る限界．または気・液共存状態で昇温し気体のみになる限界．臨界より変数値が大きい状態を超臨界状態*（supercritical state），小さい状態を亜臨界または未臨界状態（subcritical state）という．

　②核分裂の連鎖反応が持続的に起きるようになる状態をいう．核物質はある一定量以上集まると核分裂の連鎖反応を起こす．この臨界状態が原子炉施設以外の場所で起きた場合，臨界事故となる．濃縮度18.8％のウランは約8kgで臨界となる．1999年の茨城県東海村の核燃料処理施設JCOの事故はこの臨界量の2倍をタンクに入れたための臨界事故であった．

臨界アスペクト比 (critical aspect ratio)

　短繊維による繊維強化の複合材料では，繊維の長さと繊維の直径の比が材料強度にとって重要である．繊維の破断強度まで強化性能を生かすためには，繊維の長さがある臨界値以上必要で，この臨界長さと直径の比を臨界アスペクト比という．→アスペクト比

臨界核 (critical nucleus) →臨界径②，エンブリオ

臨界径（焼入れの，核形成の）(critical diameter)

　①棒状試料の焼入れで中心まで焼きが入る限界の直径．→焼入れ性
　②凝固または析出で核が安定に存在し得る最小の直径．→核形成−成長論

臨界磁場（超伝導体の）(critical magnetic field)

　磁場によって超伝導が破れ常伝導になる最小の磁場．→第一種超伝導体・第二種超伝導体，超伝導材料

臨界値 (critical value)

様々な臨界*における急変を起こす時の物理量. 温度, 圧力, 応力, 変形速度, 質量, 長さ, 長さの比, 磁場, 電場などいくつも考えられる. しきい値*の意味もある.

臨界点 (critical point)

融点や沸点, 変態点など臨界状態を何らかのパラメータ(変数)の値で表した状態.

臨界長さ→臨界アスペクト比

臨界分解せん断応力 (critical resolved shear stress: CRSS)

最もすべりやすい結晶面, 結晶方向への, 外部応力の分力を分解せん断応力*というが, 材料のすべりが始まる限界の分解せん断応力, すなわち降伏応力*のすべり方向への分力のこと. →シュミット則, 最大分解せん断応力

臨界冷却速度 (critical cooling rate)

合金を冷却する時, 平衡相以外の相が生じる最小の冷却速度. 多くは鋼のマルテンサイト変態*についていわれる.

リン光 (phosphorescence)→蛍光とリン光

リン酸塩被覆 (phosphate coating)

鉄鋼, 軽金属の耐食性, 塗装性向上のために表面に不溶性リン酸塩被覆すること.

リン酸塩皮膜潤滑法 (phosphate coating lubrication)

鋼の冷間加工の潤滑剤として, リン酸塩皮膜でおおう方法.

リン青銅 (phosphor-bronze)

純銅および青銅(Cu-Sn)をリンで脱酸し, 少量のリンを残留させたもの, あるいは機械的性質など(靱性, ばね性, 耐摩耗性, 耐食性)を改善する目的で1%内外のいリンを添加した銅合金をいう. 1850年にフランスで大砲の鋳造(砲金*)に際し, はじめてリンによる脱酸を試みたといわれている. 板および条は電子・電気機器用ばね, スイッチ, リードフレーム, コネクター, ダイヤフラム, ベロー, ヒューズクリップ, 摺動片, ブッシュなどに用途. 鋳物は歯車, ウォームギア, 軸受, ブッシュ, スリーブ, 羽根車, その他一般機械部品などに用途がある.

隣接原子多面体 (nearest neighbor atoms polyhedron)

結晶中で, 原子同士の結合や異方性, 配位などを考えるための最小の原子集団によって形成される多面体. 場合によっていろいろなものが考えられる. bccでは四面体, 八面体, fcc, hcpでは, 正四面体と正八面体が考えられる. 規則格子の統計理論などでは, 多面体でなく三角形(多角形)で考察される. →最近接原子, 配位数, 格子間位置, ウィグナー・サイツセル

輪体圧延 (tire mill)

リングロール (ring roll) に同じ. リング状の金属素材の内外面と幅方向もロールではさみながら回転させ, 所要の形に仕上げる圧延法.

リン脱酸銅 (phosphor deoxidized copper)

リン(P)で脱酸した銅. →脱酸銅, 無酸素銅, 銅

リンデの法則 (Linde's law)

CuあるいはAuに, Zn, Ga, Ge, Asの微量を添加した時, 単位添加量あたりの電気抵抗の増加がCu, Auとのイオン価の差Δzの2乗に比例するというもの. Zn〜Asの

最外殻電子が自由電子になる結果，これらの原子は+2～+5価のイオンとなり，そこに幾らかの電子が引きつけられる（遮蔽効果）が，イオン価を相殺するには至らず，そのイオン価の差に応じた散乱を生じるためである．

リンデマンの規則（Lindemann's formula）

リンデマンの融解則ともいう．格子の熱振動による原子位置のずれの2乗平均根が格子間隔のある割合に達すると金属は融解するという経験則．アルカリ金属や貴金属でよく成立するが，一般的に成立するものではない．

る

ルイス酸（Lewis acid）

アレニウス（Arrhenius）が水溶液中で H^+ を与えるものを酸，OH^- を与えるものを塩基と定義した．ブレンステッド（Brønsted）とローリー（Lowry）は酸とは H^+（陽子）を相手に与えるもの（分子，イオン），H^+（陽子）をもらうものを塩基と定義した（1923）．例えば

$$HCl + H_2O \rightleftarrows H_3O^+ + Cl^-$$
$$HCl + NH_3 \rightleftarrows NH_4^+ + Cl^-$$
（酸）（塩基）

の平衡で HCl は H_2O, NH_3 に H^+ を与えるから酸，H_2O, NH_3 は HCl から H^+ をもらうから塩基ということになる．ルイス（Lewis）はこれらの反応を電子対の授受という観点から考察した（1922）．HCl は H_2O, NH_3 から電子対を受け取っており，H_2O, NH_3 は HCl に電子対を与えている．そこで，電子対（⨯）の受容体を酸，電子対の供与体を塩基と定義した．

$$H:\ddot{C}l: + H:\overset{H}{\underset{}{\ddot{O}}}\!\!{\overset{\times}{}} \rightleftarrows \left[H:\overset{H}{\underset{}{\ddot{O}}}:H\right]^+ + :\ddot{C}l:^-$$

$$H:\ddot{C}l: + H:\overset{H}{\underset{H}{\ddot{N}}}\!\!{\overset{\times}{}} \rightleftarrows \left[H:\overset{H}{\underset{H}{\ddot{N}}}:H\right]^+ + :\ddot{C}l:^-$$
（酸）（塩基）

この定義によれば H^+ の関与を必要とせず，次のような場合にも適用できる概念となる．

$$F:\overset{F}{\underset{F}{\ddot{B}}} + :\ddot{F}:^{\times -} \rightleftarrows \left[F:\overset{F}{\underset{F}{\ddot{B}}}:F\right]^-$$

この反応で BF_3 は電子対（⨯）の受容体で酸，F^- は供与体で塩基である．ラックス（Lux）の O^{2-} イオンを用いた定義（O^{2-} 受容体が酸，供与体が塩基）やフラッド（Flood）らの酸化物，ハロゲン化物に対する共有結合性を考慮した取扱いも結局ルイスの概念でまとめることができる．たとえば SiO_2 と O^{2-} の反応

$$-\underset{|}{\overset{|}{Si}}-O-\underset{|}{\overset{|}{Si}}- + \times \ddot{O}:^{2-} \rightleftarrows -\underset{|}{\overset{|}{Si}}-O^- + {}^-O-\underset{|}{\overset{|}{Si}}-$$
　　　(酸)　　　(塩基)

で，O^{2-} は SiO_2 に電子対を供与している．アルカリ金属，アルカリ土類金属などの酸化物はスラグ中で電離し，酸素に電子対を与え O^{2-} を作る．つまり塩基として作用している．SiO_2 と O^{2-} の反応で示されるように酸となる SiO_2 は網目構造を形成しており，塩基となるアルカリやアルカリ土類の酸化物はこの網目構造を切断する修飾成分となっている．このように網目構造の修飾反応も酸・塩基の概念で取扱える．なお，電子そのものを授受する反応は酸化・還元であり，電子対のやり取りである酸・塩基反応とは区別される．

ルシャトリエ熱電対 (Le Chatelier's thermocouple) →白金・ロジウム－白金熱電対

ルシャトリエの法則 (Le Chatelier's law)
熱力学的平衡状態にある系が状態変数の変化によりその平衡を乱されると，その変化をうち消すように平衡が移動するという法則．

ルチル (rutile)
酸化チタン (TiO_2) の三つの変態 (多形*) のうちの一つの結晶型で正方晶系．天然に産するものは金紅石とよばれる．アナターゼ型より高価であるが，屈折率が大きく，したがって隠蔽力 (不透明化の効果) も大きいので白色顔料として優れている．またルチル型のTiO_2は"チタンダイヤ"，"チタニア"といわれる人造宝石 (2000℃で合成した単結晶) にもなり，天然のダイヤモンドの硬度にはおよばないがモース硬度 6.0～6.5 を有し，屈折率は 2.6～3.1 とダイヤモンドの 2.4 より大きく，より光り着色も自由で，価格は安い．化粧品や塗料の顔料，人工宝石のほか，赤外線放射材料，各種素子用基板，触媒担体などにも用途がある．→アナターゼ型構造

ルチル型構造 (rutile type structure)
ルチル*(TiO_2) のもつ構造で，AX_2 の化学式で示される化合物で見られる．SB記号でC4型．A原子が横長のbcc構造を示し，その内部で体心のA原子を6個のX原子が八面体的に囲む．X原子はA原子3個で囲まれている．この構造が縦方向に鎖状につながっている．→アナターゼ型構造

るつぼ (crucible)
金属を加熱，溶融するための容器．磁器または黒鉛，粘土その他の耐火物，場合によっては鋳鉄，鋳鋼，鋼などでつくられている．古くから金属の製錬，溶解に欠かせない重要な基本的道具である．→金属＜技術と学問＞，冶 (や) 金＜生産と技術＞

るつぼ鋼 (crucible steel)
るつぼ (坩堝) 製鋼法* によって溶製された鋼のことで歴史的な高級鋼．

るつぼ製鋼法 (crucible steel making)
1742年にハンツマン (B.Huntsman, 英) によって開発されたもので，精選された浸炭鋼，鉄くず，白銑などを合金添加剤，脱酸剤とともにるつぼに装入し，密閉された炉中で，外部よりガス，油，コークスなどで加熱して，装入物を溶融し鋼滓などの介在物を浮上分離して良質の鋼を得る方法で，いわゆる化学反応による精錬作用がほとんど行なわれないため高品位の原料を必要とする．高級鋼の製造法として普及

していたが，近年では真空溶解法などの発達によりほとんど採用されていない．

るつぼ炉（crucible furnace）
　炉体そのものでなく，中に収容したるつぼで金属やガラスの溶解作業を行なう炉．小規模または特殊材料の溶融に利用される．

ルート割れ（root crack）
　溶接において，U字またはY字の開先の底部溶接金属（ビード）に発生するクラック．初層溶接時の予熱などで防ぐ．

ルビジウム（rubidium）
　元素記号Rb，原子番号37，原子量85.47．アルカリ金属で銀白色，軟らかい．bcc構造で密度 $1.532g/cm^3$ (20℃), $1.48g/cm^3$ (39℃)，融点39.2℃．化学反応性高く，空気中で燃える．

ループ型γ領域（loop type γ-field）→γ領域閉鎖型

れ

レア アース メタル（rare earth metal）＝希土類金属

レア メタル（rare metal）
　希少金属，希有（けう）金属ともいわれる．またless-common metalも同義に使われる．"Rare Metals Handbook"(1954年)では次にあげる項目のいずれかに該当する金属と定義している．(1)地球上での天然の存在量が極めてまれな場合．(2)地球上での存在量は多いが，それを経済的に抽出することのできる鉱石が少ない場合．(3)地球上での存在量は多いが，純金属として抽出することが困難な場合．(4)抽出された金属の用途がなく特性も明らかでないため未開発であった場合．
　一群の金属材料の特徴は，融点が高い(Nb, Ta, Wなど)，逆に低い(Li, Ga, In, Tlなど)，比重が小さい(Be, Li, Tiなど)，半導体(高純度Si, Ge)，磁性体(Co, レア・アース(希土類))などの普通の金属材料にない性質を持ち，先端技術産業はじめ，産業に広く用いられている．

冷間圧延（cold rolling）
　金属を再結晶＊温度以下で行う圧延．

冷間圧延鋼板（cold rolled steel sheet）
　熱間圧延された広幅帯鋼を酸洗後，コールドストリップミルまたはリバーシングミルによって冷間圧延（常温下で圧延）された鋼板で，冷延鋼板，冷延薄板，みがき鋼板，みがき薄板などともよばれる．冷間圧延の圧下率は40％以上で，板厚は通常0.15～3.2mmであり，圧延後焼なましを施したものと，焼なまし後調質圧延したものとがある．熱間圧延鋼板に比べ，厚さが均一で表面が平滑かつ美麗であり，絞りなどの可酷なプレス加工にも耐えるすぐれた機械的性質を有している．

冷間圧延集合組織（cold rolling texture）
　冷間圧延材で見られる集合組織＊．→加工集合組織

冷間圧接法（cold pressure welding）

表面を清浄にし,加熱しないで圧力を加えるだけで結合させる溶接法.Al, Cu, Ni, Ag の板・線材で行われる.

冷間加工(cold working)

再結晶*温度以下で行われる塑性加工.材料は加工硬化する.製品を寸法通りに仕上げるにはよいが,大型製品の加工や高加工度の工程は困難である.→熱間加工,温間加工

冷間加工ピーク(内部摩擦の)(cold work peak)

冷間加工によって導入された転位*と点欠陥や不純物との相互作用で現れる内部摩擦ピーク.橋口ピークともいわれる.より低温で現れるボルドニーピークをいうこともある.→内部摩擦ピーク

冷間脆性(cold shortness)

①常温脆性ともいう.リンを多く含む鋼材に特殊的に現れる.パーライト組織が粗大化している.

②低温脆性のこと.またはその遷移温度が常温にまで上昇した状態.→低温脆性

冷却因子(cooling factor)

鋳物の冷却速度に影響する鋳物の形状に由来する因子.

冷却曲線(cooling curve)

加熱・溶解した金属・合金を冷した時の温度を時間について記録した曲線.いわゆる熱分析*の曲線.

冷却材(coolant)

原子炉で核分裂によって発生した熱を除去して炉芯を冷却し,同時に熱交換器,蒸気発生器などへ熱を運ぶ物質.一次冷却水とよくいわれる.水,炭酸ガス,ヘリウム,液体ナトリウム*,溶融塩*などがある.→ナック

冷却-変態線図(cooling-transformation diagram)→ C-C-T 曲線

冷硬鋳物(chilled casting)=チル鋳物

レイノルズ数=レノルズ数

レイリー数(Rayleigh number)

水平な流体の層を下側から加熱するとき,自由対流に関してレイリーが導入した無次元量,$Ra = L^3 \beta g(T_1-T_2)/\nu\alpha$ をいう.ここで T_1-T_2 は流体層の上面と下面の温度差,L はその間隔,β は流体の熱膨張率,ν は動粘性率,$\alpha = \kappa/\rho C_p$ は熱拡散率(κ:熱伝導率,ρ:密度,C_p:比熱).Ra がある臨界値以下では対流が起きない.臨界値は流体層の境界面の性質に依存するが,両面が固体壁の場合約 1700 といわれている.

レオキャスト(rheo-casting)

合金を半溶融状態で鋳造する方法.凝固収縮が少なく精密鋳造に適する.凝固発熱が少なく凝固速度が速い.

レキュペレーター(recuperater)

復熱装置ともいう.熱交換機の一種である.パイプの外側を排ガスが通り,内部を流れる水やガスを予熱する装置.

レーザー アロイング (laser alloying)
レーザーによる加熱で材料表面に塗布または被覆した目的物質を下地表面ともに溶解し,合金層をつくること.下地金属への入熱が少なく,短時間で可能.高融点物の合金化,表面の非晶質化もできる.

レーザーイオン化表面分析 (surface analysis by laser ionization : SALI)
試料表面にレーザー照射またはイオンスパッタリングにより,表面から原子,粒子を放出させ,この粒子雲にパルスレーザーを照射して,二次イオンをつくりこれを質量分析する分析法.光励起のため周辺に加熱などによる分析汚染が少ない.

レーザー干渉法熱膨張計 (laser interferometric dilatometer)
波長が安定化されたレーザー・ビームを使って,試料の両端からの反射光を干渉させると,試料の熱膨張により干渉光の干渉縞が移動する.これを測定することにより試料の熱膨張,熱膨張係数*を絶対測定する熱膨張計.マイケルソン型干渉計が用いられる.この型の市販装置の分解能は±2nmで,熱膨張係数を±1.0×10^{-8}の精度で求めることができる.

レーザー顕微鏡 (laser microscope)
可視光のかわりにHe-Neなどのレーザー・ビームを使って試料の表面を観察する顕微鏡.レーザーは単一波長光のために焦点位置における解像度が高く,またZ軸方向に試料面を移動させて記憶させた画像は無限に深い焦点深度が得られるという特徴がある.

レーザー蒸発法 (laser evaporation process)
カーボンナノチューブ*の合成法の一つ.他にはアーク放電法*とCVD法*がある.触媒となるコバルトなどを少量混ぜた黒鉛を1200℃に加熱し,これに強力レーザーを照射し炭素を蒸発させると,その冷却過程でナノチューブが成長する.高純度の単層ナノチューブの合成に適する.

レーザーフラッシュ法 (laser flash method)
固体の熱拡散率*の測定法の一つ.厚さ約1mm,直径約10mmの不透明な円板の片面に垂直に,パルス・レーザー,たとえばルビー・レーザーを照射して,裏面の温度変化を測定して試料板の厚さ方向の熱拡散率を求める,非定常熱拡散率測定法.均質材料の場合,熱拡散率に定圧比熱と密度を乗ずれば,熱伝導率が得られるので,定常法の熱伝導率測定法では測定が困難な高温の測定とか,小さな試料しか得られない場合に熱伝導率を求めたいというときにレーザーフラッシュ法は重宝である.1979年にパーカー(W.J.Parker)らによって開発され,ハーフタイム法(裏面の温度上昇が最高の1/2に到達する時間から計算する)が多く用いられる.

レーザー焼入れ (laser quenching)
炭酸ガスレーザーなどを用いた高精度部分焼入れ.

レジスチン (Resistin)
英国のCu-Mn系電気抵抗用合金,Resistin 1,2がある.Resistin 1 : 1.8Fe, 11.7Mn, 86.5Cu. Resistin 2 : 3Fe, 12Mn, 85Cu.

レジン コーテッド サンド (resin coated sand)
シェルモールド*用の砂として,砂粒の表面にフェノールレジンを被覆したもの

をいう．このコーテッドサンドによるシェルモールドは，レジンと砂の混合物によるシェルモールドよりも，一般に砂粒相互の結合が強く，強固な鋳型を得られる上に，砂の流動性も良くなるので，精密な鋳型ができ造型作業が一様に行なわれる利点がある．

レース ウェイ (race way)
高炉の羽口先にできる空間をいう．羽口＊からの送風は220〜280m/sの速度をもち，送風の運動量によって羽口の前方にコークスの旋回する直径1〜2mの空間が形成される．これをレースウェイと呼んでいる．→高炉

レス コモン メタル (less-common metal)
レアメタルに同じ．レアメタルより新しい言葉．→レア メタル

劣化ウラン (depleted uranium: DU)
減損ウランともいう．天然ウラン濃縮後の廃棄される残渣（滓）をいう．また使用済み燃料で濃縮度の落ちたものをいう時もあり，これを減損ウランということが多い．これを焼き固めた材料は硬く，重いので，徹甲弾の弾頭・弾芯に用いられる（DU弾）．さらに，この弾丸は貫通の際の衝撃により発火する．劣化ウラン弾は，微粒子となって飛散すると環境汚染や人体への深刻な影響を及ぼす．湾岸戦争で米軍が大量に劣化ウラン弾を使用したイラクでは，戦後，後遺症とみられる子供たちの白血病やガン患者が急増している．

レッド ブラス (red brass)
独のCu-5〜12Zn系鋳造用合金で赤色鋳物＊(Rotguss β)とも称される．普通Sn, Pbが添加され，鋳造性が良く，機械的性質も砲金に匹敵するため機械部品，美術工芸品，建築用金具，ソケット，ファスナーなどに用いられる．5〜12Zn, 2〜10Sn, 0〜10Pb, 残Cu．

レーデブライト (ledeburite)
Fe-C合金におけるオーステナイトとセメンタイトとの共晶（共晶点：1147℃, 4.32C）．ドイツ人レーデブア (A.Ledebur) に因んでつけた名．

レート プロセス (rate process)
速度過程ともいう．アレニウスの式＊で表されるような変化・反応過程をいう．熱活性化過程＊のことで，素反応過程 (reaction rate process) などともいう．

レトルト法 (retort process)
①蒸気圧の高い亜鉛などをレトルトで蒸留して精錬すること．
②塊鉱石やペレット化した鉱石からシャフト炉で，鉄を直接還元すること．→直接製鋼法

レナード・ジョーンズポテンシャル (Lenard-Jones potential)
原子間ポテンシャルとしてよく用いられる．$U=(A/r^n)-(B/r^m)$の型で，A, Bは定数．rは距離．第1項が斥力，第2項が引力を表し，$n=12, m=6$の値がよく使われる．→モースポテンシャル

レノルズ数 (Reynolds number)
流れの中の物体の大きさを表す代表長さL，流れの速度u，密度をρ，粘性率をηとすると，無次元量$R=\rho Lu/\eta$をレノルズ数という．境界の形が相似する二つの

流れがあるとき，レノルズ数が等しければ流れの流体力学的挙動は相似する．またある臨界値（1000程度といわれる）以下のレノルズ数を持つ流れは層流となる．

レピドクロサイト（lepidocrocite）
鉄鋼のさびの主成分の一つで化学式はγ-FeOOH. ウロコ（鱗）鉄鉱ともいう．

レビテーション溶解（levitation melting）
試料を空間に浮かして溶解する方法で普通は電磁浮揚溶解（浮遊溶解ともいう）を意味する．高周波コイルの作る電磁場と溶融金属に流れる誘導電流の相互作用によってコイル内の空間に金属を溶解する．るつぼなどの耐火材と接触する機会がないため汚染を避けた溶解ができる．溶解量はコイル形状や金属の表面張力に依存するが，通常数グラム程度である．

レプリカ法（replica method）
電子顕微鏡試料を薄くできない場合，試料表面そのものでなく，プラスチックやゴムでそれを転写した薄い膜を電子顕微鏡観察することで表面の微細構造などを知る方法．

レベリング（levelling）
材料表面の微視的凹凸や条痕をなくして平滑にする仕上げ法．電気めっきによる方法と，ジグザグに設置したローラー間を引き抜く方法がある．→平滑圧延

レマロイ（Remalloy）
析出硬化型Fe-Mo-Co系永久磁石合金．Arnold enginnering社（米）製はRemalloy, Bell Telephone Laboratories（米）製はRemalloy 17, Western Electric社（米）製とWallace-Murray社（米）製はRemalloy 17, 20と表示され，電話受話器に用途．Remalloy:17Mo, 12Co, 残Fe.

連結線（tie line）＝共役線．

連晶（intergrowth）
交互成長ともいう．元来は火成岩に見られる組織で，二つ以上の相の相互貫入で生じた多相組織．単なる多相組織でなく，同種の相の間に光学的・結晶学的な連続性がある．クサビ型文字の列（文象状），羽毛状，ふさかざり，放射状など変化に富んだグラノファイアー組織など多様である．平行に並んでいる場合は平行連晶という．

レンズ状マルテンサイト（lenticular martensite）
笹の葉状，板状，レンティキュラー・マルテンサイトともいう．高炭素鋼やFe-Ni（～30％）合金に見られるマルテンサイト．低炭素鋼の針状マルテンサイト（ラス・マルテンサイト）と対比してマルテンサイト単位晶に幅があり，中心線（ミッドリブ）を持つ笹の葉状をしている．マルテンサイト変態が格子変形（第一次ひずみ）と双晶変形（第二次ひずみ）である場合に現れる．特定の晶癖面*（～$(259)_A$）を持つ．方位関係は西山の関係*．↔ラス・マルテンサイト

連続降伏（continuous yielding）
アルミニウムや銅などfcc金属・合金のように明瞭な降伏を示さず，弾性変形から塑性変形への移り変わりが連続であるもの．ある部分に加工硬化がおこると他の部分で変形し，全体が一様に変形するためである．

連続製鉄（direct iron making）

高炉-転炉法という2段工程を経ず,1段の工程で直接鉄鉱石から鉄(鋼)を製造する方法.強度の高いコークスを必要としない小規模な生産方式としてシャフト炉法,固定層炉,キルン法などがあり,流動層法が最近開発されている.

連続析出 (continuous precipitation)

核形成-成長型*の析出に連続析出と不連続析出がある.連続析出は析出相の形成・成長に伴い,地相の溶質濃度が時間的・空間的に連続的に変化する(地相-析出相では不連続).全面(general)析出ともいわれる.一方不連続析出は析出相が成長してその相境界が通過する前後で時間的・空間的に組織が不連続的に変化する.組織はラメラー(層状)になることが共析とは異なる.析出が粒界上から始まり粒内へ進行する不連続析出を粒界反応型析出*という.

連続相(優勢)の原理 (principle of continuous phase)

合金の特徴的な性質が合金中を連続して通っている相の性質によって決まるという原理.例えば銅の中のビスマスなどは,わずか1%でも連続した粒界網を作り脆性の原因となる.

連続鋳造法 (continuous casting process)

最上部に定温に保たれた溶湯だめ,次いで水冷鋳型(この中で連続的に一方向に冷却する),引出しロールをへて加工,成形,切断など一連の行程が連続して構成される.方法,工程,装置は多様である.基本的に長さの制約がない.製品が一様であるなどの利点と,設備が大型化するなどの欠点がある.鉄鋼から非鉄合金まで広く行なわれている.

連続冷却変態線図＝C-C-T曲線

レンティキュラー (lenticular)

レンズ状の意味.マルティンサイト相や炭化物(相)についていう.→レンズ状マルテンサイト

錬鉄 (wrought iron)

古代の製鉄法で,スラグを含んだ固体(スポンジ状)またはあめ状の還元鉄を加熱・鍛造して得られる炭素の少ない,軟らかい鉄.また,15世紀ごろからの,高炉は発明されたが転炉,平炉による製鋼法が開発される以前,高炉からの銑鉄をパドル炉(puddling furnace, 反射炉*の一種)で撹拌し,銑鉄中の炭素を酸化除去した後,半溶融鉄(のり状)を取出し,鍛造,圧延,圧縮などの鍛錬で鉄中の酸化物をしぼり出した鉄.炭素は0～0.1%で少ないが,酸化物が残るのでやや強度も低く軟らかい.しかし鍛接性が著しく良好のため現在では転炉を利用して製造する場合がある.錬鉄は鍛錬して用いられたので,鍛鉄(forged iron)ともいわれる.また,ブルーム*,ルッペ(Luppe(独))などともいわれ,その言葉が今も残っている.組成例:0.03C, 0.14Si, 0.15Mn, 0.20P, 0.02S, 残Fe. →パドル法,冶(や)金

ろ 6, ρ

炉 (furnace)

金属その他の材料を溶かしたり加熱する装置.金属を扱う上で基本的で重要な設

備．多種・多様なものがある．熱源（アーク炉，ガス炉，電気炉*…），内壁材（酸性炉*，塩基性炉→塩基性製鋼法），形態（高炉*，平炉*，転炉*），雰囲気（真空，不活性ガス…），機能（ブリッジマン法*，ゾーン精製法*）などによって分類される．→冶（や）金

漏洩磁束探傷試験（magnetic leakage flux test）＝磁粉検査

ろう材（solder）

金属材料の接合に際して，ろう付け*に用いられる溶接材で，硬ろう*（融点>450℃）と軟ろう*（融点<450℃）がある．硬ろうは，金，銀，銅を主成分とした高融点のろう付け用合金の総称で主成分により，金ろう*，銀ろう*，黄銅ろうなどと呼ぶ．軟ろうは一般には"はんだ*"といわれる低融点のろう付け用合金の総称．Pb–Sn合金がその代表である．→硬ろう，軟ろう

ろう付け（soldering, brazing）

ろう接ともいう．金属の接合法の一つ．接合する金属（母材）を溶融することなく，母材より低融点の合金（ろう材*）を母材間に溶融・流入させて接合すること．硬ろう*によるものをろう付け，軟ろう*によるものをはんだ付け*ということもある．→ろう材

ローエックス（Lo–Ex）

Al–Si系鋳造用耐熱合金で，Al–Si共晶組成をねらったシルミン*（JIS AC 3A, 共晶：12.6％Si）に高温強度を高める目的で，Ni（3％以下）をCu, Mgなどとともに添加している．低熱膨張（約 1.95×10^{-5} /℃, low expansion）であることからこの呼称があり，耐摩耗にも優れているため自動車・ディーゼル機関用ピストン，船舶用ピストン，プーリー，軸受スリーブ，ブッシュなどに用いられる．

65／35黄銅（65–35 brass）

Cu–32〜36Znのα黄銅で，Znが35％（250℃）〜38％（450℃）を越えるとβ相を生じる．諸性質は七三黄銅（しちさん黄銅*）とよく似ており，Znが多い分だけ材料費が安い．自動車用ラジエーター，カメラ，配線器具，スイッチ端子，びょう，ばね，熱交換器管，カーテン棒，アンテナロッド，その他機械電気部品などの用途がある．

緑青（ろくしょう）（green rust, patina, verdigris）

銅に生じる緑色の「さび」の総称．従来，緑青は塩基性炭酸銅（$CuCO_3 \cdot Cu(OH)_2$）であるといわれていたが，近年大気中のSO_2, H_2Sとの反応生成物が酸化してできる塩基性硫酸銅$CuSO_4 \cdot 3Cu(OH)_2$が自然に生成しているといわれる．銅ぶき屋根，銅像などの緑青から塩基性硫酸銅が検出されることが多く，酸性雨がかかると表面のさびが溶けて流れ，斑になる．また有害であるといわれていた塩基性炭酸銅は，水に不溶であることから人体に対する毒性は疑問視されている．その他，硫酸塩，炭酸塩，家庭内でも問題となる有機酸塩（酢酸塩，ギ酸塩など）などの毒性については議論途中である．

六四黄銅（Muntz metal, 6／4 brass）

Cu–40Zn合金．（$\alpha + \beta$）黄銅で，常温での加工性は劣るが，熱間加工性がよく，とくに鍛造性が優れ，強さが大きい．焼なましでも硬く伸びが少ないので，ほとん

ど高温加工による．ブレージングロッド，弁棒，復水管，ボルト，ピン，スピンドル，建築材料，配線器具，機械，電気部品などの用途がある．→マンツメタル

ロジウム (rhodium)

元素番号Rh，原子番号45，原子量102.9の白金族元素．fcc構造．融点1966℃，密度12.41g/cm^3 (20℃)．白金熱電対の素線，電熱線として，また装飾用合金，めっきとして重要である．→白金・ロジウム－白金熱電対

ロジウムめっき (rhodium plating)

ロジウムめっきは電気めっきで行なわれる．めっき層は硬く，光の反射率が高いので装飾品，反射鏡に使われる．常温の空気中では安定．耐酸性も非常に良好で王水にもほとんど溶けない．

ローズ合金 (Rose's alloy)

低融点合金の一種．代表組成は28Pb, 22Sn, 50Biで必要に応じて組成をかえ融点を調節する．Rose fusible alloy-1, 2 の商標名が英国にあり，はんだ，熱ヒューズ，火災警報，安全プラグなどに用途．

ロストワックス法 (lost wax process) ＝インベストメント鋳造法

ロタニウム (Rhotanium) ＝パロー

ローター法 (rotor process)

円筒状の炉体で，溶銑中に浸漬した主ノズルと溶銑面に吹きつける副ノズルの2本で熱効率よく吹錬する．回転炉による上吹製鋼法である．

ロータリー・スエージング (rotary swaging)

回転鍛造の一種．棒状素材に2～3方向からダイスによる打撃を加え，回して送りながら直径を小さくしたり，テーパをもたせたり，段付にする加工法．タングステンの製造などで行われる．

ロックウェル硬さ (Rockwell hardness)

押込み硬さの一種．ダイヤモンド錐体または鋼球，超硬合金球の圧子を用いる．表面状態の影響を除くため，まず軽荷重（基準荷重）をかけてスケールの読みをゼロにする．つぎに全荷重（試験荷重）をかけた後，基準荷重にもどし，その時のスケールの読みから硬さが求まる．記号HR．A～Dスケールがある（記号HR$_A$, ～HR$_D$）．硬さがゲージに直接表示され，圧痕の大きさを測らず簡便だが，はっきりした意味がない．→硬さ

ロック キャンディ パターン (rock candy pattern)

脆性破壊で，き裂進展速度の大きい遅れ破壊*，応力腐食割れ*，クリープ破断，焼戻し脆性などで見られるミクロ破面組織．粒界破壊で粒界に沿った角形のブロック群に見える．ディンプル*が混じることもある．→破面組織解析

六方晶系 (hexagonal system)

結晶系の一つ．6回回転軸か6回回反軸のあるもの．単位格子の三軸長がa=b≠c，軸角が$\alpha = \beta = 90°$，$\gamma = 120°$のもの（これだけだと三方晶系*と同じだが対称性*で異なる）．hcp金属の結晶はその一種．fcc, bccに比べてc方向の異方性が特徴的．通常六角柱で表現されることが多いが，単位格子はその1/3で四角柱である．金属元素のZn, Mg, Cd, Be (常温), Co (常温), Ti (常温)などと，希土類金属の多く

がとる構造. →結晶系

ロードセル (load cell)

引張 (圧縮) 試験で試験片に加わる荷重の大きさを測定する装置. 試験片をはさむチャックと試験機の枠に固定されている. 枠を移動させロードセルを通じて試験片に力が加わる. ロードセルの中には剛性の強いばねがあってそのばねの変形をストレーンゲージなどで電気信号に変換して荷重を読み取る. 標準の錘で荷重と電気信号の出力を校正しておく.

ローブラス (low brass)

低 (亜鉛) 黄銅ともいう. 20Zn, 80Cu よりなる黄銅. 低温加工性がよい.

ローマー・コットレルの不動転位 (Lomer–Cottrell sessile dislocation)

異なるすべり面を進んできた二つの拡張転位*が出会った時, 半転位から合成された転位がステアロッド転位*のようにいずれのすべり面にも乗らないバーガースベクトルを持つようになることがある (これをローマー・コットレル反応 (Lomer–Cottrell reaction) という). できた転位は不動転位で弾性ひずみを生じ, 進んでくる転位の大きな障害となる. これをローマー・コットレルの不動転位という. 主として fcc 合金の加工硬化の原因がこれである.

ローマピューター (Roman pewter)

Sn–30Pb 合金のこと. →ピューター

ローラー抜き (roller die drawing)

一組の穴形ロール (ローラダイス) を通して円形, 異形断面の線材をつくる引き抜き加工*. 真円度が多少悪くなるが, 1パス減面率が大きくとれることから, 難加工材の引き抜き加工に適している.

ロールスロイス合金 (Rolls Royce alloy : RR alloy)

Y合金に Fe および Ti を添加して, 高温強度を向上させた合金がイギリスのロールスロイスで開発され, RR合金と呼ばれた. 鋳造性も良く, 熱処理も有効. 性能の最もよい RR59 合金の標準組成は Al–2.1Cu–1.5Mg–1.0Ni–0.9Fe–0.2Ti である. → Y合金, 超ジュラルミン

ロール成形法 (roll forming)

雄型と雌型の1対のロール間に長い帯板を通し, 曲げてサッシや形材, 管をつくる加工法. 多くの場合複数の成形ロールを次々と通過する間に最終的な断面形状となる. また電縫管のようなパイプも作ることができる.

ロール鍛造 (roll forging)

圧延ロールの断面が円でなく型鍛造の型になっており, 材料を連続的に送りながら鍛造成形する (たたくというよりつぶす) 加工法.

ロール力 (roll force)

圧延ロール全体にかかる荷重 (圧延荷重) のこと. ロールを押し開こうとするのでロール分離力ともいう.

ローレンツ顕微鏡 (Lorentz electron microscope)

試料内部または表面の磁化によって電子線がローレンツ力を受けて曲げられることでコントラストを作る電子顕微鏡. 透過型と走査型 (反射電子像のSEM) がある.

いずれも磁区*構造が観察できる.

ローレンツ数（Lorentz number）→ウィーデマン・フランツ則

ローレンツ力（Lorentz force）

磁場中を運動する荷電粒子に作用する力. 磁束密度 B, 速度 v, 電荷 e とするとローレンツ力 F は $F=ev\times B$. この力は荷電粒子の軌道を曲げる. もし電場 E がかかっている時には $F=ev\times B+eE$ をローレンツ力ということもある.

ローン・ミル（rohn mill）

非常に薄い板を作るための圧延機で, センジミア・ミル*と同じもの.

わ y

Y型圧延機（Y mill）

上下の圧延ロール（working roll）の直径が異なり, 細い方（上側）を複数の補強ロール（backing roll）で支え, 太い方（下側）は1本で支えるため, 全体がY字型のロール配置になっている圧延機. 通常下側のロールのみを駆動する. 通常の圧延, 調質圧延に用いられる.

Y合金（Y alloy）

Al–Cu–Mg–Ni 系耐熱鋳鍛造合金. 超ジュラルミン*に Ni を添加したもの. Sterling Metals 社（英）などの商品で JIS AC 5A 相当. Ni で耐熱性を, Cu, Mg で強度を向上させたもので砂型, 金型鋳物や鍛造物として, 自動車のピストン, 軸受, シリンダーヘッドなど高温部品に用いられる. 1920年代に英国で開発された. 3.5～4.5Cu, 1.2～1.7Mg, 1.8～2.3Ni, 残 Al. →超ジュラルミン, ロールスロイス合金

ワイス模型（Weiss' model）→分子磁場説

ワイゼンベルグカメラ法（Weissenberg camera method）

単結晶のX線回折*で, 結晶の構造解析を目的とする回転結晶法の一つ. 単色・平行X線を試料回転軸と直角に入射させ, フィルムは回転軸のまわりに円筒形にセットする. 単純に試料を回転すると, フィルム上には, 逆格子点に対応する回折斑点が写るが, 単結晶試料の低指数方位を回転軸に一致させておくと, それらの斑点は赤道面とそれに平行ないくつかの列をなし, これを層線という. 層線間隔から格子定数が決まり斑点が指数付けられる. ワイゼンベルグカメラは, 特定の層線のみを通すように円筒内にスクリーンをおき, フィルムを試料回転に同期して軸方向に振動させる. その結果, 一本の層線にあった逆格子点が二次元的に展開でき, 湾曲してはいるがその網平面が得られる.

ワイブル分布（Weibull distribution）

材料にとって危険因子である強度・寿命の最小値や, 腐食面積・深さの最大値など,「最大値・最小値」の推定（これを「極値解析」という）によく使われる確率（統計）分布の一つ. 数式としては分布関数 $F(x) = 1-\exp\{-(t/b)^a\}$, 確率密度関数 $f(x) = (a/b)(t/b)^{a-1}\exp\{-(t/b)^a\}$ で表されるが, 通常は, 市販のワイブル分布確率紙を使う. その上に, 多数の試料の強度や寿命, 引け巣や腐食部分の大きさなどの区分（統計でいう階級）を横軸に, 測定の結果得られた度数を累積で縦軸にプロットす

る.この時パラメータの取り方に注意が必要である.縦軸は線形でなくワイブル分布に対応した目盛りになっており,プロットした点が直線に並べばワイブル分布をしていると見なせる.もし2本の直線になれば二つの機構が存在していることもわかる.ワイブル分布を確かめたら,これも市販の二重指数確率紙を用いて,多数試料の,強度や寿命,引け巣や腐食部分の大きさの「最大・最小値」を(例えば確率95%などで)推定できる.

わえん(倭鉛)

中国における亜鉛の古名.

湧き出し中心(source of vacancy)

一般的には流体の湧き出し点をいうが,ここでは原子空孔*の発生源をいう.空孔は熱平衡としても存在しているが加工等で転位が運動する時にも発生する.らせん転位同士が切り合って運動するとどちらかの転位のあとに空孔列が,刃状転位でもその相対的な向きによってジョグ*ができる.異符号刃状転位が隣接して接近合体すると空孔か格子間原子ができる.→消滅中心,空孔のソース・シンク,転位の合体消滅,転位の切り合い,拡散

割り込み原子面=余分な原子面

割れ検出法(crack detection)→探傷法

付 録

付録1　展開型 元素周期律表（表見返し）
付録2　アルファベット順　元素記号・元素名（裏見返し）
付録3　元素の電子配置表　*436*
付録4　結晶構造のSB記号（Strukturbericht symbol）　*438*
付録5　基礎物理定数　*442*
付録6　SI単位系　*443*
付録7　電気・磁気の単位と換算表　*449*
付録8　その他の単位と換算表　*450*

付録3　元素の電子配置表

周期	元素		電子殻	K	L		M			N				O				P			Q
				1s	2s	2p	3s	3p	3d	4s	4p	4d	4f	5s	5p	5d	5f	6s	6p	6d	7s
1	1	H		1																	
	2	He		2																	
2	3	Li		2	1																
	4	Be		2	2																
	5	B		2	2	1															
	6	C		2	2	2															
	7	N		2	2	3															
	8	O		2	2	4															
	9	F		2	2	5															
	10	Ne		2	2	6															
3	11	Na		2	2	6	1														
	12	Mg		2	2	6	2														
	13	Al		2	2	6	2	1													
	14	Si		2	2	6	2	2													
	15	P		2	2	6	2	3													
	16	S		2	2	6	2	4													
	17	Cl		2	2	6	2	5													
	18	Ar		2	2	6	2	6													
4	19	K		2	2	6	2	6		1											
	20	Ca		2	2	6	2	6		2											
	21	Sc	↑	2	2	6	2	6	1	2											
	22	Ti		2	2	6	2	6	2	2											
	23	V	※第一遷移元素	2	2	6	2	6	3	2											
	24	Cr		2	2	6	2	6	5	1											
	25	Mn		2	2	6	2	6	5	2											
	26	Fe		2	2	6	2	6	6	2											
	27	Co		2	2	6	2	6	7	2											
	28	Ni		2	2	6	2	6	8	2											
	29	Cu		2	2	6	2	6	10	1											
	30	Zn	↓	2	2	6	2	6	10	2											
	31	Ga		2	2	6	2	6	10	2	1										
	32	Ge		2	2	6	2	6	10	2	2										
	33	As		2	2	6	2	6	10	2	3										
	34	Se		2	2	6	2	6	10	2	4										
	35	Br		2	2	6	2	6	10	2	5										
	36	Kr		2	2	6	2	6	10	2	6										
5	37	Rb		2	2	6	2	6	10	2	6			1							
	38	Sr		2	2	6	2	6	10	2	6			2							
	39	Y	↑	2	2	6	2	6	10	2	6	1		2							
	40	Zr		2	2	6	2	6	10	2	6	2		2							
	41	Nb	第二遷移元素	2	2	6	2	6	10	2	6	4		1							
	42	Mo		2	2	6	2	6	10	2	6	5		1							
	43	Tc		2	2	6	2	6	10	2	6	5		2							
	44	Ru		2	2	6	2	6	10	2	6	7		1							
	45	Rh		2	2	6	2	6	10	2	6	8		1							
	46	Pd		2	2	6	2	6	10	2	6	10		0							
	47	Ag		2	2	6	2	6	10	2	6	10		1							
	48	Cd	↓	2	2	6	2	6	10	2	6	10		2							
	49	In		2	2	6	2	6	10	2	6	10		2	1						
	50	Sn		2	2	6	2	6	10	2	6	10		2	2						
	51	Sb		2	2	6	2	6	10	2	6	10		2	3						

※第一〜第三遷移元素を主遷移元素，ランタノイド・アクチノイドを内遷移元素という．

周期	元素		電子殻 K	L		M			N				O				P			Q
			1s	2s	2p	3s	3p	3d	4s	4p	4d	4f	5s	5p	5d	5f	6s	6p	6d	7s
	52	Te	2	2	6	2	6	10	2	6	10		2	4						
	53	I	2	2	6	2	6	10	2	6	10		2	5						
	54	Xe	2	2	6	2	6	10	2	6	10		2	6						
	55	Cs	2	2	6	2	6	10	2	6	10		2	6			1			
	56	Ba	2	2	6	2	6	10	2	6	10		2	6			2			
	57	La ↑	2	2	6	2	6	10	2	6	10		2	6	1		2			
	58	Ce	2	2	6	2	6	10	2	6	10	1	2	6	1		2			
	59	Pr ※	2	2	6	2	6	10	2	6	10	(3)	2	6	(0)		2			
	60	Nd ※ ラ	2	2	6	2	6	10	2	6	10	4	2	6	0		2			
	61	Pm ン	2	2	6	2	6	10	2	6	10	(5)	2	6	(0)		2			
	62	Sm タ	2	2	6	2	6	10	2	6	10	6	2	6	0		2			
	63	Eu ノ	2	2	6	2	6	10	2	6	10	7	2	6	0		2			
	64	Gd イ	2	2	6	2	6	10	2	6	10	7	2	6	1		2			
	65	Tb ド	2	2	6	2	6	10	2	6	10	8	2	6	1		2			
	66	Dy	2	2	6	2	6	10	2	6	10	(9)	2	6	(1)		2			
6	67	Ho	2	2	6	2	6	10	2	6	10	(10)	2	6	(1)		2			
	68	Er	2	2	6	2	6	10	2	6	10	(11)	2	6	(1)		2			
	69	Tm	2	2	6	2	6	10	2	6	10	13	2	6	0		2			
	70	Yb ↓	2	2	6	2	6	10	2	6	10	14	2	6	0		2			
	71	Lu	2	2	6	2	6	10	2	6	10	14	2	6	1		2			
	72	Hf	2	2	6	2	6	10	2	6	10	14	2	6	2		2			
	73	Ta 第	2	2	6	2	6	10	2	6	10	14	2	6	3		2			
	74	W 三	2	2	6	2	6	10	2	6	10	14	2	6	4		2			
	75	Re 遷	2	2	6	2	6	10	2	6	10	14	2	6	5		2			
	76	Os 移	2	2	6	2	6	10	2	6	10	14	2	6	6		2			
	77	Ir 元	2	2	6	2	6	10	2	6	10	14	2	6	7		2			
	78	Pt 素	2	2	6	2	6	10	2	6	10	14	2	6	9		1			
	79	Au ↓	2	2	6	2	6	10	2	6	10	14	2	6	10		1			
	80	Hg	2	2	6	2	6	10	2	6	10	14	2	6	10		2			
	81	Tl	2	2	6	2	6	10	2	6	10	14	2	6	10		2	1		
	82	Pb	2	2	6	2	6	10	2	6	10	14	2	6	10		2	2		
	83	Bi	2	2	6	2	6	10	2	6	10	14	2	6	10		2	3		
	84	Po	2	2	6	2	6	10	2	6	10	14	2	6	10		2	4		
	85	At	2	2	6	2	6	10	2	6	10	14	2	6	10		2	5		
	86	Rn	2	2	6	2	6	10	2	6	10	14	2	6	10		2	6		
	87	Fr	2	2	6	2	6	10	2	6	10	14	2	6	10		2	6		1
	88	Ra	2	2	6	2	6	10	2	6	10	14	2	6	10		2	6		2
	89	Ac ↑	2	2	6	2	6	10	2	6	10	14	2	6	10		2	6	1	2
	90	Th	2	2	6	2	6	10	2	6	10	14	2	6	10		2	6	2	2
	91	Pa	2	2	6	2	6	10	2	6	10	14	2	6	10	(3)	2	6	(0)	2
	92	U ア	2	2	6	2	6	10	2	6	10	14	2	6	10	3	2	6	1	2
	93	Np ク	2	2	6	2	6	10	2	6	10	14	2	6	10	(4)	2	6	(1)	2
	94	Pu チ	2	2	6	2	6	10	2	6	10	14	2	6	10	(5)	2	6	(1)	2
7	95	Am ノ	2	2	6	2	6	10	2	6	10	14	2	6	10	7	2	6	0	2
	96	Cm イ	2	2	6	2	6	10	2	6	10	14	2	6	10	(7)	2	6	(1)	2
	97	Bk ド	2	2	6	2	6	10	2	6	10	14	2	6	10	(8)	2	6	(1)	2
	98	Cf	2	2	6	2	6	10	2	6	10	14	2	6	10	(9)	2	6	(1)	2
	99	Es	2	2	6	2	6	10	2	6	10	14	2	6	10	(10)	2	6	(1)	2
	100	Fm	2	2	6	2	6	10	2	6	10	14	2	6	10	(11)	2	6	(1)	2
	101	Md	2	2	6	2	6	10	2	6	10	14	2	6	10	(12)	2	6	(1)	2
	102	No ↓	2	2	6	2	6	10	2	6	10	14	2	6	10	(13)	2	6	(1)	2
	103	Lr	2	2	6	2	6	10	2	6	10	14	2	6	10	(14)	2	6	(1)	2

※※ランタノイド・アクチノイドに属する元素には,正確な電子配置が知られていないものが多い.不確実なもの,推測によるものを( )で示した.

付録4　結晶構造のSB記号（Strukturbericht symbol）

SB記号	構造型	結晶系	Pearson記号	備考
A1	Cu	立方	cF4	fccと略記
A2	W	立方	cI2	bccと略記
A3	Mg	六方	hP2	hcp (2H, ABAB) と略記
A3′	α-La	六方	hP4	dhcp (4H, ABAC) と略記
A4	C（ダイヤモンド）	立方	cF8	
A5	β-Sn	正方	tI4	金属スズ
A6	In	正方	tI2	
A7	As	菱面体	hR2	
A8	(γ-)Se	六方	hP3	
A9	C（グラファイト）	六方	hP4	
A10	Hg	菱面体	hR1	
A11	Ga	斜方	oC8	
A12	α-Mn	立方	cI58	
A13	β-Mn	立方	cP20	
A15	Cr_3Si	立方	cP8	W_3Oを誤認しβ-W型とした
A16	S	斜方	oF128	
A17	α-P	斜方	oC8	黒リン
A20	α-U	斜方	oC4	
Aa	Pa	正方	tI2	
Ab	β-U	正方	tP30	
Ac	α-Np	斜方	oP8	
Ad	β-Np	正方	tP4	
Ah	α-Po	立方	cP1	
Ai	β-Po	菱面体	hR1	
B1	NaCl	立方	cF8	
B2	CsCl	立方	cP2	β黄銅型ともいう
B3	α-ZnS	立方	cF8	閃亜鉛鉱zincblende
B4	β-ZnS	六方	hP4	ウルツ鉱wurtzite, ZnO型とも記す
B8$_1$	NiAs	六方	hP4	紅砒ニッケル鉱nickeline
B8$_2$	Ni_2In	六方	hP6	
B9	HgS	六方	hP6	辰砂cinnabar
B10	PbO	正方	tP4	LiOH型と記すこともある
B11	γ-CuTi	正方	tP4	
B13	NiS	菱面体	hR6	針ニッケル鉱millerite
B16	GeS	斜方	oP8	
B17	PtS	正方	tP4	硫白金鉱cooperite
B18	CuS	六方	hP12	銅藍covellite
B19	AuCd	斜方	oP4	
B20	FeSi	立方	cP8	
B26	CuO	単斜	mC8	
B27	FeB	斜方	oP8	
B31	MnP	斜方	oP8	
B32	NaTl	立方	cF16	ジントル型化合物
B34	PdS	正方	tP16	

SB記号	構造型	結晶系	Pearson記号	備考
B37	TlSe	正方	tI16	
Bb	ζ-AgZn	六方	hP9	
Be	CdSb	斜方	oP16	
Bf	ζ-CrB	斜方	oC8	
Bh	WC	六方	hP2	
C1	CaF$_2$	立方	cF12	蛍石fluorite
C2	FeS$_2$	立方	cP12	黄鉄鉱pyrite (aP12という解釈もある)
C3	Cu$_2$O	立方	cP6	赤銅鉱cuprite
C4	TiO$_2$(α)	正方	tP6	ルチルrutile
C5	TiO$_2$(β)	正方	tI12	アナタスanatase
C6	Cd(OH)$_2$	六方	hP3	CdI$_2$型とも記す
C7	MoS$_2$	六方	hP6	モリブデナイトmolybdenite
C11a	CaC$_2$	正方	tI6	
C11b	MoSi$_2$	正方	tI6	
C12	CaSi$_2$	菱面体	hR6	
C14	MgZn$_2$	六方	hP12	ラーフェス相化合物
C15	MgCu$_2$	立方	cF24	ラーフェス相化合物
C15b	AuBe$_5$	立方	cF24	ラーフェス相化合物
C16	CuAl$_2$	正方	tI12	
C18	FeS$_2$	斜方	oP6	白鉄鉱marcasite, NbS$_2$型とも記す
C19	CdCl$_2$	菱面体	hR3	
C22	Fe$_2$P	六方	hP6	
C23	PbCl$_2$	斜方	oP12	C37と同型
C32	AlB$_2$	六方	hP3	
C33	Bi$_2$Te$_2$S	菱面体	hR5	Bi$_2$Te$_3$型とも記す
C34	AuTe$_2$	単斜	mC6	
C36	MgNi$_2$	六方	hP24	ラーフェス相化合物
C37	Co$_2$Si	斜方	oP12	C23と同型
C38	Cu$_2$Sb	正方	tP6	
C40	CrSi$_2$	六方	hP9	
C42	SiS$_2$	斜方	oI12	
C43	ZrO$_2$	単斜	mP12	
C44	GeS$_2$	斜方	oF72	
C46	AuTe$_2$	斜方	oP24	
C49	ZrSi$_2$	斜方	oC12	
C52	TeO$_2$	斜方	oP24	
C54	TiSi$_2$	斜方	oF24	
Ca	Mg$_2$Ni	六方	hP18	
Cb	Mg$_2$Cu	斜方	oF48	
Cc	Si$_2$Th	正方	tI12	
Ce	CoGe$_2$	斜方	oC24	
Ch	Cu$_2$Te	六方	hP6	
D0$_2$	CoAs$_3$	立方	cI32	
D0$_3$	Fe$_3$Al	立方	cF16	BiF$_3$またはBiLi$_3$型とも記す
D0$_9$	ReO$_3$	立方	cP4	Cu$_3$N型とも記す

SB記号	構造型	結晶系	Pearson記号	備考
$D0_{11}$	Fe_3C	斜方	oP16	セメンタイト cementite
$D0_{18}$	Na_3As	六方	hP8	
$D0_{19}$	Ni_3Sn	六方	hP8	Mg_3Cd型とも記す
$D0_{20}$	Al_3Ni	斜方	oP16	
$D0_{21}$	Cu_3P	六方	hP24	Cu_3As型とも記す
$D0_{22}$	Al_3Ti	正方	tI8	
$D0_{23}$	Al_3Zr	正方	tI16	
$D0_{24}$	Ni_3Ti	六方	hP16	
$D0a$	β-Cu_3Ti	斜方	oP8	Ni_3Ta型とも記す,Cu_3Tiは準安定相
$D0e$	Fe_3P	正方	tI32	Ni_3P型とも記す
$D1_3$	Al_4Ba	正方	tI10	
$D1a$	Ni_4Mo	正方	tI10	
$D1b$	Al_4U	斜方	oI20	
$D1c$	Sn_4Pd	斜方	oC20	
$D1e$	ThB_4	正方	tP20	
$D2_1$	CaB_6	立方	cP7	
$D2_3$	$NaZn_{13}$	立方	cF112	
$D2b$	$Mn_{12}Th$	正方	tI26	
$D2c$	MnU_6	正方	tI28	
$D2d$	$CaCu_5$	六方	hP6	$ThFe_5$または$CaZn_5$とも記す
$D2e$	$Hg_{11}Ba$	立方	cP36	
$D2f$	UB_{12}	立方	cF52	
$D2h$	Al_6Mn	斜方	oC28	
$D5_1$	α-Al_2O_3	菱面体	hR10	コランダム corundum
$D5_2$	La_2O_3	六方	hP5	
$D5_8$	Sb_2S_3	斜方	oP20	
$D5_9$	Zn_3P_2	正方	tP40	
$D5_{10}$	Cr_3C_2	斜方	oP20	
$D5_{13}$	Ni_2Al_3	六方	hP5	
$D5a$	U_3Si_2	正方	tP10	
$D5c$	Pu_2C_3	立方	cI40	
$D7_3$	Th_3P_4	立方	cI28	
$D7b$	Ta_3B_4	斜方	oI14	
$D8_1$	Fe_3Zn_{10}	立方	cI52	
$D8_2$	Cu_5Zn_8	立方	cI52	γ黄銅
$D8_3$	Cu_9Al_4	立方	cP52	
$D8_4$	$Cr_{23}C_6$	立方	cF116	
$D8_5$	Fe_7W_6	菱面体	hR13	
$D8_6$	$Cu_{14}Si_4$	立方	cI76	
$D8_8$	Mn_5Si_3	六方	hP16	
$D8_{10}$	Cr_5Al_8	菱面体	hR26	
$D8_{11}$	Co_2Al_5	六方	hP28	
$D8a$	$Mn_{23}Th_6$	立方	cF116	
$D8b$	σ-CrFe	正方	tP30	σ相
$D8c$	Mg_2Zn_{11}	立方	cP39	
$D8d$	Co_2Al_9	単斜	mP22	
$D8g$	Mg_5Ga_2	斜方	oI28	

SB記号	構造型	結晶系	Pearson記号	備考
D8l	Cr_5B_3	正方	tI32	
D8m	W_5Si_3	正方	tI32	
D10$_1$	Cr_7C_3	菱面体	hP80	
D10$_2$	Fe_3Th_7	六方	hP20	
L1$_0$	CuAu I	正方	tP4	
L1$_1$	CuPt	菱面体	hR32	
L1$_2$	Cu_3Au	立方	cP4	
L1a	$CuPt_3$	立方	cF32	
L2$_1$	Cu_2MnAl	立方	cF16	ホイスラー合金
L2$_2$	Tl_7Sb_2	立方	cI54	
L2a	δ-CuTi	正方	tP2	
L′1	γ-Fe_4N	立方	cF5	侵入型 (A1)
L′2	Fe-Cマルテンサイト	正方		侵入型 (A2)
L′2b	ThH_2	正方	tI6	
L′3	ε-Fe_2N	六方	hP3	侵入型 (A3), W_2C型とも記す
L′6	Mo_2N	正方		侵入型 (A6) とも記す

付録5 基礎物理定数[1]

普遍定数および電磁気定数

名称と記号		数値	単位
真空中の光速度[2]	c	2.99792458×10^8	$m \cdot s^{-1}$
真空中の透磁率[2]	$\mu_0 = 4\pi \times 10^{-7}$	$1.2566370614\cdots \times 10^{-6}$	NA^{-2}
真空中の誘電率[2]	$\varepsilon_0 = (4\pi)^{-1} c^{-2} \times 10^7$	$8.854187817\cdots \times 10^{-12}$	$F \cdot m^{-1}$
万有引力定数[3]	G	$6.673(10) \times 10^{-11}$	$N \cdot m^2 \cdot kg^{-2}$
プランク定数	h	$6.62606876(52) \times 10^{-34}$	$J \cdot s$
	$\hbar = h/2\pi$	$1.054571596(82) \times 10^{-34}$	$J \cdot s$
素電荷	e	$1.602176462(63) \times 10^{-19}$	C
磁束量子	$h/2e$	$2.067833636(81) \times 10^{-15}$	Wb
ジョセフソン定数[4]	$K_J = 2e/h$	$4.83597898(19) \times 10^{14}$	$Hz \cdot V^{-1}$
フォン・クリツィング定数[5]	$R_K = h/e^2$	$2.5812807572(95) \times 10^4$	Ω
ボーア磁子	$\mu_B = e\hbar/2m_e$	$9.27400899(37) \times 10^{-24}$	$J \cdot T^{-1}$
核磁子	$\mu_N = e\hbar/2m_p$	$5.05078317(20) \times 10^{-27}$	$J \cdot T^{-1}$

物理化学定数

名称と記号		数値	単位
原子質量単位	m_u	$1.66053873(13) \times 10^{-27}$	kg
アボガドロ定数	N_A	$6.02214199(47) \times 10^{23}$	mol^{-1}
ボルツマン定数	k	$1.3806503(24) \times 10^{-23}$	$J \cdot K^{-1}$
ファラデー定数	$F = N_A e$	$9.64853415(39) \times 10^4$	$C \cdot mol^{-1}$
1モルの気体定数	$R = N_A k$	$8.314472(15)$	$J \cdot mol^{-1} \cdot K^{-1}$
理想気体1モルの体積(0℃, 1atm)	V_m	$2.2413996(39) \times 10^{-2}$	$m^3 \cdot mol^{-1}$
ステファン・ボルツマン定数	$\sigma = \pi^2 k^4 / 60\hbar^3 c^2$	$5.670400(40) \times 10^{-8}$	$W \cdot m^{-2} \cdot K^{-4}$

1) CODATA (Committee on Data for Science and Technology) 1998 推奨値による.
2) 定義値.
3) ( )内の2桁の数字は, 示されている値の最後の2桁についての標準不確かさを表す. 例えば, G の値の表記は, $(6.673 \pm 0.010) \times 10^{-11}$ を意味する.
4) ジョセフソン効果を用いる電圧標準の基礎としては, この値の逆数を使うのではなく, ジョセフソン定数の協定値 $K_{J\text{-}90} = 483597.898 GHz/V$ を用いる.
5) 量子ホール効果を用いる抵抗標準の基礎としては, h/e^2 としてこの値を用いるのではなく, フォン・クリツィング定数の協定値 $R_{K\text{-}90} = 25812.807 \Omega$ を用いる.

付録6 SI単位系

SI単位系の構成
(1) 基本単位：よく知られたMKSA単位と，それから誘導出来ない熱力学温度（ケルビン K），物質量（モル mol），光度（カンデラ cd）を加えた7種．
(2) 組立単位：すべての単位は基本単位を使って組み立て得るが，いちいちそうするのは煩雑であり，これまですでに広く用いられている単位も多いから，それらを基本単位の組み合わせによる定義（物理法則に従った誘導過程）と共に組立単位とする．これには次の3種がある．
　①「基本単位を用いて表される単位の例」（面積, 体積, 速さ, 〜, 屈折率）
　②「固有の名称とその独自の記号で表される組立単位」（ラジアン, ステラジアン, ヘルツ, 〜, シーベルト）．
　ラジアン（平面角），ステラジアン（立体角）は，従来，補助単位（基本単位から誘導出来るが，独立性の高いもの）であったが，この組立単位に含まれることになった．
　③「単位の中に固有の名称とその独自の記号を含む組立単位の例」（粘度, 力のモーメント, 〜, 放射輝度）．
(3) 10^nを表す接頭語：量を表すのに適当な桁の数を用いるため，10の累乗（10^n）を用いるが，それを表す記号を接頭語として名称と共に決めている．
(4) SIに属さない単位
　①SIと併用される単位
　　① -1（分, 時, 〜, ネーパ, ベル）
　　① -2（電子ボルト, 〜, 天文単位）
　　① -3（海里, ノット, 〜, バーン）
　②固有の名称をもつCGS組立単位（エルグ, ダイン, 〜, フォト, ガル）
　③その他の単位（キュリー, レントゲン, 〜, カロリー, ミクロン）を決めている．

[付録]

6.1 SI基本単位(「国際文書」第7版(1998)より.各表中の注は省略.)

基本量	単位	記号	定 義
長さ	メートル	m	メートルは,1秒の299 792 458分の1の時間に光が真空中を伝わる行程の長さである.
質量	キログラム	kg	キログラムは質量の単位であって,単位の大きさは国際キログラム原器の質量に等しい.
時間	秒	s	秒は,セシウム133の原子の基底状態の二つの超微細構造準位の間の遷移に対応する放射の周期の9 192 631 770倍の継続時間である.
電流	アンペア	A	アンペアは,真空中に1メートルの間隔で平行に配置された無限に小さい円形断面積を有する無限に長い2本の直線状導体のそれぞれを流れ,これらの導体の長さ1メートルにつき2×10^{-7}ニュートンの力を及ぼしあう一定の電流である.
熱力学温度	ケルビン	K	熱力学温度の単位,ケルビンは,水の三重点の熱力学温度の$1/273.16$である.
物質量	モル	mol	①モルは,0.012キログラムの炭素12の中に存在する原子の数に等しい数の要素粒子を含む系の物質量である. ②モルを用いるとき要素粒子(entités élémentaires)が指定されなければならないが,それは原子,分子,イオン,電子,その他の粒子またはこの種の粒子の特定の集合体であってよい.
光度	カンデラ	cd	カンデラは,周波数540×10^{12}ヘルツの単色放射を放出し,所定の方向におけるその放射強度が$1/683$ワット毎ステラジアンである光源の,その方向における光度である.

6.2 SI組立単位

① 基本単位を用いて表されるSI組立単位の例

組立量	SI組立単位	
	名 称	記 号
面積	平方メートル	m^2
体積	立方メートル	m^3
速さ,速度	メートル毎秒	m/s
加速度	メートル毎秒毎秒	m/s^2
波数	毎メートル	m^{-1}
密度(質量密度)	キログラム毎立方メートル	kg/m^3
質量体積(比体積)	立方メートル毎キログラム	m^3/kg
電流密度	アンペア毎平方メートル	A/m^2
磁界の強さ	アンペア毎メートル	A/m
濃度(物質量の)	モル毎立方メートル	mol/m^3
輝度	カンデラ毎平方メートル	cd/m^2
屈折率	数値のみで表す	―

② 固有の名称とその独自の記号で表されるSI組立単位

組　立　量	SI単位			
	名称	記号	他のSI単位による表し方	SI基本単位による表し方
平面角	ラジアン	rad		$m \cdot m^{-1}$=数値のみで表す
立体角	ステラジアン	sr		$m^2 \cdot m^{-2}$=数値のみで表す
周波数	ヘルツ	Hz		s^{-1}
力	ニュートン	N		$m \cdot kg \cdot s^{-2}$
圧力, 応力	パスカル	Pa	N/m^2	$m^{-1} \cdot kg \cdot s^{-2}$
エネルギー, 仕事, 熱量	ジュール	J	$N \cdot m$	$m^2 \cdot kg \cdot s^{-2}$
工率, 放射束	ワット	W	J/s	$m^2 \cdot kg \cdot s^{-3}$
電荷, 電気量	クーロン	C		$s \cdot A$
電位差（電圧）, 起電力	ボルト	V	W/A	$m^2 \cdot kg \cdot s^{-3} \cdot A^{-1}$
静電容量	ファラド	F	C/V	$m^{-2} \cdot kg^{-1} \cdot s^4 \cdot A^2$
電気抵抗	オーム	Ω	V/A	$m^2 \cdot kg \cdot s^{-3} \cdot A^{-2}$
コンダクタンス	ジーメンス	S	A/V	$m^{-2} \cdot kg^{-1} \cdot s^3 \cdot A^2$
磁束	ウェーバ	Wb	$V \cdot s$	$m^2 \cdot kg \cdot s^{-2} \cdot A^{-1}$
磁束密度	テスラ	T	Wb/m^2	$kg \cdot s^{-2} \cdot A^{-1}$
インダクタンス	ヘンリー	H	Wb/A	$m^2 \cdot kg \cdot s^{-2} \cdot A^{-2}$
セルシウス温度	セルシウス温度	℃		K
光束	ルーメン	lm	$cd \cdot sr$	$m^2 \cdot m^{-2} \cdot cd = cd$
照度	ルクス	lx	lm/m^2	$m^2 \cdot m^{-4} \cdot cd = m^{-2} \cdot cd$
放射能（放射性核種の）	ベクレル	Bq		s^{-1}
吸収線量, 質量エネルギー分与, カーマ	グレイ	Gy	J/kg	$m^2 \cdot s^{-2}$
線量当量, 周辺線量当量, 方向性線量当量, 個人線量当量, 組織線量当量	シーベルト	Sv	J/kg	$m^2 \cdot s^{-2}$

③ 単位の中に固有の名称とその独自の記号を含む SI 組立単位の例

組 立 量	名称	SI 組立単位 記号	SI 基本単位による表し方
粘度	パスカル秒	Pa·s	$m^{-1}·kg·s^{-1}$
力のモーメント	ニュートンメートル	N·m	$m^2·kg·s^{-2}$
表面張力	ニュートン毎メートル	N/m	$kg·s^{-2}$
角速度	ラジアン毎秒	rad/s	$m·m^{-1}·s^{-1}=s^{-1}$
角加速度	ラジアン毎秒毎秒	rad/s^2	$m·m^{-1}·s^{-2}=s^{-2}$
熱流密度, 放射照度	ワット毎平方メートル	W/m^2	$kg·s^{-3}$
熱容量, エントロピー	ジュール毎ケルビン	J/K	$m^2·kg·s^{-2}·K^{-1}$
質量熱容量 (比熱容量), 質量エントロピー	ジュール毎キログラム毎ケルビン	J/(kg·K)	$m^2·s^{-2}·K^{-1}$
質量エネルギー (比エネルギー)	ジュール毎キログラム	J/kg	$m^2·s^{-2}$
熱伝導率	ワット毎メートル毎ケルビン	W/(m·K)	$m·kg·s^{-3}·K^{-1}$
体積エネルギー	ジュール毎立方メートル	J/m^3	$m^{-1}·kg·s^{-2}$
電界の強さ	ボルト毎メートル	V/m	$m·kg·s^{-3}·A^{-1}$
体積電荷	クーロン毎立方メートル	C/m^3	$m^{-3}·s·A$
電気変位	クーロン毎平方メートル	C/m^2	$m^{-2}·s·A$
誘電率	ファラド毎メートル	F/m	$m^{-3}·kg^{-1}·s^4·A^2$
透磁率	ヘンリー毎メートル	H/m	$m·kg·s^{-2}·A^{-2}$
モルエネルギー	ジュール毎モル	J/mol	$m^2·kg·s^{-2}·mol^{-1}$
モルエントロピー, モル熱容量	ジュール毎モル毎ケルビン	J/(mol·K)	$m^2·kg·s^{-2}·K^{-1}·mol^{-1}$
(X 線及び γ 線) 照射線量	クーロン毎キログラム	C/kg	$kg^{-1}·s·A$
吸収線量率	グレイ毎秒	Gy/s	$m^2·s^{-3}$
放射強度	ワット毎ステラジアン	W/sr	$m^4·m^{-2}·kg·s^{-3}$ $=m^2·kg·s^{-3}$
放射輝度	ワット毎平方メートル毎ステラジアン	W/(m^2·sr)	$m^2·m^{-2}·kg·s^{-3}$ $=kg·s^{-3}$

6.3 10^n を表す接頭語

SI 接頭語

乗数	接頭語	記号	乗数	接頭語	記号
10^{24}	ヨタ	Y	10^{-1}	デシ	d
10^{21}	ゼタ	Z	10^{-2}	センチ	c
10^{18}	エクサ	E	10^{-3}	ミリ	m
10^{15}	ペタ	P	10^{-6}	マイクロ	μ
10^{12}	テラ	T	10^{-9}	ナノ	n
10^9	ギガ	G	10^{-12}	ピコ	p
10^6	メガ	M	10^{-15}	フェムト	f
10^3	キロ	k	10^{-18}	アト	a
10^2	ヘクト	h	10^{-21}	ゼプト	z
10^1	デカ	da	10^{-24}	ヨクト	y

6.4 SIに属さない単位

①-1 国際単位系と併用されるが,国際単位系に属さない単位

名称	記号	SI単位による値
分	min	$1\text{min}=60\text{s}$
時	h	$1\text{h}=60\text{min}=3\,600\text{s}$
日	d	$1\text{d}=24\text{h}=86\,400\text{s}$
度	°	$1°=(\pi/180)\text{rad}$
分	′	$1′=(1/60)°=(\pi/10\,800)\text{rad}$
秒	″	$1″=(1/60)′=(\pi/648\,000)\text{rad}$
リットル	l, L	$1\text{l}=1\text{dm}^3=10^{-3}\text{m}^3$
トン	t	$1\text{t}=10^3\text{kg}$
ネーパ	Np	$1\text{Np}=1$
ベル	B	$1\text{B}=(1/2)\ln 10(\text{Np})$

①-2 国際単位系と併用され,これと属さない単位で,SI単位で表される数値が実験的に得られるもの

名称	記号	SI単位で表される数値
電子ボルト	eV	$1\text{eV}=1.60217733(49)\times 10^{-19}\text{J}$
統一原子質量単位	u	$1\text{u}=1.6605402(10)\times 10^{-27}\text{kg}$
天文単位	ua	$1\text{ua}=1.49597870691(30)\times 10^{11}\text{m}$

①-3 国際単位系に属さないが,国際単位系と併用されるその他の単位

名称	記号	SI単位で表される数値
海里		1海里$=1852\text{m}$
ノット		1ノット$=$1海里毎時$=(1\,852/3\,600)\text{m/s}$
アール	a	$1\text{a}=1\text{dam}^2=10^2\text{m}^2$
ヘクタール	ha	$1\text{ha}=1\text{hm}^2=10^4\text{m}^2$
バール	bar	$1\text{bar}=0.1\text{MPa}=100\text{kPa}=1\,000\text{hPa}=10^5\text{Pa}$
オングストローム	Å	$1\text{Å}=0.1\text{nm}=10^{-10}\text{m}$
バーン	b	$1\text{b}=100\text{fm}^2=10^{-28}\text{m}^2$

② 固有の名称をもつ CGS 組立単位

名称	記号	SI 単位で表される数値
エルグ	erg	$1\,\mathrm{erg}=10^{-7}\,\mathrm{J}$
ダイン	dyn	$1\,\mathrm{dyn}=10^{-5}\,\mathrm{N}$
ポアズ	P	$1\,\mathrm{P}=1\,\mathrm{dyn\cdot s/cm^2}=0.1\,\mathrm{Pa\cdot s}$
ストークス	St	$1\,\mathrm{St}=1\,\mathrm{cm^2/s}=10^{-4}\,\mathrm{m^2/s}$
ガウス	G	$1\,\mathrm{G}\mathrel{\hat=}10^{-4}\,\mathrm{T}$
エルステッド	Oe	$1\,\mathrm{Oe}\mathrel{\hat=}(1000/4\pi)\,\mathrm{A/m}$
マクスウェル	Mx	$1\,\mathrm{Mx}\mathrel{\hat=}10^{-8}\,\mathrm{Wb}$
スチルブ	sb	$1\,\mathrm{sb}=1\,\mathrm{cd/cm^2}=10^{4}\,\mathrm{cd/m^2}$
フォト	ph	$1\,\mathrm{ph}=10^{4}\,\mathrm{lx}$
ガル	Gal	$1\,\mathrm{Gal}=1\,\mathrm{cm/s^2}=10^{-2}\,\mathrm{m/s^2}$

註：$\mathrel{\hat=}$は「対応する」の意味である．

③ 国際単位系に属さないその他の単位の例

名称	記号	SI 単位で表される数値
キュリー	Ci	$1\,\mathrm{Ci}=3.7\times10^{10}\,\mathrm{Bq}$
レントゲン	R	$1\,\mathrm{R}=2.58\times10^{-4}\,\mathrm{C/kg}$
ラド	rad	$1\,\mathrm{rad}=1\,\mathrm{cGy}=10^{-2}\,\mathrm{Gy}$
レム	rem	$1\,\mathrm{rem}=1\,\mathrm{cSv}=10^{-2}\,\mathrm{Sv}$
X 線単位		$1\,\text{X 線単位}\approx1.002\times10^{-4}\,\mathrm{nm}$
ガンマ	γ	$1\,\gamma=1\,\mathrm{nT}=10^{-9}\,\mathrm{T}$
ジャンスキー	Jy	$1\,\mathrm{Jy}=10^{-26}\,\mathrm{W\cdot m^{-2}\cdot Hz^{-1}}$
フェルミ		$1\,\text{フェルミ}=1\,\mathrm{fm}=10^{-15}\,\mathrm{m}$
メートル系カラット		$1\,\text{メートル系カラット}=200\,\mathrm{mg}=2\times10^{-4}\,\mathrm{kg}$
トル	Torr	$1\,\mathrm{Torr}=(101\,325/760)\,\mathrm{Pa}$
標準大気圧	atm	$1\,\mathrm{atm}=101\,325\,\mathrm{Pa}$
カロリー	cal	（付録 8 を参照）
ミクロン	μ	$1\,\mu=1\,\mu\mathrm{m}=10^{-6}\,\mathrm{m}$

付録7　電気・磁気の単位と換算表

電磁気単位のうち，金属に関係の深い磁性に関するものに限った．

S I　SI 単位系．付録6を参照．

CGS静電単位系（CGS–esu）　基本単位をセンチメートル（cm），グラム（g），秒（s）とし，真空の誘電率を1（無次元数），真空中で1cm離れた位置で1dyn（ダイン）の力を及ぼし合う等量の電気量を1esuの電気量と定義し，他の電磁気量の単位を決めていく．

CGS電磁単位系（CGS–emu）　基本単位は同じ cm, g, s で，真空中の透磁率を1（無次元数），真空中で1cm離れた位置で1dyn（ダイン）の力を及ぼし合う等量の磁気量を1emuの磁気量と定義し，他の電磁気量の単位を決めていく．

CGSガウス単位系（CGS–Gauss）　電気的な量にはCGS静電単位系を，磁気的な量にはCGS電磁単位系を使う．電気と磁気の関係するものには比例定数（真空中の光速が関係する）を使う．

電磁気量の単位には，MKSA（SI）単位系の中に，「E-H」対応系と「E-B」対応系があるので注意（本文「磁化」「磁界」参照）．

電磁気の単位系の比較

（この表では $c = 2.99792458 \times 10^8$ の値とする）

量と記号		SI		CGS	
				esu	emu
磁極	Q_m	ウェーバー	Wb	$=(1/4\pi c)\cdot 10^6$	$=(1/4\pi)\cdot 10^8$
磁束	Φ	ウェーバー	Wb	$=(1/c)10^6$	$=10^8$ [1]
磁束密度	B	テスラ	T=Wb/m²	$=(1/c)10^2$	$=10^4$ [2]
磁化	I	テスラ	T	$=(1/c)10^{-5}$	$=10^{-3}$ [2]
起磁力・磁位	F_m	アンペア	A	$=4\pi c\cdot 10$	$=4\pi\cdot 10^{-1}$ [3]
磁界	H	アンペア/m	A/m	$=4\pi c\cdot 10^{-1}$	$=4\pi\cdot 10^{-3}$ [4]
インダクタンス	L	ヘンリー	H	$=(1/c^2)10^5$	$=10^9$
透磁率	μ	ヘンリー/m	H/m	$=(1/4\pi c^2)\cdot 10^3$	$=(1/4\pi)\cdot 10^7$
誘電率	ε	ファラド/m	F/m	$=4\pi c^2\cdot 10^{-7}$	$=4\pi\cdot 10^{-11}$

＝はCGS単位系で使われるものを示す．

1)～4)はCGS–emu単位系で固有の名称をもつもの；1)マクスウェル：Mx, 2)ガウス：G, 3)ギルバート：Gi, 4)エルステッド：Oe

付録8 その他の単位と換算表

応力（圧力）	$1Pa$（パスカル）$=1N/m^2=1.01972\times 10^{-7} kgf/mm^2$
	$1kgf/mm^2=9.807\times 10^6 Pa$（$=MPa$：メガパスカル）
	$(100kgf/mm^2=0.98(\fallingdotseq 1)GPa)$（ギガパスカル）
	$1psi \fallingdotseq 6.8948\times 10^3 Pa$
破壊靱性値	$1kgf/mm^{3/2}=0.3101MPa\cdot m^{1/2}$
	$1MPa\cdot m^{1/2}=3.225kgf/mm^{3/2}$
エネルギー	$1J$（ジュール）$=10^7 erg$（エルグ）$=0.2390cal$（カロリー）
（仕事，熱量）	$1cal_{th}=4.184J$（熱化学カロリー）
	$1cal_{IT}=4.1868J$（IT（国際表）カロリー）
	$1eV$（エレクトロンボルト）$=1.602177\times 10^{-19} J$
効率	$1W$（ワット）$=1J/s$
（仕事率，動力）	$1PS$（仏馬力）$=735.5W$
	$1HP$（英馬力）$=745.7W$

二元合金の組成（原子(at)%↔質量(mass)%）
　原子(at)%→質量(mass)% $=100\cdot (at\%\cdot X)/[(at\%\cdot X)+(100-at\%)\cdot Y]$
　　　　　　　　　　　　 $=100/[1+\{(Y/X)\cdot(100-at\%)/at\%\}]$
　質量(mass)%→原子(at)% $=100\cdot (mass\%/X)/[(mass\%/X)+(100-mass\%)/Y]$
　　　　　　　　　　　　 $=100/[1+\{(X/Y)\cdot(100-mass\%)/mass\%\}]$
　（X：考えている元素の原子量．Y：他の元素の原子量）

圧力単位

Pa	kPa	bar	kgf/cm²	atm	Torr (mmHg)*
1	10^{-3}	10^{-5}	1.01972×10^{-5}	9.86923×10^{-6}	7.50062×10^{-3}
10^3	1	10^{-2}	1.01972×10^{-2}	9.86923×10^{-3}	7.50062
10^5	10^2	1	1.01972	9.86923×10^{-1}	7.50062×10^2
9.80665×10^4	9.80665×10	9.80665×10^{-1}	1	9.67841×10^{-1}	7.35559×10^2
1.01325×10^5	1.01325×10^2	1.01325	1.03323	1	7.60000×10^2
1.33322×10^2	1.33322×10^{-1}	1.33322×10^{-3}	1.35951×10^{-3}	1.31579×10^{-3}	1

＊：$1mmHg=1 Torr$（2×10^{-7} Torr 以内の差で成立する）

エネルギー・仕事・熱量単位

J	kW·h	kgf·m	kcal	ft·lbf	BTU
1	2.77778×10^{-7}	1.01972×10^{-1}	2.388×10^{-4}	7.376×10^{-1}	9.478×10^{-4}
3.600×10^6	1	3.67098×10^5	8.6000×10^2	2.655×10^6	3.413×10^3
9.80665	2.72407×10^{-6}	1	2.34270×10^{-3}	7.231	9.294×10^{-3}
4.1868×10^3	1.16279×10^{-3}	4.26858×10^2	1	3.087×10^3	3.968
1.356	3.766×10^{-7}	1.383×10^{-1}	3.239×10^{-4}	1	1.285×10^{-3}
1.055×10^3	2.930×10^{-4}	1.076×10^2	2.520×10^{-1}	7.780×10^2	1

注：$1J=1W\cdot s=1N\cdot m$

索引

記号・数字

%IACS *311*
(111) family *115*
(8-N) law *312*
15% size factor *169*
17-4 precipitation hardening stainless steel *170*
18-8 stainless steel *170*
3d electron *149*
3d transition metals *149*
3T-curve *149*
475℃ embrittlement *408*
4f electron *408*
4f transition metals *408*
6/4 brass *430*
65-35 brass *430*
7/3 brass *163*
Ⅲ-Ⅴ compound semiconductor *148*

ギリシア文字

α - brass *13*
α - creep *13*
α - iron *13*
α - manganese type structure *14*
α - martensite *14*
α - phase *13*
α - titan *13*
β - brass type *362*
β - creep *362*
β - iron *363*
β - manganese type structure *363*
β - martensite *363*
β - titanium *363*
γ - brass type alloy *76*
γ - creep *76*
γ - iron *76*
γ - loop type *77*
γ - manganese *76*
γ' - nitride *76*
δ - iron *258*
ε - brass *25*
ε - carbide *25*
ε - iron *25*
ε - martensite *25*
η - phase *23*
θ - phase *163*
σ - electron *158*
σ - phase *158*
ω - phase *56*
ω - phase in titanium alloy *56*

欧文

A

A transformation *41*
A_0 transformation *41*
A_1 transformation *41*
A_2 transformation *42*
A_3 transformation *42*
A_4 transformation *42*
a-Si *10, 181, 227*
AAAC cable *34*
AAC cable *34*
abnormal grain growth *22*
abrasive wear *9*
absolute temperature *208*
ACAR cable *36*
ac calorimetry *133*
accelerated creep *65*
acceptor *4*
acceptor level *276*
accommodation coefficient *412*
accumulative roll bonding *102*
A.C.demagnetization *176*
acicular cast iron *5*
acid convertor *363*
acid dip *148*
acid furnace *149*
acid iron *149*
acid steelmaking *149*
A_{cm} line *37*
acoustic emission *4*
ACSR cable *36*
actinoids *4*
activated complex *67*
activation energy *67*
active carbon *67*

[A]

active material 68
activity 68
activity coefficient 68
adamite 6
additive property 59
adhesive wear 89
adiabatic calorimeter / calorimetry 235
adiabatic demagnetization (process) 156, 235
admiralty brass 8
admiralty gun metal 8
ADP (ammonium dihydrogen phosphate) 7, 40
adsorption 85
adsorption pump 219
advance 8
AE (acoustic emission) 4
AEM (analytical electron microscope) 359
AES (Auger electron spectroscopy) 52, 337
AFC (alkaline fuel cell) 302
A_f point 34
AFM (atomic force microscope) 118
AFS (American Foundry Society) 34
age hardening 158
aging 158
Agricola, G. 95
air furnace 321
air hardening steel 159
air patenting 314
AISI (American Iron and Steel Institute) 33
albrac 14
Alcan process 12
Alcoa process 12
Alcoa specification 12
Aldrey 12
alfer 14
alkali embrittlement 11
alkaline earth metals 12
alkaline metals 11
all aluminium alloy conductor cable 34
all aluminium conductor cable 34
allotriomorphism 228
allotropic transformation 273
allotropy 272
alloy 123
alloy for lead frame 415
alloy hardening 123
alloy of iron 256
alloy steel 124
alloy type creep 123

alloys for packaging 341
Alnico magnet 13
Alperm 13
alternative flon 224
alum 388
alumel 16
alumel-chromel 16
alumelec 16
alumilite 14, 16
alumina 15, 322
alumina refractory material 15
aluminium / aluminum 15
aluminium alloy 15
aluminium alloy brazing metals 16
aluminium alloy conductor 273
aluminium brass 15
aluminium brittleness 16
aluminium bronze 16
aluminium conductor alloy reinforced cable 36
aluminium conductor steel reinforced cable 36
aluminium killed steel 15
aluminium nitride ceramics 238
aluminium soldering metals 16
alumite 14
amalgam 9
amalgamation 10, 140
AMB (arms bronze) 10
ammonium dihydrogen phosphate 40
amorphous alloy 10, 329
amorphous silicon 10, 181
amorphous substance 389
amphoteric oxide 419
amplitude affect substance 188
AMS (Aeronautic Material Specification) 34
Amsler universal testing machine 10
analytical electron microscope 359
anatase structure 8
Anderson, P.W. 17
Anderson localization 17
Andrade's law 18
anelasticity 80
angle beam method 167
angle of repose 17
anisotropic alunico magnet 25
anisotropic bonded magnet 26
anisotropic silicon steel plate 26, 370
anisotropy of etching 26
annealing 8, 178, 396
annihilation of dislocation 260

[索引] 453

anode *8*
anode mud *404*
anode oxidizing alumina *404*
anode polarization curve *9*
anode slime *9, 404*
anode zinc *371*
anodic protection *404*
anodizing *404*
ANSI (American National Standards Institute) *34*
anti-acid cast iron *222*
anti-ferromagnetism *320*
anti-isomorphous compound *322*
anti-phase boundary *23, 82*
anti-structure defect *83*
antibacterial materials *124*
antibacterial plating *124*
antimony *17*
Antonov's rule *18*
AP-FIM (atom-probe field ion microscope) *262, 337*
apatite *9*
apparent density *386*
apparent specific gravity *386*
approximate crystal *93*
aquadag *139*
ARB process *102*
arc discharge synthesis process *4*
arc imaging furnace *4*
arc melting *4*
areal analysis *393*
argon oxygen decarburization process *35*
Armco iron *10*
arms bronze *10*
Arnold H.D. *316*
A_r' point, A_r'' point *33*
arrest (point) *253*
Arrhenius, S.A. *67, 294, 323, 338, 422*
Arrhenius' equation *16*
arsenic *331*
artificial ageing *185*
artificial lattice *185*
ASARCO process *5*
asbestos *5*
asbolite *135*
ASEA-SKF process *34*
ash *306*
ASM (American Society for Metals) *34*
aspect ratio *5*

A_s point *34*
asterism *5*
ASTM (American Society for Testing and Materials) *34*
ASTM card *34*
ASTM grain size index *34*
asymptotic Curie point *87*
athermal martensite *333*
athermal solution *389*
athermal stress *280*
athermal transformation *5, 333*
atmospheric anti-corrosion steel *222*
atmospheric corrosion resisting steel *222*
atom-probe field ion microscope *262*
atomic absorption spectrometry *118*
atomic displacement *310*
atomic distance *117*
atomic force microscope *118*
atomic heat *118*
atomic mechanism of deformation *366*
atomic number *119*
atomic radius *118*
atomic size factor compound *118*
atomic structure *118*
atomic volume *119*
atomic weight *119*
atomization *8*
attractive junction *168*
Auger electron spectroscopy *52*
Auger, P. *52*
ausaging *53*
ausforming *54*
austemper *53*
austenite *53*
austenite cast iron *53*
austenite grain size *53*
austenite heat resisting steel *225*
austenitic stainless steel *53*
auto-catalytic transformation *159*
autoclave *55*
autoradiography *55*
AWS (American Welding Society) *38*
axial ratio *158*
axis of easy magnetization *154*
azimuthal quantum number *370*

B

Babbitt, I. *315*
Babbitt metal *315*

[B]

back tension 83, 132
bacterial corrosion 310
Bahn metal 323
Bain, E. C. 361
Bain mechanism 361
bainite 361
bake-hardenable steel 324
baking 362
ball grid array 328
band gap 93, 322
band theory 322
banded structure 55, 167
Barba's law 315
Bardeen, J. 328
Bardeen-Cooper-Schrieffer theory 328
barium 12, 318, 386
barium ferrite 318
Barkhausen effect 318
baryte 169
base metal 326, 333
basic convertor 277
basic oxygen furnace 325
basic steel making 47
basicity 47
bastnäsite 311
batch 58
battery 269
Bauschinger effect 307
bauxite 372
Bayer process 306
bcc (body-centered cubic lattice) 224
BCS theory 328
bct (body-centered tetragonal lattice) 223
beach mark 331
bearing metal 158, 360
bearing steel 158
bearing tin alloy 158
Bechhold, H. 117
Beck, L. 134
Becker's theory of nucleation 363
Becker-Daeves-Steinberg process 332
Becquerel, A. 32
Bednorz, J.G. 122
Beilby layer 337, 361
bell bronze 69
bellows 340
Bemont, G. 410
bend contour 272
bend metal 369

bend test 380
bending 380
bentonite 368
Berg-Barret method 365
Bernal, J. D. 144
Bernal model 315
berry 133
berthollide compound 365
beryl 419
beryllia 364
beryllium 364
beryllium bronze 365
beryllium copper 365
Bessemer, H. 33, 398
Bessemer convertor process 363
bessemerizing 189
beta treatment 362
betalloy 363
Bethe, H.A. 352
Bethe's theory 363
Bett's process 363
B_2H_6 10
$(BH)_{max}$ 118, 143
billet 132, 338
bimetal 306
bimetallic corrosion 73
binding energy 111
binodal gap 289
Binnig, G.K. 216
bio chemical oxygen demand 153
bio-magnet 304
Bismanol 330
bismuth 214, 330
Bitter pattern 332
black body radiation 134
black heart malleable cast iron 134
black ore 105
blanket 354
blanking 32
blast box 31
blast furnace 133, 405
bleeder 403
blister copper 219
Bloch, F. 357
Bloch function 357
Bloch wall 166, 357
Blodgett, K. B. 413
bloom 132, 356
blow hole 357

blow off 345
blow technique 217
blue brittleness 205
blue shortness 205
bluing 356
Bochmer Verein process 374
BOD (bio chemical oxygen demand) 153
body iron 178
body-centered cubic lattice 224
body-centered tetragonal lattice 223
boemite 364
Bohr, N. 80, 419
Bohr magneton 161, 369
boiling 292
boiling point 349
Boltzmann, L. 257, 375, 377
Boltzmann constant 375
Boltzmann factor 377
Boltzmann's principle 375
Boltzmann-Matano's method 375
bond energy 111
bonderizing 376
Bordoni, P.G. 281
Bordoni peak 375
Borelius theory of nucleation 375
Born, M. 257
boron fiber 376
boron steel 376
boronizing 376
BOP (basic oxygen process) 325
BOS (basic oxygen steelmaking) 325
Bose particle 372
Bose, S.N. 372
Bose-Einstein statistics 372
bosh 133
bosh gas 373
boson 372
bottom up 374
Boudouard reaction 349
bound energy 218
box annealing 310
Bragg, W.L. 17
Bragg angle 352
Bragg condition 352
Bragg's law 352
Bragg-Williams theory 352
brass 49
brass rod 351
Bravais lattice 353

brazing 430
brazing filler metal 134
brazing sheet 356
Bridgman method 355
bright annealing 123
bright field image 390
bright heat treatment 123
Brillouin zone 355
Brinell hardness 355
briquette 231
Britannia metal 355
brittle fracture 203
brittleness 203
bronze 204
brown powder 350
brown stone 67
brucite 356
bubble domain 316
bubble model 16
buckling 145
bulging 318
bulk amorphous alloy 318
bulk modulus (of elasticity) 224
Bundy weld steel tube 321
Bunge, H. J. 54
Burgers, J.M. 258
Burgers circuit 308
Burgers vector 308
Burgess process 310
burn-out 319
burning 69, 315
butterfly structure 311
button melting 373

C

C curve 157
C_{60} fullerene 183
cable seath 117
cadmium 68
cadmium bronze 69
cadmium copper 69
cadmium galvanizing 69
cadmium iodide structure 404
caesium / cesium 208
Cahn, J.W. 76
Cahn-Hilliard theory 76
cake 111
calamine brass 72
calcination 65

calcium *12, 72, 386*
calculation of phase diagram *215*
calorizing *74*
CALPHAD (calculation of phase diagram) *215*
Canadian Standards Association *152*
carat *71*
carbide *230*
carbide slag *70*
carbo-nitriding *186*
carbon *233*
carbon equivalent *234*
carbon fiber *234*
carbon fiber reinforced metal *152*
carbon fiber reinforced plastic *152*
carbon nano-horn *70*
carbon nano-tube *70*
carbon steel *233, 234*
carbon steel casting *348*
carbonyl iron *70*
carborundum *70*
carburization *186*
carburizing box *186*
carburizing cementation *186*
carburizing steel *186*
carbyne *73*
carnallite *69*
carrier *234*
cartridge brass *399*
case hardening steel *311*
Cassel Salt *39*
cast iron *241*
cast steel *240*
casting *26, 241*
casting defect *241*
catalyst / catalyzer *179*
catch carbon method *84*
cathode *66*
cathode luminescence *66*
cathodic protection *27*
cation *403*
cation vacancy *66*
caustic embrittlement *11*
cavitation *84*
cavitation fracture *100*
Cb (columbium) *286*
CE (carbon equivalent) *234*
Ce (cerium) *81, 312, 386*
cell *269*
cell structure *210*

cellular dendrite *219*
cellular structure *210*
cementation *210*
cementite *210*
centrifugal casting *48*
ceramic metal *147*
ceramic tool *210*
cerasome *210*
cermet *147*
Cerrolow *211*
Cerrolow low melting alloy *211*
Cerromatrix *211*
Cerrosafe *211*
cesium chloride structure *47*
CF (carbon fiber) *234*
CFRM (carbon fiber reinforced metal) *152*
CFRP (carbon fiber reinforced plastic) *152*
chafing *151*
chalcogen *72*
chalcopyrite *50*
Chalmers' method *240*
channel *361*
channeling method *240*
char *239*
characteristic temperature *275*
characteristic X-rays *275*
characterization of metals *97*
Charpy impact test *168*
chemical affinity *59*
chemical compound super-conductor *64*
chemical conversion coating *65, 336*
chemical diffusion *58*
chemical equivalent *274*
chemical integrated circuit *58*
chemical interaction *192*
chemical kinetics *323*
chemical oxygen demand *153*
chemical polishing *59*
chemical potential *59*
chemical thermodynamics *59*
chemical vapor deposition method *58, 151*
Chevrel, R. *153*
Chevrel compound *152*
chill *334*
chill zone *248*
chilled casting *248, 425*
chilled layer *248*
chilled roll *248*
chilled zone *85*

[C]

chilling block 334
chloridizing refining 47
chloro-fluoro-carbon 357
chromate treatment 107
chromatography 106
chrome-molybdenum steel 107
chromel-alumel thermocouple 107
chromium 106
chromium copper 107
chromium plating 107
chromium stainless steel 106
chromium steel 107
chromium-nickel stainless steel 107
chromizing 106
Cioffi, P.P. 268
clad plate 101
cladding materials 334
Clarke, F.W. 101
Clarke number 101
Clausius, R. 300, 366
Clausius-Clapeyron equation 101
clearance 102
cleavage facet 362
cleavage fracture 362
cleavage plane 362
climbing (of dislocation) 177
close annealing 310
close packed hexagonal lattice 242
close packed hexagonal structure 242
close packing 143, 242
close packing plane 144
closed shell 360
closed-γ-field type 76, 361
cluster 101
CM (composite materials) 346
CMR (colossal MR) 91
CO_2 75
coarse-grained steel 220
coarsening 219
coating film with titanium nitride 238
coating materials 334
cobalt 137
cobalt base alloys 137
coble creep 137
COD (chemical oxygen demand) 153
COD (crack opening displacement) 92, 234
Coelinvar 134
coercive force 372
coherent state 202

cohesive energy 87
coin silver 120
coincidence boundary 221
coining 6, 120
coke 239
coke ratio 134
cold crucible 139
cold isostatic pressing 150
cold pressure welding 424
cold rolled steel sheet 424
cold rolling 424
cold rolling texture 424
cold shortness 425
cold shut 402
cold treatment 188
cold work peak 425
cold working 425
collective electron model 170
collector 372
colloid 139
colloidal graphite 139
color center 239
colored zinc plated steel sheet 71
colossal MR 91
columbite 139
columbium 286
columnar crystal 240
columnar dendrite 241
columnar grain 240
columnar structure 240
combined blast 346
combustion zone 301
commercial grade 123
commercial quality 123
commercial steel 164
complete solid solution 214
complex electron compound 346
complex ion 145
compo-casting 323
component 205
composite materials 346
composites 346
compound dislocation 346
compression test 6
compressive residual stress 6
Compton, A.H. 141
Compton effect 141
computer simulation 109, 141
concentrate 202

concentration cell *303*
condensed system *87*
Condon-Morse curve *141*
conduction electron *269*
conductor *419*
configurational entropy *305*
congruent compound *24*
congruent melting *247*
congruent transition *247*
conical cup test *136*
conservative motion *373*
Considére's construction *140*
constantan *140*
constituent *205*
constitution diagram *177, 216*
constitution triangle *218*
constitutional supercooling *218*
constricted node *169*
constriction *169*
consumable electrode arc furnace *179*
contact alloy *209*
contact angle *208*
contact gold alloy *209*
contact silver alloy *209*
conti rod system *217*
continuous casting process *429*
continuous precipitation *429*
continuous variable crown mill *151*
continuous yielding *428*
continuous-cooling-transformation curve *161*
contracid *141*
contracted γ - field type *76, 171*
controlled rolling *202*
convertor *270*
coolant *425*
Coolidge, W.D. *102*
Coolidge's method *102*
cooling curve *425*
cooling factor *425*
cooling-transformation diagram *425*
Cooper, L.N. *100, 328*
Cooper pair *100*
cooperative phenomena *90*
coordination number *304*
Copel alloy *137*
copper *270*
copper loss *273*
copper silumin *76*
copper-constantan thermocouple *272*

coprecipitation *89*
core *120, 183, 282*
core loss *256*
cored steel *240*
cored structure *186, 400*
corner effect *201*
correspondence to industrial waste *148*
correspondence to nitrogen oxide *239*
corrosion *347*
corrosion fatigue *347*
corrosion inhibitor *348*
corrosion protection *371*
corrosion resistance *223*
corrosion resistant alloys *223*
corrosion test *347*
corrosion-potential series *347*
corrosion-wear *348*
Corsalli method *138*
Corson alloy *139*
corundum structure *138*
Cottrell atmosphere *136*
Cottrell effect *136*
Cottrell precipitator *136*
Coulomb's force *108*
covalent bond *90*
covering flux *334*
crack *92, 101*
crack detection *434*
crack (tip) opening displacement *92, 234*
crack (tip) opening displacement test *154*
creep *102*
creep curve *103*
creep life *104*
creep mechanism *103*
creep resistant alloy *124*
creep rupture strength *105*
creep rupture test *104*
creep strength *105*
creep test *104*
creep velocity *104*
crevice corrosion *191*
critical aspect ratio *420*
critical cooling rate *421*
critical diameter *420*
critical magnetic field *420*
critical nucleus *420*
critical point *421*
critical resolved shear stress *151, 421*
critical state *420*

critical temperature coefficient *146*
critical value *421*
cross slip *125*
cross slipping of screw dislocation *411*
crowdion *101, 386*
crown *101*
CRSS (critical resolved shear stress) *421*
crucible *423*
crucible furnace *424*
crucible steel *423*
crucible steel making *423*
crushing test *6*
cryogenic steel *250*
cryogenic thermostat *100*
cryolite *335*
cryopump *100*
cryostat *100*
crystal *112*
crystal anisotropy *113*
crystal direction of easy magnetization *403*
crystal glass *113*
crystal growth *114*
crystal lattice *114*
crystal plane *127*
crystal system *113*
crystallite ODF *54*
crystallization temperature *113*
crystallized glass *113*
ct (carat) *71*
CTC (critical temperature coefficient) *146*
CTOD (crack tip opening displacement) *92*
Cu-Au type fct structure *168*
Cu-Au type fct superlattice *272*
Cu_3-Au type fcc structure *168*
Cu_3-Au type fcc superlattice *272*
Cu-Zn type bcc superlattice *271*
Cu-Zn type structure *171*
cube oriented silicon steel plate *291*
cube texture *415*
cubic system *272, 415*
cunico *85*
cunife *86*
cup-corn fracture *68*
cupellation *306*
cupola (furnace) *86, 406*
cupro-nickel *86*
Curie, J. *7*
Curie, M.S. *410*
Curie, P. *7, 156, 410*

Curie temperature / point *86*
Curie-Langevin's law *86*
Curie-Weiss' law *87*
cutlery stainless steel *317*
CVD (chemical vapor deposition) *58, 151*
CVD diamond *151*
cyaniding process *202*
cyclic compound *75*
cyclo steel process *142*
cyclone *142*
cyclotron *142*
cyclotron motion *142*
cyclotron resonance *142*
Cz method *248*
Czochralski method *248*

D

d-electron *253*
d-SIMS *287*
DA (disaccommodation) *157*
daltonide compound *253*
damping capacity *119*
damping factor *119*
dangling bond *231*
D'Arcet fusible alloy *230*
dark field image of microscopy *17*
DBTT
 (ductile-brittle transition temperature) *48*
Debye, P. *2, 56, 257*
Debye-Huekel's theory *257*
Debye-Scherrer method *256*
Debye's characteristic temperature *256*
Debye's formula for specific heat *257*
decarburization *229*
deep drawing *344*
deep etching *186*
defect testing *232*
deformation band *367*
deformation mechanism diagram *366*
deformation mechanism map *366*
deformation structure *64*
deformation texture *64, 366*
deformation twin *366*
degassing *228*
degree of freedom *170*
degree of order *79*
degree of super cooling *74*
degree of vacuum *184*
delayed fracture *52*

delta iron *258*
Delta metal *258*
deltamax *258*
demagnetization characteristics *118*
demagnetization method *176*
demagnetizing factor *320*
demagnetizing field (H_d) *320*
dendrite *171*
dense random packing *144*
density *387*
density function *387*
dental alloys *154*
denuded zone *389*
deoxidized copper *229*
Deoxyso *254*
depleted uranium *427*
depolarization *345*
depression of melting point *401*
descaling *254*
dezincification *228*
DH (Dortmund Hörder) process *250*
D_I (ideal critical diameter) *414*
diamagnetism *320*
diamond type lattice *227*
diamond type structure *227*
didymium *161, 251*
die *69*
die casting *222*
die forging *66*
die quenching *226*
dielectric constant *401*
dielectric material *401*
dies *224*
differential dilatometry *160*
differential flotation *401*
differential scanning calorimetry *160*
differential thermal analysis *160*
differentiate etching *213*
diffractometer *253*
diffused junction *61*
diffusion *61*
Diffusion Alloy Ltd process *249*
diffusion annealing *62*
diffusion bonding *61*
diffusion by concentration gradient *303*
diffusion coefficient *61*
diffusion constant *61*
diffusion creep *61*
diffusion equation *61*

diffusion joining *61*
diffusion on free surface *171*
diffusion transformation *61*
diffusion welding *61*
diffusionless cooperative movement *388*
diffusionless transformation *325, 388*
dilatometry *300*
dimple *254*
dip forming process *252*
Dirac, P. *99*
direct iron making *428*
direct observation of dislocation *261*
direct steelmaking process *248*
direction of easy magnetization *154*
disaccommodation *157*
discontinuous precipitation *417*
dislocation *258*
dislocation creep *260*
dislocation density *261*
dislocation dipole *260*
dislocation free crystal *389*
dislocation line *258, 260*
dislocation lock *262*
dislocation loop *261*
dislocation model of grain boundary *417*
dislocation network *260*
dislocation short circuit diffusion *260*
dislocation-theory of fracture *308*
disorder *389*
disordered solid solution *345*
dispersion strengthened alloy *358*
dispersion strengthening *358*
dispersoid *358*
displacement cascade *176*
displacement spike *176*
disproportionation *345*
distribution coefficient *359*
divacancy *345*
DMA (dynamic thermomechanical analysis) *295*
DMFC (direct methanol fuel cell) *302*
DO (dissolved oxygen) *244*
Döbereiner, J. W. *386*
doctor blade method *275*
dolomite *279*
donor *276*
donor level *276*
doping *276*
Dorn-Weertmann's formula *279*

double cross slip mechanism 91
double cross-slip 288
double diagram 346
double oriented silicon steel plate 291
double slip 288
double-cup fracture surface 230
Dow metal 227
Dow method 227
Downs cell 227
DP steel 257
draft 6, 292
drag effect 277
drag resistance 326
draught 292
draw bench 279
drawing 326
drawing and ironing can 249
drawing and redrawing can 249
drawing texture 326
drift 278
drillability 331
drop forging 66, 410
DRP (dense random packing) 144
dry corrosion 75
dry process 75
dry sand mould 396
dry smelting 75
DSC (differential scanning calorimetry) 160
DTA (differential thermal analysis) 160
DU (depleted uranium) 427
dual phase steel 257
Ducol steel 251
ductile cast iron 85, 227
ductile fibrous fracture 48
ductile fracture 48
ductile-brittle transition 48
ductile-brittle transition temperature 48
ductility 269
Dulong-Petit's law 257
Dumet wire 257
dump leaching 236
duplex stainless steel 288
duralumin 172
duranickel 172
Durrer, R. 173
Durville process 229
Dwight-Lloyd sintering machine 175
Dy (dysprosium) 81
dynamic crowdion 225

dynamic recovery 273
dynamic recrystallization 273
dynamic thermomechanical analysis 295
dynamical theory of diffraction 273
dynamo bronze 225
Dynapack 224

E

earth acid metals 276
easy glide 403
ECAE (equal channel angular extrusion) 22
ECAF (equal channel angular forging) 22
ECAP (equal channel angular pressing) 22
eddy current loss 32
edge dislocation 185, 310
EELFS (extended electron energy loss fine structure) 121
effective distribution coefficient 164
effective shear stress 400
effective stress 280
EGA (evolved gas analysis) 313
Einstein, A. 2, 125, 257, 301,372
Einstein's characteristic temperature 2
Einstein's model for specific heat 2
EL (electroluminescence) 46
elastic after-effect 233
elastic anisotropy 232
elastic anisotropy parameter 26
elastic constants 232
elastic deformation 233
elastic interaction 233
elastic limit 232
elastic modulus 233
elastic-plastic fracture toughness 234
electric arc steelmaking 263
electric arc welding 263
electric conduction 264
electric conductivity 265
electric double layer 265
electric furnace 265
electric furnace steelmaking 265
electric heating alloy 270
electric heating distillation process 269
electric iron making 264
electric pressure joining 263
electric pressure welding 263
electric protection 265
electric resistance 264
electric resistivity 264

electrical contact materials 264
electro-capillary phenomenon 265
electro-metallurgy 265
electro-migration 46, 262
electro-polishing 262
electro-spark machining 371
electro-transport 46
electro-wining 262
electrochemical compound 264
electrochemical equivalent 264
electrochemical series 262
electrochromism 45
electrode potential 265
electrodeposition 269
electroforming 269
electroluminescence 46
electrolytic charging method 263
electrolytic chromium 262
electrolytic copper 263, 265
electrolytic iron 262
electrolytic nickel 265
electrolytic refining 262
electrolytic zinc plating 263
electromagnet 267
electromagnetic soft iron 268
electromagnetic steel 264
electron atom ratio factor 266
electron beam melting 46
electron beam melting furnace 268
electron beam welding 46
electron cloud 266
electron compound 266
electron configuration 268
electron diffraction 267
electron gun 267
electron microscope 267
electron mobility 266
electron orbit 266
electron pair bond 268
electron phase 267
electron probe micro-analyser 25
electron shell 266
electron spectroscopy for chemical analysis 18, 38
electron spin 267
electron spin magnetic resonance 267
electron stimulated desorption 267
electron theory of metals 97
electron volt 268

electronegative 46
electronegativity 263
electronic specific heat 268
electrophoretic force 263
electroplating 265
electroslag remelting 45
electroslag welding 46
Elektron, G. 46
Elektron Metal 46
Elemen, G.W. 316
elinvar 44
Ellingham diagram 44
elongated single domain magnet 18
elongation 303
eloxal method 47
elution 408
emanation thermal analysis 42
embossing 49
emblittlement 203
embryo 49, 390
emery paper 43
emissary dislocation 42
emission type electron-ion microscope 370
emissivity 135
endothermic reaction 85
endurance limit 222, 249, 338
energy band model 40
energy level 40
Engel-Brewer's rule 48
enriched uranium 303
enthalpy 49
entropy 49
entropy of dislocation 260
entropy of formation of vacancy 99
entropy of fusion 415
entropy of mixing 140
environmental pollution problem 74
environmental scanning electron microscope 74
environmental super plasticity 74
epitaxial growth 40, 360
epitaxy at electrodeposition 269
equal channel angular extrusion 22
equal inclination fringes 272
equiaxial crystal grain 272
equicohesive temperature 87
equilibrium condition 360
equilibrium constant 360
equilibrium diagram 360

[E-F]

equilibrium distribution coefficient 360, 367
equilibrium electrode potential 360
equilibrium segregation 361
equivalent 274
equivalent conductivity 274
Er (erbium) 81
Erichsen test 43
erosion 47
erosion-corrosion 47
ESCA (electron spectroscopy for chemical analysis) 38, 337
ESD (electron stimulated desorption) 267
ESD (extra super duralumin) 18, 246
ESD magnet 18
ESR (electron-spin magnetic resonance) 267
ESR (electroslag remelting) 45
ESW (electroslag welding) 46
etch pit 40, 179, 347
etchant 347
etching 40
etching figure 179
etching reagent 347
ethylenediaminetetraacetic acid 25
Eu (europium) 81
Eureka 403
eutectic reaction 88
eutectic sintering 88
eutectic solder 88
eutectoid reaction 88
eutectoid steel 89
evanescent field 40
evolved gas analysis 313
Ewald, P.P. 34
Ewald sphere 33
EXAFS (extended X-ray absorption fine structure) 35
excess base 65
excess vacancy 65
exchange interaction 123
exchange spring-back magnet 123
exhaust gas treatment materials 304
exoelectron emission 35
exogenous inclusion 280
exothermic reaction 314
expanded γ-field type 62, 76
expansion coefficient 300, 371
extended dislocation 62
extended electron energy loss fine structure 121

extended node 62
extended X-ray absorption fine structure 35
extension of screw dislocation 410
extensive variable 182
extent of reaction 323
extra low interstitial 43
extra super duralumin 18, 246
extra-half plane 408
extractive metallurgy 203, 240
extrinsic semiconductor 322
extrinsic whisker 328
extrusion 52, 249
Eyring, H. 323

F

f-electron 41
face-centered 392
face-centered cubic lattice 41, 392
faceted crystal 339
Faraday constant 339
Faraday effect 339
Faraday's law of electrolysis 339
fast breeder reactor 129
fast neutron 129
fatigue 248
fatigue fracture 249, 338
fatigue hardening 338
fatigue life 249
fatigue limit 222, 249, 338
fatigue ratio 338, 339
fatigue strength 249
fatigue test 249
fatigue wear 338
FATT (fracture appearance transition temperature) 48
favourable 169
favourable atomic size range 254
fayalite 339
FBR (fast breeder reactor) 129
FCC (fluid contact catalyser) 41, 418
fcc (face-centered cubic lattice) 41, 392
feeder head 52
FEM (field emission microscope) 263
Fermi level 343
Fermi particle 343
Fermi surface 342
Fermi-Dirac's statistics 342
fermion 343
ferrimagnetism 342

ferrite *341*
ferrite core *342*
ferrite grain size *341*
ferrite magnet *342*
ferrite slag *342*
ferritic heat resisting steel *225*
ferritic stainless steel *341*
ferro-alloy *124, 343*
ferro-chromium *343*
ferro-manganese *344*
ferro-nickel *344*
ferroelasticity *89*
ferroelectrics *90*
ferromagnetism *87, 343*
ferrous materials *256*
Ferroxdure *343*
ferroxplana *344*
Ferry *342*
FGM (functionally gradient material) *109*
fiber reinforced metals *41*
fiber reinforced plastic *41*
fiber reinforcing *211*
fiber strengthening *211*
fiber texture *212*
fiber for reinforcing *211*
Fick's first law *340*
Fick's second law *340*
field emission microscope *263*
field-ion microscope *262*
filler metals *341*
fillet *393*
FIM (field-ion microscope) *262, 337*
fine grained steel *144*
fine particle magnet *337*
finish allowance *151*
fire spot *68*
fired mould *396*
first law of thermodynamics *300*
first order phase transition *23*
first order reaction *23*
first principles calculation *221*
Fischer process *341*
fish eye defect *341*
fissium *340*
flaky graphite cast iron *367*
flame gouging *58*
flame hardening *58*
flame reaction *48*
flash butt welding *352*

flash method *352*
flash roaster *352*
flash smelting *352*
flash smelting furnace *179*
flexure test *128*
floating zone melting *350*
flon *357*
flotation *350*
flow deformation *418*
fluid contact catalyser *41, 418*
fluidity *402*
fluorphor *109*
fluorescence and phosphorescence *108*
fluorescent penetrant defect testing *108*
flux *352*
fluxoid quantum *163*
foam metal *314*
foil metallurgy *310*
Forbes, R.J. *134*
forbidden band *93*
forced solid solution alloy *88*
forged iron *429*
forging *233*
forging ratio *236*
form rolling *269*
formation energy of vacancy *99*
Fowler, R.H. *173*
fractal *350*
fractography *317*
fracture appearance transition temperature *48*
fracture mechanism *307*
fracture stress *311*
fracture toughness *308*
Frank, F.C. *354*
Frank sessile dislocation loop *354*
Frank-Kasper phase *354*
Frank-Read source *354*
Franz, R. *31, 298*
free carbon *402*
free cutting additive *57*
free cutting brass *57*
free cutting inclusion *57*
free cutting metals *57*
free cutting property *57*
free cutting steel *57*
free electron *170*
free electron model *170*
free energy *168*
free energy at constant volume *365*

free machinability 57
free machining sulfurized steel 19
free volume 170
freezing point 87
Frenkel defect 357
frequency factor 338
fretting corrosion 357
friction coefficient 380
friction stir welding 380
friction welding 380
Frisch, O.R. 32
frozen-in excess vacancy 272
Fs (fissium) 340
FSW (friction stir welding) 380
fuel cell 302
fuel cladding material 302
fugacity 272
full annealing 75
full metal 356
fullerene 353
functional material 82
functionally gradient material 41, 109
furnace 429
fused quartz 407
fused silica 407
fusible alloy 27, 71
fusion reactor materials 400

G

G 308
GaAs 331
Galileo Galilei 95
gallium 72
Galvani, L. 73
Galvalium 73
galvanic anode 418
galvanic cell 73
galvanic corrosion 73, 418
galvanic protection 73
galvanic series 73
galvanizing embrittlement 3
gangue 387
ganister 69
garnet structure 69, 145
gas carbo-nitriding 65
gas carburizing 65
gas constant 80
gas impurity 65
gas pressure welding 65

gas welding 65
gauge (gage) length 336
gauge block 111
gauge steel 111
GCP (geometrically close packed structure) 23
Gd (gadolinium) 81, 122
GDMS (glow discharging mass spectrometry) 106
GDS (glow discharge spectrometry) 106
Geiger-Müller counter 57
general corrosion 91
general precipitation 429
gentalloy 120
geometrically close packed structure 23
germanium 117
getter 116
getter alloy 116
getter pump 116
GFRP (glass fiber reinforced plastic) 152
ghost line 135
giant magneto-resistance effect 91
Gibbs, J.W. 218
Gibbs' adsorption equation 82
Gibbs' free energy 82
Gibbs' phase rule 82
Gibbs-Duhem's equation 82
gilding brass 91, 123
gilding metal 91, 123
Gilman-Johnston mechanism 91
Gilman-Johnston theory 92
glancing angle 352
glass ceramics 113
glass fiber 71
glass fiber reinforced plastic 152
glass transition 71
glassy state 71
glide 200
glide motion 410
glow discharge 105
glow discharge spectrometry 106
glow discharging mass spectrometry 106
glucinium 105
GMR (giant magneto-resistance effect) 91
gnomonic projection 303
goethite 67, 111
gold 92
gold solder 98
Goldschmidt, V.M. 139
Goldschmidt ionic radius 139

Gorsky's effect *139*
Goss texture *135*
gouging *58*
G-P zone *165*
grain boundary *116*
grain boundary band *367*
grain boundary diffusion *417*
grain boundary diffusion creep *417*
grain boundary dislocation *417*
grain boundary energy *416*
grain boundary migration *416*
grain boundary peak *116*
grain boundary recrystallization reaction *417*
grain boundary sliding *417*
grain growth *116*
grain oriented silicon steel *370*
grain segregation *418*
grain size *116*
grain size (number) *116*
grain size vs. yield stress *116*
graining *418*
Granato, A.V. *281*
granular structure material *101*
graphen sheet *102*
graphite *102, 134*
gravity segregation *171*
gray (grey) cast iron *293*
gray pig iron *213*
green gold *3*
green rust *430*
green sand mould *284*
Greenawalt sintering machine *175*
greenockite *102*
Greiner-Klingenstein's diagram *101*
grey (gray) tin *304*
grid metal *102*
Griffith, A.A. *103, 212*
Griffith crack *103*
Griffith model *103*
Griffith-Orowan formula *102*
Gross process *105*
growth process *204*
Grüneisen's constant *105*
Guggenheim, E.A. *173*
Guillaume, C.E. *18, 196*
Guinier, A. *165*
Guinier camera *81*
Guinier radius *81*
Guinier-Preston zone *81, 165*

gun metal *370*

H

H material *39*
H steel *39, 40*
habit crystal *339*
habit plane *178*
habit plane of martensite *383*
Hadfield, R. *313*
Hadfield's steel *313*
hafnium *315*
Hägg's law *363*
Hahn, O. *32*
hair crack *117*
HAl *36*
Hall, C.M. *374*
half cooling curve *324*
half dislocation *321*
half life *320*
half metal *316*
half-cell *322*
half-cell potential *231*
half-temperature time *319*
half-value period *320*
half-value width *321*
Hall, C.M. *374*
Hall coefficient *374*
Hall effect *374*
Hall-Héroult process *374*
Hall-Petch equation *375*
halo pattern *319*
halogen *319*
halting point *253*
hanging *229*
hard blow *314*
hard drawn *66*
hard facing *314*
hard head *314*
hard lead *121*
hard magnetic material *126*
hard soldering *134*
hard spot *130*
hard steel wire rods *124*
hard superconductor *126*
hardenability *395*
hardenability band *40, 396*
hardenability curve *181*
hardness *66, 131*
Harris process *318*

[H] [索引] 467

Hastelloy 311
Hauy, R.J. 402
HAZ (heat affected zone) 405
HD alloy 39
heap leaching 236
hearth 133
heat 293
heat affected zone 405
heat capacity 300
heat check 333
heat content 295
heat of mixing 140
heat resisting alloy 225
heat resisting cast iron 226
heat resisting steel 225
heat resisting steel casting 226
heat shock 296
heat transfer coefficient 298
heat transfer salt 39
heat treatment 296
heat treatment in magnetic field 165
heat treatment of steel 131
heat-cycle test 333
heavy media separation 168
heavy metals 169
heavy water reactor 170
Heisenberg, W.K. 419
helical rolling 269, 364
helium 364
Helmholtz, H.L.F.von 366
Helmholtz free energy 365
hematite 207, 364
Henry's law 369
Hermann-Mauguin symbol / notation 365
Héroult, P.L.T. 45, 374
Héroult furnace 45
Herreshoff roaster 366
Hess's law 362
heterogeneous nucleation 345
heterogeneous system 345
Heusler, F. 369
Heusler alloy 369
hexagonal system 431
HIC (hydrogen induced cracking) 190
high critical temperature super conductor 121
high damping alloy 124, 371
high frequency induction furnace 127
high frequency loss 127

high friction material 380
high grade cast iron 123
high manganese steel 133
high permeability material 131
high pressure casting 121
high pressure operation of blast furnace 120
high speed diffusion 129
high speed superplasticity 129
high speed tool steel 130
high strength cast iron 88, 133
high strength high conductivity copper 133
high strength high electrical conductivity copper 130
high strength steel 90
high temperature brittleness 121
high temperature creep 121
high temperature embrittlement 295
high temperature oxidation 121
high temperature temper embrittlement 122
high temperature tempering 122
high tensile steel 130
high tension cast iron 88
highal bronze 307
Hipersil 305
history of metallurgy 398
HiTc material 121
Hitec 39
Hittorf number 403
Ho (holmium) 81
Hobstetter, J.N. 363
Hobstetter's theory of nucleation 363, 375
hoch ofen 133
hole 99
hollow drill steel 240
homogeneous nucleation 93
homogeneous system 93
homogenization 93
homopolar bond 272
Honda Duralumin 376
honing 374
Hooke's law 349
Hookian solid 414
hopping conduction 373
horizontal sonde 190
hot corrosion 347
hot dip coating 407
hot galvanizing 407
hot isostatic pressing 39, 121
hot metal pretreatment 406

hot pressing method 373
hot rolling 294
hot salt cracking 293
hot shortness 121, 207, 295
hot sizing 373
hot stove 299
hot strip mill 373
hot top 52
hot wire method 296
hot working 295
HTS (heat transfer salt) 407
Hume-Rothery, W. 76, 266, 335
Hume-Rothery rule 335
Hund's rule 359
Hunter, M.A. 321
Hunter process 321
Huntsmann, B. 423
HWR (heavy water reactor) 170
Hybinette process 305, 381
hybridization 306
hybridized material 306
hybridized orbital 141
hydration 190
hydrogen brittlement 189
hydrogen electrode 189
hydrogen induced cracking 190
hydrogen over potential 189
hydrogen storage alloy 189
hydrogenation decomposition desorption recombination 39
hydrometallurgy 164
hydronalium 333
hydrostatic extrusion 203
hydrothermal synthesis 190
hyper eutectic 60
hyper eutectic silumin 60
hyper eutectoid 60
hyper eutectoid steel 60
Hyperm 305
hypermalloy 305
Hypernic 305
hypo-eutectic 3
hypo-eutectoid 3
hypo-eutectoid steel 4
hysteresis 419
hysteresis loss 329, 419

I

IAl 36

ICP-AES (inductively coupled plasma atomic emission spectroscopy) 1
ICP-MS (inductively coupled plasma mass spectroscopy) 1
Ideal 2
ideal critical diameter 414
ideal crystal 414
ideal density 414
ideal quench 414
ideal solid 414
ideal solution 414
Igetalloy 21
Iidaka's metal 18
Illium 27
ilmenite 27
ILZRO alloy 27
image force 89
imaging plate 26
imitation gold 394
imitation silver 394
immersion nozzle 186
impact extrusion 175
impact test 175
impact value 175
imperfect crystal 345
imperfect dislocation 345
Imperial smelting process 1
impingement attack 29
impressed current 27
impurity 347
impurity diffusion 347
impurity level 276
in-situ 28
in-situ nucleation 219
in-situ precipitation 219
in-situ process 28
in-situ recrystallization 219
in-situ transition 219
InAs 331
inclusion 57
incoherent precipitation 331
incomplete shell 344
inconel 28
incongruent melting 247, 348
incubation period 214
incubation time 214
indenter 6
indigenous inclusion 280
indirect steelmaking 75

indium 28
induction furnace 401
induction hardening 127, 401
inductively coupled atomic plasma emission spectroscopy 1
inductively coupled plasma mass spectroscopy 1
industrial purity 123
inelasticity 80, 302
infiltration 405
infiltration process 407
infrared absorption 206
ingot 28
ingot iron 28, 405
ingot making 214
inhibitor 29, 408
initial magnetization curve 154
initial permeability 180
injection upsetting 249
inoculation 208
INS (ion neutraization spectrscopy) 20
insert 21
instrumental Charpy impact test 168
integrated circuit 1
intelligent-material / metal 29
intensive variable 156
interaction energy 373
interaction of dislocation and impurity 260
interaction parameter 215
intercalation 29
intercrystalline corrosion 418
interdiffusion 215
interfacial tension 58
intergranular corrosion 417
intergranular cracking 417
intergranular fracture 417
intergrowth 428
intermediate phase 240
intermediate precipitate 240
intermetallic compound 95
intermetallic compound superconductor 95
internal energy 280
internal field 280
internal friction 280
internal friction peak 281
internal necking 280
internal oxidation 280
internal stress 280
international notation 365

international system of units 37
intersection of dislocation 260
interstitial alloy 187
interstitial atom 125, 187
interstitial atomic site 125
interstitial compound 187
interstitial diffusion 187
interstitial free steel 1
interstitial impurity atom 187
interstitial intermediate phase 187
interstitial octahedral site 312
interstitial solid solution 187
interstitial tetrahedral site 409
interstitialcy migration 173
intrinsic diffusion constant 137
intrinsic semiconductor 322
intrinsic whisker 327
intrusion 307
invar 18, 29
invariant 349
inverse extrusion 83
inverse segregation 84
inverse spinel 83
inverse transformation 84
inverse Wiedemann effect 83
inverted extrusion 83
investment casting 29, 396
iodizing process 408
ion core 20
ion exchange process 20
ion implantation 20
ion nitriding 20
ion plating 21
ion pump 21
ion scattering spectroscopy 20
ion-neutralization spectroscopy 20
ionic bond 20
ionic conductor 20
ionic radius 21
ionization energy 19
ionization tendency 19
IP (imaging plate) 26
IR (infrared) absorption 206
iridium 27
iridosmin 27
iron 255
iron and steel 256
iron and steel making 204
iron compound 255

iron loss 256
iron ore 256
iron oxide 255
iron sulfate 255
iron sulfide 255
iron-constantan thermocouple 256
irrational index plane 402
irreversible process 344
island growth model 167
ISO standards 1
isochronal annealing 272
isoelectric point 273
isoforming 2
Isoperm 23
isostructure 272
isothermal annealing 271
isothermal forging 121
isothermal martensite 271
isothermal transformation 122, 271
isothermal transformation curve 271
isotope 271
isotope effect 271
isotropic 273
isotropic elasticity 273
isotropic magnet 273
isotropic-silicon steel 389
isotype 272
ISS (ion scattering spectroscopy) 20, 337
itinerant electron model 173, 369
Izod impact test 2

J

J factor 151
J integral 152
J_{IC} test 151
Jahn-Teller effect 399
Jernkontoret austenite grain size standard 18
jog 179
Johnson-Mehl equation 181
Joint Committee on Powder Diffraction Standard card 151
Jominy test 180
Josephson effect 180
Joule-Thomson effect 172
junction 168
Junkers mould 403

K

K 308

K_{IC} 50, 110
K_{IC} test 110
K.S.See Wasser alloy 111
KAl 36
Kamerlingh-Onnes, H. 246
kanigen process 69
Kanthal 75
karat 71
KDP (KH_2PO_4) 7
kelmet 117
Kelvin temperature 117
killed steel 91, 248
killing effect 248
kiln 92
kinetics 218
kink 93
kink band 367
Kinzel test piece 94
Kirchhoff's law 91
Kirkendall effect 63
kish graphite 80
knock-on 310
Knoop hardness 292
Knudsen number 100
Kobitalium 137
Koehler mechanism 92
Kohlraush's law 139
Kossel crystal model 136
Kossel pattern 136
Kovar 137
Kramer effect 102
Kroll, W. J. 108
Kroll process 108
Kroll-Betterton process 108
KS steel 111
Kt (karat) 71
Kurdjumov, G.V. 105
Kurdjumov-Sachs relation 105
kurokou 105

L

$L1_0$ 272
$L1_2$ 272
$L2_0$ 362
La (lanthanum) 81, 122, 386
ladle 278
ladle degassing 278
ladle refining 278
lambda type transition 412

[L]

lamellar structure *216*
lamellar tear *412*
Lang's method *412*
Langevin, P. *413*
Langevin function *413*
Langmuir, I. *268, 412, 413*
Langmuir's adsorption isotherm *413*
Langmuir's evaporation rate equation *412*
Langmuir-Blogett film *413*
Lankford value *412*
Lanthanoid *80*
lanthanoide *413*
lanthanon *81*
lanthanum series *81*
lanthtanide *413*
Lanz process *413*
large-angle grain boundary *221*
Larson-Miller parameter *411*
laser alloying *426*
laser evaporation process *426*
laser flash method *352, 426*
laser interferometric dilatometer *426*
laser microscope *426*
laser quenching *426*
latent heat *213*
laterite *411*
lath martensite *410*
lattice constant *125*
lattice defects *111, 125*
lattice diffusion creep *125*
lattice heat capacity *127*
lattice image (by high resolution electron microscopy) *126*
lattice invariant deformation *127*
lattice point *126*
lattice transformation *127*
Laue, M.T.F.von *303, 409*
Laue method *409*
lautal *409*
Laves phase *411*
law of rational indices *402*
Lawrence, E.O. *142*
layer structure *216*
LB film *413*
LCA (life cycle assessment) *409*
LD convertor *45*
Le Chatelier's law *423*
Le Chatelier's thermocouple *423*
leaching *185*

lead *284*
lead alloy *284*
lead bronze *285*
lead free solder *285*
lead switch *415*
lead wool *49*
lead zirconate-titanate ceramics *7, 331*
lead-base bearing alloy *284*
leaded brass *284*
leaded free cutting steel *284*
LED (light emitting diode) *313*
Ledebur, A. *427*
ledeburite *427*
LEED (low energy electron diffraction) *252, 267*
LEIS (low energy ion scattering) *20*
Lellep *173*
Lenard-Jones potential *427*
lenticular *429*
lenticular martensite *428*
Leonardo da Vinci *95*
lepidocrocite *67, 428*
less-common metal *424, 427*
leveller rolling *360*
levelling *428*
lever rule / lever relation *123, 254*
levitation melting *428*
Lewis, G.N. *268, 272, 422*
Lewis acid *422*
Lewis-Langmuir theory of valence *268*
life cycle assessment *409*
ligancy *304*
light CVD *325*
light emitting diode *313*
light metals *108*
light water reactor *110*
lime stone *208*
limonite *67*
Linde's law *421*
Lindemann's formula *422*
line defect *212*
line of magnetic flux *182*
line of magnetic force *182*
line tension of dislocation *261*
lineage structure *415*
lineal analysis *214*
linear creep *212, 248*
linear fracture toughness *234*
linear thermal expansion coefficient *214*

lining *409*
Lipovitz alloy *416*
liquid bright gold *386*
liquid carbonitriding *36*
liquid carburizing process *36*
liquid cyaniding *36*
liquid crystal *35*
liquid gold *93*
liquid metals *36*
liquid nitriding process *36*
liquid structure *36*
liquid-phase sintering *35*
liquidus (line) *35*
litharge *386*
lithium *414*
lithium ion battery *414*
litteleton point *285*
Livingston, M.S. *142*
Ln *81*
Lo-Ex *430*
load cell *432*
local cell *90*
local corrosion *91*
localized electron model *90*
logarithmic creep *224*
Lomer-Cottrell reaction *432*
Lomer-Cottrell sessile dislocation *432*
long period superlattice *244*
long range order *247*
loop type gamma-field *424*
Lorentz electron microscope *432*
Lorentz force *433*
Lorentz number *31, 433*
lost wax process *431*
low alloy cast steel *251*
low alloy tool steel *251*
low brass *432*
low carbon steel *45, 285*
low energy electron diffraction *252*
low energy ion scattering *20*
low expansion alloy *253*
low frequency induction furnace *251*
low melting alloy *71, 254*
low temperature alloy steel *250*
low temperature brittleness *250*
low temperature creep *250*
low temperature temper embrittlement *250*
lower bainite *70*
lower critical cooling rate *70*

lower yield stress *70*
LSI (large scale integrated circuit) *44, 110*
Lu (lutetium) *81*
lubricant *173*
lubrication *173*
Lüders band *418*
Lücke, K. *281*
luminescence *108*
luminophor *109*
Luppe *429*

M

m-value *330*
MA (mechanical alloying) *390*
machinability *328*
machining *208*
macro etching *380*
macrostructure *380*
MAG (metal active gas welding) *379*
magnaflux process *378*
magnaglo process *378*
Magnalium *378*
magnalo process *378*
magnesia *378*
magnesite *378*
magnesium *378*
magnesium alloy *379*
magnetherm process *378*
magnetic after effect *157*
magnetic aging *157*
magnetic anisotropy *155*
magnetic annealing *165*
magnetic balance *156*
magnetic cast iron *267*
magnetic cold storage materials *162*
magnetic cooling *157*
magnetic core *162*
magnetic domain *157*
magnetic domain wall *166*
magnetic field *154, 165*
magnetic flaw detecting method *156*
magnetic fluid *162*
magnetic flux density *163*
magnetic hysteresis loop *157*
magnetic ink *162*
magnetic iron alloy *268*
magnetic Kerr effect *155*
magnetic leakage flux test *430*
magnetic material *162*

[M]

magnetic memory with perpendicular magnetization *190*
magnetic moment *156*
magnetic particle inspection *166*
magnetic quantum number *157*
magnetic recording *155*
magnetic resonance *155*
magnetic resonance imaging *42, 155*
magnetic shield *155*
magnetic single domain *231*
magnetic susceptibility *155, 223*
magnetic transformation *157*
magnetic transition *156*
magnetism *162*
magnetite *165, 379*
magnetization *154*
magnetization curve *154*
magneto hydro dynamic generation *42*
magneto optical disk *326*
magnetocaloric effect *156*
magneton *160, 379*
magnetoplumbite *379*
magnetoresistance effect *156*
magnetostriction *156, 183*
magnetothermal effect *156*
Magnox *379*
malleable cast iron *66*
Malotte alloy *384*
Mandelbrot, B.B. *350*
manganese *384*
manganese brass *384*
manganese bronze *384*
manganese nodules *384*
manganese-bismuth intermetallic compound *385*
manganin *384*
Manhattan phenomenon *385*
Mannesmann piercer *385*
Mannesmann process *385*
Mannheim gold *385*
MAR-M *382*
maraging *382*
maraging stainless steel *382*
maraging steel *382*
Marangoni's convection *382*
marquench / marquenching *382*
martemper *384*
martempering *384*
Martens, R. *382*

martensite *382*
martensitic heat resisting steel *225*
martensitic stainless steel *383*
martensitic transformation *383*
Martin, P. *167,398*
mass action law *164*
mass effect *164*
mass filter *162*
mass spectroscopy *164*
massive martensite *381*
massive transformation *381*
master alloy *372*
master tempering curve *397*
Matano plane *380*
material for lead battery *285*
material testing *144*
materials *144*
matrix *381*
matrix band *367*
matte *74, 381*
matte smelting *381*
Matthiessen's rule *381*
Maurer's diagram *377*
maximum magnetic energy product *143*
maximum permeability *143*
maximum resolved shear stress *143*
maximum shear energy theory *143*
Maxwell, J.C. *377*
Maxwell stress *377*
Maxwell-Boltzmann distribution *377*
MBE (molecular beam epitaxy) *43, 359*
MCFC (molten carbonate fuel cell) *302*
M_d point *43*
mean free path *360*
mean square displacement *360*
mechanical alloying *390*
mechanical grinding *390*
mechanical metallurgy *64*
mechanical milling *390*
mechanical properties *78*
mechanical testing *77*
mechano-chemical phenomenon *390*
mechano-fusion *391*
medium carbon steel *241*
Meehanite cast iron *387*
Meissner, W. *377*
Meissner effect *377*
Meitner, L. *32*
melt quenching *35*

melting 400
melting point 401
melting zone 403
Mendeléeff, D.I. 169
meniscograph 392
mercury 188
mesh 392
mesoscopic materials 391
metal 94
metal active gas welding 379
metal crystal 96
metal element 96
metal fog 95
metal inert gas welding 386
metal matrix composite material 95
metal multilayered film 97
metal organic CVD 43
metal physics 349
metal recycling 98
metal surface 98
metal-oxide-semiconductor 42
metal-oxide-silicon 42
metallic artificial lattice 96
metallic bond 96
metallic ion 95
metallic soap 96
metallikon 391
metallography 94, 96
metalloid element 320, 392
metallurgical microscope 96
metallurgical technique 398
metallurgy 398
metals and human body 97
metamagnetism 391
metatectic reaction 144
meteor 28
meteorite 28
meteorite iron 29
M_f point 42
MG (mechanical grinding) 390
MgB_2 291
micro-crack 329
micro-hardness 329
micro-radiography 329
microband 377
microcluster 377
microstructure 120
Midrex process 387
MIG (metal inert gas welding) 386

migration 46
mil 388
mild steel 285
military specification 388
mill scale 105, 388
Miller indices 388
Miller-Bravais indices 388
milling 388
mineral dressing 212
minium 49
mirror bronze 59
mischmetal 386
miscibility gap 288, 404
miscibility gap type alloy 288
miscibility line 288
misfit dislocation 348, 386
misfit parameter 386
Mitsubishi process 387
mixed crystal 140
mixed dislocation 140, 346
mixed grain steel 141
mixer 141
MK magnet steel 43
MKSA system of units 43
MM (mechanical milling) 390
MMC (metal matrix composite material) 95
Moa Bay process 393
mobile dislocation 25
mobility 278
mobility of ion 20
moderator 119
modification 58
modification of cast irons 58
modulated structure 368
modulus effect 128
modulus of elasticity tensor 233
modulus of longitudinal elasticity 229
modulus of rigidity 202, 213
Moebius process 392
Mohs hardness 393
moiré (pattern) 393
molar heat capacity 395
mold / mould 21, 69
molecular beam epitaxy method 43, 359
molecular dynamics 359
molecular field approximation 359
molecular field theory 358
molecular heat 359
molecular orbital method 358

[M-N] [索引] 475

molten salt *407*
molten salt electrolysis *407*
molybdenite *394*
molybdenum *394*
monazite *394*
Mond, R.L. *174*
Mond process *395*
Monel, A. *394*
Monel metal *394*
monoclinic system *232*
monotectic reaction *367*
monotectoid *368*
Monte Carlo method *395*
Morse, P. *393*
Morse potential *393*
mosaic gold *393*
mosaic structure *393*
Moseley, H.G. J. *275*
Mössbauer, R. *389, 391*
Mössbauer effect *391*
mother alloy *372*
Mott-Nabarro effect *394*
mottled (cast) iron *381*
mottled pig iron *213*
mottled structure *380*
movipol *394*
MRI (magnetic resonance imaging) *42, 155*
MRSS (maximum resolved shear stress) *143*
M_s point *42*
muffle furnace *381*
mullite *389*
multiple slip *228*
multiplication of dislocation *261*
multiplicify factor of hardenability *395*
Mumetal *387*
Muntz, G. F. *385*
Muntz metal *385, 430*
Müller, E.W. *262, 370*
Müller, K.A. *122*
mutual diffusion *215*

N

n-value *40*
Nabarro-Herring creep *283*
nafion *283*
NaK *282*
nano-cluster *282*
nano-coating *283*
nano-composite *283*
nano-cone *283*
nano-glass *282*
nano-measurement *283*
nano-metal *283*
nano-sheet *283*
nano-tube *283*
nanoindentation *282*
nanometre size crystalline materials *283*
nanometre size granular crystalline materials *282*
nascent carbon *67, 313*
Natrium *282*
natural aging *158, 162*
natural cracking *163*
natural uranium *270*
naval brass *301*
Nb_3 (Al, Ge) *247*
Nb_3Al *247*
Nb_3Sn *247*
NCH (nylon6-clay hybrid) *282*
ND Alloy *40*
nearest neighbor atoms *142*
nearest neighbor atoms polyhedron *421*
necking *100*
Néel, L.E.F. *156, 166*
Néel point / temperature *301*
Néel wall *166*
negative crystal *28*
negative diffusion *83*
negative temperature coefficient *146*
neodymium *292*
neodymium magnet *292*
Neomax *293*
Nernst effect *301*
Nernst's equation *301*
Nernst-Einstein's equation *301*
Nernst-Planck's theorem *301*
net plane *127*
network structure of dislocations *10*
Neumann-Kopp's law *302*
neutrino *291*
neutron *241*
neutron diffraction *241*
neutron reflectance method *241*
New Caledonia process *291*
New Jersey process *291*
new KS steel *185*
Newton, I. *301*
Newton fusible alloy *292*

Newton's law of cooling *292*
Ni-span C alloy *288*
Nicaro process *286*
nichrome *286*
nickel *289*
nickel alloy *290*
nickel arsenide structure *289*
nickel carbonyl *289*
nickel silver *405, 407*
nickel steel *290*
nickel-chrome-molybdenum steel *290*
nickel-chromium steel *289*
nickel-hydrogen cell *290*
nickel-molybdenum alloy *291*
nimonic *281*
niobite *139*
niobium *286*
Nishiyama's relation *288*
NIST *37*
nital (etchant) *280*
Nitinol *289*
nitralloy *291*
nitride magnetic material *238*
nitriding *238*
nitriding steel *238*
NMR (nuclear magnetic resonance) *62*
NO *239*
NO_2 *52, 239*
noble metal *78, 81*
node *208, 347*
nodular cast iron *303*
nodular graphite cast iron *85*
nodule *417*
nominal strain *128*
nominal stress *127*
non-chemical energy *325*
non-conservative motion *334*
non-consumable electrode arc melting *329*
non-consumable electrode arc welding *329*
non-crystalline *389*
non-destructive testing *333*
non-heat treated steel *332*
non-magnetic stainless steel *328*
non-magnetic steel *328*
non-metallic inclusion *326*
non-oriented silicon steel *389*
non-sparking tool *389*
non-stoichiometric composition *325*
non-stoichiometric compound *349*

non-thermoelastic *297*
non-thermoelastic martensitic transformation *333*
Noranda process *303*
Nordheim's rule *303*
normal segregation *205*
normal structure *335*
normal structure of carbon steel *234*
normalizing *176, 396*
nose or knee of T-T-T curve *368*
notch brittleness *91*
notch sensitivity *91*
notch toughness *91*
novokonstant *303*
NO_x *239*
NSC process *187*
NTC (negative temperature coefficient) *146*
nuclear fuel *63, 302*
nuclear magnetic resonance *40, 62*
nuclear reactor *119*
nuclear reactor materials *119*
nucleating agent *60*
nucleation and growth theory *60*
nucleus *60*
Nusselt number *292*
Nye, J.F. *17*
nylon6-clay hybrid *282*

◐

Ochsenfield, R. *377*
octahedral hole *312*
octahedral site *125, 312*
octahedral voids *312*
octet model *268*
odd electron *348*
ODF (orientation distribution function) *54*
OFC (oxygen free copper) *388*
offset yield stress *55*
OFHC copper *51*
Ohmic loss *56*
oil hardening *9*
oil quenching *9*
oil well steel tube *402*
oilless bearing *159*
one component system *24*
one-atomic layer growth model *231*
Onion fusible alloy *55*
OP magnet *55*
open γ- field type *58, 76*

open hearth 361
open shell 360
operational diagram 215
optical fiber 326
optical glass metals 122
optical microscope 122
optical pyrometer 325
orbital electron 80
orbital function 80
orbital motion 80
orbital quantum number 370
order hardening 79
order of reaction 323
order-disorder transition 79
ordered alloy 79
ordered lattice 79
ordered solution 80
ordinary steel 234
ore dressing 212
ore smelting 128
ore-hearth process 276
Orford process 55
organometallic compound 400
Orient core 56
orientation distribution function 54
oriented growth 143
oriented nucleation 143
Orowan, E. 102, 103, 258, 307
Orowan mechanism 56
Orowan stress 56
orthorhombic system 168, 248
oscillation mark 54
osmiridium 27
osmium 54
Osmond, F. 42
osmotic pressure 186
Ostwald growth 53
Ostwald's dilution law 54
otavite 54
over aging 65
over potential 68
over quenched austenite 73
overall reaction rate 214
overheating 69
oxidant 52
oxide dispersion strengthened alloys 54
oxide film 148
oxide fuel 148
oxide metallurgy 52

oxide super conductor 148
oxidizing smelting 148
oxygen free copper 388
oxygen free high conductivity copper 51
oxygen potential 149
oxygen steelmaking 149

P

pack annealing 310
pack carburizing 135
packing factor 170
PAFC (phosphoric acid fuel cell) 302
pair annihilation 406
palau 319
pale gold 3
palladium 317
palladium brazing filler metal 318
pan furnace 284
pano-scopic material 315
paramagnetism 176
Parker, W. J. 426
Parkerizing 309
Parkes process 309
partial dislocation 349
partial molar free energy 334
partial molar quantity 350
partially coherent 203
particle dispersion strengthening 418
particle induced X-ray emission 327, 418
passive state 349
patenting 314
patina 430
Pauli, P.W. 139, 179, 199, 291, 307
Pauli's exclusion principle 307
Pauling, L. 139
PCT diagram 328
PDP (plasma display panel) 351
Peach-Koehler equation 331
pearlite 317
pearlite nodule 317
pearlite transformation 317
Pearson symbol 324
Pechiney-Ugine process 362
peeling 337
peening 333
PEFC (polymer electrolyte fuel cell) 135, 302
pegmatite 362
Peierls potential 304
Peierls stress 304

pellet 366
Peltier effect 365
pencil glide 411
penetrant flaw test 187
Penrose, R. 369
Penrose tiling 369
perfect crystal 75
perfect dislocation 75
periodic law 168
periodic law of elements 120
periodic law of melting point 401
peritectic reaction 371
peritectoid reaction 371
permalloy 316
permalloy problem 316
permanent magnet 33, 161
permanent magnet steel 33
permeability 272
Permendur 316
perminvar 316
perovskite 305, 366
pewter 334
pH 324, 364
PH stainless steel 324
PH_3 10
PHACOMP (phase computation) 215
phase 214
phase affect substance 23
phase change 217, 218
phase computation 215
phase contrast microscope 22
phase diagram 177, 216
phase equilibrium 217
phase rule 218
phase transformation 217, 218
phase transition 217
phason 341
phonon 56, 344
phosphate coating 421
phosphate coating lubrication 421
phosphor 109
phosphor deoxidized copper 421
phosphor-bronze 421
phosphorescence 421
phosphorus 420
photoconduction effect 326
photoelasticity 130
photoelectric effect 131
photon 125

photovoltaic effect 325
(physical) adsorption 349
physical metallurgy 349
piano wire rods 324
pickling 148
pickling brittleness 148
picral etchant 327
Pidgeon process 329
piezoelectric ceramics 7
piezoelectric coefficient 7
piezoelectric effect 7
piezoelectric material 7
pig iron 213
pig lead 284
pile-up 224
Pilling-Bedworth ratio 337
pin hole 339
pink gold 338
pinning 136
pinning of dislocation 261
Piowarsky process 325
pipe diffusion 305
pitting corrosion 128
PIXE 327, 337, 418
plain carbon steel 234
plain steel 348
plain strain fracture toughness 361
Planck, M. 125, 354, 375, 419
Planck's law of radiation 354
plane defect 392
planetary mill 353
planner structure 352
plasma 350
plasma CVD 351
plasma display panel 351
plasma jet furnace 351
plasma spraying process 351
plastic deformation 219
plastic flow 219
plastic stability 218
plastic strain ratio 219
plastic working 218
Plasticin 350
plasticity 66
plasticity of metals 97
plat forming 208
plateau 329
Platinel 351
plating 392

[P] [索引] 479

platinite 351
Platinoid 351
platinum 312
platinum added gold 312
platinum alloy 312
platinum alloy for resistance 251
platinum group catalysis 312
platinum group elements 312
platinum rhodium - platinum thermocouple 313
platinum-cobalt magnet 312
plutonium 356
Pm (promethium) 81
point defect 266
point group 265
Poisson's ratio 369
Polanyi, M. 258
polarization 358
polaron 374
pole 90
pole dislocation 90, 163
pole figure 90
poling of copper 374
polishing 120
polycrystal 228
polygonization 374
polymer electrolyte fuel cell 135
polymorphism 228
porosity 78
porous glass 228
porous metal 228
Portevin-Le Chatelier effect 325, 375
posister 372
positive hole 99
positive ion 403
positive temperature coefficient 146
positron annihilation 406
pot annealing 310
pot furnace 284
potassium 72
potential diagram 374
potential energy 373
potential of hydrogen 324
Pourbaix diagram 356
powder magnet 359
powder metallurgy 359
power ball 319
power-law creep 362
Pr (praseodymium) 81

Prandtl number 354
pre-existing crack 212
pre-stage 212
pre-yield micro-strain 132
precious metal 78
precipitate free zone 389
precipitation 206
precipitation hardening 206
precipitation hardening heat resisting steel 225
precipitation hardening stainless steel 324
precipitation of grain boundary reaction type 417
precision casting 205
precurser phenomenon of martensitic transformation 383
precursor phenomenon 381
preferred orientation 169, 213, 401
preheating zone 408
presentation of crystal direction 114
presentation of crystal plane 115
press working 357
pressure bonding 6
pressure die casting 222
pressure tube 8
pressure vessel 8
pressure welding 6
Preston, G.D. 165
Prewitt, C.T. 139
primary (proeutectoid) cementite 23, 180
primary (proeutectoid) ferrite 180
primary bonding force 23, 180
primary creep 23
primary crystal 180
primary defect 287
primary recrystallization 23
primary slip system 23, 171
primary solid solution 23
primary thermometer 23
primitive lattice 82, 232
principal quantum number 172
principle of continuous phase 429
principle of corresponding state 214
prismatic dislocation loop 354
probability amplitude 63
probability density 63
probability distribution 387
process annealing 240
process metallurgy 203

producer gas 313
proeutectoid cementite 180
proeutectoid ferrite 180
proof stress 227
proportional limit 338
protium 357
proton 405
pseudo-binary phase diagram 81
pseudo-eutectic 78
pseudo-potential method 82
PTC (positive temperature coefficient) 146
PtRh-Pt thermocouple 313
puddling furnace 429
puddling process 314
pulp 121
pulse annealing 319
punching 32
pure iron 174
pure metal type creep 173
pure oxygen blown convertor process 173
Purofer process 334
Puron 335
PVD (physical vapor deposition)
 21, 184, 196, 238
pyrite 307
pyritic smelting 284
pyroceram 307
pyrometallurgy 75
pyrometer 307
pyrophoric alloy 312
pyrophoric metal 312
pyrrhotite 182, 338
PZT ceramics 4, 7, 331

Q

Q-basic-oxygen process 86
quadrupole mass spectrometer 161
quantitative metallography 111
quantity of state 178
quantum box 418
quantum dot 418, 419
quantum mechanics 419
quantum number 418
quantum well 418
quantum wire 418
quartz 206
quartz glass 206
quasi-binary phase diagram 81
quasi-chemical method 173

quasi-crystal 173
quasi-unit cell 174
quasistatic process 174
quench hardening 395
quenched-in vacancy 396
quenching 395
quenching coolant 396
quenching crack 397
quenching parameter 396
quenching residual stress 395

R

R (or RE) 81
R.F.C. (rolled flaky cast iron) 11
r-value 12
race way 427
radiation annealing effect 176
radiation damage 176, 371
radiation hardening 176
radiation induced diffusion 176
radiation pyrometer 346, 371
radiation thermometer 346, 371
radioactive analysis 370
radiography 410
radioisotope 371, 410
radium 410
raffinal 411
Raman scattering 321
rammed mold 412
random tiling 413
random walk 413
random walk theory 190
Rankine temperature 412
Raoult's law 409
rapid solidification 85
rare earth magnet 81
rare earth metal 424
rare earth metals (elements) 80
rare gas 78
rare metal 424
rate 120
rate determining process 415
rate determining step 415
rate process 427
rate process theory 218
rational index plane 402
Rayleigh number 425
RBS (Rutherford back-scattering
 spectroscopy) 410

[R] [索引] 481

RE 81
reaction coordinate 323
reaction potential diagram 323
reaction rate process 427
reactive metals 413
reactor 119
Read, W.T. 354
real crystal 164
rebound hardness 323
reciprocal lattice 83
recoil free emission and absorption 389
recovery 58
recrystallization 142
recrystallization annealing 143
recrystallization texture 142
recuperater 425
red brass 235, 427
red gold 3
red mud 207
red shortness 207
reduced iron 58
reducing zone 75
reduction 65
reduction in / of area 166, 236
reference circuit 308
reference electrode 78
refining flux 203
reflection high energy electron diffraction 320
refractoriness 207, 222
refractory metal 133, 221, 416
regenerator 237
regular solution 203
regular tetrahedral site 205
reheat crack 143
Reichardt 215
Reifegrad 203
relation of elastic moduluses 233
relaxation phenomenon 77
relaxation time 77
reliability engineering 188
Remalloy 428
remanent magnetization 150
replica method 428
repulsive junction 168
residual flux density 150
residual magnetization 150
residual resistivity 150
residual resistivity ratio 150

residual stress 150
resin coated sand 426
resistance butt welding / joining 263
resistance welding 251
Resistin 426
resistivity 332
resolved shear stress 358
restrainer 408
retained austenite 150
retort process 427
retrograde solidus 84
reverberatory furnace 321
reverse Hall-Petch relation 84
reverse osmosis 83
reversible process 60
reversible reaction 60
reversion 346
Reyleigh, L. 425
Reynolds number 427
RG (Reifegrad) 12, 203
RH (Ruhlstahl-Heraus) process 11
RHEED (reflection high energy electron diffraction) 320
rheo-casting 323, 425
rhodium 431
rhodium plating 431
rhombic system 168
rhombohedral system 150, 419
Rhotanium 431
ribbon model 416
Richards' rule 415
Richardson effect 415
ridging 414
rigid band model 413
rigidity modulus 202, 213
rimmed steel 416
rimming action 416
ripple pattern 415
riser 52
Rist 215
river pattern 416
RM (Reference Materials) 37
roasting 304
roasting with soda ash 219
Roberts-Austen, W. 53
rock candy pattern 431
Rockwell hardness 431
Roe, R. J. 54
rohn mill 433

Rohrer, H. *216*
roll force *432*
roll forging *432*
roll forming *432*
rolled flaky cast iron *11*
roller die drawing *432*
rolling *6*
rolling of blooms, slabs and billets *358*
rolling reduction *6*
rolling texture *6*
Rolls Royce alloy *432*
Roman pewter *432*
room temperature aging *158, 163*
room temperature bonding *174*
root crack *424*
Rose's alloy *431*
rotary swaging *431*
Rotguss *206*
rotor process *431*
roughness test *11*
RR alloy *11*
RRR (residual resistivity ratio) *150*
RRR_H *150*
rubber magnet *137*
rubidium *424*
run-out *403*
rupture *412*
rust *145*
rust inhibitor *348*
Rutherford back-scattering spectroscopy *410*
rutile *423*
rutile type structure *423*

S

S curve *38*
S-N curve *37*
S-, S′-, S″-phase *38*
s-SIMS *287*
Sachs, G. *105*
Sachs' method *145*
sacrificial anode *79*
saddle point *18*
SAE (Society of Automotive Engineers) *37*
safety glass *17*
safety tool *17*
SALI (surface analysis by laser ionization) *426*
SAM (scanning acoustic microscope) *242*
SAM (scanning Auger microscope) *215*
samarium *81, 146*

sand blasting *150*
sand slinger *150*
SAP (scanning type atom probe microscope) *215*
SAP (sintered aluminium powder) *145*
saturated carbon *234*
saturation flux density *372*
saturation magnetization *372*
SAXS (small angle X-ray scattering) *39*
S_C (saturated carbon) *234*
Sc (scandium) *81*
scab *191*
scale *148*
SCANIIR (surface composition by analysis of neutral and iron impact radiation) *337*
scanning acoustic microscope *242*
scanning Auger microprobe / microscope *215*
scanning type atom probe microscope *215*
scanning type electron microscope *37, 216*
scanning type tunneling electron microscope *216*
scavenging effect *190*
Schaeffler's diagram *152*
schiebung-type transformation *166*
Schmid's factor *171*
Schmid's law *171*
Schmidt number *171*
Schönflies notation / symbol *153*
Schottky defect *180*
Schrieffer, J.R. *328*
Schrödinger, E. *419*
Schrödinger equation *173*
Schulz method *172*
Schrieffer, J.R. *328*
scleroscope hardness *323*
scorification *65*
screw dislocation *410*
screw type magnetism *410*
scrubber *191*
sealing *341*
seam welded steel pipe *270*
seam welding *167*
seamless steel pipe *167, 249*
season cracking *52, 157*
seasoning *71*
seawater resisting steel *221*
second law of thermodynamics *300*
second phase *225*
secondary bonding force *287*

[S] [索引] 483

secondary cell 288
secondary creep 287
secondary hardening 287
secondary ion mass spectrometry 287
secondary lattice defects 287
secondary recrystallization 287
secondary slip system 287
secondary solid solution 287
secondary sorbite 287, 397
Seebeck effect 209
Seger corn 207
segregation 207, 367
segregation coefficient 367
Seitz, F. 30
selective oxidation 213
selenium 211
self annealing 159
self diffusion 159
self hardening steel 159
self lubricating alloy 159
self lubricating bearing 159
self organization 159
self-fluxing pellet 177
self-reactive sintering process 160
self-reactive synthesis 160
SEM (scanning type electron microscope) 37, 216
semi-coherent 203
semi-killed steel 209
semiconductor 322
semihard magnetic material 320
semimetals 320
semipermanent mould casting 319
Sendust 213
Sendzimir mill 212
sensitization 33
serration 210
SERS (surface enhanced Raman scattering) 321
sessile dislocation 349
sessile drop method 204
severity of quench 85
shaft 133
shaft distillation 229
shaft furnace 168
Shannon, R.D. 139
shape effect 110
shape factor 109
shape memory alloy 109

shape of fracture part 311
SHE (standard hydrogen electrode) 335
shear angle 213
shear band 367
shear ligament 151
shear modulus 202, 213
shear stress 202, 213
sheelite 181
sheet bar 165
shell mo(u)ld process 153
shell pattern 57
Shepherd 152
Shepherd standard sample 19, 152
sheradizing 153
Sherritt-Gordon process 153
shielded metal arc welding 334
shielding material 167
Shore hardness 174
short-circuit diffusion 236
short-range interaction 180
short range order 236
shortness 203
shot peening 180
shrinkage allowance 238
shrinkage cavity 169, 328
shrinkage hole 169, 328
shrinkage porosity 169
shrinkhead 52
shroud 172
SI units 37
SiC 70
side-band reflection 143
Siemense, W. 167, 398
Siemens-Martin process 167
sievert 166
Sievert's law 166
sign of dislocation 261
SiH_4 10, 181
silane 181
silentalloy 144
silica refractory 181
silicide process 182
silicon 110, 181
silicon bronze 182
silicon steel 110
silicon wafer 181
silicone 181
siliconizing 110, 181
silmanal 183

silumin 183
silver 92
silver cell 98
silver solder 98
silzin bronze 183
simple lattice 232
simplex process 188
SIMS (secondary ion mass spectrometry) 287
single crystal 231
single crystal making 231
single electrode potential 231
sink (of vacancy) 179
sinter (ed) ore 175
sintered aluminium powder 145
sintered carbide alloy 176
sintered carbide tool 243
sintering 175
sintering machine 175
SiO_2 149, 181
site 346
size effect 202
size factor 52, 202
sizing 143
skelp 191
skin pass rolling 191
skull melting 190
skutterudite compound 191
SL (self lubricating alloy) 159
slab 201
slag 72, 124, 201
slag foaming 344
slag fuming process 334
Slater-Pauling's curve 202
sliding nozzle 201
slip 200, 202
slip band 200
slip casting 202
slip element 114, 200
slip ellipse 200
slip line 200
slip plane 200
slip system 200
slopping 202
slow reaction 236
sludge 201
slurry 202
slush casting 323
Sm (samalium) 81, 146

small angle grain boundary 174
small angle X-ray scattering 39, 175
small angle tilt boundary 175
small angle twist boundary 175
smart material 29, 201
smelting and refining 205
Smialovski structure 201
SNMS (sputtered neutral mass spectrometry) 196
Snoek, J.L. 196
Snoek peak 195
soaking 218
soaking pit 98
soda-ash process 219
Söderberg type electrode 208
sodium 282
sodium chloride structure 47
sodium reduction process 282
SOFC (solid oxide fuel cell) 302
soft blow 219
soft magnetic material 285
soft nitrided steel 286
soft solder 286, 321
soft solder with resin 399
soft soldering 321
soft steel 285
soft superconductor 286
softening 285
softening process 168
softening temperature 285
sol-gel process 220
solar cell 227
Solby, H.C. 220
solder 430
solder paste 321
solder preform 355
soldering 321, 430
solid phase sintering 135
solid solution 138
solid solution hardening 138
solid solution softening 138
solid state laser material 135
solidification process 87
solidus 135
solubility curve 404
solubility limit 138
solubility limit of interstitial atoms 187
solubility line 404
solubility product 404

[索引] 485

solute 405
solution 403
solution (heat) treatment 406
solvation of ion 21
solvent extraction 406
solvus (line) 138, 220
sorbite 220
source and sink of vacancy 99
source of vacancy 434
Southwire continuous rod system 38
SO_x 19
space group 99
space lattice 99
spalling 201
special brass 274
special bronze 275
special cast iron 275
special steel 274
special tough steel 274
specific gravity 329
specific heat 333
specific heat at constant pressure 249
specific heat at constant volume 252
specific heat per unit volume 224
specific resistance 332
specific strength 326
speiss 196
sphalerite type structure 211
spheroidal graphite cast iron 85
spheroidizing annealing 84
spheroidizing treatment 84
spherulite 84
spigot 197
spin 199
spin quantum number 199
spin-valve type MR-device 199
spinel ferrite 197
spinel structure crystal 197
spinodal decomposition 198
spinodal gap 289
spinodal line 198, 289
spinodal magnet 197
Spiralkone 196
spitting 197
splat quenching 35
SPM (scanning probe microscope) 216, 337
sponge iron 58
sponge titanium 201
spontaneous magnetization 165

spot welding 201
spray forming 200
spring materials 315
spring-back magnet 199
sprue 402
sputter-ion pump 21
sputtered neutral mass spectrometry 196
sputtering 196
squeeze casting 121
squeeze whisker 328
squeezing test 6
SQUID (superconducting quantum interference device) 191
SR (synchrotron radiation) 370
SR crack 143
SRM (standard reference materials) 37
St52 38
stability diagram 217
stabilizing annealing 17
stacking fault 207
stacking fault tetrahedron 207
stain etching 239
stainless steel 194
stair-rod dislocation 193
standard electrode potential 335
standard free energy change 335
standard free energy of formation 335
standard half-cell potential 335
standard hydrogen electrode 335
standard projection 194
standard state 335
Stanton number 193
state analysis 178
state density 178
state function 178
static fatigue 204
static recovery 204
stave 193
steadite 193
steady state creep 251
steel 309
steel filler wire 406
steel for general structure 25
steel for machine structural use 77
steel ingot 122
steelmaking 202
steels for welded structure 405
stellite 193
stereo triangle 193

stereographic projection *193*
sterling silver *192*
Sterling's approximation formula *192*
sticking *136*
STM (scanning type tunneling electron microscope) *216*
stoichiometric composition *59*
Stokes-Einstain's relation *195*
straight carbon steel *234*
strain *330*
strain ageing *330*
strain gauge *330*
strain hardening *63, 330*
strain induced grain boundary migration *416*
strain induced transformation *64, 331*
strain tensor *330*
strain-anneal crystal growth method *330*
strain-rate sensitivity exponent *330, 366*
Strassmann, F. *32*
stratified material *195*
stray current *390*
stray current corrosion *269*
strength coefficient *249*
stress *50*
stress concentration *50*
stress corrosion cracking *51*
stress induced diffusion *51*
stress induced transformation *51*
stress intensifying factor *50*
stress of electromagnetic field *377*
stress relaxation *50*
stress relief annealing *180, 331*
stress relief crack *143*
stretch forming *318*
stretched zone *195*
stretcher strain *195*
stretcher strain marking *64*
striation *195*
string model of dislocation *261*
strong electrolyte *89*
strontium *12, 195, 386*
structural materials and functional materials *128*
structural phase transition *128*
structural relaxation *128*
structural superplasticity *129*
structure image *126*
structure-insensitive properties *129*

structure-sensitive properties *129*
Strukturbericht notation *38*
sub-halide process *146*
sub-lattice *346*
subcritical *420*
subgrain boundary *4*
subgrain structure *4, 346*
sublance *146*
sublimation *174*
submerged arc furnace *146*
submerged arc welding *146*
subshell *266*
substitutional impurity *236*
substitutional solid solution *236*
substrate *163*
subzero cooling *145*
subzero treatment *145*
sulfidation corrosion *418*
sulfide capacity *147*
sulfide stress corrosion cracking *417*
sulfur / sulphur *19*
sulfurized free cutting steel *19*
sulfurizing *188*
sulphur attack *147*
sulphur print *19, 147*
super duralumin *244*
super fine particle *247*
super hard alloy *243*
super hard and tough steel *243*
super heat-resisting alloy *245*
super invar *196*
super jog *196*
super lattice *169*
super machining steel *243*
super metal *197*
super silver alloy *196*
super steel *196, 244*
superalloy *196, 245*
superalloys for turbine engine *229*
superconducting magnet *246*
superconducting material *247*
superconducting quantum interference device *191*
superconducting transition temperature *246*
superconductive oxide *246*
superconductivity *246*
superconductor *247*
superconductor of the first kind *221*
superconductor of the second kind *221, 225*

supercooled austenite 73
supercooling 73
supercritical state 247, 420
superelasticity 246
superexchange interaction 243
superhydrophilicity 245
superlattice 79, 243
supermalloy 197
superparamagnetism 245
superplasticity 245
supersaturated solid solution 70
supporter 234
surface active agent 336
surface analysis 337
surface analysis by laser ionization 426
surface defect testing 336
surface defects 336
surface diffusion 336
surface enhanced Raman scattering 321
surface hardening 336
surface superstructure / surface reconstruction 336
surface tension 337
surface treatment 336
surfacing 286
Suzuki effect 192
Sv (sievert) 166
swage forging 66
sweating 312
sweeping mould 59
swelling 176, 190
Sykes, C. 235
symmetry of crystal 222
synchrotron 185
synchrotron radiation 185, 370
synthetic reaction 128

T

tailored welded blank sheet 257
TAl 36
talmi gold 385
Tammann furnace 236
Tammann tube 236
tangling 231
tantalite 234
tantalum 235
tantiron 235
taper piston roll 253
tarnishing 229

tatara method for iron and steel making 228
Taylor, G.I. 254, 258
Taylor's theory of work hardening 254
Tb (terbium) 81
TD (thermal desorption) 296
TDS (thermal desorption method) 174
TED (transmission electron diffraction) 267
tellurium 258
TEM (transmission electron microscope) 271
Temkin's model 257
temper aging 158, 396
temper embrittlement 396
temper hardening 396
temper rolling 244
temperature conductivity 294
temperature diffusivity 294
temperature modulated differential scanning calorimetry / calorimeter 250
temperature-free volume diagram 56
tempered aluminium alloy 251
tempered martensite 397
tempered sorbite 397
tempered steel 244
tempered structure 396
tempering 396
tempering parameter 397
tensile modulus 229
tensile strength 130, 332
tensile stress 332
tensile test 332
tension test 332
ternary phase diagram 149
terne metal 232
terne sheet 232
tertiary creep 148
tetragonal system 205
tetrahedral hole 409
tetrahedral site 125, 409
tetrahedral voids 409
texture 169
T_g (glassy transition point) 71
TG (thermogravimetry) 296
thallium 230
theoretical density 419
theory of reaction rate 323
thermal analysis 299
thermal conduction 298
thermal conductivity 298

488 [索引] [T]

thermal CVD 296
thermal demagnetization 176
thermal desorption 296
thermal desorption method 174
thermal diffusion 294
thermal diffusivity 294
thermal equilibrium 299
thermal equilibrium concentration of vacancy 100
thermal expansion 300
thermal expansion coefficient 300
thermal fluctuation 297
thermal mechanometry 295
thermal neutron 297
thermal radiation 299
thermal shock 296
thermal spike 176
thermal stress 280, 293
thermally activated motion of dislocation 261
thermally activated process 294
thermally activated transformation 294
thermistor 146
Thermit process (welding) 258
thermobalance 298
thermocolor / thermopaint 147
thermocouple alloy 298
thermodilatometry 300
thermodynamic excess function 179
thermoelastic effect 297
thermoelastic martensitic transformation 297
thermoelastic transformation 297
thermoelectric device 298
thermoelectric effect 298
thermoelectric power 298
thermoelectromotive force 295
thermoelectronic emission 298
thermogravimetry 296
thermomagnetic recording material 296
thermomechanical analysis 295
thermomechanical control process steel 250
thermomechanical treatment 64
thermostat 147
thickener 163
thin sheet steel 31
thixo-casting 323
thixo-moulding 237
Thomas, S.G. 277, 398
Thomas convertor 277
Thomson, J. J. 300

Thomson effect 277
Thoria dispersed nickel alloy 252
TD-NiCr (Thoria dispersed Ni-Cr alloy) 358
three stages of tempering 397
threshold value 155
throat 133
Thyssen Niederrhein process 250
Thyssen-Emmel method 239
Ticonal 237
tie line 90, 428
tie triangle 89
TIG (tungsten inert gas welding) 250
tilt boundary 108, 293
time quenching 155
time-temperature-austenization curve 252
time-temperature-transformation curve 252
Timken alloy 253
tin 191
tin brass 192
tin cry 167, 192, 254
tin free steel sheet 254
tin pest 192
tin plate 354
tin steel plate 192
tire mill 421
tire track 226
titanium 237
titanium alloy 237
Tm (thulium) 81
TMA (thermomechanical analysis) 295
TMCP (thermo mechanical controlled processing) 332
TM-DSC (temperature modulated differential scanning calorimetry / calorimeter) 250
TMR (tunnel magnetoresistance effect) 279
TN (Thyssen Niederrhein) process 250
TOC (tolal organic carbon) 244
TOCCO (The Ohio Crankshaft Co.) process 276
tombac 385
tool steel 124, 309
top blowing convertor 33
top down 276
topochemical reaction 277
toporogically close-packed structure 22
Torescu 132
torpedo car 276
torsion impact test 293
torsion test 293

[T-U]　　[索引]　489

total reflection X-ray fluorescence spectroscopy　214
tough and hard cast iron　88
tough and hard steel　88
tough pitch copper　229
toughness　88, 186
tracer diffusion　271
tracer technique　279
tramp element　277
transformation induced plasticity　368
transformation induced plasticity steel　277
transformation induced pseudo-elasticity　368
transformation induced superplasticity　368
transformation mechanism　368
transformation stress　368
transgranular cracking　418
transgranular fracture　418
transient creep　212
transient temperature　211
transition　258
transition band　367
transition element　211
transition metals　211
transmission electron microscope　271
transport number　403
transuranic elements　242
transverse test　128
tri-metal　278
triad　17, 72, 319, 386
tribology　277
triclinic system　148
trigonal system　150
TRIP steel　277
triple point　149
tritium　277
troostite　278
tropenace　408
troy unit　93, 279
true strain　188
true stress　184
Truton's rule　278
tufftriding　229
tundish　235
Tungalloy　230
tungsten　231
tungsten carbide　230
tungsten inert gas welding　250
tunnel diffusion　279
tunnel effect　279

tunnel magnetoresistance effect　279
turbo-molecular pump　230
tutanaga　276
tuyere　133, 309
TWBS (tailored welded blank sheet)　257
tweed　381
twin　216
twin deformation　216
twinned martensite　216
twinning vector　216
twist boundary　108, 293
twisting test　293
two kinds of stress-strain diagrams　50
TXRFS (total reflection X-ray fluorescence spectroscopy)　214
type metal　66

U

Ugine-Sejournet extrusion process　402
ULC-steel　400
ultimate tensile strength　332
ultra high power operation　400
ultra high strength steel　243
ultra high vacuum　243
ultra low carbon steel　400
ultra pure water　244
ultrafiltration　117
ultrasonic flaw detection test　242
ultraviolet photoelectron spectroscopy　184
umklapp process　32
Umklappen　32
undetermined multipliers method　387
unfavourable　169
uniaxial anisotropy　232
unidirectional alunico magnet　25
unidirectional (magnetic) anisotropy　24
unidirectional solidification　24
unidirectional solidified eutectic alloy　24
unidirectional solidified monocrystal alloy　24
union-melt welding　403
unit cell　230
unit cost　120
unpaired electron　348
uphill diffusion　83
upper bainite　178
upper critical cooling rate　178
upper yield point　71
UPS (ultraviolet photoelectron spectroscopy)　184

upsetting *190*
uranium *32*
UTS (ultimate tensile strength) *332*

V

vacancy *99*
vacancy cluster *99*
vacancy diffusion *99*
Vacher-Hamilton's curve *30*
vacuum arc degassing *30*
vacuum arc melting *184*
vacuum arc remelting *30*
vacuum brazing *185*
vacuum casting *184*
vacuum degassing process *184*
vacuum deposition *184*
vacuum distillation *184*
vacuum melted copper *185*
vacuum oxygen decarburization *30*
vacuum refining *184*
valence electron *68*
van Arkel process *339*
van der Waals, J.D. *339, 340*
van der Waals force *339*
van der Waals's equation of state *340*
van't Hoff, J. H. *187*
van't Hoff's equation *340*
vanadium *314*
vanadium attack *147*
vapor phase corrosion inhibitor *78*
vapor phase growth *79*
vapor pressure *175*
variable crown roll *30*
variable of state *178*
variable resistor *318*
variants *89, 318*
varistor *318*
Vegard's law *361*
vein *361*
vein structure *361*
veining *361*
verdigris *430*
V_3Ga *247*
vicalloy *304*
Vickers hardness *332*
virgin metal *311*
viscoelasticity *302*
viscosity coefficient *301*
viscous flow *302*

visible dye penetrant inspection *212*
vitallium *305*
vitreous state *71*
void *100*
Volta, A. *73*
volume diffusion *224*
von Mises criterion *344*

W

Walden's rule *30*
warm working *56*
washing *274*
Washington, H. *101*
water gas reaction *189*
water toughening *189*
water-line corrosion *189*
wave function *314*
wave number vector *311*
weak electrolyte *167*
wear *381*
wear resisting alloys *226*
wear resisting cast iron *226*
wear resisting steel *226*
wear test *381*
Weibull distribution *433*
Weiss, P. *358*
Weiss approximation *358*
Weiss's model *433*
Weissenberg camera method *433*
weld crack *406*
weldability *405*
welding *405*
welding by forging *233*
welding distortion *406*
welding residual stress *405*
wet atmospheric corrosion *292*
wettability *292*
whisker *30, 327, 369*
white cast iron *310*
white copper *310*
white gold *376*
white heart *309*
white heart cast iron *309*
white heart malleable cast iron *309*
white matte *181*
white metal *376*
white pig iron *213, 309*
white shotness *295*
white spot (flake) *310*

white tin *183, 309*
white X-rays *309*
Widia *30*
Widmanstätten, A.von *31*
Widmanstätten structure *31*
Wiedemann, G.H. *31, 298*
Wiedemann effect *31*
Wiedemann-Franz's law *31*
Wigner, G.P. *30*
Wigner-Seitz cell *30*
Wilm, A. *38, 172*
wind box *31*
winding temperature *377*
wire bar copper *144*
wire drawing *214*
wiring material for large scale integrated circuit *44*
witherite *274*
wolframite *31*
wolframium *231*
Wood's alloy *32*
wooden pattern *78*
work *160*
work function *160*
work hardening *63*
work hardening exponent *64*
work of adhesion *348*
working ratio *65*
wrought iron *429*
Wulff net *33*
wurtzite type structure *32*
Wüstit, E. *31*
wustite *31*

X

X-ray amorphous *389*
X-ray diffraction *39*
X-ray fluorescence analysis *108*
X-ray microanalyser *38*
X-ray photoelectron spectroscopy *39*
X-ray stress measurement method *38*
xenotime *209*
XPS (X-ray photoelectron spectroscopy) *38, 39*

Y

Y (yttrium) *81, 122*
Y alloy *433*
Yb (ytterbium) *81*
Y mill *433*

YAG (yttrium aluminium garnet) *24, 399*
Yellow brass *393*
yellow cake *19*
yield criterion *132*
yield elongation *132*
yield point *132*
yield ratio *132*
yield stress *131*
yielding *131*
YIG (yttrium iron garnet) *24*
Young's modulus *399*
Young-Dupre equation *399*
yttrium aluminium garnet *24*
yttrium iron garnet *24*

Z

Zamak *146*
Zeeman effect *209*
zeolite *205, 349*
Zener, C. *281*
zero emission *211*
zinc *2*
zinc alloy *2*
zinc die casting alloy *3*
zinc equivalent *3*
zinc ferrite *3*
zinc galvanized steel sheet *3*
zinc plating steel sheet *276*
Zincalium *184*
zincblend structure *211*
Zintle, E. *187*
Zintl compound *187*
Zintl phase *187*
Zircalloy *182*
zircon sand *183*
zirconium *182*
zirconium copper *183*
zone leveling *220, 222*
zone melting *220, 227*
zone refining *220, 227*

和文

ア

I-H 曲線　154
I 型クリープ　104
アイソサーマル変態　5, 122, 297
アイソトープ　271
亜鉛鉄板　3
あがり　21
秋光 純　291
アクセプター準位　276
アクチュエータ　29
朝顔　133
あそび　102
圧延率　6
圧下量　6
圧力平衡定数　360
アトマイズ金属粉　8
アトムプローブ電界イオン顕微鏡　215, 262
アトライター　390
アトリッションミル　390
アノード防食法　404
亜ヒ酸　331
アボガドロ数　339
亜硫酸ガス　19
亜臨界　420
アルカリ型燃料電池　302
アルゴン　78
アルパックス　183
α 安定型　77, 237
α 硫黄　19
α 固溶体　13
α+β 領域　56
泡磁区　316
アンチ同形　322
安定さび　222
鞍点　18

イ

飯島澄男　70, 283
E-H 対応系　154, 163
イエロープラス　393
硫黄酸化物　19
硫黄族　72
イオンエッチング　106
イオン化列　19, 262
イオン結晶　20, 47
イオン交換クロマトグラフィー　106
イオン交換樹脂　20, 244
イオンチャネリング法　240
イオン当量電導度　139
イーゲー法　12
イ号アルミニウム合金線　34, 36
異種金属接触腐食　73
異常グロー放電　106
板状マルテンサイト　428
η 炭化物　397
位置　197, 346
一軸異方性　232
一次欠陥　287
一次黒鉛　80
一次ソルバイト　220
一次トルースタイト　278
位置のエネルギー　373
一方向性ケイ素鋼板　370
一酸化窒素　239
一酸化鉛　386
イットリウム族　81
一般化弾性定数　233
移動相　106
移（易）動度　266
E-B 対応系　154, 163
EB 溶解法　46
イミテーションゴールド　394
色中心　239
インコロイ　245
インジウムヒ素　331
引力型ジャンクション　168

ウ

V−中心　239
ウィーデマン・フランツ則への挑戦　298
ウィーデマン・フランツ定数　31
ウェービング　406
ヴェルデ定数　339
ウォルフラム　31
うず電流　32
うず電流探傷　232
うねり　11
ウルツ鉱　2
ウロコ（鱗）鉄鉱　67, 428
運動学的理論　274

エ

永久伸び　303
映進面　99, 223

[エ-カ] [索引] 493

AAナンバー 12
A型クリープ 104
液圧押出し法 203
液－液抽出 406
液体クロマトグラフィー 106
液体浸炭窒化法 36
液体窒素 145
液濃淡電池 303
A系介在物 327
SR割れ 143
Sm-Fe-N磁石 81
S型クリープ 104
STMファミリー 216
(s+p)電子の数 48
X線回折顕微鏡法 172, 365, 412
X線・γ線透過法 334
X線吸収広域微細構造 35
X線光電子分光法 38, 337
X線トポグラフィー 412
X線密度 414
X線無定形 389
N型クリープ 104
n型半導体 322
エネルギー解放率 308
ABAB…構造 242
ABCABC…構造 393
FZ法 228, 231, 350
F-中心 239
エボナイト 19
MO法 358
MOディスク 326
M型クリープ 104
m値 330
$L1_0$型 272
$L1_2$型 272
$L2_0$型 362
LB膜 413
エレクトロトランスポート 46
エロフロート 372
塩化焙焼 47
塩基 422
塩基性酸化物 47
塩基性耐火材料 279
塩基性転炉(製鋼法) 277
円錐型磁気配列構造 320
円錐磁性 162, 408
エントロピー増大の原理 301

オ

オイラー角 54
オイレスベアリング 159
黄金比 341
黄鉄鉱 19, 255
応力指数 362
応力集中係数 50, 91
応力場との相互作用 180
黄リン 420
O格子 348
押込み硬さ 66, 431
押出し 249
オーステナイト系耐熱鋼 225
オスミリジウム 27
オタブ石 54
オープンメタル 356
主型(おもがた) 21
折り曲げ試験 128
オルゼン試験機 10
オローワン応力 56
温間圧延 6
温度拡散率 294
温度伝導率 294
温度の客観的定義 299
温度変調型示差走査熱量計 250
温度目盛り 209

カ

加圧水型炉 110, 182
回映面 223
外延量 182
開殻 360
塊状マルテンサイト 381
潰食 47
回折コントラスト 390
回折装置 253
回転結晶法 433
回転(対称)軸 99, 222
回転鍛造 431
回反軸 223
外部電源方式 27
界面電気現象 265
外来性介在物 280
外来性半導体 322
カオリナイト 389
化学エネルギー 297
化学拡散定数 215, 380
化学吸着 85

化学蒸着（法） 58, 392
化学的酸素要求量 153
化学的相互作用 192, 260
化学電池 73
化学当量 274
化学めっき 392
化学冶金 349
化学量論的化合物 59
角形ヒステリシス 316, 320
拡散磁気余効 157
確率（統計）分布 387, 433
確率密度関数 63
撹錬法 314
カーケンドール界面 63
カー効果 155
化合物半導体 17, 28, 46, 72, 96
暈（かさ）回折像 319
風箱 31
過剰部分モル量 179
ガスアトマイゼーション 8
ガス還元 75
ガスクロマトグラフィー 106
ガスシールド方式 263
ガス精製用触媒 313
ガス抜き 21
加成性 59
カソード分極状態 9
カソード防食 27
かたむき粒界 293
カチオン 403
活性金属 413
活性錯体理論 323
活性態域 9
活動度 68
活動濃度 68
κ炭化物 397
活量係数 68
価電子帯 93
加藤与五郎 55
ガドリニウム ガリウム ガーネット 72
金子秀夫 199
加熱送風期 299
加熱帯 301
過不動態域 9
貨幣銀 120
カーボニル 395
ガラスセラミックス 113
ガラス繊維強化プラスチック 152
ガラス転移点 71

ガラス封着合金 253, 341, 415
カラーセンター 239
空（から）引き 326
カラムクロマトグラフィー 106
ガリウムヒ素 227, 331
過冷却液体 71
環境試験 188
環境助長割れ 51
還元鉄 58, 334
還元焙焼 304
還元ペレット 366
換算熱量 49
乾食 347
間接押出し 52
完全電離プラズマ 351
完全反磁性体 377
含銅硫化鉄鉱 255
かんながし（鉄穴流し） 399
γ安定型 77
γ相 13
含油軸受 159
緩和強度 281

キ

機械加工性 57
機械構造用炭素鋼 77, 107, 226
幾何学的最密構造 23
菊地パターン 267
擬似単結晶構造 416
キーシッヒ縞 241
希釈精錬法 195
希釈熱 140
技術学的労働 398
基準半電池 78
希少金属 424
寄生強磁性 162
キセノン 78
キセロゲル 220
気相合成ダイヤモンド 151
気相防錆剤 78
気相めっき 392
規則格子反射線 79
規則粒界 221
奇電子 348
軌道量子数 370
ギブスの三角形 218
擬へき開破面 416
基本単位 37
逆スピネル 197

[キ-ケ]

逆遷移型クリープ 104
既約単位格子 123, 125, 230
逆同形 322
逆蛍石型構造 373
逆行過程 60
吸収断面積 119
90°磁壁 166
吸収熱 140
球状パーライト域 406
吸着クロマトグラフィー 106
吸着材料 205
吸着熱 85
球面投影 193
キューブニッケル 291
キュリー点 86
キュリーの法則 86
鏡映面 99, 222
強加工 64, 390
凝固点降下 401
共晶 88
共晶温度 88
共晶合金 88
共晶組成 88
共晶点 88
共析めっき 346
凝相系 87
協同現象 90
強腐食 186
共有電子対 90
共融法 398
極値 387
極値解析 433
極点 194
極濃淡電池 303
巨大結晶花崗岩 362
切欠き係数 91
切欠き脆性 91
き裂開口変位 234
き裂の安定成長 151
均一腐食 91
キンク帯 367
金紅石 423
禁止帯 93
均質核生成 93
金相学 96
金属型 21
金属スズ 183
金属精錬 203
金属組織 94, 96

金属被覆 336
金属物理学 349
金属溶射法 391
金密陀 386

ク

空間格子 112
空気パテンティング 314
空気焼入れ鋼 159
苦灰石 279
組立単位 37
グライドモーション 410
グラスウール 71
クラッド材 336
グラナト・リュッケピーク 281
繰り返し応力 37
クリスタルガラス 113
グリナワルト焼結機 175
クリーピングウエーブ法 167
クリプトン 78
クリープ破断試験 104
クルナコフ（Kurnakov）型 95
グレーニング 418
グロー放電窒化法 20
クロム炭化物 53
クロム当量 152
黒物（くろもの） 105

ケ

傾角顕微鏡 96, 179
傾角磁性 162
軽希土類 386
蛍光体 109
ケイ酸 149
ケイ酸度 48
形状係数 91
形状磁気異方性 155
軽水素 357
ケイ石 110
計装化シャルピー衝撃試験 168
傾鋳法 229
希有（けう）金属 424
ケーシング 402
削りしろ 151
結合間隔 117
結合電子対 90
結晶群 265
結晶磁気異方性 155
結晶投影法 193

結節状トルースタイト　278
ケミカルシフト　38, 62
けら押し　399
ケーラー機構　92
ゲル　220, 389
ゲルクロマトグラフィー　106
減圧精錬法　195
限界絞り比　137
限界絞り率　137
原子価結合法　358
原子価電子　68
減磁曲線　118, 143
原子径因子　52
原子質量単位　119
原子状炭素　67
原子半径化合物　118
原子本来の大きさ　118
元素定性分析　48
元素の存在比率　101

コ

5員環　183
硬アルミ線　36
高温計　307, 325
高温顕微鏡　96
高温時効　71, 159, 185
恒温槽　100, 147
高温腐食　347
恒温変態曲線　252
恒温焼なまし　271
公害　19, 74
光化学オキシダント　52, 239
光学繊維　71
硬化能　395
合金型（集合組織）　64, 143
合金化溶融亜鉛めっき　407
硬鋼　234
格子　112
格子間移動　173
格子間拡散　187, 347
格子欠陥コントラスト　390
格子振動　32, 56, 127, 150, 257
格子振動の「非調和性」　105
硬質金属　230
高純度アルミニウム　411
高純度化　75
高真空　243
構造像　126
高速加工　390

高速スパッタ法　197
高耐熱アルミニウム合金線　36
降伏強さ　70
後方押出し　83
高密度無秩序充填　144
交流消磁法　176
高力アルミニウム合金線　36
高力黄銅鋳物　384
紅リン　420
固化剤　368
コークス　239
黒鉛化促進元素　310
国際記号　365
国際標準化機関　1
極低炭素鋼　45, 400
極軟鋼　234
極細多芯線　247
黒リン　420
小柴昌俊　291
コットレル効果　136, 138, 260
固定相　106
500°F(350℃)脆化　250
コフィナイト　32
ゴム的弾性　246
固溶強化　138
固溶限（度）曲線　138
コランダム　15, 43
孤立系　300
コロンビウム　286
混こう法　9
混成　306
コンテナ　52
コンポジット　346
混和間隙　404

サ

最外殻電子空孔数　215
最外周電子群　118
最硬鋼　234
再生金属　311
最大せん断応力条件　132
最大冷却速度　85
サイト　197, 346
再溶解法　30
細粒域　406
$\sin^2\psi$法　39
笹の葉状マルテンサイト　428
サッカーボール分子　183
サブゼロ冷却　145

サブバウンダリー組織　346
サマルスカイト　32
酸　422
酸化アルミニウム　15
酸化焼成ペレット　366
酸化帯　301
酸化チタン　8, 423
酸化チタン光触媒　245
酸化鉄　255
酸化焙焼　304
酸化反応　8
酸化皮膜　121
酸化物分散強化合金　54
酸化ベリリウム　364
酸化マグネシウム　378
三次元核生成成長模型　167
三重水素　170, 277, 357
参照回路　308
酸性雨　19
酸性酸化物　47
酸性転炉製鋼法　363
ザンセート　372
酸素製鋼法　173
3dバンド模型　202
残余エントロピー　71, 301
散乱緩和時間　278
散乱コントラスト　390
散乱ビーム　17
残留損（失）　127, 256

シ

GM冷凍機　162
磁鉛鉱　379
ジェンタロイ　371
示温塗料　147
磁気インク　162
磁気記録媒体　162
磁気光学効果　339
磁気光学的カー効果　155
磁気時効　157
磁気センサー　162
磁気抵抗材料　162
磁気ディスク　162
磁気テープ　162
磁気熱量効果　156
磁気バブル　316
磁気モーメント　156
軸角　112
σ結合　158

σ相脆化　158
シグモイダル型の曲線　181
C系介在物　327
時効　158
自己拡散定数　159
自己修復　194
ジジウム　251
ジジム　251
視射角　352
磁性細菌　304
磁性超伝導体　153
磁性流体　162
Cz法　248
磁束線　182
舌　416
実在溶液　179, 204
湿食　347
質別記号　39
質量数（同位元素の）　271
質量の濾過　162
CT試験片　308
自動・半自動アーク溶接法　263
自発ひずみ　89
G.P.集合体　165
ジボランガス　10
ジーメンス　264
弱電離プラズマ　350
射出成形法　237
シャフト炉法　248
遮蔽体　119
ジャーマンシルバー　407
重水　170
重水素　170, 357
集束衝突　225
集束置換衝突連鎖　225
集中法X線カメラ　81
自由電子帯　93
充填スクッテルダイト　191
10^7回疲労強度　338
主遷移元素　211, 408
出銑量　134
準安定β領域（チタン合金の）　56
潤滑剤　173
純金属型（集合組織）　64, 143
純酸素上吹き転炉法　45
準周期性　173
準静的過程　60
純度の目安（高純度金属の）　150
昇温オーステンパー　122

常温時効 158
常温脆性 425
昇温脱離スペクトル 174
照角 352
焼結工程 175
焼結ペレット 177
照合電極 78
小鋼片 132
炒鋼法 398
常磁性キュリー温度 87
照射脆化 176
照射ふくれ 176
自溶性焼結鉱 177
状態関数 178
状態図理論計算 215
状態変数 178
蒸発エントロピー変化 278
ショウ プロセス 205
晶癖 178
障壁エネルギー 245, 279
晶癖結晶 339
消耗電極式 263
蒸留製錬 75
初期磁化曲線 154, 180
職業病 5
触媒作用 179, 189
初磁化率 154
ジョミニー・バー 181
ジョンソン-マッセー鉄 174
シランガス 10
シリカ 110, 181, 206
シリコンカーバイド 211
磁力選鉱 212
磁歪材料 162
真空の透磁率 180
真空ポンプ 219
真空溶解炉 268
シンクロトロン放射光 370
人工(非真性)ひげ結晶 328
辰砂 19
親水性 245
真性半導体 322
真性ひげ結晶 327
針鉄鉱 67, 111
浸透液 109
針入法 295
じん肺 5

ス

水滑石 356
水素イオン濃度指数 324
水素吸蔵のヒステリシス 329
水素の可視化 277
水素病 189, 388
水和 21
すき間 102
ずく 213, 241
スクイーズキャスティング 121
スクイーズホイスカー 328
ずく押し 399
スクリュー磁性 162
スケール 148
鈴木秀次 192
スズ青銅 204
ステージI(すべり) 403
ステレオネット 194
ストークス抵抗 195
ストレスマイグレーション 45
ストレーン・ゲージ 330
砂型 21
スピノーダル型合金磁石 198
スピノーダルギャップ 289
スピノーダル線 198, 289
スピン共鳴 155
スピン密度波(構造)磁性 162, 320
スプラットクエンチング法 85
スマートボード 29
スマート・マテリアル 29
スメクチック状態 35
ずれ補正 320

セ

正イオン 403
正温度係数サーミスター 146
脆化 203
脆化域 406
正吸着 85
制御材 119
正弦波構造磁性 408
正孔 99
清浄度 327
整数原子数比型 95
正スピネル構造 197
静的再結晶 204
静的二次イオン質量分析 287
静的熱機械測定 295, 300

[セ-タ]　　　　　　　　　　　　　　　　　　　　　　　　　　　　　　　　　　　[索引]　499

静的履歴型（内部摩擦ピーク）　281
静電選鉱　212
精銅　230
性能指数　191, 298
せき　21
析出硬化型永久磁石材料　33, 185
析出硬化型耐熱鋼　225
石墨　134
斥力型ジャンクション　168
赤リン　420
石こう型　21
接合状態　202
接触電位差　265
絶対活量　68
絶対反応速度論　323
"Z"ニッケル合金　172
ゼナーピーク　281
ゼーベック係数　295, 298
セラミック基板製造　275
セラミックス磁石　342
セリウム族　81, 312, 386
セルラーデンドライト　171
ゼロ格子　348
セロセーフ　211
セロマトリックス　211
セロロ　211
閃亜鉛鉱　2, 19
繊維強化金属　41
繊維強化プラスチック　41
遷移元素　211
遷移状態　67
遷移帯　367
閃ウラン鉱　32
前期量子論　419
漸近キュリー点　87
前駆現象（マルテンサイト変態の）　381
線形破壊靱性　234
銑鋼一貫工場　204
潜弧溶接法　146
センサー／モニタ　29
線対称　222
せん断帯　367
せん断ひずみエネルギー条件　132
せん断変形　213
線熱膨張測定　300
せん断力　213, 233
前方押出し　52
線密度　387
全面析出　429

全面腐食　91
全率固溶型　237

ソ

相境界帯　367
双極子磁気モーメント　156
相互拡散（係）数　215, 301, 375
相互作用エネルギー　373
造滓剤　352
走査型プローブ顕微鏡　216, 337
層線　433
相対活量　68
相対透磁率　180, 272
総熱量不変の法則　362
相分離域　404
素過程　415
素過程論　218
束状構造　361
速度定数　338
組織の敏感性　129
組織の不敏感性　129
塑性不安定　140
ソックス（SO_x）　19
ソノストン　371
その場観察　28
素反応過程　427
ソリダス　135
粗粒域　406
ゾル　220
ソルーションロス反応　349
ソルバス　138, 404
ソレノイドコイル　154

タ

対応状態の原理　214
対応方位関係　221
大気汚染　239
大規模降伏状態　234
台金　117
大鋼片　132
対称操作　222
対称要素　223
対数減衰率　119
体積膨張率　300
体積密度　387
第二近接原子　142, 304
第四の物質状態　350
タイライン　90, 254
ダイレクトメタノール型燃料電池　302

高木弘 111
武井武 55
多孔体金属 221
多重単位格子 314
多相系 345
たたら 340
たたら製鉄 340, 399
たたら炉 340, 399
脱酸銅 91
ダッシュポット 80
タップ密度 386
ダビダイト 32
玉鋼 399
ダルトナイド化合物 253
ダルトナイド (Daltonide) 型 95
タルミ金 385
単一硬化モデル 224
短回路拡散 236
炭化ケイ素 41, 70, 211
炭化物化促進元素 310
タング 416
タングステン・ハイス 124
単色X線 39, 81, 253, 275, 412
探針 118
弾性定数テンソル 26, 233
弾性論 184
単相系 93
炭素還元 75
炭素鋼鋳鋼 348
弾塑性破壊力学 234
炭素繊維強化金属材料 152
炭素繊維強化プラスチック 152
炭窒化法 186
鍛鉄 429
断熱系 300, 344
短範囲相互作用 180
タンマン・ブリッジマン法 355
タンマン法 355
単ロール法 85

チ

置換型原子拡散 187
チキソトロピー 237
地球温暖化作用 357
蓄電池 288
チタニア 423
チタンダイヤ 423
チタン酸ジルコン酸鉛 4, 7, 331
チニジュール 245

チャンネル 361
チャンネル型誘導炉 251
中間合金 372
中間相型 95
中間なまし 131, 143
中尺 240
中性型 (チタン合金) 237
中性子吸収断面積 119, 182
中性微子 291
中繊維 71
鋳造収縮孔 328
チューダーピューター 334
チュービング 402
超LSI 43, 244
超音波振動子 162, 183
超強靱鋼 243
超強力鋼 243
超巨大磁気抵抗効果 91
長距離秩序 247
超格子反射線 79
超集積回路 389
長繊維 71
長範囲相互作用 180
超微細相互作用 391
超微粒子 233, 244, 247
超臨界状態 420
調和化合物 24
調和変態 247
直接押出し 52
直接製鉄 334
チルコイル 334
チルド鋳物 248

ツ

対消滅 406
ツィード (綾織り) コントラスト 381
ツィード組織 212
突合せ抵抗溶接 (圧接) 263, 270
ツタンナガ 276

テ

低エネルギーイオン散乱 20
低温時効 159
低合金構造用鋼 77
定積自由エネルギー 365
低炭素鋼 45, 285
低窒素酸化物バーナー 239
定比組成 59
定比例の法則 59

停留値　387
定量金属組織学　111
d 殻　211
TG 曲線　296
TCP 構造　22
ディスアコモデーション　157
DTG 曲線　296
DP 鋼　257
ディープエッチング　186
適応係数　412
鉄芯　120
鉄みょうばん　255
デュコール鋼　251
テーラードブランク　257
デ・レ・メタリカ　95
転位増殖機構　91
転位の強度　309
転位の"質量"　261
展開剤　106
電解分極　358
電気化学列　20, 262
電気工学的カー効果　155
電気的相互作用　260
電気伝導率　265
電気の比熱　277, 295
電磁鋼板　264
電子シンクロトロン　370
電子スピン磁気共鳴　267
電子濃度因子　266
電子の 8 個構造　268
電磁場の応力　377
電磁浮揚溶解　428
電磁流体（力学）発電　42
電磁リレー　162
テンソル　330
点対称　222
伝導帯　93
天然の永久磁石　165
電媒定数　401
天秤鞴（てんびんふいご）　340, 399

ト

同位体　271
等温断面図　149
透過電子線回折　267
同質多形　228
同質多像　228
動的集団イオン列　225
動的超塑性　245

動的二次イオン質量分析　287
動的熱機械測定　295
動粘性係数　302
等方性ケイ素鋼板　389
特別極軟鋼　234
土壌汚染　74
塗装　336
塗装下塗り　49
ドナー準位　276
トムソン係数　277, 295
ドライアイス-アルコール混合液　145
トランスの騒音　183
ドリフト移（易）動度　266, 278
ドリルパイプ　402
ドルトナイド化合物　253
トレーサー　271, 279
トレスカの条件　132
トロイオンス　93
トロイ衡　93
ドワイト・ロイド焼結機　175
トンバック　385

ナ

内遷移元素　211, 408
ナイトシフト　62
内部自由度　199
内部量子数　418
内包量　156
長崎－高木熱量計　236
ナノコンポジット構造　200
なまこ　213, 241
鉛パテンティング　314
軟鋼　234
難融金属　133

ニ

ニア α 型　237
二円筒回転法　381
ニオバイト　139
ニクロシラル　53
二酸化炭素　74
二酸化窒素　52, 239
二次精錬　30, 278
二次相転移　23, 217
二次ソルバイト　220
二次トルースタイト　278
西山善次　288
二重空孔　345
二重交差すべり機構　91

二重指数確率紙　434
二色高温計　371
二相組織鋼　257
二相組織ステンレス　288
二相分離規則相型　95
二相分離曲線　288
ニッケル-カドミウム電池　68, 260, 288, 289
ニッケル当量　152
ニッケルめっき法　69
ニブコ　371
ニヤレストネイバー　142
ニュートンの式　301
ニュートン流体　301
二硫化モリブデン　394
ニレジスト　53

ヌ

縫い合わせ溶接　167

ネ

ネオン　78
ネクストニヤレストネイバー　142
ねじり振動測定　295
ねじりひも分析　295
ねずみ鋳鉄　213
熱間圧延　6
熱関数　49
熱間等方（静水）圧プレス　39, 193
熱き裂　333
熱重量曲線　296
熱消磁法　176
熱スパイク　176
熱的応力　280
熱的成分　400
熱的せん断応力　400
熱電対　298
熱電対温度計　295
熱電発電　298
熱電率　295
熱分離効果　294
熱ゆらぎ磁気余効　157
熱揺動　49
熱力学第3法則　49, 301
熱力学第0法則　299
熱力学的分配係数　395
熱量系　236
ネマチック状態　35
ネール磁壁　166
ネルンスト・エッティングスハウゼン効果　301

粘結剤　368
燃焼蓄熱期　299
粘性　301, 302
粘性率　301
粘度　301

ノ

濃度勾配エネルギー　76
濃度平衡定数　360
濃度ゆらぎ　76
ノジュール　417
ノックオン　310
ノックス（NO_x）　239
野積浸出　236

ハ

配位多面体化合物　95
パイエルス・ナバロ応力　304
パイエルスポテンシャル　281, 304
排煙脱硝技術　239
π結合　158
ハイゼンベルク表示　173
バイデライト　368
π電子　158
ハイデンライク・ショックレーの部分転位　322
バイノーダルギャップ　289
媒溶剤　352
パイライト　19
パウリ常磁性　176
墓石現象　385
白雲石　279
薄層クロマトグラフィー　106
白熱脆性　295
白リン　420
橋口ピーク　281, 425
橋口隆吉　281
破断荷重　311
破断原因　317
破断伸び　303
破断面粒度測定法　152
8隅説　268
八面体せん断応力条件　132
発火石　312
白金黒　189, 312
バックミンスターフラーレン　183
撥水性　245
発生期の水素　263
ハードスポット　130

[ハ-ヒ]

ハードフェライト 318
パドル炉 429
鼻（T-T-T曲線の） 252
バナジウムアタック 147
ばね性 421
ハーフタイム法 426
パーマロイ問題 316
破面観察 317
破面試験 317
破面遷移温度 48
パーライトノジュール 317
パーライト反応 252
バリアー型陽極酸化皮膜 404
バルジ成形 318
バルブ 121
ハローパターン 319
半永久鋳型 319
半硬鋼 234
反磁場 320
反射材 119
半整合 203
はんだボール 328
半鎮静鋼 209
反転中心 99, 223
バンド構造理論 322
バンドモデル 322
半軟鋼 234
反応経路 18
反応経路論 218
万能試験機 10
反応促進用触媒 313
反応の標準自由エネルギー 340

ヒ

ピエゾ効果 7
B-H曲線 154, 180
冷えどまり 402
ヒ化インジウム 331
ヒ化ガリウム 331
非可逆過程 344
p型半導体 322
ヒ化ニッケル構造 289
光起電力 325
光磁気記録 296
光伝導セル 326
引き上げ法 248
B系介在物 327
P-K式 331
非合金鋼 234

膝（T-T-T曲線の） 252
微細結晶粒超塑性 129, 245
微細・整形結晶粒 244
微細パーライト 220, 278
比重選鉱 212, 399
比重偏析 171
微小X線写真法 329
非晶質 389
非晶質シリコン 10
微小放射線透過法 329
非消耗電極式 263
ヒステリシス曲線 154
ヒステリシスモーター 162
ひずみ粒界移動 416
非弾性 80, 301
ピッティング 128
ヒットルフ数 403
非定常・細線法 296
比電気抵抗 264
非等温的変態 5
ピナイト 389
非ニュートン流体 302
非熱弾性型マルテンサイト変態 297
非熱的応力 280
非熱的変態 5
火花突き合わせ溶接法 352
微粉化 40
微分熱重量曲線 296
微分モル量 350
非平衡状態 128
非放射遷移 52
180°磁壁 166
標準型クリープ 104
標準生成自由エネルギー 44, 335
標準線形擬弾性模型 80
標準電極電位 335
標準投影図 194
標点 303, 336
氷点降下 401
表面エネルギー 103
表面改質法 336
表面過剰濃度 336
表面活性化接合 174
表面再構成構造 337
表面波（超音波の）探傷法 232
表面微量分析法 285
平削り 388

フ

ファラデー（電気量） 339
ファン・デル・ワールス吸着 349
ファント・ホッフの等温式 340
フェライト系耐熱鋼 225
フェライト磁芯 342
フェルミエネルギー 343
フェルミ温度 343
フェルミ準位 343
フェルミ分布 342
フェロシリコン 343
フェロックスプラナ 344
フェロモリブデン 343
フォークト模型 80
フォスフィンガス 10
フォトトランジスタ 325
負温度係数サーミスター 146
不確定性 419
フガシティー 272
不完全脱酸鋼 209
吹差し（ふきさし）ふいご 340
負吸着 85
副殻 266
複合組織鋼 257
複素透磁率 272
不銹鋼 194
不純物準位 276
沸騰 175, 349
沸騰水型炉 110, 172, 182
沸騰点 349
物理吸着 85
物理的蒸着法（PVD） 21, 184, 196, 238
不定比組成 325
プニクタイド 191
部分格子 346
部分整合 203
部分モル自由エネルギー 59, 334
負偏析 205
踏みふいご 340
フライス削り 388
フラクトグラフィー 317
プラグ引き 326
プラスチック磁石 318, 342
プラズマ溶射法 351
ブラッグ角 352
フラックスシールド方式 263
プラトー 329
ブラベー空間格子 353

フーリエ数 294
フーリエの熱伝方程式 294
フーリエ変換赤外分光法（FT-IR） 206
ブリスタ銅 219
プリズマティック運動（パンチング） 355
プリズマティック転位ループ 355
ふるいの目の開き 392
ふるいの呼び番号 392
ブルース石 356
ブルッカイト型 8
不連続析出 429
プロセッサ 29
ブロッキング 240
ブロッホ磁壁 166
フローティングゾーン法（FZ法） 228, 231, 350
プロトン 405
プロトン共鳴 62
プローブ 118, 215, 216
分塊圧延 358
分解融解 247, 348
分極電圧 358
分極率 316
分散めっき 346
分子軌道 358
分子軌道関数法 358
分子動力学法 359
分子配量 350
分子場近似 358
分子ふるい 205
分子ポンプ 230
分配クロマトグラフィー 106
粉末回折法 256
粉末ハイス 130

ヘ

閉殻構造 78
平衡水素圧 189
平衡電極電位 231
米国国立標準研究所 37
並進対称性 99, 112, 223
ベイナイト変態 361
平面応力破壊靱性 361
ベイン 361
へき開 362
β安定型 237
β硫黄 19
β共析型 237
β金属リン 420

[ヘーメ]

β相 13, 60
β相安定化元素 56
ペーパークロマトグラフィー 106
ヘリウムフリー 100
ペルティエ係数 295, 365
ベルトライド（Berthollide）型 95
ベルヌーイ法 231
ペロフスカイト型構造 366
変位カスケード 176
変位スパイク 176
偏極 358
変形機構領域図 366
ペンシルグライド 411
偏析指数 368
偏析比 368
変態超塑性 129, 245
変態誘起塑性鋼 277
変態誘起超塑性 245
ヘンリー基準の活量 369

ホ

ボーア磁子 161
方位分布関数 54
方鉛鉱 19, 276, 284
萌芽 49
放射性同位体 371
放射線探傷 232
放射線透過試験 410
放射率 135, 371
防錆紙 78
防錆法（鉄鋼の） 309
補助単位 37
ボース・アインシュタイン凝縮 372
ボース凝縮 100
ボース統計 372
保全 188
保全性 188
ボソン 372
炎焼入れ法 58
ホプキンソン効果 3
ホブシュテッター説（理論） 363, 375
ポリゴン化 374
ホール 99
ホール係数 374
ホール素子 374
ボルツマン因子 377
ボルツマンの関係式 375
ボルツマンの公式 375
ボルツマン・プランクの式 375

ボールマン（Bollmann）格子 348
ボールミル 390
ボロン 41, 211, 376
本多光太郎 111, 185, 376
ボンド磁石 26, 137, 359
本なまし 131

マ

マイグレーション 46
マイスナー電流 377
マグナグロ法 378
マグヘマイト 255
摩擦圧接法 380
マジックナンバー 101
増本量 13, 196
まだら銑 213
まだら組織 212
マックスウェル模型 302
マトリックス帯 367
マルカサイト 255
マルテンサイト系耐熱鋼 225
マンドレル引き 326
マンネスマン効果 385
マンネスマンピアサ 385

ミ

ミクロ組織 120
ミシビリティーギャップ 288, 404
三島徳七 13
ミーゼスの条件 132
水アトマイゼーション 8
密集イオン 101
未定乗数法 387
ミュラー（Müller）型顕微鏡 262
未臨界状態 420

ム

無給油軸受け 159
無酸素高電導銅 51, 388
無次元量 151, 354, 425, 427
無定形炭素 233, 389
無電解めっき 392

メ

迷走負荷損 273
メカニカルミリング 390
メカノキャタリシス 391
メスバウアー分光 391
メッシュナンバー 392

面角一定の法則 222
面対称 222
面(積)密度 387

モ

モーズレーの法則 275
モナズ石 394
モノテクトイド 368
モリブデンハイス 124
モル比熱容量 395
モンドニッケル 395
モンモリロナイト 282, 368

ヤ

焼入れ硬化性 395
焼入れ性曲線 181
焼入れ性倍数 395
焼入れソルバイト 220
焼入れトルースタイト 278
焼付塗装硬化性鋼(板) 324
焼き流し精密鋳造法 29
焼なまし 178
焼戻し時効 158
焼戻しソルバイト 220
焼戻しトルースタイト 278

ユ

Uアロイ 71
融解帯 403
融解のエントロピー 415
有核組織 186
U曲線 395
有効応力 280
誘導結合プラズマ質量分析 1
融剤 352
優先核生成機構 143
優先成長機構 143
誘導結合プラズマ発光(分光)分析 1
誘導磁気異方性 155
有用金属 74
ユークセナイト-ポリクレス 32
湯口 21
湯溜り 133
湯だめ帯 86
湯道 21
ゆらぎ 297

ヨ

よい量子数 418
容易磁化方向 154
溶解度限 138, 404
溶解熱 140
陽極 8
陽極かす 404
洋銀 407
溶鋼 122
溶剤 352
溶射 392
溶相 93
陽電子寿命 406
溶湯鍛造 121
溶媒 403
溶融亜鉛めっき鋼板 3, 184, 407
溶融製錬 75
溶融鉄 398
溶離剤 408
余寿命 334
ヨード法 339
余裕 102
ヨルダン型(磁気余効) 157

ラ

ライター石 312
ラーヴェス相 411
ラウエ斑点 5, 172, 409
ラグランジュの未定乗数法 387
らせん型 320
らせん軸 99, 223
らせん磁性 162, 408
ラーソン・ミラープロット 411
ラマン散乱 321
ラム 52
ラメラー 417, 429
ランタノン 81
ランダムネスの目安 49, 79, 170
ランダム粒界 221
ランタン系列 81

リ

リサージ 386
理想焼入れ 414
リーチング 185
立体金属組織学 111
立体投影 193
立方(体)組織 415

[リーワ]　　　[索引] 507

律速過程　415
リトルトン点　285
リヒター型（磁気余効）　157
硫化亜鉛　19
粒界三重点　87
粒界すべりピーク　281
粒界バリア　318
硫化カドミウム　102
硫化水銀　19
硫化鉄　19
硫化鉛　19
硫酸　255
硫酸塩還元菌　310
硫酸鉄　255
粒子励起光分光　337
流動層炉法　248
流動焙焼炉　305
菱亜鉛鉱　2
菱苦土鉱　378
量子細線　418
量子磁束　163
量子箱　418, 419
緑ばん　255
臨界温度　64, 246
臨界温度係数抵抗器　146
臨界電流　64, 247

ル

類金属元素　392
ルイス・ラングミュアの原子価理論　268
ルッペ　429
るつぼ型誘導炉　251
ルミネッセンス　108

レ

冷間静水圧加工成形　150
冷却速度　85
レイリー散乱　321
レキ青ウラン鉱　32
レーザーアニール　20
レッドブロンズ　206
連続X線　309
連続再結晶　219
連続単繊維　71
連続直接銅溶錬法　387
連鋳ビレット　132

ロ

ろう型鋳物　30

ろう接　430
炉外精錬　278
炉胸　133
6員環　183
炉床　133
ロータリーキルン（法）　92, 248, 305
炉頂　133
ロッシェル塩　7
ロートグース　206
炉腹　133
ローマー・コットレル反応　432
ローラダイス　432
ロール分離力　432
ロングレンジ相互作用　180

ワ

ワイス近似　358
ワイス模型　358
ワイブル分布確率紙　433
ワーキングロール　212
割り込み型原子　187
湾曲結晶型モノクロメーター　81

付録2 アルファベッ

元素記号	原子番号	元素名		元素記号	原子番号	元素名	
Ac	89	アクチニウム	Actinium	F	9	フッ素	Fluorine
Ag	47	銀	Silver (Argentum)	Fe	26	鉄	Iron (Ferrum)
Al	13	アルミニウム	Aluminium	Fm	100	フェルミウム	Fermium
Am	95	アメリシウム	Americium	Fr	87	フランシウム	Francium
Ar	18	アルゴン	Argon	Ga	31	ガリウム	Gallium
As	33	ヒ素	Arsenic	Gd	64	ガドリニウム	Gadolinium
At	85	アスタチン	Astatine	Ge	32	ゲルマニウム	Germanium
Au	79	金	Gold (Aurum)	H	1	水素	Hydrogen
B	5	ホウ素	Boron	He	2	ヘリウム	Helium
Ba	56	バリウム	Barium	Hf	72	ハフニウム	Hafnium
Be	4	ベリリウム	Beryllium	Hg	80	水銀	Mercury (Hydrargyrum)
Bh	107	ボーリウム	Bohrium	Ho	67	ホルミウム	Holmium
Bi	83	ビスマス(蒼鉛)	Bismuth	Hs	108	ハッシウム	Hassium
Bk	97	バークリウム	Berkelium	I	53	ヨウ素	Iodine
Br	35	臭素	Bromine	In	49	インジウム	Indium
C	6	炭素	Carbon	Ir	77	イリジウム	Iridium
Ca	20	カルシウム	Calcium	K	19	カリウム	Potassium (Kalium)
Cd	48	カドミウム	Cadmium	Kr	36	クリプトン	Krypton
Ce	58	セリウム	Cerium	La	57	ランタン	Lanthanum
Cf	98	カリフォルニウム	Californium	Li	3	リチウム	Lithium
Cl	17	塩素	Chlorine	Lr	103	ローレンシウム	Lawrencium
Cm	96	キュリウム	Curium	Lu	71	ルテチウム	Lutetium
Co	27	コバルト	Cobalt	Md	101	メンデレビウム	Mendelevium
Cr	24	クロム	Chromium	Mg	12	マグネシウム	Magnesium
Cs	55	セシウム	Caesium	Mn	25	マンガン	Manganese
Cu	29	銅	Copper (Cuprum)	Mo	42	モリブデン	Molybdenum
Db	105	ドブニウム	Dubnium	Mt	109	マイトネリウム	Meitnerium
Dy	66	ジスプロジウム	Dysprosium	N	7	窒素	Nitrogen
Er	68	エルビウム	Erbium	Na	11	ナトリウム	Sodium (Natrium)
Es	99	アインスタイニウム	Einsteinium	Nb	41	ニオブ(コロンビウム)	Niobium (Columbium)
Eu	63	ユーロピウム	Europium	Nd	60	ネオジム	Neodymium